▶第1章◀　数と式

1 整式とその加法・減法 (p.4)

1 (1) $4a^2b^3c^4$ で c に着目すると，次数は 4，係数は $\boldsymbol{4a^2b^3}$　⬅c 以外は数と考える。

(2) $-ax^2y^5$ で a に着目すると，次数は 1，係数は $\boldsymbol{-x^2y^5}$　⬅a 以外は数と考える。

2 (1) $x+2x^2-3x+x^2+1=2x^2+x^2+x-3x+1$
$=(2+1)x^2+(1-3)x+1$
$=\boldsymbol{3x^2-2x+1}$

(2) $a^2b+ab^2+a^2c+ac^2+abc=a^2b+a^2c+ab^2+abc+ac^2$
$=\boldsymbol{(b+c)a^2+(b^2+bc+c^2)a}$　⬅a について次数の高い項から順に並べる。

3 (1) $A+B=(-3x^2+2x+1)+(-2x^2+2x-3)$
$=-3x^2+2x+1-2x^2+2x-3$　⬅かっこをはずす。
$=(-3-2)x^2+(2+2)x+(1-3)$　⬅同類項をまとめる。
$=\boldsymbol{-5x^2+4x-2}$

(2) $3A-B=3(-3x^2+2x+1)-(-2x^2+2x-3)$
$=-9x^2+6x+3+2x^2-2x+3$　⬅符号を変える。
$=(-9+2)x^2+(6-2)x+(3+3)$　⬅同類項をまとめる。
$=\boldsymbol{-7x^2+4x+6}$

4 (1) $-5a^3b^5c^2$ で b に着目すると，次数は 5，係数は $\boldsymbol{-5a^3c^2}$　⬅b 以外は数と考える。

(2) $-\frac{3}{2}a^3bx^2y^4$ で x に着目すると，次数は 2，係数は $\boldsymbol{-\frac{3}{2}a^3by^4}$　⬅x 以外は数と考える。

5 (1) $2x-7+4x^2-5x-x^2+3=(4-1)x^2+(2-5)x+(-7+3)$
$=\boldsymbol{3x^2-3x-4}$

(2) $-8+x-2x^2+5x+x^2-1=(-2+1)x^2+(1+5)x+(-8-1)$
$=\boldsymbol{-x^2+6x-9}$

6 (1) $A-B=(4x^2-2x-5)-(-2x^2+3x+1)$
$=4x^2-2x-5+2x^2-3x-1$　⬅符号を変える。
$=(4+2)x^2+(-2-3)x+(-5-1)$
$=\boldsymbol{6x^2-5x-6}$

(2) $2A-3B=2(4x^2-2x-5)-3(-2x^2+3x+1)$　⬅$2(4x^2-2x-5)=8x^2-4x-10$
$=8x^2-4x-10+6x^2-9x-3$　$-3(-2x^2+3x+1)=6x^2-9x-3$
$=(8+6)x^2+(-4-9)x+(-10-3)$
$=\boldsymbol{14x^2-13x-13}$

7 (1) $2x^2+xy-3y^2+x+2y-5=\boldsymbol{2x^2+(y+1)x+(-3y^2+2y-5)}$　⬅$2x^2+(y+1)x-3y^2+2y-5$ でも可。
x の 1 次の項の係数は $\boldsymbol{y+1}$，
定数項は $\boldsymbol{-3y^2+2y-5}$　⬅x を含まない項が定数項

(2) $x^2y-xy+xz+x^2+xyz-2yz$
$=\boldsymbol{(y+1)x^2+(yz-y+z)x-2yz}$
x の 1 次の項の係数は $\boldsymbol{yz-y+z}$，
定数項は $\boldsymbol{-2yz}$　⬅x を含まない項が定数項

8 (1) $A-(B+C)=A-B-C=(x^2-2x+3)-(3x^2+4)-(4x-1)$
$=x^2-2x+3-3x^2-4-4x+1$
$=(1-3)x^2+(-2-4)x+(3-4+1)$
$=\boldsymbol{-2x^2-6x}$

(2) $A-B-2C-2(A-2B)$
$=A-B-2C-2A+4B$
$=-A+3B-2C$
$=-(x^2-2x+3)+3(3x^2+4)-2(4x-1)$
$=-x^2+2x-3+9x^2+12-8x+2$
$=(-1+9)x^2+(2-8)x+(-3+12+2)$
$=\boldsymbol{8x^2-6x+11}$

⬅まずは（　）をはずす。

⬅A，B，Cのまま（　）をはずして整理した後に代入する。

JUMP 1

$A+2B=4x^2-9xy-y^2$
$A+2(x^2-3xy+y^2)=4x^2-9xy-y^2$
よって
$A=4x^2-9xy-y^2-2(x^2-3xy+y^2)$
$=4x^2-9xy-y^2-2x^2+6xy-2y^2$
$=2x^2-3xy-3y^2$
正しい答えは
$A+B=(2x^2-3xy-3y^2)+(x^2-3xy+y^2)$
$=\boldsymbol{3x^2-6xy-2y^2}$

考え方　与えられた条件から，まずAを求める。

2 整式の乗法 (p.6)

9 (1) $a^2b^3\times a^3b^4=a^{2+3}\times b^{3+4}=\boldsymbol{a^5b^7}$

(2) $(-2x^2y^3)^3\times(-xy^2)^2=(-2)^3\times(x^2)^3\times(y^3)^3\times(-1)^2\times x^2\times(y^2)^2$
$=(-2)^3\times(-1)^2\times x^{2\times3}\times x^2\times y^{3\times3}\times y^{2\times2}$
$=(-8)\times1\times x^{6+2}\times y^{9+4}$
$=\boldsymbol{-8x^8y^{13}}$

指数法則
m，nが正の整数のとき
[1] $a^m\times a^n=a^{m+n}$
[2] $(a^m)^n=a^{mn}$
[3] $(ab)^n=a^nb^n$

10 (1) $2xy(x^2+2xy+3y^2)=2xy\times x^2+2xy\times2xy+2xy\times3y^2$
$=\boldsymbol{2x^3y+4x^2y^2+6xy^3}$

(2) $(2x+3)(2x^2-3x+4)=2x(2x^2-3x+4)+3(2x^2-3x+4)$
$=4x^3-6x^2+8x+6x^2-9x+12$
$=\boldsymbol{4x^3-x+12}$

⬅$2xy(x^2+2xy+3y^2)$

⬅$(2x+3)(2x^2-3x+4)$

11 (1) $3a^3\times5a^8=3\times5\times a^{3+8}=\boldsymbol{15a^{11}}$

(2) $(a^2)^4\times(a^3)^3=a^{2\times4}\times a^{3\times3}=a^{8+9}=\boldsymbol{a^{17}}$

(3) $(2x^2)^3\times(-3x)^2=2^3\times(x^2)^3\times(-3)^2\times x^2=2^3\times(-3)^2\times x^{2\times3}\times x^2$
$=8\times9\times x^{6+2}=\boldsymbol{72x^8}$

(4) $xy^2\times(-2xy)^2\times(-x)^3=x\times y^2\times(-2)^2\times x^2\times y^2\times(-1)^3\times x^3$
$=(-2)^2\times(-1)^3\times x^{1+2+3}\times y^{2+2}$
$=\boldsymbol{-4x^6y^4}$

12 (1) $4x^2(3x^2+2x-1)=4x^2\times3x^2+4x^2\times2x+4x^2\times(-1)$
$=\boldsymbol{12x^4+8x^3-4x^2}$

(2) $(2x^2+3)(3x-5)=2x^2(3x-5)+3(3x-5)$
$=\boldsymbol{6x^3-10x^2+9x-15}$

(3) $(x-4)(4x^2-x+4)=x(4x^2-x+4)-4(4x^2-x+4)$

⬅$4x^2(3x^2+2x-1)$

⬅$(2x^2+3)(3x-5)$

⬅$(x-4)(4x^2-x+4)$

$=4x^3-x^2+4x-16x^2+4x-16$
$=\boldsymbol{4x^3-17x^2+8x-16}$

13 (1) $a^3b^4\times ab^2=a^{3+1}\times b^{4+2}=\boldsymbol{a^4b^6}$

(2) $(-a^2b)^3\times(-2a^2b)^2=(-1)^3\times(a^2)^3\times b^3\times(-2)^2\times(a^2)^2\times b^2$
$=(-1)^3\times(-2)^2\times a^{2\times3}\times a^{2\times2}\times b^3\times b^2$
$=(-1)\times4\times a^{6+4}\times b^{3+2}$
$=\boldsymbol{-4a^{10}b^5}$

(3) $(-3x^2y)^2\times(2xy)^3\times(-y)^3$
$=(-3)^2\times(x^2)^2\times y^2\times2^3\times x^3\times y^3\times(-1)^3\times y^3$
$=(-3)^2\times2^3\times(-1)^3\times x^{2\times2}\times x^3\times y^2\times y^3\times y^3$
$=9\times8\times(-1)\times x^{4+3}\times y^{2+3+3}$
$=\boldsymbol{-72x^7y^8}$

(4) $(-x^2y)^3\times(2yz^2)^2\times(-xy^2z)^3$
$=(-1)^3\times(x^2)^3\times y^3\times2^2\times y^2\times(z^2)^2\times(-1)^3\times x^3\times(y^2)^3\times z^3$
$=(-1)^3\times2^2\times(-1)^3\times x^{2\times3}\times x^3\times y^3\times y^2\times y^{2\times3}\times z^{2\times2}\times z^3$
$=(-1)\times4\times(-1)\times x^{6+3}\times y^{3+2+6}\times z^{4+3}$
$=\boldsymbol{4x^9y^{11}z^7}$

14 (1) $(x^2+2xy-3y^2)(-xy)$
$=x^2\times(-xy)+2xy\times(-xy)+(-3y^2)\times(-xy)$
$=\boldsymbol{-x^3y-2x^2y^2+3xy^3}$

⬅$(x^2+2xy-3y^2)(-xy)$

(2) $(x^2-2x+3)(3x+4)=x^2(3x+4)-2x(3x+4)+3(3x+4)$
$=3x^3+4x^2-6x^2-8x+9x+12$
$=\boldsymbol{3x^3-2x^2+x+12}$

⬅$(x^2-2x+3)(3x+4)$

(3) $(2x-y)(4x^2+2xy+y^2)$
$=2x(4x^2+2xy+y^2)-y(4x^2+2xy+y^2)$
$=8x^3+4x^2y+2xy^2-4x^2y-2xy^2-y^3$
$=\boldsymbol{8x^3-y^3}$

⬅$(2x-y)(4x^2+2xy+y^2)$

JUMP 2

考え方 分配法則を用いて展開する。

(1) $(x^2-2xy+3y^2)(2y^2+3xy+4x^2)$
$=x^2(2y^2+3xy+4x^2)-2xy(2y^2+3xy+4x^2)$
$+3y^2(2y^2+3xy+4x^2)$
$=2x^2y^2+3x^3y+4x^4-4xy^3-6x^2y^2-8x^3y+6y^4+9xy^3+12x^2y^2$
$=4x^4+(3y-8y)x^3+(2y^2-6y^2+12y^2)x^2+(-4y^3+9y^3)x+6y^4$
$=\boldsymbol{4x^4-5x^3y+8x^2y^2+5xy^3+6y^4}$

⬅同類項をまとめる。
⬅x について降べきの順に整理

(2) $(a+b+c)(a^2+b^2+c^2-ab-bc-ca)$
$=a(a^2+b^2+c^2-ab-bc-ca)$
$+b(a^2+b^2+c^2-ab-bc-ca)$
$+c(a^2+b^2+c^2-ab-bc-ca)$
$=a^3+ab^2+ac^2-a^2b-abc-a^2c+a^2b+b^3+bc^2$
$-ab^2-b^2c-abc+a^2c+b^2c+c^3-abc-bc^2-ac^2$
$=\boldsymbol{a^3+b^3+c^3-3abc}$

⬅同類項をまとめる。

3 乗法公式 (p.8)

15 (1) $(2x+1)^2=(2x)^2+2\times2x\times1+1^2$
$=\boldsymbol{4x^2+4x+1}$

(2) $(2x+7y)^2=(2x)^2+2\times2x\times7y+(7y)^2$
$=\mathbf{4x^2+28xy+49y^2}$
(3) $(3x-2)^2=(3x)^2-2\times3x\times2+2^2$
$=\mathbf{9x^2-12x+4}$
(4) $(9x-4y)^2=(9x)^2-2\times9x\times4y+(4y)^2$
$=\mathbf{81x^2-72xy+16y^2}$
(5) $(x+5)(x-5)=x^2-5^2$
$=\mathbf{x^2-25}$
(6) $(3x+7y)(3x-7y)=(3x)^2-(7y)^2$
$=\mathbf{9x^2-49y^2}$
(7) $(x+6)(x-2)=x^2+\{6+(-2)\}x+6\times(-2)$
$=\mathbf{x^2+4x-12}$
(8) $(x-6y)(x+3y)=x^2+\{(-6y)+3y\}x+(-6y)\times3y$
$=\mathbf{x^2-3xy-18y^2}$
(9) $(2x+1)(3x+2)=2\times3x^2+(2\times2+1\times3)x+1\times2$
$=\mathbf{6x^2+7x+2}$
(10) $(4x-3y)(2x+3y)=4\times2x^2+\{4\times3y+(-3y)\times2\}x$
$+(-3y)\times3y$
$=\mathbf{8x^2+6xy-9y^2}$

乗法公式
[1] $(a+b)^2$
$=a^2+2ab+b^2$
$(a-b)^2$
$=a^2-2ab+b^2$
[2] $(a+b)(a-b)$
$=a^2-b^2$
[3] $(x+a)(x+b)$
$=x^2+(a+b)x+ab$
[4] $(ax+b)(cx+d)$
$=acx^2+(ad+bc)x$
$+bd$

⬅(1)〜(4) 乗法公式[1]
(5), (6) 乗法公式[2]
(7), (8) 乗法公式[3]
(9), (10) 乗法公式[4]

16 (1) $(4x+1)^2=(4x)^2+2\times4x\times1+1^2=\mathbf{16x^2+8x+1}$
(2) $(a-2b)^2=a^2-2\times a\times2b+(2b)^2=\mathbf{a^2-4ab+4b^2}$
(3) $(x+4)(x-4)=x^2-4^2=\mathbf{x^2-16}$
(4) $(2a+b)(2a-b)=(2a)^2-b^2=\mathbf{4a^2-b^2}$
(5) $(x+4)(x-7)=x^2+\{4+(-7)\}x+4\times(-7)=\mathbf{x^2-3x-28}$
(6) $(a-4b)(a+5b)=a^2+\{(-4b)+5b\}a+(-4b)\times5b$
$=\mathbf{a^2+ab-20b^2}$
(7) $(2x-1)(4x-5)$
$=2\times4x^2+\{2\times(-5)+(-1)\times4\}x+(-1)\times(-5)$
$=\mathbf{8x^2-14x+5}$

⬅(1), (2) 乗法公式[1]
(3), (4) 乗法公式[2]
(5), (6) 乗法公式[3]
(7) 乗法公式[4]

17 (1) $(xy+2)^2=(xy)^2+2\times xy\times2+2^2=\mathbf{x^2y^2+4xy+4}$
(2) $(3ab-7)^2=(3ab)^2-2\times3ab\times7+7^2=\mathbf{9a^2b^2-42ab+49}$
(3) $(3xy-2)(3xy+2)=(3xy)^2-2^2=\mathbf{9x^2y^2-4}$
(4) $(4a-bc)(4a+bc)=(4a)^2-(bc)^2=\mathbf{16a^2-b^2c^2}$
(5) $(x-3y)(x-8y)=x^2+\{(-3y)+(-8y)\}x+(-3y)\times(-8y)$
$=\mathbf{x^2-11xy+24y^2}$
(6) $(xy+5)(xy-8)=(xy)^2+\{5+(-8)\}xy+5\times(-8)$
$=\mathbf{x^2y^2-3xy-40}$
(7) $(4a+5b)(3a-4b)$
$=4\times3a^2+\{4\times(-4b)+5b\times3\}a+5b\times(-4b)$
$=\mathbf{12a^2-ab-20b^2}$

⬅(1), (2) 乗法公式[1]
(3), (4) 乗法公式[2]
(5), (6) 乗法公式[3]
(7) 乗法公式[4]

JUMP 3
(1) $(x+2y)(x-6y)-(3x-2y)(5x+6y)$
$=x^2+\{2y+(-6y)\}x+2y\times(-6y)$
$-[3\times5x^2+\{3\times6y+(-2y)\times5\}x+(-2y)\times6y]$
$=x^2-4xy-12y^2-(15x^2+8xy-12y^2)$
$=\mathbf{-14x^2-12xy}$
(2) $(x+2)(x-2)(x+3)(x-3)$

考え方 (2)計算の順序を工夫する。
⬉乗法公式[3] [4]を用いる。

$=\{(x+2)(x-2)\}\{(x+3)(x-3)\}$
$=(x^2-2^2)(x^2-3^2)$
$=(x^2-4)(x^2-9)$
$=(x^2)^2+\{(-4)+(-9)\}x^2+(-4)\times(-9)$
$=\boldsymbol{x^4-13x^2+36}$

⇐乗法公式[2]を意識し，$(x+2)(x-2)$ と $(x+3)(x-3)$ に分けて考える。

4 展開の工夫(p.10)

18 (1) $a+b=A$ とおくと
$(a+b+2c)^2=(A+2c)^2=A^2+4Ac+4c^2$
$=(a+b)^2+4(a+b)c+4c^2$
$=a^2+2ab+b^2+4ac+4bc+4c^2$
$=\boldsymbol{a^2+b^2+4c^2+2ab+4bc+4ca}$

⇐式の一部をひとまとめにする。
⇐A を $a+b$ にもどす。
⇐ab，bc，ca の順に項を整理

別解 $(a+b+2c)^2$
$=a^2+b^2+(2c)^2+2\times a\times b+2\times b\times 2c+2\times 2c\times a$
$=\boldsymbol{a^2+b^2+4c^2+2ab+4bc+4ca}$

⇐$(a+b+c)^2=a^2+b^2+c^2+2ab+2bc+2ca$ を利用

(2) $a+b=A$ とおくと
$(a+b+1)(a+b-1)=(A+1)(A-1)=A^2-1^2$
$=(a+b)^2-1^2$
$=(a+b)^2-1$
$=\boldsymbol{a^2+2ab+b^2-1}$

⇐A を $a+b$ にもどす。

(3) $x+2y=A$ とおくと
$(x+2y-2)(x+2y+4)=(A-2)(A+4)$
$=A^2+2A-8$
$=(x+2y)^2+2(x+2y)-8$
$=\boldsymbol{x^2+4xy+4y^2+2x+4y-8}$

⇐A を $x+2y$ にもどす。

(4) $(x+3)^2(x-3)^2=\{(x+3)(x-3)\}^2=(x^2-9)^2$
$=(x^2)^2-2\times x^2\times 9+9^2$
$=\boldsymbol{x^4-18x^2+81}$

⇐$a^nb^n=(ab)^n$ (指数法則[3])
⇖$(a-b)^2=a^2-2ab+b^2$ (乗法公式[1])

19 (1) $a-b=A$ とおくと
$(a-b-c)^2=(A-c)^2=A^2-2Ac+c^2$
$=(a-b)^2-2(a-b)c+c^2$
$=a^2-2ab+b^2-2ac+2bc+c^2$
$=\boldsymbol{a^2+b^2+c^2-2ab+2bc-2ca}$

⇐式の一部をひとまとめにする。
⇐A を $a-b$ にもどす。

別解 $(a-b-c)^2=a^2+(-b)^2+(-c)^2+2\times a\times(-b)$
$+2\times(-b)\times(-c)+2\times(-c)\times a$
$=\boldsymbol{a^2+b^2+c^2-2ab+2bc-2ca}$

⇐$(a+b+c)^2=a^2+b^2+c^2+2ab+2bc+2ca$

(2) $a+b=A$ とおくと
$(a+b-2)^2=(A-2)^2=A^2-4A+4$
$=(a+b)^2-4(a+b)+4$
$=\boldsymbol{a^2+2ab+b^2-4a-4b+4}$

⇐A を $a+b$ にもどす。

別解 $(a+b-2)^2$
$=a^2+b^2+(-2)^2+2\times a\times b+2\times b\times(-2)+2\times(-2)\times a$
$=\boldsymbol{a^2+2ab+b^2-4a-4b+4}$

(3) $2x+3y=A$ とおくと
$(2x+3y+2)(2x+3y-2)=(A+2)(A-2)$
$=A^2-2^2$
$=(2x+3y)^2-2^2$
$=\boldsymbol{4x^2+12xy+9y^2-4}$

⇐A を $2x+3y$ にもどす。

(4) $(x^2+4y^2)(x+2y)(x-2y)=(x^2+4y^2)\{(x+2y)(x-2y)\}$
$=(x^2+4y^2)\{x^2-(2y)^2\}$
$=(x^2+4y^2)(x^2-4y^2)$
$=(x^2)^2-(4y^2)^2=\boldsymbol{x^4-16y^4}$

⬅$(a+b)(a-b)=a^2-b^2$

(5) $(2x+1)^2(2x-1)^2=\{(2x+1)(2x-1)\}^2$
$=\{(2x)^2-1^2\}^2$
$=(4x^2-1)^2$
$=(4x^2)^2-2\times4x^2\times1+1^2$
$=\boldsymbol{16x^4-8x^2+1}$

⬅$a^nb^n=(ab)^n$ (指数法則[3])

⬅$(a-b)^2=a^2-2ab+b^2$ (乗法公式[1])

20 (1) $2a-b=A$ とおくと
$(2a-b+3c)^2=(A+3c)^2$
$=A^2+6Ac+9c^2$
$=(2a-b)^2+6(2a-b)c+9c^2$
$=4a^2-4ab+b^2+12ac-6bc+9c^2$
$=\boldsymbol{4a^2+b^2+9c^2-4ab-6bc+12ca}$

⬅式の一部をひとまとめにする。

⬅A を $2a-b$ にもどす。

別解 $(2a-b+3c)^2$
$=(2a)^2+(-b)^2+(3c)^2+2\times2a\times(-b)$
$+2\times(-b)\times3c+2\times3c\times2a$
$=\boldsymbol{4a^2+b^2+9c^2-4ab-6bc+12ca}$

⬅$(a+b+c)^2=a^2+b^2+c^2+2ab+2bc+2ca$

(2) $2a+3=A$ とおくと
$(2a+b+3)(2a-b+3)=(A+b)(A-b)$
$=A^2-b^2$
$=(2a+3)^2-b^2$
$=4a^2+12a+9-b^2$
$=\boldsymbol{4a^2-b^2+12a+9}$

⬅A を $2a+3$ にもどす。

(3) $x-z=A$ とおくと
$(x+3y-z)(x-2y-z)=(A+3y)(A-2y)$
$=A^2+Ay-6y^2$
$=(x-z)^2+(x-z)y-6y^2$
$=x^2-2xz+z^2+xy-yz-6y^2$
$=\boldsymbol{x^2-6y^2+z^2+xy-yz-2zx}$

⬅A を $x-z$ にもどす。

(4) $(x-4)(x^2+16)(x+4)=\{(x-4)(x+4)\}(x^2+16)$
$=(x^2-4^2)(x^2+16)$
$=(x^2-16)(x^2+16)$
$=(x^2)^2-16^2=\boldsymbol{x^4-256}$

⬅先に $(x-4)$ と $(x+4)$ を掛ける。

⬅$(a+b)(a-b)=a^2-b^2$

(5) $(3a-2b)^2(3a+2b)^2=\{(3a-2b)(3a+2b)\}^2$
$=\{(3a)^2-(2b)^2\}^2$
$=(9a^2-4b^2)^2$
$=(9a^2)^2-2\times9a^2\times4b^2+(4b^2)^2$
$=\boldsymbol{81a^4-72a^2b^2+16b^4}$

⬅$a^nb^n=(ab)^n$ (指数法則[3])

⬅$(a-b)^2=a^2-2ab+b^2$ (乗法公式[1])

JUMP 4

考え方 計算の順序を工夫する。

(1) $(x+y)(x^2+y^2)(x^4+y^4)(x-y)$
$=(x+y)(x-y)(x^2+y^2)(x^4+y^4)$
$=(x^2-y^2)(x^2+y^2)(x^4+y^4)$
$=\{(x^2)^2-(y^2)^2\}(x^4+y^4)$
$=(x^4-y^4)(x^4+y^4)$
$=(x^4)^2-(y^4)^2$

⬅$(x+y)(x-y)$ の積をとる。

⬅$(x^2-y^2)(x^2+y^2)$ の積をとる。

$=\boldsymbol{x^8-y^8}$

(2) $(x+1)(x+2)(x+3)(x+4)$

$=\{(x+1)(x+4)\}\times\{(x+2)(x+3)\}$

$=(x^2+5x+4)(x^2+5x+6)$

$=(x^2+5x)^2+10(x^2+5x)+24$

$=x^4+10x^3+25x^2+10x^2+50x+24$

$=\boldsymbol{x^4+10x^3+35x^2+50x+24}$

⬅( )( )( )( )
積をとる式の組合せを工夫すると，x^2+5x という同じ式が出てくる。
x^2+5x を A とおくと
$(A+4)(A+6)$
$=A^2+10A+24$

5 因数分解(1) (p.12)

因数分解の公式
[1] $a^2+2ab+b^2=(a+b)^2$
$a^2-2ab+b^2=(a-b)^2$
[2] $a^2-b^2=(a+b)(a-b)$

21 (1) $3ab+12ac=3a\times b+3a\times 4c=\boldsymbol{3a(b+4c)}$

(2) $2a^2b^2+4ab^2+6ab=2ab\times ab+2ab\times 2b+2ab\times 3$

$=\boldsymbol{2ab(ab+2b+3)}$

(3) $(2a+b)x+(2a+b)y=\boldsymbol{(2a+b)(x+y)}$

(4) $(a-2)b-(2-a)c=(a-2)b+(a-2)c$

$=\boldsymbol{(a-2)(b+c)}$

(5) $x^2+6x+9=x^2+2\times x\times 3+3^2=\boldsymbol{(x+3)^2}$

(6) $x^2-8xy+16y^2=x^2-2\times x\times 4y+(4y)^2=\boldsymbol{(x-4y)^2}$

(7) $x^2-81=x^2-9^2=\boldsymbol{(x+9)(x-9)}$

(8) $49x^2-9y^2=(7x)^2-(3y)^2=\boldsymbol{(7x+3y)(7x-3y)}$

⬅$2a+b=A$ とおくと
$(2a+b)x+(2a+b)y$
$=Ax+Ay=A(x+y)$
⬅$2-a=-a+2$
$=-(a-2)$
⬅(5)，(6) 因数分解の公式[1]
(7)，(8) 因数分解の公式[2]

22 (1) $2a^3b^2c+6a^2bc^2=2a^2bc\times ab+2a^2bc\times 3c$

$=\boldsymbol{2a^2bc(ab+3c)}$

(2) $(2a-3b)x-(2a-3b)y=\boldsymbol{(2a-3b)(x-y)}$

(3) $(a-3)x^2+9(3-a)=(a-3)x^2-9(a-3)$

$=(a-3)(x^2-9)$

$=\boldsymbol{(a-3)(x+3)(x-3)}$

(4) $49x^2-14x+1=(7x)^2-2\times 7\times x\times 1+1^2=\boldsymbol{(7x-1)^2}$

(5) $25x^2+20xy+4y^2=(5x)^2+2\times 5x\times 2y+(2y)^2=\boldsymbol{(5x+2y)^2}$

(6) $a^2-16b^2=a^2-(4b)^2=\boldsymbol{(a+4b)(a-4b)}$

⬅$2a-3b=A$ とおくと
$(2a-3b)x-(2a-3b)y$
$=Ax-Ay=A(x-y)$
⬅$3-a=-a+3=-(a-3)$
⬅x^2-9 をさらに因数分解する。
⬅(4)，(5) 因数分解の公式[1]
(6) 因数分解の公式[2]

23 (1) $3x^2yz-6xy^2z-9xyz^2=3xyz\times x-3xyz\times 2y-3xyz\times 3z$

$=\boldsymbol{3xyz(x-2y-3z)}$

(2) $(a^2-b^2)x^2-a^2+b^2=(a^2-b^2)x^2-(a^2-b^2)$

$=(a^2-b^2)(x^2-1)$

$=\boldsymbol{(a+b)(a-b)(x+1)(x-1)}$

(3) $(2a-b-c)x^2-16(b+c-2a)y^2$

$=(2a-b-c)x^2+16(2a-b-c)y^2$

$=\boldsymbol{(2a-b-c)(x^2+16y^2)}$

(4) $4x^2+4x+1=(2x)^2+2\times 2x\times 1+1^2=\boldsymbol{(2x+1)^2}$

(5) $9x^2-24xy+16y^2=(3x)^2-2\times 3x\times 4y+(4y)^2=\boldsymbol{(3x-4y)^2}$

(6) $49x^2y^2-36z^2=(7xy)^2-(6z)^2=\boldsymbol{(7xy+6z)(7xy-6z)}$

⬅$-a^2+b^2=-(a^2-b^2)$
⬅a^2-b^2，x^2-1 をそれぞれさらに因数分解する。
⬅$b+c-2a$
$=-2a+b+c$
$=-(2a-b-c)$
⬅(4)，(5) 因数分解の公式[1]
(6) 因数分解の公式[2]

JUMP 5

(1) $ab+a+b+1=(ab+a)+(b+1)$

$=a(b+1)+(b+1)$

$=\boldsymbol{(a+1)(b+1)}$

考え方 1つの文字に着目して整理する。
⬅組合せを工夫して，共通因数をつくり出す。

(2) $x^2+3x+\dfrac{9}{4}=x^2+2\times x\times\dfrac{3}{2}+\left(\dfrac{3}{2}\right)^2$

$=\left(\boldsymbol{x+\dfrac{3}{2}}\right)^2$

⬅因数分解の公式[1]

⬉$\dfrac{9}{4}=\left(\dfrac{3}{2}\right)^2$, $3=2\times\left(\dfrac{3}{2}\right)$

6 因数分解(2) (p.14)

因数分解の公式

[3] $x^2+(a+b)x+ab=(x+a)(x+b)$

[4] $acx^2+(ad+bc)x+bd=(ax+b)(cx+d)$

24 (1) $x^2+9x+20=x^2+(4+5)x+4\times5=\boldsymbol{(x+4)(x+5)}$

(2) $x^2-12xy+27y^2=x^2+\{(-3y)+(-9y)\}x+(-3y)\times(-9y)$

$=\boldsymbol{(x-3y)(x-9y)}$

(3) $2x^2+3x+1$

$=\boldsymbol{(x+1)(2x+1)}$

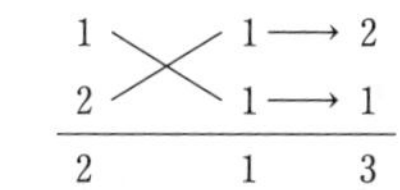

1	1 →	2
2	1 →	1
2	1	3

⬉(1)積が 20，和が 9 となる 2 数は 4 と 5

⬉(2) 積が $27y^2$，和が $-12y$ となる 2 式は $-3y$ と $-9y$

(4) $3x^2-13x+12$

$=\boldsymbol{(x-3)(3x-4)}$

1	−3 →	−9
3	−4 →	−4
3	12	−13

(5) $5x^2+18xy+9y^2$

$=\boldsymbol{(x+3y)(5x+3y)}$

1	$3y$ →	$15y$
5	$3y$ →	$3y$
5	$9y^2$	$18y$

⬅x に着目すると，x の係数は $18y$，定数項は $9y^2$

(6) $4x^2+4xy-15y^2$

$=\boldsymbol{(2x-3y)(2x+5y)}$

2	$-3y$ →	$-6y$
2	$5y$ →	$10y$
4	$-15y^2$	$4y$

⬅x に着目すると，x の係数は $4y$，定数項は $-15y^2$

25 (1) $x^2-6x-16=x^2+\{2+(-8)\}x+2\times(-8)=\boldsymbol{(x+2)(x-8)}$

(2) $x^2-8xy-33y^2=x^2+\{3y+(-11y)\}x+3y\times(-11y)$

$=\boldsymbol{(x+3y)(x-11y)}$

⬅積が −16，和が −6 となる 2 数は 2 と −8

⬉積が $-33y^2$，和が $-8y$ となる 2 式は $3y$ と $-11y$

(3) $3x^2+7x+2$

$=\boldsymbol{(x+2)(3x+1)}$

1	2 →	6
3	1 →	1
3	2	7

(4) $2x^2+5x-7$

$=\boldsymbol{(x-1)(2x+7)}$

1	−1 →	−2
2	7 →	7
2	−7	5

(5) $4x^2-9x+2$

$=\boldsymbol{(x-2)(4x-1)}$

1	−2 →	−8
4	−1 →	−1
4	2	−9

(6) $6x^2+7xy-10y^2$

$=\boldsymbol{(x+2y)(6x-5y)}$

1	$2y$ →	$12y$
6	$-5y$ →	$-5y$
6	$-10y^2$	$7y$

⬅x に着目すると，x の係数は $7y$，定数項は $-10y^2$

(7) $8x^2-14xy-9y^2$

$=\boldsymbol{(2x+y)(4x-9y)}$

2	y →	$4y$
4	$-9y$ →	$-18y$
8	$-9y^2$	$-14y$

⬅x に着目すると，x の係数は $-14y$，定数項は $-9y^2$

26 (1) $x^2-10x-24=x^2+\{2+(-12)\}x+2\times(-12)$

$=\boldsymbol{(x+2)(x-12)}$

⬅積が −24，和が −10 となる 2 数は 2 と −12

(2) $x^2+6xy-40y^2=x^2+\{10y+(-4y)\}x+10y\times(-4y)$

$=\boldsymbol{(x+10y)(x-4y)}$

⬅積が $-40y^2$，和が $6y$ となる 2 式は $10y$ と $-4y$

(3) $9x^2-18x+8$

$=\boldsymbol{(3x-2)(3x-4)}$

3	−2 →	−6
3	−4 →	−12
9	8	−18

(4) $6x^2-11x-7$
$=\boldsymbol{(2x+1)(3x-7)}$

2	1 →	3
3	−7 →	−14
6	−7	−11

(5) $24x^2-2x-15$
$=\boldsymbol{(4x+3)(6x-5)}$

4	3 →	18
6	−5 →	−20
24	−15	−2

(6) $12a^2+7ab-10b^2$
$=\boldsymbol{(3a-2b)(4a+5b)}$

3	$-2b$ →	$-8b$
4	$5b$ →	$15b$
12	$-10b^2$	$7b$

⬅a に着目すると，a の係数は $7b$，定数項は $-10b^2$

(7) $20a^2-47ab+24b^2$
$=\boldsymbol{(4a-3b)(5a-8b)}$

4	$-3b$ →	$-15b$
5	$-8b$ →	$-32b$
20	$24b^2$	$-47b$

JUMP 6

考え方 (2) a の2次式とみる。

(1) $6x^3y+14x^2y^2-12xy^3$
$=2xy(3x^2+7xy-6y^2)$ ⬅共通因数 $2xy$
$=\boldsymbol{2xy(x+3y)(3x-2y)}$

1	$3y$ →	$9y$
3	$-2y$ →	$-2y$
3	$-6y^2$	$7y$

(2) $(b+c)a^2+(b^2+2bc+c^2)a+(b+c)bc$
$=(b+c)a^2+(b+c)^2a+(b+c)bc$
$=(b+c)\{a^2+(b+c)a+bc\}$ ⬅因数分解の公式[3]
$=(b+c)(a+b)(a+c)$
$=\boldsymbol{(a+b)(b+c)(c+a)}$ ⬅$a+b$，$b+c$，$c+a$ の順に整理

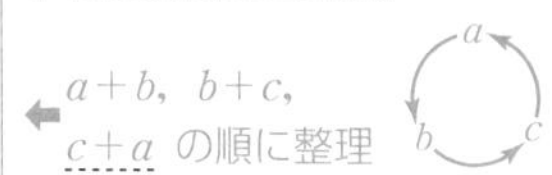

7 因数分解(3) (p.16)

27 (1) $x-2y=A$ とおくと
$(x-2y)^2-5(x-2y)+6=A^2-5A+6$ ⬅式の一部をひとまとめにする。
$=(A-2)(A-3)$
$=\boldsymbol{(x-2y-2)(x-2y-3)}$

(2) $2x+3y=A$ とおくと
$(2x+3y)^2-3(2x+3y)=A^2-3A$
$=A(A-3)$
$=(2x+3y)\{(2x+3y)-3\}$
$=\boldsymbol{(2x+3y)(2x+3y-3)}$

(3) $x^2=A$ とおくと
$x^4-6x^2-27=A^2-6A-27$ ⬅$x^4=(x^2)^2=A^2$
$=(A-9)(A+3)$
$=(x^2-9)(x^2+3)$
$=\boldsymbol{(x+3)(x-3)(x^2+3)}$ ⬅x^2-9 をさらに因数分解する。

(4) $x^2+x=A$ とおくと
$(x^2+x)^2-4(x^2+x)-12=A^2-4A-12$
$=(A-6)(A+2)$
$=(x^2+x-6)(x^2+x+2)$ ⬅x^2+x-6 をさらに因数分解する。
$=\boldsymbol{(x+3)(x-2)(x^2+x+2)}$

28 (1) $x+1=A$ とおくと
$(x+1)^2+7(x+1)+10=A^2+7A+10$ ⬅式の一部をひとまとめにする。
$=(A+2)(A+5)$
$=\{(x+1)+2\}\{(x+1)+5\}$
$=\boldsymbol{(x+3)(x+6)}$

(2) $x-y=A$ とおくと

$(x-y)^2+2(x-y)-48=A^2+2A-48$
$=(A+8)(A-6)$
$=\{(x-y)+8\}\{(x-y)-6\}$
$=\boldsymbol{(x-y+8)(x-y-6)}$

(3) $x^2=A$ とおくと

$x^4+6x^2+5=A^2+6A+5$
$=(A+1)(A+5)$
$=\boldsymbol{(x^2+1)(x^2+5)}$

⬅$x^4=(x^2)^2=A^2$

(4) $x^2=A$ とおくと

$x^4-81=A^2-81$
$=(A-9)(A+9)$
$=(x^2-9)(x^2+9)$
$=\boldsymbol{(x+3)(x-3)(x^2+9)}$

⬅$x^4=(x^2)^2=A^2$

⬅x^2-9 をさらに因数分解する。

(5) $x^2+x=A$ とおくと

$(x^2+x)^2-9(x^2+x)+18=A^2-9A+18$
$=(A-6)(A-3)$
$=(x^2+x-6)(x^2+x-3)$
$=\boldsymbol{(x+3)(x-2)(x^2+x-3)}$

⬅x^2+x-6 をさらに因数分解する。

29 (1) $2a+b=A$ とおくと

⬅式の一部をひとまとめにする。

$3(2a+b)^2-2(2a+b)-8$
$=3A^2-2A-8$
$=(A-2)(3A+4)$
$=\{(2a+b)-2\}\{3(2a+b)+4\}$
$=\boldsymbol{(2a+b-2)(6a+3b+4)}$

1	-2 →	-6
3	4 →	4
3	-8	-2

(2) $x+3y=A$ とおくと

$6(x+3y)^2-11(x+3y)-10$
$=6A^2-11A-10$
$=(2A-5)(3A+2)$
$=\{2(x+3y)-5\}\{3(x+3y)+2\}$
$=\boldsymbol{(2x+6y-5)(3x+9y+2)}$

2	-5 →	-15
3	2 →	4
6	-10	-11

(3) $x^2=A$ とおくと

$x^4-13x^2+36=A^2-13A+36$
$=(A-4)(A-9)$
$=(x^2-4)(x^2-9)$
$=\boldsymbol{(x+2)(x-2)(x+3)(x-3)}$

⬅$x^4=(x^2)^2=A^2$

⬅x^2-4，x^2-9 をそれぞれさらに因数分解する。

(4) $x^2=A$ とおくと

$16x^4-1=16A^2-1$
$=(4A-1)(4A+1)$
$=(4x^2-1)(4x^2+1)$
$=\boldsymbol{(2x+1)(2x-1)(4x^2+1)}$

⬅$x^4=(x^2)^2=A^2$

⬅$4x^2-1$ をさらに因数分解する。

(5) $x^2-2x=A$ とおくと

$(x^2-2x)^2-11(x^2-2x)+24=A^2-11A+24$
$=(A-3)(A-8)$
$=(x^2-2x-3)(x^2-2x-8)$
$=\boldsymbol{(x+1)(x-3)(x+2)(x-4)}$

⬅x^2-2x-3，x^2-2x-8 をそれぞれさらに因数分解する。

JUMP 7

(1) $(x-4)(x-2)(x+1)(x+3)+24$
$=\{(x-4)(x+3)\}\{(x-2)(x+1)\}+24$
$=(x^2-x-12)(x^2-x-2)+24$
$x^2-x=A$ とおくと
$(x^2-x-12)(x^2-x-2)+24=(A-12)(A-2)+24$
$=A^2-14A+48$
$=(A-6)(A-8)$
$=(x^2-x-6)(x^2-x-8)$
$=\boldsymbol{(x+2)(x-3)(x^2-x-8)}$

(2) $x^2=A$ とおくと
$x^4+x^2+1=A^2+A+1$
$=A^2+(2A-A)+1$
$=(A^2+2A+1)-A$
$=(A+1)^2-A$
$=(x^2+1)^2-x^2$
$x^2+1=B$ とおくと
$(x^2+1)^2-x^2=B^2-x^2$
$=(B+x)(B-x)$
$=\{(x^2+1)+x\}\{(x^2+1)-x\}$
$=\boldsymbol{(x^2+x+1)(x^2-x+1)}$

考え方 (1)計算の順序を工夫する。

⬅$(\ )(\ )(\ )(\ )+24$
積をとる式の組合せを工夫すると，x^2-x という同じ式が出てくる。

⬅x^2-x-6 をさらに因数分解する。

⬅$A=2A-A$ とし，$A^2+2A+1=(A+1)^2$ をつくる。

8 因数分解(4) (p.18)

30 (1) 最も次数の低い文字 b について整理すると
$a^2+ab+2bc-4c^2=(a+2c)b+(a^2-4c^2)$
$=(a+2c)b+(a+2c)(a-2c)$
$=(a+2c)\{b+(a-2c)\}$
$=\boldsymbol{(a+2c)(a+b-2c)}$

⬅a…2 次式
b…1 次式
c…2 次式

⬅$a+2c$ をくくり出す。

(2) 最も次数の低い文字 c について整理すると
$a^2+b^2+2ab+2bc+2ca=(2a+2b)c+(a^2+2ab+b^2)$
$=2(a+b)c+(a+b)^2$
$=(a+b)\{2c+(a+b)\}$
$=\boldsymbol{(a+b)(a+b+2c)}$

⬅a…2 次式
b…2 次式
c…1 次式

⬅$a+b$ をくくり出す。

(3) $x^2+(2y+3)x+(y+1)(y+2)$
$=\{x+(y+1)\}\{x+(y+2)\}$
$=\boldsymbol{(x+y+1)(x+y+2)}$

1	$y+1$	⟶	$y+1$
1	$y+2$	⟶	$y+2$
1	$(y+1)(y+2)$		$2y+3$

(4) $x^2+4xy+3y^2-x-7y-6$
$=x^2+(4y-1)x+(3y^2-7y-6)$
$=x^2+(4y-1)x+(y-3)(3y+2)$
$=\{x+(y-3)\}\{x+(3y+2)\}$
$=\boldsymbol{(x+y-3)(x+3y+2)}$

⬅x について降べきの順に整理

1	$y-3$	⟶	$y-3$
1	$3y+2$	⟶	$3y+2$
1	$(y-3)(3y+2)$		$4y-1$

31 (1) 最も次数の低い文字 c について整理すると
$4a^2-4ab+2ac-bc+b^2=(2a-b)c+(4a^2-4ab+b^2)$
$=(2a-b)c+(2a-b)^2$
$=(2a-b)\{c+(2a-b)\}$
$=\boldsymbol{(2a-b)(2a-b+c)}$

⬅a…2 次式
b…2 次式
c…1 次式

⬅$2a-b$ をくくり出す。

(2) 最も次数の低い文字 y について整理すると
$x^2+xy+2y-4=(x+2)y+(x^2-4)$

⬅x…2 次式
y…1 次式

$=(x+2)y+(x+2)(x-2)$
$=(x+2)\{y+(x-2)\}$
$=\boldsymbol{(x+2)(x+y-2)}$

⬅$x+2$ をくくり出す。

(3) $x^2+2xy+7x+y^2+7y+10$
$=x^2+(2y+7)x+y^2+7y+10$
$=x^2+(2y+7)x+(y+2)(y+5)$
$=\{x+(y+2)\}\{x+(y+5)\}$
$=\boldsymbol{(x+y+2)(x+y+5)}$

1	$y+2$	⟶	$y+2$
1	$y+5$	⟶	$y+5$
1	$(y+2)(y+5)$		$2y+7$

⬅x について降べきの順に整理

(4) $3x^2+4xy+y^2-7x-y-6$
$=3x^2+(4y-7)x+y^2-y-6$
$=3x^2+(4y-7)x+(y+2)(y-3)$
$=\{x+(y-3)\}\{3x+(y+2)\}$
$=\boldsymbol{(x+y-3)(3x+y+2)}$

1	$y-3$	⟶	$3y-9$
3	$y+2$	⟶	$y+2$
3	$(y+2)(y-3)$		$4y-7$

⬅x について降べきの順に整理

別解 $3x^2+4xy+y^2-7x-y-6$
$=y^2+(4x-1)y+3x^2-7x-6$
$=y^2+(4x-1)y+(x-3)(3x+2)$
$=\{y+(x-3)\}\{y+(3x+2)\}$
$=\boldsymbol{(x+y-3)(3x+y+2)}$

1	$x-3$	⟶	$x-3$
1	$3x+2$	⟶	$3x+2$
1	$(x-3)(3x+2)$		$4x-1$

⬅y について降べきの順に整理しても計算できる。

32 (1) 最も次数の低い文字 a について整理すると
$ab-4bc-ca+b^2+3c^2=(b-c)a+(b^2-4bc+3c^2)$
$=(b-c)a+(b-c)(b-3c)$
$=(b-c)\{a+(b-3c)\}$
$=\boldsymbol{(b-c)(a+b-3c)}$

⬅a…1 次式
b…2 次式
c…2 次式

⬅$b-c$ をくくり出す。

(2) 最も次数の低い文字 y について整理すると
$x^2y-x^2-4y+4=(x^2-4)y-x^2+4$
$=(x^2-4)y-(x^2-4)$
$=(x^2-4)(y-1)$
$=\boldsymbol{(x+2)(x-2)(y-1)}$

⬅x…2 次式
y…1 次式

⬅x^2-4 をさらに因数分解する。

(3) $2x^2+5xy+3y^2-4x-5y+2$
$=2x^2+(5y-4)x+(3y^2-5y+2)$
$=2x^2+(5y-4)x+(y-1)(3y-2)$
$=\{x+(y-1)\}\{2x+(3y-2)\}$
$=\boldsymbol{(x+y-1)(2x+3y-2)}$

1	$y-1$	⟶	$2y-2$
2	$3y-2$	⟶	$3y-2$
2	$(y-1)(3y-2)$		$5y-4$

⬅x について降べきの順に整理

(4) $3x^2-3xy-6y^2+5x-y+2$
$=3x^2-(3y-5)x-(6y^2+y-2)$
$=3x^2-(3y-5)x-(2y-1)(3y+2)$
$=\{x-(2y-1)\}\{3x+(3y+2)\}$
$=\boldsymbol{(x-2y+1)(3x+3y+2)}$

1	$-(2y-1)$	⟶	$-6y+3$
3	$3y+2$	⟶	$3y+2$
3	$-(2y-1)(3y+2)$		$-(3y-5)$

⬅x について降べきの順に整理

⬅定数項 $-(6y^2+y-2)$ を因数分解する（かっこの前の − は外につけたままで考える）

JUMP 8

考え方 最も次数の低い文字に着目して整理する

(1) 最も次数の低い文字 z について整理すると
$x^2y+y^2z-y^3-x^2z=(y^2-x^2)z+x^2y-y^3$
$=-(x^2-y^2)z+y(x^2-y^2)$
$=(x^2-y^2)(-z+y)$
$=\boldsymbol{(x+y)(x-y)(y-z)}$

⬅x…2 次式，y…3 次式
z…1 次式

⬅$y^2-x^2=-(x^2-y^2)$

⬅x^2-y^2 をくくり出す。

(2) 最も次数の低い文字 y について整理すると
$xy-yz^2+x^3-2x^2z^2+xz^4=(x-z^2)y+x^3-2x^2z^2+xz^4$
$=(x-z^2)y+x(x^2-2xz^2+z^4)$

⬅x…3 次式，y…1 次式
z…4 次式

$=(x-z^2)y+x(x-z^2)^2$
$=(x-z^2)\{y+x(x-z^2)\}$
$=\boldsymbol{(x-z^2)(x^2-xz^2+y)}$

⬅$x-z^2$ をくくり出す。

9 〈発展〉3次式の展開と因数分解 (p.20)

33 (1) $(x+1)^3=x^3+3\times x^2\times 1+3\times x\times 1^2+1^3$
$=\boldsymbol{x^3+3x^2+3x+1}$

(2) $(x+1)(x^2-x+1)=(x+1)(x^2-x\times 1+1^2)$
$=x^3+1^3$
$=\boldsymbol{x^3+1}$

34 (1) $27x^3+y^3=(3x)^3+y^3$
$=(3x+y)\{(3x)^2-3x\times y+y^2\}$
$=\boldsymbol{(3x+y)(9x^2-3xy+y^2)}$

(2) $8x^3-125=(2x)^3-5^3$
$=(2x-5)\{(2x)^2+2x\times 5+5^2\}$
$=\boldsymbol{(2x-5)(4x^2+10x+25)}$

35 (1) $(x+3)^3=x^3+3\times x^2\times 3+3\times x\times 3^2+3^3$
$=\boldsymbol{x^3+9x^2+27x+27}$

(2) $(2x-1)^3=(2x)^3-3\times(2x)^2\times 1+3\times 2x\times 1^2-1^3$
$=\boldsymbol{8x^3-12x^2+6x-1}$

(3) $(2x+1)(4x^2-2x+1)=(2x+1)\{(2x)^2-2x\times 1+1^2\}$
$=(2x)^3+1^3$
$=\boldsymbol{8x^3+1}$

(4) $(x-4y)(x^2+4xy+16y^2)=(x-4y)\{x^2+x\times 4y+(4y)^2\}$
$=x^3-(4y)^3$
$=\boldsymbol{x^3-64y^3}$

36 (1) $x^3+1=x^3+1^3$
$=(x+1)(x^2-x\times 1+1^2)$
$=\boldsymbol{(x+1)(x^2-x+1)}$

(2) $27x^3-64y^3=(3x)^3-(4y)^3$
$=(3x-4y)\{(3x)^2+3x\times 4y+(4y)^2\}$
$=\boldsymbol{(3x-4y)(9x^2+12xy+16y^2)}$

37 (1) $(2x-3y)^3=(2x)^3-3\times(2x)^2\times 3y+3\times 2x\times(3y)^2-(3y)^3$
$=\boldsymbol{8x^3-36x^2y+54xy^2-27y^3}$

(2) $(xy+4)^3=(xy)^3+3\times(xy)^2\times 4+3\times xy\times 4^2+4^3$
$=\boldsymbol{x^3y^3+12x^2y^2+48xy+64}$

(3) $(3x-5y)(9x^2+15xy+25y^2)$
$=(3x-5y)\{(3x)^2+3x\times 5y+(5y)^2\}$
$=(3x)^3-(5y)^3$
$=\boldsymbol{27x^3-125y^3}$

(4) $(xy+z)(x^2y^2-xyz+z^2)=(xy+z)\{(xy)^2-xy\times z+z^2\}$
$=(xy)^3+z^3$
$=\boldsymbol{x^3y^3+z^3}$

3次式の乗法公式
- $(a+b)^3$
  $=a^3+3a^2b+3ab^2+b^3$
- $(a-b)^3$
  $=a^3-3a^2b+3ab^2-b^3$
- $(a+b)(a^2-ab+b^2)$
  $=a^3+b^3$
- $(a-b)(a^2+ab+b^2)$
  $=a^3-b^3$

3次式の因数分解の公式
- a^3+b^3
  $=(a+b)(a^2-ab+b^2)$
- a^3-b^3
  $=(a-b)(a^2+ab+b^2)$

38 (1) $x^4y+xy^4=xy(x^3+y^3)$
$=\boldsymbol{xy(x+y)(x^2-xy+y^2)}$
(2) $24x^3-3y^3=3(8x^3-y^3)$
$=3(2x-y)\{(2x)^2+2x\times y+y^2\}$
$=\boldsymbol{3(2x-y)(4x^2+2xy+y^2)}$

⬅共通因数の xy をくくり出す。
⬅共通因数の 3 をくくり出す。(24=3×8 と考える)

JUMP 9

考え方　積の順序を考える。

(1) $(x+1)^3(x-1)^3=\{(x+1)(x-1)\}^3$
$=(x^2-1)^3$
$=(x^2)^3-3\times(x^2)^2\times1+3\times x^2\times1^2-1^3$
$=\boldsymbol{x^6-3x^4+3x^2-1}$
(2) $(x+2)(x-2)(x^2+2x+4)(x^2-2x+4)$
$=\{(x+2)(x^2-2x+4)\}\times\{(x-2)(x^2+2x+4)\}$
$=(x^3+8)(x^3-8)$
$=\boldsymbol{x^6-64}$

⬅$a^nb^n=(ab)^n$　(指数法則)
⬅乗法公式
⬅(　)(　)(　)(　)
積をとる式の組合せを工夫すると，乗法公式が使える。

まとめの問題　数と式① (p.22)

1 (1) $2x^3+5x^2y+4xy+y^2-6x-1$
$=\boldsymbol{2x^3+5yx^2+(4y-6)x+(y^2-1)}$
x の 1 次の項の係数は $\boldsymbol{4y-6}$,
定数項は $\boldsymbol{y^2-1}$
(2) $2x^3+5x^2y+4xy+y^2-6x-1$
$=\boldsymbol{y^2+(5x^2+4x)y+(2x^3-6x-1)}$
y の 1 次の項の係数は $\boldsymbol{5x^2+4x}$,
定数項は $\boldsymbol{2x^3-6x-1}$

⬅x を含まない項が定数項
⬅y を含まない項が定数項

2 (1) $2a^4b\times(-3a^2b^3)^2=2a^4b\times(-3)^2\times(a^2)^2\times(b^3)^2$
$=2\times(-3)^2\times a^4\times a^{2\times2}\times b\times b^{3\times2}$
$=2\times9\times a^{4+4}\times b^{1+6}$
$=\boldsymbol{18a^8b^7}$
(2) $x^2y\times(2xy^3)^2\times(-x^2y^4)^3$
$=x^2y\times2^2\times x^2\times(y^3)^2\times(-1)^3\times(x^2)^3\times(y^4)^3$
$=2^2\times(-1)^3\times x^2\times x^2\times x^{2\times3}\times y\times y^{3\times2}\times y^{4\times3}$
$=4\times(-1)\times x^{2+2+6}\times y^{1+6+12}$
$=\boldsymbol{-4x^{10}y^{19}}$

⬅$(ab)^n=a^nb^n$
⬅$(a^m)^n=a^{mn}$
⬅$a^m\times a^n=a^{m+n}$
⬅$(ab)^n=a^nb^n$
⬅$(a^m)^n=a^{mn}$
⬅$a^m\times a^n=a^{m+n}$

3 (1) $2xy(x^2+3xy+4y^2)=2xy\times x^2+2xy\times3xy+2xy\times4y^2$
$=\boldsymbol{2x^3y+6x^2y^2+8xy^3}$
(2) $(x-1)(x^3+x^2+x+1)=x(x^3+x^2+x+1)-(x^3+x^2+x+1)$
$=x^4+x^3+x^2+x-x^3-x^2-x-1$
$=\boldsymbol{x^4-1}$
(3) $(ax+by)^2=(ax)^2+2\times ax\times by+(by)^2$
$=\boldsymbol{a^2x^2+2abxy+b^2y^2}$
(4) $(ab+1)(ab-1)=(ab)^2-1^2=\boldsymbol{a^2b^2-1}$
(5) $(3a+7b)(4a-9b)$
$=3\times4a^2+\{3\times(-9b)+7b\times4\}a+7b\times(-9b)$
$=\boldsymbol{12a^2+ab-63b^2}$
(6) $2a+b=A$　とおくと
$(2a+b-c)^2=(A-c)^2$

⬅$2xy(x^2+3xy+4y^2)$
⬅$(x-1)(x^3+x^2+x+1)$
⬅$(a+b)^2=a^2+2ab+b^2$
⬅$(a+b)(a-b)=a^2-b^2$
⬅$(ax+b)(cx+d)$
$=acx^2+(ad+bc)x+bd$
⬅式の一部をひとまとめにする。

$=A^2-2Ac+c^2$
$=(2a+b)^2-2(2a+b)c+c^2$
$=4a^2+4ab+b^2-4ac-2bc+c^2$
$\boldsymbol{=4a^2+b^2+c^2+4ab-2bc-4ca}$

別解 $(2a+b-c)^2$
$=(2a)^2+b^2+(-c)^2+2\times 2a\times b+2\times b\times(-c)+2\times(-c)\times 2a$
$\boldsymbol{=4a^2+b^2+c^2+4ab-2bc-4ca}$

(7) $x+z=A$ とおくと
$(x+y+z)(x-y+z)=(A+y)(A-y)$
$=A^2-y^2$
$=(x+z)^2-y^2$
$=x^2+2xz+z^2-y^2$
$\boldsymbol{=x^2-y^2+z^2+2xz}$

(8) $(3a-bc)^2(3a+bc)^2=\{(3a-bc)(3a+bc)\}^2$
$=\{(3a)^2-(bc)^2\}^2$
$=(9a^2-b^2c^2)^2$
$=(9a^2)^2-2\times 9a^2\times b^2c^2+(b^2c^2)^2$
$\boldsymbol{=81a^4-18a^2b^2c^2+b^4c^4}$

←A を $2a+b$ にもどす。
←ab, bc, ca の順に項を整理する
←式の一部をひとまとめにする。
←A を $x+z$ にもどす。
←$a^nb^n=(ab)^n$
←$(a-b)^2=a^2-2ab+b^2$

4 (1) $x^2-4x=\boldsymbol{x(x-4)}$
(2) $a^2(2x-3y)+b^2(3y-2x)=a^2(2x-3y)-b^2(2x-3y)$
$=(a^2-b^2)(2x-3y)$
$\boldsymbol{=(a+b)(a-b)(2x-3y)}$
(3) $x^2-12xy+36y^2=x^2-2\times x\times 6y+(6y)^2=\boldsymbol{(x-6y)^2}$
(4) $4x^2+5x-6$
$\boldsymbol{=(x+2)(4x-3)}$

1	2 →	8
4	−3 →	−3
4	−6	5

(5) $36x^2-5xy-24y^2$
$\boldsymbol{=(4x+3y)(9x-8y)}$

4	$3y$ →	$27y$
9	$-8y$ →	$-32y$
36	$-24y^2$	$-5y$

(6) $(a-b)^2-7(b-a)+10=(a-b)^2+7(a-b)+10$
ここで，$a-b=A$ とおくと
$(a-b)^2+7(a-b)+10=A^2+7A+10$
$=(A+2)(A+5)$
$\boldsymbol{=(a-b+2)(a-b+5)}$
(7) $x^2=A$ とおくと
$x^4-x^2-12=A^2-A-12$
$=(A-4)(A+3)$
$=(x^2-4)(x^2+3)$
$\boldsymbol{=(x+2)(x-2)(x^2+3)}$
(8) 最も次数の低い文字 z について整理すると
$x^2z+x+y-y^2z=(x^2-y^2)z+(x+y)$
$=(x+y)(x-y)z+(x+y)$
$=(x+y)\{(x-y)z+1\}$
$\boldsymbol{=(x+y)(xz-yz+1)}$
(9) x に着目して整理すると
$2x^2+6xy+4y^2-x-4y-3$
$=2x^2+(6y-1)x+(4y^2-4y-3)$

←共通因数 x
←$3y-2x=-2x+3y$
$=-(2x-3y)$
←a^2-b^2 をさらに因数分解する。
←$a^2-2ab+b^2=(a-b)^2$
←$-7(b-a)$
$=-7(-a+b)$
$=-7\{-(a-b)\}$
$=-7\times(-1)(a-b)$
$=7(a-b)$
←$x^4=(x^2)^2=A^2$
←x^2-4 をさらに因数分解する。
←x は2次式，y は2次式
z は1次式
←x，y の次数が等しいので，どちらか1つの文字について整理

$=2x^2+(6y-1)x+(2y+1)(2y-3)$
$=\{x+(2y+1)\}\{2x+(2y-3)\}$
$=\mathbf{(x+2y+1)(2x+2y-3)}$

1	$2y+1$	⟶	$4y+2$
2	$2y-3$	⟶	$2y-3$
2	$(2y+1)(2y-3)$		$6y-1$

別解　y に着目して整理すると

$2x^2+6xy+4y^2-x-4y-3$
$=4y^2+(6x-4)y+(2x^2-x-3)$
$=4y^2+(6x-4)y+(x+1)(2x-3)$
$=\{2y+(x+1)\}\{2y+(2x-3)\}$
$=\mathbf{(x+2y+1)(2x+2y-3)}$

2	$x+1$	⟶	$2x+2$
2	$2x-3$	⟶	$4x-6$
4	$(x+1)(2x-3)$		$6x-4$

⬅ y について整理しても計算できる。

5　$(4x-3y)^3=(4x)^3-3\times(4x)^2\times3y+3\times4x\times(3y)^2-(3y)^3$
$=\mathbf{64x^3-144x^2y+108xy^2-27y^3}$

⬅ $(a-b)^3=a^3-3a^2b+3ab^2-b^3$

6　$2x^3-54y^3=2(x^3-27y^3)$
$=2\{x^3-(3y)^3\}$
$=2(x-3y)\{x^2+x\times3y+(3y)^2\}$
$=\mathbf{2(x-3y)(x^2+3xy+9y^2)}$

⬅共通因数の 2 でくくる。

⬅ $a^3-b^3=(a-b)(a^2+ab+b^2)$

10 実数，平方根(p.24)

39 (1)　$|-3|=-(-3)=\mathbf{3}$

(2)　$\sqrt{7}>\sqrt{6}$　であるから　$\sqrt{7}-\sqrt{6}>0$
よって　$|\sqrt{7}-\sqrt{6}|=\mathbf{\sqrt{7}-\sqrt{6}}$

(3)　$2=\sqrt{4}$　より　$2<\sqrt{6}$　であるから　$2-\sqrt{6}<0$
よって　$|2-\sqrt{6}|=-(2-\sqrt{6})=\mathbf{\sqrt{6}-2}$

絶対値
$a\geqq0$ のとき $|a|=a$
$a<0$ のとき $|a|=-a$

$\sqrt{a^2}$ の値
$a\geqq0$ のとき $\sqrt{a^2}=a$
$a<0$ のとき $\sqrt{a^2}=-a$

40 (1)　2 乗すると 3 になる数だから，$\sqrt{3}$ と $-\sqrt{3}$，すなわち $\mathbf{\pm\sqrt{3}}$

(2)　$\sqrt{64}=\mathbf{8}$

(3)　$\sqrt{(-2)^2}=-(-2)=\mathbf{2}$

⬅ $\sqrt{(-2)^2}=-2$ は誤り

41 (1)　$\dfrac{4}{15}=4\div15=0.2666666\cdots\cdots=\mathbf{0.2\dot{6}}$

(2)　$\dfrac{7}{37}=7\div37=0.1891891\cdots\cdots=\mathbf{0.\dot{1}8\dot{9}}$

(3)　$\dfrac{37}{7}=37\div7=5.28571428\cdots\cdots=\mathbf{5.\dot{2}8571\dot{4}}$

⬅循環小数は，同じ並びの最初と最後の数字の上に記号・をつけて表す。

42 (1)　$\sqrt{9}=3$，$\dfrac{16}{4}=4$　であるから，自然数は $\mathbf{\sqrt{9}}$，$\mathbf{\dfrac{16}{4}}$

(2)　整数は $\mathbf{0}$，$\mathbf{\sqrt{9}}$，$\mathbf{-2}$，$\mathbf{\dfrac{16}{4}}$

(3)　$3.14=\dfrac{314}{100}=\dfrac{157}{50}$，$0.333\cdots\cdots=\dfrac{1}{3}$　であるから，
有理数は $\mathbf{0}$，$\mathbf{-\dfrac{1}{3}}$，$\mathbf{3.14}$，$\mathbf{\sqrt{9}}$，$\mathbf{-2}$，$\mathbf{0.333\cdots\cdots}$，$\mathbf{\dfrac{16}{4}}$

(4)　無理数は $\mathbf{\sqrt{5}}$，$\boldsymbol{\pi}$

有理数
m，n を整数，$n\neq0$ として $\dfrac{m}{n}$ という分数の形で表される数
無理数
分数 $\dfrac{m}{n}$ の形で表せない数（有理数でない実数）

⬉ 3.14 は有限小数，0.333…… は循環小数だから，ともに有理数であると言える。

43 (1)　$\left|-\dfrac{20}{3}\right|=-\left(-\dfrac{20}{3}\right)=\mathbf{\dfrac{20}{3}}$

(2)　$3=\sqrt{9}$　より　$3-\sqrt{5}>0$　であるから

$|3-\sqrt{5}|=\mathbf{3-\sqrt{5}}$

(3) $2\sqrt{2}=\sqrt{8}$, $3=\sqrt{9}$ より $2\sqrt{2}-3<0$ であるから
$|2\sqrt{2}-3|=-(2\sqrt{2}-3)=\mathbf{3-2\sqrt{2}}$

44 (1) 2乗すると49になる数だから，7と-7，すなわち $\mathbf{\pm 7}$

(2) 2乗すると$\dfrac{1}{9}$になる数だから，$\dfrac{1}{3}$と$-\dfrac{1}{3}$，すなわち $\mathbf{\pm\dfrac{1}{3}}$

(3) $-\sqrt{100}=-\sqrt{10^2}=\mathbf{-10}$

(4) $\sqrt{\left(-\dfrac{1}{8}\right)^2}=-\left(-\dfrac{1}{8}\right)=\mathbf{\dfrac{1}{8}}$

⇐ $\sqrt{\left(-\dfrac{1}{8}\right)^2}=-\dfrac{1}{8}$ は誤り

JUMP 10

考え方 絶対値の中の符号を確認する。

絶対値
$a\geqq 0$ のとき $|a|=a$
$a<0$ のとき $|a|=-a$

(1) $x=5$ のとき
$$|x+1|+2|x-2|=|5+1|+2|5-2|$$
$$=|6|+2|3|$$
$$=6+2\times 3$$
$$=\mathbf{12}$$

(2) $x=-2$ のとき
$$|x+1|+2|x-2|=|-2+1|+2|-2-2|$$
$$=|-1|+2|-4|$$
$$=1+2\times 4$$
$$=\mathbf{9}$$

(3) $x=\sqrt{3}$ のとき，$\sqrt{3}+1>0$，$\sqrt{3}-2<0$ であるから
$$|x+1|+2|x-2|=|\sqrt{3}+1|+2|\sqrt{3}-2|$$
$$=(\sqrt{3}+1)-2(\sqrt{3}-2)$$
$$=\mathbf{5-\sqrt{3}}$$

⇐ $\sqrt{3}<2$ より $\sqrt{3}-2<0$

11 根号を含む式の計算 (p.26)

平方根の積と商
$a>0$，$b>0$ のとき
[1] $\sqrt{a}\sqrt{b}=\sqrt{ab}$
[2] $\dfrac{\sqrt{a}}{\sqrt{b}}=\sqrt{\dfrac{a}{b}}$

平方根の性質
$a>0$，$k>0$ のとき
$\sqrt{k^2a}=k\sqrt{a}$

45 (1) $\sqrt{28}=\sqrt{2^2\times 7}=\mathbf{2\sqrt{7}}$

(2) $\sqrt{3}\times\sqrt{21}=\sqrt{3\times 21}=\sqrt{3^2\times 7}=\mathbf{3\sqrt{7}}$

(3) $\dfrac{\sqrt{48}}{\sqrt{8}}=\sqrt{\dfrac{48}{8}}=\mathbf{\sqrt{6}}$

(4) $2\sqrt{8}-\sqrt{18}+\sqrt{72}=2\times 2\sqrt{2}-3\sqrt{2}+6\sqrt{2}$
$$=(4-3+6)\sqrt{2}$$
$$=\mathbf{7\sqrt{2}}$$

(5) $(2\sqrt{2}-\sqrt{5})-(5\sqrt{2}-4\sqrt{5})=2\sqrt{2}-\sqrt{5}-5\sqrt{2}+4\sqrt{5}$
$$=(2-5)\sqrt{2}+(-1+4)\sqrt{5}$$
$$=\mathbf{-3\sqrt{2}+3\sqrt{5}}$$

(6) $(\sqrt{6}+2\sqrt{2})(3\sqrt{6}-\sqrt{2})$
$$=3(\sqrt{6})^2-\sqrt{6}\times\sqrt{2}+2\sqrt{2}\times 3\sqrt{6}-2(\sqrt{2})^2$$
$$=3\times 6-\sqrt{12}+6\sqrt{12}-2\times 2$$
$$=18-2\sqrt{3}+6\times 2\sqrt{3}-4$$
$$=14+(-2+12)\sqrt{3}$$
$$=\mathbf{14+10\sqrt{3}}$$

(7) $(\sqrt{2}+\sqrt{5})^2=(\sqrt{2})^2+2\times\sqrt{2}\times\sqrt{5}+(\sqrt{5})^2$
$$=2+2\sqrt{10}+5$$
$$=\mathbf{7+2\sqrt{10}}$$

⇐ $(a+b)^2=a^2+2ab+b^2$

(8) $(\sqrt{6}+\sqrt{3})(\sqrt{6}-\sqrt{3})=(\sqrt{6})^2-(\sqrt{3})^2$
$=6-3$
$=\mathbf{3}$

⬅$(a+b)(a-b)=a^2-b^2$

46 (1) $\sqrt{3}\times\sqrt{6}\times\sqrt{18}=\sqrt{3\times6\times18}=\sqrt{3^2\times3^2\times2^2}=3\times3\times2=\mathbf{18}$

別解 $\sqrt{3}\times\sqrt{6}\times\sqrt{18}=\sqrt{18}\times\sqrt{18}=(\sqrt{18})^2=\mathbf{18}$

(2) $\sqrt{60}\div\sqrt{5}=\dfrac{\sqrt{60}}{\sqrt{5}}=\sqrt{\dfrac{60}{5}}=\sqrt{12}=\sqrt{2^2\times3}=\mathbf{2\sqrt{3}}$

(3) $\sqrt{20}-\sqrt{45}+\sqrt{80}=2\sqrt{5}-3\sqrt{5}+4\sqrt{5}$
$=(2-3+4)\sqrt{5}$
$=\mathbf{3\sqrt{5}}$

(4) $(\sqrt{10}+\sqrt{3})^2=(\sqrt{10})^2+2\times\sqrt{10}\times\sqrt{3}+(\sqrt{3})^2$
$=10+2\sqrt{30}+3$
$=\mathbf{13+2\sqrt{30}}$

⬅$(a+b)^2=a^2+2ab+b^2$

(5) $(\sqrt{7}+\sqrt{2})(\sqrt{7}-\sqrt{2})=(\sqrt{7})^2-(\sqrt{2})^2$
$=7-2$
$=\mathbf{5}$

⬅$(a+b)(a-b)=a^2-b^2$

47 (1) $4\sqrt{6}\times\sqrt{15}\div2\sqrt{2}=4\sqrt{6\times15}\div2\sqrt{2}$
$=4\sqrt{3^2\times2\times5}\div2\sqrt{2}$
$=4\times3\sqrt{10}\div2\sqrt{2}$
$=12\sqrt{10}\div2\sqrt{2}$
$=\dfrac{12\sqrt{10}}{2\sqrt{2}}=6\sqrt{\dfrac{10}{2}}=\mathbf{6\sqrt{5}}$

平方根の積と商
$a>0$, $b>0$ のとき
[1] $\sqrt{a}\sqrt{b}=\sqrt{ab}$
[2] $\dfrac{\sqrt{a}}{\sqrt{b}}=\sqrt{\dfrac{a}{b}}$

平方根の性質
$a>0$, $k>0$ のとき
$\sqrt{k^2a}=k\sqrt{a}$

(2) $\sqrt{12}+2\sqrt{54}-(4\sqrt{48}-3\sqrt{96})=2\sqrt{3}+2\times3\sqrt{6}$
$-(4\times4\sqrt{3}-3\times4\sqrt{6})$
$=2\sqrt{3}+6\sqrt{6}-16\sqrt{3}+12\sqrt{6}$
$=(2-16)\sqrt{3}+(6+12)\sqrt{6}$
$=\mathbf{-14\sqrt{3}+18\sqrt{6}}$

(3) $(3\sqrt{2}-2\sqrt{3})^2=(3\sqrt{2})^2-2\times3\sqrt{2}\times2\sqrt{3}+(2\sqrt{3})^2$
$=9\times2-12\sqrt{6}+4\times3$
$=\mathbf{30-12\sqrt{6}}$

⬅$(a-b)^2=a^2-2ab+b^2$

(4) $(4\sqrt{6}+3\sqrt{3})(4\sqrt{6}-3\sqrt{3})=(4\sqrt{6})^2-(3\sqrt{3})^2$
$=16\times6-9\times3=\mathbf{69}$

⬅$(a+b)(a-b)=a^2-b^2$

(5) $(\sqrt{10}-\sqrt{54})(\sqrt{20}+\sqrt{3})$
$=(\sqrt{10}-3\sqrt{6})(2\sqrt{5}+\sqrt{3})$
$=\sqrt{10}\times2\sqrt{5}+\sqrt{10}\times\sqrt{3}-3\sqrt{6}\times2\sqrt{5}-3\sqrt{6}\times\sqrt{3}$
$=2\sqrt{50}+\sqrt{30}-6\sqrt{30}-3\sqrt{18}$
$=2\times5\sqrt{2}+\sqrt{30}-6\sqrt{30}-3\times3\sqrt{2}$
$=10\sqrt{2}+\sqrt{30}-6\sqrt{30}-9\sqrt{2}$
$=(10-9)\sqrt{2}+(1-6)\sqrt{30}$
$=\mathbf{\sqrt{2}-5\sqrt{30}}$

⬅$\sqrt{}$ 内をできるだけ小さい数にしてから展開する。

JUMP 11

考え方 (1)式の一部をひとまとめにする。

(1) $(\sqrt{2}+\sqrt{5}+\sqrt{7})(\sqrt{2}+\sqrt{5}-\sqrt{7})$
$=\{(\sqrt{2}+\sqrt{5})+\sqrt{7}\}\{(\sqrt{2}+\sqrt{5})-\sqrt{7}\}$
$=(\sqrt{2}+\sqrt{5})^2-(\sqrt{7})^2$

⬅$\sqrt{2}+\sqrt{5}=A$ とおくと
$(A+\sqrt{7})(A-\sqrt{7})$
$=A^2-(\sqrt{7})^2$

$=(2+2\sqrt{10}+5)-7$
$=\mathbf{2\sqrt{10}}$

(2) $(1-\sqrt{2}+\sqrt{3})^2-(1+\sqrt{2}+\sqrt{3})^2$
$=\{(1-\sqrt{2}+\sqrt{3})+(1+\sqrt{2}+\sqrt{3})\}\{(1-\sqrt{2}+\sqrt{3})-(1+\sqrt{2}+\sqrt{3})\}$
$=(2+2\sqrt{3})(-2\sqrt{2})$
$=\mathbf{-4\sqrt{2}-4\sqrt{6}}$

⬅$1-\sqrt{2}+\sqrt{3}=A$, $1+\sqrt{2}+\sqrt{3}=B$ とおくと $A^2-B^2=(A+B)(A-B)$

別解 $(1-\sqrt{2}+\sqrt{3})^2-(1+\sqrt{2}+\sqrt{3})^2$
$=\{(1+\sqrt{3})-\sqrt{2}\}^2-\{(1+\sqrt{3})+\sqrt{2}\}^2$
$=\{(1+\sqrt{3})^2-2\times(1+\sqrt{3})\times\sqrt{2}+(\sqrt{2})^2\}-\{(1+\sqrt{3})^2+2\times(1+\sqrt{3})\times\sqrt{2}+(\sqrt{2})^2\}$
$=(1+\sqrt{3})^2-2\sqrt{2}(1+\sqrt{3})+2-(1+\sqrt{3})^2-2\sqrt{2}(1+\sqrt{3})-2$
$=-2\sqrt{2}(1+\sqrt{3})-2\sqrt{2}(1+\sqrt{3})$
$=-4\sqrt{2}(1+\sqrt{3})$
$=\mathbf{-4\sqrt{2}-4\sqrt{6}}$

⬅$1+\sqrt{3}=A$ とおくと
$(A-\sqrt{2})^2-(A+\sqrt{2})^2$
$=\{(A-\sqrt{2})+(A+\sqrt{2})\}\{(A-\sqrt{2})-(A+\sqrt{2})\}$
$=2A\times(-2\sqrt{2})$

12 分母の有理化 (p.28)

48 (1) $\dfrac{2}{\sqrt{2}}=\dfrac{2\times\sqrt{2}}{\sqrt{2}\times\sqrt{2}}=\dfrac{2\sqrt{2}}{2}=\mathbf{\sqrt{2}}$

⬅分母と分子に $\sqrt{2}$ を掛ける。

(2) $\dfrac{\sqrt{5}}{\sqrt{12}}=\dfrac{\sqrt{5}}{2\sqrt{3}}=\dfrac{\sqrt{5}\times\sqrt{3}}{2\sqrt{3}\times\sqrt{3}}=\dfrac{\sqrt{15}}{2\times3}=\mathbf{\dfrac{\sqrt{15}}{6}}$

⬅$\sqrt{\ }$ 内をできるだけ小さい数にしてから計算する。分母と分子に $\sqrt{3}$ を掛ける。

別解 $\dfrac{\sqrt{5}}{\sqrt{12}}=\dfrac{\sqrt{5}\times\sqrt{12}}{\sqrt{12}\times\sqrt{12}}=\dfrac{\sqrt{60}}{12}=\dfrac{2\sqrt{15}}{12}=\mathbf{\dfrac{\sqrt{15}}{6}}$

(3) $\dfrac{\sqrt{5}+\sqrt{2}}{\sqrt{3}}=\dfrac{(\sqrt{5}+\sqrt{2})\times\sqrt{3}}{\sqrt{3}\times\sqrt{3}}=\dfrac{\sqrt{5}\times\sqrt{3}+\sqrt{2}\times\sqrt{3}}{3}$
$=\mathbf{\dfrac{\sqrt{15}+\sqrt{6}}{3}}$

⬅分母と分子に $\sqrt{3}$ を掛ける。

49 (1) $\dfrac{1}{\sqrt{5}+\sqrt{2}}=\dfrac{\sqrt{5}-\sqrt{2}}{(\sqrt{5}+\sqrt{2})(\sqrt{5}-\sqrt{2})}=\dfrac{\sqrt{5}-\sqrt{2}}{(\sqrt{5})^2-(\sqrt{2})^2}$
$=\dfrac{\sqrt{5}-\sqrt{2}}{5-2}=\mathbf{\dfrac{\sqrt{5}-\sqrt{2}}{3}}$

⬅分母と分子に $\sqrt{5}-\sqrt{2}$ を掛ける。

(2) $\dfrac{4}{\sqrt{6}+\sqrt{2}}=\dfrac{4(\sqrt{6}-\sqrt{2})}{(\sqrt{6}+\sqrt{2})(\sqrt{6}-\sqrt{2})}=\dfrac{4(\sqrt{6}-\sqrt{2})}{(\sqrt{6})^2-(\sqrt{2})^2}$
$=\dfrac{4(\sqrt{6}-\sqrt{2})}{6-2}=\dfrac{4(\sqrt{6}-\sqrt{2})}{4}=\mathbf{\sqrt{6}-\sqrt{2}}$

⬅分母と分子に $\sqrt{6}-\sqrt{2}$ を掛ける。
⬅4 で約分
(分子のかっこをはずさない方が約分しやすい)

(3) $\dfrac{\sqrt{5}+\sqrt{3}}{\sqrt{5}-\sqrt{3}}=\dfrac{(\sqrt{5}+\sqrt{3})^2}{(\sqrt{5}-\sqrt{3})(\sqrt{5}+\sqrt{3})}=\dfrac{5+2\sqrt{15}+3}{(\sqrt{5})^2-(\sqrt{3})^2}$
$=\dfrac{8+2\sqrt{15}}{5-3}=\dfrac{2(4+\sqrt{15})}{2}=\mathbf{4+\sqrt{15}}$

⬅分母と分子に $\sqrt{5}+\sqrt{3}$ を掛ける。
⬉2 で約分

50 (1) $\dfrac{8}{3\sqrt{6}}=\dfrac{8\times\sqrt{6}}{3\sqrt{6}\times\sqrt{6}}=\dfrac{8\sqrt{6}}{3\times6}=\dfrac{2\times4\sqrt{6}}{3\times3\times2}=\mathbf{\dfrac{4\sqrt{6}}{9}}$

⬅分母と分子に $\sqrt{6}$ を掛ける。

(2) $\dfrac{2}{\sqrt{7}-\sqrt{3}}=\dfrac{2(\sqrt{7}+\sqrt{3})}{(\sqrt{7}-\sqrt{3})(\sqrt{7}+\sqrt{3})}=\dfrac{2(\sqrt{7}+\sqrt{3})}{(\sqrt{7})^2-(\sqrt{3})^2}$
$=\dfrac{2(\sqrt{7}+\sqrt{3})}{7-3}=\dfrac{2(\sqrt{7}+\sqrt{3})}{4}=\mathbf{\dfrac{\sqrt{7}+\sqrt{3}}{2}}$

⬅分母と分子に $\sqrt{7}+\sqrt{3}$ を掛ける。
⬅2 で約分
(分子のかっこをはずさない方が約分しやすい)

(3) $\dfrac{2-\sqrt{6}}{2+\sqrt{6}}=\dfrac{(2-\sqrt{6})^2}{(2+\sqrt{6})(2-\sqrt{6})}=\dfrac{4-4\sqrt{6}+6}{2^2-(\sqrt{6})^2}$

$=\dfrac{10-4\sqrt{6}}{4-6}=\dfrac{2(5-2\sqrt{6})}{-2}=\mathbf{-5+2\sqrt{6}}$

⬅分母と分子に $2-\sqrt{6}$ を掛ける。

⬅2 で約分

(4) $\dfrac{1-\sqrt{3}}{2+\sqrt{3}}=\dfrac{(1-\sqrt{3})(2-\sqrt{3})}{(2+\sqrt{3})(2-\sqrt{3})}=\dfrac{2-\sqrt{3}-2\sqrt{3}+3}{2^2-(\sqrt{3})^2}$

$=\dfrac{5-3\sqrt{3}}{4-3}=\mathbf{5-3\sqrt{3}}$

⬅分母と分子に $2-\sqrt{3}$ を掛ける。

51 (1) $\dfrac{6\sqrt{3}}{\sqrt{2}}-\dfrac{6\sqrt{2}}{\sqrt{3}}+\dfrac{6}{\sqrt{6}}=\dfrac{6\sqrt{3}\times\sqrt{2}}{\sqrt{2}\times\sqrt{2}}-\dfrac{6\sqrt{2}\times\sqrt{3}}{\sqrt{3}\times\sqrt{3}}+\dfrac{6\times\sqrt{6}}{\sqrt{6}\times\sqrt{6}}$

$=\dfrac{6\sqrt{6}}{2}-\dfrac{6\sqrt{6}}{3}+\dfrac{6\sqrt{6}}{6}$

$=3\sqrt{6}-2\sqrt{6}+\sqrt{6}=\mathbf{2\sqrt{6}}$

⬅まずは，それぞれの分数の分母を有理化する。

(2) $\dfrac{1}{\sqrt{3}-\sqrt{2}}+\dfrac{1}{\sqrt{3}+\sqrt{2}}$

$=\dfrac{\sqrt{3}+\sqrt{2}}{(\sqrt{3}-\sqrt{2})(\sqrt{3}+\sqrt{2})}+\dfrac{\sqrt{3}-\sqrt{2}}{(\sqrt{3}+\sqrt{2})(\sqrt{3}-\sqrt{2})}$

$=\dfrac{\sqrt{3}+\sqrt{2}}{3-2}+\dfrac{\sqrt{3}-\sqrt{2}}{3-2}$

$=(\sqrt{3}+\sqrt{2})+(\sqrt{3}-\sqrt{2})=\mathbf{2\sqrt{3}}$

⬅1 つ目の分数は，分母と分子に $\sqrt{3}+\sqrt{2}$，2 つ目の分数は分母と分子に $\sqrt{3}-\sqrt{2}$ を掛ける。この場合，通分していると考えても同じ式変形になる。

(3) $\left(\dfrac{1}{\sqrt{7}+\sqrt{6}}\right)^2=\left\{\dfrac{\sqrt{7}-\sqrt{6}}{(\sqrt{7}+\sqrt{6})(\sqrt{7}-\sqrt{6})}\right\}^2=\left(\dfrac{\sqrt{7}-\sqrt{6}}{7-6}\right)^2$

$=(\sqrt{7}-\sqrt{6})^2=7-2\sqrt{42}+6=\mathbf{13-2\sqrt{42}}$

⬅まずは，分数の分母を有理化する。

JUMP 12

考え方　式の一部をひとまとめにする。

$(\sqrt{2}+\sqrt{3}+\sqrt{5})(\sqrt{2}+\sqrt{3}-\sqrt{5})$

$=\{(\sqrt{2}+\sqrt{3})+\sqrt{5}\}\{(\sqrt{2}+\sqrt{3})-\sqrt{5}\}$

$=(\sqrt{2}+\sqrt{3})^2-(\sqrt{5})^2$

$=2+2\sqrt{6}+3-5=2\sqrt{6}$

よって

$\dfrac{1}{\sqrt{2}+\sqrt{3}+\sqrt{5}}=\dfrac{\sqrt{2}+\sqrt{3}-\sqrt{5}}{(\sqrt{2}+\sqrt{3}+\sqrt{5})(\sqrt{2}+\sqrt{3}-\sqrt{5})}$

$=\dfrac{\sqrt{2}+\sqrt{3}-\sqrt{5}}{2\sqrt{6}}$

$=\dfrac{(\sqrt{2}+\sqrt{3}-\sqrt{5})\times\sqrt{6}}{2\sqrt{6}\times\sqrt{6}}$

$=\mathbf{\dfrac{2\sqrt{3}+3\sqrt{2}-\sqrt{30}}{12}}$

⬅分母と分子に $\sqrt{2}+\sqrt{3}-\sqrt{5}$ を掛ける。

⬅1 回で有理化は完了しない。分母と分子に $\sqrt{6}$ を掛ける。

13 〈発展〉式の値，二重根号 (p.30)

52 (1) $x+y=(2+\sqrt{3})+(2-\sqrt{3})=\mathbf{4}$

(2) $xy=(2+\sqrt{3})(2-\sqrt{3})=2^2-(\sqrt{3})^2=4-3=\mathbf{1}$

(3) $x^2+y^2=(x+y)^2-2xy$

$=4^2-2\times1=16-2=\mathbf{14}$

x^2+y^2 と x^3+y^3 の式の値

x^2+y^2
$=(x+y)^2-2xy$

x^3+y^3
$=(x+y)^3-3xy(x+y)$

53 (1) $\sqrt{9+2\sqrt{14}}=\sqrt{(7+2)+2\sqrt{7\times2}}$
$=\sqrt{(\sqrt{7}+\sqrt{2})^2}=\boldsymbol{\sqrt{7}+\sqrt{2}}$

(2) $\sqrt{8-\sqrt{28}}=\sqrt{8-2\sqrt{7}}=\sqrt{(7+1)-2\sqrt{7\times1}}$
$=\sqrt{(\sqrt{7}-\sqrt{1})^2}=\sqrt{7}-\sqrt{1}=\boldsymbol{\sqrt{7}-1}$

(3) $\sqrt{4+\sqrt{7}}=\sqrt{\dfrac{8+2\sqrt{7}}{2}}$
$=\dfrac{\sqrt{(7+1)+2\sqrt{7\times1}}}{\sqrt{2}}=\dfrac{\sqrt{(\sqrt{7}+\sqrt{1})^2}}{\sqrt{2}}$
$=\dfrac{\sqrt{7}+\sqrt{1}}{\sqrt{2}}=\boldsymbol{\dfrac{\sqrt{14}+\sqrt{2}}{2}}$

二重根号
$a>0$, $b>0$ のとき
$\sqrt{(a+b)+2\sqrt{ab}}$
$=\sqrt{a}+\sqrt{b}$
$a>b>0$ のとき
$\sqrt{(a+b)-2\sqrt{ab}}$
$=\sqrt{a}-\sqrt{b}$

↖(2) 中の $\sqrt{\ }$ の前を2にする。

↖(3) 中の $\sqrt{\ }$ の前を2にするため，分母と分子に2を掛ける。

54 (1) $x+y=\dfrac{\sqrt{3}+\sqrt{2}}{\sqrt{3}-\sqrt{2}}+\dfrac{\sqrt{3}-\sqrt{2}}{\sqrt{3}+\sqrt{2}}$
$=\dfrac{(\sqrt{3}+\sqrt{2})^2}{(\sqrt{3}-\sqrt{2})(\sqrt{3}+\sqrt{2})}+\dfrac{(\sqrt{3}-\sqrt{2})^2}{(\sqrt{3}+\sqrt{2})(\sqrt{3}-\sqrt{2})}$
$=\dfrac{3+2\sqrt{6}+2}{3-2}+\dfrac{3-2\sqrt{6}+2}{3-2}$
$=(5+2\sqrt{6})+(5-2\sqrt{6})=\mathbf{10}$

←まずは，x，y それぞれの分母を有理化する。この場合，通分していると考えても同じ式変形になる。

(2) $xy=\dfrac{\sqrt{3}+\sqrt{2}}{\sqrt{3}-\sqrt{2}}\times\dfrac{\sqrt{3}-\sqrt{2}}{\sqrt{3}+\sqrt{2}}=\mathbf{1}$

←x と y は互いにもう一方の逆数となっているので，約分できる。(積は1)

(3) $x^2+y^2=(x+y)^2-2xy$
$=10^2-2\times1=100-2=\mathbf{98}$

(4) $x^3+y^3=(x+y)^3-3xy(x+y)$
$=10^3-3\times1\times10=1000-30=\mathbf{970}$

別解 $x^3+y^3=(x+y)(x^2-xy+y^2)$
$=(x+y)\{(x^2+y^2)-xy\}=10\times(98-1)=\mathbf{970}$

←別解は因数分解の公式より。

(5) $x^3y+xy^3=xy(x^2+y^2)=1\times98=\mathbf{98}$

←共通因数の xy でくくる。

55 (1) $\sqrt{10+2\sqrt{21}}=\sqrt{(7+3)+2\sqrt{7\times3}}$
$=\sqrt{(\sqrt{7}+\sqrt{3})^2}=\boldsymbol{\sqrt{7}+\sqrt{3}}$

(2) $\sqrt{7+\sqrt{48}}=\sqrt{7+2\sqrt{12}}=\sqrt{(4+3)+2\sqrt{4\times3}}$
$=\sqrt{(\sqrt{4}+\sqrt{3})^2}=\sqrt{4}+\sqrt{3}=\boldsymbol{2+\sqrt{3}}$

←中の $\sqrt{\ }$ の前を2にする。

(3) $\sqrt{15-6\sqrt{6}}=\sqrt{15-2\times3\sqrt{6}}=\sqrt{15-2\sqrt{3^2\times6}}=\sqrt{15-2\sqrt{54}}$
$=\sqrt{(9+6)-2\sqrt{9\times6}}=\sqrt{(\sqrt{9}-\sqrt{6})^2}$
$=\sqrt{9}-\sqrt{6}=\boldsymbol{3-\sqrt{6}}$

←中の $\sqrt{\ }$ の前を2にする。
$a>0$, $k>0$ のとき
$k\sqrt{a}=\sqrt{k^2a}$

(4) $\sqrt{11-\sqrt{96}}=\sqrt{11-\sqrt{2^2\times24}}=\sqrt{11-2\sqrt{24}}$
$=\sqrt{(8+3)-2\sqrt{8\times3}}=\sqrt{(\sqrt{8}-\sqrt{3})^2}$
$=\sqrt{8}-\sqrt{3}=\boldsymbol{2\sqrt{2}-\sqrt{3}}$

←中の $\sqrt{\ }$ の前を2にする。

(5) $\sqrt{6-\sqrt{35}}=\sqrt{\dfrac{12-2\sqrt{35}}{2}}=\dfrac{\sqrt{(7+5)-2\sqrt{7\times5}}}{\sqrt{2}}$
$=\dfrac{\sqrt{(\sqrt{7}-\sqrt{5})^2}}{\sqrt{2}}=\dfrac{\sqrt{7}-\sqrt{5}}{\sqrt{2}}=\boldsymbol{\dfrac{\sqrt{14}-\sqrt{10}}{2}}$

←中の $\sqrt{\ }$ の前を2にするため，分母と分子に2を掛ける。

JUMP 13

$x+y=(\sqrt{5}+1)+(\sqrt{5}-1)=2\sqrt{5}$，$xy=(\sqrt{5}+1)(\sqrt{5}-1)=4$
であることを用いる。

考え方 求めたい式を，$x+y$ と xy で表す。

(1)　$x^2+y^2=(x+y)^2-2xy=(2\sqrt{5})^2-2\times4=\mathbf{12}$

(2)　$x^3+y^3=(x+y)^3-3xy(x+y)$

$=(2\sqrt{5})^3-3\times4\times2\sqrt{5}=\mathbf{16\sqrt{5}}$

別解　$x^3+y^3=(x+y)(x^2-xy+y^2)$

$=(x+y)\{(x^2+y^2)-xy\}$

$=2\sqrt{5}\times(12-4)=\mathbf{16\sqrt{5}}$

(3)　$(x^2+y^2)^2=x^4+2x^2y^2+y^4$　より

$x^4+y^4=(x^2+y^2)^2-2x^2y^2$

$=(x^2+y^2)^2-2(xy)^2$

$=12^2-2\times4^2=\mathbf{112}$

⬅$(x^2+y^2)^2$ を展開した式の中に，x^4+y^4 が表れる。

(4)　$(x^2+y^2)(x^3+y^3)=x^5+x^2y^3+x^3y^2+y^5$　より

$x^5+y^5=(x^2+y^2)(x^3+y^3)-x^2y^3-x^3y^2$

$=(x^2+y^2)(x^3+y^3)-(xy)^2(x+y)$

$=12\times16\sqrt{5}-4^2\times2\sqrt{5}=\mathbf{160\sqrt{5}}$

⬅$(x^2+y^2)(x^3+y^3)$ を展開した式の中に，x^5+y^5 が表れる。

⬉$-x^2y^3-x^3y^2$
$=-x^2y^2(y+x)$
$=-(xy)^2(x+y)$

14 不等式の性質，1 次不等式 (p.32)

56 (1)　$a>b$ の両辺を -4 で割ると　$\mathbf{-\frac{a}{4}<-\frac{b}{4}}$

(2)　$a>b$ の両辺に 2 を掛けると　$2a>2b$

この両辺に 5 を加えると　$\mathbf{2a+5>2b+5}$

不等式の性質
$a<b$ のとき
[1]　$a+c<b+c$
　　$a-c<b-c$
[2]　$c>0$ ならば
　　$ac<bc,\ \frac{a}{c}<\frac{b}{c}$
[3]　$c<0$ ならば
　　$ac>bc,\ \frac{a}{c}>\frac{b}{c}$

57 (1)　$3x-2\geqq7$

$3x\geqq7+2$

$3x\geqq9$

両辺を 3 で割って　$\mathbf{x\geqq3}$

(2)　$x+4\leqq3x-4$

$x-3x\leqq-4-4$

$-2x\leqq-8$

両辺を -2 で割って　$\mathbf{x\geqq4}$

⬅-2（負の数）で割ると，不等号の向きが逆になる。

(3)　$-2(2x-1)<9(-x+3)$

$-4x+2<-9x+27$

$-4x+9x<27-2$

$5x<25$

両辺を 5 で割って　$\mathbf{x<5}$

(4)　$\frac{1}{3}x-1<\frac{5}{6}x+\frac{2}{3}$

両辺に 6 を掛けると

$6\left(\frac{1}{3}x-1\right)<6\left(\frac{5}{6}x+\frac{2}{3}\right)$

$6\times\frac{1}{3}x-6\times1<6\times\frac{5}{6}x+6\times\frac{2}{3}$

$2x-6<5x+4$

$2x-5x<4+6$

$-3x<10$

両辺を -3 で割って　$\mathbf{x>-\frac{10}{3}}$

⬅分母 3，6 の最小公倍数である 6 を両辺に掛ける。

⬅-3（負の数）で割ると，不等号の向きが逆になる。

58 (1)　$\mathbf{x+6<3x}$

(2)　$\mathbf{70x+300\geqq1000}$

不等式の性質
$a<b$ のとき
[1] $a+c<b+c$
$a-c<b-c$
[2] $c>0$ ならば
$ac<bc$, $\dfrac{a}{c}<\dfrac{b}{c}$
[3] $c<0$ ならば
$ac>bc$, $\dfrac{a}{c}>\dfrac{b}{c}$

59 (1) $a \leqq b$ の両辺に $\dfrac{3}{2}$ を掛けると $\boldsymbol{\dfrac{3}{2}a \leqq \dfrac{3}{2}b}$

(2) $a \leqq b$ の両辺に -2 を掛けると $-2a \geqq -2b$
この両辺から 7 を引くと $\boldsymbol{-2a-7 \geqq -2b-7}$

60 (1) $3x-1>2$
$3x>2+1$
$3x>3$
両辺を 3 で割って $\boldsymbol{x>1}$

(2) $-2x-5 \leqq 3x$
$-2x-3x \leqq 5$
$-5x \leqq 5$
両辺を -5 で割って $\boldsymbol{x \geqq -1}$

⇐ -5 (負の数) で割ると，不等号の向きが逆になる。

(3) $3(x+2) \leqq x-2$
$3x+6 \leqq x-2$
$3x-x \leqq -2-6$
$2x \leqq -8$
両辺を 2 で割って $\boldsymbol{x \leqq -4}$

61 (1) $4x+1>2x+5$
$4x-2x>5-1$
$2x>4$
両辺を 2 で割って $\boldsymbol{x>2}$

(2) $-2x+1<-(x-1)$
$-2x+1<-x+1$
$-2x+x<1-1$
$-x<0$
両辺を -1 で割って $\boldsymbol{x>0}$

⇐ $\dfrac{-x}{-1}>\dfrac{0}{-1}$ より $x>0$
$\left(\dfrac{0}{-1}=0\right.$ に注意$\left.\right)$

(3) $\dfrac{3}{4}x-\dfrac{1}{2} \leqq 2x-3$
両辺に 4 を掛けると

⇐ 分母 4，2 の最小公倍数である 4 を両辺に掛ける。

$$4\left(\frac{3}{4}x-\frac{1}{2}\right) \leqq 4(2x-3)$$
$$4\times\frac{3}{4}x-4\times\frac{1}{2} \leqq 4\times 2x-4\times 3$$
$$3x-2 \leqq 8x-12$$
$$-5x \leqq -10$$
両辺を -5 で割って $\boldsymbol{x \geqq 2}$

⇐ -5 (負の数) で割ると，不等号の向きが逆になる。

(4) $\dfrac{2}{3}x-\dfrac{1}{4}(6x+5)>\dfrac{5}{6}$
両辺に 12 を掛けると

⇐ 分母 3，4，6 の最小公倍数である 12 を両辺に掛ける。

$$12\left\{\frac{2}{3}x-\frac{1}{4}(6x+5)\right\}>12\times\frac{5}{6}$$
$$12\times\frac{2}{3}x-12\times\frac{1}{4}(6x+5)>10$$
$$8x-18x-15>10$$
$$-10x>25$$
両辺を -10 で割って $\boldsymbol{x<-\dfrac{5}{2}}$

⇐ -10 (負の数) で割ると，不等号の向きが逆になる。

(5) $0.4x+1.5 \leqq 0.7x+0.5$
両辺に 10 を掛けると

$4x+15 \leqq 7x+5$
$-3x \leqq -10$
両辺を -3 で割って　$\boldsymbol{x \geqq \dfrac{10}{3}}$

⬅係数をすべて整数にする。
⬅-3（負の数）で割ると，不等号の向きが逆になる。

JUMP 14

考え方　無理数を連続する2整数ではさむ。

$2x-3 \leqq \sqrt{3}\,x-1$
$2x-\sqrt{3}\,x \leqq -1+3$
$(2-\sqrt{3})x \leqq 2$
両辺を $2-\sqrt{3}$ で割って　$x \leqq \dfrac{2}{2-\sqrt{3}}$
分母を有理化すると　$x \leqq \dfrac{2(2+\sqrt{3})}{(2-\sqrt{3})(2+\sqrt{3})}$
$x \leqq 4+2\sqrt{3}$
$3<2\sqrt{3}<4$ であるから　$3+4<2\sqrt{3}+4<4+4$
すなわち　$7<4+2\sqrt{3}<8$
よって，$x \leqq 4+2\sqrt{3}$ を満たす自然数 x の値は
$\boldsymbol{x=1,\ 2,\ 3,\ 4,\ 5,\ 6,\ 7}$

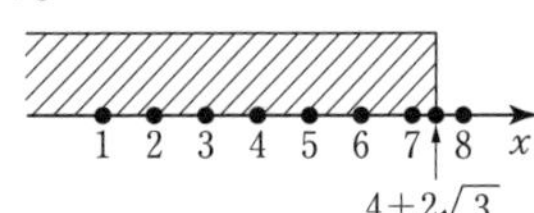

⬅$2>\sqrt{3}$ より $2-\sqrt{3}>0$ したがって，$2-\sqrt{3}$ で割っても不等号の向きは変わらない。
⬅$\sqrt{9}<\sqrt{12}<\sqrt{16}$ であるから $3<2\sqrt{3}<4$ となる。あるいは，$\sqrt{3} \fallingdotseq 1.732$ より $2\sqrt{3} \fallingdotseq 3.464$ としてもよい
⬅自然数＝正の整数（0 は含まない）

15 連立不等式，不等式の応用（p.34）

62　$3x-7<8$ を解くと　$3x<15$　より
$x<5$ ……①
$2x-11>1-2x$ を解くと　$4x>12$　より
$x>3$ ……②
①，②より，連立不等式の解は　$\boldsymbol{3<x<5}$

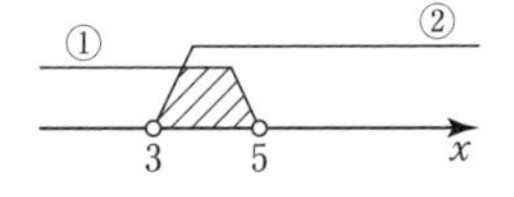

⬅①，②の共通の範囲を求める。

63　与えられた不等式は $\begin{cases} 3<4x-5 \\ 4x-5<15 \end{cases}$ と表される。
$3<4x-5$ を解くと　$-4x<-8$　より
$x>2$ ……①
$4x-5<15$ を解くと　$4x<20$　より
$x<5$ ……②
①，②より，$\boldsymbol{2<x<5}$

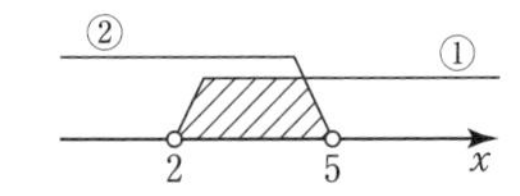

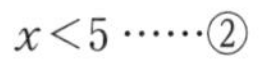

別解　$3<4x-5<15$
各辺に 5 を足して
$8<4x<20$
各辺を 4 で割って
$\boldsymbol{2<x<5}$

64　(1)　$3x+1>2x-4$ を解くと
$x>-5$ ……①
$x-1 \leqq -x+3$ を解くと　$2x \leqq 4$　より
$x \leqq 2$ ……②
①，②より，連立不等式の解は　$\boldsymbol{-5<x \leqq 2}$

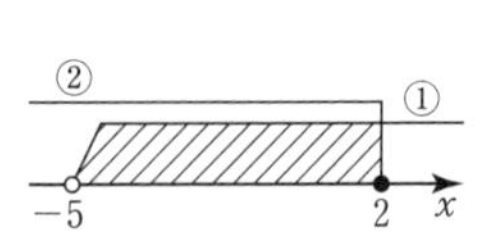

⬅①，②の共通の範囲を求める。

(2)　$2x+3 \leqq \dfrac{1}{2}x-2$ を解くと　$4x+6 \leqq x-4$
$3x \leqq -10$

$$x \leqq -\frac{10}{3} \cdots\cdots ①$$

$x-3 \geqq 6x+7$ を解くと

$-5x \geqq 10$

$x \leqq -2 \cdots\cdots ②$

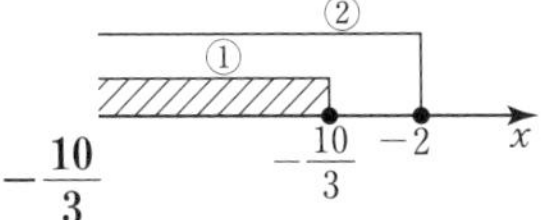

①，②より，連立不等式の解は　$\boldsymbol{x \leqq -\frac{10}{3}}$

65　80 円のお菓子を x 個買うとすると，50 円のお菓子は $(15-x)$ 個であるから

← 求めるものを x とおく。

$0 \leqq x \leqq 15 \cdots\cdots ①$

← $x \geqq 0$ かつ $15-x \geqq 0$

このとき，合計金額について，次の不等式が成り立つ。

$80x+50(15-x) \leqq 1000$

← 左辺は 80 円と 50 円のお菓子の合計金額

$30x \leqq 250$

$x \leqq \frac{25}{3} \cdots\cdots ②$

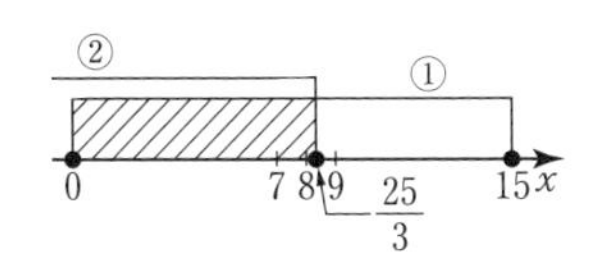

よって，①，②より　$0 \leqq x \leqq \frac{25}{3}$

← $\frac{25}{3}=25 \div 3=8.333\cdots$

この範囲における最大の整数は 8 であるから，

50 円のお菓子を 7 個，80 円のお菓子を 8 個 買えばよい。

← 50 円のお菓子は $(15-x)$ 個

66　(1)　与えられた不等式は $\begin{cases} -4 \leqq -5x+8 \\ -5x+8 \leqq 3 \end{cases}$ と表される。

$-4 \leqq -5x+8$ を解くと　$5x \leqq 12$　より

$x \leqq \frac{12}{5} \cdots\cdots ①$

$-5x+8 \leqq 3$ を解くと　$-5x \leqq -5$　より

$x \geqq 1 \cdots\cdots ②$

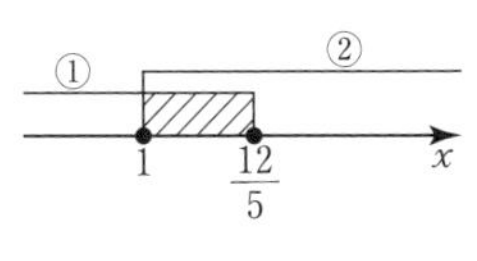

①，②より，与えられた不等式の解は　$\boldsymbol{1 \leqq x \leqq \frac{12}{5}}$

別解　　$-4 \leqq -5x+8 \leqq 3$

各辺から 8 を引いて

$-12 \leqq -5x \leqq -5$

各辺を -5 で割って

$\frac{12}{5} \geqq x \geqq 1$

すなわち　$\boldsymbol{1 \leqq x \leqq \frac{12}{5}}$

(2)　与えられた不等式は $\begin{cases} -4(x-1)<2x+1 \\ 2x+1 \leqq 4x-5 \end{cases}$ と表される。

$-4(x-1)<2x+1$ を解くと　$-4x+4<2x+1$

$-6x<-3$

$x>\frac{1}{2} \cdots\cdots ①$

$2x+1 \leqq 4x-5$ を解くと　$-2x \leqq -6$

$x \geqq 3 \cdots\cdots ②$

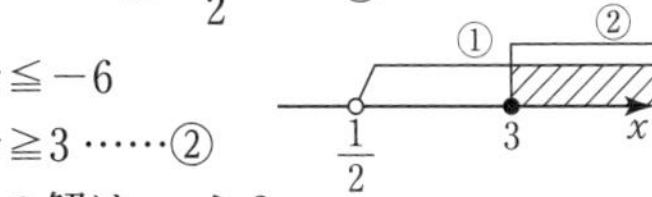

①，②より，与えられた不等式の解は　$\boldsymbol{x \geqq 3}$

67　A から B に水を x L 移すと，A，B の水量はそれぞれ $(100-x)$ L，$(15+x)$ L となるから

$3(15+x) \leqq 100-x \leqq 4(15+x)$

これは $\begin{cases} 3(15+x) \leqq 100-x \cdots\cdots ① \\ 100-x \leqq 4(15+x) \cdots\cdots ② \end{cases}$ と表される。

①の不等式を解くと $45+3x \leqq 100-x$

$4x \leqq 55$

$x \leqq \dfrac{55}{4} \cdots\cdots ③$

②の不等式を解くと $100-x \leqq 60+4x$

$-5x \leqq -40$

$x \geqq 8 \cdots\cdots ④$

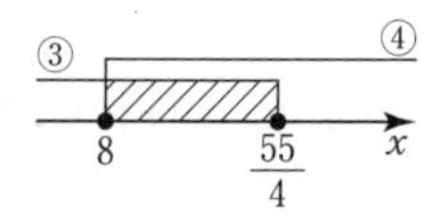

③，④より $\boldsymbol{8 \leqq x \leqq \dfrac{55}{4}}$

⬅(B の水量の 3 倍) ≦(A の水量) ≦(B の水量の 4 倍)

⬅$8 \leqq x \leqq 13.75$ としてもよい。

JUMP 15

$5x-4a=2x+1$ より

$3x=4a+1$

$x=\dfrac{4a+1}{3}$

これが -1 より大きく 3 より小さいことより

$-1<\dfrac{4a+1}{3}<3$

これは $\begin{cases} -1<\dfrac{4a+1}{3} \cdots\cdots ① \\ \dfrac{4a+1}{3}<3 \quad \cdots\cdots ② \end{cases}$ と表される。

①の不等式を解くと $-3<4a+1$

$-4a<4$

$a>-1 \cdots\cdots ③$

②の不等式を解くと $4a+1<9$

$4a<8$

$a<2 \cdots\cdots ④$

③，④より $\boldsymbol{-1<a<2}$

考え方 1 次方程式の解 (a を含む式) の範囲を考える。

⬅まず，x について解いて方程式の解を求める。

⬅次のようにして解くこともできる。

$-1<\dfrac{4a+1}{3}<3$ より

各辺に 3 を掛けて

$-3<4a+1<9$

各辺から 1 を引いて

$-4<4a<8$

各辺を 4 で割って

$-1<a<2$

まとめの問題 数と式②(p.36)

1 (1) $|4-1.5|=|2.5|=\mathbf{2.5}$

(2) $1<\sqrt{3}$ であるから $1-\sqrt{3}<0$

よって $|1-\sqrt{3}|=-(1-\sqrt{3})=\boldsymbol{\sqrt{3}-1}$

⬅$a \geqq 0$ のとき，$|a|=a$

⬅$a<0$ のとき，$|a|=-a$

2 (1) $\sqrt{28}\times\sqrt{63}=\sqrt{28\times63}=\sqrt{(2^2\times7)\times(3^2\times7)}$

$=\sqrt{2^2\times3^2\times7^2}=2\times3\times7=\mathbf{42}$

別解 $\sqrt{28}\times\sqrt{63}=\sqrt{2^2\times7}\times\sqrt{3^2\times7}=2\sqrt{7}\times3\sqrt{7}$

$=2\times3\times(\sqrt{7})^2=2\times3\times7=\mathbf{42}$

(2) $\dfrac{\sqrt{54}}{\sqrt{3}}=\sqrt{\dfrac{54}{3}}=\sqrt{18}=\sqrt{3^2\times2}=\boldsymbol{3\sqrt{2}}$

(3) $\sqrt{18}-3(2\sqrt{8}-\sqrt{98})=3\sqrt{2}-3(2\times2\sqrt{2}-7\sqrt{2})$

$=3\sqrt{2}-12\sqrt{2}+21\sqrt{2}=\boldsymbol{12\sqrt{2}}$

(4) $(\sqrt{6}-\sqrt{3})^2=(\sqrt{6})^2-2\times\sqrt{6}\times\sqrt{3}+(\sqrt{3})^2$

$=6-2\sqrt{18}+3=9-2\times3\sqrt{2}=\boldsymbol{9-6\sqrt{2}}$

⬅$(a-b)^2=a^2-2ab+b^2$

(5) $(\sqrt{10}+2\sqrt{2})(\sqrt{10}-3\sqrt{2})$

$=(\sqrt{10})^2-\sqrt{10}\times3\sqrt{2}+2\sqrt{2}\times\sqrt{10}-2\sqrt{2}\times3\sqrt{2}$
$=10-3\sqrt{20}+2\sqrt{20}-6\times2$
$=10-6\sqrt{5}+4\sqrt{5}-12$
$=\mathbf{-2-2\sqrt{5}}$

3 (1) $\dfrac{9\sqrt{2}}{2\sqrt{3}}=\dfrac{9\sqrt{2}\times\sqrt{3}}{2\sqrt{3}\times\sqrt{3}}=\dfrac{9\sqrt{6}}{2\times3}=\dfrac{\cancel{9}3\times3\sqrt{6}}{2\times\cancel{3}}=\mathbf{\dfrac{3\sqrt{6}}{2}}$

⬅分母と分子に $\sqrt{3}$ を掛ける。

(2) $\dfrac{\sqrt{2}}{2\sqrt{3}-\sqrt{6}}=\dfrac{\sqrt{2}(2\sqrt{3}+\sqrt{6})}{(2\sqrt{3}-\sqrt{6})(2\sqrt{3}+\sqrt{6})}=\dfrac{2\sqrt{6}+\sqrt{12}}{(2\sqrt{3})^2-(\sqrt{6})^2}$
$=\dfrac{2\sqrt{6}+2\sqrt{3}}{12-6}=\dfrac{2(\sqrt{6}+\sqrt{3})}{6}=\mathbf{\dfrac{\sqrt{6}+\sqrt{3}}{3}}$

⬅分母と分子に $2\sqrt{3}+\sqrt{6}$ を掛ける。

⬅2 で約分

4 (1) $\left(\dfrac{\sqrt{3}+1}{\sqrt{3}-1}\right)^2=\left\{\dfrac{(\sqrt{3}+1)^2}{(\sqrt{3}-1)(\sqrt{3}+1)}\right\}^2=\left\{\dfrac{3+2\sqrt{3}+1}{(\sqrt{3})^2-1^2}\right\}^2$
$=\left(\dfrac{4+2\sqrt{3}}{3-1}\right)^2=\left\{\dfrac{2(2+\sqrt{3})}{2}\right\}^2$
$=(2+\sqrt{3})^2=4+4\sqrt{3}+3=\mathbf{7+4\sqrt{3}}$

⬅まず，分数の分母を有理化する（分母と分子に $\sqrt{3}+1$ を掛ける）。

(2) $\dfrac{3+\sqrt{5}}{3-\sqrt{5}}+\dfrac{3-\sqrt{5}}{3+\sqrt{5}}=\dfrac{(3+\sqrt{5})^2}{(3-\sqrt{5})(3+\sqrt{5})}+\dfrac{(3-\sqrt{5})^2}{(3+\sqrt{5})(3-\sqrt{5})}$
$=\dfrac{9+6\sqrt{5}+5}{9-5}+\dfrac{9-6\sqrt{5}+5}{9-5}$
$=\dfrac{14+6\sqrt{5}}{4}+\dfrac{14-6\sqrt{5}}{4}$
$=\dfrac{(14+6\sqrt{5})+(14-6\sqrt{5})}{4}$
$=\dfrac{28}{4}=\mathbf{7}$

⬅1 つ目の分数は分母と分子に $3+\sqrt{5}$ を，2 つ目の分数は分母と分子に $3-\sqrt{5}$ を掛けている。通分していると考えてもよい。

⬅どちらの分母も 4 だから，分子どうしの計算をすればよい。

5 (1) $x-1>-2(x+2)$
$x-1>-2x-4$
$3x>-3$
$\boldsymbol{x>-1}$

(2) $-\dfrac{3}{2}x+1<\dfrac{1}{3}x+\dfrac{5}{6}$
両辺に 6 を掛けると
$6\left(-\dfrac{3}{2}x+1\right)<6\left(\dfrac{1}{3}x+\dfrac{5}{6}\right)$
$-9x+6<2x+5$
$-11x<-1$
$\boldsymbol{x>\dfrac{1}{11}}$

⬅分母 2，3，6 の最小公倍数である 6 を両辺に掛ける。

⬅-11（負の数）で割ると，不等号の向きが変わる。

6 (1) $-2x\geqq3x-1$ を解くと　$-5x\geqq-1$
$x\leqq\dfrac{1}{5}$ ……①
$2x+1<5(x+2)$ を解くと　$2x+1<5x+10$
$-3x<9$
$x>-3$ ……②

①，②より，連立不等式の解は　$\boldsymbol{-3<x\leqq\dfrac{1}{5}}$

⬅①，②の共通の範囲を求める。

(2) $-x+2>x-4$ を解くと　$-2x>-6$

$x<3$ ……①

$0.2x \leqq -0.8x+0.5$ を解くと　$2x \leqq -8x+5$

$10x \leqq 5$

$x \leqq \frac{1}{2}$ ……②

←両辺に10を掛け，係数をすべて整数にする。

①，②より，連立不等式の解は　$\boldsymbol{x \leqq \frac{1}{2}}$

7　与えられた不等式は $\begin{cases} 3x-8<2x-1 \\ 2x-1<5x-7 \end{cases}$ と表される。

$3x-8<2x-1$ を解くと　$x<7$ ……①

$2x-1<5x-7$ を解くと　$-3x<-6$

$x>2$ ……②

①，②より，与えられた不等式の解は　$\boldsymbol{2<x<7}$

8　(1)　$x+y=\frac{1}{2+\sqrt{2}}+\frac{1}{2-\sqrt{2}}$

$=\frac{2-\sqrt{2}}{(2+\sqrt{2})(2-\sqrt{2})}+\frac{2+\sqrt{2}}{(2-\sqrt{2})(2+\sqrt{2})}$

←まず，x，y それぞれの分母を有理化する。通分していると考えてもよい。

$=\frac{2-\sqrt{2}}{4-2}+\frac{2+\sqrt{2}}{4-2}$

$=\frac{2-\sqrt{2}}{2}+\frac{2+\sqrt{2}}{2}$

$=\frac{(2-\sqrt{2})+(2+\sqrt{2})}{2}=\frac{4}{2}=\boldsymbol{2}$

$xy=\frac{1}{2+\sqrt{2}}\times\frac{1}{2-\sqrt{2}}=\frac{1}{(2+\sqrt{2})(2-\sqrt{2})}=\frac{1}{4-2}=\boldsymbol{\frac{1}{2}}$

(2)　$x^2+y^2=(x+y)^2-2xy=2^2-2\times\frac{1}{2}=4-1=\boldsymbol{3}$

(3)　$x^3+y^3=(x+y)^3-3xy(x+y)=2^3-3\times\frac{1}{2}\times2=8-3=\boldsymbol{5}$

x^2+y^2 と x^3+y^3 の式の値
1.　x^2+y^2
　$=(x+y)^2-2xy$
2.　x^3+y^3
　$=(x+y)^3-3xy(x+y)$

▶第2章◀　集合と論証

16 集合 (p.38)

68　$A=\{1,\ 5,\ 8,\ 10\}$，$B=\{2,\ 5,\ 7,\ 8\}$　より

(1)　$A\cup B=\boldsymbol{\{1,\ 2,\ 5,\ 7,\ 8,\ 10\}}$

(2)　$A\cap B=\boldsymbol{\{5,\ 8\}}$

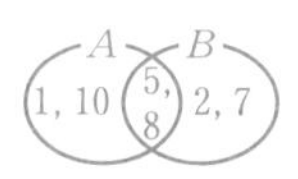

69　$A=\{2,\ 4,\ 6,\ 8,\ 10,\ 12\}$，$B=\{1,\ 2,\ 3,\ 4,\ 6,\ 12\}$
より

(1)　$A\cup B=\boldsymbol{\{1,\ 2,\ 3,\ 4,\ 6,\ 8,\ 10,\ 12\}}$

(2)　$A\cap B=\boldsymbol{\{2,\ 4,\ 6,\ 12\}}$

(3)　$\overline{A\cup B}=\boldsymbol{\{5,\ 7,\ 9,\ 11\}}$

(4)　$\overline{A}=\{1,\ 3,\ 5,\ 7,\ 9,\ 11\}$，$\overline{B}=\{5,\ 7,\ 8,\ 9,\ 10,\ 11\}$
であるから
$\overline{A}\cap\overline{B}=\boldsymbol{\{5,\ 7,\ 9,\ 11\}}$

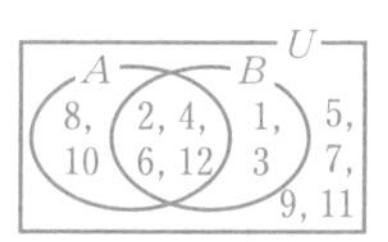

別解　ド・モルガンの法則より　$\overline{A}\cap\overline{B}=\overline{A\cup B}$
よって　$\overline{A}\cap\overline{B}=\overline{A\cup B}=\boldsymbol{\{5,\ 7,\ 9,\ 11\}}$

ド・モルガンの法則
$\overline{A\cup B}=\overline{A}\cap\overline{B}$
$\overline{A\cap B}=\overline{A}\cup\overline{B}$

70 (1) $A=\{\mathbf{2, 3, 5, 7, 11, 13, 17}\}$

$B=\{\mathbf{1, 4, 7, 10, 13, 16}\}$

$C=\{\mathbf{1, 2, 3, 6, 9, 18}\}$

⬅(注意) 1 は素数ではない
⬅(注意) 1 を忘れないこと

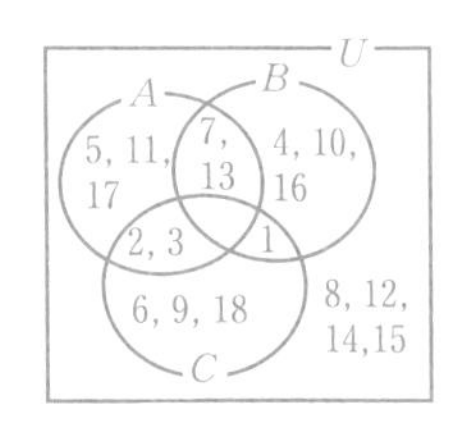

(2) ① $A\cup B=\{\mathbf{1, 2, 3, 4, 5, 7, 10, 11, 13, 16, 17}\}$

② $A\cap B=\{\mathbf{7, 13}\}$

③ $\overline{A}=\{1, 4, 6, 8, 9, 10, 12, 14, 15, 16, 18\}$,

$\overline{C}=\{4, 5, 7, 8, 10, 11, 12, 13, 14, 15, 16, 17\}$

であるから

$\overline{A}\cap\overline{C}=\{\mathbf{4, 8, 10, 12, 14, 15, 16}\}$

④ $\overline{B}=\{2, 3, 5, 6, 8, 9, 11, 12, 14, 15, 17, 18\}$ より

$\overline{A}\cup\overline{B}=\{\mathbf{1, 2, 3, 4, 5, 6, 8, 9, 10, 11, 12, 14, 15, 16, 17, 18}\}$

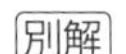

ド・モルガンの法則より

$\overline{A}\cup\overline{B}=\overline{A\cap B}$

②より $A\cap B=\{7, 13\}$ であるから

$\overline{A}\cup\overline{B}=\{\mathbf{1, 2, 3, 4, 5, 6, 8, 9, 10, 11, 12, 14, 15, 16, 17, 18}\}$

71 右の図から

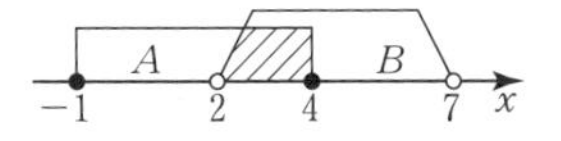

(1) $A\cap B=\{\boldsymbol{x}\mid \mathbf{2}<\boldsymbol{x}\leqq\mathbf{4},\ \boldsymbol{x}$ **は実数**$\}$

(2) $A\cup B=\{\boldsymbol{x}\mid \mathbf{-1}\leqq\boldsymbol{x}<\mathbf{7},\ \boldsymbol{x}$ **は実数**$\}$

72 $A=\{4, 8, 12, 16, 20\}$

$B=\{6, 12, 18\}$

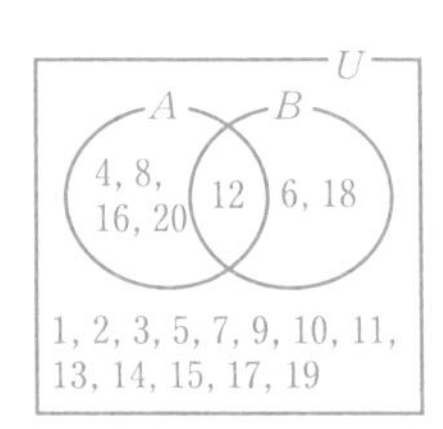

(1) 4 でも 6 でも割り切れる数の集合は，$\boldsymbol{A\cap B}$ であるから

$A\cap B=\{\mathbf{12}\}$

(2) 4 または 6 で割り切れる数の集合は，$\boldsymbol{A\cup B}$ であるから

$A\cup B=\{\mathbf{4, 6, 8, 12, 16, 18, 20}\}$

(3) 4 で割り切れない数の集合は，$\overline{\boldsymbol{A}}$ であるから

$\overline{A}=\{\mathbf{1, 2, 3, 5, 6, 7, 9, 10, 11, 13, 14, 15, 17, 18, 19}\}$

(4) 4 で割り切れるが，6 で割り切れない数の集合は，$\boldsymbol{A\cap\overline{B}}$ である。

$\overline{B}=\{1, 2, 3, 4, 5, 7, 8, 9, 10, 11, 13, 14, 15, 16, 17, 19, 20\}$

であるから $A\cap\overline{B}=\{\mathbf{4, 8, 16, 20}\}$

別解 $(A\cap\overline{B})\cup(A\cap B)=A$, $(A\cap\overline{B})\cap(A\cap B)=\varnothing$

ここで $A\cap B=\{12\}$, $A=\{4, 8, 12, 16, 20\}$

であるから $A\cap\overline{B}=\{\mathbf{4, 8, 16, 20}\}$

⬅$A\cap\overline{B}$ は，A であって $A\cap B$ でない数の集合

JUMP 16

考え方 A の要素について考える。

$A=\{2, 4, 3a-1\}$, $A\cap B=\{2, 5\}$ より

$3a-1=5$ ゆえに $\boldsymbol{a=2}$

このとき $A=\{2, 4, 5\}$ ……①

また，B の要素について

$a+3=2+3=5$

$a^2-2a+2=2^2-2\times2+2=2$

⬅$a=2$ を代入する。

よって $B=\{-4, 5, 2\}$ ……②

①，②より

$\boldsymbol{A\cup B=\{-4, 2, 4, 5\}}$

⬅
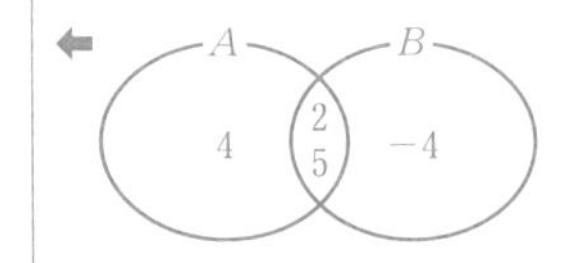

17 命題と条件(p.40)

73 (1) 命題「$x=2 \Longrightarrow x^2=4$」は真であるが，
命題「$x^2=4 \Longrightarrow x=2$」は偽である。
したがって，$x=2$ は，$x^2=4$ であるための **十分条件** である。

⬅反例：$x=-2$

(2) 命題「$-3<x<2 \Longrightarrow -1<x<1$」は偽であるが，
命題「$-1<x<1 \Longrightarrow -3<x<2$」は真である。
したがって，$-3<x<2$ は，$-1<x<1$ であるための **必要条件** である。

⬅反例：$x=-2$

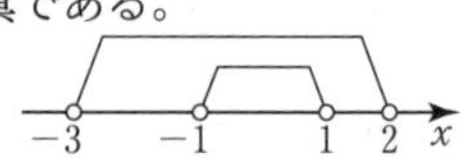

74 (1) 条件「$x \geqq 2$ かつ $y<0$」の否定は，**「$x<2$ または $y \geqq 0$」**
(2) 条件「m は奇数 または 3の倍数」の否定は，**「m は偶数 かつ 3の倍数でない」**

⬅「$x \geqq 2$ の否定」または「$y<0$ の否定」
⬅「m は奇数の否定」かつ「m は3の倍数の否定」

ド・モルガンの法則
$\overline{p かつ q} \Longleftrightarrow \overline{p}$ または $\overline{q}$
$\overline{p または q} \Longleftrightarrow \overline{p}$ かつ $\overline{q}$

75 (1) 条件 p，q を満たす n の集合を，それぞれ P，Q とすると
$P=\{1,\ 2,\ 3,\ 6\}$，$Q=\{1,\ 2,\ 3,\ 6,\ 9,\ 18\}$
であるから，$P \subset Q$ が成り立つ。
よって，命題「$p \Longrightarrow q$」は **真** である。

⬅
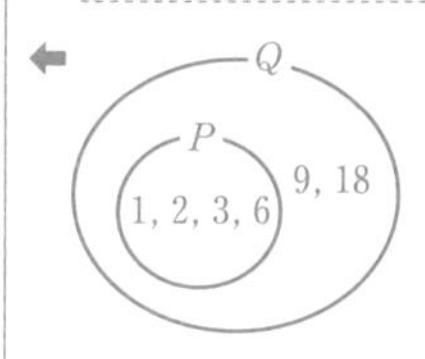

(2) 条件 p，q を満たす x の集合を，それぞれ P，Q とすると
$P=\{-2,\ 2\}$，$Q=\{2\}$
であるから，$P \subset Q$ は成り立たない。
よって，命題「$p \Longrightarrow q$」は **偽** であり，**反例は $x=-2$**

⬅$x^2-4=0$ から $x=-2,\ 2$
$2x-4=0$ から $x=2$

(3) 条件 p，q を満たす x の集合を，それぞれ P，Q とすると
$P=\{x \mid -1<x<1\}$，$Q=\{x \mid -2<x<2\}$
であるから，$P \subset Q$ が成り立つ。
よって，命題「$p \Longrightarrow q$」は真である。

76 (1) 条件「$x \geqq 1$ または $y<3$」の否定は **「$x<1$ かつ $y \geqq 3$」**
(2) 条件「$x>0$ かつ $x+y>0$」の否定は **「$x \leqq 0$ または $x+y \leqq 0$」**
(3) 条件「x，y はともに正」の否定は **「x，y のうち少なくとも一方は0以下」**

⬅「$x \geqq 1$ の否定」かつ「$y<3$ の否定」
⬅「$x>0$ の否定」または「$x+y>0$ の否定」

x	y
正	正
正	0以下
0以下	正
0以下	0以下

(注意) 条件「$x>0$」の否定は「$x \leqq 0$」であるから，「x は正」の否定は「x は0以下」である。うっかり「x は負」としないこと。

77 (1) 命題「$x>2 \Longrightarrow x>3$」は偽であるが，
命題「$x>3 \Longrightarrow x>2$」は真である。
よって，$x>2$ は $x>3$ であるための必要条件である。
したがって，①

⬅反例：$x=2.5$
⬅$P \subset Q$

(2) 命題「$x+y>0 \Longrightarrow x>0$」は偽であり，
命題「$x>0 \Longrightarrow x+y>0$」も偽である。
よって，$x+y>0$ は $x>0$ であるための必要条件でも十分条件でもない。
したがって，④

⬅反例：$x=-1$，$y=2$
⬅反例：$x=1$，$y=-2$

(3) 命題「$x^2=0 \Longrightarrow x=0$」は真であり，
命題「$x=0 \Longrightarrow x^2=0$」も真である。

⬅$x^2=0$ より $x=0$

よって，$x^2=0$ は $x=0$ であるための必要十分条件である。
したがって，③

(4) 命題「m，n が 3 の倍数 $\Longrightarrow$ $m+n$ が 3 の倍数」は真であるが，
命題「$m+n$ が 3 の倍数 $\Longrightarrow$ m，n が 3 の倍数」は偽である。
よって，m，n が 3 の倍数であることは $m+n$ が 3 の倍数であるための十分条件である。
したがって，②

⬅反例：$m=2$，$n=1$

(5) 命題「$\angle A=60°$ $\Longrightarrow$ $\triangle ABC$ が正三角形」は偽であるが，
命題「$\triangle ABC$ が正三角形 $\Longrightarrow$ $\angle A=60°$」は真である。
よって，$\angle A=60°$ であることは $\triangle ABC$ が正三角形であるための必要条件である。
したがって，①

⬅反例：$\angle A=60°$，$\angle B=90°$，$\angle C=30°$

2 章 集合と論証

JUMP 17

考え方 集合の包含関係を考える。

$|x|<3$ を解くと　$-3<x<3$ ……①
$|x-1|<1$ を解くと　$-1<x-1<1$ より
$0<x<2$ ……②

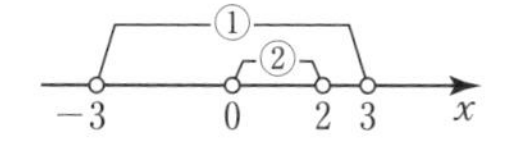

⬅$a>0$ のとき
$|x|<a \Longleftrightarrow -a<x<a$
$|x|>a \Longleftrightarrow x<-a,\ a<x$

①，②より
命題「$|x|<3 \Longrightarrow |x-1|<1$」は偽であるが，
命題「$|x-1|<1 \Longrightarrow |x|<3$」は真である。
したがって，$|x|<3$ は，$|x-1|<1$ であるための **必要条件** である。

⬅反例：$x=-1$

18 逆・裏・対偶(p.42)

78 命題「$x>1 \Longrightarrow x>0$」は **真** である。
この命題に対して，逆，裏，対偶とその真偽は，次のようになる。
逆　：**「$x>0 \Longrightarrow x>1$」** …**偽**（反例：$x=0.5$）
裏　：**「$x\leqq 1 \Longrightarrow x\leqq 0$」** …**偽**（反例：$x=0.5$）
対偶：**「$x\leqq 0 \Longrightarrow x\leqq 1$」** …**真**

逆・裏・対偶
命題「$p \Longrightarrow q$」に対して
逆「$q \Longrightarrow p$」
裏「$\overline{p} \Longrightarrow \overline{q}$」
対偶「$\overline{q} \Longrightarrow \overline{p}$」

(考察)　条件 p：「$x>1$」，q：「$x>0$」とし，
集合 $P=\{x \mid x>1\}$，$Q=\{x \mid x>0\}$ とすると
$P\subset Q$ が成り立つから，命題「$p \Longrightarrow q$」は真である。
逆については，$Q\subset P$ は成り立たないから偽
裏については，$\overline{P}\subset\overline{Q}$ は成り立たないから偽
対偶については，$\overline{Q}\subset\overline{P}$ は成り立つから真

⬅
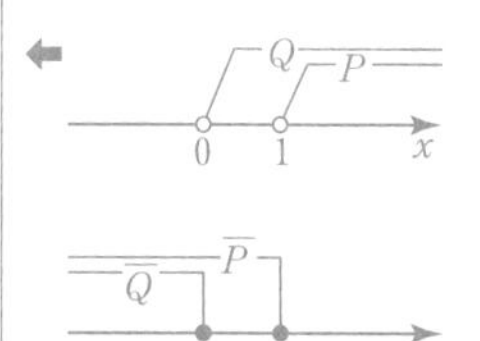

79 (証明)　$\sqrt{12}=2\sqrt{3}$ が無理数でない，すなわち $2\sqrt{3}$ は有理数であると仮定する。
そこで，r を有理数として，$2\sqrt{3}=r$ とおくと

$\sqrt{3}=\dfrac{r}{2}$ ……①

r は有理数であるから，$\dfrac{r}{2}$ は有理数であり，等式①は $\sqrt{3}$ が無理数であることに矛盾する。
よって，$\sqrt{12}$ は無理数である。(終)

⬅命題が成り立たないと仮定。無理数を否定すると有理数。

80 命題「n は偶数 $\Longrightarrow$ n は 4 の倍数」は **偽** である。(反例：$n=2$)
この命題に対して，逆，裏，対偶とその真偽は，次のようになる。
逆　：**「n は 4 の倍数 $\Longrightarrow$ n は偶数」** …**真**
裏　：**「n は奇数 $\Longrightarrow$ n は 4 の倍数でない」** …**真**

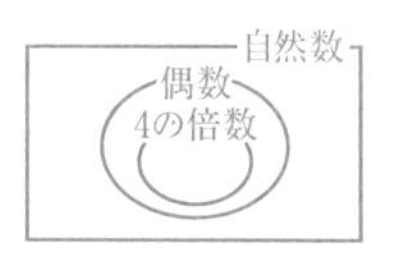

⬅「偶数でない」数は「奇数」

対偶：「**n は4の倍数でない $\Longrightarrow$ n は奇数**」 …**偽** （反例：$n=2$）

81 命題「$x=1$ かつ $y=1 \Longrightarrow x+y=2$」は **真** である。この命題に対して，逆，裏，対偶とその真偽は，次のようになる。

逆 ：「$\boldsymbol{x+y=2 \Longrightarrow x=1}$ **かつ** $\boldsymbol{y=1}$」 …**偽**

（反例：$x=2$，$y=0$）

裏 ：「$\boldsymbol{x \neq 1}$ **または** $\boldsymbol{y \neq 1 \Longrightarrow x+y \neq 2}$」 …**偽**

（反例：$x=2$，$y=0$）

対偶：「$\boldsymbol{x+y \neq 2 \Longrightarrow x \neq 1}$ **または** $\boldsymbol{y \neq 1}$」 …**真**

⬅「$x=1$ かつ $y=1$」の否定は「$x \neq 1$ または $y \neq 1$」であることに注意

⬅命題と対偶の真偽は一致

82 （証明） 与えられた命題の対偶

「n が3の倍数ならば n^2 は3の倍数である」を証明する。

n が3の倍数であるとき，ある整数 k を用いて，$n=3k$ と表される。

よって

$n^2=(3k)^2=9k^2=3\cdot 3k^2$

ここで，$3k^2$ は整数であるから，n^2 は3の倍数である。

したがって，対偶が真であるから，もとの命題も真である。（終）

⬅「n^2 が3の倍数」であることを示すには $n^2=3\times$(整数) と表せることを示せばよい。

83 （証明） $\dfrac{-1+3\sqrt{2}}{2}$ が無理数でない，すなわち $\dfrac{-1+3\sqrt{2}}{2}$ は有理数であると仮定する。

そこで，r を有理数として，$\dfrac{-1+3\sqrt{2}}{2}=r$ とおくと

$\sqrt{2}=\dfrac{2r+1}{3}$ ……①

r は有理数であるから，$\dfrac{2r+1}{3}$ は有理数であり，等式①は $\sqrt{2}$ が無理数であることに矛盾する。

よって，$\dfrac{-1+3\sqrt{2}}{2}$ は無理数である。（終）

⬅命題が成り立たないと仮定する。

⬅$-1+3\sqrt{2}=2r$
$3\sqrt{2}=2r+1$
$\sqrt{2}=\dfrac{2r+1}{3}$

JUMP 18

（証明） 与えられた命題の対偶

「$x=2$ かつ $y=1$」ならば「$x^2+y^2=5$ かつ $x-y=1$」

を証明する。

$x=2$ かつ $y=1$ のとき

$x^2+y^2=2^2+1^2=5$，$x-y=2-1=1$

よって，対偶が真であるから，もとの命題も真である。（終）

考え方 命題とその対偶の真偽は一致することを利用する。

まとめの問題 集合と論証（p.44）

1 (1) $U=\{1, 2, 3, \cdots\cdots, 30\}$ であるから

$C=\{\mathbf{1, 2, 3, 4, 5, 6, 10, 12, 15, 20, 30}\}$

$D=\{\mathbf{2, 3, 5, 7, 11, 13, 17, 19, 23, 29}\}$

(2) ① 「3の倍数で偶数」の集合は「3の倍数」かつ「奇数でない」数の集合であるから $A\cap\overline{B}$

$A=\{3, 6, 9, 12, 15, 18, 21, 24, 27, 30\}$

$\overline{B}=\{2, 4, 6, 8, 10, 12, 14, 16, 18, 20, 22, 24, 26, 28, 30\}$

より

⬅60の約数は，1×60，2×30，3×20，4×15，5×12，6×10 のようにペアで考えるとよい。

$A \cap \overline{B}=\{6,\ 12,\ 18,\ 24,\ 30\}$

← $A \cap \overline{B}$ は 6 の倍数の集合

② 「3 の倍数または偶数」の集合は　$\boldsymbol{A \cup \overline{B}}$

$A \cup \overline{B}=\{2,\ 3,\ 4,\ 6,\ 8,\ 9,\ 10,\ 12,\ 14,\ 15,\ 16,\ 18,\ 20,\ 21,\ 22,\ 24,\ 26,\ 27,\ 28,\ 30\}$

③ 「3 の倍数でない奇数」の集合は「3 の倍数でない」かつ「奇数」の集合であるから　$\boldsymbol{\overline{A} \cap B}$

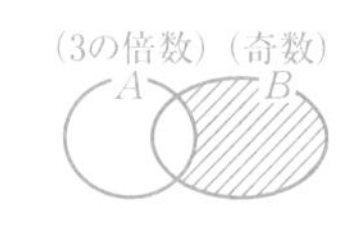

$\overline{A} \cap B=\{1,\ 5,\ 7,\ 11,\ 13,\ 17,\ 19,\ 23,\ 25,\ 29\}$

別解　ド・モルガンの法則より

$\overline{A \cup \overline{B}}=\overline{A} \cap (\overline{\overline{B}})=\overline{A} \cap B$

すなわち，$\overline{A} \cap B=\overline{A \cup \overline{B}}$　であるから，②の結果より

$\overline{A} \cap B=\{1,\ 5,\ 7,\ 11,\ 13,\ 17,\ 19,\ 23,\ 25,\ 29\}$

④ 「素数でない 60 の約数」の集合は「素数でない数」かつ「60 の約数」の集合であるから　$\boldsymbol{C \cap \overline{D}}$　$(\boldsymbol{\overline{D} \cap C})$

← $\overline{D} \cap C = C \cap \overline{D}$

$C \cap \overline{D}=\{1,\ 4,\ 6,\ 10,\ 12,\ 15,\ 20,\ 30\}$

← 1 は素数でない

2 A の部分集合は

$\varnothing$, $\{1\}$, $\{3\}$, $\{5\}$, $\{9\}$, $\{1,\ 3\}$, $\{1,\ 5\}$, $\{1,\ 9\}$,
$\{3,\ 5\}$, $\{3,\ 9\}$, $\{5,\ 9\}$, $\{1,\ 3,\ 5\}$, $\{1,\ 3,\ 9\}$,
$\{1,\ 5,\ 9\}$, $\{3,\ 5,\ 9\}$, $\{1,\ 3,\ 5,\ 9\}$

（参考）A の 4 つの要素のそれぞれを要素に含むか含まないかを考えると，$2^4=16$ 個の部分集合がある。

3 (1) 命題「$p \Longrightarrow q$」，「$q \Longrightarrow p$」はともに真であるから，p は q であるための必要十分条件である。よって，③

← 「$xy=0$」と「$x=0$ または $y=0$」は同値である。

(2) 命題「$p \Longrightarrow q$」は，偽（反例：$x=2$，$y=-1$）

← $x+y>0$ であるが $xy<0$

命題「$q \Longrightarrow p$」は，偽（反例：$x=-2$，$y=-1$）

← $xy>0$ であるが $x+y<0$

であるから，p は q であるための必要条件でも十分条件でもない。よって，④

(3) 命題「$p \Longrightarrow q$」は，偽（反例：$x=2+\sqrt{2}$，$y=2-\sqrt{2}$）

命題「$q \Longrightarrow p$」は，真

であるから，p は q であるための必要条件であるが，十分条件でない。よって，①

← $x+y=4$（整数），$xy=2$（整数）であるが，x，y は整数でない。

(4) 命題「$p \Longrightarrow q$」は，真

命題「$q \Longrightarrow p$」は，偽

（反例：$\angle \mathrm{A}=30^\circ$，$\angle \mathrm{B}=30^\circ$，$\angle \mathrm{C}=120^\circ$）

であるから，p は q であるための十分条件であるが，必要条件でない。よって，②

← △ABC は二等辺三角形であるが，正三角形でない。

4 (1) 条件「$x+y \geqq 5$」の否定は「$\boldsymbol{x+y<5}$」

(2) 条件「$x=0$ かつ $y \neq 1$」の否定は「$\boldsymbol{x \neq 0}$ **または** $\boldsymbol{y=1}$」

(3) 条件「$x \geqq 2$ または $y<-3$」の否定は「$\boldsymbol{x<2}$ **かつ** $\boldsymbol{y \geqq -3}$」

(4) 条件「m，n の少なくとも一方は 5 の倍数である」の否定は「$\boldsymbol{m}$，$\boldsymbol{n}$ **はともに 5 の倍数でない**」

5 命題「n は 3 の倍数 $\Longrightarrow$ n は 6 の倍数」は**偽**である。

（反例：$n=9$）

この命題に対して，逆，裏，対偶とその真偽は，次のようになる。

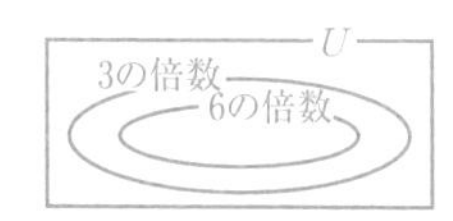

逆　：「**$\boldsymbol{n}$ は 6 の倍数 $\Longrightarrow$ $\boldsymbol{n}$ は 3 の倍数**」…**真**

裏　：「**$\boldsymbol{n}$ は 3 の倍数でない $\Longrightarrow$ $\boldsymbol{n}$ は 6 の倍数でない**」…**真**

対偶：「**n は 6 の倍数でない $\Longrightarrow$ n は 3 の倍数でない**」 …**偽**

（反例：$n=9$）

6 （証明） $2+\sqrt{3}$ が無理数でない，すなわち $2+\sqrt{3}$ は有理数であると仮定する。

そこで，r を有理数として，$2+\sqrt{3}=r$ とおくと

$\sqrt{3}=r-2$ ……①

r は有理数であるから，$r-2$ も有理数であり，等式①は，$\sqrt{3}$ が無理数であることに矛盾する。

よって，$2+\sqrt{3}$ は無理数である。（終）

背理法
与えられた命題が成り立たないと仮定して，その仮定のもとで矛盾が生じれば，もとの命題は真である。

▶第3章◀　2 次関数

19 関数，関数のグラフと定義域・値域 (p.46)

84 (1) $f(1)=1^2-1+8=\mathbf{8}$

(2) $f(-2)=(-2)^2-(-2)+8=4+2+8=\mathbf{14}$

(3) $f(a)=\boldsymbol{a^2-a+8}$

⬅ $f(x)=x^2-x+8$
⇑ ⇑ ⇑
-2 -2 -2

85 この関数のグラフは，$y=2x+5$ のグラフのうち，$-3\leqq x\leqq 3$ に対応する部分である。

$x=-3$ のとき $y=2\times(-3)+5=-1$　⬅ $y=f(-3)$

$x=3$ のとき　$y=2\times3+5=11$　⬅ $y=f(3)$

よって，この関数のグラフは，右の図の実線部分であり，その値域は $\boldsymbol{-1\leqq y\leqq 11}$

また，y は $x=3$ のとき　**最大値 11**

$x=-3$ のとき　**最小値 -1**　をとる。

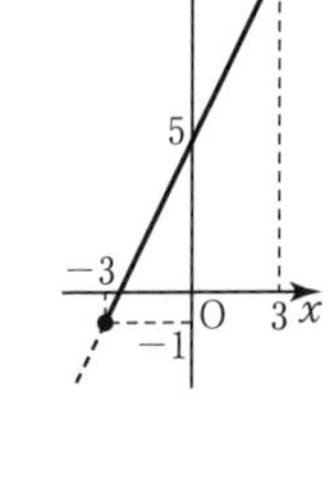

定義域・値域
関数 $y=f(x)$ において
定義域…変数 x のとり得る値の範囲
値域…変数 y のとり得る値の範囲

86 (1) $f(2)=2^2-8\times2+5=4-16+5=\mathbf{-7}$

(2) $f(-3)=(-3)^2-8\times(-3)+5=9+24+5=\mathbf{38}$

(3) $f(0)=0^2-8\times0+5=\mathbf{5}$

(4) $f(a)=\boldsymbol{a^2-8a+5}$

⬅ $f(x)=x^2-8x+5$
⇑ ⇑ ⇑
a a a

87 この関数のグラフは，$y=4x-7$ のグラフのうち，$-3\leqq x\leqq 5$ に対応する部分である。

$x=-3$ のとき　$y=4\times(-3)-7=-19$　⬅ $y=f(-3)$

$x=5$ のとき　　$y=4\times5-7=13$　⬅ $y=f(5)$

よって，この関数のグラフは，右の図の実線部分であり，その値域は $\boldsymbol{-19\leqq y\leqq 13}$

また，y は $x=5$ のとき　**最大値 13**

$x=-3$ のとき　**最小値 -19** をとる。

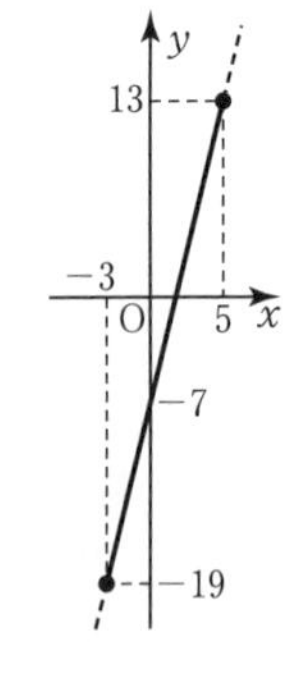

88 (1) $f(1)=-1^2+3\times1-1=-1+3-1=\mathbf{1}$

(2) $f(-4)=-(-4)^2+3\times(-4)-1=-16-12-1=\mathbf{-29}$

(3) $f(-a)=-(-a)^2+3\times(-a)-1=\boldsymbol{-a^2-3a-1}$

(4) $f(a+1)=-(a+1)^2+3(a+1)-1$

$=-a^2-2a-1+3a+3-1$

$=\boldsymbol{-a^2+a+1}$

89　この関数のグラフは，$y=-2x-8$ のグラフのうち，$-6\leqq x\leqq 2$ に対応する部分である。

$x=-6$ のとき　$y=-2\times(-6)-8=4$　⬅ $y=f(-6)$

$x=2$ のとき　$y=-2\times 2-8=-12$　⬅ $y=f(2)$

よって，この関数のグラフは，右の図の実線部分であり，その値域は $\boldsymbol{-12\leqq y\leqq 4}$

また，y は $x=-6$ のとき　**最大値 4**

$x=2$ のとき　**最小値 −12**　をとる。

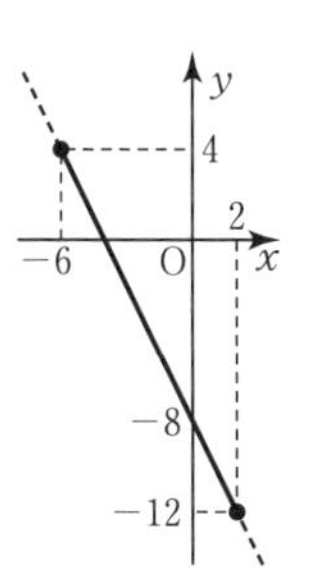

JUMP 19

考え方　a について場合分けして考える。

$y=ax+b$ は1次関数であるから，$a\neq 0$ である。

(i)　$a>0$ のとき

この関数のグラフは右上がりであるから，

$x=-3$ のとき $y=-6$（最小値）となるので

$-6=-3a+b$ ……①

$x=5$ のとき $y=10$（最大値）となるので

$10=5a+b$ ……②

①，②より

$a=2$，$b=0$　⬅ $a>0$ を満たしている。

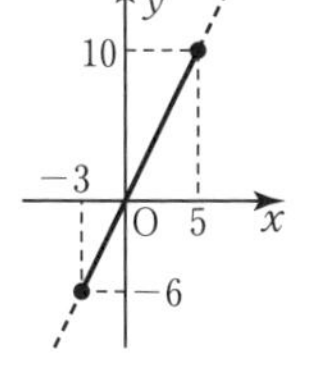
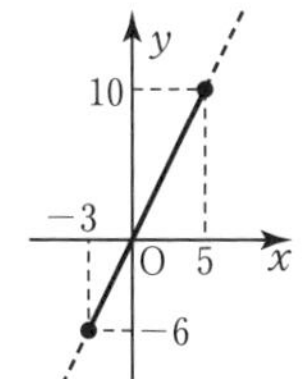

(ii)　$a<0$ のとき

この関数のグラフは右下がりであるから，

$x=-3$ のとき $y=10$（最大値）となるので

$10=-3a+b$ ……③

$x=5$ のとき $y=-6$（最小値）となるので

$-6=5a+b$ ……④

③，④より

$a=-2$，$b=4$　⬅ $a<0$ を満たしている。

(i)，(ii)より，$\boldsymbol{a=2,\ b=0}$　または　$\boldsymbol{a=-2,\ b=4}$

20　$y=ax^2$，$y=ax^2+q$，$y=a(x-p)^2$ のグラフ (p.48)

90 (1)　軸…**y 軸**

頂点…**点 (0，−1)**

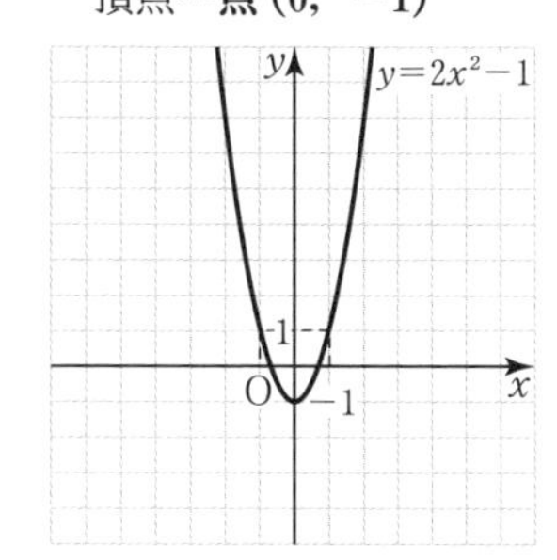

(2)　軸…**直線 $x=2$**

頂点…**点 (2，0)**

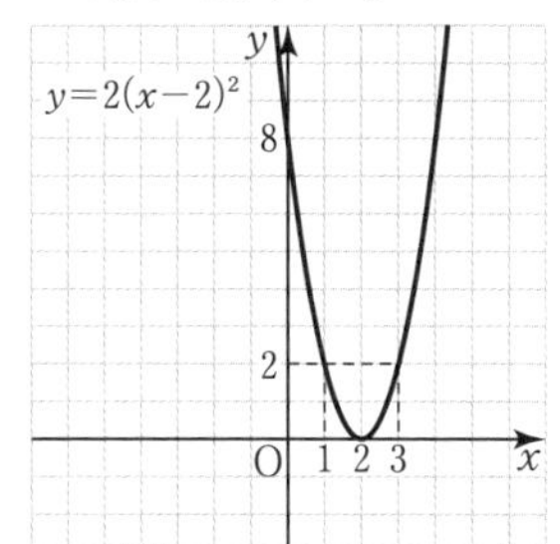

2次関数 $y=ax^2+q$ の軸と頂点
軸　…y 軸
頂点…点 $(0,\ q)$

2次関数 $y=a(x-p)^2$ の軸と頂点
軸　…直線 $x=p$
頂点…点 $(p,\ 0)$

3章　2次関数

(3) 軸…**y 軸**
頂点…**点 (0, 5)**

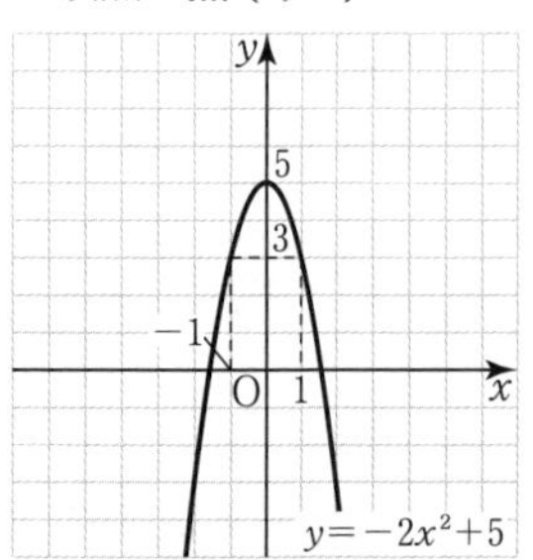

(4) 軸…**直線 $x=-3$**
頂点…**点 (−3, 0)**

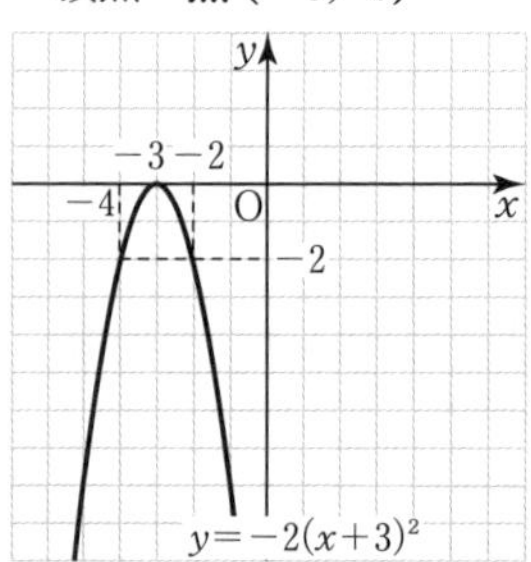

⬅(4) $y=-2(x+3)^2$
$=-2\{x-(-3)\}^2$

$y=ax^2+q$ のグラフ

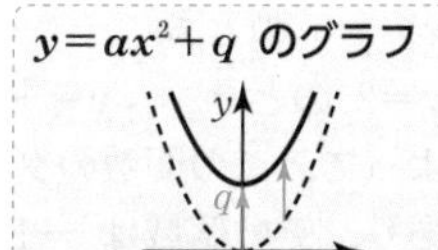

$y=ax^2$ のグラフを y 軸方向に q だけ平行移動したもの。
軸 …y 軸
頂点…点 $(0,\ q)$

$y=a(x-p)^2$ のグラフ

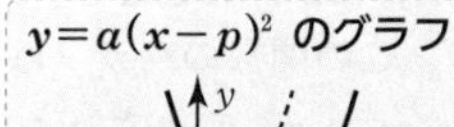

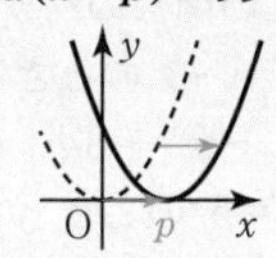

$y=ax^2$ のグラフを x 軸方向に p だけ平行移動したもの。
軸 …直線 $x=p$
頂点…点 $(p,\ 0)$

91 (1) 軸…**y 軸**
頂点…**点 (0, 2)**

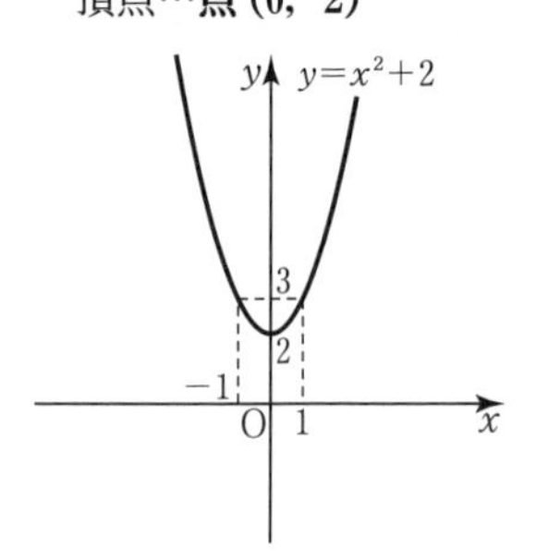

(2) 軸…**直線 $x=4$**
頂点…**点 (4, 0)**

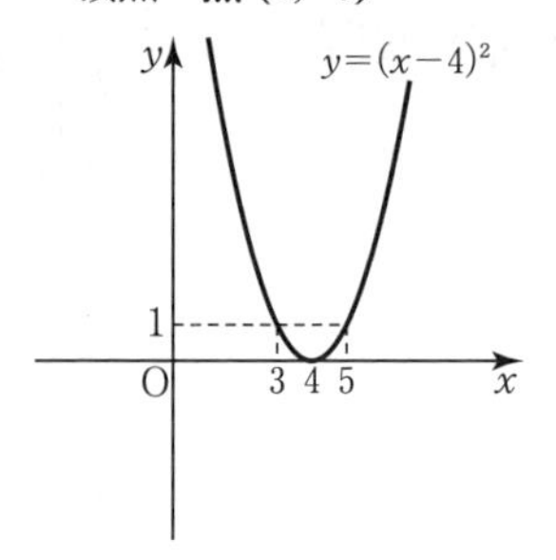

92 (1) 軸…**y 軸**
頂点…**点 (0, −2)**

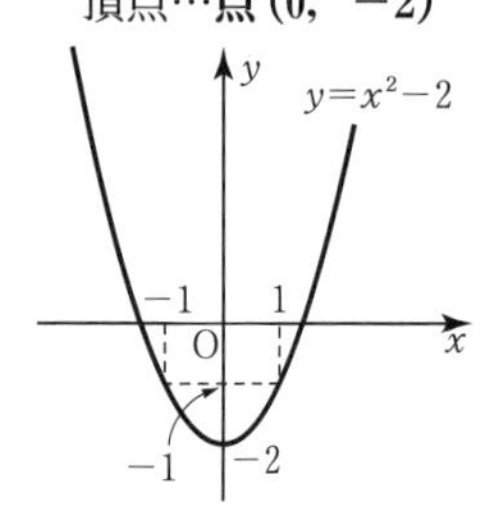

(2) 軸…**直線 $x=5$**
頂点…**点 (5, 0)**

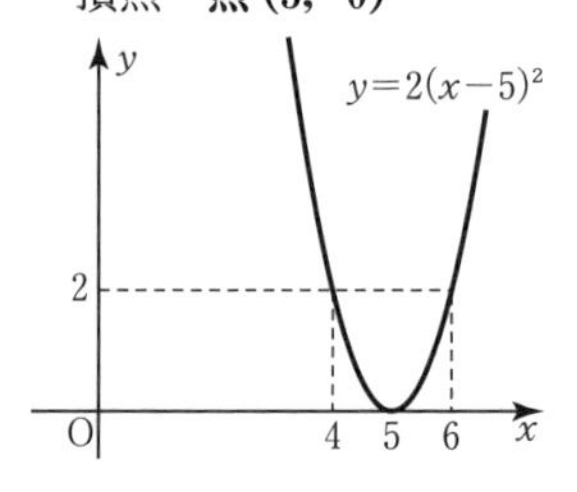

93 (1) 軸…**y 軸**
頂点…**点 (0, −2)**

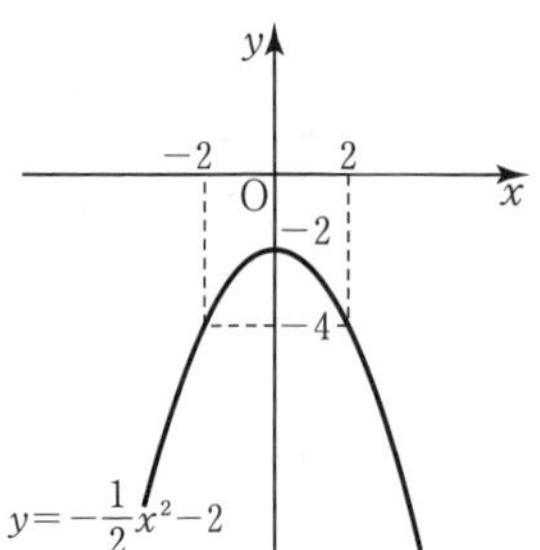

(2) 軸…**直線 $x=-2$**
頂点…**点 (−2, 0)**

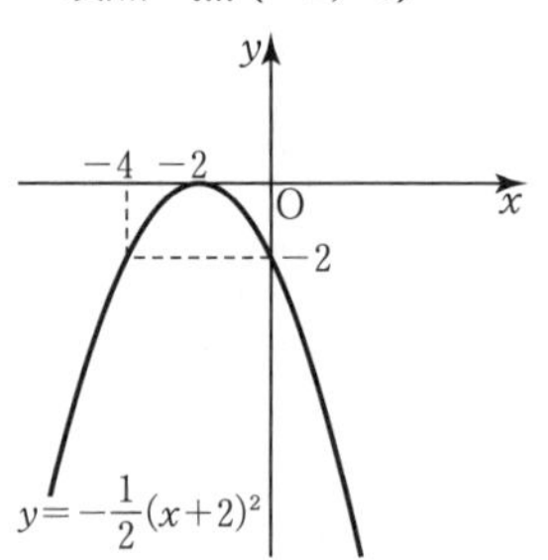

94 (1) 軸…**y 軸**
頂点…**点 $(0,\ -4)$**

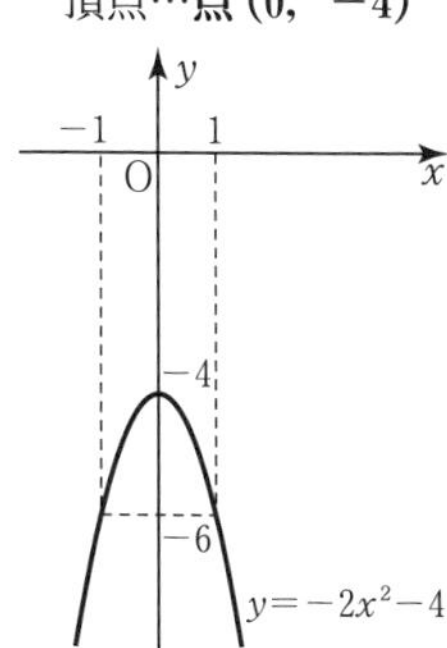

(2) 軸…**直線 $x=4$**
頂点…**点 $(4,\ 0)$**

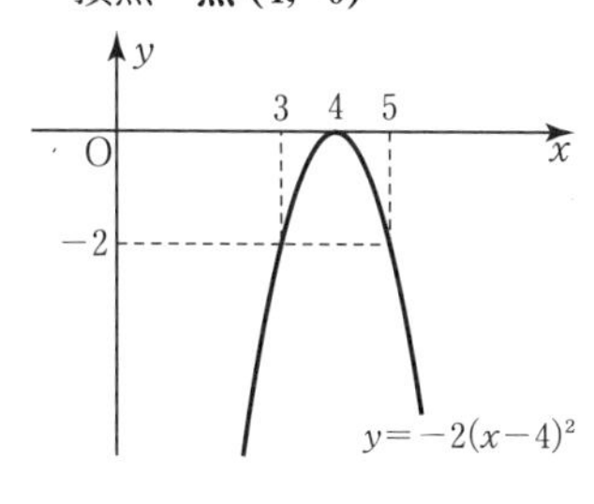

JUMP 20

$y=2(x-7)^2$ で表されるグラフを，x 軸に関して折り返したものを表す式は　$y=-2(x-7)^2$ であり，頂点は点 $(7,\ 0)$ である。
このグラフを x 軸方向に 3 だけ平行移動すれば，頂点は点 $(10,\ 0)$ となり，もとのグラフを表す式になる。
ゆえに，もとの 2 次関数の式は　$\boldsymbol{y=-2(x-10)^2}$

考え方　移動後のグラフを逆からたどって考える。

関数 $y=f(x)$ のグラフを x 軸に関して折り返したグラフを表す方程式は
$y=-f(x)$

21 $y=a(x-p)^2+q$ のグラフ (p.50)

95 (1) 軸…**直線 $x=-1$**
頂点…**点 $(-1,\ 2)$**

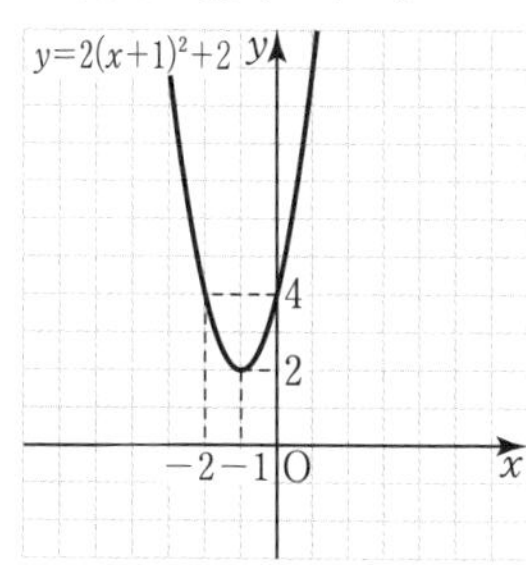

(2) 軸…**直線 $x=2$**
頂点…**点 $(2,\ -1)$**

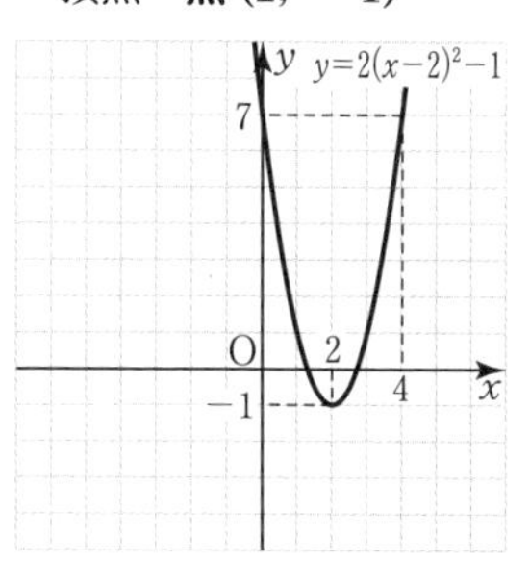

96 (1) 軸…**直線 $x=2$**
頂点…**点 $(2,\ 1)$**

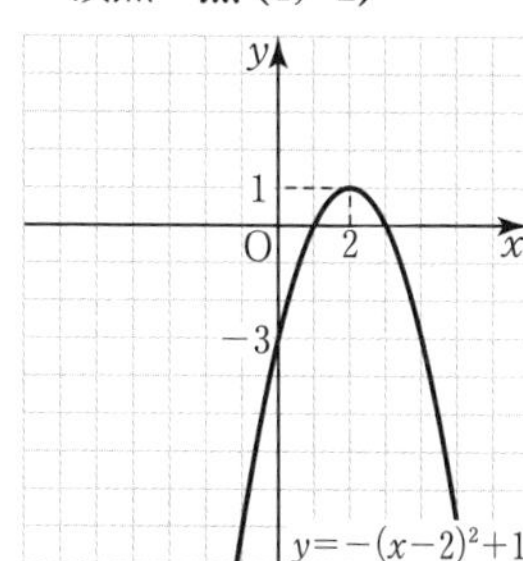

(2) 軸…**直線 $x=-2$**
頂点…**点 $(-2,\ -4)$**

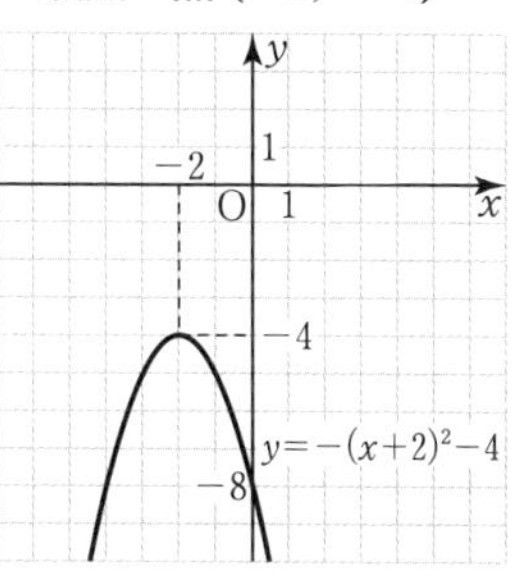

$y=a(x-p)^2+q$ のグラフ

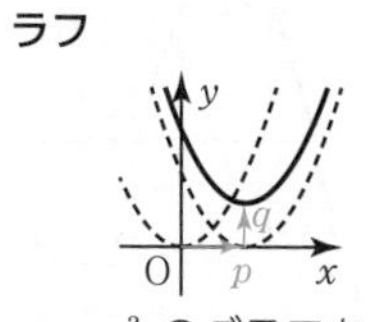

$y=ax^2$ のグラフを x 軸方向に p，y 軸方向に q だけ平行移動したもの。
軸　…直線 $x=p$
頂点…点 $(p,\ q)$

3章　2次関数

97 (1)　軸…**直線 $x=1$**
頂点…**点 $(1,\ 4)$**

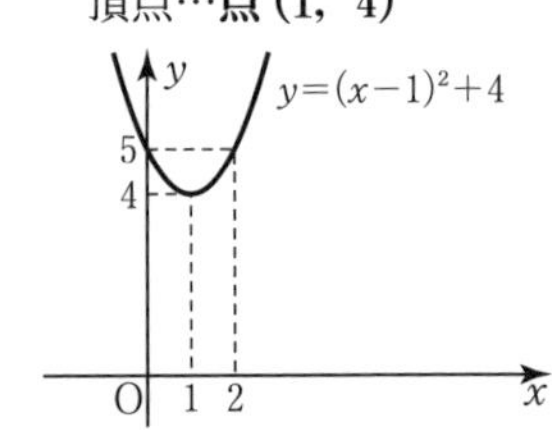

(2)　軸…**直線 $x=-3$**
頂点…**点 $(-3,\ -2)$**

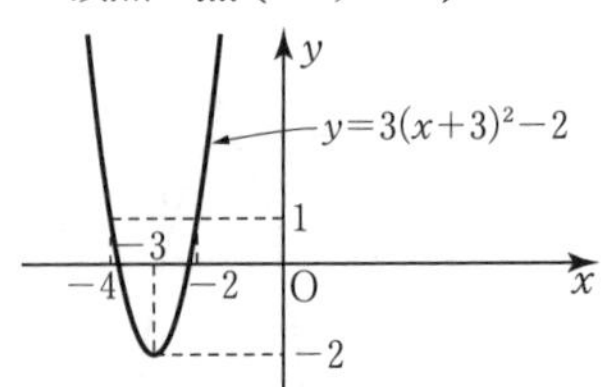

(3)　軸…**直線 $x=1$**
頂点…**点 $(1,\ 2)$**

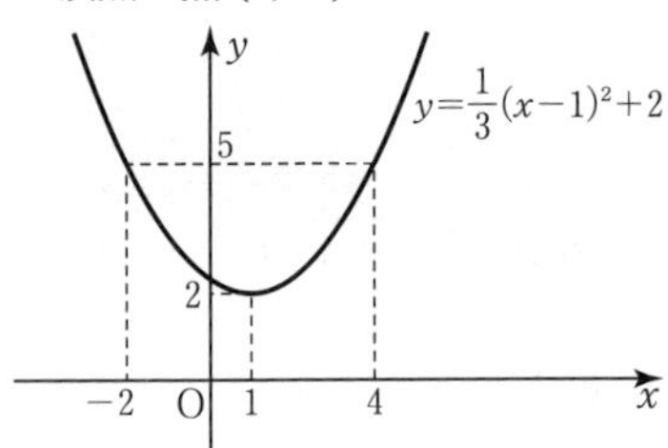

98 (1)　軸…**直線 $x=1$**
頂点…**点 $(1,\ 4)$**

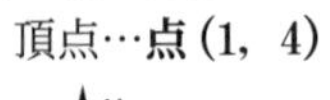

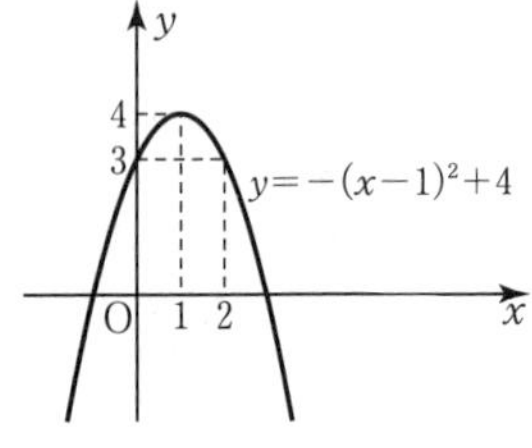

(2)　軸…**直線 $x=3$**
頂点…**点 $(3,\ 8)$**

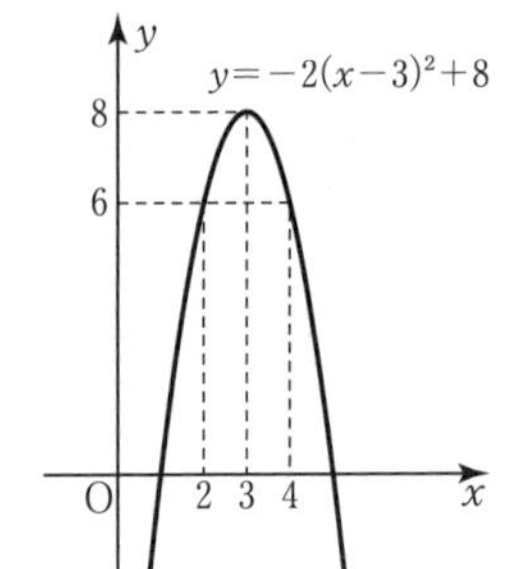

(3)　軸…**直線 $x=-1$**
頂点…**点 $(-1,\ 3)$**

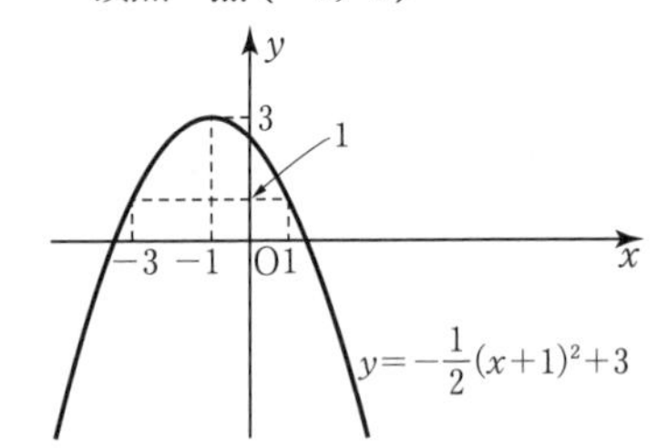

JUMP 21

$y=-3x^2$ のグラフを x 軸方向に3，y 軸方向に q だけ平行移動した放物線の式は

$y=-3(x-3)^2+q$ ……①

と表せる。

①が原点を通るので

$0=-3(0-3)^2+q$

よって　$q=27$

考え方　$y=ax^2$ のグラフを平行移動した放物線の式を考える。

⬅ $y=a(x-p)^2+q$
　⇑ -3　⇑ 3

⬅①に $x=0$，$y=0$ を代入

22 $y=ax^2+bx+c$ のグラフ (p.52)

平方完成
ax^2+bx+c を
$a(x-p)^2+q$
の形に変形することを平方完成するという。

99 (1) $y=x^2+2x+4$
$=(x+1)^2-1^2+4$
$=\mathbf{(x+1)^2+3}$

(2) $y=-3x^2+12x+1$
$=-3(x^2-4x)+1$
$=-3\{(x-2)^2-2^2\}+1$
$=-3(x-2)^2+3\times4+1$
$=\mathbf{-3(x-2)^2+13}$

⬅ x^2 の係数 -3 でくくり，定数項はそのまま

⬅ $y=a(x-p)^2+q$ の形

100 $y=3x^2-6x+6$
$=3(x^2-2x)+6$
$=3\{(x-1)^2-1^2\}+6$
$=3(x-1)^2-3\times1+6$
$=3(x-1)^2+3$
よって，$y=3x^2-6x+6$ のグラフは
軸が **直線 $x=1$**，頂点が **点 (1, 3)** の放物線で，右の図のようになる。

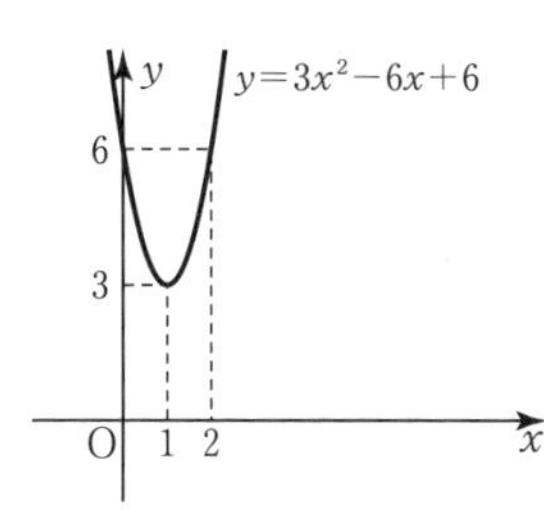

⬅ x^2 の係数 3 でくくり，定数項はそのまま

⬅ $y=a(x-p)^2+q$ の形

$y=a(x-p)^2+q$ のグラフは $y=ax^2$ のグラフを
x 軸方向に p
y 軸方向に q
だけ平行移動したものである。

101 (1) $y=x^2-4x+5=(x-2)^2-2^2+5=\mathbf{(x-2)^2+1}$

(2) $y=-2x^2+4x+1=-2(x^2-2x)+1$
$=-2\{(x-1)^2-1^2\}+1=-2(x-1)^2+2\times1+1$
$=\mathbf{-2(x-1)^2+3}$

102 $y=2x^2-4x$
$=2(x^2-2x)$
$=2\{(x-1)^2-1^2\}$
$=2(x-1)^2-2\times1$
$=2(x-1)^2-2$
よって，$y=2x^2-4x$ のグラフは
軸が **直線 $x=1$**，頂点が **点 (1, −2)** の放物線で，右の図のようになる。

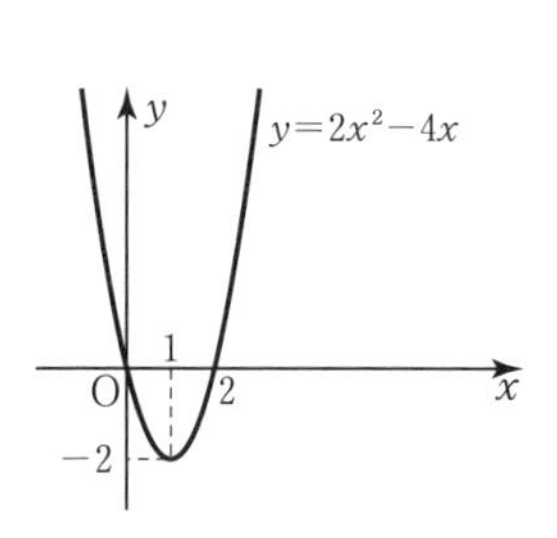

103 (1) $y=x^2+3x+2$
$=\left(x+\frac{3}{2}\right)^2-\left(\frac{3}{2}\right)^2+2$
$=\mathbf{\left(x+\frac{3}{2}\right)^2-\frac{1}{4}}$

⬅ $x^2+2\times\frac{3}{2}x+\left(\frac{3}{2}\right)^2-\left(\frac{3}{2}\right)^2+2$
$=\left(x+\frac{3}{2}\right)^2-\left(\frac{3}{2}\right)^2+2$

(2) $y=-2x^2+6x-1=-2(x^2-3x)-1=-2\left\{\left(x-\frac{3}{2}\right)^2-\left(\frac{3}{2}\right)^2\right\}-1$
$=-2\left(x-\frac{3}{2}\right)^2+2\times\frac{9}{4}-1=\mathbf{-2\left(x-\frac{3}{2}\right)^2+\frac{7}{2}}$

⬅ -2 でくくったとき，x の係数と符号に注意

104 $y=-\frac{1}{2}x^2+2x+1$
$=-\frac{1}{2}(x^2-4x)+1$
$=-\frac{1}{2}\{(x-2)^2-2^2\}+1$

⬅ $-\frac{1}{2}$ でくくると，x の係数は $2\div\left(-\frac{1}{2}\right)=-4$ となる。

$=-\dfrac{1}{2}(x-2)^2+\dfrac{1}{2}\times4+1$

$=-\dfrac{1}{2}(x-2)^2+3$

よって，$y=-\dfrac{1}{2}x^2+2x+1$ のグラフは

軸が $\boldsymbol{x=2}$，頂点が **点 (2, 3)** の放物線

であり，右の図のようになる。

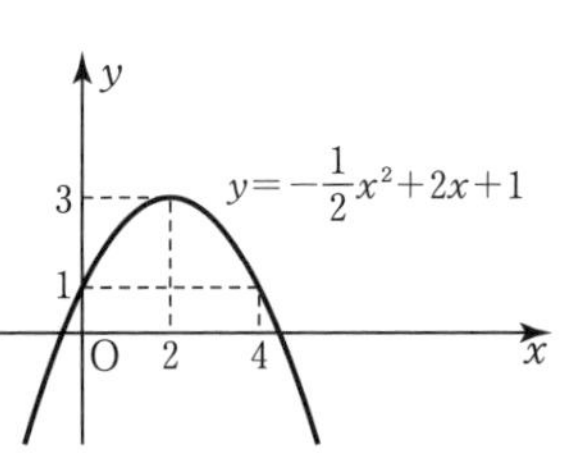

JUMP 22

$y=x^2-4x+5$ を変形すると

$y=(x-2)^2+1$ ……①

①のグラフの頂点は点 (2, 1) であるから，移動後のグラフの頂点は点

$(2+1,\ 1-3)$，すなわち点 $(3,\ -2)$ となる。

よって　$y=(x-3)^2-2=x^2-6x+7$

ゆえに　$\boldsymbol{a=-6}$，$\boldsymbol{b=7}$

考え方　頂点がどのように移動するか考える。

⬅ $y=x^2-4x+5$
$=(x^2-4x+2^2-2^2)+5$
$=(x-2)^2-4+5$

関数 $y=f(x)$ のグラフを x 軸方向に p，y 軸方向に q だけ平行移動すると，次のような関数のグラフになる。

$y-q=f(x-p)$

すなわち

$y=f(x-p)+q$

23 2次関数の最大・最小(1) (p.54)

105　グラフは右の図のようになるから，

y は

$x=-1$ のとき **最大値 7** をとる。

最小値はない。

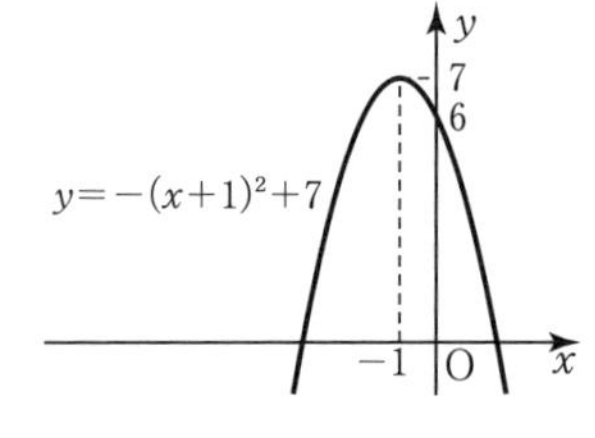

106　$y=3x^2-6x+2$

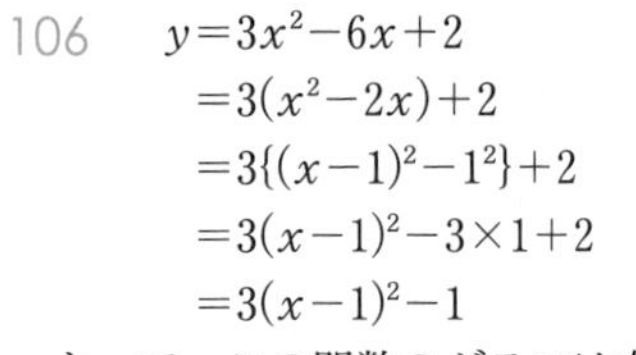

$=3(x^2-2x)+2$

$=3\{(x-1)^2-1^2\}+2$

$=3(x-1)^2-3\times1+2$

$=3(x-1)^2-1$

よって，この関数のグラフは右の図のようになるから，y は

$x=1$ のとき **最小値 −1** をとる。

最大値はない。

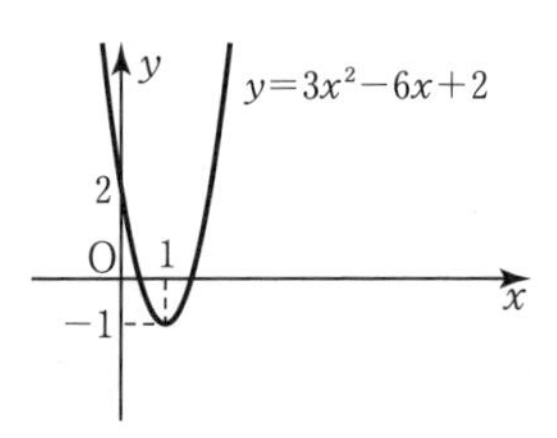

107　(1)　グラフは右の図のようになるから，y は

$x=1$ のとき **最小値 4** をとる。

最大値はない。

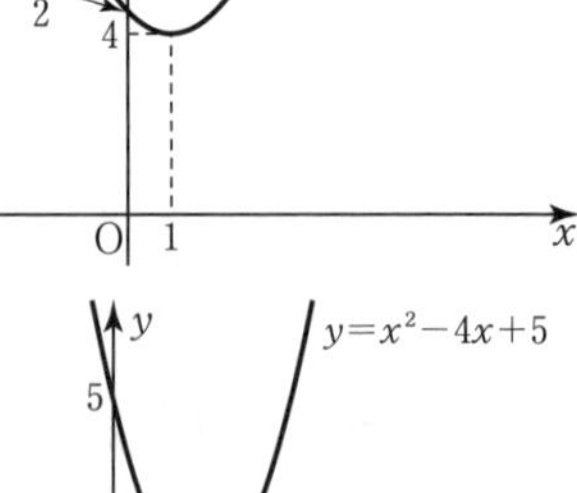

(2)　$y=x^2-4x+5$

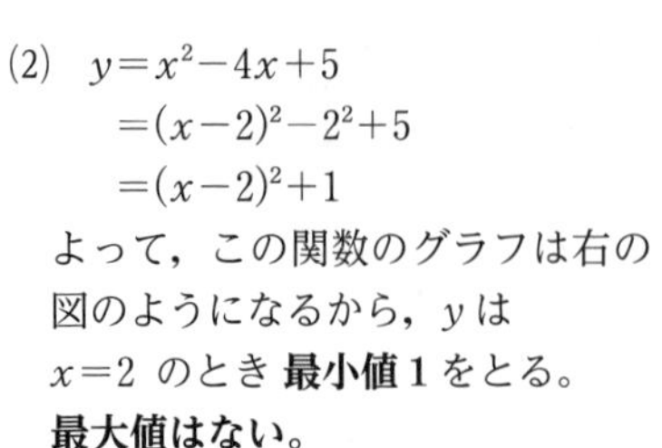

$=(x-2)^2-2^2+5$

$=(x-2)^2+1$

よって，この関数のグラフは右の図のようになるから，y は

$x=2$ のとき **最小値 1** をとる。

最大値はない。

2次関数

$\boldsymbol{y=a(x-p)^2+q}$

の最大・最小

$a>0$ のとき

最大値はない。

$x=p$ で最小値 q

$a<0$ のとき

$x=p$ で最大値 q

最小値はない。

(3) $y=2x^2+20x+47$

$=2(x^2+10x)+47$

$=2\{(x+5)^2-5^2\}+47$

$=2(x+5)^2-2\times25+47$

$=2(x+5)^2-3$

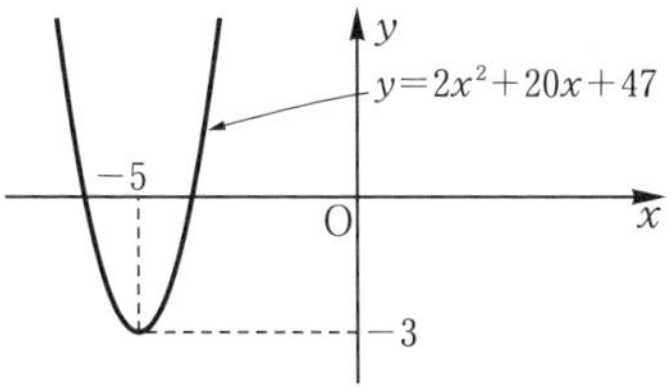

よって，この関数のグラフは右の図のようになるから，y は

$x=-5$ のとき **最小値 -3** をとる。

最大値はない。

108 (1) グラフは右の図のようになるから，y は

$x=-3$ のとき **最大値 2** をとる。

最小値はない。

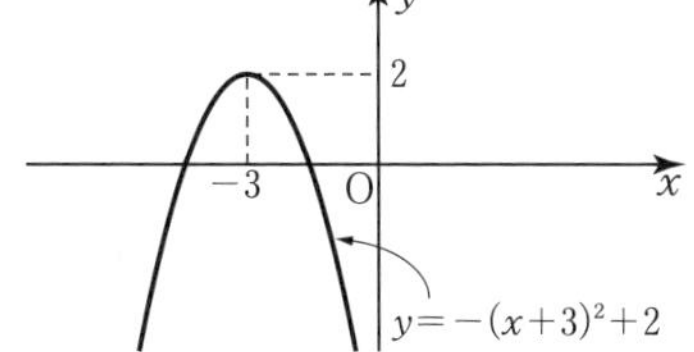

(2) $y=-x^2-x-3$

$=-(x^2+x)-3$

$=-\left\{\left(x+\frac{1}{2}\right)^2-\left(\frac{1}{2}\right)^2\right\}-3$

$=-\left(x+\frac{1}{2}\right)^2-\frac{11}{4}$

よって，この関数のグラフは右の図のようになるから，y は

$x=-\frac{1}{2}$ のとき **最大値 $-\frac{11}{4}$** をとる。

最小値はない。

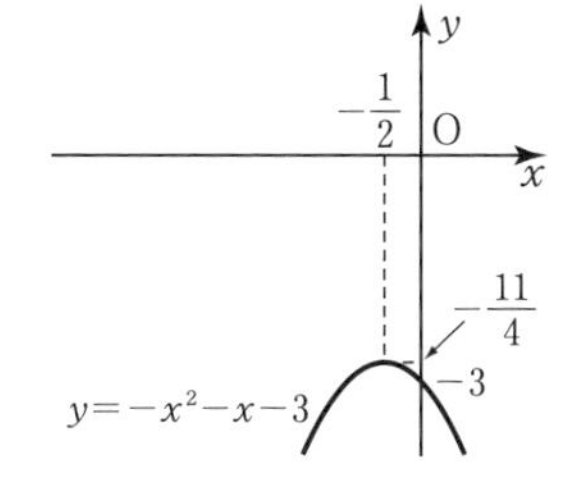

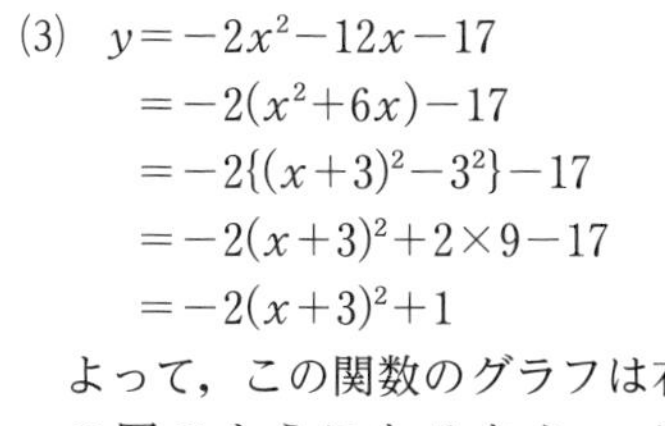

(3) $y=-2x^2-12x-17$

$=-2(x^2+6x)-17$

$=-2\{(x+3)^2-3^2\}-17$

$=-2(x+3)^2+2\times9-17$

$=-2(x+3)^2+1$

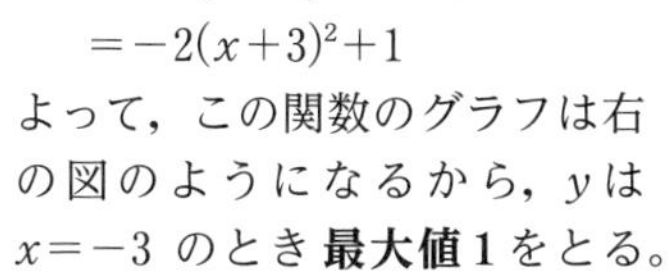

よって，この関数のグラフは右の図のようになるから，y は

$x=-3$ のとき **最大値 1** をとる。

最小値はない。

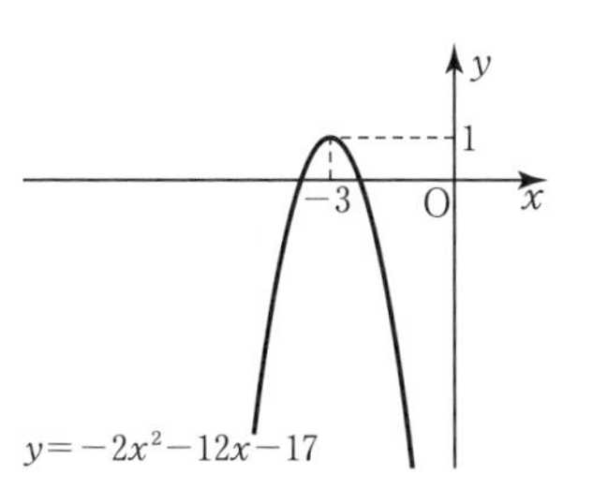

JUMP 23

$y=-x^2+4x+c$ を変形すると

$y=-(x^2-4x)+c$

$=-\{(x-2)^2-2^2\}+c$

$=-(x-2)^2+c+4$

よって，$x=2$ のとき，最大値 $c+4$ をとる。

最大値が 5 であるから，

$c+4=5$ より $\boldsymbol{c=1}$

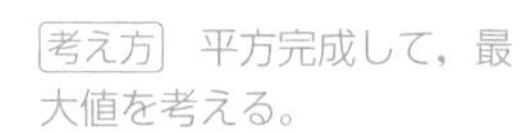

考え方 平方完成して，最大値を考える。

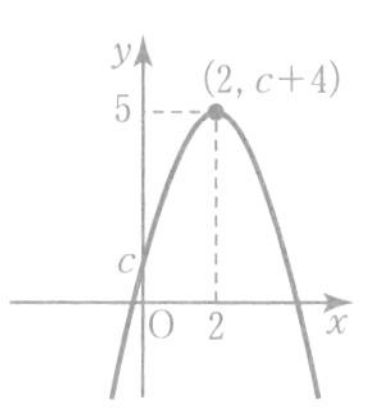

3章 2次関数

24 2次関数の最大・最小(2) (p.56)

109 $y=2x^2$ $(-2 \leqq x \leqq 1)$ において，
$x=-2$ のとき $y=8$,
$x=1$ のとき $y=2$ であるから，この関数のグラフは，右の図の実線部分である。
よって，y は
$x=-2$ のとき **最大値 8** をとり，
$x=0$ のとき **最小値 0** をとる。

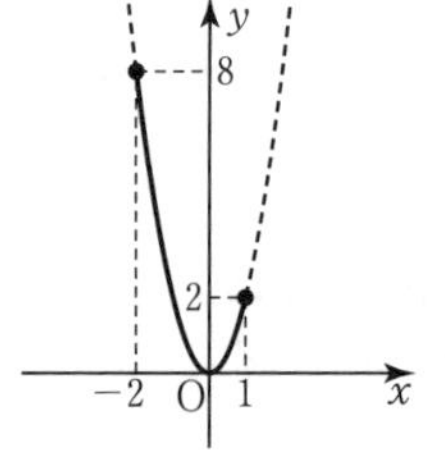

定義域に制限がある場合の最大値・最小値
グラフをかいて，定義域の両端の点における y の値と頂点における y の値に注目する。

110 $y=3(x-1)^2-1$ $(0 \leqq x \leqq 2)$ において，
$x=0$ のとき $y=2$,
$x=2$ のとき $y=2$ であるから，この関数のグラフは右の図の実線部分である。
よって，y は
$x=0$, 2 のとき **最大値 2** をとり，
$x=1$ のとき **最小値 -1** をとる。

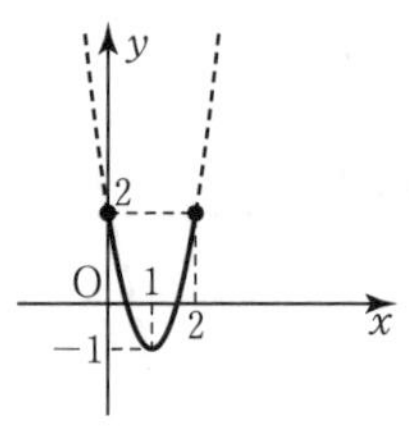

←$x=0$, 2 のとき $y=2$
(頂点で $y=-1$)

111 (1) $y=(x-3)^2-2$ $(2 \leqq x \leqq 6)$ において，
$x=2$ のとき $y=-1$,
$x=6$ のとき $y=7$ であるから，この関数のグラフは右の図の実線部分である。
よって，y は
$x=6$ のとき **最大値 7** をとり，
$x=3$ のとき **最小値 -2** をとる。

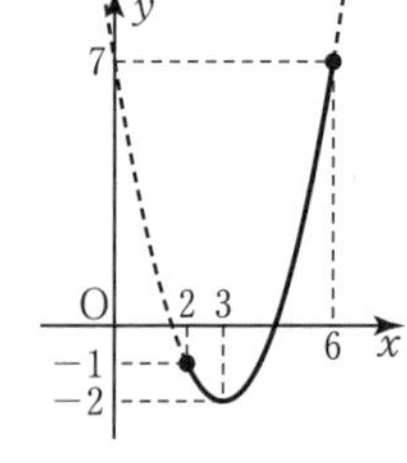

(2) $y=-2x^2+18$ $(-1 \leqq x \leqq 2)$ において，
$x=-1$ のとき $y=16$,
$x=2$ のとき $y=10$ であるから，この関数のグラフは右の図の実線部分である。
よって，y は
$x=0$ のとき **最大値 18** をとり，
$x=2$ のとき **最小値 10** をとる。

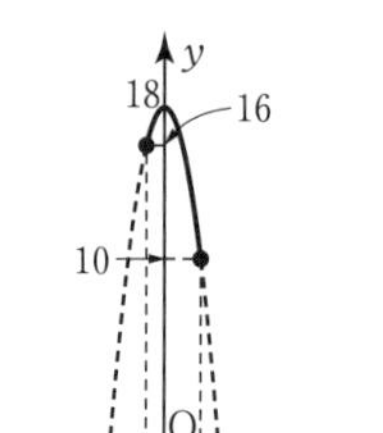

112 (1) $y=(x-1)^2-1$ $(0 \leqq x \leqq 4)$ において，
$x=0$ のとき $y=0$,
$x=4$ のとき $y=8$ であるから，この関数のグラフは右の図の実線部分である。
よって，y は
$x=4$ のとき **最大値 8** をとり，
$x=1$ のとき **最小値 -1** をとる。

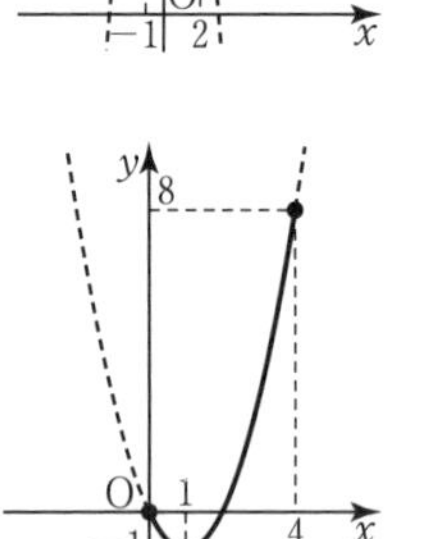

(2) $y=(x-1)^2-1$ $(-2 \leqq x \leqq 0)$ において，
$x=-2$ のとき $y=8$,
$x=0$ のとき $y=0$
であるから，この関数のグラフは右の図の実線部分である。
よって，y は
$x=-2$ のとき **最大値 8** をとり，
$x=0$ のとき **最小値 0** をとる。

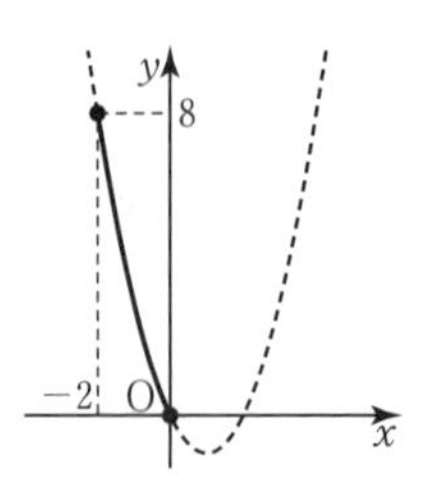

113 (1) $y=\frac{1}{3}x^2-2x=\frac{1}{3}(x^2-6x)$

$=\frac{1}{3}\{(x-3)^2-3^2\}$

$=\frac{1}{3}(x-3)^2-3$

$2\leqq x\leqq 6$ におけるこの関数のグラフは，右の図の実線部分である。

よって，y は

$x=6$ のとき **最大値 0** をとり，

$x=3$ のとき **最小値 −3** をとる。

⬅ $\frac{1}{3}$ でくくったとき，x の係数は $-2\div\frac{1}{3}=-6$

(2) $y=-2x^2-4x+3$

$=-2(x^2+2x)+3$

$=-2\{(x+1)^2-1^2\}+3$

$=-2(x+1)^2+2\times1+3$

$=-2(x+1)^2+5$

$-3\leqq x\leqq 0$ におけるこの関数のグラフは，右の図の実線部分である。

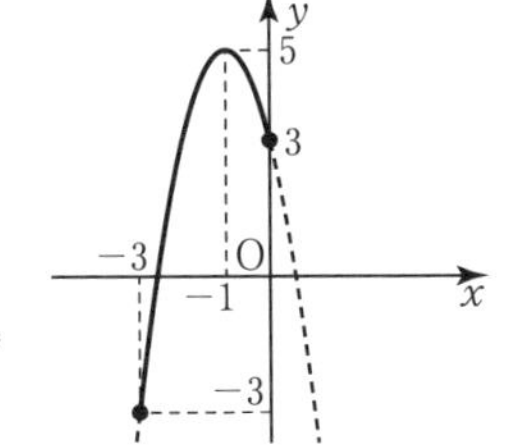

よって，y は

$x=-1$ のとき **最大値 5** をとり，

$x=-3$ のとき **最小値 −3** をとる。

⬅ -2 でくくったとき，x の係数は $-4\div(-2)=2$

114 直角をはさむ2辺のうち，1辺の長さを x とおくと，もう1辺の長さは $6-x$ と表される。

$x>0$ かつ $6-x>0$ であるから $0<x<6$

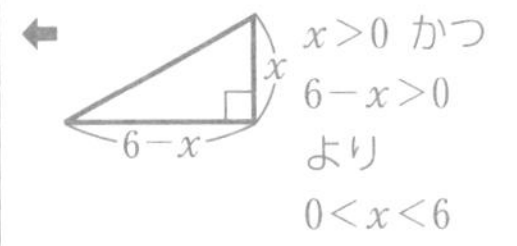

⬅ $x>0$ かつ $6-x>0$ より $0<x<6$

三平方の定理より斜辺の長さは $\sqrt{x^2+(6-x)^2}$ である。

$y=x^2+(6-x)^2$ とおくと

$y=x^2+x^2-12x+36$

$=2x^2-12x+36$

$=2(x^2-6x)+36$

$=2\{(x-3)^2-3^2\}+36$

$=2(x-3)^2-2\times9+36$

$=2(x-3)^2+18$ $(0<x<6)$

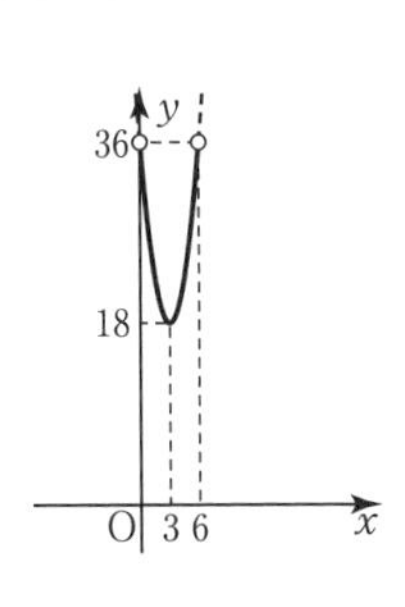

よって，y は $x=3$ のとき最小値 18 をとる。

ゆえに，斜辺の長さの最小値は

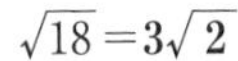

$\sqrt{18}=3\sqrt{2}$

⬅斜辺の長さは $\sqrt{y}$

JUMP 24

考え方 頂点の x 座標が定義域に含まれるか考える。

$y=x^2-4x$

$=(x-2)^2-4$

(i) **$0<a<2$ のとき**

グラフは右の図のようになり，$x=a$ で **最小値 a^2-4a** をとる。

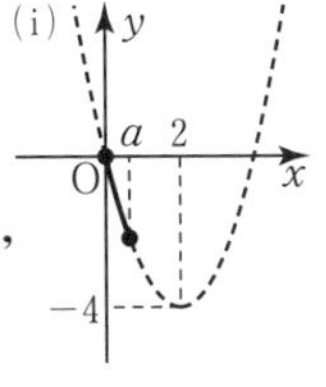

(ii) **$2\leqq a$ のとき**

グラフは右の図のようになり，$x=2$ で **最小値 −4** をとる。

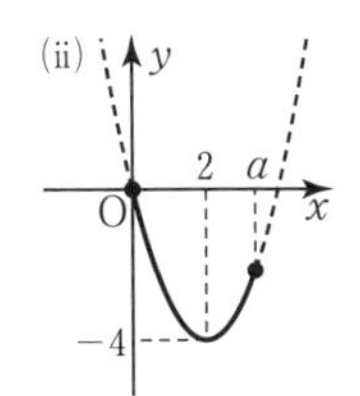

⬅頂点の x 座標2が，定義域に含まれる場合と含まれない場合に分けて考える。

3章 2次関数

25 2 次関数の決定 (1) (p.58)

115 頂点が点 (2, 1) であるから，求める 2 次関数は

$y=a(x-2)^2+1$ と表される。

グラフが点 (1, 3) を通ることから $3=a(1-2)^2+1$

よって $3=a+1$ より $a=2$

したがって，求める 2 次関数は $\boldsymbol{y=2(x-2)^2+1}$

⬅頂点が点 (p, q) である 2 次関数は

$y=a(x-p)^2+q$

この式に，通る点の座標を代入して a を求める。

116 軸が直線 $x=4$ であるから，求める 2 次関数は

$y=a(x-4)^2+q$ と表される。

グラフが点 (2, -2) を通ることから $-2=a(2-4)^2+q$ ……①

グラフが点 (5, 7) を通ることから $7=a(5-4)^2+q$ ……②

①，②より $\begin{cases} 4a+q=-2 \\ a+q=7 \end{cases}$

これを解いて $a=-3$, $q=10$

したがって，求める 2 次関数は $\boldsymbol{y=-3(x-4)^2+10}$

⬅軸が直線 $x=p$ である 2 次関数は

$y=a(x-p)^2+q$

この式に，通る 2 点の座標を代入して a と q の値を求める。

117 頂点が点 (1, 3) であるから，求める 2 次関数は

$y=a(x-1)^2+3$ と表される。

グラフが点 (0, 6) を通ることから $6=a(0-1)^2+3$

よって $6=a+3$ より $a=3$

したがって，求める 2 次関数は $\boldsymbol{y=3(x-1)^2+3}$

118 頂点が点 (2, 8) であるから，求める 2 次関数は

$y=a(x-2)^2+8$ と表される。

グラフが原点を通ることから $0=a(0-2)^2+8$

よって $4a+8=0$ より $a=-2$

したがって，求める 2 次関数は $\boldsymbol{y=-2(x-2)^2+8}$

119 軸が直線 $x=2$ であるから，求める 2 次関数は

$y=a(x-2)^2+q$ と表される。

グラフが点 (1, 3) を通ることから $3=a(1-2)^2+q$ ……①

グラフが点 (5, -5) を通ることから $-5=a(5-2)^2+q$ ……②

①，②より $\begin{cases} a+q=3 \\ 9a+q=-5 \end{cases}$

これを解いて $a=-1$, $q=4$

したがって，求める 2 次関数は $\boldsymbol{y=-(x-2)^2+4}$

120 頂点が点 (-2, -3) であるから，求める 2 次関数は

$y=a(x+2)^2-3$ と表される。

グラフが点 (2, 5) を通ることから $5=a(2+2)^2-3$

よって $5=16a-3$ より $a=\frac{1}{2}$

したがって，求める 2 次関数は $\boldsymbol{y=\frac{1}{2}(x+2)^2-3}$

121 軸が直線 $x=-1$ であるから，求める 2 次関数は

$y=a(x+1)^2+q$ と表される。

グラフが点 (0, 7) を通ることから $7=a(0+1)^2+q$ ……①

グラフが点 (3, 2) を通ることから $2=a(3+1)^2+q$ ……②

①，②より $\begin{cases} a+q=7 \\ 16a+q=2 \end{cases}$

これを解いて　$a=-\dfrac{1}{3}$，$q=\dfrac{22}{3}$

したがって，求める 2 次関数は $\boldsymbol{y=-\dfrac{1}{3}(x+1)^2+\dfrac{22}{3}}$

JUMP 25

頂点は点 $(p,\ 2p-3)$ とおけるから，放物線の方程式は

$y=(x-p)^2+2p-3$ ……①と表される。

グラフが点 $(2,\ 9)$ を通ることから

$9=(2-p)^2+2p-3$

より　$p^2-2p-8=0$

$(p+2)(p-4)=0$

よって　$p=-2,\ 4$

$p=-2$ のとき，①より　$y=(x+2)^2-7=x^2+4x-3$

$p=4$ のとき，①より　$y=(x-4)^2+5=x^2-8x+21$

したがって，$\boldsymbol{a=4,\ b=-3}$ または $\boldsymbol{a=-8,\ b=21}$

別解　$y=x^2+ax+b=\left(x+\dfrac{a}{2}\right)^2-\dfrac{a^2}{4}+b$

よって，頂点は $\left(-\dfrac{a}{2},\ -\dfrac{a^2}{4}+b\right)$

頂点が直線 $y=2x-3$ 上にあるから

$-\dfrac{a^2}{4}+b=2\times\left(-\dfrac{a}{2}\right)-3$

より　$b=\dfrac{a^2}{4}-a-3$ ……①

また，点 $(2,\ 9)$ を通るから

$9=4+2a+b$

より　$b=-2a+5$ ……②

①，②より　$\dfrac{a^2}{4}-a-3=-2a+5$

$a^2+4a-32=0$

$(a-4)(a+8)=0$

よって　$a=4,\ -8$

$a=4$ のとき，②に代入して　$b=-3$

$a=-8$ のとき，②に代入して　$b=21$

したがって，$\boldsymbol{a=4,\ b=-3}$ または $\boldsymbol{a=-8,\ b=21}$

考え方　頂点の x 座標を p とおいて，放物線の式を p を用いて表す。

⇐①に $x=2$，$y=9$ を代入

⇐$a=4$，$b=-3$

⇐$a=-8$，$b=21$

26 2 次関数の決定 (2) (p.60)

122　求める 2 次関数を $y=ax^2+bx+c$ とおく。

グラフが 3 点 $(1,\ 0)$，$(2,\ 0)$，$(0,\ 2)$ を通ることから

$\begin{cases} 0=a+b+c & \cdots\cdots① \\ 0=4a+2b+c & \cdots\cdots② \\ 2=c & \cdots\cdots③ \end{cases}$

③より　$c=2$

これを①，②に代入して整理すると

$\begin{cases} a+b=-2 \\ 2a+b=-1 \end{cases}$

これを解いて　$a=1$，$b=-3$

⇐3 点が与えられたとき，$y=ax^2+bx+c$ とおく。この式に，通る 3 点の座標を代入して a，b，c を求める。

よって，求める 2 次関数は　$\boldsymbol{y=x^2-3x+2}$

123　求める 2 次関数を　$y=ax^2+bx+c$　とおく。

グラフが 3 点 $(0,\ -1)$，$(2,\ 13)$，$(-1,\ -2)$ を通ることから

$$\begin{cases} -1=c & \cdots\cdots① \\ 13=4a+2b+c & \cdots\cdots② \\ -2=a-b+c & \cdots\cdots③ \end{cases}$$

①より　$c=-1$

これを②，③に代入して整理すると

$$\begin{cases} 2a+b=7 \\ a-b=-1 \end{cases}$$

これを解いて　$a=2,\ b=3$

よって，求める 2 次関数は　$\boldsymbol{y=2x^2+3x-1}$

124　求める 2 次関数を　$y=ax^2+bx+c$　とおく。

グラフが 3 点 $(0,\ 3)$，$(1,\ 5)$，$(-2,\ -13)$ を通ることから

$$\begin{cases} 3=c & \cdots\cdots① \\ 5=a+b+c & \cdots\cdots② \\ -13=4a-2b+c & \cdots\cdots③ \end{cases}$$

①より　$c=3$

これを②，③に代入して整理すると

$$\begin{cases} a+b=2 \\ 2a-b=-8 \end{cases}$$

これを解いて　$a=-2,\ b=4$

よって，求める 2 次関数は　$\boldsymbol{y=-2x^2+4x+3}$

連立 3 元 1 次方程式の解法

(i)　1 つの文字を消去して，連立 2 元 1 次方程式をつくる。

(ii)　(i)の連立 2 元 1 次方程式を解く。

(iii)　残りの 1 文字の値を求める。

125

$$\begin{cases} a-b+2c=5 & \cdots\cdots① \\ a+b+c=8 & \cdots\cdots② \\ a+2b+3c=17 & \cdots\cdots③ \end{cases}$$

①+②より　　$2a+3c=13$ ……④　　⬅b を消去

2×②−③より　$a-c=-1$ ……⑤

④，⑤を解いて　$a=2,\ c=3$　　⬅連立方程式④，⑤を解く。

これらを①に代入して　$b=3$　　⬅b の値を求める。

よって　$\boldsymbol{a=2,\ b=3,\ c=3}$

126　求める 2 次関数を　$y=ax^2+bx+c$　とおく。

グラフが 3 点 $(-2,\ 7)$，$(-1,\ 2)$，$(2,\ -1)$ を通ることから

$$\begin{cases} 7=4a-2b+c & \cdots\cdots① \\ 2=a-b+c & \cdots\cdots② \\ -1=4a+2b+c & \cdots\cdots③ \end{cases}$$

①−②より　$3a-b=5$ ……④　　⬅c を消去する。

③−②より　$3a+3b=-3$

すなわち　　$a+b=-1$ ……⑤

④，⑤を解いて　$a=1,\ b=-2$　　⬅連立方程式④，⑤を解く。

これらを②に代入して　$c=-1$　　⬅c の値を求める。

よって，求める 2 次関数は　$\boldsymbol{y=x^2-2x-1}$

127　求める 2 次関数を　$y=ax^2+bx+c$　とおく。

グラフが 3 点 $(1,\ 6)$，$(2,\ 5)$，$(3,\ 2)$ を通ることから

$$\begin{cases} 6=a+b+c & \cdots\cdots ① \\ 5=4a+2b+c & \cdots\cdots ② \\ 2=9a+3b+c & \cdots\cdots ③ \end{cases}$$

②−①より　$3a+b=-1$ ……④

⬅c を消去する。

③−②より　$5a+b=-3$ ……⑤

④，⑤を解いて　$a=-1$，$b=2$

⬅連立方程式④，⑤を解く。

①より　$c=5$

⬅c の値を求める。

よって，求める２次関数は　$\boldsymbol{y=-x^2+2x+5}$

JUMP 26

考え方　頂点の y 座標について考える。

x 軸に接することより，頂点は $(p,\ 0)$ であるから，求める２次関数は

$y=a(x-p)^2$　$(a \neq 0)$

と表せる。

グラフが $(2,\ 1)$，$(5,\ 4)$ を通るから

$$\begin{cases} 1=a(2-p)^2 & \cdots\cdots ① \\ 4=a(5-p)^2 & \cdots\cdots ② \end{cases}$$

①，②より，a を消去すると

$\dfrac{1}{(2-p)^2}=\dfrac{4}{(5-p)^2}$　より

$(5-p)^2=4(2-p)^2$

整理すると　$p^2-2p-3=0$　より　$(p-3)(p+1)=0$

よって　$p=3,\ -1$

$p=3$ のとき，①より　$1=a$

$p=-1$ のとき，①より　$1=9a$　より　$a=\dfrac{1}{9}$

したがって，$\boldsymbol{y=(x-3)^2}$，$\boldsymbol{y=\dfrac{1}{9}(x+1)^2}$

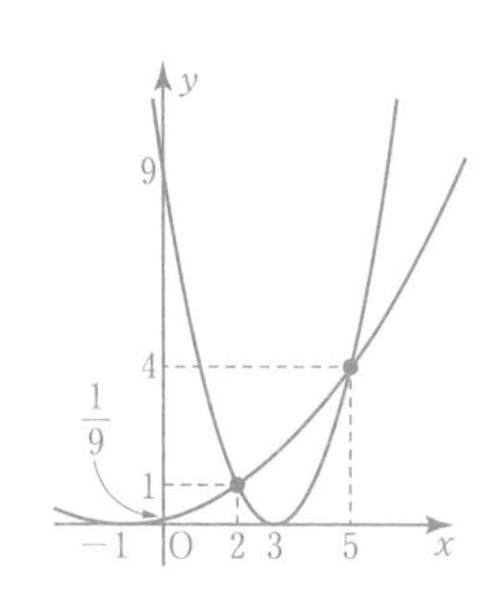

まとめの問題　２次関数①（p.62）

1　(1)　軸…**y 軸**

頂点…**点 (0，9)**

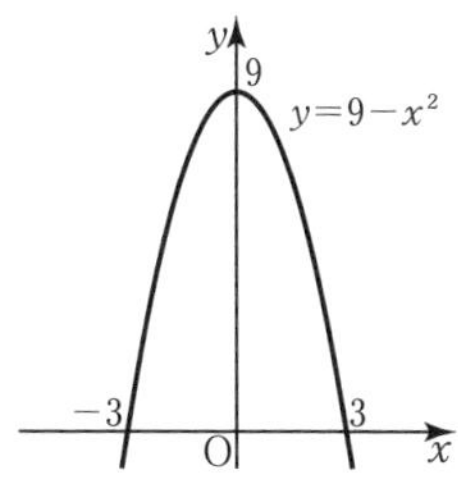

(2)　軸…**直線 $x=-1$**

頂点…**点 (−1，2)**

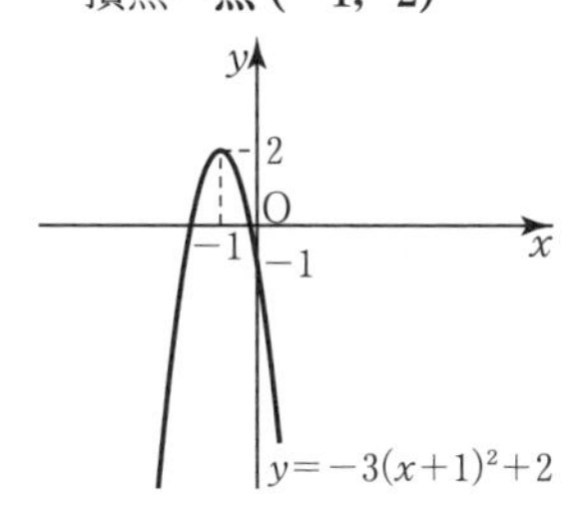

(3)　$y=(x^2-6x)+8$

$=(x-3)^2-3^2+8$

$=(x-3)^2-1$

軸…**直線 $x=3$**

頂点…**点 (3，−1)**

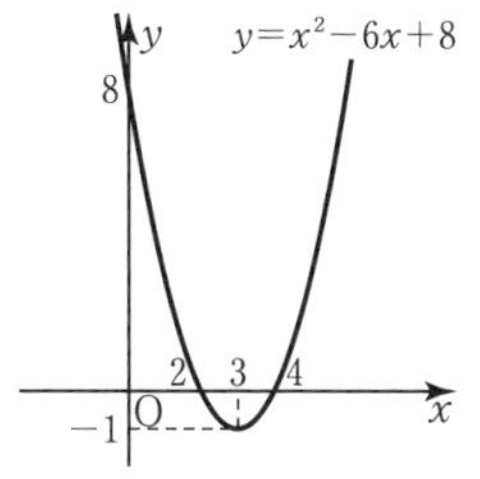

３章　２次関数

(4)　$y=\frac{1}{2}(x^2-2x)+1$

$=\frac{1}{2}\{(x-1)^2-1^2\}+1$

$=\frac{1}{2}(x-1)^2-\frac{1}{2}\times1+1$

$=\frac{1}{2}(x-1)^2+\frac{1}{2}$

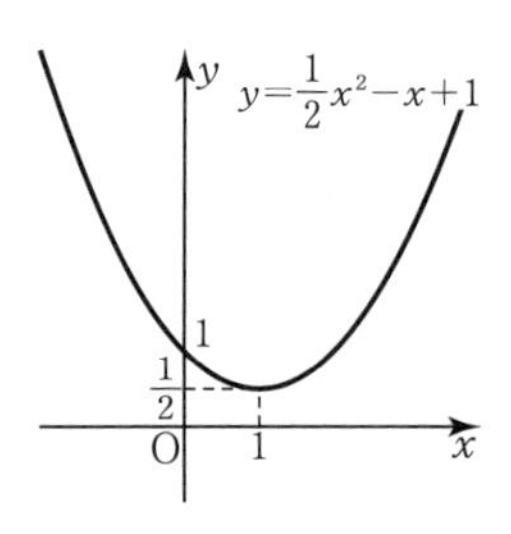

軸…**直線 $x=1$**

頂点…**点 $\left(1,\ \frac{1}{2}\right)$**

2　(1)　$y=x^2+6x+7$

$=(x+3)^2-3^2+7$

$=(x+3)^2-2$

よって，この関数のグラフは右の図のようになるから，y は

$x=-3$ のとき **最小値 -2** をとる。

最大値はない。

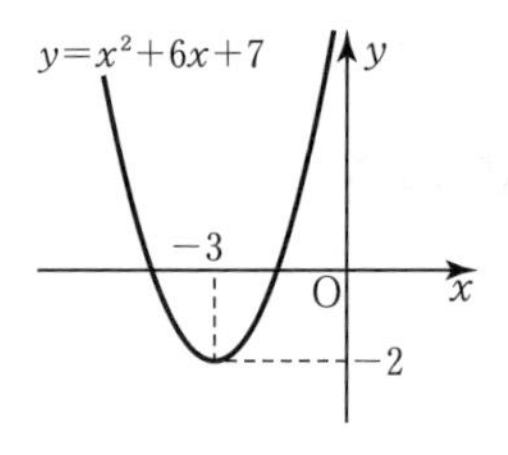

(2)　$y=2\left(x^2-\frac{3}{2}x\right)+5$

$=2\left\{\left(x-\frac{3}{4}\right)^2-\left(\frac{3}{4}\right)^2\right\}+5$

$=2\left(x-\frac{3}{4}\right)^2-2\times\frac{9}{16}+5$

$=2\left(x-\frac{3}{4}\right)^2+\frac{31}{8}$

よって，この関数のグラフは右の図のようになるから，y は

$x=\frac{3}{4}$ のとき **最小値 $\frac{31}{8}$** をとる。

最大値はない。

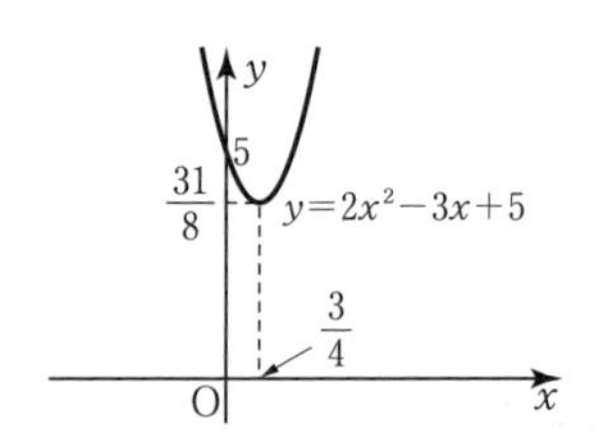

3　(1)　$y=x^2-2x-2$

$=(x-1)^2-1^2-2$

$=(x-1)^2-3$

$-1\leqq x\leqq2$ におけるこの関数のグラフは，右の図の実線部分である。

よって，y は

$x=-1$ のとき **最大値 1** をとり，

$x=1$ のとき **最小値 -3** をとる。

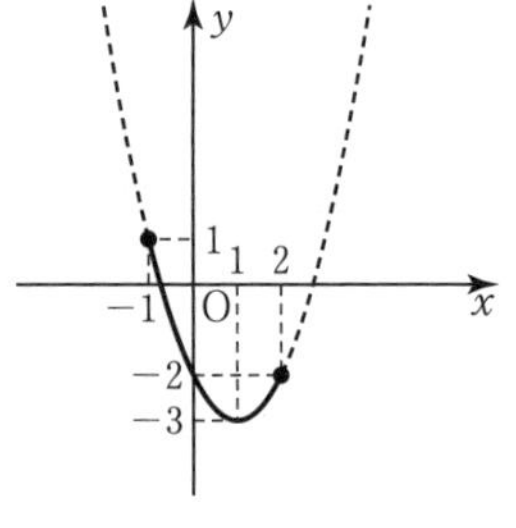

⬅両端と頂点における y の値を求める。

(2)　$y=-\frac{1}{2}(x-3)^2+2$ $(-1\leqq x\leqq7)$ において，$x=-1$ のとき $y=-6$

$x=7$ のとき $y=-6$ であるから，この関数のグラフは，右の図の実線部分である。

よって，y は

$x=3$ のとき **最大値 2** をとり

$x=-1,\ 7$ のとき **最小値 -6** をとる。

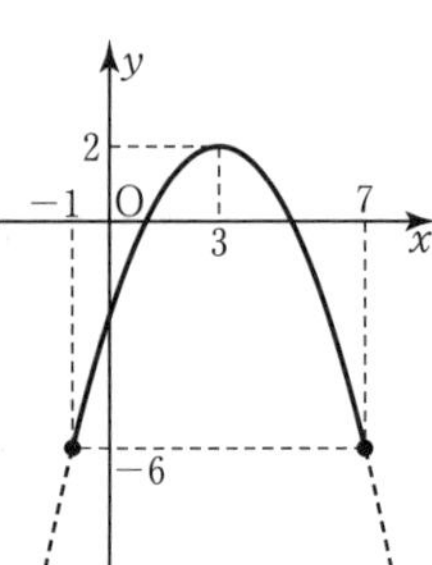

4 長方形の縦の長さを x m とすると

$x>0$, $10-2x>0$ より　$0<x<5$

長方形の面積を y m^2 とすると

$y=x(10-2x)=-2x^2+10x=-2(x^2-5x)$

$=-2\left\{\left(x-\frac{5}{2}\right)^2-\left(\frac{5}{2}\right)^2\right\}=-2\left(x-\frac{5}{2}\right)^2+\frac{25}{2}$

$0<x<5$ において，この 2 次関数が最大となるのは，

$x=\frac{5}{2}(=2.5)$ のときである。

したがって，長方形の縦の長さを $\boldsymbol{\frac{5}{2}(=2.5)}$ **m** とすればよい。

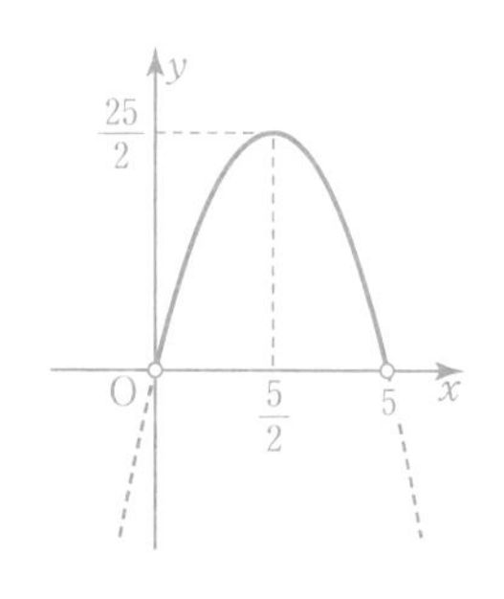

5 (1) 頂点が点 $(2,\ -3)$ であるから，求める 2 次関数は

$y=a(x-2)^2-3$　と表される。

グラフが点 $(-1,\ 6)$ を通ることから　$6=a(-1-2)^2-3$

よって　$6=9a-3$ より　$a=1$

したがって，求める 2 次関数は　$\boldsymbol{y=(x-2)^2-3}$

⬅グラフの頂点が $(p,\ q)$ の 2 次関数の式
$y=a(x-p)^2+q$

(2) 軸が直線 $x=2$ であるから，求める 2 次関数は

$y=a(x-2)^2+q$　と表される。

グラフが点 $(0,\ -1)$ を通ることから　$-1=a(0-2)^2+q$ ……①

グラフが点 $(3,\ 2)$ を通ることから　$2=a(3-2)^2+q$ ……②

①，②より $\begin{cases}4a+q=-1\\a+q=2\end{cases}$

これを解いて　$a=-1$，$q=3$

したがって，求める 2 次関数は　$\boldsymbol{y=-(x-2)^2+3}$

⬅グラフの軸が直線 $x=p$ の 2 次関数の式
$y=a(x-p)^2+q$

(3) 求める 2 次関数を $y=ax^2+bx+c$　とおく。

グラフが 3 点 $(0,\ 1)$，$(1,\ 7)$，$(-4,\ 17)$ を通ることから

$\begin{cases}1=c & \cdots\cdots①\\7=a+b+c & \cdots\cdots②\\17=16a-4b+c & \cdots\cdots③\end{cases}$

①より　$c=1$

これを②，③に代入して整理すると

$\begin{cases}a+b=6\\4a-b=4\end{cases}$

これを解いて　$a=2$，$b=4$

よって，求める 2 次関数は $\boldsymbol{y=2x^2+4x+1}$

⬅3 点が与えられたとき，$y=ax^2+bx+c$ とおく。この式に，通る 3 点の座標を代入して a，b，c を求める。

27 2 次方程式 (p.64)

128 (1) 左辺を因数分解すると

$(x+4)(x-3)=0$

よって　$x+4=0$ または $x-3=0$

したがって　$\boldsymbol{x=-4,\ 3}$

⬅ $AB=0$ ⇕ $A=0$ または $B=0$

(2) 左辺を因数分解すると

$(x-2)(x-3)=0$

よって　$x-2=0$ または $x-3=0$

したがって　$\boldsymbol{x=2,\ 3}$

(3) 左辺を因数分解すると

$x(x+3)=0$

よって　$x=0$ または $x+3=0$

したがって　$\boldsymbol{x=0,\ -3}$

129 (1)　$x=\dfrac{-3\pm\sqrt{3^2-4\times1\times1}}{2\times1}$

$=\boldsymbol{\dfrac{-3\pm\sqrt{5}}{2}}$

(2)　$x=\dfrac{-(-1)\pm\sqrt{(-1)^2-4\times3\times(-1)}}{2\times3}$

$=\boldsymbol{\dfrac{1\pm\sqrt{13}}{6}}$

(3)　$x=\dfrac{-2\pm\sqrt{2^2-4\times1\times(-1)}}{2\times1}$

$=\dfrac{-2\pm\sqrt{8}}{2}=\dfrac{-2\pm2\sqrt{2}}{2}$

$=\boldsymbol{-1\pm\sqrt{2}}$

解の公式
2次方程式
$ax^2+bx+c=0$ の解は
$b^2-4ac\geqq0$ のとき
$x=\dfrac{-b\pm\sqrt{b^2-4ac}}{2a}$

130 (1)　左辺を因数分解すると

$(x-2)(x-1)=0$

よって　$x-2=0$ または $x-1=0$

したがって　$\boldsymbol{x=2,\ 1}$

← $AB=0$ ⇕ $A=0$ または $B=0$

(2)　左辺を因数分解すると

$(x+2)(x-2)=0$

よって　$x+2=0$ または $x-2=0$

したがって　$\boldsymbol{x=-2,\ 2}$　$(x=\pm2)$

(3)　左辺を因数分解すると

$(x+3)^2=0$

よって　$x+3=0$

したがって　$\boldsymbol{x=-3}$（重解）

(4)　左辺を因数分解すると

$(x+1)(2x+1)=0$

よって　$x+1=0$ または $2x+1=0$

したがって　$\boldsymbol{x=-1,\ -\dfrac{1}{2}}$

1	1 →	2
2	1 →	1
2	1	3

(5)　左辺を因数分解すると

$(2x+1)(3x-4)=0$

よって　$2x+1=0$ または $3x-4=0$

したがって　$\boldsymbol{x=-\dfrac{1}{2},\ \dfrac{4}{3}}$

2	1 →	3
3	−4 →	−8
6	−4	−5

131 (1)　$x=\dfrac{-(-5)\pm\sqrt{(-5)^2-4\times1\times2}}{2\times1}$

$=\boldsymbol{\dfrac{5\pm\sqrt{17}}{2}}$

(2)　$x=\dfrac{-9\pm\sqrt{9^2-4\times2\times5}}{2\times2}$

$=\boldsymbol{\dfrac{-9\pm\sqrt{41}}{4}}$

(3)　$x=\dfrac{-(-4)\pm\sqrt{(-4)^2-4\times1\times1}}{2\times1}$

$=\dfrac{4\pm\sqrt{12}}{2}=\dfrac{4\pm2\sqrt{3}}{2}$

$=\mathbf{2\pm\sqrt{3}}$

(4) $x=\dfrac{-6\pm\sqrt{6^2-4\times3\times(-1)}}{2\times3}$

$=\dfrac{-6\pm\sqrt{48}}{6}=\dfrac{-6\pm4\sqrt{3}}{6}$

$=\mathbf{\dfrac{-3\pm2\sqrt{3}}{3}}$

(5) $x=\dfrac{-(-8)\pm\sqrt{(-8)^2-4\times2\times3}}{2\times2}$

$=\dfrac{8\pm\sqrt{40}}{4}=\dfrac{8\pm2\sqrt{10}}{4}$

$=\mathbf{\dfrac{4\pm\sqrt{10}}{2}}$

JUMP 27

考え方　左辺を因数分解する。

(1) 左辺を因数分解すると

$(x+a)(x+2a)=0$

1	╳	a ⟶	a
1		$2a$ ⟶	$2a$
1		$2a^2$	$3a$

よって　$x+a=0$ または $x+2a=0$

したがって　$\boldsymbol{x=-a,\ -2a}$

(2) 左辺を因数分解すると

$(x+a)(x-1)=0$

1	╳	a ⟶	a
1		-1 ⟶	-1
1		$-a$	$a-1$

よって　$x+a=0$ または $x-1=0$

したがって　$\boldsymbol{x=-a,\ 1}$

28 2次方程式の実数解の個数(p.66)

2次方程式
$\boldsymbol{ax^2+bx+c=0}$
の実数解の個数
判別式を$D(=b^2-4ac)$とする。
$D>0$…異なる2つの実数解
$D=0$…ただ1つの実数解（重解）
$D<0$…実数解をもたない

132 (1) $D=(-2)^2-4\times1\times(-1)=8>0$

より **2個**

(2) $D=(-12)^2-4\times9\times4=0$

より **1個**

(3) $D=(-1)^2-4\times1\times1=-3<0$

より **0個**

133 2次方程式 $x^2+(m+2)x+m+5=0$ の判別式をDとすると

$D=(m+2)^2-4(m+5)=m^2-16$

この2次方程式が重解をもつためには，$D=0$ であればよい。

よって　　　$m^2-16=0$

ゆえに，$(m+4)(m-4)=0$ より $\boldsymbol{m=-4,\ 4}$

$m=-4$ のとき，2次方程式は $x^2-2x+1=0$ となり，

$(x-1)^2=0$ より，重解は $\boldsymbol{x=1}$

$m=4$ のとき，2次方程式は $x^2+6x+9=0$ となり，

$(x+3)^2=0$ より，重解は $\boldsymbol{x=-3}$

134 (1) $D=(-8)^2-4\times1\times5=44>0$

より　**2個**

(2) $D=20^2-4\times4\times25=0$

より　**1個**

(3) $D=2^2-4\times1\times3=-8<0$

より　**0個**

135　2 次方程式 $2x^2-3x+m=0$ の判別式を D とすると

$D=(-3)^2-4\times2\times m=9-8m$

この 2 次方程式が異なる 2 つの実数解をもつためには，$D>0$ であればよい。

よって　$9-8m>0$　より　$\boldsymbol{m<\frac{9}{8}}$

136 (1)　両辺を 6 で割ると $x^2+4x+3=0$

この 2 次方程式の判別式を D とすると

$D=4^2-4\times1\times3=4>0$

より　**2 個**

←まず両辺を 6 で割って係数を小さくする。

(2)　$D=(-3)^2-4\times2\times4=-23<0$

より　**0 個**

(3)　$D=(-2\sqrt{3})^2-4\times1\times3=0$

より　**1 個**

137　2 次方程式 $3x^2-4x+m+1=0$ の判別式を D とすると

$D=(-4)^2-4\times3\times(m+1)=4-12m$

この 2 次方程式が実数解をもつためには，$D\geqq0$ であればよい。

よって，$4-12m\geqq0$ より　$\boldsymbol{m\leqq\frac{1}{3}}$

2 次方程式の実数解の個数
$D>0$…2 個 ＞実数解をもつ
$D=0$…1 個
$D<0$…0 個―実数解をもたない

JUMP 28

考え方　2 つの 2 次方程式の判別式の符号をそれぞれ考える。

$2x^2+3x-m=0$，$x^2-4x+2m-1=0$ の判別式をそれぞれ D_1，D_2 とすると

$D_1=3^2-4\times2\times(-m)=8m+9$

$D_2=(-4)^2-4\times1\times(2m-1)=-8m+20$

ともに実数解をもつ条件は

$D_1\geqq0$ かつ $D_2\geqq0$ より

$\begin{cases}8m+9\geqq0\\-8m+20\geqq0\end{cases}$　よって　$\begin{cases}m\geqq-\frac{9}{8}\ \cdots\cdots①\\m\leqq\frac{5}{2}\ \cdots\cdots②\end{cases}$

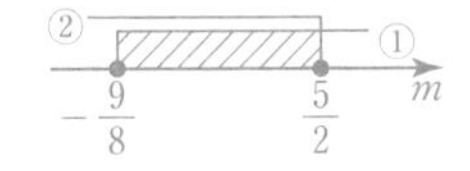

①，②より　$\boldsymbol{-\frac{9}{8}\leqq m\leqq\frac{5}{2}}$

29　2 次関数のグラフと x 軸の位置関係(1) (p.68)

2 次関数 $y=ax^2+bx+c$ のグラフと x 軸の共有点の x 座標
2 次方程式
$ax^2+bx+c=0$
の実数解

138 (1)　2 次関数 $y=x^2+4x-12$ のグラフと x 軸の共有点の x 座標は，2 次方程式 $x^2+4x-12=0$ の実数解である。

$(x+6)(x-2)=0$ より $x=-6,\ 2$

よって，共有点の x 座標は　**−6，2**

(2)　2 次関数 $y=-x^2+6x-9$ のグラフと x 軸の共有点の x 座標は，2 次方程式 $-x^2+6x-9=0$ の実数解である。

両辺に -1 を掛けると $x^2-6x+9=0$

$(x-3)^2=0$ より $x=3$（重解）

よって，共有点の x 座標は **3**

←x 軸との共有点がただ 1 つ
←グラフは点 (3, 0) で x 軸に接する。

139 (1) 2次方程式 $x^2-2x-1=0$ の判別式を D とすると
$D=(-2)^2-4\times1\times(-1)=8>0$
よって，グラフと x 軸の共有点の個数は **2 個**

(2) 2次方程式 $-2x^2+x-1=0$ の判別式を D とすると
$D=1^2-4\times(-2)\times(-1)=-7<0$
よって，グラフと x 軸の共有点の個数は **0 個**

2次関数
$y=ax^2+bx+c$ のグラフと x 軸の共有点の個数
2次方程式
$ax^2+bx+c=0$
の判別式を D とすると
$(D=b^2-4ac)$
$D>0 \Longleftrightarrow$ 2個
$D=0 \Longleftrightarrow$ 1個
$D<0 \Longleftrightarrow$ 0個

140 (1) 2次関数 $y=x^2-2x-15$ のグラフと x 軸の共有点の x 座標は，2次方程式 $x^2-2x-15=0$ の実数解である。
$(x+3)(x-5)=0$ より，$x=-3,\ 5$
よって，共有点の x 座標は **-3，5**

(2) 2次関数 $y=-x^2+16$ のグラフと x 軸の共有点の x 座標は，2次方程式 $-x^2+16=0$ の実数解である。
両辺に -1 を掛けると $x^2-16=0$
$(x+4)(x-4)=0$ より $x=-4,\ 4$ $(x=\pm4)$
よって，共有点の x 座標は **-4，4 (±4)**

⬅ $x=\pm4$ としてもよい。

(3) 2次関数 $y=-9x^2+12x-4$ のグラフと x 軸の共有点の x 座標は，2次方程式 $-9x^2+12x-4=0$ の実数解である。
両辺に -1 を掛けると $9x^2-12x+4=0$
$(3x-2)^2=0$ より $x=\dfrac{2}{3}$ (重解)
よって，共有点の x 座標は $\boldsymbol{\dfrac{2}{3}}$

⬅ $9x^2-12x+4$
$=(3x)^2-2\cdot3x\cdot2+2^2$
$=(3x-2)^2$

(4) 2次関数 $y=x^2+3x-2$ のグラフと x 軸の共有点の x 座標は，2次方程式 $x^2+3x-2=0$ の実数解である。
$x=\dfrac{-3\pm\sqrt{3^2-4\times1\times(-2)}}{2\times1}=\dfrac{-3\pm\sqrt{17}}{2}$
よって，共有点の x 座標は $\boldsymbol{\dfrac{-3+\sqrt{17}}{2},\ \dfrac{-3-\sqrt{17}}{2}}$ $\left(\boldsymbol{\dfrac{-3\pm\sqrt{17}}{2}}\right)$

⬅解の公式より

141 (1) 2次方程式 $x^2+4x+2=0$ の判別式を D とすると
$D=4^2-4\times1\times2=8>0$
よって，グラフと x 軸の共有点の個数は **2 個**

(2) 2次方程式 $-4x^2+4x-1=0$ の判別式を D とすると
$D=4^2-4\times(-4)\times(-1)=0$
よって，グラフと x 軸の共有点の個数は **1 個**

(3) 2次方程式 $2x^2+3x=0$ の判別式を D とすると
$D=3^2-4\times2\times0=9>0$
よって，グラフと x 軸の共有点の個数は **2 個**

(4) 2次方程式 $-x^2+8x-17=0$ の判別式を D とすると
$D=8^2-4\times(-1)\times(-17)=-4<0$
よって，グラフと x 軸の共有点の個数は **0 個**

JUMP 29

(1)　2 次関数 $y=x^2-2x-2$ のグラフと x 軸の共有点の x 座標は，2 次方程式 $x^2-2x-2=0$ の実数解である。

解の公式より $x=\dfrac{-(-2)\pm\sqrt{(-2)^2-4\times1\times(-2)}}{2\times1}$

$=\dfrac{2\pm\sqrt{12}}{2}=\dfrac{2\pm2\sqrt{3}}{2}=1\pm\sqrt{3}$

よって，共有点の x 座標は $\mathbf{1+\sqrt{3}}$，$\mathbf{1-\sqrt{3}}$　$(\mathbf{1\pm\sqrt{3}})$

(2)　x 軸から切り取る線分の長さは

$(1+\sqrt{3})-(1-\sqrt{3})=\mathbf{2\sqrt{3}}$

考え方　x 軸との共有点の x 座標から，切り取る線分の長さを考える。

⬅2 次方程式 $ax^2+bx+c=0$ の解は
$x=\dfrac{-b\pm\sqrt{b^2-4ac}}{2a}$

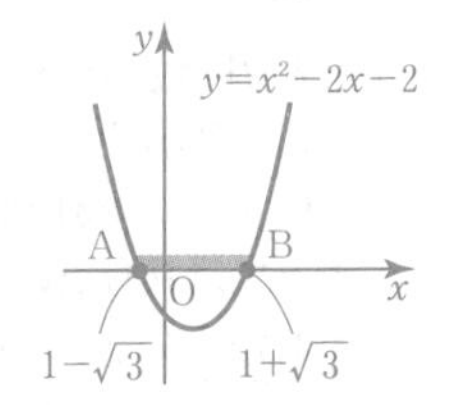

30　2 次関数のグラフと x 軸の位置関係(2)，〈発展〉放物線と直線の共有点 (p.70)

142　2 次方程式 $x^2-4x+6m=0$ の判別式を D とすると

$D=(-4)^2-4\times1\times6m=16-24m$

グラフと x 軸の共有点の個数が 2 個であるためには，$D>0$ であればよい。

よって，$16-24m>0$ より $\boldsymbol{m<\dfrac{2}{3}}$

143　共有点の x 座標は，$x^2-x-2=x-3$ の実数解である。

これを解くと　$x^2-2x+1=0$ より $(x-1)^2=0$

よって　$x=1$（重解）

この値を $y=x-3$ に代入すると $y=-2$

よって，共有点の座標は $(\mathbf{1},\ \mathbf{-2})$

⬅

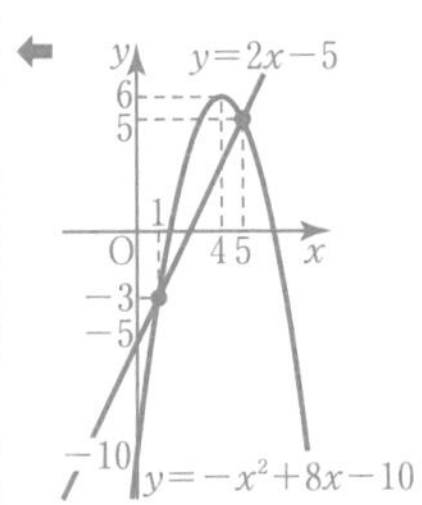

144　2 次方程式 $x^2+2x+m+4=0$ の判別式を D とすると

$D=2^2-4\times1\times(m+4)$
$=4-4(m+4)$
$=-4m-12$

グラフが x 軸に接するためには，$D=0$ であればよい。

よって $-4m-12=0$ より $\boldsymbol{m=-3}$

2 次関数のグラフと x 軸との位置関係
$D>0$…異なる 2 点で交わる
$D=0$…接する
$D<0$…共通点をもたない

145 (1)　共有点の x 座標は，$-x^2+8x-10=2x-5$ の実数解である。

これを解くと $x^2-6x+5=0$ より　$(x-1)(x-5)=0$

よって　$x=1,\ 5$

これらの値を $y=2x-5$ に代入すると

$x=1$ のとき　$y=-3$

$x=5$ のとき　$y=5$

したがって，共有点の座標は $(\mathbf{1},\ \mathbf{-3})$，$(\mathbf{5},\ \mathbf{5})$

⬅ 〔グラフ：$y=2x-5$，$y=-x^2+8x-10$〕

(2)　共有点の x 座標は，$-x^2+8x-10=2x-1$ の実数解である。

これを解くと $x^2-6x+9=0$ より $(x-3)^2=0$

よって　$x=3$（重解）

この値を $y=2x-1$ に代入すると　$y=5$

したがって，共有点の座標は $(\mathbf{3},\ \mathbf{5})$

⬅

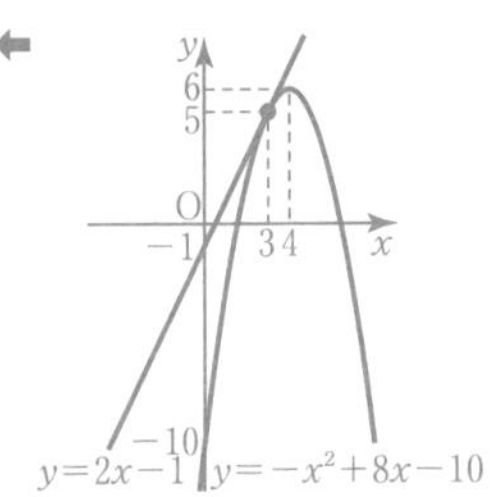

146 (1)　2 次方程式 $x^2-6x+3m=0$ の判別式を D とすると

$D=(-6)^2-4\times1\times3m=36-12m$ ……①

グラフと x 軸の共有点の個数が 2 個であるためには，$D>0$ であればよい。

よって，①より $36-12m>0$　これを解いて　$\boldsymbol{m<3}$

(2)　グラフと x 軸の共有点の個数が 1 個であるためには，$D=0$ であればよい。

よって，①より $36-12m=0$　これを解いて　$\boldsymbol{m=3}$

(3)　グラフと x 軸の共有点の個数が 0 個であるためには，$D<0$ であればよい。

よって，①より $36-12m<0$　これを解いて　$\boldsymbol{m>3}$

147　2 次方程式 $x^2+mx+2m-3=0$ の判別式を D とすると

$D=m^2-4\times1\times(2m-3)$

$=m^2-8m+12$

グラフが x 軸に接するためには，$D=0$ であればよい。

よって，$m^2-8m+12=0$ より

$(m-2)(m-6)=0$

したがって　$\boldsymbol{m=2,\ 6}$

⬅2 次方程式 $ax^2+bx+c=0$ の判別式を D とすると $D=b^2-4ac$

JUMP 30

共有点の x 座標は $x^2+3x+m=x+1$

すなわち $x^2+2x+m-1=0$ ……①　の実数解である。

2 次方程式①の判別式を D とすると

$D=2^2-4\times1\times(m-1)=8-4m$

放物線と直線が接するためには，$D=0$ であればよい。

よって，$8-4m=0$ より　$\boldsymbol{m=2}$

考え方　放物線と直線の共有点の個数を，判別式を用いて考える。

⬅放物線と直線が接するとき，共有点は 1 個だから，①はただ 1 つの実数解（重解）をもつ。

31 2 次関数のグラフと 2 次不等式(1) (p.72)

148 (1)　2 次方程式 $(x-1)(x+3)=0$ を解くと

$x=-3,\ 1$

よって，$(x-1)(x+3)<0$ の解は

$\boldsymbol{-3<x<1}$

(2)　2 次方程式 $(x+1)(x+4)=0$ を解くと

$x=-4,\ -1$

よって，$(x+1)(x+4)>0$ の解は

$\boldsymbol{x<-4,\ -1<x}$

(3)　2 次方程式 $x^2-3x-10=0$ を解くと

$(x+2)(x-5)=0$　より　$x=-2,\ 5$

よって，$x^2-3x-10>0$ の解は

$\boldsymbol{x<-2,\ 5<x}$

(4)　2 次方程式 $x^2-2x=0$ を解くと

$x(x-2)=0$　より　$x=0,\ 2$

よって，$x^2-2x\leqq0$ の解は　$\boldsymbol{0\leqq x\leqq2}$

(5)　2 次方程式 $3x^2-5x+1=0$ を解くと

解の公式より　$x=\dfrac{5\pm\sqrt{13}}{6}$

よって，$3x^2-5x+1<0$ の解は

$\boldsymbol{\dfrac{5-\sqrt{13}}{6}<x<\dfrac{5+\sqrt{13}}{6}}$

(6)　$-x^2+2x+3<0$ の両辺に -1 を掛けると

2 次方程式 $ax^2+bx+c=0$ $(a>0)$ が異なる 2 つの実数解 α，β $(\alpha<\beta)$ をもつとする。
2 次不等式
$ax^2+bx+c>0$ の解は $x<\alpha,\ \beta<x$
$ax^2+bx+c<0$ の解は $\alpha<x<\beta$

⬅2 次方程式 $ax^2+bx+c=0$ の解は $x=\dfrac{-b\pm\sqrt{b^2-4ac}}{2a}$（解の公式）

⬅-1 を掛けることに注意

$x^2-2x-3>0$

2次方程式 $x^2-2x-3=0$ を解くと

$(x+1)(x-3)=0$ より $x=-1,\ 3$

よって，$-x^2+2x+3<0$ の解は $\boldsymbol{x<-1,\ 3<x}$

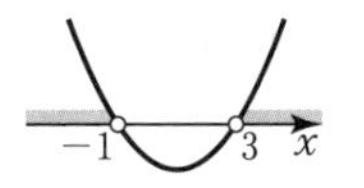

149 (1) 2次方程式 $x^2-x-12=0$ を解くと

$(x-4)(x+3)=0$ より $x=-3,\ 4$

よって，$x^2-x-12\leqq 0$ の解は $\boldsymbol{-3\leqq x\leqq 4}$

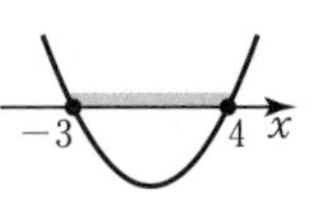

(2) 2次方程式 $x^2-x-20=0$ を解くと

$(x+4)(x-5)=0$ より $x=-4,\ 5$

よって，$x^2-x-20>0$ の解は $\boldsymbol{x<-4,\ 5<x}$

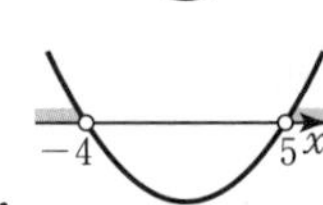

(3) $x^2>4$ を変形して $x^2-4>0$

2次方程式 $x^2-4=0$ を解くと

$(x+2)(x-2)=0$ より $x=-2,\ 2$

よって，$x^2>4$ の解は $\boldsymbol{x<-2,\ 2<x}$

(4) 2次方程式 $2x^2-5x+2=0$ を解くと

$(2x-1)(x-2)=0$ より $x=\dfrac{1}{2},\ 2$

よって，$2x^2-5x+2<0$ の解は $\boldsymbol{\dfrac{1}{2}<x<2}$

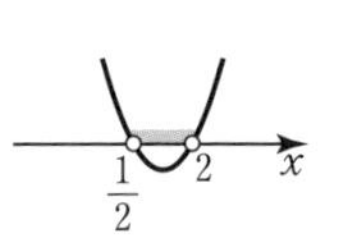

(5) 両辺に -1 を掛けると $2x^2-2x-1<0$

2次方程式 $2x^2-2x-1=0$ を解くと

解の公式より $x=\dfrac{1\pm\sqrt{3}}{2}$

よって，$-2x^2+2x+1>0$ の解は

$\boldsymbol{\dfrac{1-\sqrt{3}}{2}<x<\dfrac{1+\sqrt{3}}{2}}$

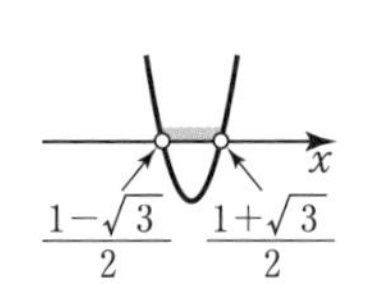

⬅ $x=\dfrac{-(-2)\pm\sqrt{(-2)^2-4\times 2\times(-1)}}{2\times 2}$
$=\dfrac{2\pm\sqrt{12}}{4}$
$=\dfrac{2\pm 2\sqrt{3}}{4}$
$=\dfrac{1\pm\sqrt{3}}{2}$

150 (1) $x^2<2x+15$ を変形して $x^2-2x-15<0$

2次方程式 $x^2-2x-15=0$ を解くと

$(x-5)(x+3)=0$ より $x=-3,\ 5$

よって，$x^2<2x+15$ の解は $\boldsymbol{-3<x<5}$

(2) 2次方程式 $x^2-x=0$ を解くと

$x(x-1)=0$ より $x=0,\ 1$

よって，$x^2-x\geqq 0$ の解は $\boldsymbol{x\leqq 0,\ 1\leqq x}$

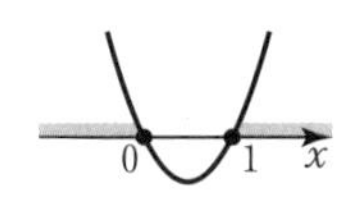

(3) $-x^2+x+6>0$ の両辺に -1 を掛けると

$x^2-x-6<0$

2次方程式 $x^2-x-6=0$ を解くと

$(x-3)(x+2)=0$ より $x=-2,\ 3$

よって，$-x^2+x+6>0$ の解は $\boldsymbol{-2<x<3}$

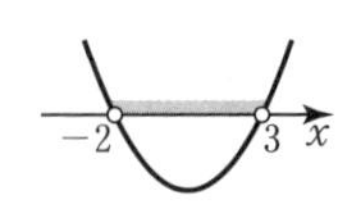

(4) $-3x^2-10x-3\geqq 0$ の両辺に -1 を掛けると

$3x^2+10x+3\leqq 0$

2次方程式 $3x^2+10x+3=0$ を解くと

$(3x+1)(x+3)=0$ より $x=-3,\ -\dfrac{1}{3}$

よって，$-3x^2-10x-3\geqq 0$ の解は $\boldsymbol{-3\leqq x\leqq -\dfrac{1}{3}}$

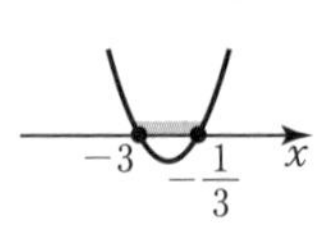

(5) 2次方程式 $2x^2+3x-1=0$ を解くと

解の公式より $x=\dfrac{-3\pm\sqrt{17}}{4}$

よって，$2x^2+3x-1\geqq 0$ の解は

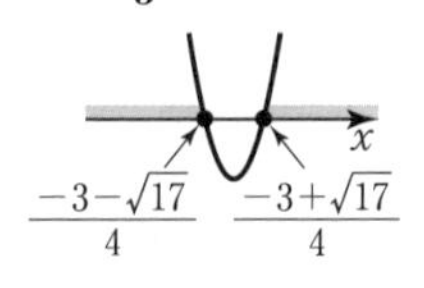

⬅ $x=\dfrac{-3\pm\sqrt{3^2-4\times 2\times(-1)}}{2\times 2}$
$=\dfrac{-3\pm\sqrt{17}}{4}$

$$x \leqq \frac{-3-\sqrt{17}}{4},\quad \frac{-3+\sqrt{17}}{4} \leqq x$$

JUMP 31

x^2 の係数が 1 で，$x<-1$，$2<x$ を解とする 2 次不等式は

$(x+1)(x-2)>0$

すなわち $x^2-x-2>0$

これが $x^2+ax+b>0$ と一致するから

$\boldsymbol{a=-1,\ b=-2}$

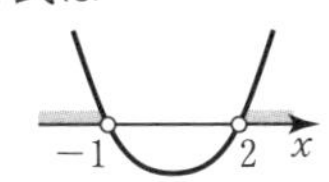

考え方 与えられた解をもつ 2 次不等式を考える。

↖ $y=x^2+ax+b$ のグラフは下に凸の放物線で，x 軸との共有点の x 座標は $x=-1,\ 2$

32 2 次関数のグラフと 2 次不等式(2) (p.74)

151 (1) 2 次方程式 $x^2-4x+4=0$ は

$(x-2)^2=0$ より，重解 $x=2$ をもつ。

よって　$x^2-4x+4>0$ の解は

$x=2$ 以外のすべての実数

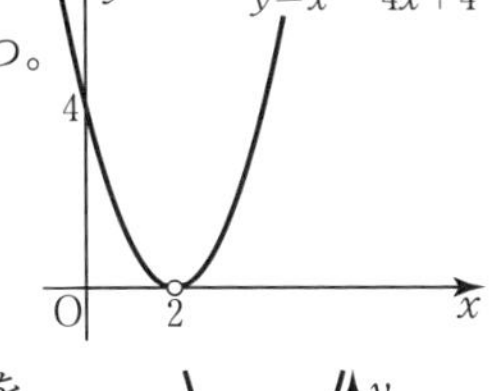

(2) (1)の図より，$x^2-4x+4<0$ の解は

ない。

(3) 2 次方程式 $x^2+4x+8=0$ の判別式を D とすると

$D=4^2-4\times1\times8=-16<0$ より，

この 2 次方程式は実数解をもたない。

よって　$x^2+4x+8>0$ の解は

すべての実数

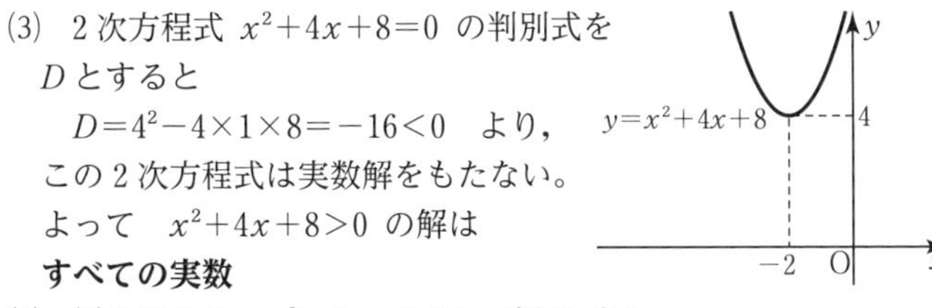

(4) (3)の図より，$x^2+4x+8<0$ の解は **ない**

(5) 2 次方程式 $4x^2-4x+1=0$ は

$(2x-1)^2=0$ より，重解 $x=\frac{1}{2}$ をもつ。

よって　$4x^2-4x+1\geqq0$ の解は

すべての実数

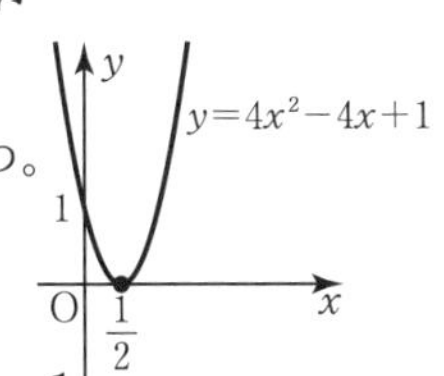

(6) (5)の図より，$4x^2-4x+1\leqq0$ の解は $\boldsymbol{x=\frac{1}{2}}$

2 次方程式 $ax^2+bx+c=0$ $(a>0)$ が
(i) 重解 α をもつとき ($D=0$ のとき)
・$ax^2+bx+c>0$ の解 …$x=\alpha$ 以外のすべての実数
・$ax^2+bx+c\geqq0$ の解 …すべての実数
・$ax^2+bx+c<0$ の解 …ない
・$ax^2+bx+c\leqq0$ の解 …$x=\alpha$
(ii) 実数解をもたないとき ($D<0$ のとき)
・$ax^2+bx+c>0$ の解 …すべての実数
・$ax^2+bx+c<0$ の解 …ない

152 (1) 2 次方程式 $x^2-10x+25=0$ は

$(x-5)^2=0$ より，重解 $x=5$ をもつ。

よって　$x^2-10x+25>0$ の解は

$x=5$ 以外のすべての実数

(2) $-x^2+6x-9>0$ の両辺に -1 を掛けて

$x^2-6x+9<0$

2 次方程式 $x^2-6x+9=0$ は

$(x-3)^2=0$ より，重解 $x=3$ をもつ。

よって　$-x^2+6x-9>0$ の解は **ない**

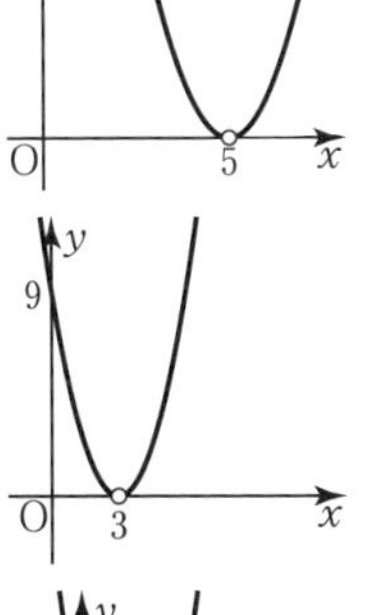

⬅ −1 を掛けることに注意

(3) 2 次方程式 $x^2-5x+8=0$ の判別式を D とすると

$D=(-5)^2-4\times1\times8=-7<0$ より，

この 2 次方程式は実数解をもたない。

よって　$x^2-5x+8>0$ の解は **すべての実数**

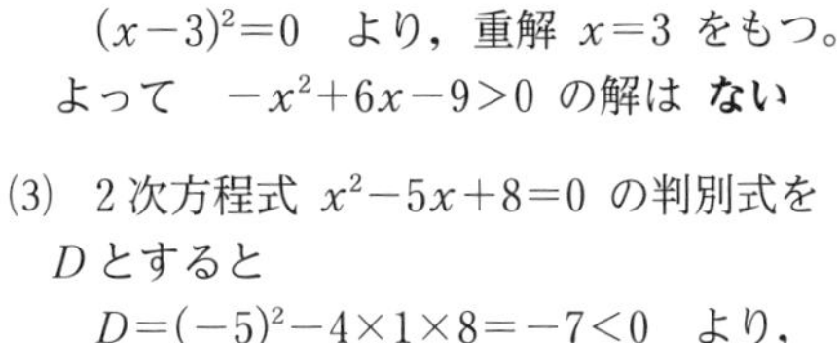

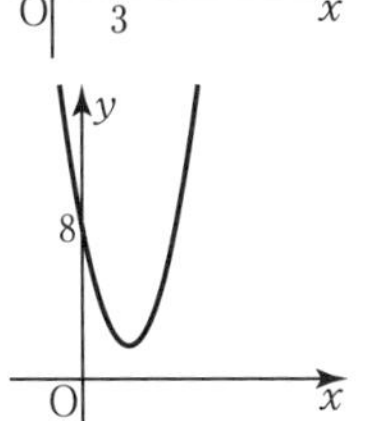

(4)　2 次方程式 $5x^2-4x+1=0$ の
判別式を D とすると，
$D=(-4)^2-4\times5\times1=-4<0$
より，この 2 次方程式は実数解をもたない。
よって　$5x^2-4x+1<0$ の解は **ない**

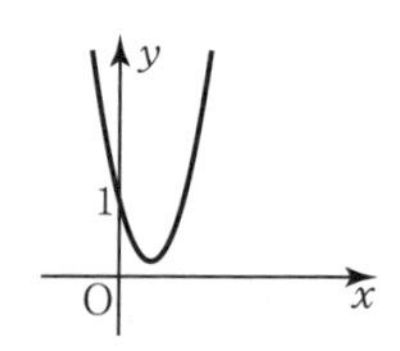

153 (1)　2 次方程式 $x^2-2\sqrt{2}x+2=0$ は
$(x-\sqrt{2})^2=0$　より，重解 $x=\sqrt{2}$　をもつ。
よって　$x^2-2\sqrt{2}x+2>0$ の解は
$\boldsymbol{x=\sqrt{2}}$ **以外のすべての実数**

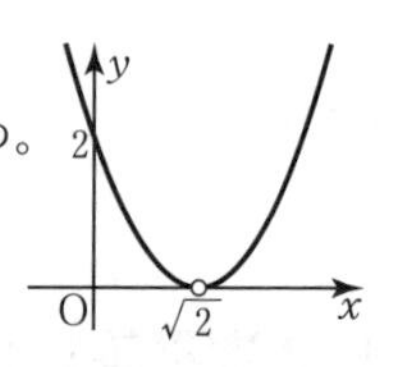

⬅$x^2-2\sqrt{2}x+(\sqrt{2})^2$
$=(x-\sqrt{2})^2$

(2)　$9x^2\geqq12x-4$ を変形して
$9x^2-12x+4\geqq0$
2 次方程式 $9x^2-12x+4=0$ は
$(3x-2)^2=0$　より，重解 $x=\dfrac{2}{3}$ をもつ。
よって　$9x^2\geqq12x-4$ の解は **すべての実数**

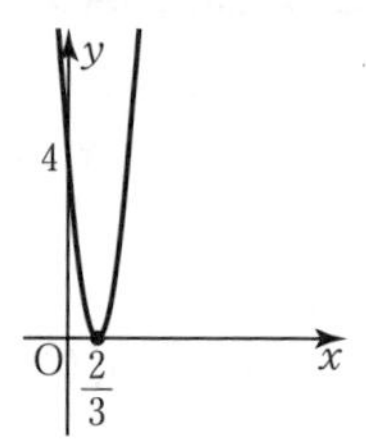

$a>0$ で，2 次方程式
$ax^2+bx+c=0$ が
(i)　重解 α をもつとき
($D=0$ のとき)
・$ax^2+bx+c>0$ の解
…$x=\alpha$ 以外のすべての実数
・$ax^2+bx+c\geqq0$ の解
…すべての実数
・$ax^2+bx+c<0$ の解
…ない
・$ax^2+bx+c\leqq0$ の解
…$x=\alpha$
(ii)　実数解をもたないとき ($D<0$ のとき)
・$ax^2+bx+c>0$ の解
…すべての実数
・$ax^2+bx+c<0$ の解
…ない

(3)　2 次方程式 $2x^2-8x+13=0$ の判別式を
D とすると
$D=(-8)^2-4\times2\times13=-40<0$　より
この 2 次方程式は実数解をもたない。
よって　$2x^2-8x+13\leqq0$ の解は **ない**

(4)　$-x^2+3x-3<0$ の両辺に -1 を掛けて
$x^2-3x+3>0$
2 次方程式 $x^2-3x+3=0$ の判別式を D と
すると
$D=(-3)^2-4\times1\times3=-3<0$　より
この 2 次方程式は実数解をもたない。
よって　$-x^2+3x-3<0$ の解は **すべての実数**

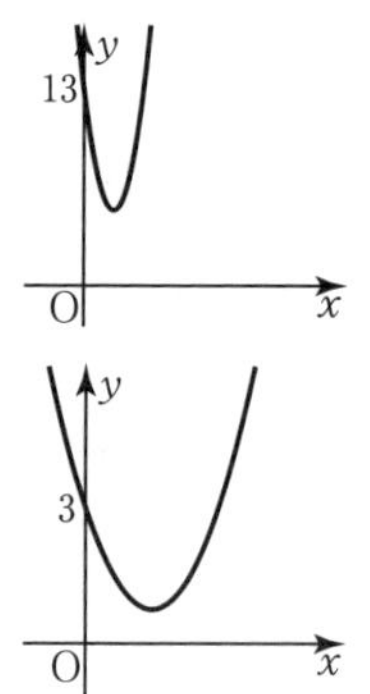

JUMP 32

解がすべての実数となるのは，2 次方程式 $x^2-kx+k+2=0$ の判別式を D とすると，$D\leqq0$ となるときである。
$D=(-k)^2-4(k+2)\leqq0$　より
$k^2-4k-8\leqq0$
$k^2-4k-8=0$ を解くと，解の公式より　$k=2\pm2\sqrt{3}$
よって　$\boldsymbol{2-2\sqrt{3}\leqq k\leqq2+2\sqrt{3}}$

考え方　x 軸と接するか，共有点をもたないときを考える。

⬅$k=\dfrac{-(-4)\pm\sqrt{(-4)^2-4\times1\times(-8)}}{2\times1}$
$=\dfrac{4\pm\sqrt{48}}{2}=\dfrac{4\pm4\sqrt{3}}{2}$
$=2\pm2\sqrt{3}$

33 連立不等式 (p.76)

154 (1)　$\begin{cases}x-1<0\\x^2-4x\geqq0\end{cases}$
$x-1<0$ を解くと　$x<1$ ……①
$x^2-4x\geqq0$ を解くと　$x(x-4)\geqq0$ より
$x\leqq0,\ 4\leqq x$ ……②
①，②より，連立不等式の解は
$\boldsymbol{x\leqq0}$

⬅連立不等式の解
⇓
すべての不等式を同時に満たす x の値の範囲

(2) $\begin{cases} x^2-9 \leqq 0 \\ x^2+x-2 \geqq 0 \end{cases}$

$x^2-9 \leqq 0$ を解くと $(x-3)(x+3) \leqq 0$ より

$-3 \leqq x \leqq 3$ ……①

$x^2+x-2 \geqq 0$ を解くと $(x+2)(x-1) \geqq 0$ より

$x \leqq -2,\ 1 \leqq x$ ……②

①，②より，連立不等式の解は

$-3 \leqq x \leqq -2,\ 1 \leqq x \leqq 3$

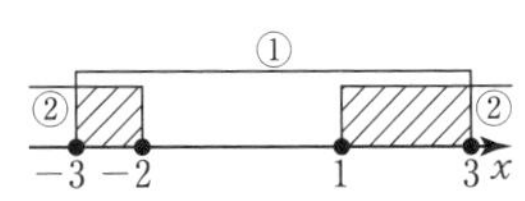

2 次方程式
$ax^2+bx+c=0\ (a>0)$
が異なる 2 つの実数解 α, $\beta\,(\alpha<\beta)$ をもつとする。
2 次不等式
$ax^2+bx+c>0$ の解は
$x<\alpha,\ \beta<x$
$ax^2+bx+c<0$ の解は
$\alpha<x<\beta$

155 (1) $\begin{cases} 2x-4<x+1 \\ x^2-6x+8 \geqq 0 \end{cases}$

$2x-4<x+1$ を解くと $x<5$ ……①

$x^2-6x+8 \geqq 0$ を解くと $(x-2)(x-4) \geqq 0$ より

$x \leqq 2,\ 4 \leqq x$ ……②

①，②より，連立不等式の解は

$x \leqq 2,\ 4 \leqq x<5$

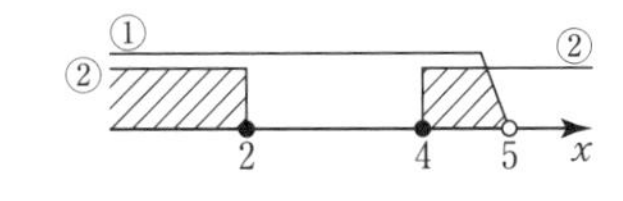

(2) $\begin{cases} x^2-6x+5<0 \\ x^2-5x+6 \geqq 0 \end{cases}$

$x^2-6x+5<0$ を解くと $(x-1)(x-5)<0$ より

$1<x<5$ ……①

$x^2-5x+6 \geqq 0$ を解くと $(x-2)(x-3) \geqq 0$ より

$x \leqq 2,\ 3 \leqq x$ ……②

①，②より，連立不等式の解は

$1<x \leqq 2,\ 3 \leqq x<5$

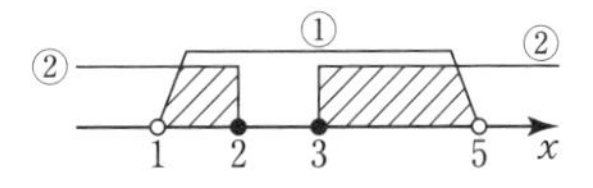

(3) $\begin{cases} x^2-3x-4 \geqq 0 \\ x^2-5x \leqq 0 \end{cases}$

$x^2-3x-4 \geqq 0$ を解くと $(x+1)(x-4) \geqq 0$ より

$x \leqq -1,\ 4 \leqq x$ ……①

$x^2-5x \leqq 0$ を解くと $x(x-5) \leqq 0$ より

$0 \leqq x \leqq 5$ ……②

①，②より，連立不等式の解は

$4 \leqq x \leqq 5$

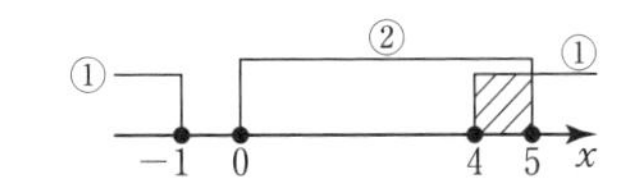

(4) $\begin{cases} x^2-3x+2<0 \\ x^2-2x-3<0 \end{cases}$

$x^2-3x+2<0$ を解くと $(x-1)(x-2)<0$ より

$1<x<2$ ……①

$x^2-2x-3<0$ を解くと $(x+1)(x-3)<0$ より

$-1<x<3$ ……②

①，②より，連立不等式の解は

$1<x<2$

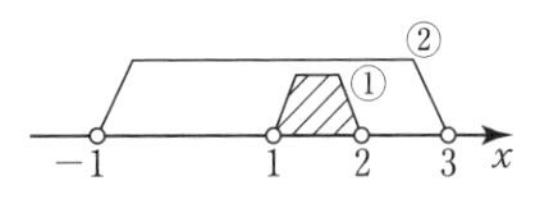

156 縦の長さを x cm とすると，横の長さは $(20-x)$ cm である。

条件より $x<20-x$ また，$x>0$ だから $0<x<10$ ……①

面積は $x(20-x)$ cm^2 であり，これが 75 cm^2 以上であるから

$x(20-x) \geqq 75$

これを解くと $x^2-20x+75 \leqq 0$ より

$(x-15)(x-5) \leqq 0$

よって $5 \leqq x \leqq 15$ ……②

①，②を同時に満たす x の値の範囲は

$5 \leqq x<10$

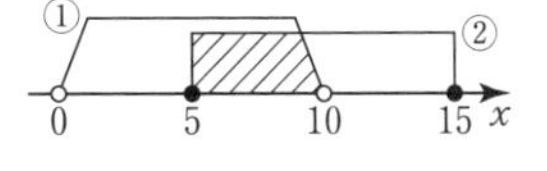

⬅縦の長さ＜横の長さ
より $x<20-x$

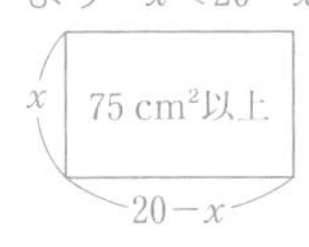

したがって　**5 cm 以上 10 cm 未満**

JUMP 33

$x^2+2x-3>0$ を解くと $(x+3)(x-1)>0$ より $x<-3,\ 1<x$ ……①
$0<x+1<a$ を解くと $-1<x<a-1$ ……②
①，②の範囲に含まれる整数 x が 2 だけであるためには，
$2<a-1\leqq 3$ より $\boldsymbol{3<a\leqq 4}$

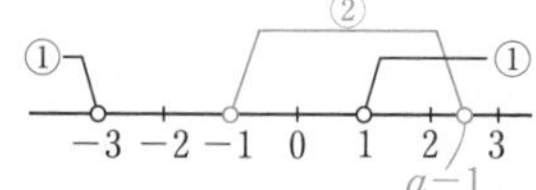

考え方　2 つの不等式を満たす共通の範囲を考える。

⬅$a=4$ のとき②は $-1<x<3$ となり，$x=3$ を含まない。

まとめの問題　2 次関数②（p.78）

1 (1)　左辺を因数分解すると
$(x+6)(x-3)=0$
よって $x+6=0$ または $x-3=0$
したがって $\boldsymbol{x=-6,\ 3}$

(2)　$x=\dfrac{-(-5)\pm\sqrt{(-5)^2-4\times1\times3}}{2\times1}=\boldsymbol{\dfrac{5\pm\sqrt{13}}{2}}$

⬅解の公式より

2 (1)　2 次方程式 $x^2-2x-10=0$ の判別式を D とすると
$D=(-2)^2-4\times1\times(-10)=44>0$
よって，実数解の個数は **2 個**

(2)　2 次方程式 $9x^2-6x+1=0$ の判別式を D とすると
$D=(-6)^2-4\times9\times1=0$
よって，実数解の個数は **1 個**

⬅2 次方程式の実数解の個数
$D>0$… 2 個
$D=0$… 1 個
$D<0$… 0 個

3 (1)　2 次方程式 $x^2+2x-15=0$ を解くと
$(x+5)(x-3)=0$　より　$x=-5,\ 3$
よって，共有点の x 座標は **−5，3**

(2)　2 次方程式 $-x^2+6x=0$ の両辺に -1 を掛けると
$x^2-6x=0$
これを解くと $x(x-6)=0$　より　$x=0,\ 6$
よって，共有点の x 座標は **0，6**

⬅共有点の x 座標は，$y=0$ とした 2 次方程式の解

4　2 次方程式 $x^2-(m+1)x-(2m+3)=0$ の判別式を D とすると
$D=\{-(m+1)\}^2-4\{-(2m+3)\}$
$=m^2+2m+1+8m+12$
$=m^2+10m+13$

(1)　$D>0$ であればよいから，$m^2+10m+13>0$ より
$\boldsymbol{m<-5-2\sqrt{3},\ -5+2\sqrt{3}<m}$

(2)　$D=0$ であればよいから，$m^2+10m+13=0$ より
$\boldsymbol{m=-5\pm2\sqrt{3}}$

(3)　$D<0$ であればよいから，$m^2+10m+13<0$ より
$\boldsymbol{-5-2\sqrt{3}<m<-5+2\sqrt{3}}$

⬅2 次方程式
$m^2+10m+13=0$
を解くと
$m=\dfrac{-10\pm\sqrt{100-52}}{2}$
$=-5\pm2\sqrt{3}$

5　2 次方程式 $2x^2-2(3m+1)x+(3m+5)=0$
の判別式を D とすると
$D=\{-2(3m+1)\}^2-4\times2\times(3m+5)$
$=4(3m+1)^2-8(3m+5)$
$=4(9m^2+6m+1)-24m-40$

$=36m^2+24m+4-24m-40$

$=36m^2-36$

グラフが x 軸と接するためには，$D=0$ であればよい。

よって　$D=36m^2-36=0$

これを解いて　$\boldsymbol{m=\pm 1}$

6 (1) 2次方程式 $x^2-6x=0$ を解くと

$x(x-6)=0$　より　$x=0$，6

よって，$x^2-6x\leqq 0$ の解は　$\boldsymbol{0\leqq x\leqq 6}$

←2次方程式の2解を α，β $(\alpha<\beta)$ とするとき

$(x-\alpha)(x-\beta)>0 \Longrightarrow x<\alpha,\ \beta<x$

$(x-\alpha)(x-\beta)<0 \Longrightarrow \alpha<x<\beta$

(2) 2次方程式 $x^2-8x+17=0$ の判別式を D とすると

$D=(-8)^2-4\times 1\times 17=-4<0$ より

この2次方程式は実数解をもたない。

よって，$x^2-8x+17<0$ の解は**ない**。

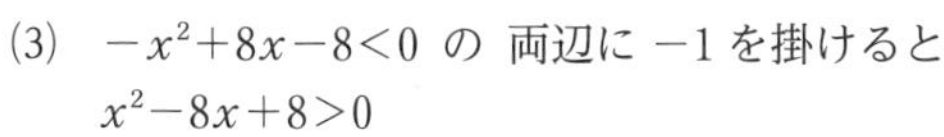

(3) $-x^2+8x-8<0$ の 両辺に -1 を掛けると

$x^2-8x+8>0$

←不等号の向きが逆になる。

2次方程式 $x^2-8x+8=0$ を解くと，

解の公式より　$x=4\pm 2\sqrt{2}$

←$x=\dfrac{-(-8)\pm\sqrt{(-8)^2-4\times 1\times 8}}{2\times 1}=\dfrac{8\pm\sqrt{32}}{2}=\dfrac{8\pm 4\sqrt{2}}{2}=4\pm 2\sqrt{2}$

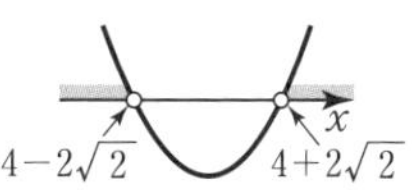

よって，$-x^2+8x-8<0$ の解は

$\boldsymbol{x<4-2\sqrt{2},\ 4+2\sqrt{2}<x}$

7 (1) $\begin{cases} 3x+1>0 \\ 3x^2+x-10\leqq 0 \end{cases}$

$3x+1>0$ を解くと　$x>-\dfrac{1}{3}$ ……①

$3x^2+x-10\leqq 0$ を解くと　$(3x-5)(x+2)\leqq 0$

$-2\leqq x\leqq\dfrac{5}{3}$ ……②

①，②より連立不等式の解は

$\boldsymbol{-\dfrac{1}{3}<x\leqq\dfrac{5}{3}}$

(2) $\begin{cases} x^2-x-2\leqq 0 \\ 2x^2-7x+5>0 \end{cases}$

$x^2-x-2\leqq 0$ を解くと　$(x-2)(x+1)\leqq 0$ より

$-1\leqq x\leqq 2$ ……①

$2x^2-7x+5>0$ を解くと

$(2x-5)(x-1)>0$ より

$x<1,\ \dfrac{5}{2}<x$ ……②

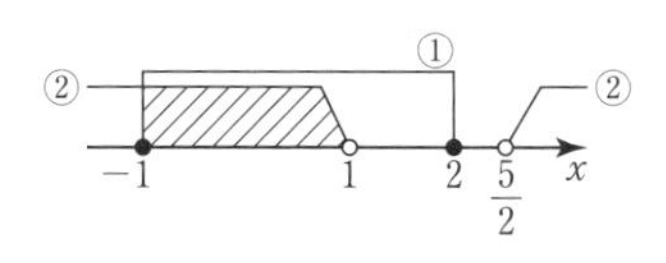

①，②より連立不等式の解は

$\boldsymbol{-1\leqq x<1}$

8 縦の長さを x m とすると，横の長さは $(10-x)$ m である。

$x>0$，$10-x>0$ だから　$0<x<10$ ……①

←長方形の辺の長さは正

面積は $x(10-x)$ であり，これが $24\ \mathrm{m}^2$ 以上であるから

$x(10-x)\geqq 24$

これを解くと $x^2-10x+24\leqq 0$ より $(x-4)(x-6)\leqq 0$

よって　$4\leqq x\leqq 6$ ……②

①，②を同時に満たす x の値の範囲は

$4\leqq x\leqq 6$

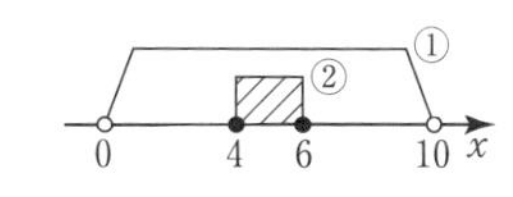

したがって，**4 m 以上 6 m 以下**

34 三角比(p.80)

157　三平方の定理より　$(\sqrt{7})^2+3^2=\mathrm{AC}^2$

よって　$\mathrm{AC}^2=16$

ここで，$\mathrm{AC}>0$ であるから　$\mathrm{AC}=4$

したがって　$\sin A=\mathbf{\dfrac{3}{4}}$，$\cos A=\mathbf{\dfrac{\sqrt{7}}{4}}$，

$\tan A=\mathbf{\dfrac{3}{\sqrt{7}}}$

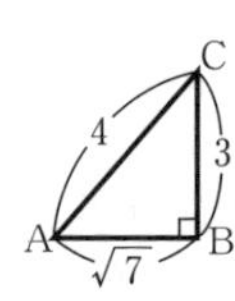

⬅ $\mathrm{AB}^2+\mathrm{BC}^2=\mathrm{AC}^2$

⬅ $\sin A=\dfrac{\mathrm{BC}}{\mathrm{AC}}$　$\cos A=\dfrac{\mathrm{AB}}{\mathrm{AC}}$　$\tan A=\dfrac{\mathrm{BC}}{\mathrm{AB}}$

158　$\sin 45^\circ=\mathbf{\dfrac{1}{\sqrt{2}}}$，$\cos 45^\circ=\mathbf{\dfrac{1}{\sqrt{2}}}$，$\tan 45^\circ=\dfrac{1}{1}=\mathbf{1}$

159 (1)　$\sin A=\dfrac{9}{15}=\mathbf{\dfrac{3}{5}}$，$\cos A=\dfrac{12}{15}=\mathbf{\dfrac{4}{5}}$，

$\tan A=\dfrac{9}{12}=\mathbf{\dfrac{3}{4}}$

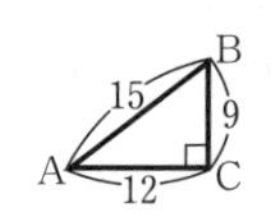

⬅ $\sin A=\dfrac{\mathrm{BC}}{\mathrm{AB}}$　$\cos A=\dfrac{\mathrm{AC}}{\mathrm{AB}}$　$\tan A=\dfrac{\mathrm{BC}}{\mathrm{AC}}$

(2)　$\sin A=\mathbf{\dfrac{3}{\sqrt{13}}}$，$\cos A=\mathbf{\dfrac{2}{\sqrt{13}}}$，

$\tan A=\mathbf{\dfrac{3}{2}}$

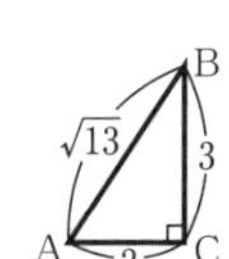

160 (1)　三平方の定理より　$3^2+1^2=\mathrm{AB}^2$

よって　$\mathrm{AB}^2=10$

ここで，$\mathrm{AB}>0$ であるから　$\mathrm{AB}=\sqrt{10}$

したがって　$\sin A=\mathbf{\dfrac{1}{\sqrt{10}}}$，$\cos A=\mathbf{\dfrac{3}{\sqrt{10}}}$，$\tan A=\mathbf{\dfrac{1}{3}}$

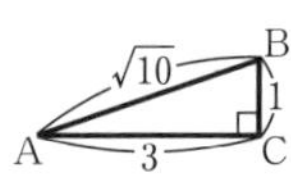

⬅ $\mathrm{AC}^2+\mathrm{BC}^2=\mathrm{AB}^2$

⬅ $\sin A=\dfrac{\mathrm{BC}}{\mathrm{AB}}$，$\cos A=\dfrac{\mathrm{AC}}{\mathrm{AB}}$，$\tan A=\dfrac{\mathrm{BC}}{\mathrm{AC}}$

(2)　三平方の定理より　$15^2+\mathrm{BC}^2=17^2$

よって　$\mathrm{BC}^2=64$

ここで，$\mathrm{BC}>0$ であるから　$\mathrm{BC}=8$

したがって　$\sin A=\mathbf{\dfrac{8}{17}}$，$\cos A=\mathbf{\dfrac{15}{17}}$，

$\tan A=\mathbf{\dfrac{8}{15}}$

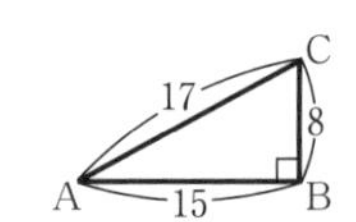

⬅ $\mathrm{AB}^2+\mathrm{BC}^2=\mathrm{AC}^2$

⬅ $\sin A=\dfrac{\mathrm{BC}}{\mathrm{AC}}$，$\cos A=\dfrac{\mathrm{AB}}{\mathrm{AC}}$，$\tan A=\dfrac{\mathrm{BC}}{\mathrm{AB}}$

161 (1)　三平方の定理より　$\mathrm{AB}^2=2^2+1^2$

よって　$\mathrm{AB}^2=5$

ここで，$\mathrm{AB}>0$ であるから　$\mathrm{AB}=\sqrt{5}$

したがって　$\sin A=\mathbf{\dfrac{1}{\sqrt{5}}}$，$\cos A=\mathbf{\dfrac{2}{\sqrt{5}}}$，

$\tan A=\mathbf{\dfrac{1}{2}}$

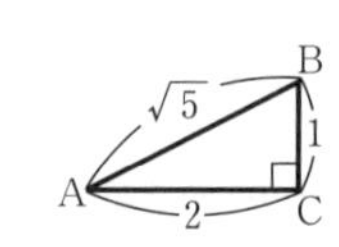

⬅ $\mathrm{AB}^2=\mathrm{AC}^2+\mathrm{BC}^2$

⬅ $\sin A=\dfrac{\mathrm{BC}}{\mathrm{AB}}$，$\cos A=\dfrac{\mathrm{AC}}{\mathrm{AB}}$，$\tan A=\dfrac{\mathrm{BC}}{\mathrm{AC}}$

(2)　三平方の定理より　$1^2+\mathrm{AB}^2=3^2$

よって　$\mathrm{AB}^2=8$

ここで，$\mathrm{AB}>0$ であるから　$\mathrm{AB}=\sqrt{8}=2\sqrt{2}$

したがって　$\sin A=\mathbf{\dfrac{1}{3}}$，$\cos A=\mathbf{\dfrac{2\sqrt{2}}{3}}$，

$\tan A=\mathbf{\dfrac{1}{2\sqrt{2}}}$

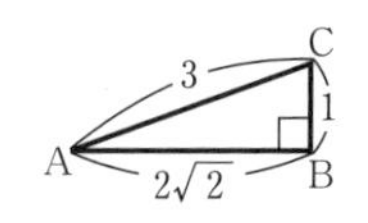

⬅ $\mathrm{BC}^2+\mathrm{AB}^2=\mathrm{AC}^2$

⬅ $\sin A=\dfrac{\mathrm{BC}}{\mathrm{AC}}$　$\cos A=\dfrac{\mathrm{AB}}{\mathrm{AC}}$　$\tan A=\dfrac{\mathrm{BC}}{\mathrm{AB}}$

(3) 三平方の定理より　$5^2+BC^2=7^2$

よって　$BC^2=24$

ここで，$BC>0$ であるから　$BC=2\sqrt{6}$

したがって　$\sin A=\mathbf{\dfrac{2\sqrt{6}}{7}}$，$\cos A=\mathbf{\dfrac{5}{7}}$，

$\tan A=\mathbf{\dfrac{2\sqrt{6}}{5}}$

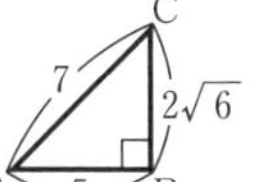
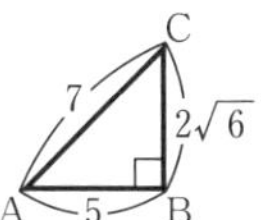

← $AB^2+BC^2=AC^2$

← $\sin A=\dfrac{BC}{AC}$

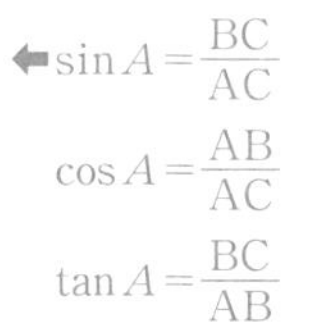

$\cos A=\dfrac{AB}{AC}$

$\tan A=\dfrac{BC}{AB}$

162

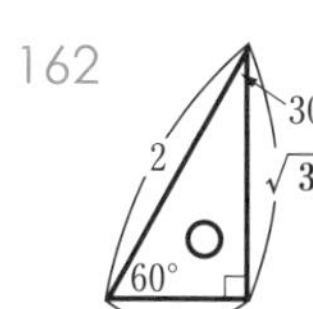

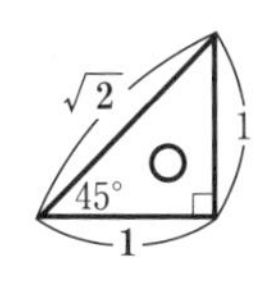

A	30°	45°	60°
$\sin A$	$\dfrac{1}{2}$	$\dfrac{1}{\sqrt{2}}$	$\dfrac{\sqrt{3}}{2}$
$\cos A$	$\dfrac{\sqrt{3}}{2}$	$\dfrac{1}{\sqrt{2}}$	$\dfrac{1}{2}$
$\tan A$	$\dfrac{1}{\sqrt{3}}$	1	$\sqrt{3}$

←

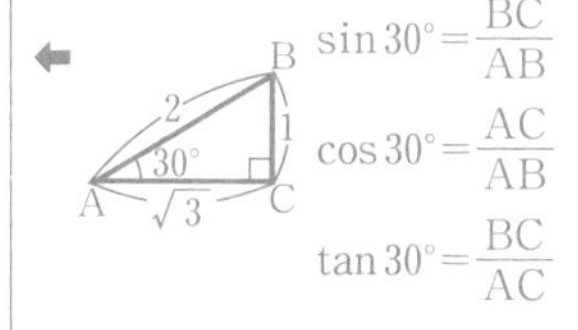

$\sin 30^\circ=\dfrac{BC}{AB}$

$\cos 30^\circ=\dfrac{AC}{AB}$

$\tan 30^\circ=\dfrac{BC}{AC}$

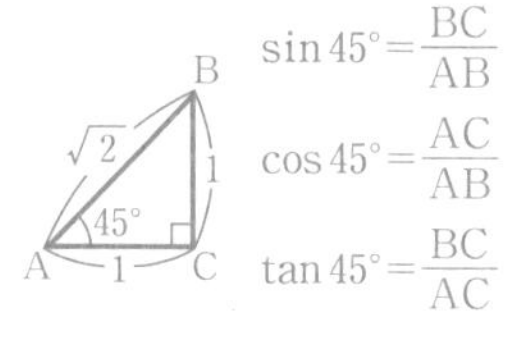

$\sin 45^\circ=\dfrac{BC}{AB}$

$\cos 45^\circ=\dfrac{AC}{AB}$

$\tan 45^\circ=\dfrac{BC}{AC}$

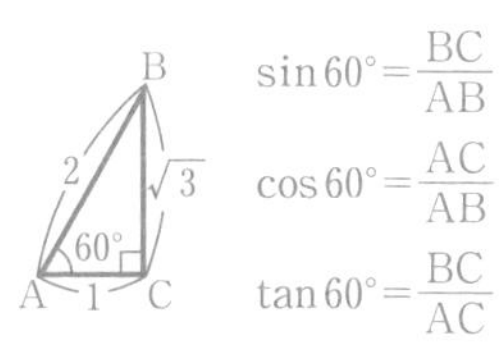

$\sin 60^\circ=\dfrac{BC}{AB}$

$\cos 60^\circ=\dfrac{AC}{AB}$

$\tan 60^\circ=\dfrac{BC}{AC}$

JUMP 34

△BCD において　$CD=2$，$BC=\sqrt{3}$

△AED において　$AE=\sqrt{3}x$

△AEC において　AE=CE より

$\sqrt{3}x=2+x$

$(\sqrt{3}-1)x=2$

$x=\dfrac{2}{\sqrt{3}-1}=\dfrac{2(\sqrt{3}+1)}{(\sqrt{3}-1)(\sqrt{3}+1)}$

$=\dfrac{2(\sqrt{3}+1)}{3-1}=\mathbf{\sqrt{3}+1}$

$AC=\sqrt{2}AE=\sqrt{2}\times\sqrt{3}x$

$=\sqrt{6}(\sqrt{3}+1)=3\sqrt{2}+\sqrt{6}$

△ABC において　∠BAC=15° より

$\sin 15^\circ=\dfrac{BC}{AC}=\dfrac{\sqrt{3}}{3\sqrt{2}+\sqrt{6}}$

$=\dfrac{\sqrt{3}(3\sqrt{2}-\sqrt{6})}{(3\sqrt{2}+\sqrt{6})(3\sqrt{2}-\sqrt{6})}$

$=\dfrac{3\sqrt{6}-3\sqrt{2}}{12}=\mathbf{\dfrac{\sqrt{6}-\sqrt{2}}{4}}$

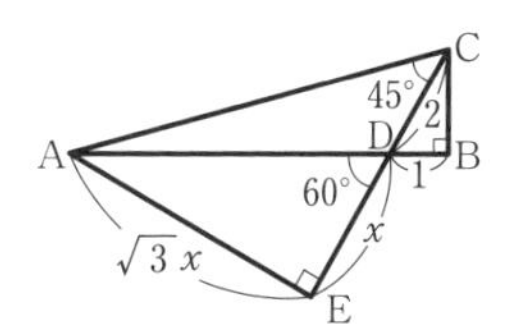

考え方　AE，CE の長さをそれぞれ x を用いて表す。

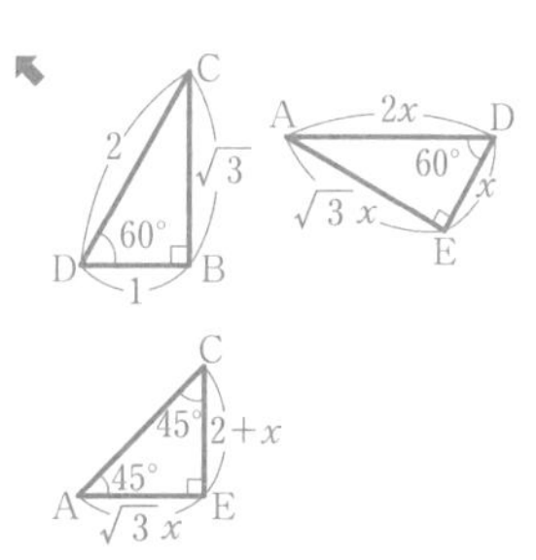

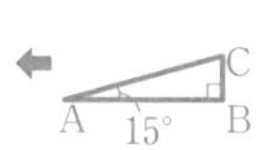

← 分母と分子に $3\sqrt{2}-\sqrt{6}$ を掛ける。

35 三角比の利用 (p.82)

163　$AC=AB\cos A=8\cos 48^\circ$

$=8\times0.6691=5.3528\fallingdotseq5.4$

$BC=AB\sin A=8\sin 48^\circ$

$=8\times0.7431=5.9448\fallingdotseq5.9$

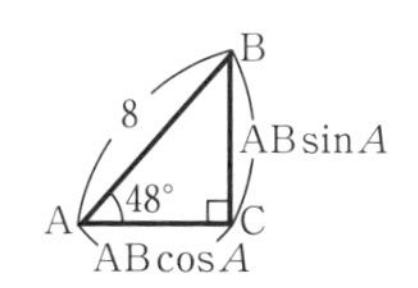

4 章　図形と計量

したがって　**AC=5.4 m，BC=5.9 m**

164　$BC=AC\tan A=10\tan 55^\circ$

$=10\times 1.4281=14.281\fallingdotseq 14.3$

したがって　**BC=14.3**

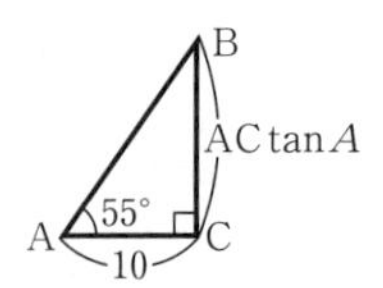

165　(1)　$\sin 24^\circ=$**0.4067**　(2)　$\cos 67^\circ=$**0.3907**　(3)　$\tan 15^\circ=$**0.2679**

166　右の図において

$d=BC$

$=AB\sin 10^\circ$

$=2000\sin 10^\circ$

$=2000\times 0.1736=347.2\fallingdotseq 347$

したがって　**347 m**

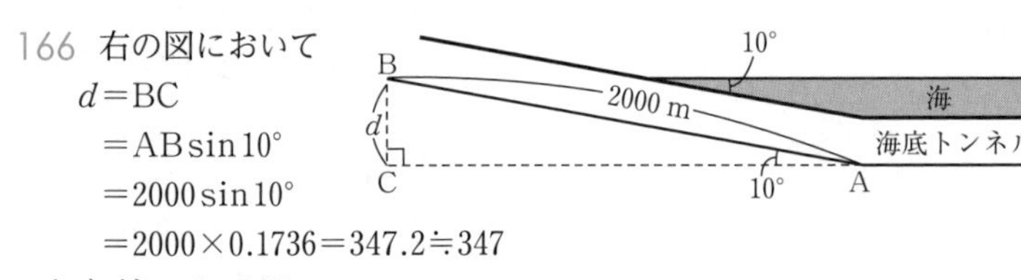

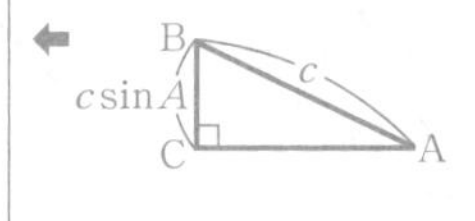

167　右の図において

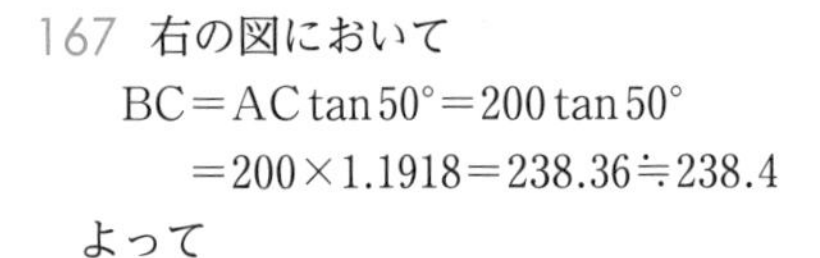

$BC=AC\tan 50^\circ=200\tan 50^\circ$

$=200\times 1.1918=238.36\fallingdotseq 238.4$

よって

$1.6+BC=1.6+238.4$

$=240.0$

したがって，ビルの高さは　**240.0 m**

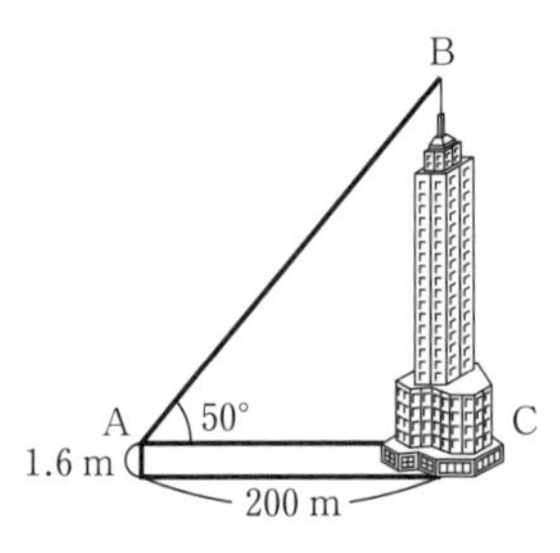

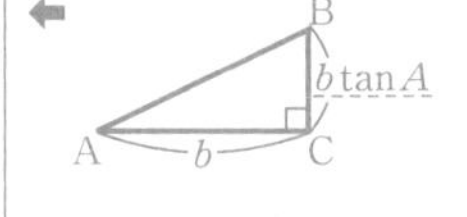

168　(1)　$\sin \mathbf{44}^\circ=0.6947$

(2)　$\cos \mathbf{72}^\circ=0.3090$

(3)　$\tan \mathbf{80}^\circ=5.6713$

169　(1)　三平方の定理より　$(\sqrt{5})^2+BC^2=3^2$

← $AC^2+BC^2=AB^2$

$BC^2=4$

$BC>0$ より　$BC=2$

$\sin A=\mathbf{\frac{2}{3}}$

$\cos A=\mathbf{\frac{\sqrt{5}}{3}}$

← $\sin A=\frac{BC}{AB}$　$\cos A=\frac{AC}{AB}$

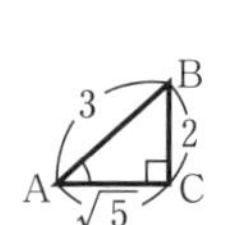

(2)　(1)より　$\sin A=\frac{2}{3}=0.66\cdots\cdots$

よって $\sin 41^\circ=0.6561$，$\sin 42^\circ=0.6691$ より

$A\fallingdotseq$**42°**

← 三角比の表より，より近い方を選ぶ。

170　$x=AB\tan A=10\tan 70^\circ$　　ここで $\tan 70^\circ=2.7475$

よって　$x=10\times 2.7475=$**27.475**

△BDC について

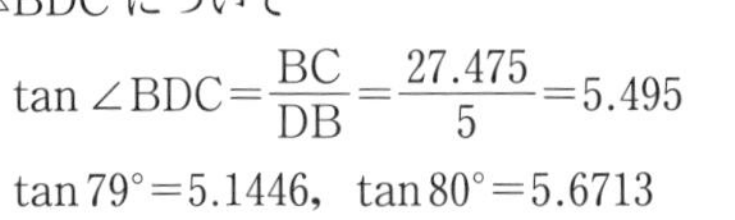

$\tan\angle BDC=\frac{BC}{DB}=\frac{27.475}{5}=5.495$

$\tan 79^\circ=5.1446$，$\tan 80^\circ=5.6713$

より　$\angle BDC\fallingdotseq$**80°**

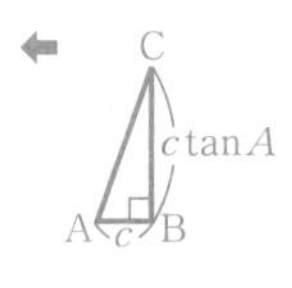

← 三角比の表より，より近い方を選ぶ。

JUMP 35

右の図のように，B から l と平行な直線を引き，水平面との交点を C とすると

$$BC = AB\cos 30^\circ = 80 \cdot \frac{\sqrt{3}}{2} = 40\sqrt{3}$$

ここで，B 地点の水平面からの高さを x m とすると

$$x = BC\sin 15^\circ = 40\sqrt{3}\,\sin 15^\circ$$
$$= 40 \times 1.732 \times \sin 15^\circ = 69.28 \times 0.2588 = 17.929664 \fallingdotseq 17.9$$

したがって　**17.9 m**

考え方　B から l と平行な直線を引く。

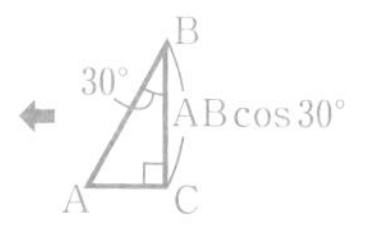

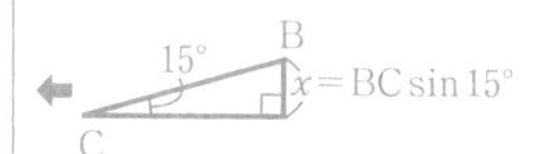

36 三角比の性質 (p.84)

171　$\sin A = \dfrac{4}{5}$ のとき，$\sin^2 A + \cos^2 A = 1$ より

$$\cos^2 A = 1 - \sin^2 A = 1 - \left(\frac{4}{5}\right)^2 = \frac{9}{25}$$

← $\sin A = \dfrac{4}{5}$ なので $\sin^2 A = (\sin A)^2 = \left(\dfrac{4}{5}\right)^2$

$0^\circ < A < 90^\circ$ のとき，$\cos A > 0$ であるから　$\cos A = \sqrt{\dfrac{9}{25}} = \mathbf{\dfrac{3}{5}}$

$$\tan A = \frac{\sin A}{\cos A} = \frac{4}{5} \div \frac{3}{5} = \frac{4}{5} \times \frac{5}{3} = \mathbf{\frac{4}{3}}$$

別解

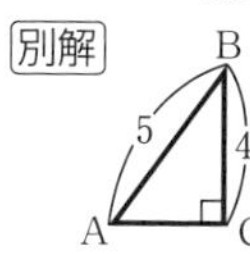

$AC = \sqrt{5^2 - 4^2} = 3$

$\cos A = \mathbf{\dfrac{3}{5}}$，$\tan A = \mathbf{\dfrac{4}{3}}$

172　(1)　$\sin 72^\circ = \sin(90^\circ - 18^\circ) = \mathbf{\cos 18^\circ}$

(2)　$\cos 59^\circ = \cos(90^\circ - 31^\circ) = \mathbf{\sin 31^\circ}$

$\sin(90^\circ - A) = \cos A$
種類が入れかわる
$\cos(90^\circ - A) = \sin A$

$\sin^2 A + \cos^2 A = 1$

173　$\cos A = \dfrac{1}{2}$ のとき，$\sin^2 A + \cos^2 A = 1$ より

$$\sin^2 A = 1 - \cos^2 A = 1 - \left(\frac{1}{2}\right)^2 = \frac{3}{4}$$

$0^\circ < A < 90^\circ$ のとき，$\sin A > 0$ であるから　$\sin A = \sqrt{\dfrac{3}{4}} = \mathbf{\dfrac{\sqrt{3}}{2}}$

$$\tan A = \frac{\sin A}{\cos A} = \frac{\sqrt{3}}{2} \div \frac{1}{2} = \frac{\sqrt{3}}{2} \times \frac{2}{1} = \mathbf{\sqrt{3}}$$

$\tan A = \dfrac{\sin A}{\cos A}$

別解

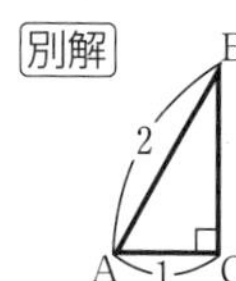

$BC = \sqrt{2^2 - 1^2} = \sqrt{3}$

$\sin A = \mathbf{\dfrac{\sqrt{3}}{2}}$，$\tan A = \mathbf{\sqrt{3}}$

174　$\sin A = \dfrac{5}{13}$ のとき，$\sin^2 A + \cos^2 A = 1$ より

$$\cos^2 A = 1 - \sin^2 A = 1 - \left(\frac{5}{13}\right)^2 = \frac{144}{169}$$

$0^\circ < A < 90^\circ$ のとき，$\cos A > 0$ であるから　$\cos A = \sqrt{\dfrac{144}{169}} = \mathbf{\dfrac{12}{13}}$

$$\tan A = \frac{\sin A}{\cos A} = \frac{5}{13} \div \frac{12}{13} = \frac{5}{13} \times \frac{13}{12} = \mathbf{\frac{5}{12}}$$

← $\tan A = \dfrac{\sin A}{\cos A} = \sin A \div \cos A$

別解

$AC=\sqrt{13^2-5^2}=12$

$\cos A=\mathbf{\dfrac{12}{13}}$，$\tan A=\mathbf{\dfrac{5}{12}}$

175 (1) $\sin 55^\circ=\sin(90^\circ-35^\circ)=\cos 35^\circ=\mathbf{0.8192}$

(2) $\cos 55^\circ=\cos(90^\circ-35^\circ)=\sin 35^\circ=\mathbf{0.5736}$

$\sin(90^\circ-A)=\cos A$
種類が入れかわる
$\cos(90^\circ-A)=\sin A$

176 $\tan A=\sqrt{2}$ のとき，$1+\tan^2 A=\dfrac{1}{\cos^2 A}$ より

$1+\tan^2 A=\dfrac{1}{\cos^2 A}$

$\dfrac{1}{\cos^2 A}=1+\tan^2 A=1+(\sqrt{2})^2=3$

⬅$\tan^2 A=(\tan A)^2$

よって　$\cos^2 A=\dfrac{1}{3}$

$0^\circ<A<90^\circ$ のとき，$\cos A>0$ であるから　$\cos A=\mathbf{\dfrac{1}{\sqrt{3}}}$

$\tan A=\dfrac{\sin A}{\cos A}$ より　$\sin A=\tan A\times\cos A=\sqrt{2}\times\dfrac{1}{\sqrt{3}}=\mathbf{\dfrac{\sqrt{2}}{\sqrt{3}}}$

⬅$\tan A=\dfrac{\sin A}{\cos A}$
両辺に $\cos A$ を掛けて
$\sin A=\tan A\times\cos A$

別解

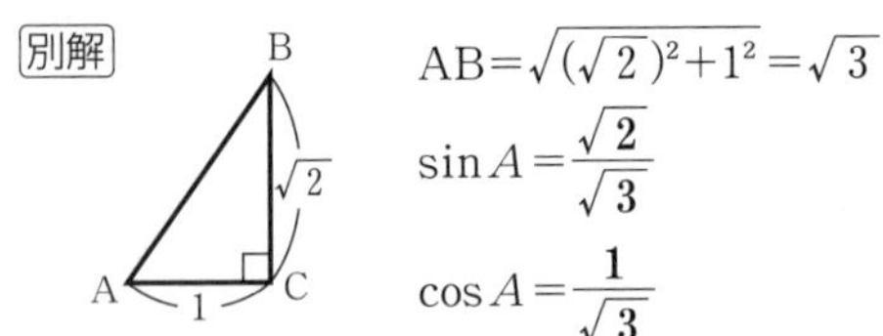

$AB=\sqrt{(\sqrt{2})^2+1^2}=\sqrt{3}$

$\sin A=\mathbf{\dfrac{\sqrt{2}}{\sqrt{3}}}$

$\cos A=\mathbf{\dfrac{1}{\sqrt{3}}}$

177 $\tan A=\dfrac{1}{3}$ のとき，$1+\tan^2 A=\dfrac{1}{\cos^2 A}$ より

$\dfrac{1}{\cos^2 A}=1+\tan^2 A=1+\left(\dfrac{1}{3}\right)^2=\dfrac{10}{9}$

よって　$\cos^2 A=\dfrac{9}{10}$

$0^\circ<A<90^\circ$ のとき，$\cos A>0$ であるから　$\cos A=\sqrt{\dfrac{9}{10}}=\mathbf{\dfrac{3}{\sqrt{10}}}$

$\tan A=\dfrac{\sin A}{\cos A}$ より　$\sin A=\tan A\times\cos A=\dfrac{1}{3}\times\dfrac{3}{\sqrt{10}}=\mathbf{\dfrac{1}{\sqrt{10}}}$

別解

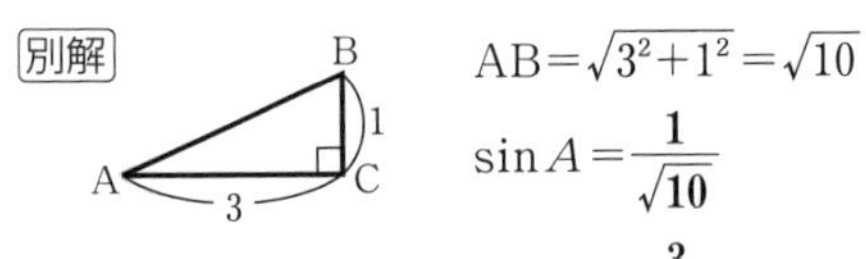

$AB=\sqrt{3^2+1^2}=\sqrt{10}$

$\sin A=\mathbf{\dfrac{1}{\sqrt{10}}}$

$\cos A=\mathbf{\dfrac{3}{\sqrt{10}}}$

JUMP 36

考え方　$\sin^2 A+\cos^2 A=1$ を利用する。

(1) $(\sin A+\cos A)^2=\sin^2 A+2\sin A\cos A+\cos^2 A$

$=1+2\sin A\cos A$

$(\sin A-\cos A)^2=\sin^2 A-2\sin A\cos A+\cos^2 A$

$=1-2\sin A\cos A$

⬉$\sin^2 A+\cos^2 A=1$

より　$(\sin A+\cos A)^2+(\sin A-\cos A)^2=\mathbf{2}$

(2) $\sin(90^\circ-A)=\cos A$，$\cos(90^\circ-A)=\sin A$　より

$\sin(90^\circ-A)\cos A+\cos(90^\circ-A)\sin A$

$=\cos A\cos A+\sin A\sin A=\cos^2 A+\sin^2 A=\mathbf{1}$

⬅$\cos^2 A+\sin^2 A=1$

37 三角比の拡張(p.86)

178

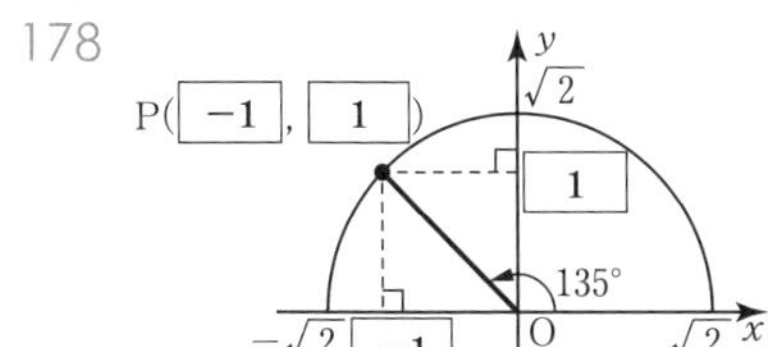

$\sin 135^\circ=\boldsymbol{\frac{1}{\sqrt{2}}}$,

$\cos 135^\circ=\frac{-1}{\sqrt{2}}=\boldsymbol{-\frac{1}{\sqrt{2}}}$,

$\tan 135^\circ=\frac{1}{-1}=\boldsymbol{-1}$

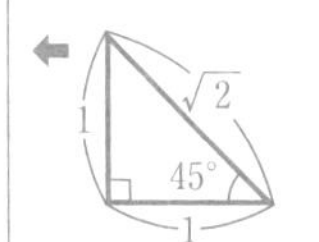

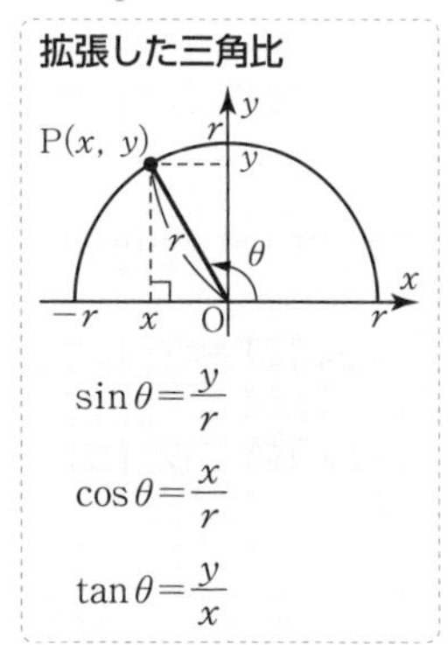

179 (1) 点Pの座標は(1, 0)であるから

$\sin 0^\circ=\frac{0}{1}=\boldsymbol{0}$, $\cos 0^\circ=\frac{1}{1}=\boldsymbol{1}$, $\tan 0^\circ=\frac{0}{1}=\boldsymbol{0}$

(2) 点Pの座標は(−1, 0)であるから

$\sin 180^\circ=\frac{0}{1}=\boldsymbol{0}$, $\cos 180^\circ=\frac{-1}{1}=\boldsymbol{-1}$, $\tan 180^\circ=\frac{0}{-1}=\boldsymbol{0}$

180

θ	0°	90°	120°	135°	150°	180°
$\sin\theta$	**0**	**1**	$\frac{\sqrt{3}}{2}$	$\frac{1}{\sqrt{2}}$	$\frac{1}{2}$	**0**
$\cos\theta$	**1**	**0**	$-\frac{1}{2}$	$-\frac{1}{\sqrt{2}}$	$-\frac{\sqrt{3}}{2}$	**−1**
$\tan\theta$	**0**	／	$-\sqrt{3}$	**−1**	$-\frac{1}{\sqrt{3}}$	**0**

181 $r=\sqrt{(-3)^2+4^2}=5$ より

$\sin\theta=\boldsymbol{\frac{4}{5}}$, $\cos\theta=\frac{-3}{5}=\boldsymbol{-\frac{3}{5}}$, $\tan\theta=\frac{4}{-3}=\boldsymbol{-\frac{4}{3}}$

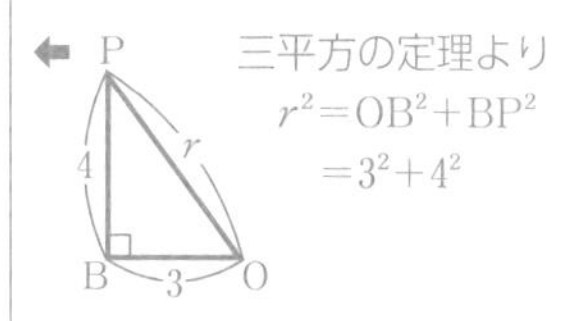

182 $OP=\sqrt{\left(-\frac{\sqrt{3}}{2}\right)^2+\left(\frac{1}{2}\right)^2}=1$ より

$\sin\theta=\boldsymbol{\frac{1}{2}}$, $\cos\theta=\boldsymbol{-\frac{\sqrt{3}}{2}}$, $\tan\theta=\frac{1}{2}\div\left(-\frac{\sqrt{3}}{2}\right)=\boldsymbol{-\frac{1}{\sqrt{3}}}$

(参考) $\angle POH=30^\circ$ なので $\theta=150^\circ$

183 三平方の定理より $(-1)^2+y^2=4^2$

$y^2=15$

$y>0$ より $y=\sqrt{15}$

$\sin\theta=\boldsymbol{\frac{\sqrt{15}}{4}}$, $\cos\theta=\frac{-1}{4}=\boldsymbol{-\frac{1}{4}}$, $\tan\theta=\frac{\sqrt{15}}{-1}=\boldsymbol{-\sqrt{15}}$

JUMP 37

P(x, y)とおくと, $OP^2=x^2+y^2$ より $x^2+y^2=1$ ……①

$OP=1$ より $\cos\theta=\frac{x}{1}=x$

$\cos\theta=-\frac{2}{3}$ より $x=-\frac{2}{3}$

①より $y^2=1-\left(-\frac{2}{3}\right)^2=\frac{5}{9}$

$y>0$ より $y=\sqrt{\frac{5}{9}}=\frac{\sqrt{5}}{3}$

考え方 P(x, y)とおくと, Pは単位円上の点であるから OP=1, $\sin\theta=y$, $\cos\theta=x$

4章 図形と計量

よって　$\mathbf{P}\left(-\frac{2}{3},\ \frac{\sqrt{5}}{3}\right)$

38 三角比の符号，180°−θ の三角比 (p.88)

184 $\sin 162^\circ=\sin(180^\circ-18^\circ)=\sin 18^\circ=\mathbf{0.3090}$
$\cos 162^\circ=\cos(180^\circ-18^\circ)=-\cos 18^\circ=\mathbf{-0.9511}$
$\tan 162^\circ=\tan(180^\circ-18^\circ)=-\tan 18^\circ=\mathbf{-0.3249}$

$\sin(180^\circ-\theta)=\sin\theta$
$\cos(180^\circ-\theta)=-\cos\theta$
$\tan(180^\circ-\theta)=-\tan\theta$

185 $\sin 150^\circ=\sin(180^\circ-30^\circ)=\sin 30^\circ=\mathbf{\frac{1}{2}}$

$\cos 150^\circ=\cos(180^\circ-30^\circ)=-\cos 30^\circ=\mathbf{-\frac{\sqrt{3}}{2}}$

$\tan 150^\circ=\tan(180^\circ-30^\circ)=-\tan 30^\circ=\mathbf{-\frac{1}{\sqrt{3}}}$

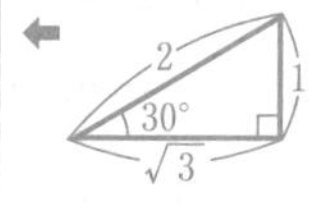

186

θ	0°	鋭角	90°	鈍角	180°
$\sin\theta$	0	＋	1	＋	0
$\cos\theta$	1	＋	0	−	−1
$\tan\theta$	0	＋		−	0

θが鋭角のとき
$\sin\theta>0$
$\cos\theta>0$
$\tan\theta>0$
θが鈍角のとき
$\sin\theta>0$
$\cos\theta<0$
$\tan\theta<0$

187 (1) $\sin 157^\circ=\sin(180^\circ-23^\circ)=\sin 23^\circ=\mathbf{0.3907}$
(2) $\cos 169^\circ=\cos(180^\circ-11^\circ)=-\cos 11^\circ=\mathbf{-0.9816}$
(3) $\tan 119^\circ=\tan(180^\circ-61^\circ)=-\tan 61^\circ=\mathbf{-1.8040}$
(4) $\sin 120^\circ=\sin(180^\circ-60^\circ)=\sin 60^\circ=\mathbf{\frac{\sqrt{3}}{2}}$
(5) $\cos 120^\circ=\cos(180^\circ-60^\circ)=-\cos 60^\circ=\mathbf{-\frac{1}{2}}$
(6) $\tan 120^\circ=\tan(180^\circ-60^\circ)=-\tan 60^\circ=\mathbf{-\sqrt{3}}$

188 (1) $\mathbf{Q(\cos 33^\circ,\ \sin 33^\circ)}$
(2) 点Pは点Qとy軸に関して対称なので
$\mathbf{P(-\cos 33^\circ,\ \sin 33^\circ)}$
(3) 点Pは$P(\cos 147^\circ,\ \sin 147^\circ)$と表せるので
$\cos 147^\circ=\mathbf{-\cos 33^\circ}$
$\sin 147^\circ=\mathbf{\sin 33^\circ}$

←y軸に関して対称な点はx座標の符号が逆

←点Pは$(-\cos 33^\circ,\ \sin 33^\circ)$であり，$(\cos 147^\circ,\ \sin 147^\circ)$でもある。

189 点Pは単位円上の点であるから　$P(\cos 160^\circ,\ \sin 160^\circ)$
$\cos 160^\circ=\cos(180^\circ-20^\circ)=-\cos 20^\circ=-0.9397$
$\sin 160^\circ=\sin(180^\circ-20^\circ)=\sin 20^\circ=0.3420$
よって　$\mathbf{P(-0.9397,\ 0.3420)}$

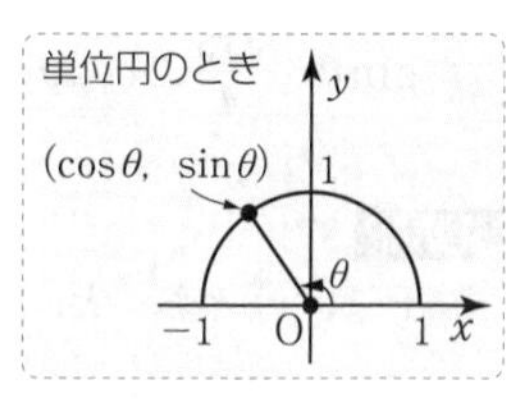

JUMP 38

(1) $\cos(180^\circ-\theta)=-\cos\theta$
$\sin(90^\circ+\theta)=\sin(180^\circ-(90^\circ-\theta))=\sin(90^\circ-\theta)=\cos\theta$
より　$\cos(180^\circ-\theta)+\sin(90^\circ+\theta)=-\cos\theta+\cos\theta=\mathbf{0}$

(2) $\sin 150^\circ=\sin(180^\circ-30^\circ)=\sin 30^\circ=\frac{1}{2}$

$\sin 120^\circ=\sin(180^\circ-60^\circ)=\sin 60^\circ=\frac{\sqrt{3}}{2}$

考え方　(1) $90^\circ+\theta=180^\circ-(90^\circ-\theta)$ と考える。

$\sin(90^\circ-A)=\cos A$
種類が入れかわる
$\cos(90^\circ-A)=\sin A$

$\cos 135^\circ = \cos(180^\circ - 45^\circ) = -\cos 45^\circ = -\dfrac{\sqrt{2}}{2}$

より　$\sin 150^\circ \cos 45^\circ - \sin 120^\circ \cos 135^\circ$

$= \dfrac{1}{2} \times \dfrac{\sqrt{2}}{2} - \dfrac{\sqrt{3}}{2} \times \left(-\dfrac{\sqrt{2}}{2}\right) = \boldsymbol{\dfrac{\sqrt{2}+\sqrt{6}}{4}}$

39 三角比と角の大きさ (p.90)

190　単位円の x 軸より上側の周上の点で，x 座標が $\dfrac{1}{\sqrt{2}}$ となるのは，右の図の 1 点 P である。
ここで　$\angle \mathrm{AOP} = 45^\circ$
であるから，求める θ は　$\boldsymbol{\theta = 45^\circ}$

別解　半径 $\sqrt{2}$ の半円で考えると，x 座標が 1 となる円上の点は右の図の 1 点 Q である。
ここで　$\angle \mathrm{AOQ} = 45^\circ$
であるから，求める θ は　$\boldsymbol{\theta = 45^\circ}$

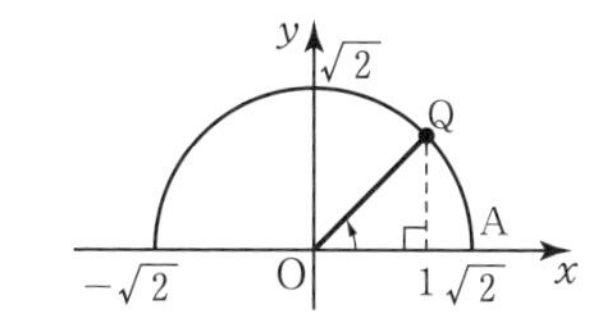

←単位円では半径 1 なので　$\cos\theta = \dfrac{x}{1} = x$

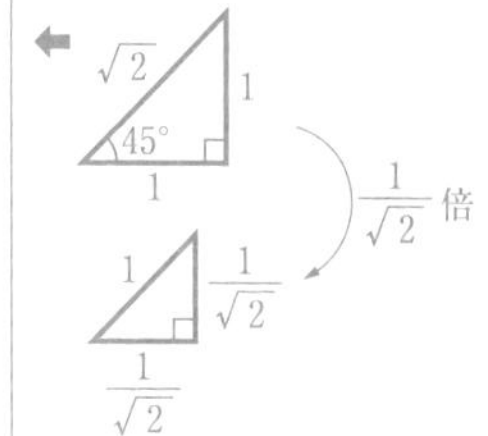

191　(1)　単位円の x 軸より上側の周上の点で，x 座標が $\dfrac{\sqrt{3}}{2}$ となるのは右の図の 1 点 P である。ここで
$\angle \mathrm{AOP} = 30^\circ$
であるから，求める θ は　$\boldsymbol{\theta = 30^\circ}$

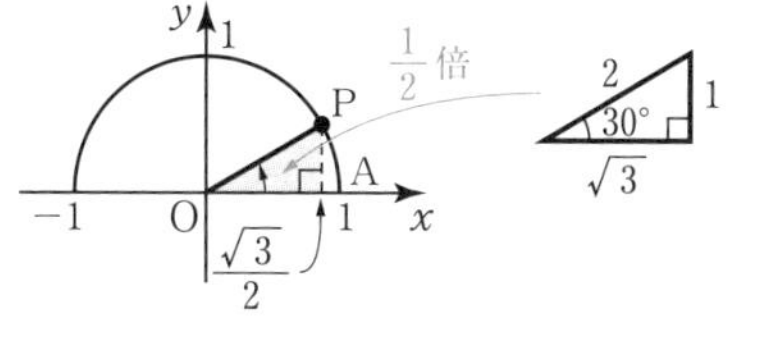

←単位円では　$\cos\theta = x$

別解　半径 2 の半円で考えると，x 座標が $\sqrt{3}$ となる点は，右の図の 1 点 Q である。ここで
$\angle \mathrm{AOQ} = 30^\circ$
であるから，求める θ は　$\boldsymbol{\theta = 30^\circ}$

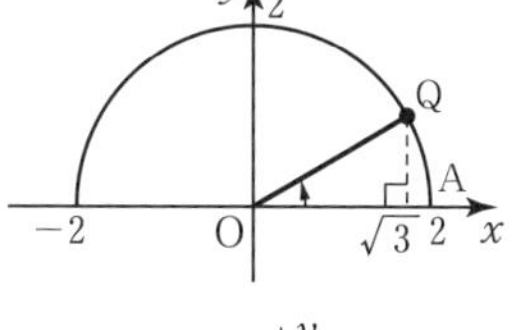

←半径 2 とすれば x 座標が $\sqrt{3}$ となる半円上の点

(2)　単位円の周上において，y 座標が 0 となるのは，右の図の 2 点 P，P′ である。
よって，求める θ は
$\boldsymbol{\theta = 0^\circ,\ 180^\circ}$

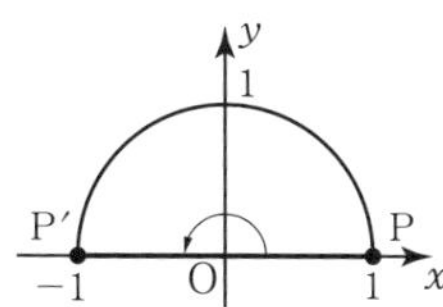

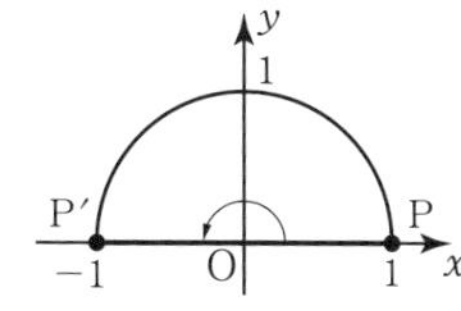

←単位円では　$\sin\theta = y$

192　右の図のように，直線 $x=1$ 上に点 $\mathrm{Q}\left(1,\ \dfrac{1}{\sqrt{3}}\right)$ をとる。
単位円の x 軸より上側の半円と直線 OQ との交点を P とする。
$\angle \mathrm{AOP}$ の大きさが求める θ であるから，求める θ は　$\boldsymbol{\theta = 30^\circ}$

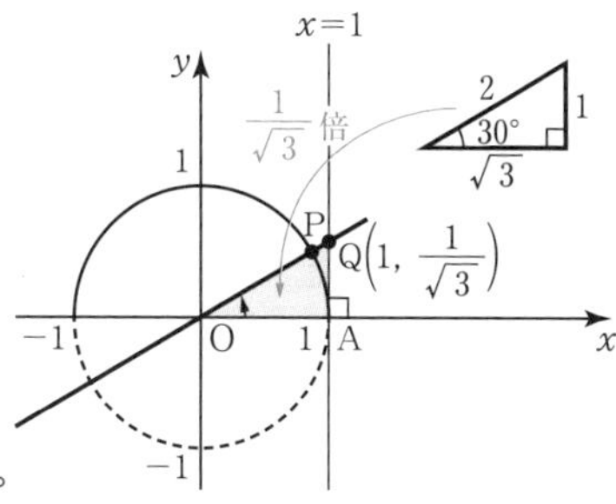

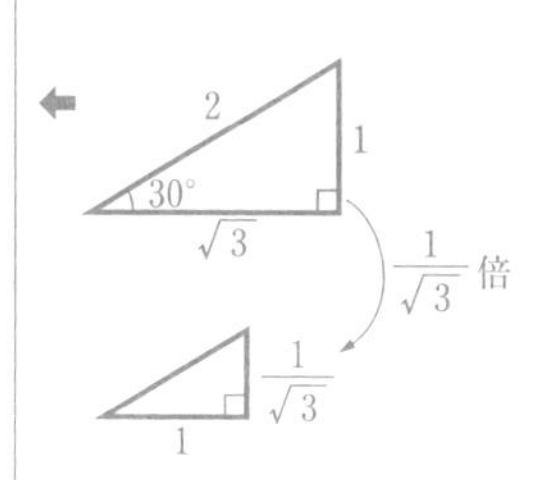

193 (1) 単位円の x 軸より上側の周上の点で，y 座標が1となるのは，右の図の1点Pである。
よって，求める θ は
$\theta=90°$

⬅単位円では $\sin\theta=y$

(2) 単位円の x 軸より上側の周上の点で，x 座標が $-\dfrac{1}{2}$ となるのは，右の図の1点Pである。
ここで
$\angle \mathrm{AOP}=120°$
であるから，求める θ は
$\theta=120°$

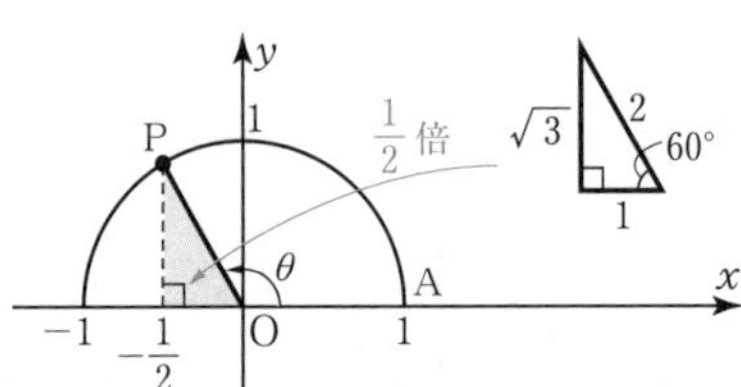

⬅単位円では $\cos\theta=x$

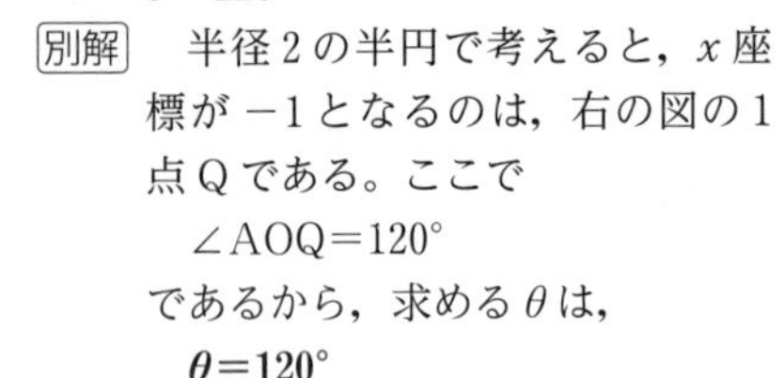
別解　半径2の半円で考えると，x 座標が -1 となるのは，右の図の1点Qである。ここで
$\angle \mathrm{AOQ}=120°$
であるから，求める θ は，
$\theta=120°$

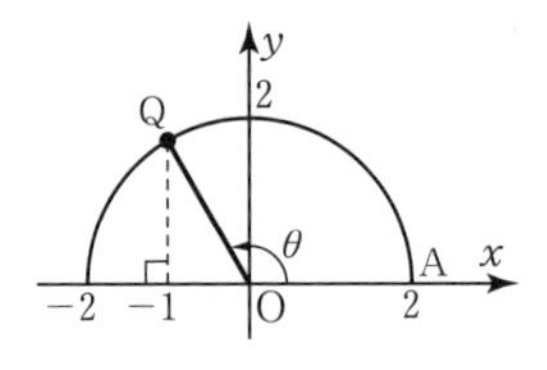

⬅$\cos\theta=\dfrac{x}{r}$

194 右の図のように直線 $x=1$ 上に点 $\mathrm{P}(1,\ 0)$ をとる。
直線OPと単位円の x 軸より上側の半円との交点のうち，Pでない点をP′とする。このとき，$\angle \mathrm{AOP}$，$\angle \mathrm{AOP'}$ の大きさが求める θ であるから
$\theta=0°，180°$

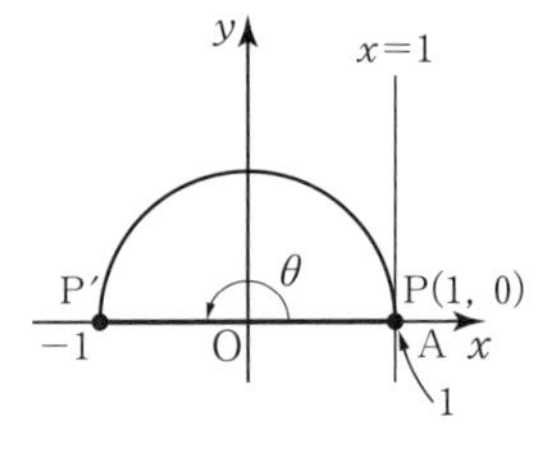

JUMP 39

考え方　$4\cos^2\theta-1=0$ から $\cos\theta$ の値を求める。

等式 $4\cos^2\theta-1=0$ から，$\cos\theta=\pm\dfrac{1}{2}$ となるので，$0°\leqq\theta\leqq180°$ のとき，$\cos\theta=\pm\dfrac{1}{2}$ を満たす θ の値を求めればよい。

⬅$\cos^2\theta=\dfrac{1}{4}$ より $\cos\theta=\pm\dfrac{1}{2}$

単位円の x 軸より上側の周上の点で，x 座標が $\dfrac{1}{2}$，$-\dfrac{1}{2}$ となる点は，右の図の2点P，P′である。
$\angle \mathrm{AOP}=60°$，$\angle \mathrm{AOP'}=120°$
であるから，求める θ は　**$\theta=60°，120°$**

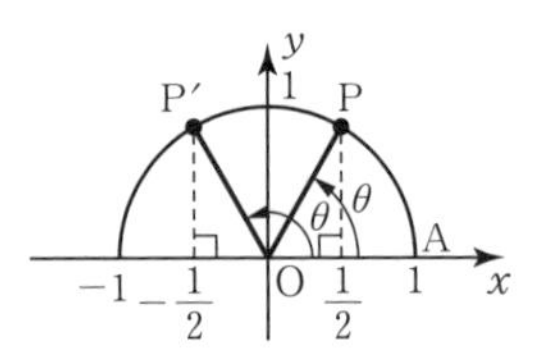

⬅単位円では $\cos\theta=x$

40 拡張した三角比の相互関係（p.92）

195 $\sin\theta=\dfrac{4}{5}$ のとき，$\sin^2\theta+\cos^2\theta=1$ より

$\sin^2\theta+\cos^2\theta=1$

$$\cos^2\theta=1-\sin^2\theta=1-\left(\frac{4}{5}\right)^2=\frac{9}{25}$$

ここで，$90°<\theta<180°$ のとき，$\cos\theta<0$ であるから

⬅$90°<\theta<180°$
$\Longrightarrow \cos\theta<0$

$$\cos\theta=-\sqrt{\frac{9}{25}}=-\frac{3}{5}$$

また

$\tan\theta=\dfrac{\sin\theta}{\cos\theta}=\dfrac{4}{5}\div\left(-\dfrac{3}{5}\right)=\dfrac{4}{5}\times\left(-\dfrac{5}{3}\right)=\boldsymbol{-\dfrac{4}{3}}$

⬅$\tan\theta=\dfrac{\sin\theta}{\cos\theta}$
$=\sin\theta\div\cos\theta$

196 $\cos\theta=-\dfrac{12}{13}$ のとき，$\sin^2\theta+\cos^2\theta=1$ より

$\sin^2\theta=1-\cos^2\theta=1-\left(-\dfrac{12}{13}\right)^2=\dfrac{25}{169}$

ここで，$90°<\theta<180°$ のとき，$\sin\theta>0$ であるから

$\sin\theta=\sqrt{\dfrac{25}{169}}=\boldsymbol{\dfrac{5}{13}}$

また　$\tan\theta=\dfrac{\sin\theta}{\cos\theta}=\dfrac{5}{13}\div\left(-\dfrac{12}{13}\right)=\dfrac{5}{13}\times\left(-\dfrac{13}{12}\right)=\boldsymbol{-\dfrac{5}{12}}$

⬅$90°<\theta<180°$
$\Longrightarrow \sin\theta>0$

⬅$\tan\theta=\dfrac{\sin\theta}{\cos\theta}$
$=\sin\theta\div\cos\theta$

197 (1) $\sin\theta=\dfrac{3}{4}$ のとき，$\sin^2\theta+\cos^2\theta=1$ より

$\cos^2\theta=1-\left(\dfrac{3}{4}\right)^2=\dfrac{7}{16}$

ここで，$90°<\theta<180°$ のとき $\cos\theta<0$ であるから

$\cos\theta=-\sqrt{\dfrac{7}{16}}=\boldsymbol{-\dfrac{\sqrt{7}}{4}}$

また　$\tan\theta=\dfrac{\sin\theta}{\cos\theta}=\dfrac{3}{4}\div\left(-\dfrac{\sqrt{7}}{4}\right)=\dfrac{3}{4}\times\left(-\dfrac{4}{\sqrt{7}}\right)$

$=\boldsymbol{-\dfrac{3}{\sqrt{7}}}$

⬅$90°<\theta<180°$
$\Longrightarrow \cos\theta<0$

⬅$\tan\theta=\dfrac{\sin\theta}{\cos\theta}$
$=\sin\theta\div\cos\theta$

(2) $\cos\theta=-\dfrac{8}{17}$ のとき，$\sin^2\theta+\cos^2\theta=1$ より

$\sin^2\theta=1-\cos^2\theta=1-\left(-\dfrac{8}{17}\right)^2=\dfrac{225}{289}$

ここで，$90°<\theta<180°$ のとき，$\sin\theta>0$ であるから

$\sin\theta=\sqrt{\dfrac{225}{289}}=\boldsymbol{\dfrac{15}{17}}$

また　$\tan\theta=\dfrac{\sin\theta}{\cos\theta}=\dfrac{15}{17}\div\left(-\dfrac{8}{17}\right)=\dfrac{15}{17}\times\left(-\dfrac{17}{8}\right)=\boldsymbol{-\dfrac{15}{8}}$

⬅$90°<\theta<180°$
$\Longrightarrow \sin\theta>0$
$\sqrt{225}=15$ $(15^2=225)$
$\sqrt{289}=17$ $(17^2=289)$

198 $\tan\theta=-4$ のとき，$1+\tan^2\theta=\dfrac{1}{\cos^2\theta}$ より

$\dfrac{1}{\cos^2\theta}=1+\tan^2\theta=1+(-4)^2=17$

よって　$\cos^2\theta=\dfrac{1}{17}$

ここで，$90°<\theta<180°$ のとき，$\cos\theta<0$ であるから

$\cos\theta=\boldsymbol{-\dfrac{1}{\sqrt{17}}}$

また，$\tan\theta=\dfrac{\sin\theta}{\cos\theta}$ より

$\sin\theta=\tan\theta\times\cos\theta=-4\times\left(-\dfrac{1}{\sqrt{17}}\right)=\boldsymbol{\dfrac{4}{\sqrt{17}}}$

$1+\tan^2\theta=\dfrac{1}{\cos^2\theta}$

⬅$90°<\theta<180°$
$\Longrightarrow \cos\theta<0$

⬅$\tan\theta=\dfrac{\sin\theta}{\cos\theta}$
両辺に $\cos\theta$ を掛けて
$\sin\theta=\tan\theta\times\cos\theta$

199 $\sin\theta=\dfrac{2}{5}$ のとき，$\sin^2\theta+\cos^2\theta=1$ より

$\cos^2\theta=1-\sin^2\theta=1-\left(\dfrac{2}{5}\right)^2=\dfrac{21}{25}$

θ が $0°\leqq\theta<90°$ のとき，$\cos\theta>0$ であるから

⬅$0°\leqq\theta<90°$ と
$90°<\theta\leqq180°$ で $\cos\theta$ の
値の符号は異なる。

$\cos\theta=\sqrt{\dfrac{21}{25}}=\dfrac{\sqrt{21}}{5}$

このとき

$\tan\theta=\dfrac{\sin\theta}{\cos\theta}=\dfrac{2}{5}\div\dfrac{\sqrt{21}}{5}=\dfrac{2}{5}\times\dfrac{5}{\sqrt{21}}=\dfrac{2}{\sqrt{21}}$

⬅ $\tan\theta=\dfrac{\sin\theta}{\cos\theta}$ $=\sin\theta\div\cos\theta$

θ が $90^\circ\leqq\theta\leqq180^\circ$ のとき，$\cos\theta\leqq0$ であるから

$\cos\theta=-\sqrt{\dfrac{21}{25}}=-\dfrac{\sqrt{21}}{5}$

このとき

$\tan\theta=\dfrac{2}{5}\div\left(-\dfrac{\sqrt{21}}{5}\right)=\dfrac{2}{5}\times\left(-\dfrac{5}{\sqrt{21}}\right)=-\dfrac{2}{\sqrt{21}}$

JUMP 40

考え方　$\sin^2\theta+\cos^2\theta=1$ を利用する。

(1)　$\sin\theta+\cos\theta=\sqrt{2}$ の両辺を 2 乗すると

$\sin^2\theta+2\sin\theta\cos\theta+\cos^2\theta=2$

⬉ $(a+b)^2=a^2+2ab+b^2$

$\sin^2\theta+\cos^2\theta=1$ なので　$2\sin\theta\cos\theta=1$

よって　$\sin\theta\cos\theta=\dfrac{1}{2}$

(2)　$(\sin\theta-\cos\theta)^2=\sin^2\theta-2\sin\theta\cos\theta+\cos^2\theta$
$=1-2\sin\theta\cos\theta$

⬅ $(a-b)^2=a^2-2ab+b^2$

(1)より　$\sin\theta\cos\theta=\dfrac{1}{2}$ なので

$(\sin\theta-\cos\theta)^2=1-2\times\dfrac{1}{2}=0$

まとめの問題　図形と計量①(p.94)

1　(1)　三平方の定理より　$BC^2+24^2=25^2$

⬅ $BC^2+AC^2=AB^2$

ゆえに　$BC^2=49$

ここで，$BC>0$ であるから　$BC=\sqrt{49}=7$

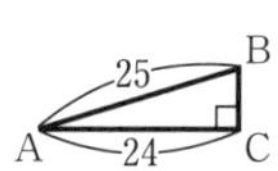

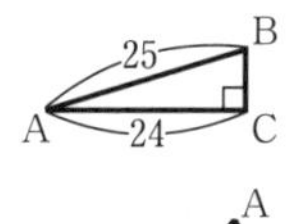

$\sin A=\dfrac{7}{25}$，$\cos A=\dfrac{24}{25}$，$\tan A=\dfrac{7}{24}$

⬅ $\sin A=\dfrac{BC}{AB}$, $\cos A=\dfrac{AC}{AB}$, $\tan A=\dfrac{BC}{AC}$

$\sin B=\dfrac{24}{25}$，$\cos B=\dfrac{7}{25}$，$\tan B=\dfrac{24}{7}$

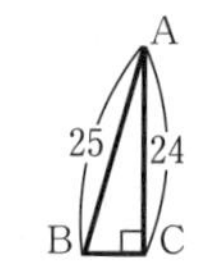

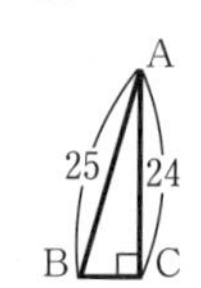

⬅ $\sin B=\dfrac{AC}{AB}$，$\cos B=\dfrac{BC}{AB}$，$\tan B=\dfrac{AC}{BC}$

(2)　三平方の定理より　$AB^2=5^2+5^2$

⬅ $AB^2=AC^2+BC^2$

ゆえに　$AB^2=50$

ここで，$AB>0$ であるから　$AB=\sqrt{50}=5\sqrt{2}$

$\sin A=\dfrac{5}{5\sqrt{2}}=\dfrac{1}{\sqrt{2}}$

$\cos A=\dfrac{5}{5\sqrt{2}}=\dfrac{1}{\sqrt{2}}$

$\tan A=\dfrac{5}{5}=1$

⬅ $\sin A=\dfrac{BC}{AB}$, $\cos A=\dfrac{AC}{AB}$, $\tan A=\dfrac{BC}{AC}$

$\sin B=\dfrac{5}{5\sqrt{2}}=\dfrac{1}{\sqrt{2}}$

$\cos B=\dfrac{5}{5\sqrt{2}}=\dfrac{1}{\sqrt{2}}$

$\tan B=\dfrac{5}{5}=1$

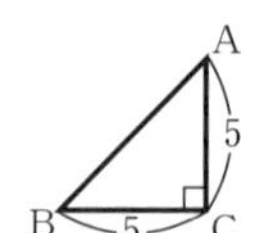

⬅ $\sin B=\dfrac{AC}{AB}$，$\cos B=\dfrac{BC}{AB}$，$\tan B=\dfrac{AC}{BC}$

2 (1) $\sin 6^\circ = \mathbf{0.1045}$

(2) $\tan 67^\circ = \mathbf{2.3559}$

(3) $\cos A = 0.5592$ となる A は $\mathbf{56^\circ}$

(4) $\tan A = 0.6745$ となる A は $\mathbf{34^\circ}$

3 (1) $BC = 10\sin 25^\circ = 10 \times 0.4226 = 4.226 \fallingdotseq 4.2$

よって　$BC = \mathbf{4.2}$

(2) $AC = 10\cos 25^\circ = 10 \times 0.9063 = 9.063 \fallingdotseq 9.1$

よって　$AC = \mathbf{9.1}$

A, B, C, 10, 25°, AB sin A, AB cos A

(3) $\angle BCD = 25^\circ$ より

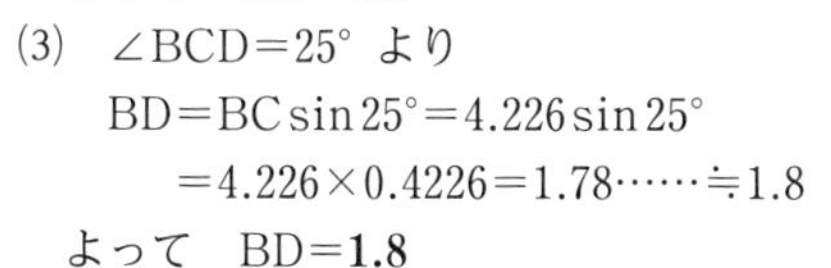

$BD = BC\sin 25^\circ = 4.226\sin 25^\circ$

$= 4.226 \times 0.4226 = 1.78\cdots\cdots \fallingdotseq 1.8$

よって　$BD = \mathbf{1.8}$

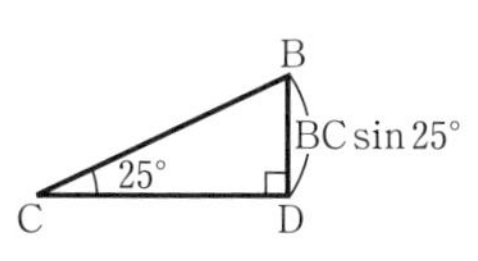

⬅△ACB と △CDB は相似なので $\angle BCD = \angle BAC = 25^\circ$

4 (1) $\sin A = \dfrac{8}{17}$ のとき，$\sin^2 A + \cos^2 A = 1$ より

$\sin^2 A + \cos^2 A = 1$

$\cos^2 A = 1 - \sin^2 A = 1 - \left(\dfrac{8}{17}\right)^2 = \dfrac{225}{289}$

ここで $\cos A > 0$ であるから

⬅$0^\circ < A < 90^\circ \Longrightarrow \cos A > 0$
$\sqrt{225} = 15$ $(15^2 = 225)$
$\sqrt{289} = 17$ $(17^2 = 289)$

$\cos A = \sqrt{\dfrac{225}{289}} = \mathbf{\dfrac{15}{17}}$

また　$\tan A = \dfrac{\sin A}{\cos A} = \dfrac{8}{17} \div \dfrac{15}{17} = \dfrac{8}{17} \times \dfrac{17}{15} = \mathbf{\dfrac{8}{15}}$

⬅$\tan A = \dfrac{\sin A}{\cos A} = \sin A \div \cos A$

(2) $\cos A = \dfrac{5}{6}$ のとき，$\sin^2 A + \cos^2 A = 1$ より

$\sin^2 A = 1 - \cos^2 A = 1 - \left(\dfrac{5}{6}\right)^2 = \dfrac{11}{36}$

ここで，$\sin A > 0$ であるから

⬅$0^\circ < A < 90^\circ \Longrightarrow \sin A > 0$

$\sin A = \sqrt{\dfrac{11}{36}} = \mathbf{\dfrac{\sqrt{11}}{6}}$

また　$\tan A = \dfrac{\sin A}{\cos A} = \dfrac{\sqrt{11}}{6} \div \dfrac{5}{6} = \dfrac{\sqrt{11}}{6} \times \dfrac{6}{5} = \mathbf{\dfrac{\sqrt{11}}{5}}$

(3) $\tan A = 4$ のとき，$1 + \tan^2 A = \dfrac{1}{\cos^2 A}$ より

$1 + \tan^2 A = \dfrac{1}{\cos^2 A}$

$\dfrac{1}{\cos^2 A} = 1 + \tan^2 A = 1 + 4^2 = 17$

よって　$\cos^2 A = \dfrac{1}{17}$

ここで，$\cos A > 0$ であるから

⬅$0^\circ < A < 90^\circ \Longrightarrow \cos A > 0$

$\cos A = \sqrt{\dfrac{1}{17}} = \mathbf{\dfrac{1}{\sqrt{17}}}$

$\tan A = \dfrac{\sin A}{\cos A}$ より

$\sin A = \tan A \times \cos A = 4 \times \dfrac{1}{\sqrt{17}} = \mathbf{\dfrac{4}{\sqrt{17}}}$

5 (1) $\sin 52^\circ = \sin(90^\circ - 38^\circ) = \cos \mathbf{38^\circ}$

(2) $\cos 79^\circ = \cos(90^\circ - 11^\circ) = \mathbf{\sin}\, 11^\circ$

(3) $\sin^2 A + \cos^2 A = \mathbf{1}$

(4) $\tan A = \mathbf{\dfrac{\sin A}{\cos A}}$

$\sin(90^\circ - A) = \cos A$
種類が入れかわる
$\cos(90^\circ - A) = \sin A$

6

θ	0°	30°	45°	60°	90°
$\sin\theta$	0	$\frac{1}{2}$	$\frac{1}{\sqrt{2}}$	$\frac{\sqrt{3}}{2}$	1
$\cos\theta$	1	$\frac{\sqrt{3}}{2}$	$\frac{1}{\sqrt{2}}$	$\frac{1}{2}$	0
$\tan\theta$	0	$\frac{1}{\sqrt{3}}$	1	$\sqrt{3}$	／

θ	120°	135°	150°	180°
$\sin\theta$	$\frac{\sqrt{3}}{2}$	$\frac{1}{\sqrt{2}}$	$\frac{1}{2}$	0
$\cos\theta$	$-\frac{1}{2}$	$-\frac{1}{\sqrt{2}}$	$-\frac{\sqrt{3}}{2}$	-1
$\tan\theta$	$-\sqrt{3}$	-1	$-\frac{1}{\sqrt{3}}$	0

⬅$\sin\theta=\frac{y}{r}$

$\cos\theta=\frac{x}{r}$

$\tan\theta=\frac{y}{x}$

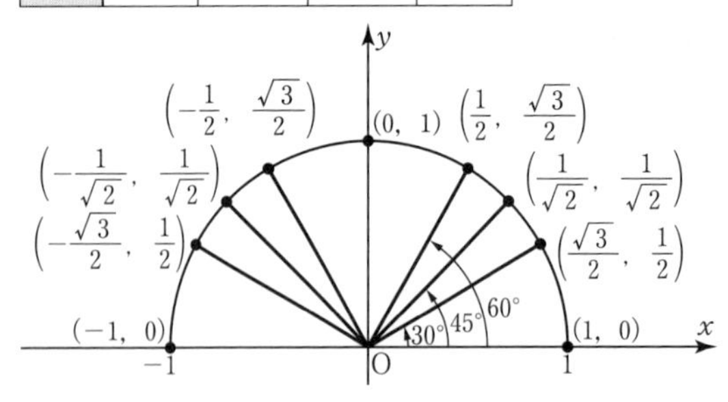

7 (1) $\sin 145^\circ=\sin(180^\circ-35^\circ)=\sin 35^\circ=\mathbf{0.5736}$

(2) $\cos 174^\circ=\cos(180^\circ-6^\circ)=-\cos 6^\circ=\mathbf{-0.9945}$

$\sin(180^\circ-\theta)=\sin\theta$
$\cos(180^\circ-\theta)=-\cos\theta$

8 等式 $2\cos\theta+\sqrt{3}=0$ は，$\cos\theta=-\frac{\sqrt{3}}{2}$ となるので，$0^\circ\leqq\theta\leqq180^\circ$ のとき $\cos\theta=-\frac{\sqrt{3}}{2}$ を満たす θ の値を求めればよい。

単位円の x 軸より上側の周上の点で，x 座標が $-\frac{\sqrt{3}}{2}$ となるのは，右の図の1点Pである。

ここで　$\angle\mathrm{AOP}=150^\circ$

であるから，求める θ は

$\theta=\mathbf{150^\circ}$

⬅単位円では $\cos\theta=x$

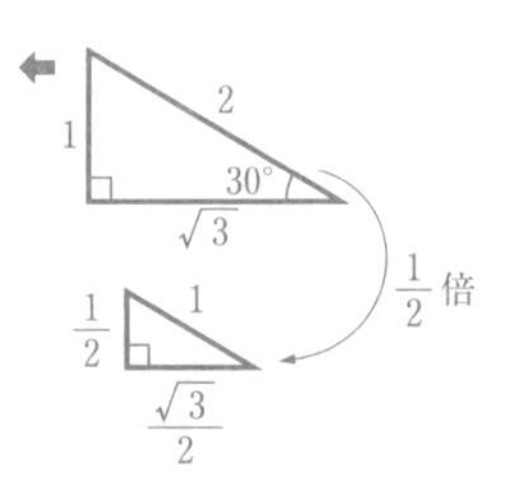

別解　半径2の半円で考えると，x 座標が $-\sqrt{3}$ となる点は，右の図の1点Qである。ここで

$\angle\mathrm{AOQ}=150^\circ$

であるから，求める θ は　$\theta=\mathbf{150^\circ}$

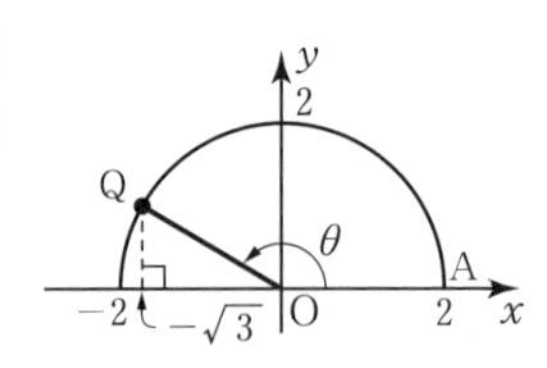

9 (1) $\sin\theta=\frac{15}{17}$ のとき，$\sin^2\theta+\cos^2\theta=1$ より

$$\cos^2\theta=1-\sin^2\theta=1-\left(\frac{15}{17}\right)^2=\frac{64}{289}$$

ここで，$90^\circ<\theta<180^\circ$ のとき，$\cos\theta<0$ であるから

$$\cos\theta=-\sqrt{\frac{64}{289}}=\mathbf{-\frac{8}{17}}$$

$\sin^2\theta+\cos^2\theta=1$

⬅$90^\circ<\theta<180^\circ$
$\Longrightarrow\cos\theta<0$

また　$\tan\theta=\dfrac{\sin\theta}{\cos\theta}=\dfrac{15}{17}\div\left(-\dfrac{8}{17}\right)=\dfrac{15}{17}\times\left(-\dfrac{17}{8}\right)=\boldsymbol{-\dfrac{15}{8}}$

(2)　$\tan\theta=-\dfrac{\sqrt{7}}{2}$ のとき，$1+\tan^2\theta=\dfrac{1}{\cos^2\theta}$ より

$\dfrac{1}{\cos^2\theta}=1+\tan^2\theta=1+\left(-\dfrac{\sqrt{7}}{2}\right)^2=\dfrac{11}{4}$

よって　$\cos^2\theta=\dfrac{4}{11}$

ここで，$90°<\theta<180°$ のとき，$\cos\theta<0$ であるから

$\cos\theta=-\sqrt{\dfrac{4}{11}}=\boldsymbol{-\dfrac{2}{\sqrt{11}}}$

また，$\tan\theta=\dfrac{\sin\theta}{\cos\theta}$ より

$\sin\theta=\tan\theta\times\cos\theta=-\dfrac{\sqrt{7}}{2}\times\left(-\dfrac{2}{\sqrt{11}}\right)=\boldsymbol{\dfrac{\sqrt{7}}{\sqrt{11}}}$

⬅ $\tan\theta=\dfrac{\sin\theta}{\cos\theta}$
$=\sin\theta\div\cos\theta$

$1+\tan^2\theta=\dfrac{1}{\cos^2\theta}$

⬅ $90°<\theta<180°$
$\Longrightarrow \cos\theta<0$

⬅ $\tan\theta=\dfrac{\sin\theta}{\cos\theta}$ の両辺に $\cos\theta$ を掛けると
$\tan\theta\times\cos\theta=\sin\theta$

41 正弦定理 (p.96)

200　正弦定理より　$\dfrac{5}{\sin 45°}=\dfrac{c}{\sin 60°}$

両辺に $\sin 60°$ を掛けて

$c=\dfrac{5}{\sin 45°}\times\sin 60°=5\div\dfrac{1}{\sqrt{2}}\times\dfrac{\sqrt{3}}{2}=5\times\sqrt{2}\times\dfrac{\sqrt{3}}{2}=\boldsymbol{\dfrac{5\sqrt{6}}{2}}$

⬅ 2 組の向かいあう辺と角については，正弦定理の利用を考えよう。
$\dfrac{b}{\sin B}=\dfrac{c}{\sin C}$

201　正弦定理より　$\dfrac{6\sqrt{2}}{\sin 135°}=\dfrac{b}{\sin 30°}$

両辺に $\sin 30°$ を掛けて

$b=\dfrac{6\sqrt{2}}{\sin 135°}\times\sin 30°=6\sqrt{2}\div\dfrac{1}{\sqrt{2}}\times\dfrac{1}{2}=6\sqrt{2}\times\sqrt{2}\times\dfrac{1}{2}=\boldsymbol{6}$

また　$\dfrac{6\sqrt{2}}{\sin 135°}=2R$　よって，$R=\dfrac{3\sqrt{2}}{\sin 135°}=3\sqrt{2}\div\dfrac{1}{\sqrt{2}}=\boldsymbol{6}$

⬅ $\dfrac{a}{\sin A}=\dfrac{b}{\sin B}$

⬅ $\dfrac{a}{\sin A}=2R$
$\left(\dfrac{b}{\sin B}=2R\right.$ でもよい$\left.\right)$

202　正弦定理より　$\dfrac{8}{\sin 30°}=\dfrac{c}{\sin 45°}$

両辺に $\sin 45°$ を掛けて

$c=\dfrac{8}{\sin 30°}\times\sin 45°=8\div\dfrac{1}{2}\times\dfrac{1}{\sqrt{2}}=8\times2\times\dfrac{1}{\sqrt{2}}=\dfrac{16}{\sqrt{2}}=\boldsymbol{8\sqrt{2}}$

⬅ $\dfrac{a}{\sin A}=\dfrac{c}{\sin C}$

203　正弦定理より　$\dfrac{\sqrt{2}}{\sin A}=\dfrac{\sqrt{3}}{\sin 120°}$

両辺に $\sin A\sin 120°$ を掛けると

$\sqrt{2}\sin 120°=\sqrt{3}\sin A$

よって

$\sin A=\sqrt{2}\sin 120°\div\sqrt{3}$

$=\sqrt{2}\times\dfrac{\sqrt{3}}{2}\times\dfrac{1}{\sqrt{3}}=\dfrac{\sqrt{2}}{2}$

ゆえに　$A=45°,\ 135°$

ここで，$B=120°$ であるから

$0°<A<60°$

したがって　$A=\boldsymbol{45°}$

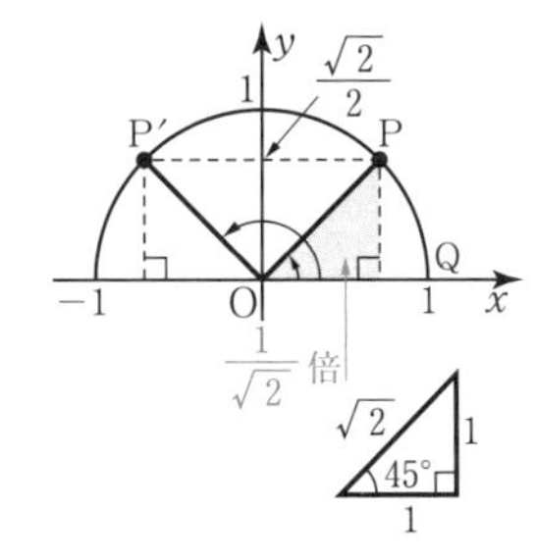

⬅ $\dfrac{a}{\sin A}=\dfrac{b}{\sin B}$
両辺に $\sin A\sin B$ を掛けると
$a\sin B=b\sin A$

⬅ $\sin A=\dfrac{\sqrt{2}}{2}$ となる A は，単位円上で y 座標が $\dfrac{\sqrt{2}}{2}$ となる点 P，P′ について ∠POQ と ∠P′OQ

4 章　図形と計量

204　$A=180°-(30°+105°)=45°$

正弦定理より　$\dfrac{4}{\sin 45°}=\dfrac{b}{\sin 30°}$

両辺に $\sin 30°$ を掛けて

$$b=\frac{4}{\sin 45°}\times\sin 30°=4\div\frac{1}{\sqrt{2}}\times\frac{1}{2}=4\times\sqrt{2}\times\frac{1}{2}=\mathbf{2\sqrt{2}}$$

また　$\dfrac{4}{\sin 45°}=2R$

よって　$R=\dfrac{2}{\sin 45°}=2\div\dfrac{1}{\sqrt{2}}=2\times\sqrt{2}=\mathbf{2\sqrt{2}}$

⬅$A+B+C=180°$

⬅$\dfrac{a}{\sin A}=\dfrac{b}{\sin B}$

⬅$\dfrac{a}{\sin A}=2R$

205　正弦定理より　$\dfrac{8}{\sin 30°}=\dfrac{8\sqrt{3}}{\sin C}$

両辺に $\sin 30° \sin C$ を掛けると

$8\sin C=8\sqrt{3}\sin 30°$

よって

$\sin C=8\sqrt{3}\sin 30°\div 8$

$=\sqrt{3}\times\dfrac{1}{2}=\dfrac{\sqrt{3}}{2}$

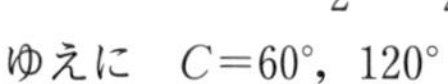

ゆえに　$C=60°,\ 120°$

ここで，$A=30°$ であるから　$0°<C<150°$

したがって　$C=\mathbf{60°,\ 120°}$

また　$\dfrac{8}{\sin 30°}=2R$

よって　$R=\dfrac{4}{\sin 30°}=4\div\dfrac{1}{2}=4\times 2=\mathbf{8}$

⬅$\dfrac{a}{\sin A}=\dfrac{c}{\sin C}$
両辺に $\sin A \sin C$ を掛けると
$a\sin C=c\sin A$

⬅$\sin C=\dfrac{\sqrt{3}}{2}$ となる C は，単位円上で y 座標が $\dfrac{\sqrt{3}}{2}$ となる点 P について
∠POQ と ∠P′OQ

⬅$\dfrac{a}{\sin A}=2R$

JUMP 41

正弦定理 $\dfrac{b}{\sin B}=2R$ より　$\dfrac{3\sqrt{3}}{\sin B}=2\times 3$

両辺に $\sin B$ を掛けると　$3\sqrt{3}=2\times 3\sin B$

$\sin B=\dfrac{3\sqrt{3}}{2\times 3}=\dfrac{\sqrt{3}}{2}$

ゆえに　$B=60°,\ 120°$

ここで，$C=45°$ であるから　$0°<B<135°$

したがって　$B=60°,\ 120°$

$B=60°$ のとき　$A=180°-(60°+45°)=75°$

$B=120°$ のとき　$A=180°-(120°+45°)=15°$

よって　$A=\mathbf{75°,\ 15°}$

考え方　C 以外の角の範囲に注意する。

42 余弦定理 (p.98)

206　余弦定理より

$$a^2=5^2+4^2-2\times 5\times 4\times\cos 60°=25+16-40\times\frac{1}{2}$$

$=25+16-20=21$

$a>0$ より　$a=\mathbf{\sqrt{21}}$

⬅2 つの辺とはさむ角がわかっているときは余弦定理を考えよう。
$a^2=b^2+c^2-2bc\cos A$

207 余弦定理より

$$\cos A=\frac{8^2+3^2-7^2}{2\times8\times3}$$
$$=\frac{1}{2}$$

よって，$0^\circ<A<180^\circ$ より

$A=\mathbf{60^\circ}$

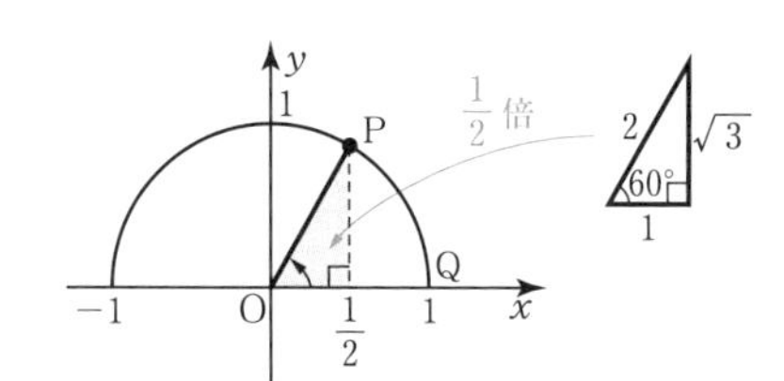

←3つの辺の長さがわかっているときは余弦定理を考えよう。
$\cos A=\frac{b^2+c^2-a^2}{2bc}$

↖$\cos A=\frac{1}{2}$ となる A は，単位円上で x 座標が $\frac{1}{2}$ となる点Pについて
$A=\angle\mathrm{POQ}$

208 (1) 余弦定理より

$$b^2=(3\sqrt{3})^2+5^2-2\times3\sqrt{3}\times5\times\cos30^\circ$$
$$=27+25-30\sqrt{3}\times\frac{\sqrt{3}}{2}=27+25-45=7$$

$b>0$ より　$b=\sqrt{\mathbf{7}}$

←$b^2=c^2+a^2-2ca\cos B$

(2) 余弦定理より

$$c^2=3^2+(2\sqrt{2})^2-2\times3\times2\sqrt{2}\times\cos45^\circ$$
$$=9+8-12\sqrt{2}\times\frac{1}{\sqrt{2}}=9+8-12=5$$

$c>0$ より　$c=\sqrt{\mathbf{5}}$

←$c^2=a^2+b^2-2ab\cos C$

209 (1) 余弦定理より

$$\cos B=\frac{(\sqrt{2})^2+3^2-(\sqrt{5})^2}{2\times\sqrt{2}\times3}$$
$$=\frac{1}{\sqrt{2}}$$

よって，$0^\circ<B<180^\circ$ より

$B=\mathbf{45^\circ}$

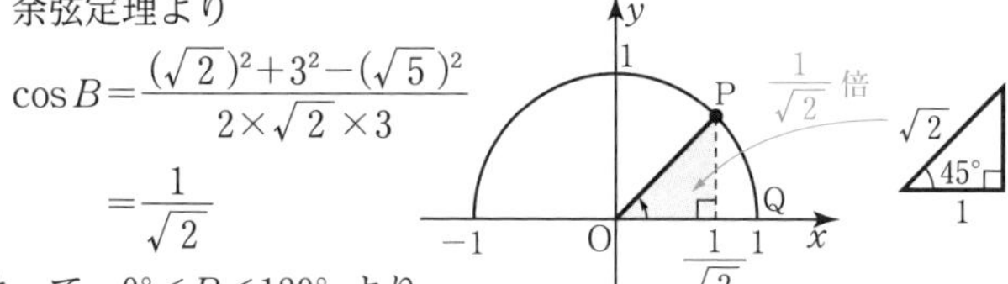

←$\cos B=\frac{c^2+a^2-b^2}{2ca}$

←$\cos B=\frac{1}{\sqrt{2}}$ となる B は，単位円上で x 座標が $\frac{1}{\sqrt{2}}$ となる点Pについて
$B=\angle\mathrm{POQ}$

(2) 余弦定理より

$$\cos C=\frac{5^2+12^2-13^2}{2\times5\times12}=0$$

よって，$0^\circ<C<180^\circ$ より　$C=\mathbf{90^\circ}$

←$\cos C=\frac{a^2+b^2-c^2}{2ab}$

210 余弦定理より

$$\cos A=\frac{2^2+(1+\sqrt{3})^2-(\sqrt{6})^2}{2\times2\times(1+\sqrt{3})}$$
$$=\frac{2(1+\sqrt{3})}{2\times2\times(1+\sqrt{3})}=\frac{1}{2}$$

よって，$0^\circ<A<180^\circ$ より

$A=\mathbf{60^\circ}$

←$\cos A=\frac{b^2+c^2-a^2}{2bc}$

←$\cos A=\frac{1}{2}$ となる A は，単位円上で x 座標が $\frac{1}{2}$ となる点Pについて
$A=\angle\mathrm{POQ}$

211 余弦定理より

$$a^2=(2\sqrt{3}-2)^2+4^2-2\times(2\sqrt{3}-2)\times4\times\cos120^\circ$$
$$=(12-8\sqrt{3}+4)+16-8(2\sqrt{3}-2)\times\left(-\frac{1}{2}\right)$$
$$=16-8\sqrt{3}+16+8\sqrt{3}-8=24$$

$a>0$ より　$a=\sqrt{24}=\mathbf{2\sqrt{6}}$

←$a^2=b^2+c^2-2bc\cos A$

また，正弦定理より

$$\frac{4}{\sin C}=\frac{2\sqrt{6}}{\sin120^\circ}$$

両辺に $\sin C\sin120^\circ$ を掛けると

$$4\sin120^\circ=2\sqrt{6}\sin C$$

ゆえに　$\sin C=4\sin 120°\div 2\sqrt{6}=4\times\dfrac{\sqrt{3}}{2}\times\dfrac{1}{2\sqrt{6}}=\dfrac{1}{\sqrt{2}}$

よって，$C=45°，135°$

ここで，$A=120°$ であるから，$0°<C<60°$ より

$C=\mathbf{45°}$

さらに　$B=180°-(120°+45°)=\mathbf{15°}$

別解　$\cos C=\dfrac{(2\sqrt{6})^2+(2\sqrt{3}-2)^2-4^2}{2\times 2\sqrt{6}\times(2\sqrt{3}-2)}$

$=\dfrac{24-8\sqrt{3}}{24\sqrt{2}-8\sqrt{6}}$

$=\dfrac{8(3-\sqrt{3})}{8\sqrt{2}(3-\sqrt{3})}=\dfrac{1}{\sqrt{2}}$

よって，$0°<C<180°$ より

$C=\mathbf{45°}$

さらに

$B=180°-(120°+45°)=\mathbf{15°}$

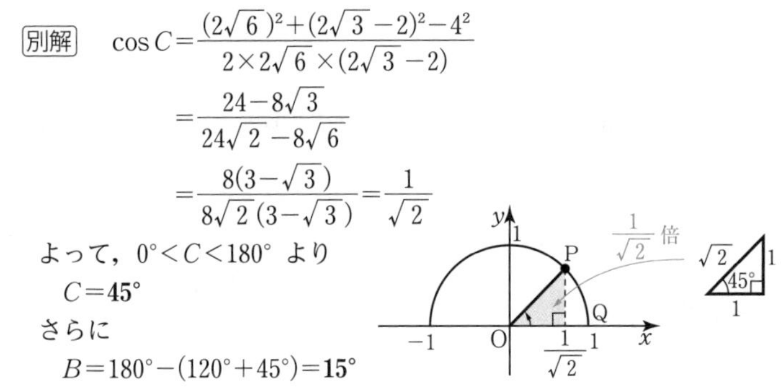

← $\cos C=\dfrac{a^2+b^2-c^2}{2ab}$

← $\cos C=\dfrac{1}{\sqrt{2}}$ となる C は単位円上で x 座標が $\dfrac{1}{\sqrt{2}}$ となる点Pについて
$C=\angle POQ$

JUMP 42

余弦定理より

$(2\sqrt{7})^2=a^2+6^2-2\cdot a\cdot 6\cos 60°$

$a^2-6a+8=0$

$(a-2)(a-4)=0$

よって　$a=\mathbf{2，4}$

考え方　余弦定理を用いて，a の2次方程式をつくる。

↖ 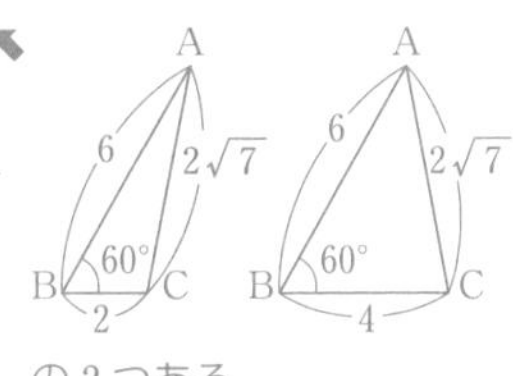

の2つある。

43 三角形の面積 (p.100)

212　$S=\dfrac{1}{2}\times 6\times 4\times\sin 45°=\dfrac{1}{2}\times 6\times 4\times\dfrac{1}{\sqrt{2}}=\mathbf{6\sqrt{2}}$

> **三角形の面積**
> 辺 b，c とそのはさむ角 A から
> $S=\dfrac{1}{2}\times b\times c\times\sin A$

213　余弦定理より　$\cos A=\dfrac{8^2+7^2-13^2}{2\times 8\times 7}=-\dfrac{1}{2}$

ゆえに，$\sin^2 A+\cos^2 A=1$ より

$\sin^2 A=1-\cos^2 A=1-\left(-\dfrac{1}{2}\right)^2=\dfrac{3}{4}$

ここで，$\sin A>0$ であるから　$\sin A=\dfrac{\sqrt{3}}{2}$

よって　$S=\dfrac{1}{2}\times 8\times 7\times\dfrac{\sqrt{3}}{2}=\mathbf{14\sqrt{3}}$

別解　ヘロンの公式より　$s=\dfrac{13+8+7}{2}=14$

$S=\sqrt{14(14-13)(14-8)(14-7)}=\sqrt{14\times 42}=\mathbf{14\sqrt{3}}$

← $\cos A=\dfrac{b^2+c^2-a^2}{2bc}$

← $\cos A=-\dfrac{1}{2}$ より
$A=120°$
よって $\sin A=\dfrac{\sqrt{3}}{2}$
としてもよい。

← $S=\dfrac{1}{2}\times b\times c\times\sin A$

← ヘロンの公式
$s=\dfrac{a+b+c}{2}$ のとき
$S=\sqrt{s(s-a)(s-b)(s-c)}$

214 (1)　$S=\dfrac{1}{2}\times 7\times 4\times\sin 60°=\dfrac{1}{2}\times 7\times 4\times\dfrac{\sqrt{3}}{2}=\mathbf{7\sqrt{3}}$

(2)　$S=\dfrac{1}{2}\times 10\times 8\times\sin 30°=\dfrac{1}{2}\times 10\times 8\times\dfrac{1}{2}=\mathbf{20}$

(3)　$S=\dfrac{1}{2}\times 8\times 7\times\sin 135°=\dfrac{1}{2}\times 8\times 7\times\dfrac{1}{\sqrt{2}}=\mathbf{14\sqrt{2}}$

← $S=\dfrac{1}{2}\times c\times a\times\sin B$

← $S=\dfrac{1}{2}\times b\times c\times\sin A$

← $S=\dfrac{1}{2}\times a\times b\times\sin C$

215 余弦定理より　$\cos A=\dfrac{5^2+7^2-9^2}{2\times5\times7}=-\dfrac{1}{10}$

ゆえに，$\sin^2A+\cos^2A=1$ より

$\sin^2A=1-\cos^2A=1-\left(-\dfrac{1}{10}\right)^2=\dfrac{99}{100}$

ここで，$\sin A>0$ であるから　$\sin A=\dfrac{3\sqrt{11}}{10}$

よって　$S=\dfrac{1}{2}\times b\times c\times\sin A=\dfrac{1}{2}\times5\times7\times\dfrac{3\sqrt{11}}{10}=\boldsymbol{\dfrac{21\sqrt{11}}{4}}$

別解　ヘロンの公式を用いると

$S=\dfrac{9+5+7}{2}=\dfrac{21}{2}$ より

$S=\sqrt{\dfrac{21}{2}\left(\dfrac{21}{2}-9\right)\left(\dfrac{21}{2}-5\right)\left(\dfrac{21}{2}-7\right)}$

$=\boldsymbol{\dfrac{21\sqrt{11}}{4}}$

⬅$\cos A=\dfrac{b^2+c^2-a^2}{2bc}$

216 (1) BD=2 より，△ABD の面積は

$\dfrac{1}{2}\times\mathrm{AB}\times\mathrm{BD}=\dfrac{1}{2}\times2\times2=2$

△BCD の面積は

$\dfrac{1}{2}\times\mathrm{BD}\times\mathrm{BC}\times\sin60^\circ=\dfrac{1}{2}\times2\times3\times\dfrac{\sqrt{3}}{2}=\dfrac{3\sqrt{3}}{2}$

よって　$S=\boldsymbol{2+\dfrac{3\sqrt{3}}{2}}$

別解　△ABD の面積は次のように求めてもよい。

$\mathrm{AD}=2\sqrt{2}$ より

$\dfrac{1}{2}\times\mathrm{AD}\times\mathrm{AB}\times\sin45^\circ=\dfrac{1}{2}\times2\sqrt{2}\times2\times\dfrac{\sqrt{2}}{2}=2$

⬅△ABD は直角二等辺三角形なので
$\mathrm{AD}=\sqrt{2}\times\mathrm{AB}=2\sqrt{2}$，
$\mathrm{BD}=\mathrm{AB}=2$

(2) $A=180^\circ-(60^\circ+75^\circ)=45^\circ$　より

$S=\dfrac{1}{2}\times\mathrm{AB}\times\mathrm{AC}\times\sin45^\circ$

$=\dfrac{1}{2}\times(\sqrt{2}+\sqrt{6})\times2\sqrt{3}\times\dfrac{1}{\sqrt{2}}=\boldsymbol{\sqrt{3}+3}$

⬅$A+B+C=180^\circ$

⬅$S=\dfrac{1}{2}\times\mathrm{AB}\times\mathrm{AC}\times\sin A$

217 余弦定理より

$\cos A=\dfrac{(\sqrt{5})^2+(\sqrt{2})^2-1^2}{2\times\sqrt{5}\times\sqrt{2}}=\dfrac{3}{\sqrt{10}}$

$\sin^2A=1-\cos^2A=1-\left(\dfrac{3}{\sqrt{10}}\right)^2=\dfrac{1}{10}$

ここで，$\sin A>0$ であるから　$\sin A=\dfrac{1}{\sqrt{10}}$

よって　$S=\dfrac{1}{2}\times\sqrt{5}\times\sqrt{2}\times\dfrac{1}{\sqrt{10}}=\boldsymbol{\dfrac{1}{2}}$

⬅$\cos A=\dfrac{b^2+c^2-a^2}{2bc}$

JUMP 43

$AD=x$ とおく。$\angle BAD=\angle CAD=60°$ より

$\triangle ABD$ の面積は $\dfrac{1}{2}\times 6\times x\times\sin 60°=\dfrac{3}{2}\sqrt{3}x$

$\triangle ACD$ の面積は $\dfrac{1}{2}\times 4\times x\times\sin 60°=\sqrt{3}x$

$\triangle ABC$ の面積は $\dfrac{1}{2}\times 6\times 4\times\sin 120°=6\sqrt{3}$

ここで，$\triangle ABD+\triangle ACD=\triangle ABC$ より

$$\frac{3}{2}\sqrt{3}x+\sqrt{3}x=6\sqrt{3}$$

$$\frac{5}{2}\sqrt{3}x=6\sqrt{3}$$

よって $x=6\sqrt{3}\times\dfrac{2}{5\sqrt{3}}=\mathbf{\dfrac{12}{5}}$

考え方 $\triangle ABC$ の面積は $\triangle ABD$ と $\triangle ACD$ の面積の和であることを利用する。

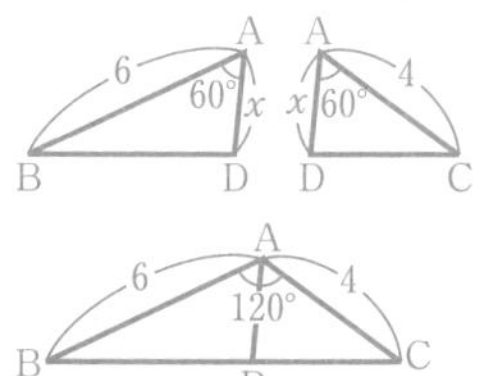

44 三角形の内接円と面積，内接四角形 (p.102)

218 (1) 余弦定理より

$$a^2=8^2+7^2-2\times 8\times 7\times\cos 120°=64+49-112\times\left(-\frac{1}{2}\right)=169$$

← $a^2=b^2+c^2-2bc\cos A$

$a>0$ より $a=\mathbf{13}$

(2) $S=\dfrac{1}{2}\times 8\times 7\times\sin 120°=\dfrac{1}{2}\times 8\times 7\times\dfrac{\sqrt{3}}{2}=\mathbf{14\sqrt{3}}$

ここで，$S=\dfrac{1}{2}r(a+b+c)$ より $14\sqrt{3}=\dfrac{1}{2}r(13+8+7)$

よって $r=14\sqrt{3}\div\dfrac{28}{2}=14\sqrt{3}\times\dfrac{1}{14}=\mathbf{\sqrt{3}}$

三角形の面積
2辺とそのはさむ角から求めるとき
$S=\dfrac{1}{2}\times b\times c\times\sin A$
3辺と内接円の半径 r から求めるとき
$S=\dfrac{1}{2}r(a+b+c)$

219 (1) $\triangle ABD$ において，余弦定理より

$$BD^2=(\sqrt{2})^2+2^2-2\times\sqrt{2}\times 2\times\cos 135°$$
$$=2+4-4\sqrt{2}\times\left(-\frac{1}{\sqrt{2}}\right)=10$$

← $BD^2=AB^2+AD^2-2\times AB\times AD\times\cos\angle BAD$

$BD>0$ より $BD=\mathbf{\sqrt{10}}$

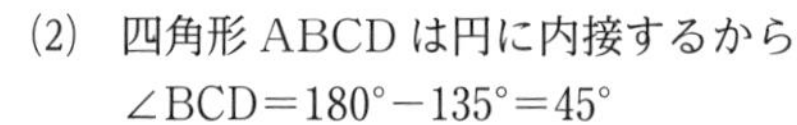

(2) 四角形ABCDは円に内接するから

$\angle BCD=180°-135°=45°$

← $\angle BCD+\angle BAD=180°$

$BC=x$ とすると，$\triangle BCD$ において，余弦定理より

$(\sqrt{10})^2=(\sqrt{2})^2+x^2-2\times\sqrt{2}\times x\times\cos 45°$

← $BD^2=CD^2+BC^2-2\times CD\times BC\times\cos\angle BCD$

ゆえに $x^2-2x-8=0$ より

$(x-4)(x+2)=0$

← 1 ╳ −4 → −4 / 1 ╳ 2 → 2 / 1 −8 −2

よって，$x>0$ より $x=4$

すなわち $BC=\mathbf{4}$

(3) $S=\triangle BAD+\triangle BCD$

$$=\frac{1}{2}\times\sqrt{2}\times 2\times\sin 135°+\frac{1}{2}\times 4\times\sqrt{2}\times\sin 45°=\mathbf{3}$$

220 (1) 余弦定理より $\cos A=\dfrac{5^2+4^2-6^2}{2\times 5\times 4}=\dfrac{1}{8}$

← $\cos A=\dfrac{b^2+c^2-a^2}{2bc}$

$\sin^2 A=1-\cos^2 A=1-\left(\dfrac{1}{8}\right)^2=\dfrac{63}{64}$

← $\sin^2 A+\cos^2 A=1$

ここで，$\sin A>0$ より $\sin A=\sqrt{\dfrac{63}{64}}=\dfrac{3\sqrt{7}}{8}$

ゆえに　$S=\dfrac{1}{2}\times5\times4\times\dfrac{3\sqrt{7}}{8}=\mathbf{\dfrac{15\sqrt{7}}{4}}$

(2)　$S=\dfrac{1}{2}r(a+b+c)$　より　$\dfrac{15\sqrt{7}}{4}=\dfrac{1}{2}r(6+5+4)$

よって　$r=\dfrac{15\sqrt{7}}{4}\div\dfrac{15}{2}=\dfrac{15\sqrt{7}}{4}\times\dfrac{2}{15}=\mathbf{\dfrac{\sqrt{7}}{2}}$

JUMP 44

考え方　△ABD と△BCD に余弦定理を用いて，BD^2 を $\cos\angle BAD$ と $\cos\angle BCD$ で表す。

△ABD において，余弦定理より

$BD^2=1^2+(\sqrt{2})^2-2\times1\times\sqrt{2}\times\cos\angle BAD$

$=3-2\sqrt{2}\cos\angle BAD$

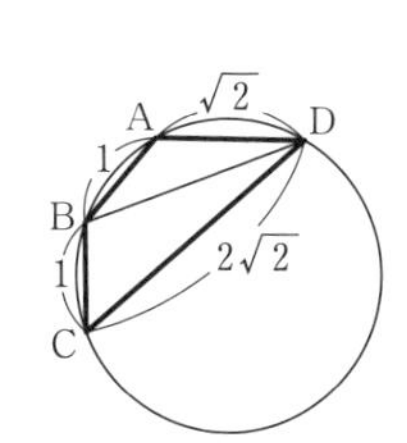

△BCD において，余弦定理より

$BD^2=1^2+(2\sqrt{2})^2-2\times1\times2\sqrt{2}\times\cos\angle BCD$

$=9-4\sqrt{2}\cos\angle BCD$

$\angle BCD=180^\circ-\angle BAD$ より

$\cos\angle BCD=-\cos\angle BAD$

←円に内接する四角形の向かい合う内角の和は 180°

よって

$3-2\sqrt{2}\cos\angle BAD=9+4\sqrt{2}\cos\angle BAD$

←$\cos(180^\circ-\theta)=-\cos\theta$

$-6\sqrt{2}\cos\angle BAD=6$

$\cos\angle BAD=-\dfrac{1}{\sqrt{2}}$

$\cos\angle BAD=-\dfrac{1}{\sqrt{2}}$ より $\angle BAD=135^\circ$,

$\angle BCD=180^\circ-135^\circ=45^\circ$

四角形 ABCD の面積は

△ABD＋△BCD

$=\dfrac{1}{2}\times1\times\sqrt{2}\times\sin135^\circ+\dfrac{1}{2}\times1\times2\sqrt{2}\times\sin45^\circ$

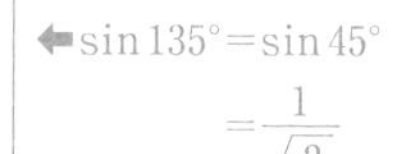

←$\sin135^\circ=\sin45^\circ=\dfrac{1}{\sqrt{2}}$

$=\dfrac{1}{2}+1=\mathbf{\dfrac{3}{2}}$

45 空間図形への応用 (p.104)

221 (1)　△ABC において

$\angle BAC=180^\circ-(30^\circ+105^\circ)=\mathbf{45^\circ}$

←$\angle BAC=180^\circ-(\angle BCA+\angle CBA)$

(2)　△ABC において，正弦定理より

$\dfrac{AB}{\sin30^\circ}=\dfrac{5}{\sin45^\circ}$

←$\dfrac{AB}{\sin\angle BCA}=\dfrac{BC}{\sin\angle BAC}$

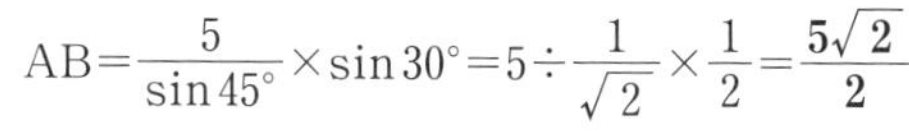

$AB=\dfrac{5}{\sin45^\circ}\times\sin30^\circ=5\div\dfrac{1}{\sqrt{2}}\times\dfrac{1}{2}=\mathbf{\dfrac{5\sqrt{2}}{2}}$

(3)　△ABD において

$AD=AB\sin30^\circ=\dfrac{5\sqrt{2}}{2}\times\dfrac{1}{2}=\mathbf{\dfrac{5\sqrt{2}}{4}}$

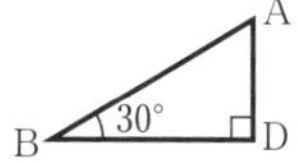

←$AD=AB\sin\angle ABD$

222 (1)　△ACM，△BDM は直角三角形だから，三平方の定理より

$AM=\sqrt{8^2-6^2}=2\sqrt{7}$，$BM=\sqrt{12^2-6^2}=6\sqrt{3}$

←$AM^2+MC^2=AC^2$　$AC=8$，$MC=6$

△AMB において，余弦定理より

$\cos\theta=\dfrac{AB^2+BM^2-AM^2}{2AB\times BM}$

$=\dfrac{8^2+(6\sqrt{3})^2-(2\sqrt{7})^2}{2\times8\times6\sqrt{3}}=\mathbf{\dfrac{\sqrt{3}}{2}}$

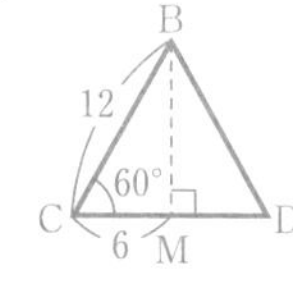

←BM は次のように求めてもよい。
△BCD において
$BM=BC\sin60^\circ=6\sqrt{3}$

(2) $BH=AB\cos\theta=8\times\frac{\sqrt{3}}{2}=\mathbf{4\sqrt{3}}$

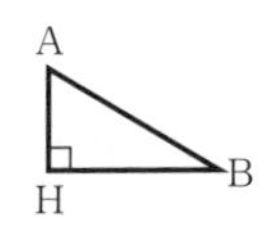

$\sin^2\theta=1-\cos^2\theta$

$=1-\left(\frac{\sqrt{3}}{2}\right)^2=\frac{1}{4}$

ここで，$\sin\theta>0$ であるから　$\sin\theta=\frac{1}{2}$

$AH=AB\sin\theta=8\times\frac{1}{2}=\mathbf{4}$

⬅$BH=AB\cos\angle ABH$
$AH=AB\sin\angle ABH$

⬅$\sin^2\theta+\cos^2\theta=1$

⬅(1)で $\cos\theta=\frac{\sqrt{3}}{2}$
より $\theta=30^\circ$
よって，
$\sin\theta=\sin 30^\circ=\frac{1}{2}$
と求めてもよい。

223 三平方の定理より

$AC=\sqrt{3^2+3^2}=3\sqrt{2}$，$AD=\sqrt{3^2+4^2}=5$

△ACD において，余弦定理より

$\cos\angle CAD=\frac{AC^2+AD^2-CD^2}{2\times AC\times AD}$

$=\frac{(3\sqrt{2})^2+5^2-(\sqrt{13})^2}{2\times3\sqrt{2}\times5}$

$=\frac{30}{2\times3\sqrt{2}\times5}$

$=\frac{1}{\sqrt{2}}$

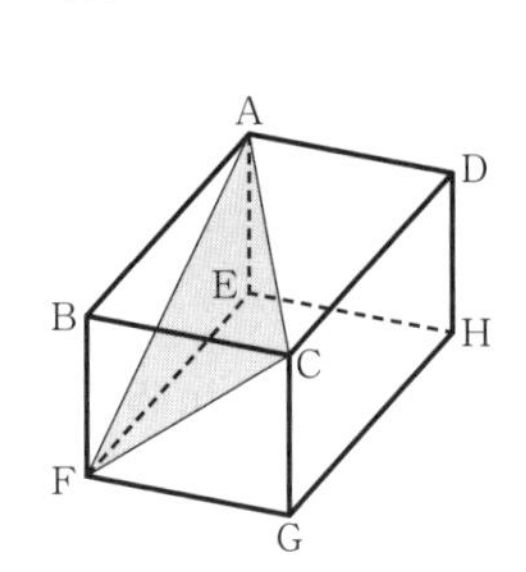

よって　$\angle CAD=\mathbf{45^\circ}$

⬅△ABC について
$AC^2=AB^2+BC^2$
△ABD について
$AD^2=AB^2+BD^2$

⬅単位円上で x 座標が $\frac{1}{\sqrt{2}}$ の点Pについて $\angle POQ$ が求める角

224 (1) 三平方の定理より

$AF=\sqrt{AE^2+EF^2}$

$=\sqrt{3^2+(3\sqrt{3})^2}=6$

$FC=\sqrt{BC^2+BF^2}$

$=\sqrt{4^2+3^2}=5$

$AC=\sqrt{AB^2+BC^2}$

$=\sqrt{(3\sqrt{3})^2+4^2}=\sqrt{43}$

△AFC において，余弦定理より

$\cos\angle AFC=\frac{AF^2+FC^2-AC^2}{2\times AF\times FC}=\frac{6^2+5^2-(\sqrt{43})^2}{2\times6\times5}=\mathbf{\frac{3}{10}}$

(2) $\sin^2\angle AFC+\cos^2\angle AFC=1$　であるから

(1)より　$\sin^2\angle AFC=1-\cos^2\angle AFC=1-\left(\frac{3}{10}\right)^2=\frac{91}{100}$

$\sin\angle AFC>0$ より $\sin\angle AFC=\frac{\sqrt{91}}{10}$

よって　$S=\frac{1}{2}\times AF\times FC\times\sin\angle AFC$

$=\frac{1}{2}\times6\times5\times\frac{\sqrt{91}}{10}=\mathbf{\frac{3\sqrt{91}}{2}}$

⬅△AEF において
$AF^2=AE^2+EF^2$
△BCF において
$FC^2=BC^2+BF^2$
$=AD^2+AE^2$
△ABC において
$AC^2=AB^2+BC^2$
$=EF^2+AD^2$

JUMP 45

△AEF において，三平方の定理より

$AF=\sqrt{AE^2+EF^2}=\sqrt{3^2+3^2}=3\sqrt{2}$

△ABC において，三平方の定理より

$AC=\sqrt{AB^2+BC^2}=3\sqrt{2}$

△AFP において，

考え方　△AFC は正三角形であることを利用して，△AFP に余弦定理を用いる。

$AF=3\sqrt{2}$，$AP=\dfrac{1}{3}AC=\sqrt{2}$，$\angle FAC=60^\circ$

⬅△AFC は正三角形

であるから，余弦定理より

$$FP^2=AF^2+AP^2-2\times AF\times AP\times\cos 60^\circ$$
$$=(3\sqrt{2})^2+(\sqrt{2})^2-2\times 3\sqrt{2}\times\sqrt{2}\times\frac{1}{2}$$
$$=14$$

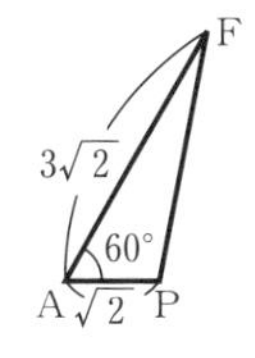

$FP>0$ より　$FP=\boldsymbol{\sqrt{14}}$

まとめの問題　図形と計量②(p.106)

1 (1)　$A=180^\circ-(B+C)=180^\circ-(15^\circ+15^\circ)=150^\circ$

正弦定理　$\dfrac{a}{\sin A}=2R$ より　$\dfrac{6}{\sin 150^\circ}=2R$

であるから

$$R=\frac{3}{\sin 150^\circ}=3\div\sin 150^\circ=3\div\frac{1}{2}=\boldsymbol{6}$$

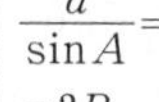

正弦定理
$\dfrac{a}{\sin A}=\dfrac{b}{\sin B}=\dfrac{c}{\sin C}$
$=2R$

(2)　$C=180^\circ-(A+B)=180^\circ-(75^\circ+45^\circ)=60^\circ$

正弦定理より　$\dfrac{8}{\sin 45^\circ}=\dfrac{c}{\sin 60^\circ}$

⬅$\dfrac{b}{\sin B}=\dfrac{c}{\sin C}$

両辺に $\sin 60^\circ$ を掛けて

$$c=\frac{8}{\sin 45^\circ}\times\sin 60^\circ=8\div\sin 45^\circ\times\sin 60^\circ$$
$$=8\div\frac{1}{\sqrt{2}}\times\frac{\sqrt{3}}{2}=8\times\sqrt{2}\times\frac{\sqrt{3}}{2}=\boldsymbol{4\sqrt{6}}$$

(3)　余弦定理より

$$c^2=6^2+5^2-2\times 6\times 5\times\cos 60^\circ$$
$$=36+25-60\times\frac{1}{2}=31$$

⬅$c^2=a^2+b^2-2ab\cos C$

よって，$c>0$ より　$c=\boldsymbol{\sqrt{31}}$

(4)　余弦定理より

⬅$\cos B=\dfrac{c^2+a^2-b^2}{2ca}$

$$\cos B=\frac{3^2+4^2-(\sqrt{13})^2}{2\times 3\times 4}$$
$$=\frac{12}{24}=\frac{1}{2}$$

よって，$0^\circ<B<180^\circ$ より

$B=\boldsymbol{60^\circ}$

⬅$\cos B=\dfrac{1}{2}$ だから，B は単位円上で x 座標が $\dfrac{1}{2}$ の点 P について ∠POQ に等しい。

2 余弦定理より

$$AB^2=AP^2+BP^2-2AP\times BP\cos 120^\circ$$
$$=700^2+800^2-2\times 700\times 800\times\left(-\frac{1}{2}\right)$$
$$=490000+640000+560000$$
$$=1690000$$

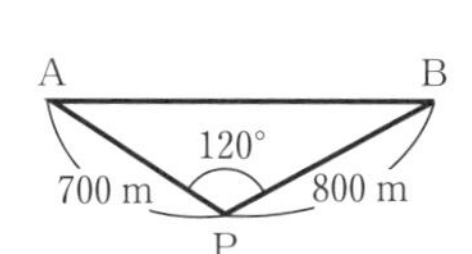

⬅2 つの辺とはさむ角がわかっているときは余弦定理を考えよう。

⬅$1690000=1300^2$（$169=13^2$）

よって，$AB>0$ より　$AB=\mathbf{1300}$ **(m)**

3 余弦定理より

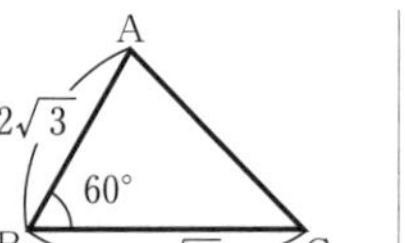

$$b^2=(2\sqrt{3})^2+(3+\sqrt{3})^2-2\times(2\sqrt{3})\times(3+\sqrt{3})\times\cos 60^\circ$$

$$=12+9+6\sqrt{3}+3-4\sqrt{3}\times(3+\sqrt{3})\times\frac{1}{2}$$

$$=24+6\sqrt{3}-6\sqrt{3}-6=18$$

よって，$b>0$ より　$b=\mathbf{3\sqrt{2}}$

⬅$b^2=c^2+a^2-2ca\cos B$

⬅A から BC に垂線 AH をひくと次のようになっている。

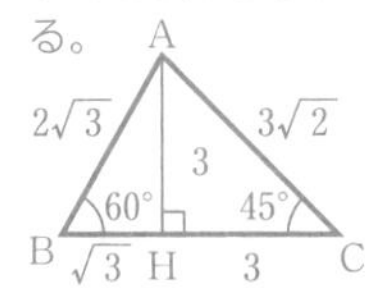

正弦定理より

$$\frac{3\sqrt{2}}{\sin 60^\circ}=\frac{2\sqrt{3}}{\sin C}$$

⬅$\dfrac{b}{\sin B}=\dfrac{c}{\sin C}$

両辺に $\sin 60^\circ \sin C$ を掛けると

$$3\sqrt{2}\sin C=2\sqrt{3}\sin 60^\circ$$

よって

$$\sin C=2\sqrt{3}\sin 60^\circ\div 3\sqrt{2}$$

$$=2\sqrt{3}\times\frac{\sqrt{3}}{2}\times\frac{1}{3\sqrt{2}}=\frac{1}{\sqrt{2}}$$

⬅C は単位円上で y 座標が $\dfrac{1}{\sqrt{2}}$ の点 P，P′ について ∠POQ と ∠P′OQ に等しい。

したがって，$0^\circ<C<180^\circ$ より

$C=45^\circ$，135°

ここで $B=60^\circ$ であるから　$0^\circ<C<120^\circ$

よって　$C=\mathbf{45^\circ}$

さらに，$A=180^\circ-(60^\circ+45^\circ)=\mathbf{75^\circ}$

4 (1) 余弦定理より

$$\cos C=\frac{4^2+5^2-7^2}{2\times4\times5}=\mathbf{-\frac{1}{5}}$$

⬅$\cos C=\dfrac{a^2+b^2-c^2}{2ab}$

(2) $\sin^2 C+\cos^2 C=1$ より

$$\sin^2 C=1-\cos^2 C=1-\left(-\frac{1}{5}\right)^2=\frac{24}{25}$$

$\sin C>0$ より　$\sin C=\mathbf{\dfrac{2\sqrt{6}}{5}}$

ゆえに　$S=\dfrac{1}{2}\times4\times5\times\dfrac{2\sqrt{6}}{5}=\mathbf{4\sqrt{6}}$

⬅$S=\dfrac{1}{2}\times a\times b\times\sin C$

(3) $S=\dfrac{1}{2}r(a+b+c)$　より　$4\sqrt{6}=\dfrac{1}{2}r(4+5+7)$

よって　$r=4\sqrt{6}\times\dfrac{2}{16}=\mathbf{\dfrac{\sqrt{6}}{2}}$

△ABC の面積

$$\frac{1}{2}bc\sin A=\frac{1}{2}ac\sin B=\frac{1}{2}ab\sin C$$

$\dfrac{1}{2}\times$(はさむ辺の積)$\times\sin$(はさむ角)

5 $\triangle BCD=\dfrac{1}{2}\times BC\times DC\times\sin 60^\circ$

$$=\frac{1}{2}\times5\times4\times\frac{\sqrt{3}}{2}=5\sqrt{3}$$

また，△BCD において，余弦定理より

$$BD^2=BC^2+DC^2-2\times BC\times DC\times\cos C$$

$$=5^2+4^2-2\times5\times4\times\cos 60^\circ$$

$$=25+16-2\times5\times4\times\frac{1}{2}=21$$

⬅△ABD を求めるには BD の長さが必要。そのため △BCD に余弦定理を使う。

よって，$BD>0$ より　$BD=\sqrt{21}$

$$\triangle ABD=\frac{1}{2}\times BD\times BA\times\sin 30^\circ$$

$$=\frac{1}{2}\times\sqrt{21}\times5\times\frac{1}{2}=\frac{5\sqrt{21}}{4}$$

したがって　$S=\triangle\mathrm{BCD}+\triangle\mathrm{ABD}$

$$=5\sqrt{3}+\frac{5\sqrt{21}}{4}$$

6　まず，AP の長さを求める。

△PAB において，$\angle\mathrm{APB}=180^\circ-(75^\circ+45^\circ)=60^\circ$

であるから，正弦定理より

$$\frac{\mathrm{AP}}{\sin 45^\circ}=\frac{1000}{\sin 60^\circ}$$

←$\angle\mathrm{APB}$
$=180^\circ-(\angle\mathrm{PAB}+\angle\mathrm{PBA})$

←$\dfrac{\mathrm{AP}}{\sin\angle\mathrm{PBA}}=\dfrac{\mathrm{AB}}{\sin\angle\mathrm{APB}}$

よって

$$\mathrm{AP}=\frac{1000}{\sin 60^\circ}\times\sin 45^\circ$$
$$=1000\div\sin 60^\circ\times\sin 45^\circ$$
$$=1000\div\frac{\sqrt{3}}{2}\times\frac{\sqrt{2}}{2}=1000\times\frac{2}{\sqrt{3}}\times\frac{\sqrt{2}}{2}$$
$$=1000\times\frac{\sqrt{2}}{\sqrt{3}}=\frac{1000\sqrt{6}}{3}$$

よって，△APH において

$$\mathrm{PH}=\mathrm{AP}\sin 60^\circ=\frac{1000\sqrt{6}}{3}\times\frac{\sqrt{3}}{2}$$
$$=\mathbf{500\sqrt{2}}\ \textbf{(m)}$$

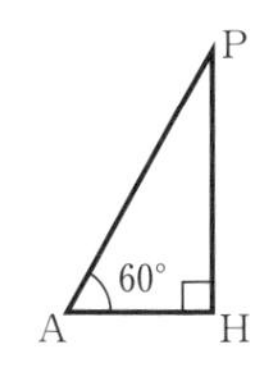

←$\mathrm{PH}=\mathrm{AP}\times\sin\angle\mathrm{PAH}$

▶第5章◀　データの分析

46 データの整理，代表値(p.108)

225

階級(分) 以上～未満	階級値 (分)	度数 (人)	相対度数
10～20	15	2	0.1
20～30	25	3	0.15
30～40	35	5	0.25
40～50	45	7	0.35
50～60	55	3	0.15

←相対度数$=\dfrac{度数}{度数の合計}$
$=\dfrac{度数}{20}$

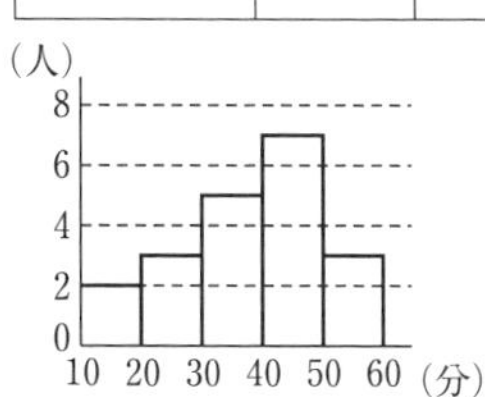

最頻値は 40 分以上 50 分未満の階級値だから

$$\frac{40+50}{2}=\mathbf{45}\ \textbf{(分)}$$

226　求める平均値を $\overline{x}$ とすると

$$\overline{x}=\frac{1}{7}(14+20+20+31+36+40+49)$$
$$=\frac{1}{7}\times 210=\mathbf{30}$$

中央値は 4 番目の値であるから **31**

平均値
$\overline{x}=\dfrac{1}{n}(x_1+x_2+\cdots+x_n)$

中央値（メジアン）
データを大きさの順に並べたとき，その中央の値

227　求める平均値を $\overline{x}$ とすると

$$\overline{x}=\frac{1}{9}(4+5+5+6+7+8+9+9+10)$$

$$=\frac{1}{9}\times 63=\mathbf{7}$$

228　(1)　データを小さい順に並べると

17，26，34，46，51，52，58

中央値は 4 番目の値であるから　**46**

⬅データの数が奇数のときは中央値は中央の値

(2)　データを小さい順に並べると

15，20，21，25，27，31

中央値は 3 番目と 4 番目の値の平均値であるから

$$\frac{21+25}{2}=\mathbf{23}$$

⬅データの数が偶数のときは中央値は中央の 2 つの値の平均値

229　データの大きさが 100 であるから，中央値は 50 番目と 51 番目の値の平均値。

⬅データの数が偶数

ここで，50 番目のサイズは 26.0,

51 番目のサイズは 26.5

⬅$2+9+15+24=50$

であるから

$$\frac{26.0+26.5}{2}=26.25$$

よって，中央値は **26.25 cm**

また，最も人数の多いのは 26.0 cm であるから，

最頻値は，**26.0 cm**

⬅最も人数が多いのは 24 人

230　求める平均値を $\overline{x}$ とすると

$$\overline{x}=\frac{2\times2+3\times3+4\times9+5\times21+6\times7+7\times4+8\times1+9\times2+10\times1}{50}$$

$$=\frac{260}{50}$$

$$=5.2$$

よって，**5.2 回**

⬅度数分布表を利用して計算してもよい。

回数 x_k	人数 f_k	$x_k f_k$
2	2	4
3	3	9
4	9	36
5	21	105
6	7	42
7	4	28
8	1	8
9	2	18
10	1	10
合計	50	260

JUMP 46

考え方　(1)人数と平均点について x と y を用いて式をつくる。

(1)　人数の合計が 15 人であるから

$$1+1+3+x+y+2+1=15$$

よって　$x+y=7$ ……①

⬅人数についての式と，平均点についての式を連立方程式として解く。

平均点が 6 点であるから

$$\frac{3\times1+4\times1+5\times3+6\times x+7\times y+8\times2+9\times1}{15}=6$$

⬅$\frac{6x+7y+47}{15}=6$

よって　$6x+7y=43$　……②

①，②を解くと　$x=6$，$y=1$

(2)　データの大きさが 15 であるから，中央値は大きさの順に並べた 8 番目の得点である。
中央値が 6 点のとき，8 番目が 6 点であるから
$1+1+3+x \geqq 8$
より　$x \geqq 3$
これと(1)の①から　$y=7-x \geqq 0$
より　$x \leqq 7$
ゆえに　$3 \leqq x \leqq 7$
よって，x のとりうる値は　**3，4，5，6，7**

⬅中央値は $\dfrac{1+15}{2}=8$（番目）

⬅$1+1+3+x \leqq 7$ のとき，中央値は 7 点以上

⬅$y \geqq 0$

⬅$x=3$ のとき $y=4$
$x=4$ のとき $y=3$
$x=5$ のとき $y=2$
$x=6$ のとき $y=1$
$x=7$ のとき $y=0$

47 四分位数と四分位範囲 (p.110)

231　範囲は $90-35=$**55**
平均値は
$$\frac{35+39+45+55+60+65+75+85+90}{9}=\frac{549}{9}=\mathbf{61}$$
データの大きさが 9 で奇数であるから，中央値は 5 番目の値
ゆえに **60**
第 1 四分位数は前半の 4 個の値の中央値であるから
$$\frac{39+45}{2}=\mathbf{42}$$
第 3 四分位数は後半の 4 個の値の中央値であるから
$$\frac{75+85}{2}=\mathbf{80}$$
四分位範囲は　$80-42=$**38**

⬅$35+65=100$
$45+55=100$
$75+85=160$
$60+90=150$
のように計算の順序を工夫するとよい。

⬉データの大きさが偶数のとき，中央値は，中央に並ぶ 2 つの値の平均値

⬅(第 3 四分位数)－(第 1 四分位数) が，四分位範囲

232　データの大きさが 10 で偶数であるから，中央値は
左から 5 番目と 6 番目のデータの平均値
ゆえに　$\dfrac{b+63}{2}=60$　より　$b=$**57**
第 1 四分位数は，前半の 5 個のデータの中央値，すなわち左から 3 番目のデータである。
よって　$a=$**48**
また，平均値が 59 であるから
$$\frac{25+31+48+52+57+63+c+69+88+92}{10}=59$$
より　$\dfrac{525+c}{10}=59$
よって　$c=$**65**
また，範囲は $92-25=$**67**

⬅中央に並ぶ 2 つの値の平均値

⬅$31+69=100$，$48+52=100$
$57+63=120$，$88+92=180$
より
$\dfrac{25+100+100+120+c+180}{10}$
$=\dfrac{525+c}{10}$

233　最大値は　**30**，最小値は　**6**
データの大きさが 10 で偶数であるから，第 2 四分位数（中央値）は 5 番目と 6 番目のデータの値の平均値
ゆえに　$\dfrac{15+17}{2}=$**16**
第 1 四分位数は，前半の 5 個の値の中央値であるから　**10**
第 3 四分位数は，後半の 5 個の値の中央値であるから　**20**
よって，箱ひげ図は次のようになる。

5 章　データの分析

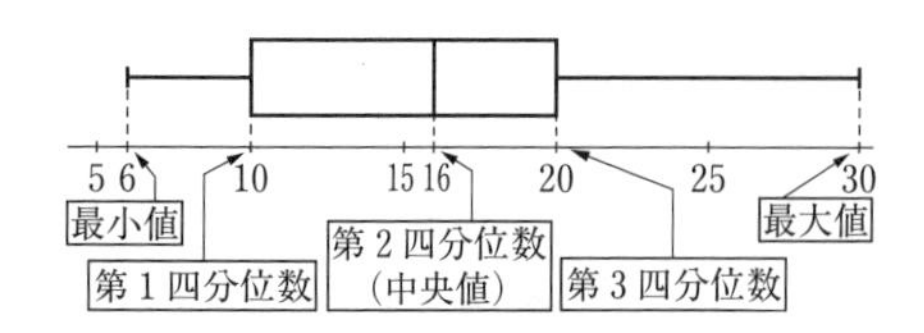

234 ① 中学生の四分位範囲は 2 時間以上だが，高校生の四分位範囲は 2 時間未満なので正しくない。

② 中学生の最小値は 5 時間以上なので正しい。

③ 高校生の中央値が 6 時間未満なので少なくとも 25 人は睡眠時間が 6 時間以下である。したがって正しい。

④ 中学生の中央値の方が高校生の第 3 四分位数より大きいので正しくない。

⑤ 高校生では Q_3（38 番目の値）が 7 時間未満なので，睡眠時間が 7 時間以上は 12 人以下である。したがって正しくない。

正しいのは，②，③。

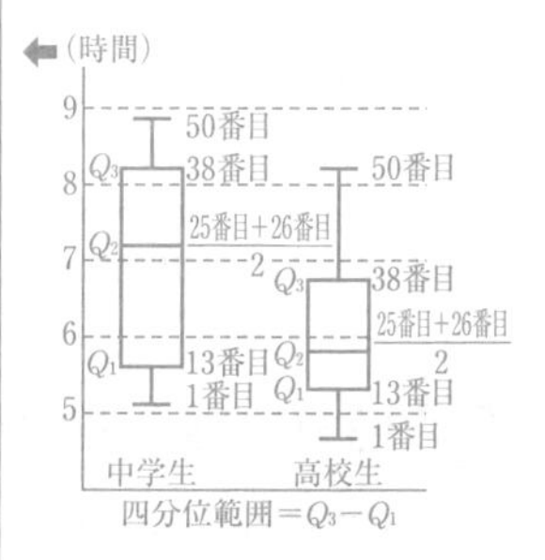

235 生徒が 35 人であるから，Q_1 は 9 番目，Q_2 は18 番目，Q_3 は 27 番目の値である。したがって，Q_1 は 13.5 秒以上 14.0 秒未満の階級に属し，Q_2 は 14.0 秒以上 14.5 秒未満の階級に属し，Q_3 は 14.5 秒以上 15.0 秒未満の階級に属する。よって，ヒストグラムと矛盾しない箱ひげ図は㋒である。

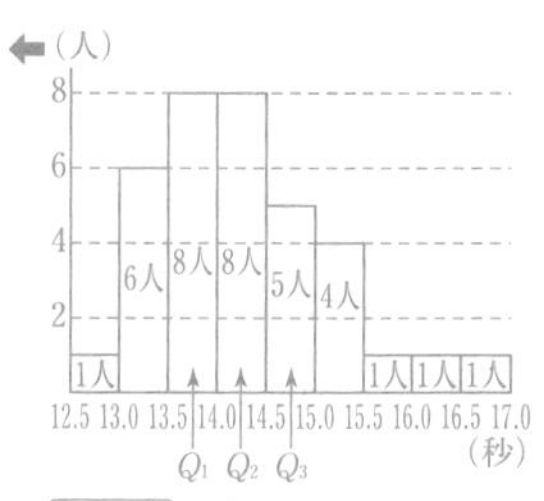

JUMP 47

考え方　中央値，第 1，3 四分位数を a_k ($k=1, 2, \cdots, 9$) を用いて表す。

(1) a_1 は最小値であるから　$a_1=\mathbf{3}$

a_5 は中央値（第 2 四分位数）であるから　$a_5=\mathbf{10}$

a_9 は最大値であるから　$a_9=\mathbf{19}$

← データの大きさは 9 であるから中央値は 5 番目の値

(2) 第 1 四分位数は $\dfrac{a_2+a_3}{2}=7$ より $a_2<7$，$7<a_3$

← 第 1 四分位数は，前半の 4 個の値の中央値

また，$a_3<a_4$，$a_4<a_5=10$ より $a_3=8$，$a_4=\mathbf{9}$

← $a_3\geqq 8$，$a_4\leqq 9$

(3) (2)より $\dfrac{a_2+a_3}{2}=7$，$a_3=8$ であるから　$a_2=6$

第 3 四分位数が 14 であるから　$\dfrac{a_7+a_8}{2}=14$，$a_7+a_8=28$

← 第 3 四分位数は 14

よって平均値 $\overline{a}$ は

$$\overline{a}=\frac{3+6+8+9+10+a_6+a_7+a_8+19}{9}$$

$$=\frac{55+a_6+28}{9}=\frac{a_6+83}{9}$$

ここで　$10<a_6<a_7<14$　より　$a_6=11$ または 12

← $a_7\leqq 13$

$a_6=11$ のとき，平均値は　$\overline{a}=\dfrac{11+83}{9}=\dfrac{94}{9}>10$

$a_6=12$ のとき $\overline{a}>10$ は明らか

よって平均値は中央値より大きい。すなわち正しいものは**②**

48 分散と標準偏差 (p.112)

236 (1) 5 個のデータの平均値は

$$\overline{x}=\frac{20+21+17+19+23}{5}=\frac{100}{5}=\mathbf{20}$$

(2) 平均値は 20 であるから，分散 s^2 は

$$s^2=\frac{(20-20)^2+(21-20)^2+(17-20)^2+(19-20)^2+(23-20)^2}{5}$$

$$=\frac{0+1+9+1+9}{5}=\frac{20}{5}=\mathbf{4}$$

(3) 標準偏差 s は

$s=\sqrt{4}=\mathbf{2}$

←次のような表にすると計算しやすい。

x_k	$x_k-\overline{x}$	$(x_k-\overline{x})^2$
20	0	0
21	1	1
17	−3	9
19	−1	1
23	3	9
合計	0	20

237 $s^2=\frac{20^2+21^2+17^2+19^2+23^2}{5}-\left(\frac{20+21+17+19+23}{5}\right)^2$

$$=\frac{400+441+289+361+529}{5}-20^2=404-400=\mathbf{4}$$

←$\frac{2020}{5}-400$

標準偏差 s は

$s=\sqrt{4}=\mathbf{2}$

238 x，y の平均値をそれぞれ $\overline{x}$，$\overline{y}$，分散を $s_x{}^2$，$s_y{}^2$ とすると

$$\overline{x}=\frac{1+4+7+10+13}{5}=7$$

$$\overline{y}=\frac{3+5+7+9+11}{5}=7$$

$$s_x{}^2=\frac{(1-7)^2+(4-7)^2+(7-7)^2+(10-7)^2+(13-7)^2}{5}=18$$

$$s_y{}^2=\frac{(3-7)^2+(5-7)^2+(7-7)^2+(9-7)^2+(11-7)^2}{5}=8$$

ゆえに　$s_x=\sqrt{18}=3\sqrt{2}$，$s_y=\sqrt{8}=2\sqrt{2}$

よって　$s_x>s_y$

したがって，**x の方が散らばりの度合いが大きい。**

239 (1) 平均値は

$$\overline{x}=\frac{1\times2+2\times4+3\times3+4\times1}{10}=\frac{23}{10}=2.3$$

であるから，分散 s^2 は

$$s^2=\frac{(1-2.3)^2\times2+(2-2.3)^2\times4+(3-2.3)^2\times3+(4-2.3)^2\times1}{10}$$

$$=\frac{8.1}{10}=\mathbf{0.81}$$

←次のような表にすると計算しやすい。

x_k	f_k	$x_k-\overline{x}$	$(x_k-\overline{x})^2$	$(x_k-\overline{x})^2f_k$
1	2	−1.3	1.69	3.38
2	4	−0.3	0.09	0.36
3	3	0.7	0.49	1.47
4	1	1.7	2.89	2.89
計	10			8.10

$\overline{x}$ が整数でない場合は別解の方が計算しやすい。

別解　分散 s^2 は

$$s^2=\frac{1^2\times2+2^2\times4+3^2\times3+4^2\times1}{10}-\left(\frac{1\times2+2\times4+3\times3+4\times1}{10}\right)^2$$

$$=\frac{2+16+27+16}{10}-\left(\frac{23}{10}\right)^2$$

$$=\frac{61}{10}-\frac{529}{100}=\frac{610-529}{100}=\frac{81}{100}=\mathbf{0.81}$$

←次のような表にすると計算しやすい。

x_k	f_k	x_kf_k	$x_k{}^2f_k$
1	2	2	2
2	4	8	16
3	3	9	27
4	1	4	16
計	10	23	61

(2) 標準偏差 s は

$s=\sqrt{0.81}=\mathbf{0.9}$

↖$\sqrt{0.81}=\sqrt{\frac{81}{100}}=\frac{9}{10}$

JUMP 48

度数について

$a+a+b+b=8$　より

$a+b=4$ ……①

考え方　度数，平均値をそれぞれ a と b を用いて表す。

↖$2a+2b=8$

平均値が 2 であるから

$$\frac{1\times a+2\times a+3\times b+4\times b}{8}=2$$

← $\frac{a+2a+3b+4b}{8}=2$

よって

$3a+7b=16$ ……②

①，②より　$a=\mathbf{3}$，$b=\mathbf{1}$

このとき，分散 s^2 は

$$s^2=\frac{(1-2)^2\times3+(2-2)^2\times3+(3-2)^2\times1+(4-2)^2\times1}{8}=\frac{8}{8}=\mathbf{1}$$

標準偏差 s は

$s=\sqrt{1}=\mathbf{1}$

49 データの相関 (p.114)

240 (1)「一方が増加すると他方が減少する」傾向が，はっきりと読みとれるので，強い負の相関がある。
よって，⑤

← 右下がりの直線の近くにデータが集まっている。

(2)「一方が増加すると他方も増加する」傾向が，ゆるやかに読みとれるので，弱い正の相関がある。
よって，②

← データは全体として，右上がりの関係になっている。

(3)「一方が増加すると他方が減少する」傾向が，ゆるやかに読みとれるので，弱い負の相関がある。
よって，④

← データは全体として，右下がりの関係になっている。

(4)「一方が増加すると他方も増加する」傾向がはっきりと読みとれるので，強い正の相関がある。
よって，①

← 右上がりの直線の近くにデータが集まっている。

(5)「一方が増加するとき他方が増加する傾向も，減少する傾向もない」ので，相関はない。
よって，③

← データは，ばらばらに散らばっている。

241 (1) $\overline{x}=\frac{1}{4}(4+7+3+6)=\frac{20}{4}=\mathbf{5}$

$\overline{y}=\frac{1}{4}(4+8+6+10)=\frac{28}{4}=\mathbf{7}$

(2) 下の表より，共分散 s_{xy} は

$s_{xy}=\frac{1}{4}\{(-1)\times(-3)+2\times1+(-2)\times(-1)+1\times3\}$

$=\frac{1}{4}\times10=\mathbf{2.5}$

共分散 s_{xy}

$s_{xy}=\frac{1}{n}\{(x_1-\overline{x})(y_1-\overline{y})+(x_2-\overline{x})(y_2-\overline{y})+\cdots\cdots+(x_n-\overline{x})(y_n-\overline{y})\}$

生徒	x	y	$x-\overline{x}$	$y-\overline{y}$	$(x-\overline{x})(y-\overline{y})$
①	4	4	−1	−3	3
②	7	8	2	1	2
③	3	6	−2	−1	2
④	6	10	1	3	3
計	20	28	0	0	10

242 x，y の平均値 $\overline{x}$，$\overline{y}$ は

$$\overline{x}=\frac{25+33+13+7+15+27}{6}=\frac{120}{6}=20$$

$$\bar{y}=\frac{46+50+22+34+26+38}{6}=\frac{216}{6}=36$$

より，次の表ができる。

地域	x_k	y_k	$x_k-\bar{x}$	$y_k-\bar{y}$	$(x_k-\bar{x})^2$	$(y_k-\bar{y})^2$	$(x_k-\bar{x})\times(y_k-\bar{y})$
A	25	46	5	10	25	100	50
B	33	50	13	14	169	196	182
C	13	22	−7	−14	49	196	98
D	7	34	−13	−2	169	4	26
E	15	26	−5	−10	25	100	50
F	27	38	7	2	49	4	14
合計	120	216	0	0	486	600	420

x，y の標準偏差 s_x，s_y は

$$s_x=\sqrt{\frac{486}{6}}=\sqrt{81}=9,\quad s_y=\sqrt{\frac{600}{6}}=\sqrt{100}=10$$

共分散は

$$s_{xy}=\frac{420}{6}=70$$

したがって，相関係数 r は

$$r=\frac{s_{xy}}{s_xs_y}=\frac{70}{9\times10}=0.777\cdots$$

$$\fallingdotseq \mathbf{0.78}$$

標準偏差 s_x，s_y

$$s_x=\sqrt{\frac{1}{n}\{(x_1-\bar{x})^2+(x_2-\bar{x})^2+\cdots\cdots+(x_n-\bar{x})^2\}}$$

$$s_y=\sqrt{\frac{1}{n}\{(y_1-\bar{y})^2+(y_2-\bar{y})^2+\cdots\cdots+(y_n-\bar{y})^2\}}$$

共分散 s_{xy}

$$s_{xy}=\frac{1}{n}\{(x_1-\bar{x})(y_1-\bar{y})+(x_2-\bar{x})(y_2-\bar{y})+\cdots\cdots+(x_n-\bar{x})(y_n-\bar{y})\}$$

50 データの外れ値，仮説検定の考え方 (p.116)

243 $Q_1=22$，$Q_3=30$ より

$Q_3+1.5(Q_3-Q_1)=30+1.5(30-22)=42$

$Q_1-1.5(Q_3-Q_1)=22-1.5(30-22)=10$

よって，外れ値は，10 以下または 42 以上の値である。
したがって，外れ値である値は①，④である。

外れ値
データの第1四分位数を Q_1，第3四分位数を Q_3 とするとき，
$Q_1-1.5(Q_3-Q_1)$ 以下
または
$Q_3+1.5(Q_3-Q_1)$ 以上
の値を外れ値とする。

244 $Q_1=32$，$Q_3=44$ より

$Q_3+1.5(Q_3-Q_1)=44+1.5(44-32)=62$

$Q_1-1.5(Q_3-Q_1)=32-1.5(44-32)=14$

よって，外れ値は，14 以下または 62 以上の値である。
したがって，外れ値である値は①，②，④である。

245 (1) 回数のデータを小さい順に並べると

0，3，6，6，6，7，8，8，9，12

よって　$Q_1=\mathbf{6}$，$Q_3=\mathbf{8}$

(2) $Q_3+1.5(Q_3-Q_1)=8+1.5\times(8-6)=11$

$Q_1-1.5(Q_3-Q_1)=6-1.5\times(8-6)=3$

よって，外れ値は　3 以下　または　11 以上の値である。
したがって，外れ値の生徒は
①，③，⑤

246 度数分布表より，コインを6回投げたとき，表が6回出る相対度数は

$$\frac{13}{1000}=0.013$$

よって，Aが6勝する確率は1.3％と考えられ，基準となる確率の5％より小さい。したがって，**「A，Bの実力が同じ」という仮説が誤り**と判断する。すなわち，Aの方が強いといえる。

仮説検定
実際に起こったことがらについて，ある仮説のもとで起こる確率が
(i) 5％以下であれば，仮説が誤りと判断する。
(ii) 5％より大きければ，仮説が誤りとはいえないと判断する。

JUMP 50

「A，Bの実力が同じ」という仮説のもとでAが5勝する確率は，コインを6回投げたとき，5回以上表が出ることに対応する。
度数分布表より，6回中5回以上表が出る相対度数は

$$\frac{13}{1000}+\frac{91}{1000}=\frac{104}{1000}=0.104$$

ゆえに，Aが5勝する確率は10.4％と考えられ，基準となる確率の5％より大きい。よって，**「A，Bの実力が同じ」という仮説は誤りとはいえない**と判断する。すなわち，Aの方が強いとはいえない。

考え方 Aが5勝する確率は，コインを6回投げたとき，5回以上表が出ることに対応する。

51 変量の変換(p.118)

247 (1) $\overline{u}=10\overline{x}+20=10\times7+20=\mathbf{90}$

$s_u{}^2=10^2s_x{}^2=100\times3=\mathbf{300}$

(2) $$s_{xy}=\frac{1}{4}\{(6-7)(7-6)+(6-7)(5-6)+(10-7)(5-6)+(6-7)(7-6)\}$$

$$=\frac{1}{4}(-1+1-3-1)=-\frac{4}{4}=\mathbf{-1}$$

$$s_{uy}=\frac{1}{4}\{(80-90)(7-6)+(80-90)(5-6)+(120-90)(5-6)+(80-90)(7-6)\}$$

$$=\frac{1}{4}(-10+10-30-10)=-\frac{40}{4}=\mathbf{-10}$$

次に相関係数は

$$r_{xy}=\frac{s_{xy}}{s_xs_y}=\frac{-1}{\sqrt{3}\times\sqrt{1}}=-\frac{1}{\sqrt{3}}$$

$$r_{uy}=\frac{s_{uy}}{s_us_y}=\frac{-10}{\sqrt{300}\times\sqrt{1}}=-\frac{10}{10\sqrt{3}}=-\frac{1}{\sqrt{3}}$$

となり，**共分散 s_{uy} は s_{xy} の10倍になるが，相関係数 r_{uy} は r_{xy} と変わらない。**

248 (1) $\overline{u}=3\overline{x}+2=3\times5+2=\mathbf{17}$

$s_u=3s_x=3\times2=\mathbf{6}$

(2) $s_{uy}=3s_{xy}=3\times1.8=\mathbf{5.4}$

$r_{uy}=r_{xy}=\mathbf{0.3}$

⬅ $u=ax+b$ のとき
$s_u{}^2=a^2s_x{}^2$　$s_u=|a|s_x$
⬅ $r_{uy}=\frac{s_{uy}}{s_us_y}=\frac{3s_{xy}}{3s_xs_y}=r_{xy}$

JUMP 51

u，v の平均値 $\overline{u}$，$\overline{v}$ は x，y の平均値 $\overline{x}$，$\overline{y}$ を用いて $\overline{u}=3\overline{x}+1$，$\overline{v}=5\overline{y}+2$ と表される。$u_1-\overline{u}=3(x_1-\overline{x})$，$v_1-\overline{v}=5(y_1-\overline{y})$ などを用いると

$$s_{uv}=\frac{1}{3}\{(u_1-\overline{u})(v_1-\overline{v})+(u_2-\overline{u})(v_2-\overline{v})+(u_3-\overline{u})(v_3-\overline{v})\}$$

考え方 u，v の平均 $\overline{u}$，$\overline{v}$ を，x，y の平均 $\overline{x}$，$\overline{y}$ を用いて表す。

$=\frac{1}{3}\{3(x_1-\overline{x})\times 5(y_1-\overline{y})+3(x_2-\overline{x})\times 5(y_2-\overline{y})$

$+3(x_3-\overline{x})\times 5(y_3-\overline{y})\}$

$=15\times\frac{1}{3}\{(x_1-\overline{x})(y_1-\overline{y})+(x_2-\overline{x})(y_2-\overline{y})+(x_3-\overline{x})(y_3-\overline{y})\}$

$=15s_{xy}$

よって　$\boldsymbol{s_{uv}=15s_{xy}}$

まとめの問題　データの分析(p.120)

1 (1) データを小さい順に並べると

483, 492, 495, 497, 497, 498, 498, 501, 503, 503, 504, 505, 506, 508, 510, 510, 514, 516, 516, 517

中央値は 10 番目と 11 番目の値の平均値であるから

$\frac{503+504}{2}=\mathbf{503.5}$ **(回)**

(2) 階級値は

$\frac{483+490}{2}=486.5$

$\frac{490+497}{2}=493.5$

$\frac{497+504}{2}=500.5$

$\frac{504+511}{2}=507.5$

$\frac{511+518}{2}=514.5$

であるから，度数分布表は右のようになる。

階級(回) 以上～未満	階級値 (回)	度数 (個)	相対度数
483～490	**486.5**	1	**0.05**
490～497	**493.5**	2	**0.10**
497～504	**500.5**	7	**0.35**
504～511	**507.5**	6	**0.30**
511～518	**514.5**	4	**0.20**
合　計		20	**1.00**

⬅20 個のデータをそれぞれの階級の欄にあてはめていき，個数を数える。

(3) 最頻値は，度数が最も大きい階級の階級値であるから，(2)の度数分布表より **500.5 (回)**

⬅度数が 7 (最も大きい) の階級値

(4) 最大値は　**517**

最小値は　**483**

第 2 四分位数 (中央値) は，(1)より　**503.5**

第 1 四分位数は，

前半の 10 個の値 (483～503) の中央値であるから

$\frac{497+498}{2}=\mathbf{497.5}$

⬅5 番目のデータは 497
6 番目のデータは 498

第 3 四分位数は，

後半の 10 個の値 (504～517) の中央値であるから

$\frac{510+510}{2}=\mathbf{510}$

⬅5 番目のデータ，6 番目のデータともに 510

(5) 範囲は 517−483=**34**

四分位範囲は　510−497.5=**12.5**

⬅(第 3 四分位数)−(第 1 四分位数) が四分位範囲

(6) 箱ひげ図は，右の図のようになる。

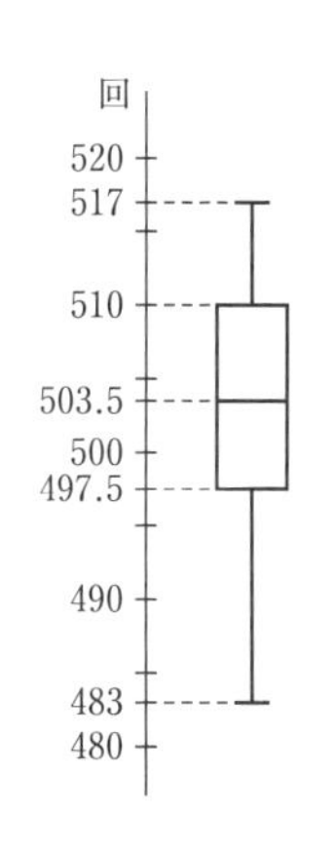

5 章　データの分析

2 5個のデータの平均値は

$$\overline{x}=\frac{76+68+80+72+74}{5}=74$$

よって，分散 s^2 は

$$s^2=\frac{(76-74)^2+(68-74)^2+(80-74)^2+(72-74)^2+(74-74)^2}{5}$$

$$=\frac{80}{5}=\mathbf{16}$$

標準偏差 s は

$s=\sqrt{16}=\mathbf{4}$（百時間）

分散 s^2

$$s^2=\frac{1}{n}\{(x_1-\overline{x})^2+(x_2-\overline{x})^2+\cdots\cdots+(x_n-\overline{x})^2\}$$

3 8個のデータの平均値は

$$\overline{x}=\frac{3+6+2+7+3+8+6+5}{8}=\frac{40}{8}=5$$

よって，分散 s^2 は与えられた公式より

$$s^2=\frac{1}{8}(3^2+6^2+2^2+7^2+3^2+8^2+6^2+5^2)-5^2$$

$$=29-25=\mathbf{4}$$

⬅(分散)=(2乗の平均)−(平均の2乗)

4 第1四分位数を Q_1，第3四分位数を Q_3 とすると

$Q_1=23$，$Q_3=29$ より

$Q_3+1.5(Q_3-Q_1)=29+1.5(29-23)=38$

$Q_1-1.5(Q_3-Q_1)=23-1.5(29-23)=14$

よって，外れ値は，14以下，または38以上の値である。

したがって，外れ値である値は **14，40，51** である。

5

$$\overline{x}=\frac{10+15+20+25+30}{5}=\frac{100}{5}=20$$

$$\overline{y}=\frac{34+36+30+52+48}{5}=\frac{200}{5}=40$$

⬅まず，x の平均 $\overline{x}$ と y の平均 $\overline{y}$ を求める。

より，次の表ができる。

	x_k	y_k	$x_k-\overline{x}$	$y_k-\overline{y}$	$(x_k-\overline{x})^2$	$(y_k-\overline{y})^2$	$(x_k-\overline{x})(y_k-\overline{y})$
1	10	34	−10	−6	100	36	60
2	15	36	−5	−4	25	16	20
3	20	30	0	−10	0	100	0
4	25	52	5	12	25	144	60
5	30	48	10	8	100	64	80
合計	100	200	0	0	250	360	220

x と y の標準偏差は，それぞれ

$$s_x=\sqrt{\frac{250}{5}}=\sqrt{50}=5\sqrt{2}$$

$$s_y=\sqrt{\frac{360}{5}}=\sqrt{72}=6\sqrt{2}$$

⬅上の表の計算より $(x_k-\overline{x})^2$ の合計は250 $(y_k-\overline{y})^2$ の合計は360 $(x_k-\overline{x})(y_k-\overline{y})$ の合計は220

共分散は

$$s_{xy}=\frac{220}{5}=44$$

したがって，相関係数 r は

$$r=\frac{s_{xy}}{s_x s_y}=\frac{44}{5\sqrt{2}\times6\sqrt{2}}=\frac{11}{15}$$

$$=0.733\cdots\fallingdotseq\mathbf{0.73}$$

▶第1章◀　場合の数と確率

1 集合(p.122)

1　$A=\{1,\ 5,\ 8,\ 10\}$, $B=\{2,\ 5,\ 7,\ 8\}$　より

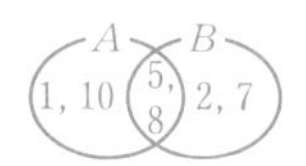

(1)　$A\cup B=\{\mathbf{1,\ 2,\ 5,\ 7,\ 8,\ 10}\}$

(2)　$A\cap B=\{\mathbf{5,\ 8}\}$

2　$A=\{2,\ 4,\ 6,\ 8,\ 10,\ 12\}$, $B=\{1,\ 2,\ 3,\ 4,\ 6,\ 12\}$
より

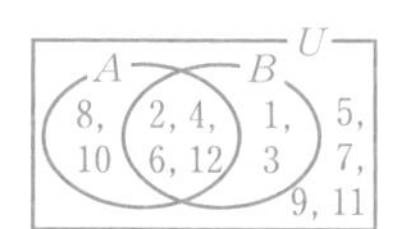

(1)　$A\cup B=\{\mathbf{1,\ 2,\ 3,\ 4,\ 6,\ 8,\ 10,\ 12}\}$

(2)　$A\cap B=\{\mathbf{2,\ 4,\ 6,\ 12}\}$

(3)　$\overline{A\cup B}=\{\mathbf{5,\ 7,\ 9,\ 11}\}$

(4)　$\overline{A}=\{1,\ 3,\ 5,\ 7,\ 9,\ 11\}$, $\overline{B}=\{5,\ 7,\ 8,\ 9,\ 10,\ 11\}$
　であるから
　$\overline{A}\cap\overline{B}=\{\mathbf{5,\ 7,\ 9,\ 11}\}$

別解　ド・モルガンの法則より　$\overline{A}\cap\overline{B}=\overline{A\cup B}$
　よって　$\overline{A}\cap\overline{B}=\overline{A\cup B}=\{\mathbf{5,\ 7,\ 9,\ 11}\}$

ド・モルガンの法則
$\overline{A\cup B}=\overline{A}\cap\overline{B}$
$\overline{A\cap B}=\overline{A}\cup\overline{B}$

3　(1)　$A=\{\mathbf{2,\ 3,\ 5,\ 7,\ 11,\ 13,\ 17}\}$
　$B=\{\mathbf{1,\ 4,\ 7,\ 10,\ 13,\ 16}\}$
　$C=\{\mathbf{1,\ 2,\ 3,\ 6,\ 9,\ 18}\}$

⬅(注意) 1は素数ではない
⬅(注意) 1を忘れないこと

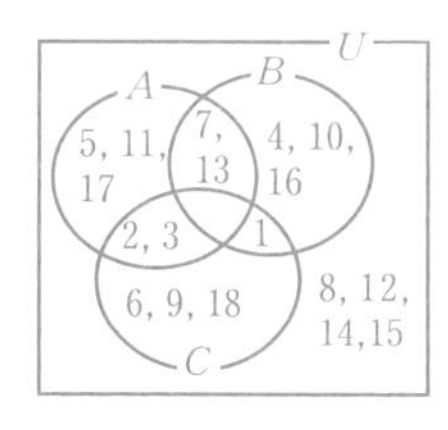

(2)　①　$A\cup B=\{\mathbf{1,\ 2,\ 3,\ 4,\ 5,\ 7,\ 10,\ 11,\ 13,\ 16,\ 17}\}$
　②　$A\cap B=\{\mathbf{7,\ 13}\}$
　③　$\overline{A}=\{1,\ 4,\ 6,\ 8,\ 9,\ 10,\ 12,\ 14,\ 15,\ 16,\ 18\}$,
　　$\overline{C}=\{4,\ 5,\ 7,\ 8,\ 10,\ 11,\ 12,\ 13,\ 14,\ 15,\ 16,\ 17\}$
　　であるから
　　$\overline{A}\cap\overline{C}=\{\mathbf{4,\ 8,\ 10,\ 12,\ 14,\ 15,\ 16}\}$
　④　$\overline{B}=\{2,\ 3,\ 5,\ 6,\ 8,\ 9,\ 11,\ 12,\ 14,\ 15,\ 17,\ 18\}$　より
　　$\overline{A}\cup\overline{B}=\{\mathbf{1,\ 2,\ 3,\ 4,\ 5,\ 6,\ 8,\ 9,\ 10,\ 11,\ 12,\ 14,\ 15,\ 16,\ 17,\ 18}\}$

別解　ド・モルガンの法則より
　$\overline{A}\cup\overline{B}=\overline{A\cap B}$
　②より　$A\cap B=\{7,\ 13\}$　であるから
　$\overline{A}\cup\overline{B}=\{\mathbf{1,\ 2,\ 3,\ 4,\ 5,\ 6,\ 8,\ 9,\ 10,\ 11,\ 12,\ 14,\ 15,\ 16,\ 17,\ 18}\}$

4　右の図から

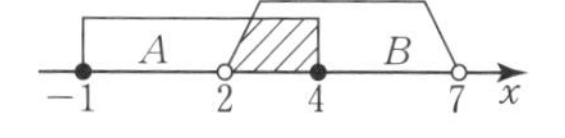

(1)　$A\cap B=\{\boldsymbol{x}\mid \mathbf{2}<\boldsymbol{x}\leqq\mathbf{4},\ \boldsymbol{x}$ **は実数**$\}$

(2)　$A\cup B=\{\boldsymbol{x}\mid \mathbf{-1}\leqq\boldsymbol{x}<\mathbf{7},\ \boldsymbol{x}$ **は実数**$\}$

5　$A=\{4,\ 8,\ 12,\ 16,\ 20\}$
$B=\{6,\ 12,\ 18\}$

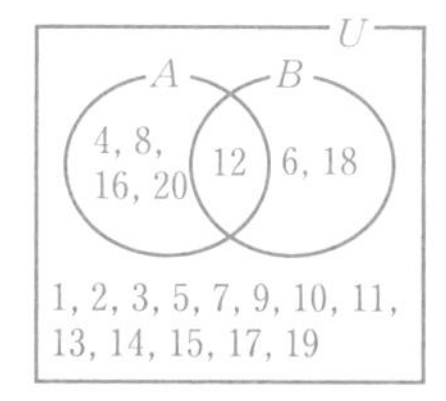

(1)　4でも6でも割り切れる数の集合は，$\boldsymbol{A\cap B}$ であるから
　$A\cap B=\{\mathbf{12}\}$

(2)　4または6で割り切れる数の集合は，$\boldsymbol{A\cup B}$ であるから
　$A\cup B=\{\mathbf{4,\ 6,\ 8,\ 12,\ 16,\ 18,\ 20}\}$

(3) 4で割り切れない数の集合は，$\overline{A}$ であるから

$\overline{A}=\{\mathbf{1,\ 2,\ 3,\ 5,\ 6,\ 7,\ 9,\ 10,\ 11,\ 13,\ 14,\ 15,\ 17,\ 18,\ 19}\}$

(4) 4で割り切れるが，6で割り切れない数の集合は，$\boldsymbol{A\cap\overline{B}}$ である。

$\overline{B}=\{1,\ 2,\ 3,\ 4,\ 5,\ 7,\ 8,\ 9,\ 10,\ 11,\ 13,\ 14,\ 15,\ 16,\ 17,\ 19,\ 20\}$

であるから　$A\cap\overline{B}=\{\mathbf{4,\ 8,\ 16,\ 20}\}$

別解　$(A\cap\overline{B})\cup(A\cap B)=A$，$(A\cap\overline{B})\cap(A\cap B)=\varnothing$

ここで　$A\cap B=\{12\}$，$A=\{4,\ 8,\ 12,\ 16,\ 20\}$

であるから　$A\cap\overline{B}=\{\mathbf{4,\ 8,\ 16,\ 20}\}$

⬅$A\cap\overline{B}$ は，A であって，$A\cap B$ でない数の集合

JUMP 1

$A=\{2,\ 4,\ 3a-1\}$，$A\cap B=\{2,\ 5\}$ より

$3a-1=5$　ゆえに $\boldsymbol{a=2}$

このとき $A=\{2,\ 4,\ 5\}$　……①

また，B の要素について

$a+3=2+3=5$

$a^2-2a+2=2^2-2\times2+2=2$

よって $B=\{-4,\ 5,\ 2\}$　……②

①，②より

$\boldsymbol{A\cup B}=\{\mathbf{-4,\ 2,\ 4,\ 5}\}$

考え方　$(A\cap B)\subset A$ に着目し，A の要素について考える。

⬅$a=2$ を代入する。

⬅

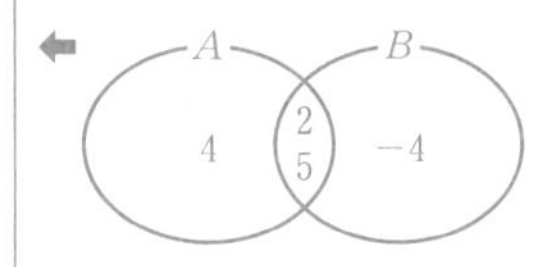

2 集合の要素の個数(p.124)

6 (1) $A=\{2\times1,\ 2\times2,\ \cdots\cdots,\ 2\times15\}$ より　$n(A)=\mathbf{15}$ **(個)**

(2) $B=\{3\times1,\ 3\times2,\ \cdots\cdots,\ 3\times10\}$ より　$n(B)=10$

よって

$n(\overline{B})=n(U)-n(B)$

$=30-10=\mathbf{20}$ **(個)**

(3) $A\cap B=\{6\times1,\ 6\times2,\ \cdots\cdots,\ 6\times5\}$ より　$n(A\cap B)=5$

よって，(1)，(2)より

$n(A\cup B)=n(A)+n(B)-n(A\cap B)$

$=15+10-5=\mathbf{20}$ **(個)**

補集合の要素の個数
$n(\overline{A})=n(U)-n(A)$

$n(A\cup B)=n(A)+n(B)-n(A\cap B)$

7 (1) $A=\{3\times0+2,\ 3\times1+2,\ 3\times2+2,\ \cdots\cdots,\ 3\times32+2\}$ より

$n(A)=\mathbf{33}$ **(個)**

(2) $B=\{2\times1-1,\ 2\times2-1,\ \cdots\cdots,\ 2\times50-1\}$ より

$n(B)=\mathbf{50}$ **(個)**

(3) $A\cap B=\{5,\ 11,\ 17,\ 23,\ 29,\ 35,\ 41,\ 47,\ 53,\ 59,\ 65,\ 71,\ 77,\ 83,\ 89,\ 95\}$ より

$n(A\cap B)=\mathbf{16}$ **(個)**

(4) $n(A\cup B)=n(A)+n(B)-n(A\cap B)$

$=33+50-16=\mathbf{67}$ **(個)**

(5) $n(U)=100$ より

$n(\overline{A\cap B})=n(U)-n(A\cap B)$

$=100-16=\mathbf{84}$ **(個)**

(6) $n(\overline{A}\cap\overline{B})=n(\overline{A\cup B})$

$=n(U)-n(A\cup B)$

$=100-67=\mathbf{33}$ **(個)**

⬅$A\cap B$ の要素は，3に $\{1,\ 3,\ 5,\ \cdots\cdots,\ 31\}$ を掛けて2を足したもの

8　クラス全員の集合を全体集合 U とし，その部分集合で，
英語が 80 点以上の人の集合を A
数学が 80 点以上の人の集合を B　とする。

(1)　$n(U)=40$，$n(A\cup B)=25$ で，英語，数学ともに 80 点未満の生徒の集合は $\overline{A\cup B}$ と表されるから，求める生徒の人数は
$n(\overline{A\cup B})=n(U)-n(A\cup B)=40-25=$**15（人）**

(2)　$n(A)=12$，$n(B)=20$ で，英語，数学ともに 80 点以上の生徒の集合は $A\cap B$ と表されるから，求める生徒の人数は
$n(A\cap B)=n(A)+n(B)-n(A\cup B)=12+20-25=$**7（人）**

⬅$n(A\cup B)=n(A)+n(B)-n(A\cap B)$ を変形

9　ケーキ店に来た客全員の集合を全体集合 U とし，その部分集合で，
チーズケーキを買った客の集合を A
モンブランを買った客の集合を B　　とすると
$n(U)=100$，$n(A)=62$，$n(B)=55$，$n(A\cap B)=35$
どちらも買わなかった人の集合は $\overline{A}\cap\overline{B}$
ド・モルガンの法則より $\overline{A}\cap\overline{B}=\overline{A\cup B}$
ここで　$n(A\cup B)=n(A)+n(B)-n(A\cap B)$
$=62+55-35=82$
よって　$n(\overline{A\cup B})=n(U)-n(A\cup B)$
$=100-82=18$
したがって，どちらも買わなかった人は**18 人**

ド・モルガンの法則
$\overline{A\cup B}=\overline{A}\cap\overline{B}$
$\overline{A\cap B}=\overline{A}\cup\overline{B}$

JUMP 2

50 以下の自然数を全体集合 U とし，その部分集合で，2 の倍数の集合を A，3 の倍数の集合を B，5 の倍数の集合を C とすると
$A=\{2\times1,\ 2\times2,\ \cdots\cdots,\ 2\times25\}$
$B=\{3\times1,\ 3\times2,\ \cdots\cdots,\ 3\times16\}$
$C=\{5\times1,\ 5\times2,\ \cdots\cdots,\ 5\times10\}$
より $n(A)=25$，$n(B)=16$，$n(C)=10$
$A\cap B$ は「2 の倍数かつ 3 の倍数」，すなわち 6 の倍数であるから
$A\cap B=\{6\times1,\ 6\times2,\ \cdots\cdots,\ 6\times8\}$ より　$n(A\cap B)=8$
$B\cap C$ は「3 の倍数かつ 5 の倍数」，すなわち 15 の倍数であるから
$B\cap C=\{15,\ 30,\ 45\}$ より　$n(B\cap C)=3$
$C\cap A$ は「5 の倍数かつ 2 の倍数」，すなわち 10 の倍数であるから
$C\cap A=\{10,\ 20,\ 30,\ 40,\ 50\}$ より　$n(C\cap A)=5$
$A\cap B\cap C$ は「2 の倍数かつ 3 の倍数かつ 5 の倍数」，すなわち 30 の倍数であるから
$A\cap B\cap C=\{30\}$ より　$n(A\cap B\cap C)=1$
「2 または 3 または 5 で割り切れる数」の集合は $A\cup B\cup C$ で表される。
よって，求める自然数の個数は
$n(A\cup B\cup C)=n(A)+n(B)+n(C)$
$-n(A\cap B)-n(B\cap C)-n(C\cap A)$
$+n(A\cap B\cap C)$
$=25+16+10-8-3-5+1$
$=$**36（個）**

考え方
「$n(A\cup B\cup C)=n(A)+n(B)+n(C)-n(A\cap B)-n(B\cap C)-n(C\cap A)+n(A\cap B\cap C)$」を利用する。

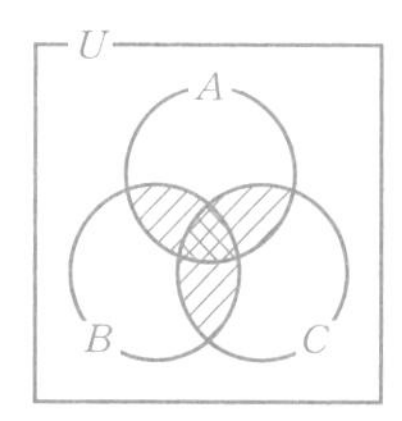

3 つの集合の要素の個数
$n(A\cup B\cup C)$
$=n(A)+n(B)+n(C)$
$-n(A\cap B)$
$-n(B\cap C)$
$-n(C\cap A)$
$+n(A\cap B\cap C)$

まとめの問題　場合の数と確率①（p.126）

1 (1) $U=\{1,\ 2,\ 3,\ \cdots\cdots,\ 30\}$　であるから

$C=\{\mathbf{1,\ 2,\ 3,\ 4,\ 5,\ 6,\ 10,\ 12,\ 15,\ 20,\ 30}\}$

$D=\{\mathbf{2,\ 3,\ 5,\ 7,\ 11,\ 13,\ 17,\ 19,\ 23,\ 29}\}$

←60 の約数は，1×60，2×30，3×20，4×15，5×12，6×10 のようにペアで考えるとよい。

←1 は素数でない。

(2) ① 「3 の倍数で偶数」の集合は「3 の倍数」かつ「奇数でない」数の集合であるから　$\boldsymbol{A\cap\overline{B}}$

$A=\{3,\ 6,\ 9,\ 12,\ 15,\ 18,\ 21,\ 24,\ 27,\ 30\}$

$\overline{B}=\{2,\ 4,\ 6,\ 8,\ 10,\ 12,\ 14,\ 16,\ 18,\ 20,\ 22,\ 24,\ 26,\ 28,\ 30\}$

より

$A\cap\overline{B}=\{\mathbf{6,\ 12,\ 18,\ 24,\ 30}\}$

←$A\cap\overline{B}$ は 6 の倍数の集合

② 「3 の倍数または偶数」の集合は　$\boldsymbol{A\cup\overline{B}}$

$A\cup\overline{B}=\{\mathbf{2,\ 3,\ 4,\ 6,\ 8,\ 9,\ 10,\ 12,\ 14,\ 15,\ 16,\ 18,\ 20,\ 21,\ 22,\ 24,\ 26,\ 27,\ 28,\ 30}\}$

③ 「3 の倍数でない奇数」の集合は「3 の倍数でない」かつ「奇数」の集合であるから　$\boldsymbol{\overline{A}\cap B}$

$\overline{A}\cap B=\{\mathbf{1,\ 5,\ 7,\ 11,\ 13,\ 17,\ 19,\ 23,\ 25,\ 29}\}$

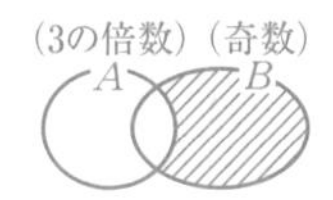

別解　ド・モルガンの法則より

$\overline{A\cup\overline{B}}=\overline{A}\cap(\overline{\overline{B}})=\overline{A}\cap B$

すなわち，$\overline{A}\cap B=\overline{A\cup\overline{B}}$　であるから，②の結果より

$\overline{A}\cap B=\{\mathbf{1,\ 5,\ 7,\ 11,\ 13,\ 17,\ 19,\ 23,\ 25,\ 29}\}$

④ 「素数でない 60 の約数」の集合は「素数でない数」かつ「60 の約数」の集合であるから　$\boldsymbol{C\cap\overline{D}}$　$(\boldsymbol{\overline{D}\cap C})$

$C\cap\overline{D}=\{\mathbf{1,\ 4,\ 6,\ 10,\ 12,\ 15,\ 20,\ 30}\}$

←$\overline{D}\cap C=C\cap\overline{D}$

2 (1) $U=\{1,\ 2,\ 3,\ \cdots\cdots,\ 12\}$

$\overline{A\cup B}=\{1,\ 4,\ 9\}$ であり，

$A\cup B=(\overline{\overline{A\cup B}})$ であるから

$A\cup B=\{\mathbf{2,\ 3,\ 5,\ 6,\ 7,\ 8,\ 10,\ 11,\ 12}\}$

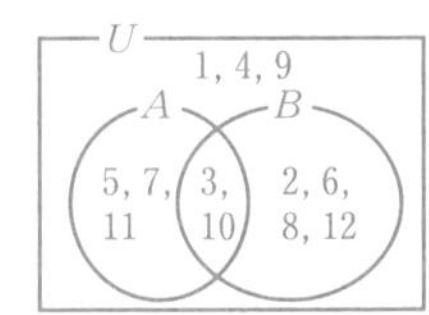

(2) $A\cup B=(A\cap\overline{B})\cup(A\cap B)\cup(\overline{A}\cap B)$ であり，

$(A\cap\overline{B})\cap(A\cap B)=\varnothing$，$(A\cap B)\cap(\overline{A}\cap B)=\varnothing$

であるから　$A\cap B=\{\mathbf{3,\ 10}\}$

←$A\cup B$ は，$A\cap\overline{B}$ と $A\cap B$ と $\overline{A}\cap B$ を合わせたもの

(3) $A=(A\cap\overline{B})\cup(A\cap B)$ であるから

$A=\{\mathbf{3,\ 5,\ 7,\ 10,\ 11}\}$

(4) $B=(A\cap B)\cup(\overline{A}\cap B)$ であるから

$B=\{\mathbf{2,\ 3,\ 6,\ 8,\ 10,\ 12}\}$

3 300 以下の自然数を全体集合 U とし，U の部分集合で，

4 の倍数の集合を A

5 の倍数の集合を B　とする。

このとき　$n(U)=300$

$A=\{4\times1,\ 4\times2,\ \cdots\cdots,\ 4\times75\}$　より　$n(A)=75$

$B=\{5\times1,\ 5\times2,\ \cdots\cdots,\ 5\times60\}$　より　$n(B)=60$

(1) $A\cap B=\{20\times1,\ 20\times2,\ \cdots\cdots,\ 20\times15\}$　より

$n(A\cap B)=\mathbf{15}$ **(個)**

←4 と 5 の公倍数の集合

(2) $n(A\cup B)=n(A)+n(B)-n(A\cap B)$

$=75+60-15$

$=\mathbf{120}$ **(個)**

(3) $n(A\cap\overline{B})=n(A)-n(A\cap B)$

$=75-15$

$=$**60（個）**

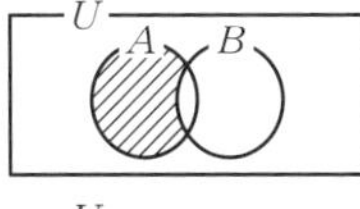

(4) $n(\overline{A}\cap\overline{B})=n(\overline{A\cup B})$

$=n(U)-n(A\cup B)$

$=300-120$

$=$**180（個）**

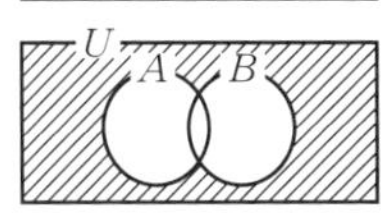

ド・モルガンの法則
$\overline{A}\cap\overline{B}=\overline{A\cup B}$

4 700 以下の 3 桁の自然数を全体集合 U とし，U の部分集合で，
15 の倍数の集合を A，
20 の倍数の集合を B とする。

このとき　$n(U)=700-99=601$

$A=\{15\times7,\ \cdots\cdots,\ 15\times46\}$　より　$n(A)=40$

$B=\{20\times5,\ \cdots\cdots,\ 20\times35\}$　より　$n(B)=31$

$A\cap B=\{60\times2,\ \cdots\cdots,\ 60\times11\}$　より　$n(A\cap B)=10$

⬅15 と 20 の公倍数の集合

$n(A\cup B)=n(A)+n(B)-n(A\cap B)=40+31-10=61$

よって，求める $\overline{A}\cap\overline{B}$ の個数 $n(\overline{A}\cap\overline{B})$ は

$n(\overline{A}\cap\overline{B})=n(\overline{A\cup B})$

$=n(U)-n(A\cup B)$

$=601-61=$**540（個）**

5 商店へ来た客全員の集合を全体集合 U とし，その部分集合で，
商品 A を買った人の集合を A，
商品 B を買った人の集合を B とする。

このとき　$n(A\cup B)=47$，$n(A)=35$，$n(B)=28$

$n(A\cup B)=n(A)+n(B)-n(A\cap B)$　より

$n(A\cap B)=n(A)+n(B)-n(A\cup B)$

$=35+28-47=16$

⬅$n(A\cap B)=n(A)+n(B)-n(A\cup B)$

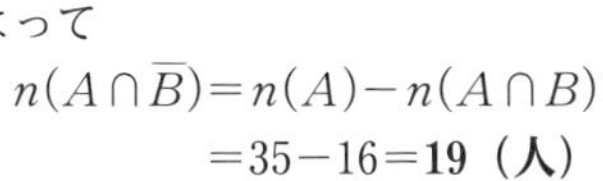

ここで，A のみを買った人は $A\cap\overline{B}$ と表される。

よって

$n(A\cap\overline{B})=n(A)-n(A\cap B)$

$=35-16=$**19（人）**

⬅$n(A\cap\overline{B})=n(A\cup B)-n(B)$
$=47-28$
$=19$（人）
としてもよい。

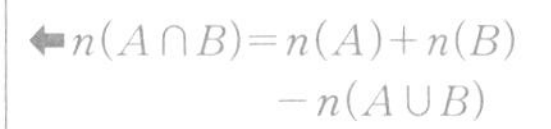

3 場合の数（1） 樹形図，和の法則 (p.128)

10 樹形図をかくと，次のようになる。

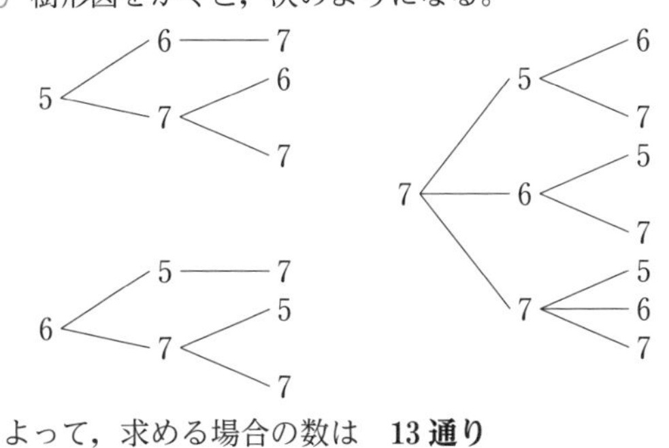

よって，求める場合の数は　**13 通り**

11 赤，白のさいころの目を $(x,\ y)$ で表すと

(i) 目の和が9になる場合は

(3, 6) (4, 5) (5, 4) (6, 3) の4通り

(ii) 目の和が10になる場合は

(4, 6) (5, 5) (6, 4) の3通り

(iii) 目の和が11になる場合は

(5, 6) (6, 5) の2通り

(iv) 目の和が12になる場合は

(6, 6) の1通り

(i), (ii), (iii), (iv)はどれも同時には起こらないから，求める場合の数は，和の法則より

$4+3+2+1=$**10（通り）**

和の法則
同時に起こらない2つのことがら A, B について
A の起こる場合が m 通り
B の起こる場合が n 通り
のとき，A または B の起こる場合の数は
$m+n$（通り）

12 樹形図をかくと，次のようになる。

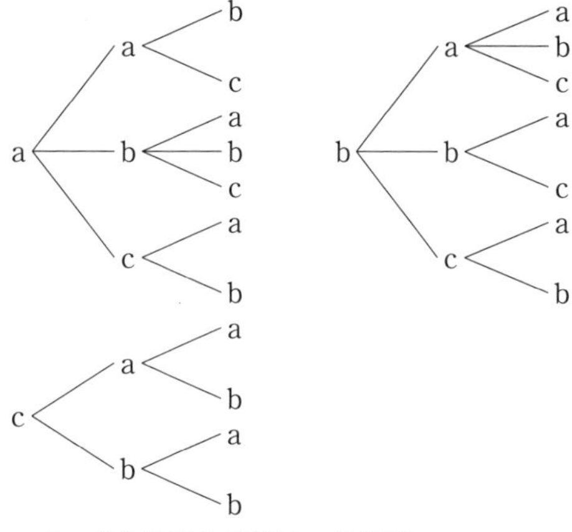

よって，求める場合の数は **18通り**

13 各硬貨の枚数を樹形図で表すと，次のようになる。

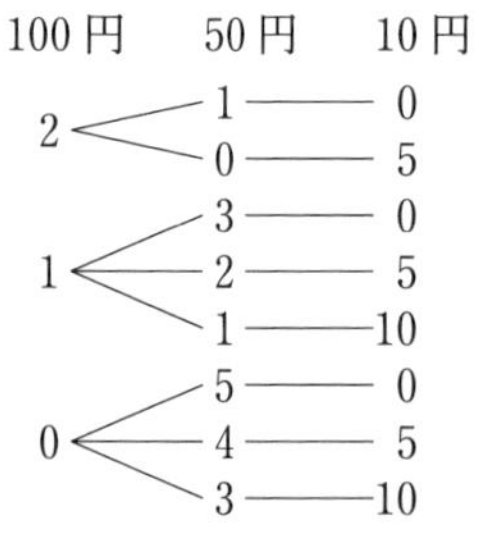

よって，求める場合の数は **8通り**

14 Aが勝つことを A，Bが勝つことを B と表して樹形図をかくと，次のようになる。

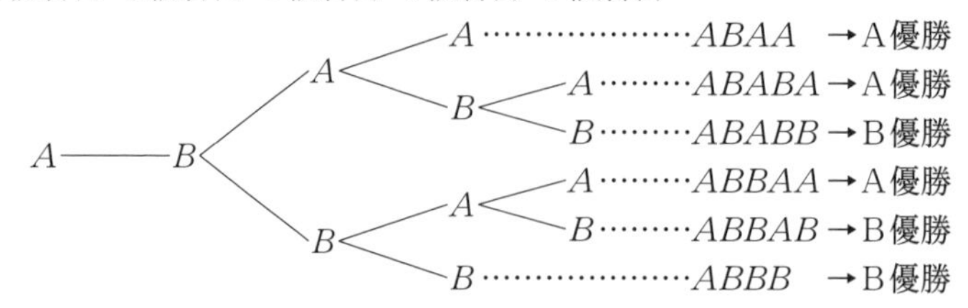

よって，優勝の決まり方は **6通り**

15 樹形図をかくと，次のようになる。

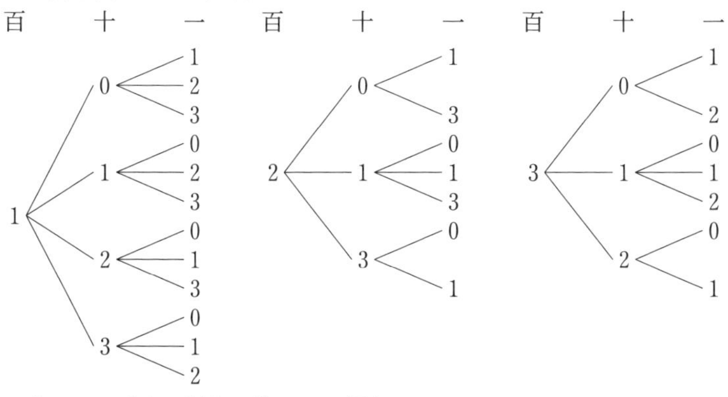

よって，求める場合の数は **26通り**

←百の位が 0 のときは，2 桁となってしまう。

16 大きい方の目が x，小さい方の目が y である場合を $(x,\ y)$ と表す。

(1) (i) 目の和が 3 になる場合は

(1，2) (2，1) の 2 通り

(ii) 目の和が 6 になる場合は

(1，5) (2，4) (3，3) (4，2) (5，1) の 5 通り

(iii) 目の和が 9 になる場合は

(3，6) (4，5) (5，4) (6，3) の 4 通り

(iv) 目の和が 12 になる場合は

(6，6) の 1 通り

(i), (ii), (iii), (iv)はどれも同時には起こらないから，求める場合の数は，和の法則より

$2+5+4+1=$**12（通り）**

←目の和が 3 の倍数となるのは，3，6，9，12 のとき。

(2) (i) 目の和が 10 になる場合は

(4，6) (5，5) (6，4) の 3 通り

(ii) 目の和が 11 になる場合は

(5，6) (6，5) の 2 通り

(iii) 目の和が 12 になる場合は

(6，6) の 1 通り

(i), (ii), (iii)はどれも同時には起こらないから，求める場合の数は，和の法則より

$3+2+1=$**6（通り）**

←目の和が 10 以上となるのは，10，11，12 のとき。

JUMP 3

万の位が 1 の 5 桁の整数を，小さい方から順に樹形図をかくと，次のようになる。

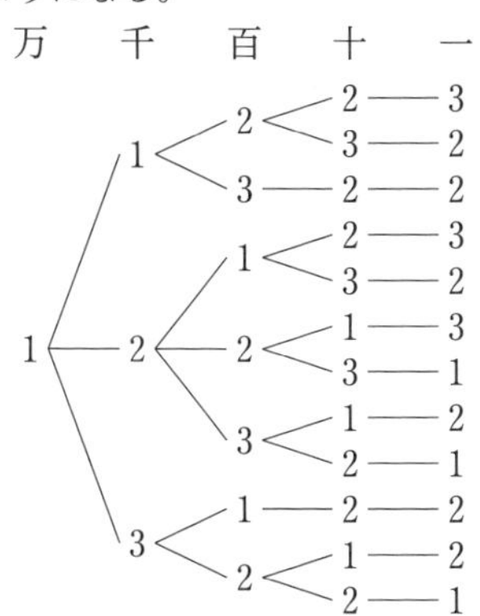

考え方 小さい方から順に樹形図をかいて考える。

よって，樹形図より，小さい方から 10 番目の整数は　**13122**

4 場合の数(2) 積の法則(p.130)

17　ケーキの選び方は 5 通りあり，このそれぞれの場合について，飲み物の選び方は 3 通りずつある。
よって，求める場合の数は，積の法則より
$5\times3=$**15**（**通り**）

積の法則
2 つのことがら A，B について
A の起こる場合が m 通り
B の起こる場合が n 通り
のとき，A，B がともに起こる場合の数は
$m\times n$ 通り

18　112 を素因数分解すると　$112=2^4\times7$
ゆえに，112 の正の約数は，2^4 の正の約数の 1 つと 7 の正の約数の 1 つの積で表される。
2^4 の正の約数は 1，2，2^2，2^3，2^4 の 5 個あり，
7 の正の約数は 1，7 の 2 個ある。
よって，112 の正の約数の個数は，積の法則より
$5\times2=$**10**（**個**）

	1	2	2^2	2^3	2^4
1	1	2	4	8	16
7	7	14	28	56	112

19　植木鉢の選び方は 3 通りあり，このそれぞれの場合について，花の選び方は 4 通りずつある。
よって，求める場合の数は，積の法則より
$3\times4=$**12**（**通り**）

20　A 市から B 市へ行く行き方は 4 通りあり，このそれぞれの場合について，B 市から C 市へ行く行き方は 3 通りずつある。
よって，求める場合の数は，積の法則より
$4\times3=$**12**（**通り**）

21　216 を素因数分解すると　$216=2^3\times3^3$
ゆえに，216 の正の約数は，2^3 の正の約数の 1 つと 3^3 の正の約数の 1 つの積で表される。
2^3 の正の約数は 1，2，2^2，2^3 の 4 個あり，
3^3 の正の約数は 1，3，3^2，3^3 の 4 個ある。
よって，216 の正の約数の個数は，積の法則より
$4\times4=$**16**（**個**）

	1	2	2^2	2^3
1	1	2	4	8
3	3	6	12	24
3^2	9	18	36	72
3^3	27	54	108	216

22　奇数の目の出方は，大中小どのさいころも 3 通りずつある。よって，求める場合の数は，積の法則より
$3\times3\times3=$**27**（**通り**）

←奇数の目の出方は 1，3，5 の 3 通り。

23　行きの道順について，A 市から B 市へ行く行き方は 3 通りあり，そのそれぞれについて，B 市から C 市へ行く行き方は，2 通りずつある。
また，行きそれぞれの道順について，帰りの道順は，
C 市から B 市へ行く行き方は，行きに通った道をのぞき 1 通りあり，
B 市から A 市へ行く行き方は，行きに通った道をのぞき 2 通りある。
よって，求める場合の数は，積の法則より
$3\times2\times1\times2=$**12**（**通り**）

←行きと帰りで同じ道は通らない。

24　540 を素因数分解すると　$540=2^2\times3^3\times5$
ゆえに，540 の正の約数は，2^2 の正の約数の 1 つと 3^3 の正の約数の 1 つと 5 の正の約数の 1 つの積で表される。

2^2 の正の約数は 1，2，2^2 の 3 個あり，
3^3 の正の約数は 1，3，3^2，3^3 の 4 個あり，
5 の正の約数は 1，5 の 2 個ある。
よって，540 の正の約数の個数は，積の法則より
$3\times4\times2=$**24（個）**

JUMP 4
792 を素因数分解すると　$792=2^3\times3^2\times11$
ゆえに，792 の正の約数は，2^3 の正の約数の 1 つと 3^2 の正の約数の 1 つと 11 の正の約数の 1 つの積で表される。
2^3 の正の約数は 1，2，2^2，2^3 の 4 個であるが，ここで 1 以外を選べば，約数は偶数になる。
3^2 の正の約数は 1，3，3^2 の 3 個あり，
11 の正の約数は 1，11 の 2 個ある。
よって，792 の正の約数のうち，偶数の個数は，積の法則より
$3\times3\times2=$**18（個）**

考え方　偶数は，2 を因数にもつ。

5 順列(1) (p.132)

順列
${}_nP_r=n(n-1)(n-2)\cdots\cdots(n-r+1)$

25 (1) ${}_7P_3=7\cdot6\cdot5=$**210**
(2) ${}_{10}P_2=10\cdot9=$**90**
(3) ${}_5P_5=5\cdot4\cdot3\cdot2\cdot1=$**120**
(4) $6!=6\cdot5\cdot4\cdot3\cdot2\cdot1=$**720**

26 求める整数の総数は，6 個から 4 個を選んで 1 列に並べる順列の総数に等しいので
${}_6P_4=6\cdot5\cdot4\cdot3=$**360（通り）**

27 (1) ${}_5P_2=5\cdot4=$**20**
(2) ${}_{10}P_3=10\cdot9\cdot8=$**720**
(3) ${}_7P_7=7\cdot6\cdot5\cdot4\cdot3\cdot2\cdot1=$**5040**
(4) $8!=8\cdot7\cdot6\cdot5\cdot4\cdot3\cdot2\cdot1=$**40320**

28 求める並べ方の総数は，5 文字から 3 文字を選んで 1 列に並べる順列の総数に等しいので
${}_5P_3=5\cdot4\cdot3=$**60（通り）**

29 4 桁の整数が偶数になるためには，一の位が偶数であればよい。
ゆえに，一の位は 2，4，6，8 の 4 通りある。
このそれぞれの場合について，千の位，百の位，十の位には，残り 7 個の数字から 3 個を選んで 1 列に並べればよいから，その並べ方は
${}_7P_3=7\cdot6\cdot5=210$（通り）
よって，4 桁の偶数の総数は，積の法則より
$4\times210=$**840（通り）**

30 求める並び方の総数は，5 人が 1 列に並ぶ順列の総数に等しいので
${}_5P_5=5\cdot4\cdot3\cdot2\cdot1=$**120（通り）**

31　求める塗り分け方の総数は，18 色から 3 色を選んで 1 列に並べる順列の総数に等しいので

$_{18}P_3=18\cdot17\cdot16=$**4896（通り）**

JUMP 5

考え方　各位の数の和が 3 の倍数になる。

各位の数の和が 3 の倍数になる組合せは

(1, 2, 3), (1, 3, 5), (2, 3, 4), (3, 4, 5) の 4 通りある。

このそれぞれの場合について，数字の並び方は $_3P_3$ 通りずつある。

よって，求める整数の個数は，積の法則より

$4\times{}_3P_3=4\times6=$**24（通り）**

6 順列(2)　順列の利用(p.134)

32　千の位には，0 以外の数字を選んで並べればよいから，5 通りある。

このそれぞれの場合について，下 3 桁には，0 を含めた残りの数字 5 個の中から 3 個を選んで並べればよいから，その並べ方は

$_5P_3=5\cdot4\cdot3=60$（通り）ずつある。

よって，求める整数の総数は，積の法則より

$5\times60=$**300（通り）**

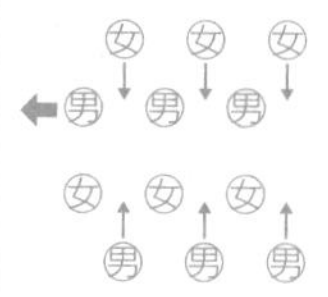

33　男女どちらか 3 人が先に並び，その間と 1 番後ろの計 3 か所に残り 3 人が並べばよい。男女 3 人の並び方はそれぞれ $_3P_3=6$（通り）ずつあり，先頭が男子の場合，女子の場合の 2 通りある。

よって，求める並び方の総数は，積の法則より

$6\times6\times2=$**72（通り）**

34　一の位が 0 の場合，百の位，十の位に残り 5 個の数字から 2 個の数字を選んで並べればよいから

$_5P_2=5\cdot4=20$（通り）

一の位が 2 または 4 の場合，一の位は 2 または 4 の 2 通り，百の位は一の位で使った数字と 0 以外の 4 通り，十の位は残り 4 個の数字の 4 通りであるから

$2\times4\times4=32$（通り）

よって，求める整数の総数は，和の法則より

$20+32=$**52（通り）**

35　A と B をひとまとめにして 1 文字と考えると，5 文字を 1 列に並べる並べ方は　$_5P_5=120$（通り）

←(AB), C, D, E, F

このそれぞれの場合について，A と B の並べ方が 2 通りある。

よって，求める並べ方の総数は，積の法則より

$120\times2=$**240（通り）**

36　一の位は 1, 3, 5 の 3 通り，百の位は一の位で使った数字と 0 以外の 5 通り，十の位は残り 5 個の数字の 5 通りとなる。

よって，求める整数の総数は，積の法則より

$3\times5\times5=$**75（通り）**

37 (1)　女子 3 人をひとまとめにして 1 人と考えると，6 人が横 1 列に並ぶ並び方は

$_6P_6=6!=720$（通り）

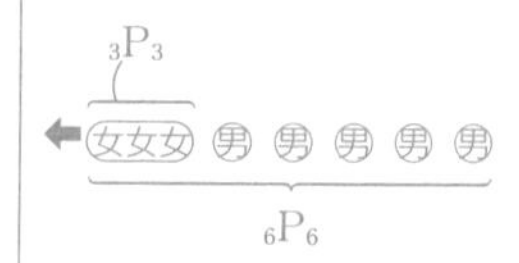

このそれぞれの場合について，女子3人の並び方は

$_3P_3=3!=6$（通り）

よって，並び方の総数は，積の法則より

$6!\times3!=720\times6=$**4320（通り）**

(2) 女子3人のうち，両端にくる女子2人の並び方は

$_3P_2=6$（通り）

このそれぞれの場合について，残りの女子1人と男子5人の計6人がその間に1列に並ぶ並び方は

$_6P_6=6!=720$（通り）

よって，並び方の総数は，積の法則より

$_3P_2\times6!=6\times720=$**4320（通り）**

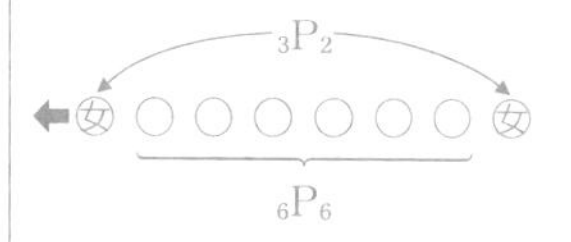

JUMP 6

A，B，C，D，Eの5文字を1列に並べる並べ方は

$5!=120$（通り）

そのうち，AとBが隣り合う場合は，AとBをひとまとめにして1文字と考えると

$_4P_4=24$（通り）

このそれぞれの場合について，AとBの並び方が2通りある。

よって，AとBの2文字が隣り合う並べ方は　$24\times2=48$（通り）

したがって，求める並べ方の総数は　$120-48=$**72（通り）**

考え方　「すべての並べ方」から「隣り合う並べ方」を除く。

←(ABが隣り合わない並べ方)=(5文字の並べ方)−(ABが隣り合う並べ方)

7 順列(3)　円順列・重複順列(p.136)

38　8人の円順列であるから　$(8-1)!=$**5040（通り）**

39　4個のものから3個を取る重複順列であるから　$4^3=$**64（通り）**

40　異なる6個のものの円順列であるから　$(6-1)!=$**120（通り）**

41　5人それぞれについて，音楽，美術，書道の3通りの選択の方法がある。

よって，選択の方法の総数は　$3^5=$**243（通り）**

42　5個のものから3個を取る重複順列であるから　$5^3=$**125（通り）**

円順列
異なる n 個のものの円順列の総数は
$(n-1)!$

重複順列
異なる n 個のものから r 個を取り出して並べる重複順列の総数は
$\underbrace{n\times n\times\cdots\cdots\times n}_{r\text{個}}=n^r$

43 (1) 男子2人をひとまとめにして，7人の円順列と考えると

$(7-1)!=720$（通り）

このそれぞれの場合について，男子2人の座り方が2通りある。

よって，求める座り方の総数は　$720\times2=$**1440（通り）**

(2) 男子2人のうち一方の席が決まれば，もう一方の席もただ1通りに決まる。ゆえに，残り6つの席に女子6人が座る順列を考えればよい。

よって，求める座り方の総数は

$_6P_6=6!=$**720（通り）**

←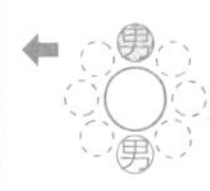

44　1人につき出し方は3通りあるので，5人の出し方の総数は

$3^5=$**243（通り）**

JUMP 7

まず，子ども 6 人の席を決める。

6 人の円順列は　$(6-1)!=5!=120$（通り）

次に子ども 6 人の間の 6 か所から 3 か所を選んで，大人 3 人の席を決める。

大人 3 人の席の決め方は　${}_6P_3=6\cdot5\cdot4=120$（通り）

よって，求める座り方の総数は，積の法則より

　$120\times120=\mathbf{14400}$ **（通り）**

考え方　子ども 6 人の席を先に決めて，その間に大人 3 人を座らせる。

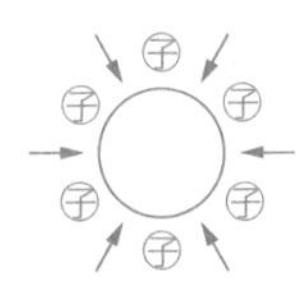

8 組合せ(1) (p.138)

45 (1)　${}_7C_3=\dfrac{7\cdot6\cdot5}{3\cdot2\cdot1}=\mathbf{35}$

(2)　${}_8C_6={}_8C_2=\dfrac{8\cdot7}{2\cdot1}=\mathbf{28}$

(3)　${}_4C_4=\dfrac{4\cdot3\cdot2\cdot1}{4\cdot3\cdot2\cdot1}=\mathbf{1}$

(4)　${}_5C_0=\mathbf{1}$

組合せ

${}_nC_r=\dfrac{{}_nP_r}{r!}$

$=\dfrac{n(n-1)(n-2)\cdots\cdots(n-r+1)}{r(r-1)(r-2)\cdots\cdots3\cdot2\cdot1}$

${}_nC_r={}_nC_{n-r}$

46 (1)　${}_9C_3=\dfrac{9\cdot8\cdot7}{3\cdot2\cdot1}=\mathbf{84}$ **（通り）**

(2)　${}_9C_7={}_9C_2=\dfrac{9\cdot8}{2\cdot1}=\mathbf{36}$ **（通り）**

47　${}_{30}C_2=\dfrac{30\cdot29}{2\cdot1}=\mathbf{435}$ **（通り）**

48　${}_{15}C_3=\dfrac{15\cdot14\cdot13}{3\cdot2\cdot1}=\mathbf{455}$ **（通り）**

49 (1)　A 組 10 人から 2 人を選ぶ選び方は

${}_{10}C_2=\dfrac{10\cdot9}{2\cdot1}=45$（通り）

このそれぞれの場合について，B 組 8 人から 2 人を選ぶ選び方は

${}_8C_2=\dfrac{8\cdot7}{2\cdot1}=28$（通り）

よって，選び方の総数は，積の法則より

$45\times28=\mathbf{1260}$ **（通り）**

(2)　A 組，B 組あわせて 18 人から 4 人を選ぶ選び方は

${}_{18}C_4=\dfrac{18\cdot17\cdot16\cdot15}{4\cdot3\cdot2\cdot1}=3060$（通り）

このうち，4 人とも B 組から選ぶ選び方は

${}_8C_4=\dfrac{8\cdot7\cdot6\cdot5}{4\cdot3\cdot2\cdot1}=70$（通り）

よって，少なくとも 1 人は A 組の委員を含む選び方の総数は

$3060-70=\mathbf{2990}$ **（通り）**

A	B	
4 人	0 人	少なくとも 1 人は A 組
3 人	1 人	
2 人	2 人	
1 人	3 人	
0 人	4 人	…4 人とも B 組

50 (1)　絵札 3 枚から 2 枚を取り出す取り出し方は

${}_3C_2={}_3C_1=3$（通り）

このそれぞれの場合について，数字札 10 枚から 3 枚を取り出す取り出し方は

$$_{10}C_3=\frac{10\cdot9\cdot8}{3\cdot2\cdot1}=120\text{（通り）}$$

よって，求める取り出し方の総数は，積の法則より

$3\times120=$**360（通り）**

(2) ハートのカード13枚から5枚のカードを取り出す取り出し方は

$$_{13}C_5=\frac{13\cdot12\cdot11\cdot10\cdot9}{5\cdot4\cdot3\cdot2\cdot1}=1287\text{（通り）}$$

このうち絵札を含まない取り出し方は

$$_{10}C_5=\frac{10\cdot9\cdot8\cdot7\cdot6}{5\cdot4\cdot3\cdot2\cdot1}=252\text{（通り）}$$

よって，求める取り出し方の総数は

$1287-252=$**1035（通り）**

51 (1) 男子5人のうち，太郎さんを除く4人から2人を選び，女子4人のうち，花子さんを除く3人から1人を選ぶ選び方の総数であるから

$$_4C_2\times{}_3C_1=\frac{4\cdot3}{2\cdot1}\times3=\mathbf{18}\text{（通り）}$$

(2) 男子5人のうち，太郎さんを除く4人から2人を選び，女子4人のうち，花子さんを除く3人から2人を選ぶ選び方の総数であるから

$$_4C_2\times{}_3C_2=\frac{4\cdot3}{2\cdot1}\times3=\mathbf{18}\text{（通り）}$$

JUMP 8

考え方　和が奇数になる3つの数のうちわけ（奇数と偶数の個数）を考える。

1から11までに奇数が6つ，偶数が5つある。

3つの数を選ぶとき，和が奇数になるのは

(i) 奇数を3つ選ぶ場合

$$_6C_3=\frac{6\cdot5\cdot4}{3\cdot2\cdot1}=20\text{（通り）}$$

(ii) 奇数を1つ，偶数を2つ選ぶ場合

$$_6C_1\times{}_5C_2=6\times\frac{5\cdot4}{2\cdot1}=60\text{（通り）}$$

よって，(i)，(ii)より，求める選び方の総数は，和の法則より

$20+60=$**80（通り）**

9 組合せ(2)　組合せの利用・組分け(p.140)

52 (1) $_5C_3={}_5C_2=\frac{5\cdot4}{2\cdot1}=\mathbf{10}$ **（個）**

(2) $_5C_2-5=\frac{5\cdot4}{2\cdot1}-5=10-5=\mathbf{5}$ **（本）**

⬅5個の頂点から2個選び，辺となる5通りを除けばよい。

53 (1) $_3C_2={}_3C_1=\mathbf{3}$ **（通り）**

(2) $_3C_2\times{}_4C_2=3\times\frac{4\cdot3}{2\cdot1}=\mathbf{18}$ **（個）**

⬅横線から2本，斜線から2本選ぶ。

54 (1) $_6C_2\times{}_4C_4=\frac{6\cdot5}{2\cdot1}\times1=\mathbf{15}$ **（通り）**

(2) $_6C_3\times{}_3C_3=\frac{6\cdot5\cdot4}{3\cdot2\cdot1}\times1=\mathbf{20}$ **（通り）**

(3) (2)でA，Bの組の区別をなくすと，同じ組分けになるものはそれぞれ2!通りずつある。よって，求める分け方の総数は

$\frac{20}{2!}=$**10（通り）**

← A ①②③　B ④⑤⑥
A ④⑤⑥　B ①②③
の2!通りが同じ組分け

55 (1) ${}_8C_2\times{}_6C_2\times{}_4C_2\times{}_2C_2=\frac{8\cdot7}{2\cdot1}\times\frac{6\cdot5}{2\cdot1}\times\frac{4\cdot3}{2\cdot1}\times1=$**2520（通り）**

(2) (1)でA，B，C，Dの箱の区別をなくすと，同じ組分けになるものが，それぞれ4!通りずつある。
よって，求める分け方の総数は

$\frac{2520}{4!}=$**105（通り）**

←4つの箱を区別しない数え方では，同じものが4!通りずつできる。

56 (1) ${}_{10}C_2\times{}_8C_3\times{}_5C_5=\frac{10\cdot9}{2\cdot1}\times\frac{8\cdot7\cdot6}{3\cdot2\cdot1}\times1=$**2520（通り）**

(2) 10個の缶詰から3個，3個，4個に分けたとき，3個のセット2つは区別しない。
よって，求める缶詰のセットの総数は

$\frac{{}_{10}C_3\times{}_7C_3\times{}_4C_4}{2!}=$**2100（通り）**

JUMP 9

考え方 (1)正方形の大きさで場合分けして考える。

(1) (i) 一辺が1 cmの正方形が20個
(ii) 一辺が2 cmの正方形が12個
(iii) 一辺が3 cmの正方形が6個
(iv) 一辺が4 cmの正方形が2個
であるから，正方形の個数は，和の法則より
$20+12+6+2=$**40（個）**

(2) 正方形を含む長方形の個数は，横線5本から2本，縦線6本から2本選ぶ選び方の総数である。
よって，積の法則より　${}_5C_2\times{}_6C_2=\frac{5\cdot4}{2\cdot1}\times\frac{6\cdot5}{2\cdot1}=150$（個）
したがって，正方形でない長方形の個数は
$150-40=$**110（個）**

10 組合せ(3)　同じものを含む順列(p.142)

57 8個の中にAが4個，Bが3個，Cが1個あるから，求める並べ方の総数は

$\frac{8!}{4!3!1!}=$**280（通り）**

58 右へ1区画進むことをa，上へ1区画進むことをbと表すと，最短経路で行く道順の総数は，4個のaと2個のbを1列に並べる順列の総数に等しい。

よって　$\frac{6!}{4!2!}=$**15（通り）**

別解　AからBへ行くには，右へ4区画，上へ2区画進めばよい。
よって，6区画のうち上へ進む2区画をどこにするか選べば，AからBまで行く最短経路が1つずつ定まる。
よって，求める道順の総数は

同じものを含む順列
n個のものの中に，同じものがそれぞれ，p個，q個，r個あるとき，これらn個のものすべてを1列に並べる順列の総数は
$\frac{n!}{p!q!r!}$
$(p+q+r=n)$

$_6C_2=\dfrac{6\cdot5}{2\cdot1}=$**15（通り）**

59 ⑴ 7個の中にAが4個，Kが2個，Sが1個あるから，求める並べ方の総数は

←同じものを含む順列

$\dfrac{7!}{4!2!1!}=$**105（通り）**

⑵ 左端を除く6か所にA4個，K2個を並べる並べ方だから，求める並べ方の総数は

←左端と決まっているS以外の6個について考える。

$\dfrac{6!}{4!2!}=$**15（通り）**

⑶ 両端を除く5か所にA2個，K2個，S1個を並べる並べ方だから，求める並べ方の総数は

←Aは4個あるので，両端を除くと2個残る。

$\dfrac{5!}{2!2!1!}=$**30（通り）**

60 ⑴ 6個の中に，1が3個，2が1個，3が2個あるから，求める6桁の整数の総数は

←同じものを含む順列

$\dfrac{6!}{3!1!2!}=$**60（通り）**

←$\dfrac{6!}{3!1!2!}$ は $\dfrac{6!}{3!2!}$ としてもよい。

⑵ 偶数であるためには，一の位が2でなければならない。

よって，6桁の偶数の総数は，残りの5個の数字1，1，1，3，3を1列に並べる順列の総数に等しい。

←3個の1と2個の3を1列に並べる順列と考える。

したがって，求める偶数の総数は　$\dfrac{5!}{3!2!}=$**10（通り）**

61 ⑴ 右へ1区画進むことを a，上へ1区画進むことを b と表すと，最短経路で行く道順の総数は，5個の a と3個の b を1列に並べる順列の総数に等しい。

←類題58別解と同様に $_8C_3$ としても求められる。

よって　$\dfrac{8!}{5!3!}=$**56（通り）**

⑵ (i) AからCへの最短経路は

←まず，Cを通る最短経路の数を求める。

$\dfrac{3!}{2!1!}=3$（通り）

(ii) CからBへの最短経路は

$\dfrac{5!}{3!2!}=10$（通り）

(i)，(ii)より，AからCを通ってBまで行く最短経路は，積の法則より　$3\times10=30$（通り）

よって，求める最短経路は　$56-30=$**26（通り）**

62 ⑴ AからCを通りBへ行く最短経路は

$\dfrac{6!}{3!3!}\times\dfrac{5!}{3!2!}=$**200（通り）**

⑵ AからDを通りBへ行く最短経路は

$\dfrac{6!}{4!2!}\times\dfrac{5!}{2!3!}=$**150（通り）**

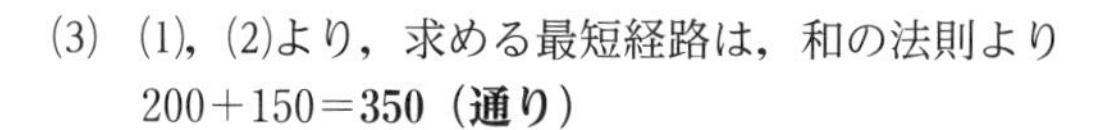

⑶ ⑴，⑵より，求める最短経路は，和の法則より

$200+150=$**350（通り）**

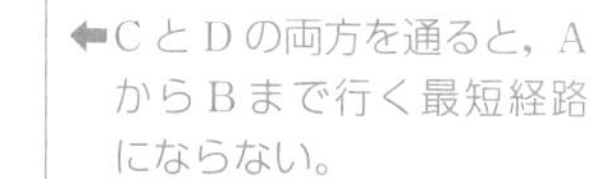

←CとDの両方を通ると，AからBまで行く最短経路にならない。

JUMP 10

A 3 個，B 2 個，C，D 1 個ずつの 7 文字すべてを 1 列に並べる並べ方の総数は

$\dfrac{7!}{3!2!1!1!}=420$（通り）

このうち，B 2 個が隣り合う並べ方は，B 2 個を 1 文字と考えて

$\dfrac{6!}{3!1!1!1!}=120$（通り）

よって，B が隣り合わない並べ方の総数は

$420-120=$**300（通り）**

考え方 「すべての並べ方」から「B が隣り合う並べ方」を除く。

まとめの問題　場合の数と確率②（p.144）

1 樹形図をかくと，次のようになる。

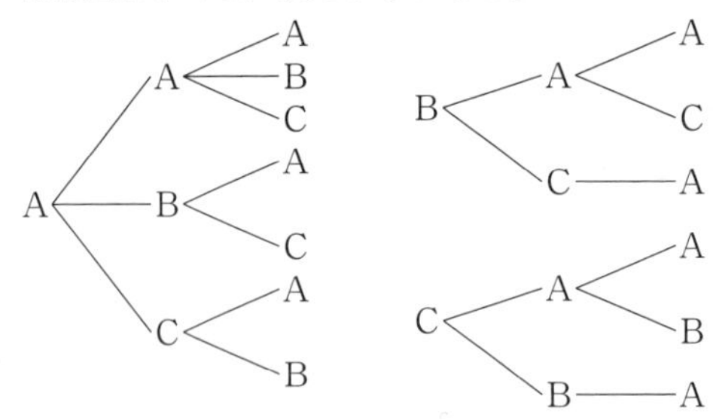

よって，求める場合の数は　**13 通り**

2 (1) 一の位は 1，3，5 の 3 通り，百の位は一の位で使った数字と 0 以外の 5 通り，十の位は残り 5 個の数字の 5 通りとなる。

よって，求める 3 桁の奇数の整数の総数は，積の法則より

$3\times5\times5=$**75（通り）**

←百の位が 0 のときは，2 桁となってしまう。

(2) 一の位は 0，5 の 2 通りである。

(i) 一の位が 0 のとき

百の位は残り 6 個の数字の 6 通り，

十の位は残り 5 個の数字の 5 通りとなる。

よって，このときの 5 の倍数の総数は

$6\times5=30$（通り）

(ii) 一の位が 5 のとき

百の位は 0 と 5 以外の 5 通り，

十の位は百の位の数字と 5 以外の 5 通りとなる。

よって，このときの 5 の倍数の総数は

$5\times5=25$（通り）

(i)，(ii)は同時には起こらないから，3 桁の 5 の倍数の総数は，和の法則より

$30+25=$**55（通り）**

3 1000 を素因数分解すると　$1000=2^3\times5^3$

ゆえに，1000 の正の約数は，2^3 の正の約数の 1 つと 5^3 の正の約数の 1 つの積で表される。

2^3 の正の約数は 1，2，2^2，2^3 の 4 個あり，

5^3 の正の約数は 1，5，5^2，5^3 の 4 個ある。

よって，1000 の正の約数の個数は，積の法則より

$4\times4=$**16（個）**

←

	2^0	2^1	2^2	2^3
5^0	1	2	4	8
5^1	5	10	20	40
5^2	25	50	100	200
5^3	125	250	500	1000

4 (1) 両端にくる母音の並べ方は

$_3P_2=6$（通り）

このそれぞれの場合について，残りの母音1つと子音4つの計5つをその間に並べる並べ方は

$_5P_5=5!=120$（通り）

よって，並べ方の総数は，積の法則より

$6\times120=$ **720（通り）**

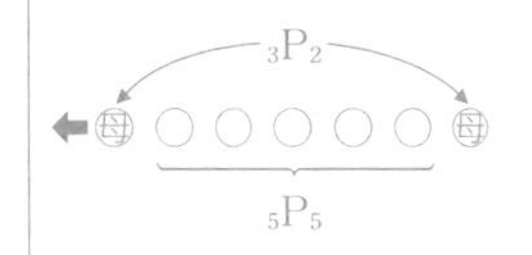

(2) 母音3つをひとまとめにして1つと考えたとき，子音4つと合わせた計5つを横1列に並べる並べ方は

$_5P_5=5!=120$（通り）

このそれぞれの場合について，母音3つの並べ方は

$_3P_3=3!=6$（通り）

よって，並べ方の総数は，積の法則より

$120\times6=$ **720（通り）**

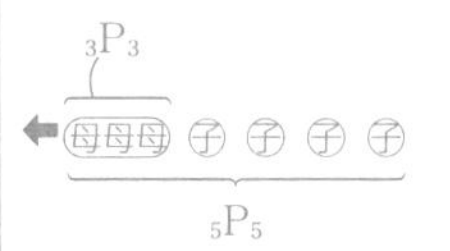

5 女子3人をひとまとめにして1人と考えたとき，4人の円順列と考えると

$(4-1)!=6$（通り）

このそれぞれの場合について，女子3人の座り方は　$_3P_3=3!$（通り）

よって，求める座り方の総数は

$6\times3!=6\times6=$ **36（通り）**

円順列
異なるn個のものの円順列の総数は
$(n-1)!$

6 (1) 選んだ2人を区別するので

$_{15}P_2=$ **210（通り）**

←15人から2人を取る順列

(2) 選んだ2人を区別しないので　$_{15}C_2=$ **105（通り）**

←15人から2人を取る組合せ

(3) 全体から3人の代表を選ぶ方法は　$_{15}C_3=455$（通り）

このうち男子のみの選び方は　$_{10}C_3=120$（通り）

よって，少なくとも女子1人を含む選び方の総数は

$455-120=$ **335（通り）**

7 8人から2人1組ずつ順に分けていくと考えると

$$_8C_2\times{}_6C_2\times{}_4C_2\times{}_2C_2=\frac{8\cdot7}{2\cdot1}\times\frac{6\cdot5}{2\cdot1}\times\frac{4\cdot3}{2\cdot1}\times1=2520\text{（通り）}$$

また，この4組を分ける順序は区別しない。

よって，4組に分ける分け方の総数は

$\dfrac{2520}{4!}=$ **105（通り）**

←4組を順にA，B，C，Dとすると，A～Dに区別はない。

8 (1) 6個の中に1が2個，2が2個，3が2個あるから，求める整数の総数は　$\dfrac{6!}{2!2!2!}=$ **90（通り）**

(2) 偶数となるためには，一の位は2でなければならないので，1通り。

残り5個の数字1，1，2，3，3を1列に並べる並べ方は

$\dfrac{5!}{2!1!2!}=30$（通り）

よって，求める偶数の総数は

$1\times30=$ **30（通り）**

同じものを含む順列
n個のものの中に同じものがそれぞれ，p個，q個，r個あるとき，これらn個のものすべてを1列に並べる順列の総数は
$\dfrac{n!}{p!q!r!}$
$(p+q+r=n)$

11 事象と確率(1) (p.146)

63 全事象 U は $U=\{1,\ 2,\ 3,\ 4,\ 5,\ 6\}$ と表される。

⬅$n(U)=6$

このうち，「3 以上の目が出る」事象 A は

$A=\{3,\ 4,\ 5,\ 6\}$ である。

⬅$n(A)=4$

よって，求める確率は

$$P(A)=\frac{4}{6}=\mathbf{\frac{2}{3}}$$

64 全事象 U は $U=\{1,\ 2,\ 3,\ \cdots\cdots,\ 9\}$ と表される。

⬅$n(U)=9$

このうち，「番号が偶数である」事象 A は

$A=\{2,\ 4,\ 6,\ 8\}$ である。

⬅$n(A)=4$

よって，求める確率は

$$P(A)=\mathbf{\frac{4}{9}}$$

65 全事象 U は，52 個の根元事象からなる。

このうち，「キングのカードである」事象 A は，4 通りである。

⬅キングのカードには，スペード，ハート，ダイヤ，クラブの 4 枚がある。

よって，求める確率は

$$P(A)=\frac{4}{52}=\mathbf{\frac{1}{13}}$$

66 大小 2 個のさいころの目の出方は全部で $6\times6=36$（通り）

⬅2 個のさいころには各々 6 通りの出方がある。

大＼小	1	2	3	4	5	6
1	2	3	4	5	6	7
2	3	4	5	6	7	8
3	4	5	6	7	8	9
4	5	6	7	8	9	10
5	6	7	8	9	10	11
6	7	8	9	10	11	12

目の和が 10 になるのは

(4, 6), (5, 5), (6, 4) の 3 通りである。

よって，求める確率は

$$\frac{3}{36}=\mathbf{\frac{1}{12}}$$

67 (1) たとえば 3 枚とも表が出ることを（表，表，表）と表すと，全事象 U は

⬅樹形図をかくと

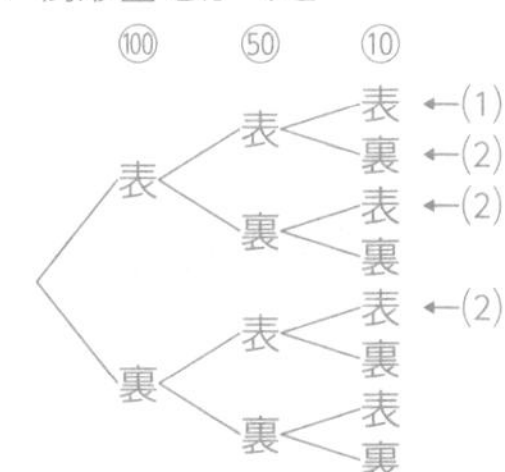

U={(表，表，表)，(表，表，裏)，(表，裏，表)，(表，裏，裏)，(裏，表，表)，(裏，表，裏)，(裏，裏，表)，(裏，裏，裏)}

と表される。

このうち，「3 枚とも表が出る」事象 A は

A={(表，表，表)} の 1 通りである。

よって，求める確率は

$$P(A)=\mathbf{\frac{1}{8}}$$

(2) 「2 枚だけが表となる」事象 B は

B={(表，表，裏)，(表，裏，表)，(裏，表，表)} の 3 通りである。

よって，求める確率は

$$P(B)=\mathbf{\frac{3}{8}}$$

68 (1) 大小2個のさいころの目の出方は全部で $6\times6=36$（通り）
目の和が7になるのは
(1, 6), (2, 5), (3, 4), (4, 3), (5, 2), (6, 1)
の6通りである。
よって，求める確率は
$\dfrac{6}{36}=\mathbf{\dfrac{1}{6}}$

大＼小	1	2	3	4	5	6
1	2	3	4	5	6	7
2	3	4	5	6	7	8
3	4	5	6	7	8	9
4	5	6	7	8	9	10
5	6	7	8	9	10	11
6	7	8	9	10	11	12

(2) 目の和が6以下になるのは，「目の和が2, 3, 4, 5, 6になる」事象で，それぞれ1, 2, 3, 4, 5通りあり，あわせて
$1+2+3+4+5=15$（通り）
よって，求める確率は
$\dfrac{15}{36}=\mathbf{\dfrac{5}{12}}$

大＼小	1	2	3	4	5	6
1	2	3	4	5	6	7
2	3	4	5	6	7	8
3	4	5	6	7	8	9
4	5	6	7	8	9	10
5	6	7	8	9	10	11
6	7	8	9	10	11	12

69 (1) 大小2個のさいころの目の出方は全部で $6\times6=36$（通り）
目の差が3になるのは
(1, 4), (2, 5), (3, 6), (4, 1), (5, 2), (6, 3)
の6通りである。
よって，求める確率は
$\dfrac{6}{36}=\mathbf{\dfrac{1}{6}}$

大＼小	1	2	3	4	5	6
1	0	1	2	3	4	5
2	1	0	1	2	3	4
3	2	1	0	1	2	3
4	3	2	1	0	1	2
5	4	3	2	1	0	1
6	5	4	3	2	1	0

(2) 目の和が偶数になるのは，「目の和が2, 4, 6, 8, 10, 12になる」事象で，それぞれ1, 3, 5, 5, 3, 1通りあり，あわせて
$1+3+5+5+3+1=18$（通り）
よって，求める確率は
$\dfrac{18}{36}=\mathbf{\dfrac{1}{2}}$

大＼小	1	2	3	4	5	6
1	2	3	4	5	6	7
2	3	4	5	6	7	8
3	4	5	6	7	8	9
4	5	6	7	8	9	10
5	6	7	8	9	10	11
6	7	8	9	10	11	12

(3) 目の積が3の倍数になるのは，右の表のように20通りである。
よって，求める確率は
$\dfrac{20}{36}=\mathbf{\dfrac{5}{9}}$

大＼小	1	2	3	4	5	6
1	1	2	3	4	5	6
2	2	4	6	8	10	12
3	3	6	9	12	15	18
4	4	8	12	16	20	24
5	5	10	15	20	25	30
6	6	12	18	24	30	36

70 大中小3個のさいころの目の出方は全部で $6\times6\times6=216$（通り）
目の和が5になるのは
(1, 1, 3), (1, 2, 2), (1, 3, 1), (2, 1, 2), (2, 2, 1),
(3, 1, 1)
の6通りである。
よって，求める確率は
$\dfrac{6}{216}=\mathbf{\dfrac{1}{36}}$

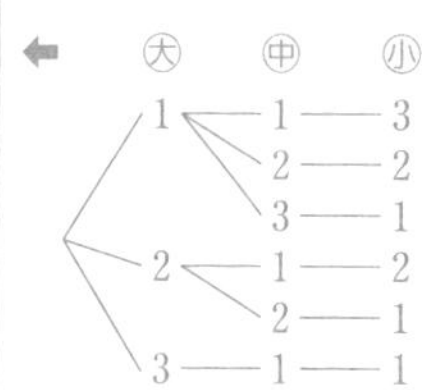

JUMP 11

大中小3個のさいころの目の出方は全部で $6\times6\times6=216$（通り）
「3個とも異なる目が出る」事象について，大のさいころの目の出方は6通りある。このそれぞれの場合について中のさいころの目の出方は5通りずつ，さらに，そのそれぞれの場合について小のさいころの目の出方は4通りずつある。
よって，3個とも異なる目が出る場合の数は　$6\times5\times4$（通り）
したがって，求める確率は
$\dfrac{6\times5\times4}{216}=\mathbf{\dfrac{5}{9}}$

考え方　大→中→小のさいころの順に目の出方を考える。

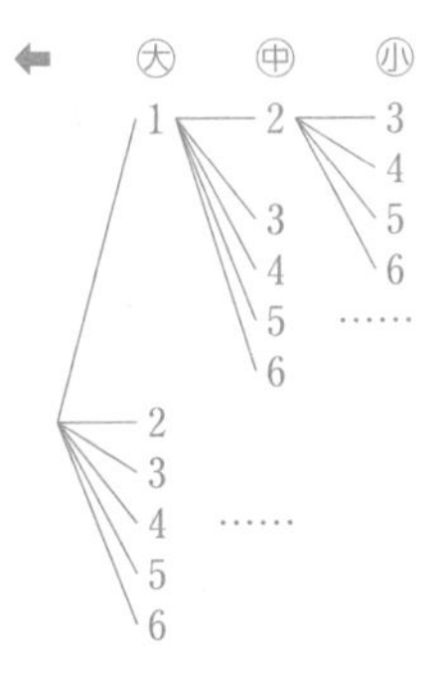

12 事象と確率(2)（p.148）

71 (1)　5桁の整数の総数は　${}_5P_5=5!$（通り）
「5の倍数となる」場合は，一の位が5で，他の位が1，2，3，4の順列の総数だけあるから
${}_4P_4=4!$（通り）
よって，求める確率は　$\dfrac{4!}{5!}=\dfrac{4\cdot3\cdot2\cdot1}{5\cdot4\cdot3\cdot2\cdot1}=\mathbf{\dfrac{1}{5}}$

(2)　「1と2が一万の位と一の位にある」場合は，1，2の順列の総数が2!（通り），3，4，5の順列の総数が3!（通り）あるから
$2!\times3!$（通り）
よって，求める確率は　$\dfrac{2!\times3!}{5!}=\dfrac{2\cdot1\times3\cdot2\cdot1}{5\cdot4\cdot3\cdot2\cdot1}=\mathbf{\dfrac{1}{10}}$

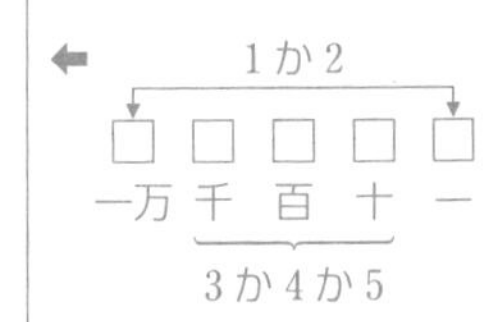

72 (1)　あわせて9個の球の中から2個の球を同時に取り出す取り出し方は　${}_9C_2$ 通り
「白球2個を取り出す」取り出し方は ${}_5C_2$ 通り
よって，求める確率は　$\dfrac{{}_5C_2}{{}_9C_2}=\dfrac{10}{36}=\mathbf{\dfrac{5}{18}}$

←白球5個から2個取る ${}_5C_2$ 通り

(2)　「赤球1個，白球1個を取り出す」取り出し方は
${}_4C_1\times{}_5C_1$（通り）
よって，求める確率は　$\dfrac{{}_4C_1\times{}_5C_1}{{}_9C_2}=\dfrac{20}{36}=\mathbf{\dfrac{5}{9}}$

←赤球4個から1個取る ${}_4C_1$ 通り
白球5個から1個取る ${}_5C_1$ 通り
積の法則より ${}_4C_1\times{}_5C_1$

73 (1)　あわせて6人全員が横1列に並ぶ並び方は　${}_6P_6=6!$（通り）
「女子が両端に並ぶ」場合について，両端にくる女子の並び方は ${}_2P_2=2!$（通り）あり，このそれぞれの場合について，男子4人が横1列に並ぶ並び方は ${}_4P_4=4!$（通り）ずつあるから
$2!\times4!$（通り）
よって，求める確率は　$\dfrac{2!\times4!}{6!}=\dfrac{2\cdot1\times4\cdot3\cdot2\cdot1}{6\cdot5\cdot4\cdot3\cdot2\cdot1}=\mathbf{\dfrac{1}{15}}$

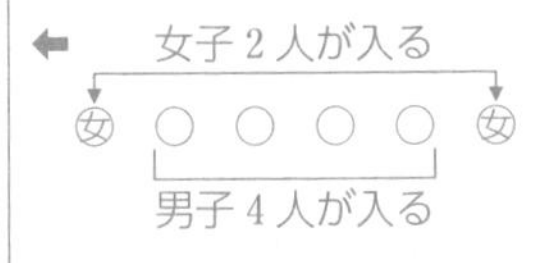

(2)　「男子4人全員が隣り合う」場合について，男子4人をひとまとめにして1人と考えると，3人が横1列に並ぶ並び方は ${}_3P_3=3!$（通り）あり，このそれぞれの場合について，4人の男子の並び方は ${}_4P_4=4!$（通り）ずつあるから
$3!\times4!$（通り）
よって，求める確率は　$\dfrac{3!\times4!}{6!}=\dfrac{3\cdot2\cdot1\times4\cdot3\cdot2\cdot1}{6\cdot5\cdot4\cdot3\cdot2\cdot1}=\mathbf{\dfrac{1}{5}}$

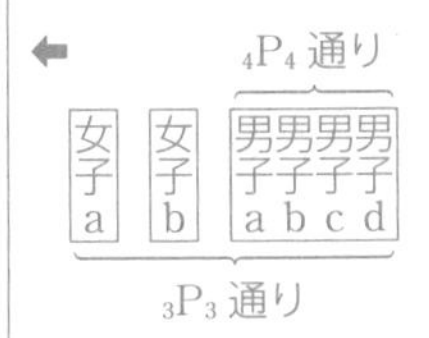

74 (1) 11枚のカードの中から3枚を同時に引く引き方は $_{11}C_3$ 通り
「番号が3枚とも奇数である」引き方は $_6C_3$ 通り
よって，求める確率は $\dfrac{_6C_3}{_{11}C_3}=\dfrac{20}{165}=\mathbf{\dfrac{4}{33}}$

←奇数は1，3，5，7，9，11の6枚中から3枚引く $_6C_3$ 通り

(2) 「番号が2枚偶数，1枚奇数である」引き方は $_5C_2\times{}_6C_1$（通り）
よって，求める確率は $\dfrac{_5C_2\times{}_6C_1}{_{11}C_3}=\dfrac{60}{165}=\mathbf{\dfrac{4}{11}}$

←偶数は2，4，6，8，10の5枚中から2枚引く $_5C_2$ 通り

75 (1) 7人が横1列に並ぶ並び方は $_7P_7=7!$（通り）
「a，b，c すべてが隣り合う」場合について，a，b，c をひとまとめにして1人と考えると，5人が横1列に並ぶ並び方は $_5P_5=5!$（通り）あり，このそれぞれの場合について，a，b，c の3人の並び方は $_3P_3=3!$（通り）ずつあるから
$5!\times3!$（通り）
よって，求める確率は $\dfrac{5!\times3!}{7!}=\dfrac{5\cdot4\cdot3\cdot2\cdot1\times3\cdot2\cdot1}{7\cdot6\cdot5\cdot4\cdot3\cdot2\cdot1}=\mathbf{\dfrac{1}{7}}$

← 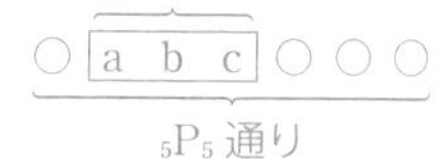

(2) 「d の両隣に e，f が並ぶ」場合について，d，e，f をひとまとめにして1人と考えると，5人が横1列に並び，このそれぞれの場合について，d，e，f の並び方は edf，fde の2通りあるから
$5!\times2$（通り）
よって，求める確率は $\dfrac{5!\times2}{7!}=\dfrac{5\cdot4\cdot3\cdot2\cdot1\times2}{7\cdot6\cdot5\cdot4\cdot3\cdot2\cdot1}=\mathbf{\dfrac{1}{21}}$

← $_5P_5$ 通り
○ ○ e d f ○ ○
↕ または
f d e

76 (1) あわせて12個の球の中から3個の球を同時に取り出す取り出し方は $_{12}C_3$ 通り
「3個とも異なる色の球を取り出す」取り出し方は，「赤球，白球，青球を1個ずつ取り出す」取り出し方であるから
$_3C_1\times{}_4C_1\times{}_5C_1$（通り）
よって，求める確率は $\dfrac{_3C_1\times{}_4C_1\times{}_5C_1}{_{12}C_3}=\dfrac{60}{220}=\mathbf{\dfrac{3}{11}}$

←赤球3個から1個取る $_3C_1$
白球4個から1個取る $_4C_1$
青球5個から1個取る $_5C_1$

(2) 「赤球をちょうど2個取り出す」取り出し方は，「赤球2個と，白球または青球の中から1個を取り出す」取り出し方であるから
$_3C_2\times{}_9C_1$（通り）
よって，求める確率は $\dfrac{_3C_2\times{}_9C_1}{_{12}C_3}=\mathbf{\dfrac{27}{220}}$

←赤球3個から2個取る $_3C_2$
白と青のあわせて9個から1個取る $_9C_1$

JUMP 12
12枚のカードから2枚を同時に引く引き方は $_{12}C_2$ 通り
「2枚のカードが番号もスートも異なる」場合について，番号が異なる2枚のカードの引き方は $_3C_2$ 通りあり，そのそれぞれに対しスートが異なるのは $_4P_2$ 通りずつあるから
$_3C_2\times{}_4P_2$（通り）
よって，求める確率は $\dfrac{_3C_2\times{}_4P_2}{_{12}C_2}=\dfrac{36}{66}=\mathbf{\dfrac{6}{11}}$

考え方 番号（11，12，13）から2枚を選び，その2枚のスートを考える。

←例えば，2枚の番号が（11，12）のとき
11のスートは♣♦♥♠の4通りあり，12のスートは11のスート以外の3通りあるから
$_4P_2=4\times3$（通り）

13 確率の基本性質(1)（p.150）

77 「2個とも赤球を取り出す」事象を A，「2個とも白球を取り出す」事象を B とすると
$P(A)=\dfrac{_3C_2}{_9C_2}=\dfrac{3}{36}$，$P(B)=\dfrac{_6C_2}{_9C_2}=\dfrac{15}{36}$

←事象 A，B は同時に起こらない…排反である。

「2個とも同じ色の球を取り出す」事象は，A と B の和事象 $A\cup B$ であり，A と B は互いに排反である。
よって，求める確率は

$$P(A\cup B)=P(A)+P(B)=\frac{3}{36}+\frac{15}{36}=\frac{18}{36}=\mathbf{\frac{1}{2}}$$

確率の加法定理
事象 A，B が互いに排反のとき
$P(A\cup B)=P(A)+P(B)$

78 「3人ともA組の生徒が選ばれる」事象を A，「3人ともB組の生徒が選ばれる」事象を B とすると

←事象 A，B は同時に起こらない。

$$P(A)=\frac{{}_5C_3}{{}_9C_3}=\frac{10}{84},\ P(B)=\frac{{}_4C_3}{{}_9C_3}=\frac{4}{84}$$

「3人とも同じ組の生徒が選ばれる」事象は，A と B の和事象 $A\cup B$ であり，A と B は互いに排反である。
よって，求める確率は

←事象 A，B が互いに排反であるとき $P(A\cup B)=P(A)+P(B)$

$$P(A\cup B)=P(A)+P(B)=\frac{10}{84}+\frac{4}{84}=\frac{14}{84}=\mathbf{\frac{1}{6}}$$

79 「番号が2枚とも偶数である」事象を A，「番号が2枚とも奇数である」事象を B とすると

←事象 A，B は同時に起こらない。

$$P(A)=\frac{{}_5C_2}{{}_{11}C_2}=\frac{10}{55},\ P(B)=\frac{{}_6C_2}{{}_{11}C_2}=\frac{15}{55}$$

「番号の和が偶数になる」事象は，A と B の和事象 $A\cup B$ であり，A と B は互いに排反である。
よって，求める確率は

←事象 A，B が互いに排反であるとき $P(A\cup B)=P(A)+P(B)$

$$P(A\cup B)=P(A)+P(B)=\frac{10}{55}+\frac{15}{55}=\frac{25}{55}=\mathbf{\frac{5}{11}}$$

80 (1) $A\cap B$ は「ハートの絵札である」事象であるから

$$P(A\cap B)=\mathbf{\frac{3}{52}}$$

(2) $P(A)=\frac{13}{52}$，$P(B)=\frac{12}{52}$ であるから

←事象 A，B は同時に起こることがあるから，互いに排反でない。

$$\begin{aligned}P(A\cup B)&=P(A)+P(B)-P(A\cap B)\\&=\frac{13}{52}+\frac{12}{52}-\frac{3}{52}\\&=\frac{22}{52}=\mathbf{\frac{11}{26}}\end{aligned}$$

一般の和事象の確率
$P(A\cup B)=$
$P(A)+P(B)-P(A\cap B)$

81 2個の球の色が次のような事象 A，B，C
A：「赤球，白球」 B：「赤球，青球」 C：「白球，青球」
を考える。

←事象 A，B，C はどれも同時に起こらない。

$$P(A)=\frac{{}_2C_1\times{}_3C_1}{{}_9C_2}=\frac{6}{36},\ P(B)=\frac{{}_2C_1\times{}_4C_1}{{}_9C_2}=\frac{8}{36}$$

$$P(C)=\frac{{}_3C_1\times{}_4C_1}{{}_9C_2}=\frac{12}{36}$$

「異なる色の球を取り出す」事象は，A と B と C の和事象 $A\cup B\cup C$ であり，A，B，C は互いに排反である。
よって，求める確率は

←事象 A，B，C が互いに排反であるとき
$P(A\cup B\cup C)$
$=P(A)+P(B)+P(C)$

$$\begin{aligned}P(A\cup B\cup C)&=P(A)+P(B)+P(C)\\&=\frac{6}{36}+\frac{8}{36}+\frac{12}{36}=\frac{26}{36}=\mathbf{\frac{13}{18}}\end{aligned}$$

82　引いたカードの番号が「4の倍数である」事象を A，「10の倍数である」事象を B とすると

$A=\{4\times1,\ 4\times2,\ \cdots\cdots,\ 4\times37\}$

$B=\{10\times1,\ 10\times2,\ \cdots\cdots,\ 10\times15\}$

積事象 $A\cap B$ は，4と10の最小公倍数20の倍数である事象だから

$A\cap B=\{20\times1,\ 20\times2,\ \cdots\cdots,\ 20\times7\}$

よって，$n(A)=37$，$n(B)=15$，$n(A\cap B)=7$ より

$$P(A)=\frac{37}{150},\ P(B)=\frac{15}{150},\ P(A\cap B)=\frac{7}{150}$$

引いたカードの番号が「4の倍数または10の倍数である」事象は $A\cup B$ であるから，求める確率は

$$P(A\cup B)=P(A)+P(B)-P(A\cap B)$$
$$=\frac{37}{150}+\frac{15}{150}-\frac{7}{150}$$
$$=\frac{45}{150}=\mathbf{\frac{3}{10}}$$

⬅事象 A，B は同時に起こることがあるから，互いに排反でない。
$P(A\cup B)=$
$P(A)+P(B)-P(A\cap B)$

JUMP 13

考え方　(2)「$P(A\cup B)=P(A)+P(B)-P(A\cap B)$」を用いる。

(1)　積事象 $A\cap B$ は「2枚が同じ番号で，かつ番号の和が4以下である」事象であり，2枚が(1, 1)，(2, 2)の場合であるから，求める確率は

$$P(A\cap B)=\frac{2\times{}_3C_2}{{}_{15}C_2}=\frac{6}{105}=\mathbf{\frac{2}{35}}$$

⬅番号は1か2で2通り。選んだ番号のカード3枚から2枚を選ぶから ${}_3C_2$ 通り

(2)　事象 A が起こるのは，2枚が(1, 1)，(2, 2)，(3, 3)，(4, 4)，(5, 5)の場合であるから

$$P(A)=\frac{5\times{}_3C_2}{{}_{15}C_2}=\frac{15}{105}$$

事象 B が起こるのは，2枚が(1, 1)，(2, 2)，(1, 2)，(1, 3)の場合である。

(1, 1)，(2, 2)となる場合の数は　$2\times{}_3C_2$（通り）

⬅(1)で考えた場合の数

(1, 2)，(1, 3)となる場合の数は　$2\times{}_3C_1\times{}_3C_1$（通り）

⬅2枚が異なる番号のとき，各々の番号のカード3枚から1枚ずつ選ぶから ${}_3C_1\times{}_3C_1$ 通り

よって　$P(B)=\dfrac{2\times{}_3C_2+2\times{}_3C_1\times{}_3C_1}{{}_{15}C_2}=\dfrac{24}{105}$

したがって，求める確率は

$$P(A\cup B)=P(A)+P(B)-P(A\cap B)$$
$$=\frac{15}{105}+\frac{24}{105}-\frac{6}{105}$$
$$=\frac{33}{105}=\mathbf{\frac{11}{35}}$$

⬅事象 A，B は同時に起こることがあるから，互いに排反でない。
$P(A\cup B)$
$=P(A)+P(B)-P(A\cap B)$

14 確率の基本性質 (2) (p.152)

83　番号が「7の倍数である」事象を A とすると，「7の倍数でない」事象は，事象 A の余事象 $\overline{A}$ である。

$A=\{7\times1,\ 7\times2,\ \cdots\cdots,\ 7\times5\}$ より

$$P(A)=\frac{5}{40}=\frac{1}{8}$$

よって，求める確率は

$$P(\overline{A})=1-P(A)=1-\frac{1}{8}=\mathbf{\frac{7}{8}}$$

余事象の確率
A の余事象 $\overline{A}$ の確率
$P(\overline{A})=1-P(A)$

84 (1) 「3本ともはずれる」事象をAとする。

9本のくじから3本を引く引き方は${}_9C_3$通り，はずれ3本を引く引き方は${}_5C_3$通りである。

よって，求める確率は

$$P(A)=\frac{{}_5C_3}{{}_9C_3}=\frac{10}{84}=\mathbf{\frac{5}{42}}$$

(2) 「少なくとも1本は当たる」事象は，事象Aの余事象$\overline{A}$である。

よって，求める確率は

$$P(\overline{A})=1-P(A)=1-\frac{5}{42}=\mathbf{\frac{37}{42}}$$

← ○当たり，×はずれ

$\overline{A}$	○ × ×
	○ ○ ×
	○ ○ ○
A	× × ×

少なくとも1本は当たる

85 番号が「45の約数である」事象をAとすると，「45の約数でない」事象は，事象Aの余事象$\overline{A}$である。

$A=\{1,\ 3,\ 5,\ 9,\ 15,\ 45\}$より　$P(A)=\frac{6}{50}=\frac{3}{25}$

よって，求める確率は

$$P(\overline{A})=1-P(A)=1-\frac{3}{25}=\mathbf{\frac{22}{25}}$$

← $45=3^2\times5$ より
45の（正の）約数は全部で
$(2+1)\times(1+1)=6$（個）

86 「少なくとも1個は赤球が取り出される」事象をAとすると，「4個とも白球が取り出される」事象は，事象Aの余事象$\overline{A}$である。

11個の球の中から4個を取り出す取り出し方は${}_{11}C_4$通り

白球4個を取り出す取り出し方は${}_6C_4$通り

よって，事象$\overline{A}$が起こる確率$P(\overline{A})$は

$$P(\overline{A})=\frac{{}_6C_4}{{}_{11}C_4}=\frac{15}{330}=\frac{1}{22}$$

したがって，求める確率は

$$P(A)=1-P(\overline{A})=1-\frac{1}{22}=\mathbf{\frac{21}{22}}$$

←

A	赤 白 白 白
	赤 赤 白 白
	赤 赤 赤 白
	赤 赤 赤 赤
$\overline{A}$	白 白 白 白

少なくとも1個は赤球

87 「目の積が偶数になる」事象をAとすると，「目の積が奇数になる」，すなわち「3個とも奇数の目が出る」事象は，事象Aの余事象$\overline{A}$である。

3個のさいころの目の出方は，全部で6^3通りあり，3個とも奇数の目が出る出方は3^3通りある。

よって，事象$\overline{A}$が起こる確率$P(\overline{A})$は

$$P(\overline{A})=\frac{3^3}{6^3}=\frac{3\cdot3\cdot3}{6\cdot6\cdot6}=\frac{1}{8}$$

したがって，求める確率は

$$P(A)=1-P(\overline{A})=1-\frac{1}{8}=\mathbf{\frac{7}{8}}$$

←

A	偶 奇 奇
	偶 偶 奇
	偶 偶 偶
$\overline{A}$	奇 奇 奇

目の積が偶数になる
（ただし，上の図では大中小のさいころの順序は考えていない）

88 「女子が2人以上選ばれる」事象をAとすると，「女子が1人だけ選ばれるか，または1人も選ばれない」事象は，事象Aの余事象$\overline{A}$である。

10人の中から4人を選ぶ選び方は${}_{10}C_4$通り

女子が1人だけ選ばれる選び方は${}_4C_3\times{}_6C_1$（通り）

女子が1人も選ばれない選び方は${}_4C_4$通り

よって，事象$\overline{A}$の起こる確率$P(\overline{A})$は

$$P(\overline{A})=\frac{{}_4C_3\times{}_6C_1}{{}_{10}C_4}+\frac{{}_4C_4}{{}_{10}C_4}=\frac{24}{210}+\frac{1}{210}=\frac{25}{210}=\frac{5}{42}$$

←

A	女 女 男 男
	女 女 女 男
	女 女 女 女
$\overline{A}$	女 男 男 男
	男 男 男 男

女子が2人以上

したがって，求める確率は

$$P(A)=1-P(\overline{A})=1-\frac{5}{42}=\mathbf{\frac{37}{42}}$$

89 (1) 4人の手の出し方の総数は 3^4 通り

「aとbの2人だけが勝つ」事象を A とする。事象 A が起こる場合は，aとbがグー，チョキ，パーのそれぞれで勝つ3通りがある。

よって，求める確率は $P(A)=\frac{3}{3^4}=\mathbf{\frac{1}{27}}$

←a, b, c, dの4人はそれぞれグー，チョキ，パーの3通りの出し方がある。

(2) 「2人が勝つ」事象を B とする。

4人のうち勝つ2人の選び方が ${}_4C_2$ 通りで，このそれぞれの場合について，勝ち方は3通りずつある。

よって，求める確率は

$$P(B)=\frac{{}_4C_2\times3}{3^4}=\frac{6\times3}{3^4}=\mathbf{\frac{2}{9}}$$

←選んだ2人は，グー，チョキ，パーのどれかで勝つ。

JUMP 14

4人の手の出し方は全部で 3^4 通り

「あいこになる」事象を A とする。

全員が同じ手を出してあいこになる場合は3通り。

グー，チョキ，パーのすべてが出てあいこになる場合は，同じ手を出す2人の選び方が ${}_4C_2$ 通りあり，このそれぞれの場合について，手の出し方は $3\times2\times1=6$（通り）ずつあるから

${}_4C_2\times3\times2\times1=36$（通り）

よって，求める確率は

$$P(A)=\frac{3+36}{3^4}=\frac{39}{81}=\mathbf{\frac{13}{27}}$$

考え方 「全員が同じ手」と「すべての手」が出る場合を考える。

←同じ手を出す2人をひとまとめにして，3組と考える。3組がグー，チョキ，パーを1組ずつ出す出し方が $3\times2\times1$（通り）ある。

まとめの問題　場合の数と確率③(p.154)

1 (1) 大小2個のさいころの目の出方は全部で $6\times6=36$（通り）

目の和が5の倍数になるのは

(1, 4), (2, 3), (3, 2), (4, 1), (4, 6), (5, 5), (6, 4)

の7通りである。

よって，求める確率は $\mathbf{\frac{7}{36}}$

←

大＼小	1	2	3	4	5	6
1	2	3	4	5	6	7
2	3	4	5	6	7	8
3	4	5	6	7	8	9
4	5	6	7	8	9	10
5	6	7	8	9	10	11
6	7	8	9	10	11	12

(2) 目の積が奇数になるのは，右の表のように9通りである。よって，求める確率は $\frac{9}{36}=\mathbf{\frac{1}{4}}$

別解 目の積が奇数になるのは，「2個とも奇数の目が出る」事象であるから，3^2 通りある。

よって，求める確率は $\frac{3^2}{6^2}=\mathbf{\frac{1}{4}}$

←

大＼小	1	2	3	4	5	6
1	1	2	3	4	5	6
2	2	4	6	8	10	12
3	3	6	9	12	15	18
4	4	8	12	16	20	24
5	5	10	15	20	25	30
6	6	12	18	24	30	36

2 (1) あわせて14個の球の中から4個の球を同時に取り出す取り出し方は ${}_{14}C_4$ 通り

「赤球2個，白球2個を取り出す」取り出し方は

${}_5C_2\times{}_6C_2$（通り）

←赤球5個から2個取る ${}_5C_2$ 白球6個から2個取る ${}_6C_2$ 積の法則より ${}_5C_2\times{}_6C_2$

よって，求める確率は $\dfrac{{}_5C_2\times{}_6C_2}{{}_{14}C_4}=\dfrac{10\times15}{1001}=\mathbf{\dfrac{150}{1001}}$

(2) 「青球がちょうど 1 個含まれるように取り出す」取り出し方は，「青球 1 個と，赤球または白球から 3 個取り出す」取り出し方であるから

${}_3C_1\times{}_{11}C_3$（通り）

よって，求める確率は $\dfrac{{}_3C_1\times{}_{11}C_3}{{}_{14}C_4}=\dfrac{3\times165}{1001}=\mathbf{\dfrac{45}{91}}$

⬅青球 3 個から 1 個取る ${}_3C_1$
赤，白のあわせて 11 個から 3 個取る ${}_{11}C_3$
積の法則より ${}_3C_1\times{}_{11}C_3$

3 大中小 3 個のさいころの目の出方は全部で $6\times6\times6=216$（通り）
このうち，目の積が 6 になるのは
(1, 1, 6), (1, 2, 3), (1, 3, 2), (1, 6, 1), (2, 1, 3),
(2, 3, 1), (3, 1, 2), (3, 2, 1), (6, 1, 1)
の 9 通りである。

よって，求める確率は $\dfrac{9}{6^3}=\dfrac{9}{216}=\mathbf{\dfrac{1}{24}}$

別解　目の積が 6 になるのは，次の 2 つの場合である。
(i) 3 つの出る目が 1，2，3 のとき
(ii) 3 つの出る目が 1，1，6 のとき

(i)は，異なる 3 つの数の順列の総数だから $3!=6$（通り）

(ii)は，同じものを含む 3 つの数の順列の総数だから $\dfrac{3!}{2!}=3$（通り）

(i)，(ii)は同時に起こらないので，求める確率は

$\dfrac{6+3}{6^3}=\dfrac{9}{216}=\mathbf{\dfrac{1}{24}}$

⬅(i)は大，中，小の目に 1，2，3 の 3 つの数を並べる順列
(ii)は，同じものを含む順列

4 (1) 7 つの数字をすべて使って横 1 列に並べる方法は　$7!$ 通り
このうち，「各位の数に奇数と偶数が交互に並ぶ」並べ方は，奇数 4 個の間 3 か所に偶数 3 個が並ぶ場合だから　$4!\times3!$（通り）

よって，求める確率は $\dfrac{4!\times3!}{7!}=\dfrac{4\cdot3\cdot2\cdot1\times3\cdot2\cdot1}{7\cdot6\cdot5\cdot4\cdot3\cdot2\cdot1}=\mathbf{\dfrac{1}{35}}$

⬅
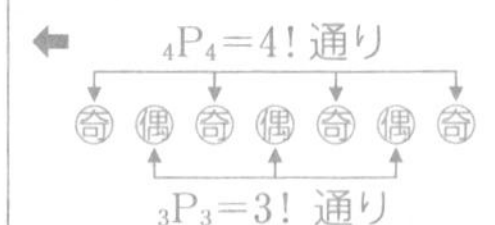

(2) 「百万の位と一の位の数字が偶数となる」並べ方は，百万の位，一の位に偶数 3 個から 2 個を並べ，間の位に残りの 5 個の数字を並べる場合だから　${}_3P_2\times5!$（通り）

よって，求める確率は $\dfrac{{}_3P_2\times5!}{7!}=\dfrac{3\cdot2\times5\cdot4\cdot3\cdot2\cdot1}{7\cdot6\cdot5\cdot4\cdot3\cdot2\cdot1}=\mathbf{\dfrac{1}{7}}$

⬅ ${}_3P_2$ 通り
偶 ○ ○ ○ ○ ○ 偶
残り 5 個が入る
${}_5P_5=5!$ 通り

(3) 「7300000 より大きい数となる」並べ方は，百万の位が 7 で，十万の位が 3，4，5，6 のいずれかの場合だから　$1\times4\times5!$（通り）

よって，求める確率は $\dfrac{1\times4\times5!}{7!}=\dfrac{1\times4\times5\cdot4\cdot3\cdot2\cdot1}{7\cdot6\cdot5\cdot4\cdot3\cdot2\cdot1}=\mathbf{\dfrac{2}{21}}$

⬅百万 十万 一万 千 百 十 一
7 □ □ □ □ □ □
3, 4, 5, 6 の 4 通り　${}_5P_5=5!$ 通り

5 球の取り出し方は全部で ${}_{12}C_3$ 通りある。

(1) 「白球 3 個を取り出す」事象を A，「青球 3 個を取り出す」事象を B とすると

$P(A)=\dfrac{{}_5C_3}{{}_{12}C_3}=\dfrac{10}{220}$，$P(B)=\dfrac{{}_4C_3}{{}_{12}C_3}=\dfrac{4}{220}$

「白球 3 個または青球 3 個を取り出す」事象は，A と B の和事象 $A\cup B$ であり，A と B は互いに排反である。

よって，求める確率は

$P(A\cup B)=P(A)+P(B)=\dfrac{10}{220}+\dfrac{4}{220}=\dfrac{14}{220}=\mathbf{\dfrac{7}{110}}$

⬅事象 A，B は同時に起こらない

⬅事象 A，B が互いに排反のとき
$P(A\cup B)=P(A)+P(B)$

(2) 「赤球 2 個を取り出す」事象を C,「赤球 3 個を取り出す」事象を D とすると

$$P(C)=\frac{{}_3C_2\times{}_9C_1}{{}_{12}C_3}=\frac{27}{220},\ P(D)=\frac{{}_3C_3}{{}_{12}C_3}=\frac{1}{220}$$

「赤球を 2 個以上取り出す」事象は，C と D の和事象 $C\cup D$ であり，C と D は互いに排反である。
よって，求める確率は

$$P(C\cup D)=P(C)+P(D)=\frac{27}{220}+\frac{1}{220}=\frac{28}{220}=\mathbf{\frac{7}{55}}$$

(3) 「少なくとも 1 個は青球を取り出す」事象を E とすると，「3 個とも赤球または白球が取り出される」事象は，事象 E の余事象 $\overline{E}$ である。
3 個とも赤球または白球を取り出す取り出し方は ${}_8C_3$ 通りである。
よって，事象 $\overline{E}$ が起こる確率 $P(\overline{E})$ は

$$P(\overline{E})=\frac{{}_8C_3}{{}_{12}C_3}=\frac{56}{220}=\frac{14}{55}$$

したがって，求める確率は

$$P(E)=1-P(\overline{E})=1-\frac{14}{55}=\mathbf{\frac{41}{55}}$$

←事象 C，D は同時に起こらない。

←事象 C，D が互いに排反のとき
$P(C\cup D)=P(C)+P(D)$

←×…赤球または白球

E	青 × ×
	青 青 ×
	青 青 青
$\overline{E}$	× × ×

少なくとも 1 個は青球

←E の余事象 $\overline{E}$ の確率
$P(\overline{E})=1-P(E)$

6 引いたカードの番号が「6 の倍数である」事象を A,「9 の倍数である」事象を B とすると

$A=\{6\times1,\ 6\times2,\ \cdots\cdots,\ 6\times33\}$
$B=\{9\times1,\ 9\times2,\ \cdots\cdots,\ 9\times22\}$

積事象 $A\cap B$ は，6 と 9 の最小公倍数 18 の倍数である事象だから

$A\cap B=\{18\times1,\ 18\times2,\ \cdots\cdots,\ 18\times11\}$

よって，$n(A)=33$，$n(B)=22$，$n(A\cap B)=11$　より

$$P(A)=\frac{33}{200},\ P(B)=\frac{22}{200},\ P(A\cap B)=\frac{11}{200}$$

番号が「6 の倍数または 9 の倍数である」事象は $A\cup B$ であるから，求める確率は

$$P(A\cup B)=P(A)+P(B)-P(A\cap B)$$
$$=\frac{33}{200}+\frac{22}{200}-\frac{11}{200}=\frac{44}{200}=\mathbf{\frac{11}{50}}$$

←事象 A，B は同時に起こることがあるから，互いに排反でない。
$P(A\cup B)=$
$P(A)+P(B)-P(A\cap B)$

7 (1) 5 人の手の出し方の総数は 3^5 通り
「a, b, c の 3 人だけが勝つ」事象を A とする。事象 A が起こるのは，a, b, c がグー，チョキ，パーのそれぞれで勝つ 3 通りがある。
よって，求める確率は　$P(A)=\frac{3}{3^5}=\mathbf{\frac{1}{81}}$

←5 人はそれぞれグー，チョキ，パーの 3 通りの出し方がある。

(2) 「3 人が勝つ」事象を B とする。5 人のうち勝つ 3 人の選び方が ${}_5C_3$ 通りで，このそれぞれの場合について，勝つ手は 3 通りずつある。よって，求める確率は　$P(B)=\frac{{}_5C_3\times3}{3^5}=\frac{10\times3}{3^5}=\mathbf{\frac{10}{81}}$

←選んだ 3 人は，グー，チョキ，パーのどれかで勝つ。

15 独立な試行の確率 (p.156)

90 大きいさいころを投げる試行と，小さいさいころを投げる試行は，互いに独立である。よって，求める確率は

$$\frac{3}{6}\times\frac{4}{6}=\mathbf{\frac{1}{3}}$$

91 (1) 袋 A から球を取り出す試行と，袋 B から球を取り出す試行は，互いに独立である。よって，求める確率は

$\frac{4}{9}\times\frac{3}{10}=\mathbf{\frac{2}{15}}$

(2) 同じ色の球を取り出す取り出し方には，A，B とも赤球を取り出す場合と，A，B とも白球を取り出す場合がある。

A，B とも赤球を取り出す確率は $\frac{4}{9}\times\frac{7}{10}=\frac{28}{90}$

A，B とも白球を取り出す確率は $\frac{5}{9}\times\frac{3}{10}=\frac{15}{90}$

これら 2 つの事象は互いに排反であるから，求める確率は

$\frac{28}{90}+\frac{15}{90}=\mathbf{\frac{43}{90}}$

⬅互いに排反のときは，確率の加法定理

92 各回の試行は，互いに独立である。

1，2 回目に 1 以外の目が出る確率はそれぞれ $\frac{5}{6}$

3 回目に素数の目が出る確率は $\frac{3}{6}$

⬅1 から 6 の中で素数は 2，3，5

よって，求める確率は

$\frac{5}{6}\times\frac{5}{6}\times\frac{3}{6}=\mathbf{\frac{25}{72}}$

93 箱 A からくじを引く試行と，箱 B からくじを引く試行は，互いに独立である。

A から引いたくじが当たる確率は $\frac{3}{10}$，はずれる確率は $\frac{7}{10}$

B から引いたくじが当たる確率は $\frac{4}{12}$，はずれる確率は $\frac{8}{12}$

よって，A から当たり，B からはずれを引く確率は

$\frac{3}{10}\times\frac{8}{12}=\frac{24}{120}$

A からはずれ，B から当たりを引く確率は

$\frac{7}{10}\times\frac{4}{12}=\frac{28}{120}$

これらの事象は互いに排反であるから，求める確率は

$\frac{24}{120}+\frac{28}{120}=\frac{52}{120}=\mathbf{\frac{13}{30}}$

⬅互いに排反のときは，確率の加法定理

94 箱 Aからカードを取り出す試行と，箱 B からカードを取り出す試行は，互いに独立である。

番号の和が奇数となる取り出し方は，A から偶数，B から奇数のカードを取り出す場合と，A から奇数，B から偶数のカードを取り出す場合がある。

A から偶数，B から奇数のカードを取る確率は $\frac{4}{9}\times\frac{4}{7}=\frac{16}{63}$

⬅A は偶数 4 枚，奇数 5 枚
B は偶数 3 枚，奇数 4 枚

A から奇数，B から偶数のカードを取る確率は $\frac{5}{9}\times\frac{3}{7}=\frac{15}{63}$

これらの事象は互いに排反であるから，求める確率は

$\frac{16}{63}+\frac{15}{63}=\mathbf{\frac{31}{63}}$

⬅互いに排反のときは，確率の加法定理

95 袋Aから球を取り出す試行と，袋Bから球を取り出す試行は，互いに独立である。

Aから赤球を取り出す確率は $\frac{1}{5}$，白球を取り出す確率は $\frac{4}{5}$

Bから2個とも赤球を取り出す確率は $\frac{{}_5C_2}{{}_7C_2}=\frac{10}{21}$，

2個とも白球を取り出す確率は $\frac{{}_2C_2}{{}_7C_2}=\frac{1}{21}$

よって，すべて赤球を取り出す確率は $\frac{1}{5}\times\frac{10}{21}=\frac{10}{105}$

すべて白球を取り出す確率は $\frac{4}{5}\times\frac{1}{21}=\frac{4}{105}$

これらの事象は互いに排反であるから，求める確率は

$\frac{10}{105}+\frac{4}{105}=\frac{14}{105}=\boldsymbol{\frac{2}{15}}$

⬅互いに排反のときは，確率の加法定理

96 (1) 3人それぞれがキックをするのは，互いに独立である。

よって，求める確率は

$\frac{3}{4}\times\frac{3}{5}\times\frac{5}{6}=\boldsymbol{\frac{3}{8}}$

(2) a，b，cがキックを失敗する確率はそれぞれ

$1-\frac{3}{4}=\frac{1}{4}$，$1-\frac{3}{5}=\frac{2}{5}$，$1-\frac{5}{6}=\frac{1}{6}$

よって，a，bが成功し，cが失敗する確率は $\frac{3}{4}\times\frac{3}{5}\times\frac{1}{6}=\frac{9}{120}$

a，cが成功し，bが失敗する確率は $\frac{3}{4}\times\frac{2}{5}\times\frac{5}{6}=\frac{30}{120}$

b，cが成功し，aが失敗する確率は $\frac{1}{4}\times\frac{3}{5}\times\frac{5}{6}=\frac{15}{120}$

これらの事象は互いに排反であるから，求める確率は

$\frac{9}{120}+\frac{30}{120}+\frac{15}{120}=\frac{54}{120}=\boldsymbol{\frac{9}{20}}$

⬅互いに排反のときは，確率の加法定理

JUMP 15

箱には奇数のカードが3枚，偶数のカードが2枚入っている。「数字の積が偶数」となる事象を A とすると，事象 A の余事象 $\overline{A}$ は，「数字の積が奇数」となる事象，すなわち「3枚とも奇数を取り出す」事象である。

考え方 「積が偶数」となる事象は，「積が奇数」となる事象の余事象。

⬅余事象を考える。

1枚取り出して，奇数である確率は $\frac{3}{5}$

2枚取り出して2枚とも奇数である確率は $\frac{{}_3C_2}{{}_5C_2}=\frac{3}{10}$

もとにもどしてから取り出すので，これらの試行は独立であるから

$P(\overline{A})=\frac{3}{5}\times\frac{3}{10}=\frac{9}{50}$

よって，求める確率は

$P(A)=1-P(\overline{A})=\boldsymbol{\frac{41}{50}}$

⬅$P(A)=1-P(\overline{A})$

16 反復試行の確率 (p.158)

97 カードを1回引くとき，1のカードが出る確率は $\frac{1}{3}$

また，5回のうち1のカードが2回出るとき，残りの3回は1以外のカードである。

よって，求める確率は

$${}_5C_2\left(\frac{1}{3}\right)^2\left(1-\frac{1}{3}\right)^{5-2}=10\times\frac{1}{9}\times\frac{8}{27}=\mathbf{\frac{80}{243}}$$

5回中2回　1以外が残りの3回

$${}_5C_2\left(\frac{1}{3}\right)^2\left(1-\frac{1}{3}\right)^{5-2}$$

1が2回

98 「偶数の目がちょうど5回出る」事象を A，「6回とも偶数の目が出る」事象を B とすると，「偶数の目が5回以上出る」事象は，和事象 $A\cup B$ である。ここで

$$P(A)={}_6C_5\left(\frac{3}{6}\right)^5\left(1-\frac{3}{6}\right)^{6-5}=6\times\frac{1}{32}\times\frac{1}{2}=\frac{6}{64}$$

$$P(B)={}_6C_6\left(\frac{3}{6}\right)^6=1\times\frac{1}{64}=\frac{1}{64}$$

である。A と B は互いに排反であるから，求める確率は

$$P(A\cup B)=P(A)+P(B)=\frac{6}{64}+\frac{1}{64}=\mathbf{\frac{7}{64}}$$

⬅互いに排反のときは，確率の加法定理

99 球を1回取り出すとき，赤球が出る確率は $\frac{3}{9}$

また，4回のうち赤球が2回出るとき，残りの2回は白球が出る。

よって，求める確率は

$${}_4C_2\left(\frac{3}{9}\right)^2\left(1-\frac{3}{9}\right)^{4-2}=6\times\frac{1}{9}\times\frac{4}{9}=\mathbf{\frac{8}{27}}$$

4回中2回　白球が残りの2回

$${}_4C_2\left(\frac{3}{9}\right)^2\left(1-\frac{3}{9}\right)^{4-2}$$

赤球が2回

100 (1) 1枚の硬貨を投げたとき，表が出る確率と裏が出る確率はともに $\frac{1}{2}$

よって，求める確率は

$${}_6C_4\left(\frac{1}{2}\right)^4\left(\frac{1}{2}\right)^{6-4}={}_6C_2\left(\frac{1}{2}\right)^6=15\times\frac{1}{64}=\mathbf{\frac{15}{64}}$$

(2) 「表が1回も出ない」事象を A，「表がちょうど1回出る」事象を B とすると，「表が1回以下出る」事象は，和事象 $A\cup B$ である。ここで

$$P(A)={}_6C_0\left(\frac{1}{2}\right)^6=1\times\frac{1}{64}=\frac{1}{64}$$

$$P(B)={}_6C_1\left(\frac{1}{2}\right)^1\left(\frac{1}{2}\right)^{6-1}={}_6C_1\left(\frac{1}{2}\right)^6=6\times\frac{1}{64}=\frac{6}{64}$$

である。A と B は互いに排反であるから，求める確率は

$$P(A\cup B)=P(A)+P(B)=\frac{1}{64}+\frac{6}{64}=\mathbf{\frac{7}{64}}$$

⬅${}_6C_0=1$

$P(A)$ は「6回とも裏が出る」事象と考えて，${}_6C_6\left(\frac{1}{2}\right)^6=\frac{1}{64}$ としてもよい。

101 (1) さいころを1回投げるとき，5以上の目が出る確率は $\frac{2}{6}$

また，5回のうち5以上の目が3回出るとき，残りの2回は4以下の目が出る。

よって，求める確率は

$${}_5C_3\left(\frac{2}{6}\right)^3\left(1-\frac{2}{6}\right)^{5-3}=10\times\frac{1}{27}\times\frac{4}{9}=\mathbf{\frac{40}{243}}$$

⬅5回中3回　4以下が残りの2回

$${}_5C_3\left(\frac{2}{6}\right)^3\left(1-\frac{2}{6}\right)^{5-3}$$

5以上が3回

(2) 4以下の目が「ちょうど3回出る」事象をA,「ちょうど4回出る」事象をB,「5回とも出る」事象をCとすると,「4以下の目が3回以上出る」事象は,和事象 $A\cup B\cup C$ である。

ここで, $P(A)={}_5C_3\left(\frac{4}{6}\right)^3\left(1-\frac{4}{6}\right)^{5-3}=10\times\frac{8}{27}\times\frac{1}{9}=\frac{80}{243}$

$P(B)={}_5C_4\left(\frac{4}{6}\right)^4\left(1-\frac{4}{6}\right)^{5-4}=5\times\frac{16}{81}\times\frac{1}{3}=\frac{80}{243}$

$P(C)={}_5C_5\left(\frac{4}{6}\right)^5=1\times\frac{32}{243}=\frac{32}{243}$

であり,A, B, Cは互いに排反であるから,求める確率は

$P(A\cup B\cup C)=P(A)+P(B)+P(C)$

$=\frac{80}{243}+\frac{80}{243}+\frac{32}{243}=\frac{192}{243}=\mathbf{\frac{64}{81}}$

⬅互いに排反のとき,
$P(A\cup B\cup C)$
$=P(A)+P(B)+P(C)$

102 硬貨を1回投げて「表が出る」事象をAとすると,$P(A)=\frac{1}{2}$,硬貨を7回投げるとき,事象Aがr回起こるとすると,r回は$+5$動き,残りの$(7-r)$回は-3動く。

よって,点Pの座標は $(+5)\times r+(-3)\times(7-r)=8r-21$

ゆえに,点Pの座標が3になるのは $8r-21=3$ より $r=3$

すなわち,硬貨を7回投げたとき事象Aがちょうど3回起こる確率である。したがって,求める確率は

${}_7C_3\left(\frac{1}{2}\right)^3\left(1-\frac{1}{2}\right)^{7-3}=35\times\frac{1}{8}\times\frac{1}{16}=\mathbf{\frac{35}{128}}$

⬅表が出る回数rを用いて点Pの座標を表す。

JUMP 16

考え方 優勝するまでの勝ち,負けの数で場合分けして考える。

bが各試合で勝つ確率は $1-\frac{3}{4}=\frac{1}{4}$

bが,3勝0敗,3勝1敗,3勝2敗のとき,bは優勝する。

(i) bが3勝0敗のときの確率は

$\left(\frac{1}{4}\right)^3=\frac{1}{64}$

(ii) bが3勝1敗のときの確率は,3試合目までにbが2勝1敗で,4試合目にbが勝つ場合だから

${}_3C_2\left(\frac{1}{4}\right)^2\left(\frac{3}{4}\right)^1\times\frac{1}{4}=\frac{9}{256}$

⬅
3試合目まで bの2勝1敗			4試合目に bが勝つ
b	b	a	b
b	a	b	b
a	b	b	b

→ ${}_3C_2$通り

(iii) bが3勝2敗のときの確率は,4試合目までにbが2勝2敗で,5試合目にbが勝つ場合だから

${}_4C_2\left(\frac{1}{4}\right)^2\left(\frac{3}{4}\right)^2\times\frac{1}{4}=\frac{27}{512}$

(i),(ii),(iii)は互いに排反であるから,求める確率は

$\frac{1}{64}+\frac{9}{256}+\frac{27}{512}=\mathbf{\frac{53}{512}}$

⬅互いに排反のときは,確率の加法定理

17 条件つき確率と乗法定理(p.160)

103 (1) $A\cap B$は,「数学も英語も合格した者である」事象であるから

$P(A\cap B)=\frac{24}{100}=\mathbf{\frac{6}{25}}$

⬅$P(A\cap B)$は条件つきでない確率

(2) $n(B)=65$, $n(B\cap A)=n(A\cap B)=24$ であるから

$P_B(A)=\frac{n(B\cap A)}{n(B)}=\mathbf{\frac{24}{65}}$

⬅選んだ人が英語の合格者だったとき,その人が数学の合格者でもある確率

104 (1) $A\cap B$ は，「白球で偶数が書いてある」事象である。全 11 個の球の中に白球で偶数が書いてある球は 3 個であるから

⬅ $P(A\cap B)$ は条件つきでない確率

$$P(A\cap B)=\mathbf{\frac{3}{11}}$$

(2) $n(A)=6$，$n(A\cap B)=3$　であるから

$$P_A(B)=\frac{n(A\cap B)}{n(A)}=\frac{3}{6}=\mathbf{\frac{1}{2}}$$

⬅選んだ球が白球であったとき，書かれた数字が偶数である確率

(3) $\overline{A}$ は「赤球である」事象，$\overline{A}\cap B$ は「赤球で偶数が書いてある」事象であるから　$n(\overline{A})=5$，$n(\overline{A}\cap B)=2$

よって，求める確率は　$P_{\overline{A}}(B)=\dfrac{n(\overline{A}\cap B)}{n(\overline{A})}=\mathbf{\dfrac{2}{5}}$

⬅選んだ球が赤球であったとき，書かれた数字が偶数である確率

105 (1) 「a が当たる」事象を A，「b が当たる」事象を B とすると，「a，b の 2 人がともに当たる」事象は，$A\cap B$ である。
事象 A が起こったとき，残りの 9 本のくじの中に 3 本の当たりが入っているから

$$P(A)=\frac{4}{10},\ P_A(B)=\frac{3}{9}$$

よって，求める確率は，乗法定理より

$$P(A\cap B)=P(A)P_A(B)=\frac{4}{10}\times\frac{3}{9}=\mathbf{\frac{2}{15}}$$

⬅○当たり，×はずれ

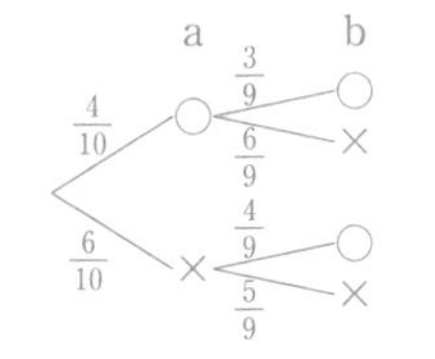

(2) 事象 B は次の 2 つの事象の和事象であり，これらは互いに排反である。

(i) 「a が当たり，b も当たる」事象　$A\cap B$
(ii) 「a がはずれて，b は当たる」事象　$\overline{A}\cap B$

ここで　$P(A\cap B)=\dfrac{2}{15}$

⬅(1)で求めた確率

$$P(\overline{A}\cap B)=P(\overline{A})P_{\overline{A}}(B)=\frac{6}{10}\times\frac{4}{9}=\frac{4}{15}$$

よって，求める確率は

$$P(B)=P(A\cap B)+P(\overline{A}\cap B)=\frac{2}{15}+\frac{4}{15}=\frac{6}{15}=\mathbf{\frac{2}{5}}$$

106 (1) 「a が赤球を取り出す」事象を A，「b が赤球を取り出す」事象を B とすると，事象 B は次の 2 つの事象の和事象であり，これらは互いに排反である。

(i) 「a が赤球，b も赤球を取り出す」事象　$A\cap B$
(ii) 「a が白球，b が赤球を取り出す」事象　$\overline{A}\cap B$

ここで　$P(A\cap B)=P(A)P_A(B)=\dfrac{5}{12}\times\dfrac{4}{11}=\dfrac{20}{132}$

⬅

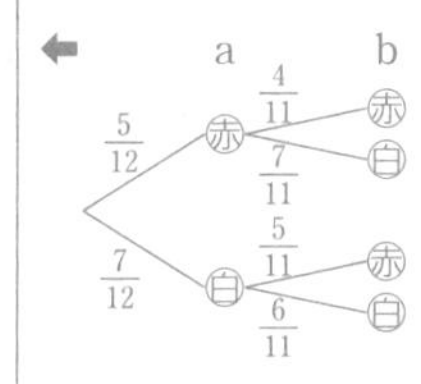

$$P(\overline{A}\cap B)=P(\overline{A})P_{\overline{A}}(B)=\frac{7}{12}\times\frac{5}{11}=\frac{35}{132}$$

よって，求める確率は

$$P(B)=P(A\cap B)+P(\overline{A}\cap B)=\frac{20}{132}+\frac{35}{132}=\frac{55}{132}=\mathbf{\frac{5}{12}}$$

(2) 「a，b の一方だけが赤球を取り出す」事象は，次の 2 つの事象の和事象であり，これらは互いに排反である。

(i) 「a が赤球，b が白球を取り出す」事象　$A\cap\overline{B}$
(ii) 「a が白球，b が赤球を取り出す」事象　$\overline{A}\cap B$

ここで　$P(A\cap\overline{B})=P(A)P_A(\overline{B})=\dfrac{5}{12}\times\dfrac{7}{11}=\dfrac{35}{132}$

$$P(\overline{A}\cap B)=\frac{35}{132}$$

⬅(1)の過程で求めた確率

よって，求める確率は

$$P(A\cap\overline{B})+P(\overline{A}\cap B)=\frac{35}{132}+\frac{35}{132}=\frac{70}{132}=\mathbf{\frac{35}{66}}$$

107 「A から赤球を取り出す」事象を A，「B から赤球を取り出す」事象を B とする。
「箱 A の中の赤球，白球の個数が最初と変わらない」事象は，次の 2 つの事象の和事象であり，これらは互いに排反である。
(i) 「A から赤球を取り，B からも赤球を取る」事象 $A\cap B$
(ii) 「A から白球を取り，B からも白球を取る」事象 $\overline{A}\cap\overline{B}$

ここで $P(A\cap B)=P(A)P_A(B)=\frac{2}{5}\times\frac{2}{7}=\frac{4}{35}$

$P(\overline{A}\cap\overline{B})=P(\overline{A})P_{\overline{A}}(\overline{B})=\frac{3}{5}\times\frac{6}{7}=\frac{18}{35}$

よって，求める確率は

$$P(A\cap B)+P(\overline{A}\cap\overline{B})=\frac{4}{35}+\frac{18}{35}=\mathbf{\frac{22}{35}}$$

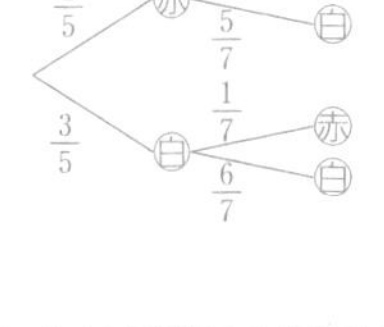

A から球を 1 個取り，B に入れると，B の球の個数が 7 個に増えることに注意

JUMP 17

「1 回目に赤球を取り出す」事象を A，「2 回目に白球を取り出す」事象を B とする。事象 B は次の 2 つの事象の和事象であり，これらは互いに排反である。
(i) 「1 回目に赤球を取り出し，2 回目に白球を取り出す」事象 $A\cap B$
(ii) 「1 回目に白球を取り出し，2 回目に白球を取り出す」事象 $\overline{A}\cap B$

ここで，$P(A\cap B)=P(A)P_A(B)=\frac{6}{10}\times\frac{4}{9}=\frac{24}{90}$

$P(\overline{A}\cap B)=P(\overline{A})P_{\overline{A}}(B)=\frac{4}{10}\times\frac{3}{9}=\frac{12}{90}$

より $P(B)=P(A\cap B)+P(\overline{A}\cap B)=\frac{24}{90}+\frac{12}{90}=\frac{36}{90}$

よって，求める確率は

$$P_B(A)=\frac{P(A\cap B)}{P(B)}=\frac{24}{90}\div\frac{36}{90}=\frac{24}{36}=\mathbf{\frac{2}{3}}$$

考え方 $P_B(A)=\frac{P(B\cap A)}{P(B)}=\frac{P(A\cap B)}{P(B)}$ を用いる。

「2 回目に白球を取り出す」事象 B の確率は $P(B)=\frac{36}{90}=\frac{2}{5}$ で「1 回目に白球を取り出す」事象 $\overline{A}$ の確率 $P(\overline{A})=\frac{4}{10}=\frac{2}{5}$ と一致する。

$P_B(A)=\frac{P(B\cap A)}{P(B)}=\frac{P(A\cap B)}{P(B)}$

18 期待値 (p.162)

108 1 等，2 等，3 等，4 等である確率は，

それぞれ $\frac{2}{100}$，$\frac{3}{100}$，$\frac{15}{100}$，$\frac{80}{100}$

よって，求める期待値は

$$10000\times\frac{2}{100}+5000\times\frac{3}{100}+1000\times\frac{15}{100}+0\times\frac{80}{100}=\mathbf{500}\ \textbf{(円)}$$

期待値

X の値	x_1	x_2	$\cdots$	x_n	計
確率	p_1	p_2	$\cdots$	p_n	1

$x_1p_1+x_2p_2+\cdots+x_np_n$

109 1 の目が出る確率は $\frac{1}{6}$， 偶数の目が出る確率は $\frac{3}{6}$

それ以外の目が出る確率は $1-\frac{1}{6}-\frac{3}{6}=\frac{2}{6}$

したがって，もらえる得点とその確率は，右の表のようになる。

得点	150	50	0	計
確率	$\frac{1}{6}$	$\frac{3}{6}$	$\frac{2}{6}$	1

よって，求める期待値は

$$150\times\frac{1}{6}+50\times\frac{3}{6}+0\times\frac{2}{6}=\mathbf{50}\ \textbf{(点)}$$

110 赤球を取り出す確率は $\frac{4}{10}$

白球を取り出す確率は $\frac{3}{10}$

青球を取り出す確率は $\frac{3}{10}$

したがって，もらえる得点とその確率は，右の表のようになる。

得点	100	50	10	計
確率	$\frac{4}{10}$	$\frac{3}{10}$	$\frac{3}{10}$	1

よって，求める期待値は

$100\times\frac{4}{10}+50\times\frac{3}{10}+10\times\frac{3}{10}=$**58（点）**

111 赤球を 0 個取り出す確率は $\frac{{}_2C_2}{{}_5C_2}=\frac{1}{10}$

←白球 2 個

赤球を 1 個取り出す確率は $\frac{{}_3C_1\times{}_2C_1}{{}_5C_2}=\frac{6}{10}$

←赤球 1 個と白球 1 個

赤球を 2 個取り出す確率は $\frac{{}_3C_2}{{}_5C_2}=\frac{3}{10}$

したがって，赤球の個数とその確率は，右の表のようになる。

個数	0	1	2	計
確率	$\frac{1}{10}$	$\frac{6}{10}$	$\frac{3}{10}$	1

よって，求める期待値は

$0\times\frac{1}{10}+1\times\frac{6}{10}+2\times\frac{3}{10}=\boldsymbol{\frac{6}{5}}$ **（個）**

112 表が出る枚数が 3 枚である確率は $\frac{1}{2^3}=\frac{1}{8}$

表が出る枚数が 2 枚である確率は $\frac{{}_3C_2}{2^3}=\frac{3}{8}$

表が出る枚数が 1 枚である確率は $\frac{{}_3C_1}{2^3}=\frac{3}{8}$

表が出る枚数が 0 枚である確率は $\frac{1}{2^3}=\frac{1}{8}$

したがって，もらえる金額とその確率は，右の表のようになる。

金額	150 円	100 円	50 円	0 円	計
確率	$\frac{1}{8}$	$\frac{3}{8}$	$\frac{3}{8}$	$\frac{1}{8}$	1

よって，求める期待値は

$150\times\frac{1}{8}+100\times\frac{3}{8}+50\times\frac{3}{8}+0\times\frac{1}{8}=$**75（円）**

113 カードの数字の和が 2 になるのは (1, 1) と引く場合で，その確率は $\frac{1}{2}\times\frac{1}{2}=\frac{1}{4}$

←(1 回目の数字，2 回目の数字)

カードの数字の和が 3 になるのは (1, 2)，(2, 1) と引く場合で，その確率は $\frac{1}{2}\times\frac{1}{2}+\frac{1}{2}\times\frac{1}{2}=\frac{2}{4}$

カードの数字の和が 4 になるのは (2, 2) と引く場合で，その確率は

$\frac{1}{2}\times\frac{1}{2}=\frac{1}{4}$

したがって，カードの数字の和とその確率は，右の表のようになる。

数字の和	2	3	4	計
確率	$\frac{1}{4}$	$\frac{2}{4}$	$\frac{1}{4}$	1

よって，求める期待値は

$2\times\frac{1}{4}+3\times\frac{2}{4}+4\times\frac{1}{4}=$**3**

114 同じ目が出る確率は　$\frac{6}{6^2}=\frac{6}{36}$

2つの目の差が1になるのは

(1, 2), (2, 3), (3, 4), (4, 5), (5, 6), (2, 1), (3, 2), (4, 3), (5, 4), (6, 5) の10通りであるから，その確率は　$\frac{10}{6^2}=\frac{10}{36}$

それ以外の目が出る確率は　$1-\frac{6}{36}-\frac{10}{36}=\frac{20}{36}$

したがって，得点とその確率は右の表のようになる。

得点	300	90	0	計
確率	$\frac{6}{36}$	$\frac{10}{36}$	$\frac{20}{36}$	1

よって，求める期待値は

$300\times\frac{6}{36}+90\times\frac{10}{36}+0\times\frac{20}{36}=$**75（点）**

115 目の和が10以上になるのは

(4, 6), (5, 5), (6, 4), (5, 6), (6, 5), (6, 6)

の6通りであるから，その確率は　$\frac{6}{6^2}=\frac{6}{36}$

よって，もらえる金額の期待値は

$500\times\frac{6}{36}=\frac{250}{3}\fallingdotseq 83.33\cdots\cdots$（円）

$\frac{250}{3}<100$ より，このゲームに参加するのは**有利といえない。**

←もらえる金額の期待値が参加料より低い。

JUMP 18

考え方　小さい方の番号で場合分けして考える。

1と2以上のカードを引く確率は　$\frac{4}{{}_5C_2}=\frac{4}{10}$

2と3以上のカードを引く確率は　$\frac{3}{{}_5C_2}=\frac{3}{10}$

3と4以上のカードを引く確率は　$\frac{2}{{}_5C_2}=\frac{2}{10}$

4と5のカードを引く確率は　$\frac{1}{{}_5C_2}=\frac{1}{10}$

したがって，小さい方の番号とその確率は，右の表のようになる。

番号	1	2	3	4	計
確率	$\frac{4}{10}$	$\frac{3}{10}$	$\frac{2}{10}$	$\frac{1}{10}$	1

よって，求める期待値は

$1\times\frac{4}{10}+2\times\frac{3}{10}+3\times\frac{2}{10}+4\times\frac{1}{10}=\frac{20}{10}=$**2**

まとめの問題　場合の数と確率④ (p.164)

1 (1)　箱Aからくじを引く試行と，箱Bからくじを引く試行は，互いに独立である。

Aから引いたくじが当たる確率は $\frac{3}{9}$，はずれる確率は $\frac{6}{9}$

Bから引いたくじが当たる確率は $\frac{2}{14}$，はずれる確率は $\frac{12}{14}$

Aのくじが当たってBのくじがはずれる確率は

$\frac{3}{9}\times\frac{12}{14}=\frac{6}{21}$

Aのくじがはずれて Bのくじが当たる確率は

$\frac{6}{9}\times\frac{2}{14}=\frac{2}{21}$

これらの事象は互いに排反であるから，求める確率は

$\frac{6}{21}+\frac{2}{21}=\mathbf{\frac{8}{21}}$

(2) 両方とも当たる確率は　$\frac{3}{9}\times\frac{2}{14}=\frac{1}{21}$

両方ともはずれる確率は　$\frac{6}{9}\times\frac{12}{14}=\frac{12}{21}$

これらの事象は互いに排反であるから，求める確率は

$\frac{1}{21}+\frac{12}{21}=\mathbf{\frac{13}{21}}$

別解　「両方とも当たるか，または両方ともはずれる」事象は，「どちらか一方だけが当たる」事象の余事象であるから，求める確率は

$1-\frac{8}{21}=\mathbf{\frac{13}{21}}$

2 (1) a，b，c がストライクを出す確率は，それぞれ $\frac{1}{6}$，$\frac{2}{5}$，$\frac{3}{8}$ である。このとき，b，c がストライクを出さない確率はそれぞれ

$1-\frac{2}{5}=\frac{3}{5}$，$1-\frac{3}{8}=\frac{5}{8}$

であるから，求める確率は

$\frac{1}{6}\times\frac{3}{5}\times\frac{5}{8}=\mathbf{\frac{1}{16}}$

(2) a，b だけがストライクを出す確率は

$\frac{1}{6}\times\frac{2}{5}\times\frac{5}{8}=\frac{10}{240}$

a，c だけがストライクを出す確率は

$\frac{1}{6}\times\frac{3}{5}\times\frac{3}{8}=\frac{9}{240}$

b，c だけがストライクを出す確率は

$\frac{5}{6}\times\frac{2}{5}\times\frac{3}{8}=\frac{30}{240}$

3 人ともストライクを出す確率は

$\frac{1}{6}\times\frac{2}{5}\times\frac{3}{8}=\frac{6}{240}$

これらの事象は互いに排反であるから，求める確率は

$\frac{10}{240}+\frac{9}{240}+\frac{30}{240}+\frac{6}{240}=\frac{55}{240}=\mathbf{\frac{11}{48}}$

3 (1) 5 以上の目が「ちょうど 3 回出る」事象を A，「ちょうど 4 回出る」事象を B，「5 回とも出る」事象を C とすると，「5 以上の目が 3 回以上出る」事象は，和事象 $A\cup B\cup C$ である。

ここで，$P(A)={}_5C_3\left(\frac{2}{6}\right)^3\left(1-\frac{2}{6}\right)^{5-3}=10\times\frac{1}{27}\times\frac{4}{9}=\frac{40}{243}$

$P(B)={}_5C_4\left(\frac{2}{6}\right)^4\left(1-\frac{2}{6}\right)^{5-4}=5\times\frac{1}{81}\times\frac{2}{3}=\frac{10}{243}$

$P(C)={}_5C_5\left(\frac{2}{6}\right)^5=1\times\frac{1}{243}=\frac{1}{243}$

であり，A，B，C は互いに排反であるから，求める確率は

$P(A\cup B\cup C)=P(A)+P(B)+P(C)$

$=\frac{40}{243}+\frac{10}{243}+\frac{1}{243}=\mathbf{\frac{17}{81}}$

⬅互いに排反のときは，確率の加法定理

⬅互いに排反のときは，確率の加法定理

⬅事象 A の余事象 $\overline{A}$ の確率 $P(\overline{A})=1-P(A)$

⬅(出さない確率) ＝1－(出す確率)

⬅○…出す，×…出さない

a	b	c
○	○	×
○	×	○
×	○	○
○	○	○

2 人以上がストライクを出すのは，上の 4 つの場合である。

⬅互いに排反のとき，確率の加法定理

(2) 求める事象は，4回目までで5以上の目がちょうど2回出て，5回目に5以上の目が出る事象である。よって，求める確率は

$${}_4C_2\left(\frac{2}{6}\right)^2\left(1-\frac{2}{6}\right)^{4-2}\times\frac{2}{6}=6\times\frac{1}{9}\times\frac{4}{9}\times\frac{1}{3}=\mathbf{\frac{8}{81}}$$

←5以上を○，4以下を×で表す。
①②③④⑤
○が2回 ×が2回 ○ ←3度目

4 (1) $A\cap B$ は，「自転車通学者で，男子である」事象であるから

$$P(A\cap B)=\frac{16}{40}=\mathbf{\frac{2}{5}}$$

←$P(A\cap B)$ は条件つきでない確率

(2) $n(B)=22$，$n(B\cap A)=n(A\cap B)=16$ であるから

$$P_B(A)=\frac{n(B\cap A)}{n(B)}=\frac{16}{22}=\mathbf{\frac{8}{11}}$$

(3) $n(A)=27$，$n(A\cap\overline{B})=11$ であるから

$$P_A(\overline{B})=\frac{n(A\cap\overline{B})}{n(A)}=\mathbf{\frac{11}{27}}$$

←$\overline{B}$ は「女子である」事象

5 (1) 引いたくじをもとにもどすので，a がくじを引く試行と b がくじを引く試行は互いに独立である。

←a が引くくじの結果は，b が引くくじの結果に影響を及ぼさない。

よって，a が当たる確率は $\frac{2}{12}=\mathbf{\frac{1}{6}}$

b が当たる確率も $\frac{2}{12}=\mathbf{\frac{1}{6}}$

(2) 「a が当たる」事象を A，「b が当たる」事象を B とする。

a が当たる確率は $P(A)=\frac{2}{12}=\mathbf{\frac{1}{6}}$

一方，事象 B は次の2つの事象の和事象であり，これらは互いに排反である。

(i) 「a が当たり，b も当たる」事象 $A\cap B$

(ii) 「a がはずれて，b が当たる」事象 $\overline{A}\cap B$

ここで $P(A\cap B)=P(A)P_A(B)=\frac{2}{12}\times\frac{1}{11}=\frac{2}{132}$

$P(\overline{A}\cap B)=P(\overline{A})P_{\overline{A}}(B)=\frac{10}{12}\times\frac{2}{11}=\frac{20}{132}$

←a が引くくじの結果は，b が引くくじの結果に影響を及ぼすから，条件つき確率を用いる。

よって，b が当たる確率は

$$P(B)=P(A\cap B)+P(\overline{A}\cap B)=\frac{2}{132}+\frac{20}{132}=\frac{22}{132}=\mathbf{\frac{1}{6}}$$

6 0回赤球を取り出す確率は $\left(\frac{7}{10}\right)^2=\frac{49}{100}$

1回赤球を取り出す確率は ${}_2C_1\left(\frac{3}{10}\right)\left(\frac{7}{10}\right)=\frac{42}{100}$

2回赤球を取り出す確率は $\left(\frac{3}{10}\right)^2=\frac{9}{100}$

したがって，得点とその確率は，右の表のようになる。

得点	0	50	100	計
確率	$\frac{49}{100}$	$\frac{42}{100}$	$\frac{9}{100}$	1

よって，求める期待値は

$$0\times\frac{49}{100}+50\times\frac{42}{100}+100\times\frac{9}{100}=\mathbf{30}\ \textbf{(点)}$$

19 平行線と線分の比・線分の内分と外分 (p.166)

116 (1)　AD：AB＝AE：AC より　12：30＝x：25
よって　$30x=12\times25$　　したがって　$x=\mathbf{10}$
AD：AB＝DE：BC より　12：30＝y：20
よって　$30y=12\times20$　　したがって　$y=\mathbf{8}$
(2)　AD：AB＝AE：AC より　3：5＝x：4
よって　$5x=3\times4$　　したがって　$x=\mathbf{\dfrac{12}{5}}$
AD：AB＝DE：BC より　3：5＝2：y
よって　$3y=5\times2$　　したがって　$y=\mathbf{\dfrac{10}{3}}$

平行線と線分の比
△ABC の辺 AB，AC，またはそれらの延長上に，それぞれ点 D，E があるとき，
DE∥BC ならば
AD：AB＝AE：AC
AD：AB＝DE：BC
AD：DB＝AE：EC

117 (1)　AD：AB＝AE：AC より　4：6＝x：9
よって　$6x=4\times9$　　したがって　$x=\mathbf{6}$
AD：AB＝DE：BC より　4：6＝y：6
よって　$6y=4\times6$　　したがって　$y=\mathbf{4}$
(2)　AD：AB＝DE：BC より　5：10＝x：$(x+3)$
よって　$10x=5(x+3)$　　したがって　$x=\mathbf{3}$
AD：AB＝AE：AC より　5：10＝4：y
よって　$5y=10\times4$　　したがって　$y=\mathbf{8}$

⬅$3^2+4^2=5^2$（三平方の定理）より，△ADE は直角三角形

118 (1)　A ③ P ① B
(2)　A ③ Q，B ① Q
(3)　R ③ B，R ① A

線分の内分
点 P は線分 AB を $m:n$ に内分 ⟺
線分 AB 上の点 P が
AP：PB＝$m:n$

119 (1)　A ① C ③ B
(2)　A ① D ① B
(3)　A ⑦ E，B ③ E
(4)　F ⑤ B，F ① A

線分の外分
点 Q は線分 AB を $m:n$ に外分 ⟺
線分 AB の延長上の点 Q が
AQ：QB＝$m:n$

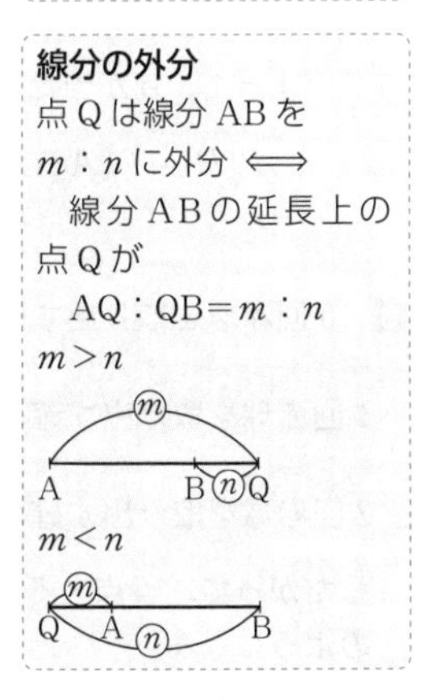

120　AD：AF＝AE：AG より　$(x+3)$：6＝24：8
よって　$8(x+3)=6\times24$　　したがって　$x=\mathbf{15}$
AB：AF＝BC：FG より　15：6＝$(5+y)$：9
よって　$6(5+y)=15\times9$　　したがって　$y=\mathbf{\dfrac{35}{2}}$
AD：AF＝DE：FG より　18：6＝z：9
よって　$6z=18\times9$　　したがって　$z=\mathbf{27}$

JUMP 19

△ABC において　AE：AB＝EF：BC より

　$x:(x+4)=y:5$　　よって　$5x=(x+4)y$ ……①

△BAD において　BE：BA＝EF：AD より

　$4:(4+x)=y:2$　よって　$8=(x+4)y$　　……②

①，②より　$5x=8$　　したがって　$x=\frac{8}{5}$

これを②に代入して　$8=\left(\frac{8}{5}+4\right)y$　　したがって　$y=\frac{10}{7}$

考え方　△ABC と△BAD において，平行線と線分の比を考える。

20 角の二等分線と線分の比 (p.168)

121　BD：DC＝AB：AC より　$x:(10-x)=8:5$

よって　$5x=8(10-x)$　　したがって　$x=\frac{80}{13}$

122　BE：EC＝AB：AC より　$(5+x):x=5:2$

よって　$5x=2(5+x)$　　したがって　$x=\frac{10}{3}$

123 (1)　BD：DC＝AB：AC より　$x:(6-x)=8:4$

　よって　$4x=8(6-x)$　　したがって　$x=4$

(2)　BE：EC＝AB：AC より　$(6+y):y=8:4$

　よって　$8y=4(6+y)$　　したがって　$y=6$

(3)　$CD=6-x=6-4=2$

　よって　$z=CD+CE=2+y=2+6=8$

124　BD＝x，BE＝y とする。

BD：DC＝AB：AC より

$x:(7-x)=5:10$

よって　$10x=5(7-x)$

したがって　$x=\frac{7}{3}$

BE：EC＝AB：AC より

$y:(y+7)=5:10$

よって　$10y=5(y+7)$

したがって　$y=7$

DE＝$x+y$　より　$DE=\frac{7}{3}+7=\frac{28}{3}$

125 (1)　AD＝x とする。

　AD：DC＝BA：BC より　$x:(6-x)=8:4$

　よって　$4x=8(6-x)$

　したがって　$x=4$

(2)　BE＝y とする。

　AE：EB＝CA：CB より　$(8-y):y=6:4$

　よって　$6y=4(8-y)$

　したがって　$y=\frac{16}{5}$

内角の二等分線と線分の比

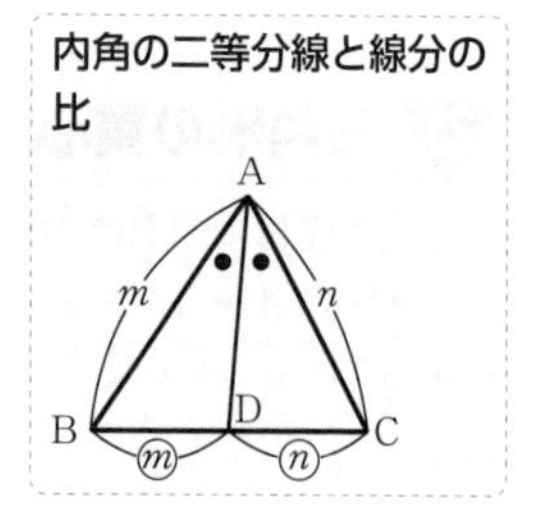

外角の二等分線と線分の比

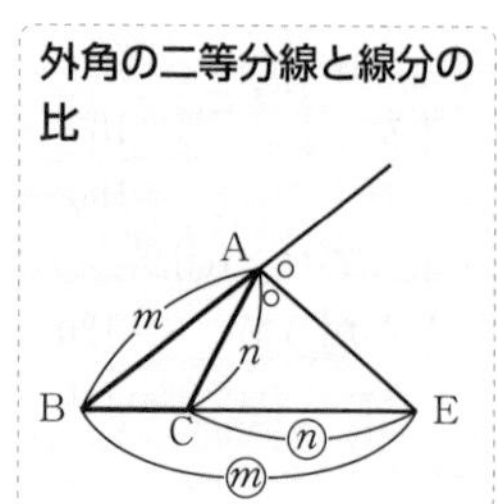

JUMP 20

AMを延長し，その延長先をFとする。

このとき，$\angle AMD=\angle BMD$ であるから

$\angle CME=\angle FME$

ここで，MEは$\angle AMC$の外角の二等分線であるから，$CE=x$ とすると

$AE:EC=MA:MC$ より　$(5+x):x=5:3$

よって　$5x=3(5+x)$

したがって　$x=\mathbf{\frac{15}{2}}$

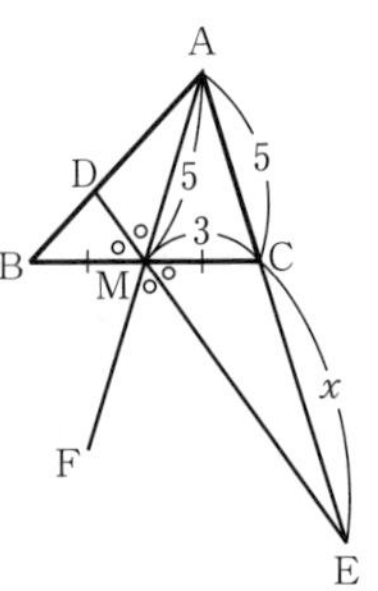

考え方　AMを延長し，MEが$\angle AMC$の外角の二等分線であることに着目して考える。

21 三角形の重心・内心・外心(p.170)

126　点Gは△ABCの重心であるから

$AG:GL=2:1$ より　$8:GL=2:1$

よって　$GL=4$ であるから　$AL=AG+GL=8+4=\mathbf{12}$

⬅三角形の3本の中線の交点が重心。重心は，それぞれの中線を2：1に内分する。

127　点Iは△ABCの内心であるから

$\angle IBC=\angle ABC\div 2=60^\circ\div 2=30^\circ$

また　$\angle ACB=180^\circ-(\angle BAC+\angle ABC)$

$=180^\circ-(50^\circ+60^\circ)=70^\circ$

よって　$\angle ICB=\angle ACB\div 2=70^\circ\div 2=35^\circ$

したがって　$\theta=180^\circ-(\angle IBC+\angle ICB)$

$=180^\circ-(30^\circ+35^\circ)=\mathbf{115^\circ}$

⬅3つの内角の二等分線の交点が内心。

⬅$\angle BAC+\angle ABC+\angle ACB=180^\circ$

⬅$\angle BIC+\angle IBC+\angle ICB=180^\circ$

128　$BM=\frac{1}{2}BC=4$，$AG=BM$ より　$AG=4$

点Gは△ABCの重心であるから

$AG:GM=2:1$ より　$4:GM=2:1$

よって　$GM=2$ であるから　$AM=AG+GM=4+2=\mathbf{6}$

129　(1)　点Iは△ABCの内心であるから

$\angle ABI=\angle CBI=25^\circ$

$\angle ACI=\angle BCI=\theta$

△IABにおいて

$\angle BAI+100^\circ+25^\circ=180^\circ$

ゆえに　$\angle BAI=55^\circ$

よって　$\angle CAI=55^\circ$

△ABCにおいて

$\angle ABC+\angle BCA+\angle CAB=(25^\circ+25^\circ)+(\theta+\theta)+(55^\circ+55^\circ)$

$=180^\circ$

したがって　$\theta=\mathbf{10^\circ}$

(2)　点Oと点Aを結ぶ。点Oは△ABCの外心であるから

$OA=OB=OC$

よって　$\angle OAB=\angle OBA=\alpha$

$\angle OBC=\angle OCB=\beta$

$\angle OCA=\angle OAC=\gamma$　とかける。

△ABCにおいて

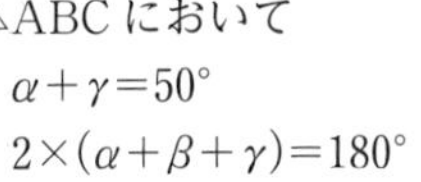

$\alpha+\gamma=50^\circ$

$2\times(\alpha+\beta+\gamma)=180^\circ$

⬅外心から各頂点までの距離は等しい。

ゆえに

$2\times(\beta+50^\circ)=180^\circ$

よって　$2\beta=80^\circ$

△OBC において

$\theta=180^\circ-2\beta=180^\circ-80^\circ=\mathbf{100^\circ}$

別解　∠BAC は △ABC の外接円の円周角，
∠BOC はその中心角だから，
円周角の定理より

$\angle\mathrm{BOC}=2\times\angle\mathrm{BAC}=2\times50^\circ=\mathbf{100^\circ}$

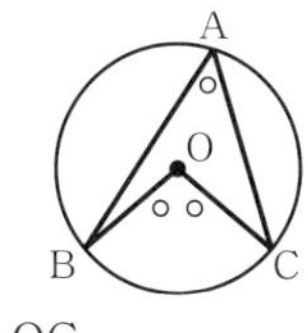

⬅O は △ABC の外接円の中心

⬅円周角の定理より中心角 ∠BOC は円周角 ∠BAC の 2 倍

(3)　点 O は △ABC の外心であるから　OA＝OB＝OC

よって　$\angle\mathrm{OAB}=\angle\mathrm{OBA}=40^\circ$

$\angle\mathrm{OCA}=\angle\mathrm{OAC}=40^\circ$

$\angle\mathrm{OCB}=\angle\mathrm{OBC}=\theta$

△ABC において

$\angle\mathrm{ABC}+\angle\mathrm{BCA}+\angle\mathrm{CAB}=(90^\circ+\theta)+(40^\circ+\theta)+(40^\circ+40^\circ)$
$=180^\circ$

したがって　$\theta=\mathbf{10^\circ}$

130　(1)　点 I は △ABC の内心であるから，
AD は ∠A の二等分線である。
BD＝x とすると，DC＝$5-x$ であるから，
BD：DC＝AB：AC より

$x:(5-x)=3:4$

よって　$4x=3(5-x)$　　したがって　$x=\mathbf{\dfrac{15}{7}}$

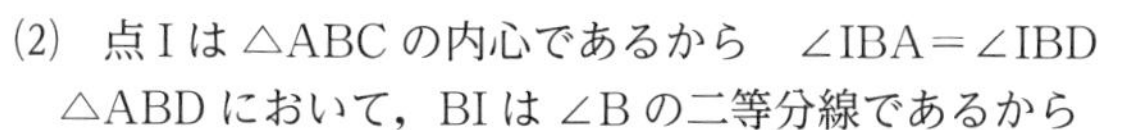

(2)　点 I は △ABC の内心であるから　∠IBA＝∠IBD
△ABD において，BI は ∠B の二等分線であるから

$\mathrm{AI}:\mathrm{ID}=\mathrm{BA}:\mathrm{BD}=3:\dfrac{15}{7}=\mathbf{7:5}$

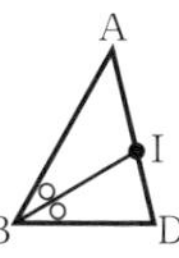

131　平行四辺形の性質より　AO＝OC，BO＝OD
よって，△ABC において点 P は重心である。
ゆえに　BP：PO＝2：1
BO＝$3a$ とすると　BP＝$2a$，PO＝a
同様に　DQ＝$2a$，QO＝a
ゆえに　BP＝PQ＝QD＝$2a$
よって，BD＝9 より　PQ＝**3**

⬅平行四辺形の対角線は，それぞれの中点で交わる。

JUMP 21

点 G は △ABC の重心であるから，AG の延長と BC の交点を M とすると，点 M は BC の中点である。また，∠BAC＝90° より，点 M は △ABC の外心になっている。

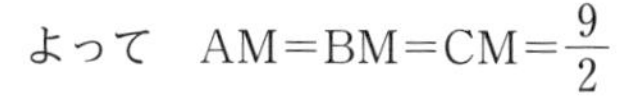

よって　$\mathrm{AM}=\mathrm{BM}=\mathrm{CM}=\dfrac{9}{2}$

点 G は △ABC の重心であるから

AG：GM＝2：1

したがって　$\mathrm{AG}=\dfrac{2}{3}\mathrm{AM}=\dfrac{2}{3}\times\dfrac{9}{2}=\mathbf{3}$

考え方　直角三角形 ABC の外接円を考える。

22 メネラウスの定理，チェバの定理 (p.172)

132 メネラウスの定理より $\frac{6}{2}\cdot\frac{CQ}{QA}\cdot\frac{3}{2}=1$

ゆえに $\frac{CQ}{QA}=\frac{2}{9}$

よって AQ：QC=**9：2**

133 チェバの定理より $\frac{1}{4}\cdot\frac{CQ}{QA}\cdot\frac{3}{2}=1$

ゆえに $\frac{CQ}{QA}=\frac{8}{3}$

よって AQ：QC=**3：8**

メネラウスの定理

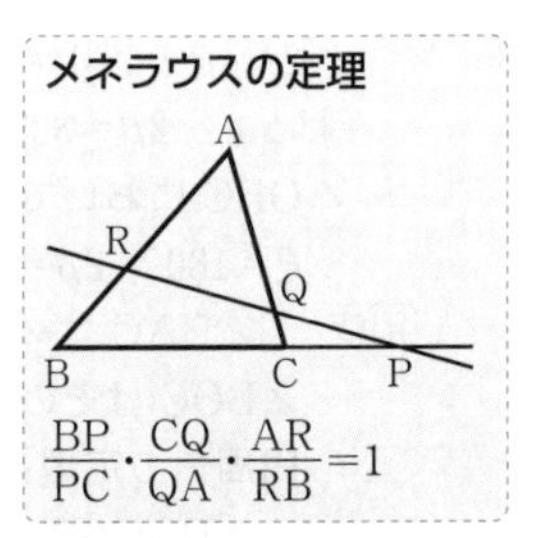

$\frac{BP}{PC}\cdot\frac{CQ}{QA}\cdot\frac{AR}{RB}=1$

チェバの定理

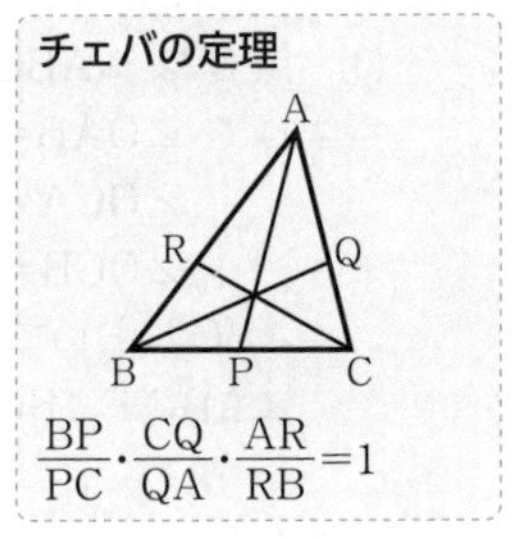

$\frac{BP}{PC}\cdot\frac{CQ}{QA}\cdot\frac{AR}{RB}=1$

134 (1) BP：BC=1：2 より BP：PC=1：3

メネラウスの定理より $\frac{1}{3}\cdot\frac{CQ}{QA}\cdot\frac{3}{1}=1$

⬅ $\frac{BP}{PC}\cdot\frac{CQ}{QA}\cdot\frac{AR}{RB}=1$

ゆえに $\frac{CQ}{QA}=1$

⬅ $\frac{CQ}{QA}=1=\frac{1}{1}$

よって AQ：QC=**1：1**

(2) チェバの定理より $\frac{1}{1}\cdot\frac{3}{4}\cdot\frac{AR}{RB}=1$

⬅ $\frac{BP}{PC}\cdot\frac{CQ}{QA}\cdot\frac{AR}{RB}=1$

ゆえに $\frac{AR}{RB}=\frac{4}{3}$

よって AR：RB=**4：3**

135 △BAE と直線 DC について，メネラウスの定理より

$\frac{2}{3}\cdot\frac{9}{4}\cdot\frac{EO}{OB}=1$ ゆえに $\frac{EO}{OB}=\frac{2}{3}$

⬅ $\frac{BD}{DA}\cdot\frac{AC}{CE}\cdot\frac{EO}{OB}=1$

よって BO：OE=**3：2**

136 (1) チェバの定理より $\frac{1}{2}\cdot\frac{1}{2}\cdot\frac{AR}{RB}=1$

⬅ $\frac{BP}{PC}\cdot\frac{CQ}{QA}\cdot\frac{AR}{RB}=1$

ゆえに $\frac{AR}{RB}=\frac{4}{1}$ よって AR：RB=**4：1**

(2) △ABP と直線 RC について，メネラウスの定理より

$\frac{3}{2}\cdot\frac{PO}{OA}\cdot\frac{4}{1}=1$ ゆえに $\frac{PO}{OA}=\frac{1}{6}$

⬅ $\frac{BC}{CP}\cdot\frac{PO}{OA}\cdot\frac{AR}{RB}=1$

よって AO：OP=**6：1**

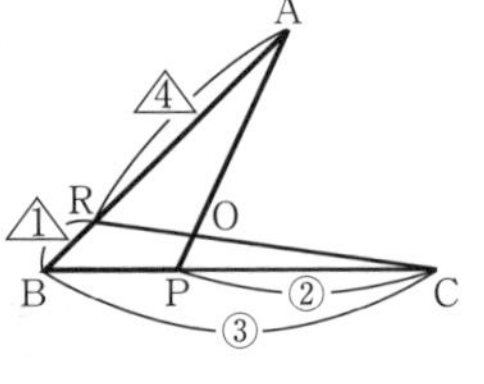

(3) △OBC と △ABC は，辺 BC を共有しているから

⬅ともに BC を底辺と考える。

$\frac{\triangle OBC}{\triangle ABC}=\frac{OP}{AP}=\frac{1}{6+1}=\frac{1}{7}$

⬅(2)より AO：OP=6：1

よって △OBC：△ABC=**1：7**

JUMP 22

メネラウスの定理より $\frac{3}{2}\times\frac{3}{1}\times\frac{CF}{FA}=1$

ゆえに $\frac{CF}{FA}=\frac{2}{9}$

CA＝FA－CF より　FC：CA＝2：7

△BCF と △ABC は，辺 BC を共有しているから，

△BCF：△ABC＝2：7 より

$\triangle BCF=\frac{2}{7}\triangle ABC$　……①

また，△BEF と △BCF は，高さが共通であるから，

△BEF：△BCF＝3：4 より

$\triangle BEF=\frac{3}{4}\triangle BCF$　……②

①，②より　$\triangle BEF=\frac{3}{4}\times\frac{2}{7}\triangle ABC=\frac{3}{14}\triangle ABC$

したがって　△BEF：△ABC＝**3：14**

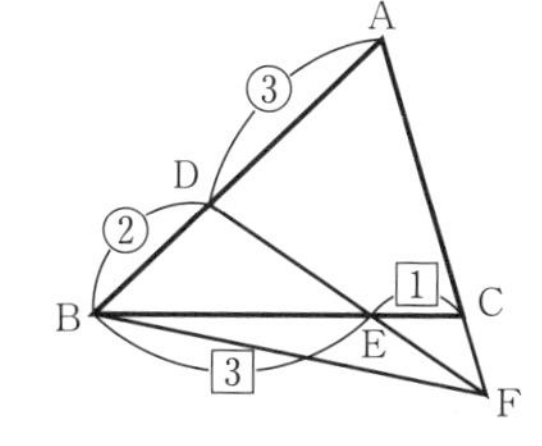

考え方　まず，△BCF と △ABC の面積比を求める。

⬅ $\frac{AD}{DB}\cdot\frac{BE}{EC}\cdot\frac{CF}{FA}=1$

⬅BE，BC を底辺と考える。

23 円周角の定理とその逆(p.174)

137 (1)　∠ABD＝180°－(33°＋112°)＝35°

円周角の定理より　∠ABD＝∠ACD

よって　θ＝**35°**

(2)　円周角は中心角の半分だから

$\angle ACB=\frac{1}{2}\angle AOB$

よって　θ＝102°÷2＝**51°**

138　∠BAE＝100°－55°＝45° であるから

∠BAC＝∠BDC＝45°

したがって，4 点 A，B，C，D は**同一円周上にある。**

139 (1)　θ＝49°×2＝**98°**

(2)　∠ACD＝100°－40°＝60°

円周角の定理より　∠ABD＝∠ACD

よって　θ＝**60°**

140 (1)　∠DEC＝∠AEB＝110° であるから

∠ACD＝180°－(50°＋110°)＝20°

よって　∠ABD≠∠ACD

したがって，4 点 A，B，C，D は**同一円周上にない。**

(2)　∠CED＝∠AEB＝60° であるから，△DEC において

∠BDC＝180°－(60°＋85°)＝35°

よって　∠BAC＝∠BDC

したがって，4 点 A，B，C，D は**同一円周上にある。**

(3)　△DBC において

∠BDC＝180°－(37°＋90°)＝53°

よって　∠BAC＝∠BDC

したがって，4 点 A，B，C，D は**同一円周上にある。**

円周角の定理

1 つの弧に対する円周角の大きさは一定であり，その弧に対する中心角の大きさの半分である。

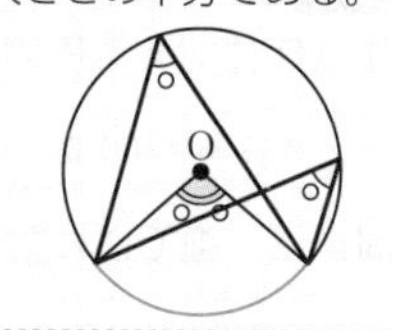

円周角の定理の逆

4 点 A，B，P，Q について，P，Q が直線 AB の同じ側にあり，

∠APB＝∠AQB

が成り立つならば，この 4 点は同一円周上にある。

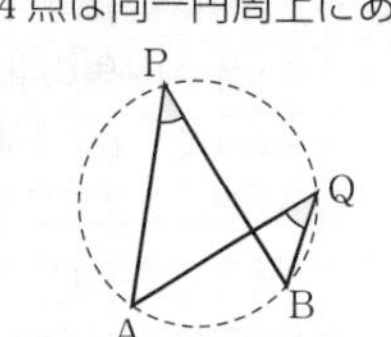

141 (1) 中心角は円周角の 2 倍であるから

$\angle BOC=2\times\angle BDC$　より　$\alpha=\mathbf{80^\circ}$

円周角の定理より　$\angle BAC=\angle BDC$

よって　$\beta=\mathbf{40^\circ}$

線分 BD は円 O の直径であるから　$\angle BCD=90^\circ$

△BCD において

$\gamma=180^\circ-(90^\circ+40^\circ)=\mathbf{50^\circ}$

⬅半円に対する円周角は 90°

(2) 中心角は円周角の 2 倍であるから

$\angle COD=2\times\angle CED=2\times30^\circ=60^\circ$

よって　$\beta=180^\circ-60^\circ=\mathbf{120^\circ}$

CE と OD の交点を F とすると，△FOC において

$\gamma=180^\circ-(30^\circ+60^\circ)=\mathbf{90^\circ}$

円周角は中心角の半分であるから

$\angle ABD=\dfrac{1}{2}\angle AOD$

よって　$\alpha=120^\circ\div2=\mathbf{60^\circ}$

(3) 円周角の定理より　$\angle BAC=\angle BDC=\alpha$

また，$\angle BAC=\angle CAD$ より　$\angle CAD=\alpha$

よって，△ABD において

$2\alpha+80^\circ+36^\circ=180^\circ$

したがって　$\alpha=\mathbf{32^\circ}$

JUMP 23

考え方　∠ADB と ∠CAD の大きさを考える。

弧 AB に対する円周角は，中心角の半分であるから

$\angle ADB=360^\circ\times\dfrac{3}{3+4+5+6}\times\dfrac{1}{2}=30^\circ$

同様に，弧 CD に対する円周角は

$\angle CAD=360^\circ\times\dfrac{5}{3+4+5+6}\times\dfrac{1}{2}=50^\circ$

ここで　$\angle CPD=\angle CAD+\angle ADB$　であるから

$\theta=30^\circ+50^\circ=\mathbf{80^\circ}$

24 円に内接する四角形と四角形が円に内接する条件 (p.176) —

142 (1) 円に内接する四角形の性質から，向かい合う内角の和は 180° である。

よって　$\alpha=180^\circ-110^\circ=\mathbf{70^\circ}$

また，∠ABC は ∠ADC の外角に等しいから　$\beta=\mathbf{92^\circ}$

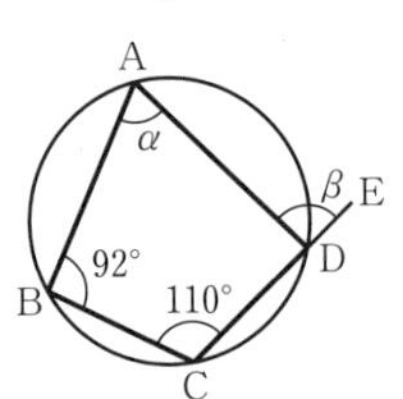

円に内接する四角形

[1] 向かい合う内角の和は 180°

[2] 1 つの内角は，それに向かい合う内角の外角に等しい。

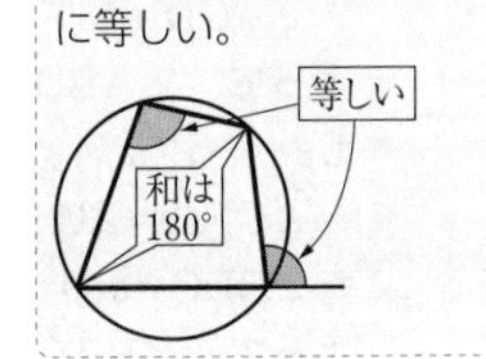

(2) 四角形 ABCD は円に内接しているから，向かい合う内角の和は 180° である。

よって　$\angle BAD+\angle BCD=180^\circ$

ゆえに　$\alpha=180^\circ-50^\circ=\mathbf{130^\circ}$

B と D を結ぶと，△ABD は二等辺三角形より　$\angle ABD=\dfrac{1}{2}(180^\circ-50^\circ)=65^\circ$

⬅二等辺三角形は底角が等しい。

四角形 ABDE は円に内接しているから，向かい合う内角の和は 180° である。

よって　$\beta=180^\circ-65^\circ=\mathbf{115^\circ}$

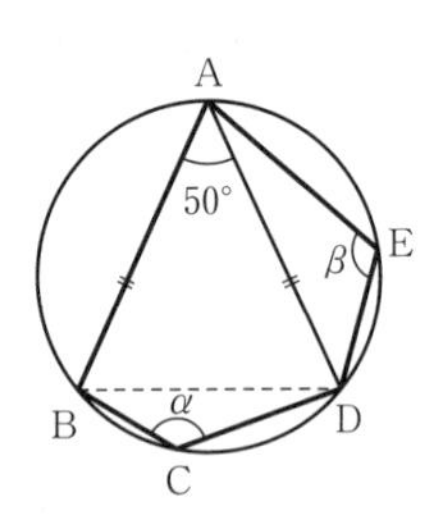

143 $\angle B+\angle D=85^\circ+85^\circ=170^\circ \neq 180^\circ$
向かい合う内角の和が 180° でないから，四角形 ABCD は円に**内接しない。**

144 (1) 四角形 ABCD は円に内接しているから，1 つの内角は，それに向かい合う内角の外角に等しい。

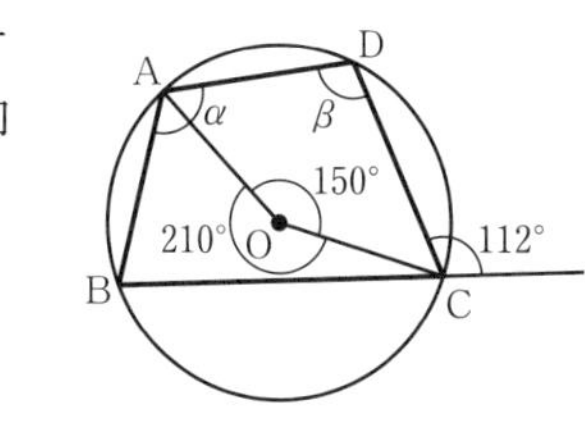

よって　$\alpha=$ **112°**
弧 ABC に対する中心角は
$\angle AOC=360^\circ-150^\circ=210^\circ$
円周角は中心角の半分であるから
$\angle ADC=\dfrac{1}{2}\angle AOC$
よって　$\beta=210^\circ\div 2=$ **105°**

(2) 四角形 ABCD は円に内接しているから，1 つの内角は，それに向かい合う内角の外角に等しい。

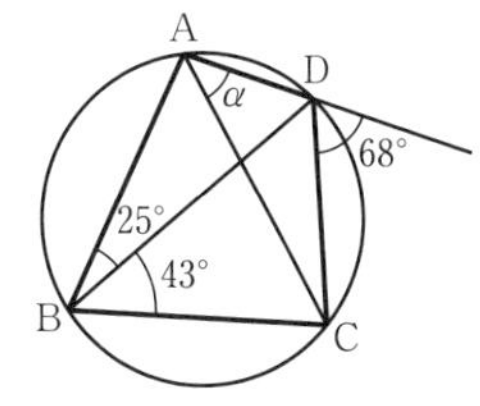

よって　$\angle ABC=68^\circ$
ゆえに　$\angle CBD=68^\circ-25^\circ=43^\circ$
円周角の定理より　$\angle CAD=\angle CBD$
よって　$\alpha=$ **43°**

⬅∠CAD と ∠CBD はともに弧 CD に対する円周角

(3) 四角形 CDEF は円に内接しているから，1 つの内角は，それに向かい合う内角の外角に等しい。

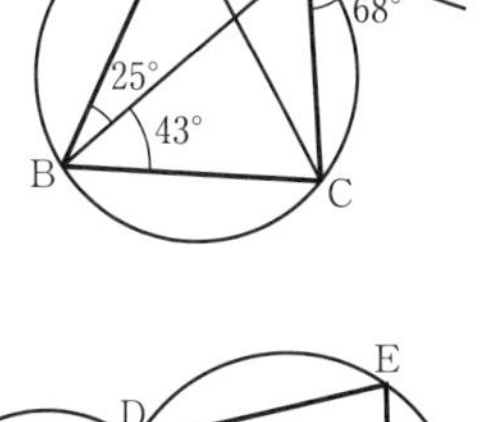

よって　$\angle ADC=\angle EFC=82^\circ$
四角形 ABCD は円に内接しているから，向かい合う内角の和は 180° である。
よって　$\angle ABC+\angle ADC=180^\circ$
ゆえに　$\alpha+82^\circ=180^\circ$
したがって　$\alpha=$ **98°**

145 △ABC において，AB＝CB より
$\angle BAC=\angle BCA=40^\circ$
よって　$\angle ABC=180^\circ-40^\circ\times 2=100^\circ$
四角形 ABCD において，
$\angle ABC+\angle ADC=100^\circ+85^\circ=185^\circ \neq 180^\circ$
よって，向かい合う内角の和が 180° でないから，四角形 ABCD は円**に内接しない。**

146 (1) 右図のように，AD の延長上に点 G をとる。

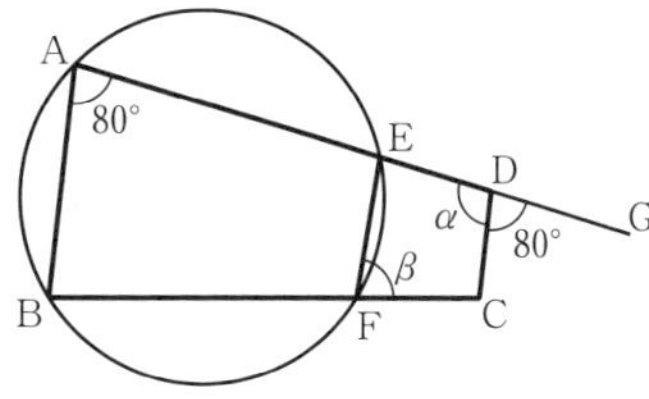

$AB /\!/ CD$ より
$\angle CDG=\angle BAE=80^\circ$
したがって
$\alpha=180^\circ-80^\circ=$ **100°**

(2) 四角形 ABFE は円に内接しているから
$\angle CFE=\angle BAE$
よって　$\beta=$ **80°**

(3)　$\angle CDE + \angle CFE = 100^\circ + 80^\circ = 180^\circ$
よって，向かい合う内角の和が 180° であるから，四角形 EFCD は円に**内接する。**

147 ①　$\angle A + \angle C = 90^\circ + 70^\circ = 160^\circ$
向かい合う内角の和が 180° でないから，四角形 ABCD は円に内接しない。
②　$\angle DAB = 180^\circ - 105^\circ = 75^\circ$ より
$\angle DAB$ は $\angle BCD$ の外角に等しい。
ゆえに，四角形 ABCD は円に内接する。
③　△BCD において，内角の和は 180° であるから
$\angle C = 180^\circ - (35^\circ + 25^\circ) = 120^\circ$
ゆえに　$\angle A + \angle C = 60^\circ + 120^\circ = 180^\circ$
向かい合う内角の和が 180° であるから，四角形 ABCD は円に内接する。
よって，円に内接するのは　**②と③**

JUMP 24
四角形 AEDF は
$\angle AED + \angle AFD = 90^\circ + 90^\circ = 180^\circ$
より，円に内接する。
△AED は直角三角形であるから
$\angle ADE = 180^\circ - 90^\circ - 40^\circ = 50^\circ$
よって，円周角の定理より
$\angle AFE = \angle ADE = \mathbf{50^\circ}$

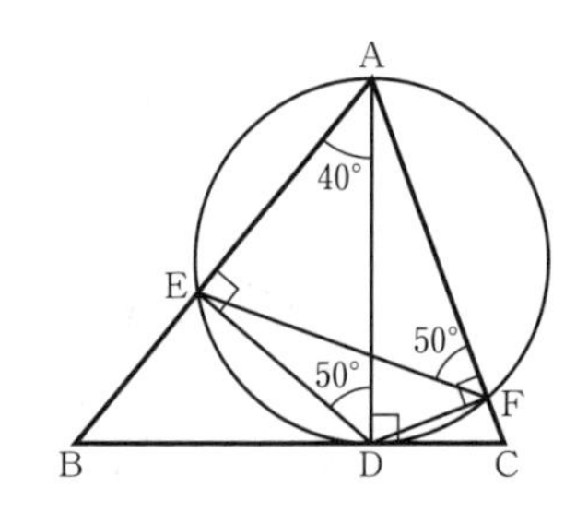

考え方　四角形 AEDF の向かい合う内角の和を考える。

⬅ $\angle AFE$ と $\angle ADE$ はともに弧 AE に対する円周角

25 円の接線と弦のつくる角 (p.178)

148 $BR = BP = x$，$AB = 10$ より　$AR = 10 - x$
ゆえに　$AQ = AR = 10 - x$
また　$CQ = CP = 12 - x$
ここで $AC = AQ + CQ$ より
$8 = (10 - x) + (12 - x)$
これを解いて　$x = \mathbf{7}$

149 △ABC の内角の和は 180° であるから
$\angle ACB = 180^\circ - (50^\circ + 60^\circ) = 70^\circ$
AT は円の接線だから，接線と弦のつくる角の性質より
$\theta = \angle ACB = \mathbf{70^\circ}$

接線と弦のつくる角

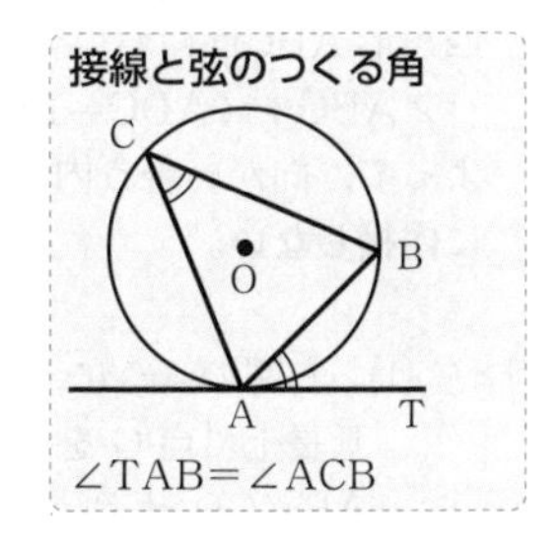

$\angle TAB = \angle ACB$

150 (1)　$BP = BR = x$，$BC = 11$ より　$CP = 11 - x$
ゆえに　$CQ = CP = 11 - x$
また　$AQ = AR = 7 - x$
ここで，$AC = AQ + CQ$ より
$5 = (7 - x) + (11 - x)$
これを解いて　$x = \mathbf{\dfrac{13}{2}}$
(2)　△ABC は直角三角形であるから，三平方の定理より
$AB^2 = 6^2 + 8^2$　よって　$AB = 10$
$BP = BR = x$，$BC = 8$ より　$CP = 8 - x$

ゆえに　CQ＝CP＝$8-x$
また，AQ＝AR＝$10-x$
ここで，AC＝AQ＋CQ より
$6=(10-x)+(8-x)$
これを解いて　$x=\mathbf{6}$

151 (1) ∠CAE＝180°−130°＝50°
接線と弦のつくる角の性質より
$\alpha=\mathbf{50°}$
また，右図のように点 F をとると
∠CAF＝130°
接線と弦のつくる角の性質より
$\beta=\mathbf{130°}$

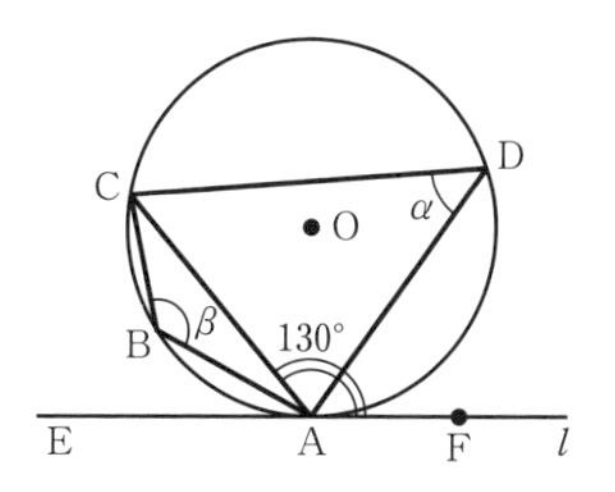

(2) 接線の長さは等しいから
PA＝PB
∠APB＝60° より，△PAB は正三角形
であるから　$\alpha=\mathbf{60°}$
接線と弦のつくる角の性質より
$\beta=\alpha=\mathbf{60°}$

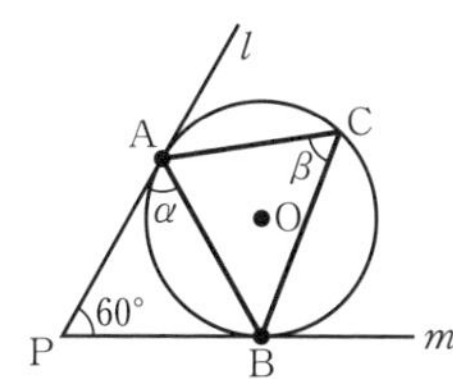

152 BP＝BQ＝a
CQ＝CR＝b
AP＝AS＝$5-a$
DR＝DS＝$3-b$
ここで，AD＝AS＋DS，AD＝3
であるから
$3=(5-a)+(3-b)$
よって　$a+b=\mathbf{5}$

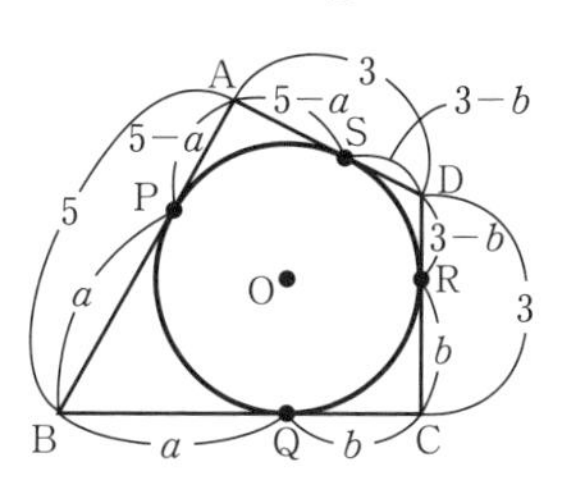

153 AD，BD は円の接線であるから
DA＝DB
よって，△ABD は二等辺三角形である。
ここで，∠DAB＝∠DBA＝α とおくと
$2\alpha+40°=180°$
これを解いて　$\alpha=70°$
接線と弦のつくる角の性質より　$\theta=\alpha=\mathbf{70°}$

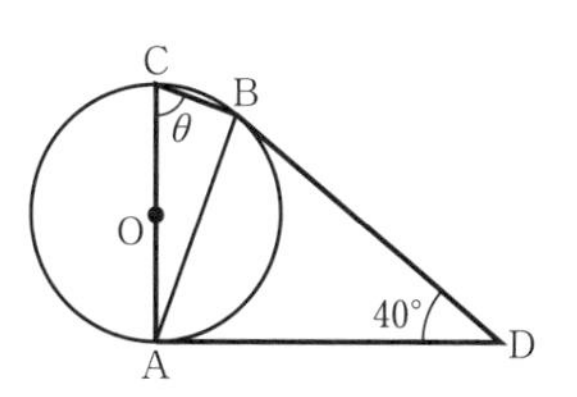

JUMP 25
接線の長さは等しいから，BD＝BP，CD＝CQ より
BC＝BP＋CQ
ゆえに
AB＋BC＋CA＝AB＋(BP＋CQ)＋CA
＝AB＋BP＋CQ＋CA
＝AP＋AQ
＝2AP＝2×10＝**20**

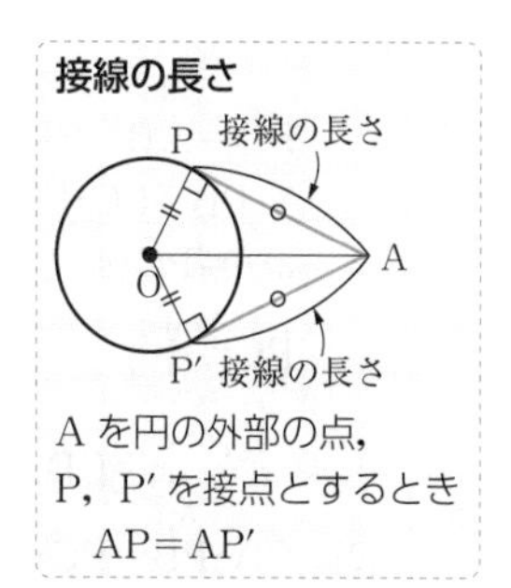

A を円の外部の点，
P，P′ を接点とするとき
AP＝AP′

考え方　BC を BD と CD に分けて考える。

26 方べきの定理，2つの円(p.180)

154 PA・PB=PC・PD より

$5\cdot(5+7)=x\cdot(x+11)$

$x^2+11x-60=0$

$(x+15)(x-4)=0$

$x>0$ より　$x=\mathbf{4}$

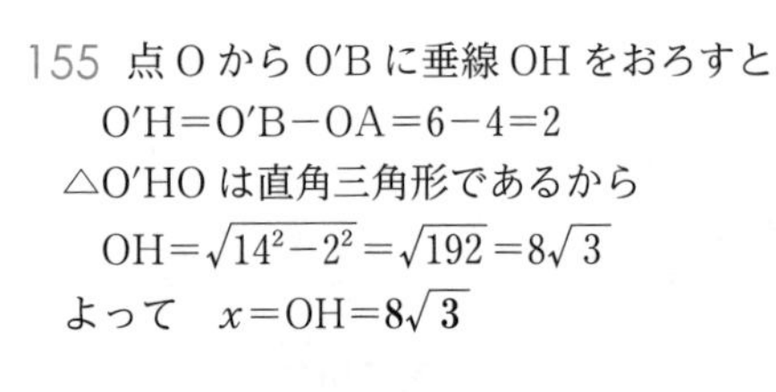

155 点Oから O′B に垂線 OH をおろすと

$O'H=O'B-OA=6-4=2$

$\triangle O'HO$ は直角三角形であるから

$OH=\sqrt{14^2-2^2}=\sqrt{192}=8\sqrt{3}$

よって　$x=OH=\mathbf{8\sqrt{3}}$

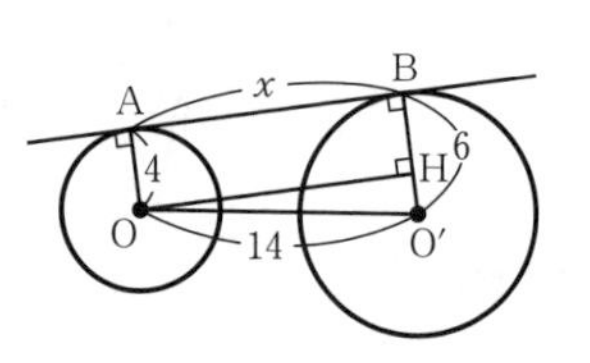

156 (1) $PA=AB-BP=9-6=3$

PA・PB=PC・PD より

$3\cdot6=PC\cdot4$

$PC=\dfrac{9}{2}$

よって　$x=CD=PC+PD=\dfrac{9}{2}+4=\mathbf{\dfrac{17}{2}}$

(2) PA・PB=PC・PD より

$3\cdot(3+9)=4\cdot(4+x)$

$36=16+4x$

$4x=20$

よって　$x=\mathbf{5}$

(3) $PA\cdot PB=PT^2$ より

$3\cdot(3+x)=6^2$

$9+3x=36$

$3x=27$

よって　$x=\mathbf{9}$

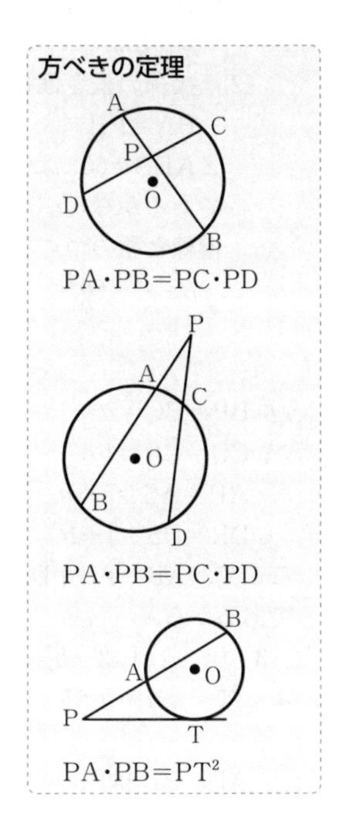

157 点 O′ から線分 OA に垂線 O′H をおろすと

$OH=OA-O'B=10-1=9$

$\triangle OO'H$ は，直角三角形であるから

$AB=O'H=\sqrt{15^2-9^2}$

$=\sqrt{144}=\mathbf{12}$

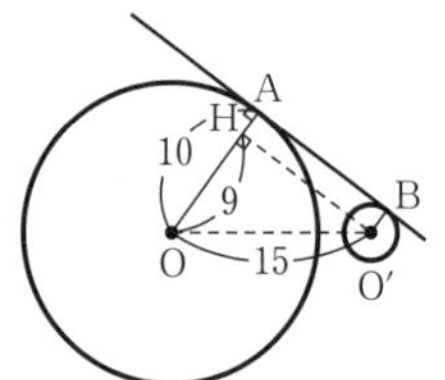

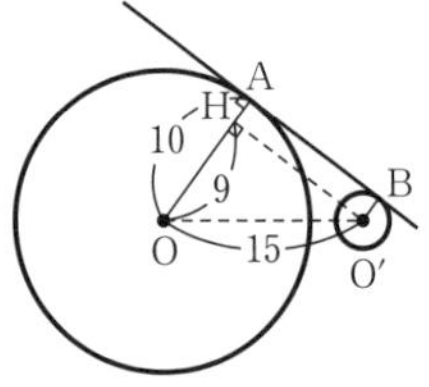

⬅ $OA=OH+O'B$

⬅ $OH^2+HO'^2=OO'^2$

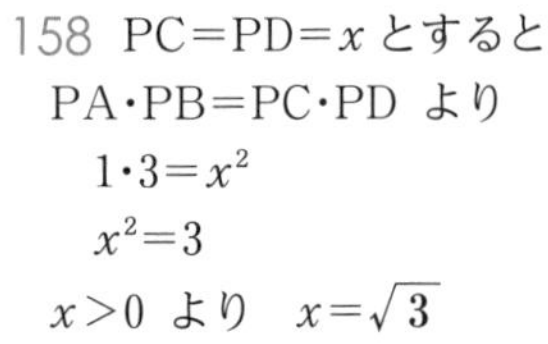

158 $PC=PD=x$ とすると

PA・PB=PC・PD より

$1\cdot3=x^2$

$x^2=3$

$x>0$ より　$x=\mathbf{\sqrt{3}}$

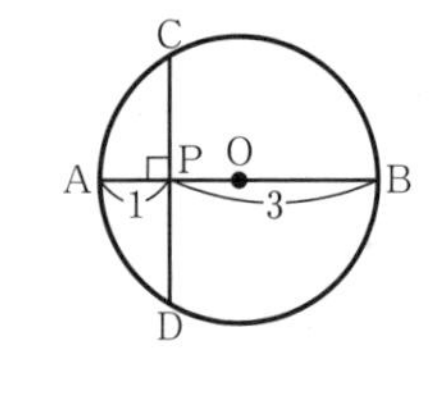

⬅ AB は直径で，円の対称性より PC=PD

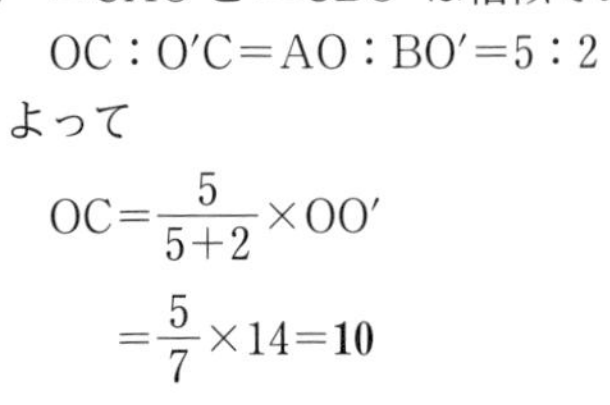

159 (1) $\triangle CAO$ と $\triangle CBO'$ は相似であるから

$OC:O'C=AO:BO'=5:2$

よって

$OC=\dfrac{5}{5+2}\times OO'$

$=\dfrac{5}{7}\times14=\mathbf{10}$

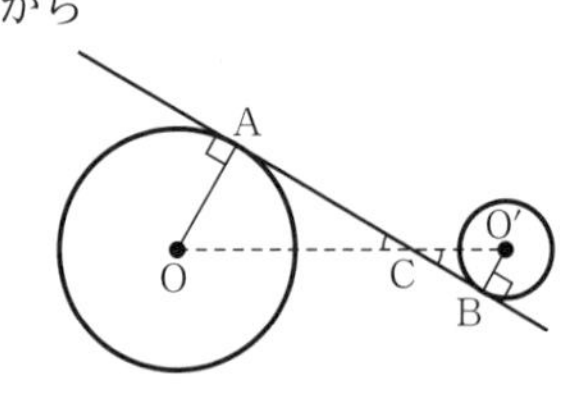

⬅ $\triangle CAO\backsim\triangle CBO'$
($\angle OAC=\angle O'BC$,
$\angle ACO=\angle BCO'$)

(2)　△CAO は直角三角形なので

$AC=\sqrt{10^2-5^2}=\sqrt{75}=\mathbf{5\sqrt{3}}$

⬅$OA^2+AC^2=OC^2$

(3)　AC：BC＝5：2　より

$CB=\dfrac{2}{5}AC=\dfrac{2}{5}\times5\sqrt{3}=2\sqrt{3}$

⬅△CAO と △CBO′ の相似比

よって　$AB=AC+CB=5\sqrt{3}+2\sqrt{3}=\mathbf{7\sqrt{3}}$

JUMP 26

考え方　まず，円 O において方べきの定理を用いる。

円 O において

$PC^2=PA\cdot PB=\sqrt{2}\times2\sqrt{2}=4$

PC＞0 より　PC＝**2**

円 O′ において

$PD^2=PA\cdot PB=\sqrt{2}\times2\sqrt{2}=4$

PD＞0 より　PD＝2

よって　CD＝PC＋PD＝4

点 O から線分 DO′ に垂線 OH をおろすと，四角形 COHD は長方形であるから

OH＝CD＝4

HO′＝DO′－DH＝DO′－CO＝5－1＝4

三平方の定理より　$OO'=\sqrt{OH^2+HO'^2}=\sqrt{4^2+4^2}=\sqrt{32}=\mathbf{4\sqrt{2}}$

まとめの問題　図形の性質(p.182)

1

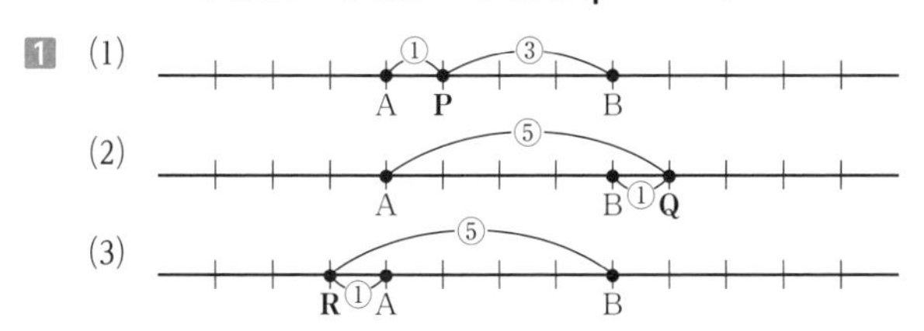

2　BD：DC＝AB：AC より　$(2+x):x=5:4$

よって　$4(2+x)=5x$

したがって　$x=\mathbf{8}$

外角の二等分線と線分の比

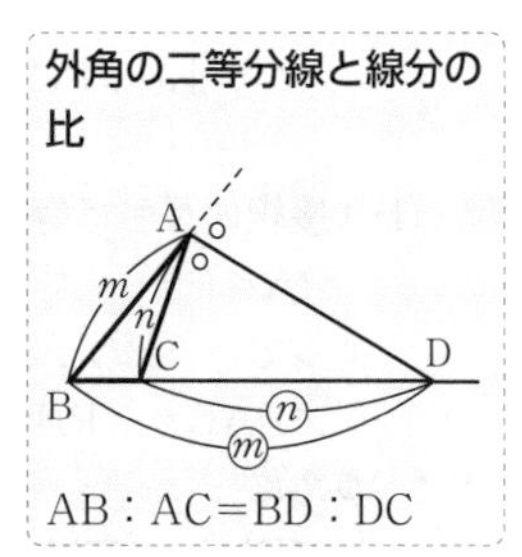

AB：AC＝BD：DC

3　△ABC は正三角形なので

$BM=\dfrac{1}{2}a$，$AM=\dfrac{\sqrt{3}}{2}a$，$BN=\dfrac{\sqrt{3}}{2}a$

点 G は △ABC の重心であるから

AG：GM＝2：1

⬅重心は，それぞれの中線を 2：1 に内分する。

よって　$GM=\dfrac{1}{2+1}AM=\dfrac{1}{3}\times\dfrac{\sqrt{3}}{2}a=\dfrac{\sqrt{3}}{6}a$

同様に　BG：GN＝2：1

よって　$BG=\dfrac{2}{2+1}BN=\dfrac{2}{3}\times\dfrac{\sqrt{3}}{2}a=\dfrac{\sqrt{3}}{3}a$

したがって，△GBM の周囲の長さは

$GB+BM+MG=\dfrac{\sqrt{3}}{3}a+\dfrac{1}{2}a+\dfrac{\sqrt{3}}{6}a=\mathbf{\dfrac{1}{2}a+\dfrac{\sqrt{3}}{2}a}$

⬅$\dfrac{1+\sqrt{3}}{2}a$ としてもよい。

4 点Oは△ABCの外心であるから

$\alpha=\angle \mathrm{OBC}=\angle \mathrm{OCB}$

$\beta=\angle \mathrm{OCA}=\angle \mathrm{OAC}$

$\gamma=\angle \mathrm{OAB}=\angle \mathrm{OBA}$

$\angle \mathrm{A}=\beta+\gamma=50^\circ$ ……①

$\angle \mathrm{B}=\gamma+\alpha=60^\circ$ ……②

$\angle \mathrm{C}=\alpha+\beta=70^\circ$ ……③

①+②+③より　$2\alpha+2\beta+2\gamma=180^\circ$

ゆえに　$\alpha+\beta+\gamma=90^\circ$ ……④

④−①より　$\alpha=\mathbf{40^\circ}$

④−②より　$\beta=\mathbf{30^\circ}$

④−③より　$\gamma=\mathbf{20^\circ}$

別解　外接円Oの円周角∠Aに対する中心角が∠BOCなので，△BOCにおいて

$2\times50^\circ+2\alpha=180^\circ$

よって　$\alpha=\mathbf{40^\circ}$

$\angle \mathrm{B}=60^\circ$ より　$\alpha+\gamma=60^\circ$

よって　$\gamma=\mathbf{20^\circ}$

同様に

$\angle \mathrm{C}=70^\circ$ より　$\alpha+\beta=70^\circ$

よって　$\beta=\mathbf{30^\circ}$

⬅Oは△ABCの外接円の中心。∠BOCは∠Aの2倍

⬅$\angle \mathrm{BOC}+\angle \mathrm{OBC}+\angle \mathrm{OCB}=180^\circ$

5 (1) △ABCと直線 l について，メネラウスの定理より，

$$\frac{\mathrm{CP}}{\mathrm{PB}}\cdot\frac{1}{4}\cdot\frac{2}{3}=1$$

ゆえに　$\frac{\mathrm{CP}}{\mathrm{PB}}=\frac{6}{1}$

よって　CP : PB＝6 : 1 より　PB : BC＝**1 : 5**

(2) チェバの定理より　$\frac{\mathrm{BP}}{\mathrm{PC}}\cdot\frac{2}{3}\cdot\frac{4}{5}=1$

ゆえに　$\frac{\mathrm{BP}}{\mathrm{PC}}=\frac{15}{8}$

よって　BP : PC＝**15 : 8**

メネラウスの定理

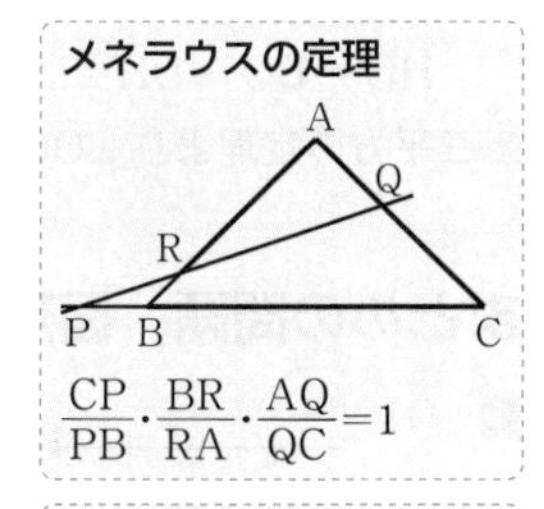

$$\frac{\mathrm{CP}}{\mathrm{PB}}\cdot\frac{\mathrm{BR}}{\mathrm{RA}}\cdot\frac{\mathrm{AQ}}{\mathrm{QC}}=1$$

チェバの定理

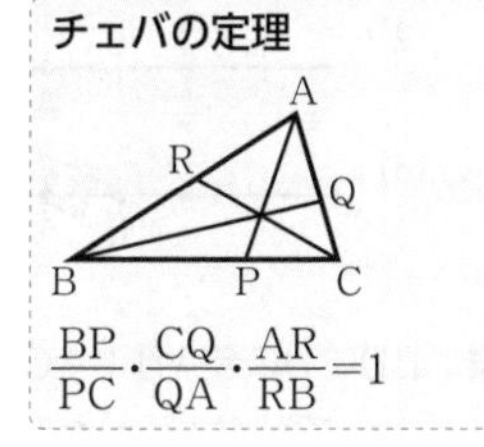

$$\frac{\mathrm{BP}}{\mathrm{PC}}\cdot\frac{\mathrm{CQ}}{\mathrm{QA}}\cdot\frac{\mathrm{AR}}{\mathrm{RB}}=1$$

6 (1) 接線の長さは等しいから

PA＝PB

よって，△PABは二等辺三角形であるから

$\angle \mathrm{PAB}=\angle \mathrm{PBA}$

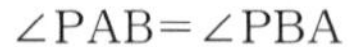

ゆえに

$\angle \mathrm{PBA}=(180^\circ-40^\circ)\div2=70^\circ$

接線と弦のつくる角の性質より　$\angle \mathrm{PBA}=\angle \mathrm{ACB}$

したがって　$\theta=\mathbf{70^\circ}$

(2) 円周角の定理より

$\angle \mathrm{CAD}=\angle \mathrm{CBD}=23^\circ$

△EACにおいて

$\angle \mathrm{ACE}=180^\circ-110^\circ-23^\circ=47^\circ$

接線と弦のつくる角の性質より

$\angle \mathrm{BAF}=\angle \mathrm{ACB}=47^\circ$

よって　$\theta=\mathbf{47^\circ}$

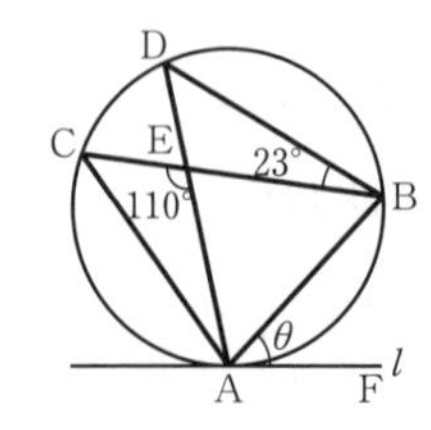

⬅弧CDに対する円周角は等しい。

(3) BC は円 O の直径だから $\angle CAB = 90^\circ$
ゆえに　$\angle PAB = 180^\circ - 65^\circ - 90^\circ = 25^\circ$
$\triangle BPA$ において　$\angle ABC = \theta + 25^\circ$
また，接線と弦のつくる角の性質より
$\angle ABC = \angle CAT = 65^\circ$
よって　$\theta + 25^\circ = 65^\circ$
したがって　$\theta = \mathbf{40^\circ}$

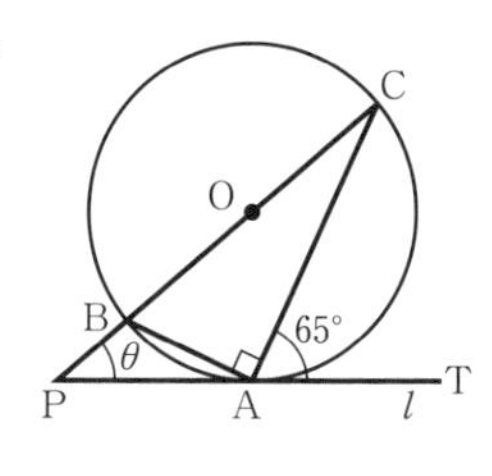

⬅弦 BC が直径のとき，弧 BC に対する円周角は 90°

⬅$\angle ABC$ は $\triangle BPA$ において，$\angle B$ の外角
$\angle ABC = \angle BPA + \angle PAB$

7 $\triangle AEP$ において
$\angle AED = \angle EAP + \angle EPA = 50^\circ + 15^\circ = \mathbf{65^\circ}$
AP は接線であるから　$\angle ABC = \angle CAP = 50^\circ$
$\triangle DBP$ において
$\angle ADE = \angle DBP + \angle DPB = 50^\circ + 15^\circ = \mathbf{65^\circ}$

8 $PT^2 = PA \cdot PB$ より　$PT^2 = x(x+y)$
よって
$\mathbf{PT = \sqrt{x(x+y)}}$

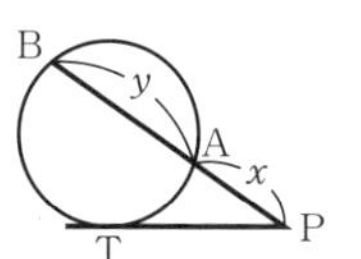

⬅PT は接線
方べきの定理より
$PA \cdot PB = PT^2$

9 四角形 BDEC が円に内接するから
$AB \cdot AD = AC \cdot AE$ より　$6 \cdot (6+8) = 7 \cdot (7+x)$
これを解いて　$x = \mathbf{5}$

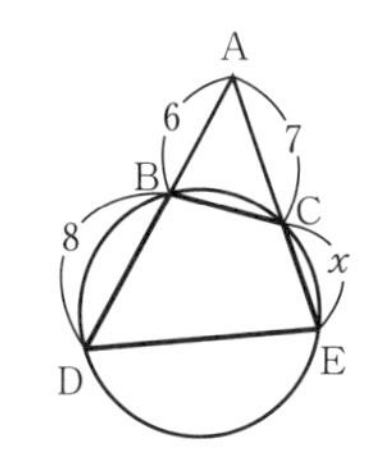

⬅方べきの定理より
$AB \cdot AD = AC \cdot AE$

27 作図 (p.184)

160〈内分点〉

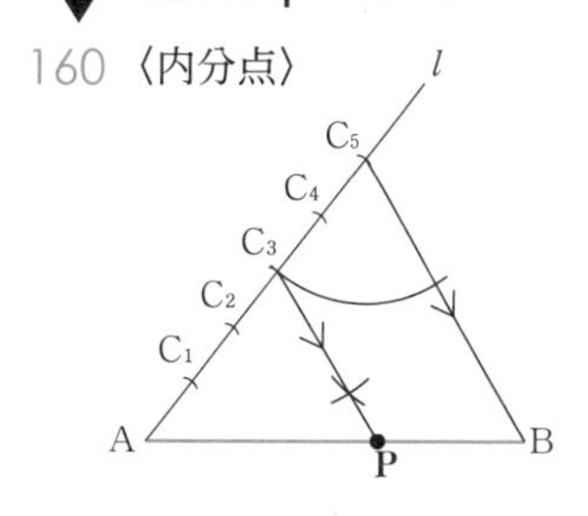

① 点 A を通る直線 l を引き，コンパスで等間隔に 5 個の点 C_1，C_2，C_3，C_4，C_5 をとる。
② 点 C_5 と点 B を結ぶ。この線分と平行に点 C_3 を通る直線を引き，AB との交点 P を求める。

⬅C_3 を通り直線 C_5B に平行な直線
$AC_3 : C_3C_5 = AP : PB$

〈外分点〉

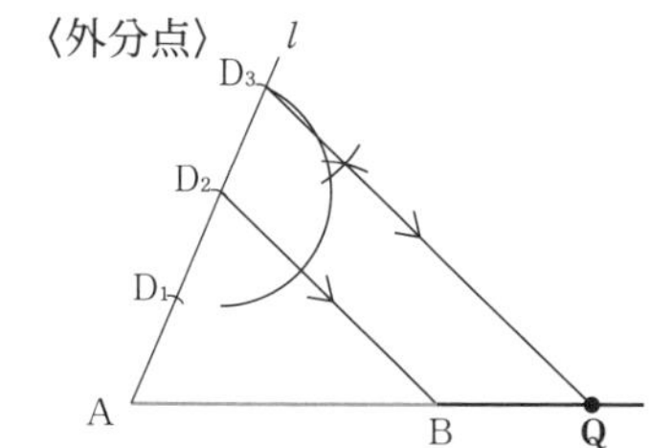

① 点 A を通る直線 l を引き，コンパスで等間隔に 3 個の点 D_1，D_2，D_3 をとる。
② 点 D_2 と点 B を結ぶ。この線分と平行に点 D_3 を通る直線を引き，AB の延長との交点 Q を求める。

⬅D_3 を通り直線 D_2B に平行な直線
$AD_3 : D_3D_2 = AQ : QB$

161(1)

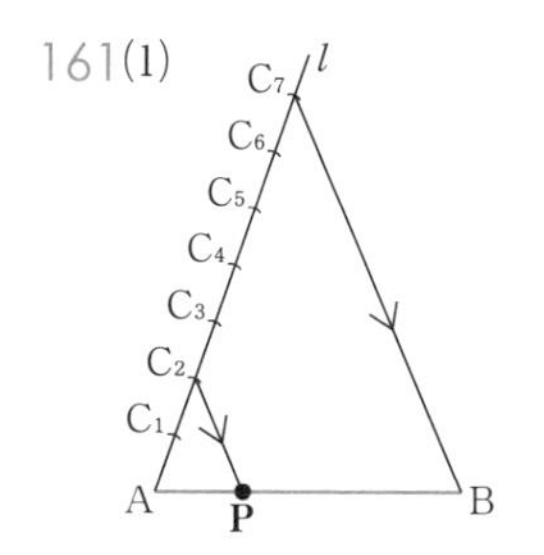

① 点 A を通る直線 l を引き，コンパスで等間隔に C_1，C_2，C_3，C_4，C_5，C_6，C_7 をとる。
② 点 C_7 と点 B を結ぶ。この線分と平行に点 C_2 を通る直線を引き，AB との交点 P を求める。

⬅C_2 を通り直線 C_7B と平行な直線
$AC_2 : C_2C_7 = AP : PB$

(2)

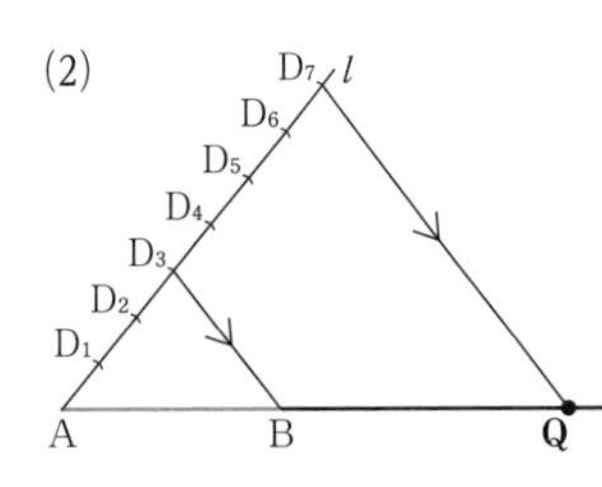

① 点Aを通る直線 l を引き，コンパスで等間隔に D_1，D_2，D_3，D_4，D_5，D_6，D_7 をとる。

② 点 D_3 と点Bを結ぶ。この線分と平行に点 D_7 を通る直線を引き，ABの延長との交点Qを求める。

⬅D_7 を通り直線 D_3B に平行な直線
$AD_7：D_7D_3=AQ：QB$

162 [$\sqrt{10}$]

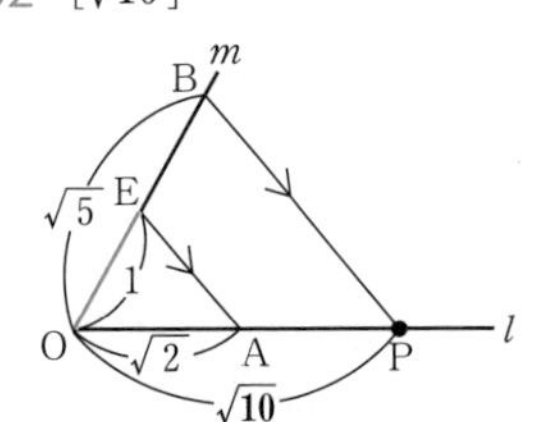

① 点Oを通る直線 l，m 上に $OA=\sqrt{2}$，$OB=\sqrt{5}$ となる点A，Bをとる。

② 直線 m 上に $OE=1$ となる点Eをとり，点Bを通り，直線EAと平行な直線と l との交点をPとすれば，$OP=\sqrt{2}\times\sqrt{5}=\sqrt{10}$ となる。

$\left[\dfrac{\sqrt{2}}{\sqrt{5}}\right]$

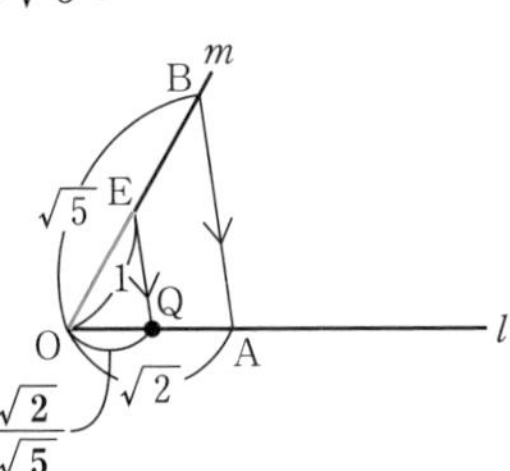

① 点Oを通る直線 l，m 上に $OA=\sqrt{2}$，$OB=\sqrt{5}$ となる点A，Bをとる。

② 直線 m 上に $OE=1$ となる点Eをとり，点Eを通り，直線BAと平行な直線と l との交点をQとすれば $OQ=\dfrac{\sqrt{2}}{\sqrt{5}}$ となる。

別解
$\dfrac{\sqrt{2}}{\sqrt{5}}=\dfrac{\sqrt{10}}{5}$ より
先に求めた線分OP（$=\sqrt{10}$）を1：4に内分する点をQとすれば
$OQ=\dfrac{1}{5}OP=\dfrac{\sqrt{2}}{\sqrt{5}}$

163

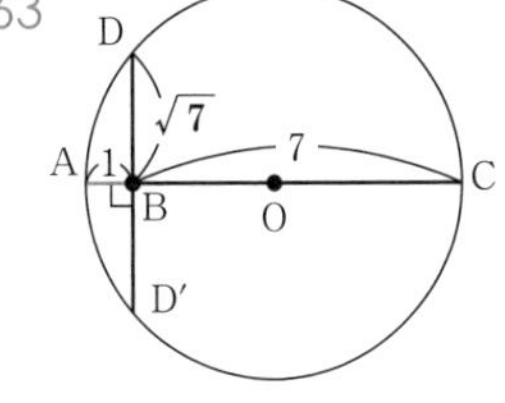

① 3点A，B，Cを $AB=1$，$BC=7$ となるように同一直線上にとる。

② ACの中点Oを求め，ACを直径とする円をかく。

③ 点Bを通りACに垂直な直線を引き，円との交点D，D′をとる。
BDが求める長さ $\sqrt{7}$ の線分である。

⬅与えられた「1」をコンパスで直線上に移動させる。

⬅ACの中点は，ACの垂直二等分線で求められる。

⬅方べきの定理
$BA\cdot BC=BD\cdot BD'$

別解 三平方の定理を用いて，つぎつぎと三角形を描く方法もある。

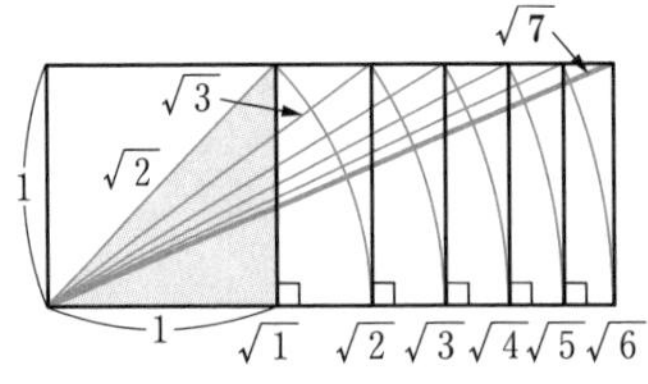

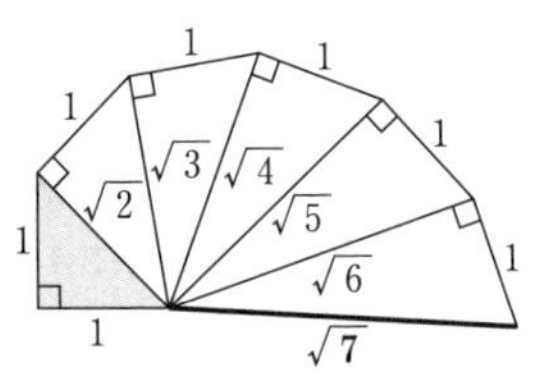

JUMP 27

$x^2-4x=9$ より　$x(x-4)=3^2$

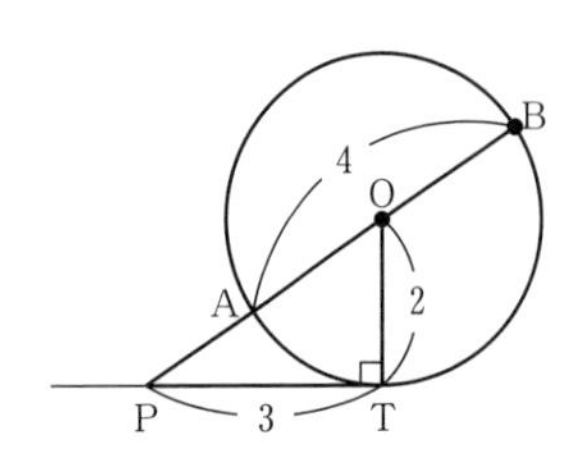

① 半径2の円Oをかく。

② 円Oの周上の点Tを通り，OTと垂直な直線を引く。

③ ②の直線上に $PT=3$ となる点Pをとる。

④ 直線POと円の交点をPに近い方からA，Bとすると，PBが求める線分である。

考え方 方べきの定理が利用できるように
$x^2-4x-9=0$
の変形を考える。

⬉方べきの定理より
$PA\cdot PB=PT^2$
$PB=x$ とすると
$(x-4)\cdot x=3^2$
よって
$x^2-4x-9=0$

28 空間における直線と平面 (p.186)

164 (1) ACとEHのなす角はACとADのなす角に等しく，$CD=AB=\sqrt{3}$，$AD=1$ より
　ACとEHのなす角は **60°**

(2) ACとHFのなす角はACとDBのなす角に等しく，ACとDBの交点をKとすると，△AKDは正三角形となるので，
　ACとHFのなす角は **60°**

(3) 平面ABGH上でAHとABは垂直に交わっているから，
　AHとABのなす角は **90°**

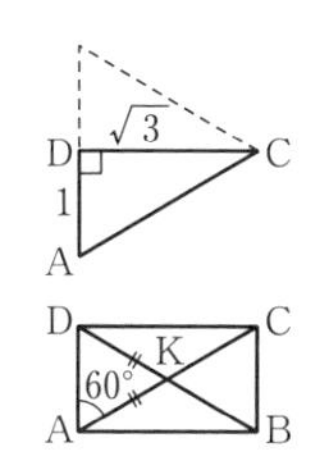

⬅△ACDは正三角形の半分の直角三角形

⬅DK=AK，∠DAK=60° ゆえに，△AKDは正三角形。

⬅AB⊥AD，AB⊥AE より，ABは平面AEHD上のすべての直線と垂直である。

165 (1) （証明） △ACDは二等辺三角形なので，AMはCDと垂直に交わっている。ゆえに
　AM⊥CD ……①
△BCDも二等辺三角形なので，BMはCDと垂直に交わっている。ゆえに
　BM⊥CD ……②
①，②より，CDは平面ABM上の交わる2直線と垂直であるから　平面ABM⊥CD　（終）

(2) （証明） (1)より，CDは平面ABM上のすべての直線と垂直なので
　AB⊥CD　（終）

⬅CDはMで交わるAM，BMに垂直

166 (1) （証明） BEとAFは正方形AEFBの対角線であるから，なす角は90°
よって　BE⊥AF ……①
BF⊥FG，EF⊥FG より
　平面AEFB⊥FG
なので，BE⊥FG ……②
①，②より，BEは平面AFG上の交わる2直線と垂直であるから　BE⊥平面AFG　（終）

(2) （証明） (1)より，BEは平面AFG上の直線と垂直なので
　BE⊥AG　（終）

167 右の図のような展開図を考えると，糸の長さが最小になるのはA，Hを直線で結んだときであるから

$$AH^2=2^2+\left(\frac{5}{2}+1+\frac{5}{2}\right)^2=40$$

よって　$AH=\mathbf{2\sqrt{10}}$

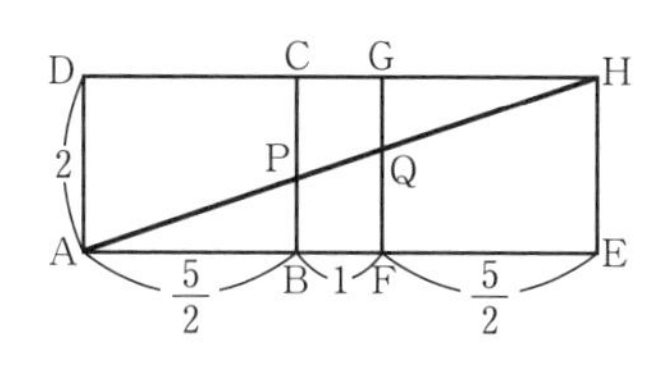

JUMP 28

点Aと点Bが直線 l に関して反対側になるように，平面 α を，直線 l を軸として回転し，平面 β に重ねる。このときの点AをA′とすると，線分A′Bと直線 l の交点が，求める点Pの位置である。

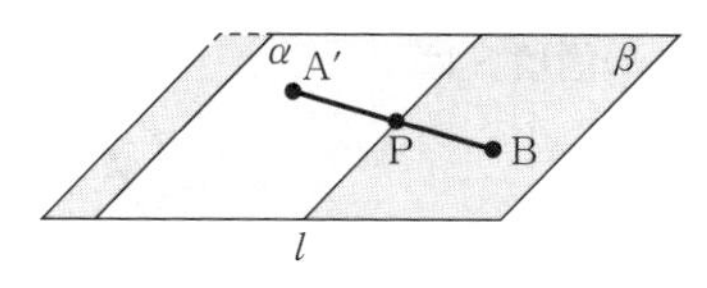

考え方　平面 α と β のなす角が180°となるようにして考える。

2章 図形の性質

29 多面体(p.188)

168 頂点の数 v は 9，辺の数 e は 16，面の数 f は 9 である。
したがって　$v-e+f=9-16+9=\mathbf{2}$

169 (1) 各辺の中点が頂点となり，直方体の辺の数が 12 であるので，頂点の数は **12**

(2) 直方体の各頂点に 3 つの辺が対応し，直方体の頂点の数は 8 なので，辺の数は 8×3 となり **24**

(3) この立体は凸多面体であるので，オイラーの多面体定理より，頂点の数 v，辺の数 e，面の数 f について $v-e+f=2$ が成り立つ。
ここで $v=12$，$e=24$ より
　$12-24+f=2$
よって　$f=14$
したがって，面の数は **14**

170 (上から順に)
半分，正三角形，8，4，正八面体

171 与えられた正八面体は，右の図のようになる。
この図において，中点連結定理より 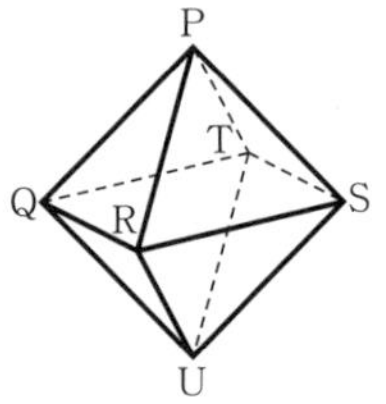

$$\mathrm{PQ}=\frac{a}{2}$$

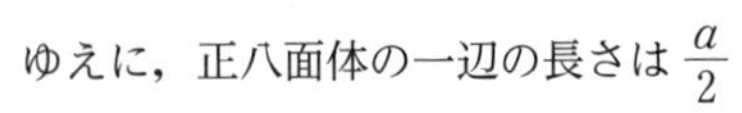
ゆえに，正八面体の一辺の長さは $\frac{a}{2}$

四角形 QRST は正方形だから

$$\mathrm{QS}=\frac{\sqrt{2}}{2}a$$

したがって，QS の中点を M とすると
△PQS は二等辺三角形だから
　PM⊥QS ……①

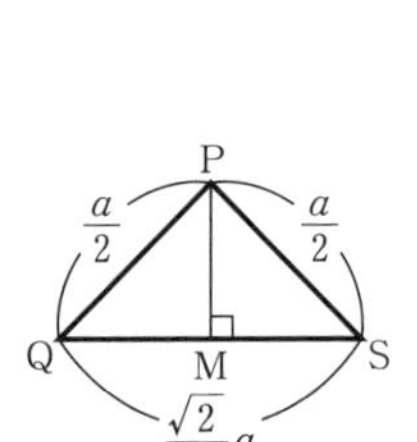

ゆえに　$\mathrm{PM}=\sqrt{\left(\frac{a}{2}\right)^2-\left(\frac{\sqrt{2}}{4}a\right)^2}=\frac{\sqrt{2}}{4}a$

①と同様に　PM⊥RT
したがって，平面 QRST⊥PM
よって，正八面体の体積 V は

$$V=\frac{1}{3}\times\text{正方形 QRST}\times\mathrm{PM}\times2$$
$$=\frac{1}{3}\times\left(\frac{a}{2}\right)^2\times\frac{\sqrt{2}}{4}a\times2$$
$$=\boldsymbol{\frac{\sqrt{2}}{24}a^3}$$

←問題 170 の正四面体の面（正三角形）と点 P，Q の関係は下図の通り。

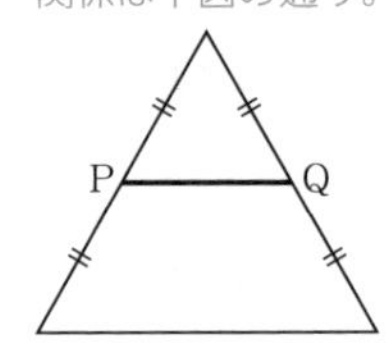

JUMP 29

考え方　正四面体を内接球の中心を頂点とする 4 つの正三角錐に分けて考える。

右の図のような正三角形 ABC の面積 S は

$$S=\frac{1}{2}\cdot a\cdot\frac{\sqrt{3}}{2}a=\frac{\sqrt{3}}{4}a^2$$

また，次の図のように，△ABC を含む正四面体 ABCD において BC の中点を M，AD の中点を N とすると

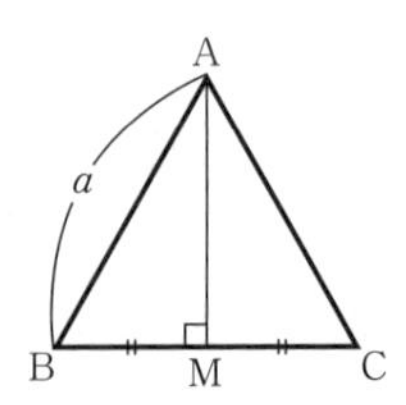

△MAD は二等辺三角形で

$$MN=\sqrt{\left(\frac{\sqrt{3}}{2}a\right)^2-\left(\frac{a}{2}\right)^2}=\frac{1}{\sqrt{2}}a$$

したがって，△MAD の面積 T は

$$T=\frac{1}{2}\cdot a\cdot\frac{1}{\sqrt{2}}a=\frac{\sqrt{2}}{4}a^2$$

MA⊥BC，MD⊥BC より

平面 MAD⊥BC

よって，正四面体 ABCD の体積 V は

$$V=\frac{1}{3}\times\triangle MAD\times BC$$

$$=\frac{1}{3}\times\frac{\sqrt{2}}{4}a^2\times a=\frac{\sqrt{2}}{12}a^3$$

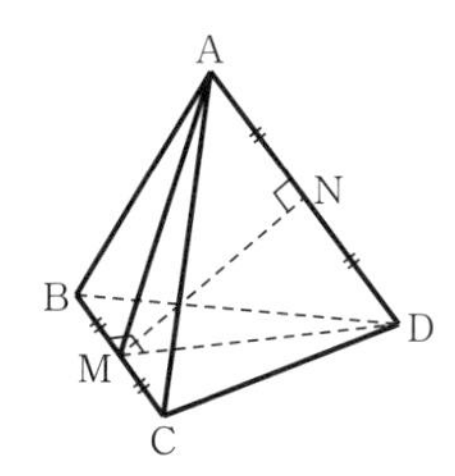

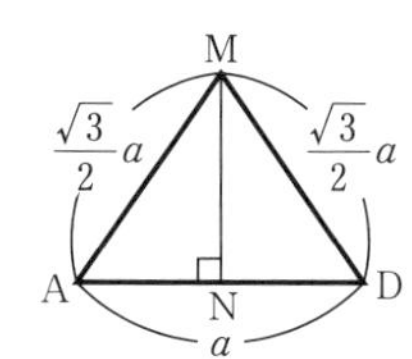

←△MAD において

$MA=MD=\frac{\sqrt{3}}{2}a$

$NA=ND=\frac{a}{2}$

MN⊥AD

これらと，△MAD における三平方の定理を用いる。

正四面体 ABCD に内接する球の中心を O，半径を r とすると，立体の対称性より，O と各頂点を結ぶと，正四面体 ABCD は 4 つの合同な正三角錐に分かれる。

$$V=OABC+OBCD+OCDA+ODAB$$

$$V=4\times\frac{1}{3}\times\triangle ABC\times r$$

$$\frac{\sqrt{2}}{12}a^3=\frac{4}{3}\times\frac{\sqrt{3}}{4}a^2\times r$$

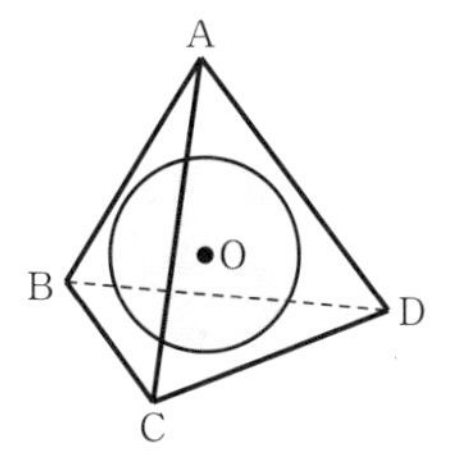

これを解くと　$r=\boldsymbol{\frac{\sqrt{6}}{12}a}$

よって，体積は

$$\frac{4}{3}\pi r^3=\frac{4}{3}\pi\left(\frac{\sqrt{6}}{12}a\right)^3=\boldsymbol{\frac{\sqrt{6}}{216}\pi a^3}$$

▶第3章◀　数学と人間の活動

30 n 進法 (p.190)

172 (1) $1111_{(2)}=1\times2^3+1\times2^2+1\times2+1=8+4+2+1=\mathbf{15}$

(2) $2212_{(3)}=2\times3^3+2\times3^2+1\times3+2=54+18+3+2=\mathbf{77}$

173 (1)

```
2) 14
2)  7  …0 ↑
2)  3  …1 │
2)  1  …1 │
    0  …1 │
```

よって　$\mathbf{1110_{(2)}}$

←商が 0 になるまで 2 で割る割り算を繰り返し，出てきた余りを下から順に並べればよい。

(2)

```
5) 98
5) 19  …3 ↑
5)  3  …4 │
    0  …3 │
```

よって　$\mathbf{343_{(5)}}$

←商が 0 になるまで 5 で割る割り算を繰り返し，出てきた余りを下から順に並べればよい。

174 (1) $10101_{(2)}=1\times2^4+0\times2^3+1\times2^2+0\times2+1=16+0+4+0+1$
$=\mathbf{21}$

(2) $1223_{(5)}=1\times5^3+2\times5^2+2\times5+3=125+50+10+3=\mathbf{188}$

175 (1)

$$
\begin{array}{r|l}
2 & 31 \\
2 & 15 \quad \cdots 1 \\
2 & 7 \quad \cdots 1 \\
2 & 3 \quad \cdots 1 \\
2 & 1 \quad \cdots 1 \\
 & 0 \quad \cdots 1
\end{array}
$$

よって **11111**$_{(2)}$

⬅商が 0 になるまで 2 で割る割り算を繰り返し，出てきた余りを下から順に並べればよい。

(2)

$$
\begin{array}{r|l}
3 & 100 \\
3 & 33 \quad \cdots 1 \\
3 & 11 \quad \cdots 0 \\
3 & 3 \quad \cdots 2 \\
3 & 1 \quad \cdots 0 \\
 & 0 \quad \cdots 1
\end{array}
$$

よって **10201**$_{(3)}$

⬅商が 0 になるまで 3 で割る割り算を繰り返し，出てきた余りを下から順に並べればよい。

176 (1)

$$
\begin{array}{r}
10110 \\
+\ 1101 \\
\hline
100011
\end{array}
$$

よって $10110_{(2)}+1101_{(2)}=\mathbf{100011}_{(2)}$

⬅$1+1=2=10_{(2)}$ に注意し，上の位に 1 を繰り上げる。

(2)

$$
\begin{array}{r}
10101 \\
\times\ 101 \\
\hline
10101 \\
10101 \\
\hline
1101001
\end{array}
$$

よって $10101_{(2)}\times101_{(2)}=\mathbf{1101001}_{(2)}$

⬅掛けるとき，$1\times1=1$ であるから，上の位に 1 を繰り上げる必要はない。

⬅足すとき，$1+1=2=10_{(2)}$ に注意し，上の位に 1 を繰り上げる。

177 (1) $111111_{(2)}=1\times2^5+1\times2^4+1\times2^3+1\times2^2+1\times2+1$
$=32+16+8+4+2+1=\mathbf{63}$

(2) $2154_{(6)}=2\times6^3+1\times6^2+5\times6+4=432+36+30+4=\mathbf{502}$

178 (1)

$$
\begin{array}{r|l}
2 & 55 \\
2 & 27 \quad \cdots 1 \\
2 & 13 \quad \cdots 1 \\
2 & 6 \quad \cdots 1 \\
2 & 3 \quad \cdots 0 \\
2 & 1 \quad \cdots 1 \\
 & 0 \quad \cdots 1
\end{array}
$$

よって **110111**$_{(2)}$

⬅商が 0 になるまで 2 で割る割り算を繰り返し，出てきた余りを下から順に並べればよい。

(2)

$$
\begin{array}{r|l}
6 & 442 \\
6 & 73 \quad \cdots 4 \\
6 & 12 \quad \cdots 1 \\
6 & 2 \quad \cdots 0 \\
 & 0 \quad \cdots 2
\end{array}
$$

よって **2014**$_{(6)}$

⬅商が 0 になるまで 6 で割る割り算を繰り返し，出てきた余りを下から順に並べればよい。

179 (1)

$$
\begin{array}{r}
100110 \\
-\ 11001 \\
\hline
1101
\end{array}
$$

よって $100110_{(2)}-11001_{(2)}=\mathbf{1101}_{(2)}$

⬅引き算では
$10_{(2)}-1_{(2)}=1_{(2)}$（繰り下げ）に注意

(2)
$$\begin{array}{r} 11101 \\ \times \quad 111 \\ \hline 11101 \\ 11101 \\ 11101 \\ \hline 11001011 \end{array}$$

よって　$11101_{(2)} \times 111_{(2)} = \mathbf{11001011_{(2)}}$

⬅掛けるとき，$1\times1=1$ であるから，上の位に1を繰り上げる必要はない。

⬅足すとき，$1+1=2=10_{(2)}$ に注意し，上の位に1を繰り上げる。
また　$1+1+1=3=11_{(2)}$
　　$1+1+1+1=4=100_{(2)}$

JUMP 30

N が5進法で $ab_{(5)}$ と表されるとすると，7進法では $ba_{(7)}$ と表される。
$N=ab_{(5)}$ において　$1\leqq a\leqq4$，$0\leqq b\leqq4$
$N=ba_{(7)}$ において　$1\leqq b\leqq6$，$0\leqq a\leqq6$
よって　$1\leqq a\leqq4$，$1\leqq b\leqq4$ ……①
$ab_{(5)}$，$ba_{(7)}$ をそれぞれ10進法で表すと
　$ab_{(5)}=a\times5+b=5a+b$，$ba_{(7)}=b\times7+a=7b+a$
よって　$N=5a+b=7b+a$
ゆえに　$4a=6b$　　すなわち　$2a=3b$
これと①を満たす整数 a，b は　$a=3$，$b=2$
したがって　　$N=5\times3+2=\mathbf{17}$

考え方　5進法，7進法で表した N を10進法に直して考える。

⬅n 進法の各位の数は，最高位は1以上 $n-1$ 以下，それ以外の位は0以上 $n-1$ 以下。

31 約数と倍数(p.192)

180 (1) **±1，±2，±3，±4，±5，±6，±10，±12，±15，±20，±30，±60**
(2) **8，16，24，32，40，48**

⬅±1，±2，±3，…，±20，±30，±60

181 各位の数の和はそれぞれ　$1+5+3=9$
$2+0+1=3$
$2+6+5=13$
$5+1+6=12$
$2+9+1+4=16$
このうち，3の倍数であるものは　9，3，12
よって，3の倍数は　**153，201，516**

182 (1) **±1，±2，±4，±8，±16，±32，±64**
(2) **12，24，36，48，60，72，84，96**

⬅±1，±2，±4，±8，±16，±32，±64

183 (証明)　整数 a，b は5の倍数であるから，整数 k，l を用いて
$a=5k$，$b=5l$ と表される。
ゆえに　$2a+3b=10k+15l=5(2k+3l)$
ここで，k，l は整数であるから，$2k+3l$ は整数である。
よって，$5(2k+3l)$ は5の倍数である。
したがって，$2a+3b$ は5の倍数である。(終)

⬅整数 a の倍数は整数 k を用いて ak と表される。

184 各位の数の和はそれぞれ　$2+1+3=6$
$3+4+3=10$
$5+3+1=9$
$3+4+5+6=18$
このうち，9の倍数であるものは　9，18
よって，9の倍数は　**531，3456**

185 （証明） 整数 a，b は 3 の倍数であるから，整数 k，l を用いて
$a=3k$，$b=3l$ と表される。
ゆえに $a^2+4ab=9k^2+36kl=9(k^2+4kl)$
ここで，k，l は整数であるから，k^2+4kl は整数である。
よって，$9(k^2+4kl)$ は 9 の倍数である。
したがって，a^2+4ab は 9 の倍数である。（終）

186 6 の倍数は，2 の倍数であり，3 の倍数でもある。
2 の倍数は，一の位の数が偶数であるものだから，
2 の倍数は 138，282，346
これらの各位の数の和はそれぞれ $1+3+8=12$
$2+8+2=12$
$3+4+6=13$
このうち，3 の倍数であるものは 12
よって，3 の倍数は 138，282
したがって，6 の倍数は **138，282**

倍数の判定法
2 の倍数：1 の位の数が 0，2，4，6，8
3 の倍数：各位の数の和が 3 の倍数
6 の倍数：2 の倍数であり，3 の倍数でもある

187 □に入る数を a $(0 \leqq a \leqq 9)$ とする。
64□が 3 の倍数になるのは，各位の数の和が 3 の倍数になるときである。
各位の数の和は $6+4+a=a+10$
これが 3 の倍数になるのは $a=2$，5，8
642，645，648 のうち，4 の倍数であるものは，下 2 桁が 4 の倍数であるものであるから 648
よって，□に入る数は **8**

JUMP 31
（証明） $N=1000a+100b+10c+d$
$=(1001-1)a+(99+1)b+(11-1)c+d$
$=(1001a+99b+11c)-(a-b+c-d)$
$=11(91a+9b+c)-(a-b+c-d)$
ここで，$a-b+c-d$ が 11 の倍数であるから，整数 k を用いて
$a-b+c-d=11k$ と表せる。
したがって
$N=11(91a+9b+c)-11k$
$=11(91a+9b+c-k)$
ここで，$91a+9b+c-k$ は整数であるから，N は 11 の倍数である。
（終）

考え方 1000，100，10 に 1 だけ足したり引いたりした数の中に，11 の倍数があることを用いる。
1000 → $1001=11\times91$
100 → $99=11\times9$
10 → $11=11\times1$

32 素因数分解と最大公約数・最小公倍数（p.194）

188 $\sqrt{120n}$ が自然数になるのは，$120n$ がある自然数の 2 乗になるときである。このとき，$120n$ を素因数分解すると，各素因数の指数がすべて偶数になる。
120 を素因数分解すると $120=2^3\times3\times5$
よって，求める最小の自然数 n は $n=2\times3\times5=\mathbf{30}$

189　315と675を素因数分解すると

$315=3^2\times5\times7$

$675=3^3\times5^2$

よって，最大公約数は　$3^2\times5=$**45**

最小公倍数は　$3^3\times5^2\times7=$**4725**

←3) 315 675 / 3) 105 225 / 5) 35 75 / 7 15
より　$3\times3\times5=45$
$3\times3\times5\times7\times15=4725$
としてもよい。

190　(1)　1755と2025を素因数分解すると

$1755=3^3\times5\times13$

$2025=3^4\times5^2$

よって，最大公約数は　$3^3\times5=$**135**

←3) 1755 2025 / 3) 585 675 / 3) 195 225 / 5) 65 75 / 13 15
より　$3\times3\times3\times5=135$
としてもよい。

(2)　117と1404を素因数分解すると

$117=3^2\times13$

$1404=2^2\times3^3\times13$

よって，最大公約数は　$3^2\times13=$**117**

←3) 117 1404 / 3) 39 468 / 13) 13 156 / 1 12
より　$3\times3\times13=117$
としてもよい。

191　(1)　126と189を素因数分解すると

$126=2\times3^2\times7$

$189=3^3\times7$

よって，最小公倍数は　$2\times3^3\times7=$**378**

←3) 126 189 / 3) 42 63 / 7) 14 21 / 2 3
より $3\times3\times7\times2\times3=378$
としてもよい。

(2)　1425と2750を素因数分解すると

$1425=3\times5^2\times19$

$2750=2\times5^3\times11$

よって，最小公倍数は　$2\times3\times5^3\times11\times19=$**156750**

←5) 1425 2750 / 5) 285 550 / 57 110
より
$5\times5\times57\times110=156750$
としてもよい。

192　$\sqrt{\dfrac{252}{n}}$ が自然数になるのは，$\dfrac{252}{n}$ がある自然数の2乗になるときである。このとき，次の2つの場合がある。

(i)　$\dfrac{252}{n}=1$ となる

(ii)　$\dfrac{252}{n}$ を素因数分解すると，各素因数の指数がすべて偶数になる

(i)のとき　$n=252$

(ii)のとき，252を素因数分解すると　$252=2^2\times3^2\times7$　であるから

$n=7,\ 28,\ 63$

←$7,\ 7\times2^2,\ 7\times3^2$

よって，求める自然数 n は　　$n=$**7，28，63，252**

193　42，77，105を素因数分解すると

$42=2\times3\times7$

$77=7\times11$

$105=3\times5\times7$

よって，最大公約数は**7**

←7) 42 77 105 / 6 11 15
より7としてもよい。

194　10，12，15を素因数分解すると

$10=2\times5$

$12=2^2\times3$

$15=3\times5$

よって，最小公倍数は $2^2\times3\times5=$**60**

←2) 10 12 15 / 3) 5 6 15 / 5) 5 2 5 / 1 2 1
より
$2\times3\times5\times1\times2\times1=60$
としてもよい。

3章　数学と人間の活動

195 正方形のタイルを縦に a 枚，横に b 枚並べて，長方形の床に敷き詰めるとすると

$360=ax$，$528=bx$

よって，x の最大値は 360 と 528 の最大公約数である。

$360=2^3\times3^2\times5$，$528=2^4\times3\times11$

より，最大公約数は　$2^3\times3=24$

よって，x の最大値は **24**

このとき，$a\times24=360$，$b\times24=528$ より　$a=15$，$b=22$

したがって，タイルの必要数は　$ab=15\times22=$**330（枚）**

JUMP 32

子どもに配った個数は，

なしが $350-20=330$，みかんが $290-15=275$

子どもの人数を x 人，1 人あたりのなしの個数を a 個，みかんの個数を b 個とすると　$330=ax$，$275=bx$

よって，x は 330 と 275 の公約数である。

また，なしが 20 個余ったことから，x は 20 より大きい。

$330=2\times3\times5\times11$，$275=5^2\times11$ より，20 より大きい公約数は

$5\times11=55$

したがって，求める子どもの人数は　　**55 人**

考え方　子どもに配った数の約数を考える。

⬅なしは 20 個，みかんは 15 個余った。子どもが 20 人以下だとすると，なしがもう 1 つずつ配れたことになってしまう。

33 互いに素，整数の割り算と商および余り (p.196)

196 ①　9 と 17 を素因数分解すると

$9=3^2$，$17=17$

より，9 と 17 は 1 以外の正の公約数をもたない。

よって，9 と 17 は互いに素である。

②　45 と 56 を素因数分解すると

$45=3^2\times5$，$56=2^3\times7$

より，45 と 56 は 1 以外の正の公約数をもたない。

よって，45 と 56 は互いに素である。

③　520 と 819 を素因数分解すると

$520=2^3\times5\times13$，$819=3^2\times7\times13$

より，1 以外の正の公約数 13 をもつ。

よって，520 と 819 は互いに素でない。

以上より，互いに素であるのは　　**①と②**

互いに素

2 つの整数 a，b が 1 以外の正の公約数をもたないとき，すなわち，a，b の最大公約数が 1 であるとき，a と b は互いに素であるという。

197 (1)　**63＝6×10＋3**

$$\begin{array}{r} 10 \\ 6\,\overline{)\,63} \\ \underline{60} \\ 3 \end{array}$$

(2)　**80＝13×6＋2**

$$\begin{array}{r} 6 \\ 13\,\overline{)\,80} \\ \underline{78} \\ 2 \end{array}$$

198 ①　24 と 57 を素因数分解すると

$24=2^3\times3$，$57=3\times19$

より，1 以外の正の公約数 3 をもつ。

よって，24 と 57 は互いに素でない。

② 42 と 85 を素因数分解すると

$42=2\times3\times7$，$85=5\times17$

より，1 以外の正の公約数をもたない。

よって，42 と 85 は互いに素である。

③ 220 と 273 を素因数分解すると

$220=2^2\times5\times11$，$273=3\times7\times13$

より，1 以外の正の公約数をもたない。

よって，220 と 273 は互いに素である。

以上より，互いに素であるのは　**②と③**

199 (1) **$97=7\times13+6$**

```
    13
7 ) 97
    7
    27
    21
     6
```

(2) **$125=16\times7+13$**

```
       7
16 ) 125
     112
      13
```

(3) **$230=11\times20+10$**

```
      20
11 ) 230
     22
      10
```

200 (証明)　n を奇数とすると，整数 k を用いて

$n=2k+1$

と表される。

$(2k+1)^2=4k^2+4k+1$

$=2(2k^2+2k)+1$

$2k^2+2k$ は整数だから，$(2k+1)^2$ は奇数である。(終)

201 (1) 整数 a，b は，整数 k，l を用いて，

$a=5k+2$，$b=5l+1$

と表される。

$a+b=(5k+2)+(5l+1)=5(k+l)+3$

$k+l$ は整数だから，$a+b$ を 5 で割ったときの余りは **3**

(2) $ab=(5k+2)(5l+1)=25kl+5k+10l+2$

$=5(5kl+k+2l)+2$

$5kl+k+2l$ は整数だから，ab を 5 で割ったときの余りは **2**

202 (証明)　整数 n は，整数 k を用いて，

$n=4k+1$，$n=4k+3$

と表される。

(i) $n=4k+1$ のとき

$n^2=(4k+1)^2=16k^2+8k+1=4(4k^2+2k)+1$

(ii) $n=4k+3$ のとき

$n^2=(4k+3)^2=16k^2+24k+9=4(4k^2+6k+2)+1$

$4k^2+2k$，$4k^2+6k+2$ は整数だから，いずれの場合も，n^2 を 4 で割ったときの余りは，1 である。(終)

別解　4で割ったときの余りが1または3となる整数 n は奇数であるから，整数 k を用いて，

$n=2k+1$

と表せる。

$n^2=(2k+1)^2=4k^2+4k+1=4(k^2+k)+1$

k^2+k は整数だから n^2 を4で割ったときの余りは，1である。(終)

JUMP 33

考え方　5で割ったときの余りで分類する。

(証明)　整数 n は，整数 k を用いて

$n=5k,\ 5k+1,\ 5k+2,\ 5k+3,\ 5k+4$

と表される。

←5で割ったときの余りは0，1，2，3，4のいずれか

(i)　$n=5k$ のとき

$$\begin{aligned}n^2+3n-1&=(5k)^2+3\times5k-1\\&=25k^2+15k-1\\&=5(5k^2+3k)-1\end{aligned}$$

(ii)　$n=5k+1$ のとき

$$\begin{aligned}n^2+3n-1&=(5k+1)^2+3(5k+1)-1\\&=25k^2+25k+3\\&=5(5k^2+5k)+3\end{aligned}$$

(iii)　$n=5k+2$ のとき

$$\begin{aligned}n^2+3n-1&=(5k+2)^2+3(5k+2)-1\\&=25k^2+35k+9\\&=5(5k^2+7k+1)+4\end{aligned}$$

(iv)　$n=5k+3$ のとき

$$\begin{aligned}n^2+3n-1&=(5k+3)^2+3(5k+3)-1\\&=25k^2+45k+17\\&=5(5k^2+9k+3)+2\end{aligned}$$

(v)　$n=5k+4$ のとき

$$\begin{aligned}n^2+3n-1&=(5k+4)^2+3(5k+4)-1\\&=25k^2+55k+27\\&=5(5k^2+11k+5)+2\end{aligned}$$

$5k^2+3k$，$5k^2+5k$，$5k^2+7k+1$，$5k^2+9k+3$，$5k^2+11k+5$ は整数だから，いずれの場合も，n^2+3n-1 は5の倍数でない。(終)

34 ユークリッドの互除法(p.198)

203 (1)　$195=78\times2+39$

$78=39\times2$

よって，求める最大公約数は **39**

```
     2      2
39)78    )195
   78     156
    0      39
```

(2)　$370=222\times1+148$

$222=148\times1+74$

$148=74\times2$

よって，求める最大公約数は **74**

```
     2      1      1
74)148   )222   )370
   148    148    222
     0     74    148
```

互除法の考え方
$a>b$ である2つの正の整数 a，b において，a を b で割った商が q，余りが r であるとき

$a=bq+r$

と表せ，a と b の最大公約数は b と r の最大公約数に等しい。

204 (1) $114=78\times1+36$

$78=36\times2+6$

$36=6\times6$

よって，求める最大公約数は **6**

6	2	1
6) 36	) 78	) 114
36	72	78
0	6	36

(2) $826=649\times1+177$

$649=177\times3+118$

$177=118\times1+59$

$118=59\times2$

よって，求める最大公約数は **59**

2	1	3	1
59) 118	) 177	) 649	) 826
118	118	531	649
0	59	118	177

(3) $1207=994\times1+213$

$994=213\times4+142$

$213=142\times1+71$

$142=71\times2$

よって，求める最大公約数は **71**

2	1	4	1
71) 142	) 213	) 994	) 1207
142	142	852	994
0	71	142	213

(4) $2233=1729\times1+504$

$1729=504\times3+217$

$504=217\times2+70$

$217=70\times3+7$

$70=7\times10$

よって，求める最大公約数は **7**

10	3	2	3	1
7) 70	) 217	) 504	) 1729	) 2233
70	210	434	1512	1729
0	7	70	217	504

205 $3007=1843\times1+1164$

$1843=1164\times1+679$

$1164=679\times1+485$

$679=485\times1+194$

$485=194\times2+97$

$194=97\times2$

よって，求める最大公約数は **97**

2	2	1	1	1	1
97) 194	) 485	) 679	) 1164	) 1843	) 3007
194	388	485	679	1164	1843
0	97	194	485	679	1164

206 (1) $1258=1003\times1+255$

$1003=255\times3+238$

$255=238\times1+17$

$238=17\times14$

よって，求める最大公約数は **17**

$$\begin{array}{r} 14 \\ 17\,\overline{)\,238} \\ 17 \\ \hline 68 \\ 68 \\ \hline 0 \end{array} \quad \begin{array}{r} 1 \\ \overline{)\,255} \\ 238 \\ \hline 17 \end{array} \quad \begin{array}{r} 3 \\ \overline{)\,1003} \\ 765 \\ \hline 238 \end{array} \quad \begin{array}{r} 1 \\ \overline{)\,1258} \\ 1003 \\ \hline 255 \end{array}$$

(2) $1292=1258\times1+34$

$1258=34\times37$

よって，求める最大公約数は **34**

$$\begin{array}{r} 37 \\ 34\,\overline{)\,1258} \\ 102 \\ \hline 238 \\ 238 \\ \hline 0 \end{array} \quad \begin{array}{r} 1 \\ \overline{)\,1292} \\ 1258 \\ \hline 34 \end{array}$$

(3) $34=17\times2$ であるから

求める最大公約数は **17**

⬅ $1003=17\times59$
$1258=17\times2\times37$
$1292=17\times2\times38$

JUMP 34

最初の長方形を 1 辺が 448 cm の正方形で切り取ると

$448\times2=896$，$1204-896=308$ ……①

より，縦と横が 448 cm，308 cm の長方形が残る。①より

$1204=448\times2+308$

であるので，1204 を 448 で割った余りが 308 である。

以下，この作業を繰り返すとき，ユークリッドの互除法と同様の計算で，残る長方形の 1 辺の長さが求められる。

$1204=448\times2+308$

$448=308\times1+140$

$308=140\times2+28$

$140=28\times5$

よって，最も小さい正方形の 1 辺の長さは　**28 cm**

考え方　448 と 1204 にユークリッドの互除法の考え方を適用する。

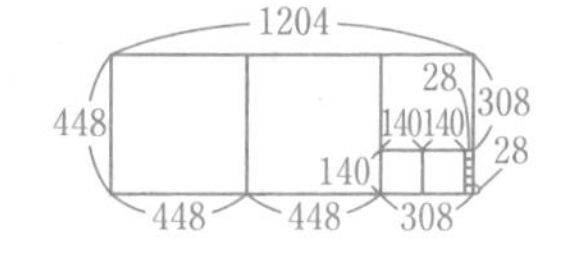

35 不定方程式の整数解 (p.200)

207 (1) $2x-3y=0$　より　$2x=3y$ ……①

$3y$ は 3 の倍数であるから，①より $2x$ も 3 の倍数である。

2 と 3 は互いに素であるから，x は 3 の倍数であり，整数 k を用いて $x=3k$ と表される。

ここで，$x=3k$ を①に代入すると　$2\times3k=3y$ より　$y=2k$

よって，$2x-3y=0$ のすべての整数解は

$x=3k$，$y=2k$（ただし，k は整数）

(2) $3x-2y=1$ ……①

①の整数解を 1 つ求めると

$x=1$，$y=1$

これを①に代入すると　$3\times1-2\times1=1$ ……②

①−②より　$3(x-1)-2(y-1)=0$

すなわち　$3(x-1)=2(y-1)$ ……③

3 と 2 は互いに素であるから，$x-1$ は 2 の倍数であり，整数 k を用いて $x-1=2k$ と表される。

ここで，$x-1=2k$ を③に代入すると

$3\times2k=2(y-1)$ より　$y-1=3k$

よって，①のすべての整数解は

$x=2k+1$，$y=3k+1$（ただし，k は整数）

⬅①−②の計算

$$\begin{array}{rl} & 3\times x-2\times y=1 \\ -) & 3\times1-2\times1\;=1 \\ \hline & 3(x-1)-2(y-1)=0 \end{array}$$

208 (1) $x-4y=0$ より $x=4y$

整数 k を用いて $y=k$ と表すと，$x=4k$

よって，$x-4y=0$ のすべての整数解は

$x=4k$，$y=k$（ただし，k は整数）

(2) $3x+7y=0$ より $3x=7(-y)$ ……①

$7(-y)$ は 7 の倍数であるから，①より $3x$ も 7 の倍数である。

3 と 7 は互いに素であるから x は 7 の倍数であり，整数 k を用いて，$x=7k$ と表される。

ここで，$x=7k$ を①に代入すると

$3\times7k=7(-y)$ より $y=-3k$

よって，$3x+7y=0$ のすべての整数解は

$x=7k$，$y=-3k$（ただし，k は整数）

←約数，最大公約数，互いに素などの考え方は，負の整数についても同様に定められる。

(3) $-3x+2y=1$ ……①

①の整数解を 1 つ求めると

$x=-1$，$y=-1$

これを①に代入すると $-3\times(-1)+2\times(-1)=1$ ……②

①−②より $-3\{x-(-1)\}+2\{y-(-1)\}=0$

すなわち $3(x+1)=2(y+1)$ ……③

3 と 2 は互いに素であるから，$x+1$ は 2 の倍数であり，整数 k を用いて $x+1=2k$ と表される。

ここで，$x+1=2k$ を③に代入すると

$3\times2k=2(y+1)$ より $y+1=3k$

よって，①のすべての整数解は

$x=2k-1$，$y=3k-1$（ただし，k は整数）

←①−②の計算

$$\begin{array}{r} -3\times x \quad +2\times y \quad =1 \\ -)\ -3\times(-1)+2\times(-1)=1 \\ \hline -3\{x-(-1)\}+2\{y-(-1)\}=0 \end{array}$$

(4) $5x+7y=1$ ……①

①の整数解を 1 つ求めると

$x=3$，$y=-2$

これを①に代入すると $5\times3+7\times(-2)=1$ ……②

①−②より $5(x-3)+7\{y-(-2)\}=0$

すなわち $5(x-3)=7(-y-2)$ ……③

5 と 7 は互いに素であるから，$x-3$ は 7 の倍数であり，整数 k を用いて $x-3=7k$ と表される。

ここで，$x-3=7k$ を③に代入すると

$5\times7k=7(-y-2)$ より $-y-2=5k$

よって，①のすべての整数解は

$x=7k+3$，$y=-5k-2$（ただし，k は整数）

←①−②の計算

$$\begin{array}{r} 5\times x+7\times y \quad =1 \\ -)\ 5\times3+7\times(-2)=1 \\ \hline 5(x-3)+7\{y-(-2)\}=0 \end{array}$$

209 $2x-3y=4$ ……①

方程式①の整数解を 1 つ求めると

$x=2$，$y=0$

これを①に代入すると $2\times2-3\times0=4$ ……②

①−②より $2(x-2)-3(y-0)=0$

すなわち $2(x-2)=3y$ ……③

2 と 3 は互いに素であるから，$x-2$ は 3 の倍数であり，整数 k を用いて $x-2=3k$ と表される。

ここで，$x-2=3k$ を③に代入すると

$2\times3k=3y$ より $y=2k$

よって，①のすべての整数解は

$x=3k+2$，$y=2k$（ただし，k は整数）

←右辺が 1 でなくても同じ方法が使える。

←$x=5$，$y=2$ などでもよい。

210 $19x+27y=1$ ……①

(1) (証明) $19\times10+27\times(-7)=190-189=1$ ……②
より，$x=10$，$y=-7$ は①の解である。(終)

(2) ①−②より $19(x-10)+27\{y-(-7)\}=0$
$19(x-10)=27(-y-7)$ ……③
19 と 27 は互いに素だから，$x-10$ は 27 の倍数で，整数 k を用いて $x-10=27k$ と表せる。
ここで，$x-10=27k$ を③に代入すると
$19\times27k=27(-y-7)$ より $-y-7=19k$
よって，①のすべての整数解は
$x=27k+10$，$y=-19k-7$ (ただし，k は整数)

⬅①−②の計算
$$\begin{array}{rl} 19\times x+27\times y & =1 \\ -)\ 19\times10+27\times(-7) & =1 \\ \hline 19(x-10)+27\{y-(-7)\} & =0 \end{array}$$

JUMP 35

考え方 37 と 26 にユークリッドの互除法の考え方を適用する。

$37x+26y=1$ ……①
37 と 26 に互除法を適用して
$37=26\times1+11$ より $11=37-26\times1$ ……②
$26=11\times2+4$ より $4=26-11\times2$ ……③
$11=4\times2+3$ より $3=11-4\times2$ ……④
$4=3\times1+1$ より $1=4-3\times1$ ……⑤
⑤の 3 を，④で置きかえて $1=4-(11-4\times2)\times1$
$=4\times1-11\times1+4\times2$
$=4\times3-11\times1$ ……⑥
⑥の 4 を，③で置きかえて $1=(26-11\times2)\times3-11\times1$
$=26\times3-11\times6-11\times1$
$=26\times3-11\times7$ ……⑦
⑦の 11 を，②で置きかえて $1=26\times3-(37-26\times1)\times7$
$=26\times3-37\times7+26\times7$
$=37\times(-7)+26\times10$ ……⑧
よって，①の整数解の 1 つは
$x=-7$，$y=10$
①−⑧より $37\{x-(-7)\}+26(y-10)=0$
$37(x+7)=26(-y+10)$ ……⑨
37 と 26 は互いに素だから，$x+7$ は 26 の倍数で，整数 k を用いて $x+7=26k$ と表される。
⑨に代入して $37\times26k=26(-y+10)$ より $-y+10=37k$
よって，①のすべての整数解は
$x=26k-7$，$y=-37k+10$ (ただし，k は整数)

まとめの問題 数学と人間の活動 (p.202)

1 (1)
$$\begin{array}{r|rl} 2 & 50 & \\ 2 & 25 & \cdots0 \\ 2 & 12 & \cdots1 \\ 2 & 6 & \cdots0 \\ 2 & 3 & \cdots0 \\ 2 & 1 & \cdots1 \\ & 0 & \cdots1 \end{array}$$
よって **$110010_{(2)}$**

(2)
$$\begin{array}{r|l} 4 & 163 \\ 4 & 40 \cdots 3 \\ 4 & 10 \cdots 0 \\ 4 & 2 \cdots 2 \\ & 0 \cdots 2 \end{array}$$

よって　**$2203_{(4)}$**

(3)　$1000010_{(2)}=1\times2^6+0\times2^5+0\times2^4+0\times2^3+0\times2^2+1\times2+0$

$=64+2=\mathbf{66}$

(4)　$2053_{(6)}=2\times6^3+0\times6^2+5\times6+3$

$=432+0+30+3$

$=\mathbf{465}$

2　(1)

$$\begin{array}{r} 1010 \\ +11001 \\ \hline 100011 \end{array}$$

よって　$1010_{(2)}+11001_{(2)}=\mathbf{100011_{(2)}}$

(2)

$$\begin{array}{r} 1101 \\ \times\ 1001 \\ \hline 1101 \\ 1101 \\ \hline 1110101 \end{array}$$

よって　$1101_{(2)}\times1001_{(2)}=\mathbf{1110101_{(2)}}$

3　(1)　**1，2，3，4，6，9，12，18，36**

(2)　8 の倍数は，下 3 桁が 8 で割り切れるかを調べればよい。

$120=8\times15$

$916=8\times114+4$

$216=8\times27$

$648=8\times81$

よって，8 の倍数は　**4120，5216，7648**

⬅〈8 の倍数の判定法〉
下 3 桁が 8 の倍数

4　(1)　114 と 190 を素因数分解すると

$114=2\times3\times19$

$190=2\times5\times19$

よって，最大公約数は $2\times19=\mathbf{38}$

(2)　115 と 184 を素因数分解すると

$115=5\times23$

$184=2^3\times23$

よって，最大公約数は **23**

5　(1)　66 と 165 を素因数分解すると

$66=2\times3\times11$

$165=3\times5\times11$

よって，最小公倍数は　$2\times3\times5\times11=\mathbf{330}$

(2)　180 と 600 を素因数分解すると

$180=2^2\times3^2\times5$

$600=2^3\times3\times5^2$

よって，最小公倍数は　$2^3\times3^2\times5^2=\mathbf{1800}$

6 $\sqrt{360n}$ が自然数になるのは，$360n$ がある自然数の 2 乗になるときである。このとき，$360n$ を素因数分解すると，各素因数の指数がすべて偶数になる。
360 を素因数分解すると $360=2^3\times3^2\times5$
よって，求める最小の自然数 n は　$n=2\times5=$**10**

7 1 人の子どもにノートを a 冊，鉛筆を b 本分けると
$ax=96$，$bx=132$
よって，x の最大値は 96 と 132 の最大公約数である。
$96=2^5\times3$，$132=2^2\times3\times11$
より，最大公約数は $2^2\times3=12$
したがって，x の最大値は　**12**

8 (1)　**101＝8×12＋5**

$$\begin{array}{r} 12 \\ 8\,\overline{)\,101} \\ \underline{8} \\ 21 \\ \underline{16} \\ 5 \end{array}$$

(2)　**321＝15×21＋6**

$$\begin{array}{r} 21 \\ 15\,\overline{)\,321} \\ \underline{30} \\ 21 \\ \underline{15} \\ 6 \end{array}$$

9 （証明）　整数 n は，整数 k を用いて，
$n=3k$，$3k+1$，$3k+2$
と表される。
(i)　$n=3k$ のとき　$n^2+1=(3k)^2+1=9k^2+1=3\cdot(3k^2)+1$
(ii)　$n=3k+1$ のとき
$n^2+1=(3k+1)^2+1=9k^2+6k+2=3(3k^2+2k)+2$
(iii)　$n=3k+2$ のとき
$n^2+1=(3k+2)^2+1=9k^2+12k+5=3(3k^2+4k+1)+2$
$3k^2$，$3k^2+2k$，$3k^2+4k+1$ は整数だから，いずれの場合も n^2+1 は 3 の倍数でない。（終）

10 (1)　$1989=884\times2+221$
$884=221\times4$
よって，求める最大公約数は　**221**

(2)　$4331=1037\times4+183$
$1037=183\times5+122$
$183=122\times1+61$
$122=61\times2$
よって，求める最大公約数は　**61**

$$\begin{array}{r} 4 \\ 221\,\overline{)\,884} \\ \underline{884} \\ 0 \end{array}\quad \begin{array}{r} 2 \\ \overline{)\,1989} \\ \underline{1768} \\ 221 \end{array}$$

$$\begin{array}{r} 2 \\ 61\,\overline{)\,122} \\ \underline{122} \\ 0 \end{array}\quad \begin{array}{r} 1 \\ \overline{)\,183} \\ \underline{122} \\ 61 \end{array}\quad \begin{array}{r} 5 \\ \overline{)\,1037} \\ \underline{915} \\ 122 \end{array}\quad \begin{array}{r} 4 \\ \overline{)\,4331} \\ \underline{4148} \\ 183 \end{array}$$

11 (1)　$-5x+7y=0$　より　$5x=7y$ ……①

$7y$ は 7 の倍数であるから，①より $5x$ も 7 の倍数である。

5 と 7 は互いに素であるから，x は 7 の倍数であり，整数 k を用いて，$x=7k$ と表される。

ここで，$x=7k$ を①に代入すると，$5\times7k=7y$ より　$y=5k$

よって，$-5x+7y=0$ のすべての整数解は

$x=7k$，$y=5k$（ただし，k は整数）

(2)　$-2x+7y=1$ ……①

①の整数解の 1 つを求めると

$x=3$，$y=1$

これを①に代入すると　$-2\times3+7\times1=1$ ……②

①−②より　$-2(x-3)+7(y-1)=0$

すなわち　$2(x-3)=7(y-1)$ ……③

2 と 7 は互いに素であるから，$x-3$ は 7 の倍数であり，整数 k を用いて $x-3=7k$ と表される。

ここで，$x-3=7k$ を③に代入すると

$2\times7k=7(y-1)$ より　$y-1=2k$

よって，①のすべての整数解は

$x=7k+3$，$y=2k+1$（ただし，k は整数）

⬅①−②の計算

$$
\begin{array}{rr}
 & -2\times x+7\times y=1 \\
-) & -2\times3+7\times1=1 \\
\hline
 & -2(x-3)+7(y-1)=0
\end{array}
$$

2　次　関　数

1　$y=a(x-p)^2+q$ （$a \neq 0$）のグラフ

・$y=ax^2$ のグラフを
　x 軸方向に p，y 軸方向に q だけ
平行移動した放物線
・軸は直線 $x=p$，頂点の座標は $(p,\ q)$

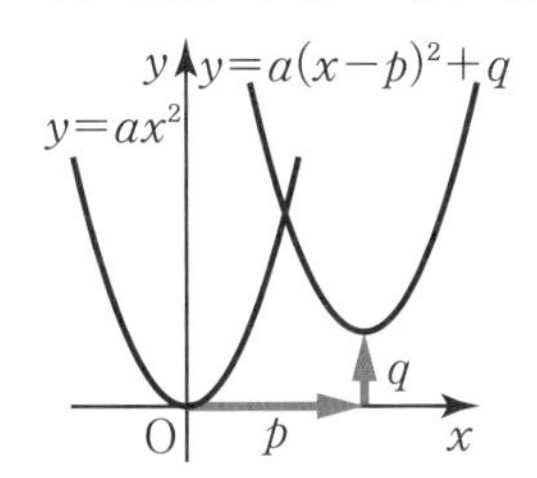

2　$y=ax^2+bx+c$ （$a \neq 0$）のグラフ

$y=a\left(x+\dfrac{b}{2a}\right)^2-\dfrac{b^2-4ac}{4a}$ より

軸 $x=-\dfrac{b}{2a}$，頂点 $\left(-\dfrac{b}{2a},\ -\dfrac{b^2-4ac}{4a}\right)$

3　グラフの平行移動

関数 $y=f(x)$ のグラフを
　x 軸方向に p，y 軸方向に q だけ
平行移動すると
　$y-q=f(x-p)$

4　グラフの対称移動

関数 $y=f(x)$ のグラフを
・x 軸に関して対称移動すると
　$y=-f(x)$
・y 軸に関して対称移動すると
　$y=f(-x)$
・原点に関して対称移動すると
　$y=-f(-x)$

5　2 次関数の最大・最小

$y=a(x-p)^2+q$ と変形すると
・$a>0 \Rightarrow x=p$ で最小値 q，最大値なし
・$a<0 \Rightarrow x=p$ で最大値 q，最小値なし

6　2 次関数の決定

・グラフの頂点が点 $(p,\ q)$，軸が直線 $x=p$ であるとき
　$y=a(x-p)^2+q$
・グラフが通る 3 点が与えられたとき
　$y=ax^2+bx+c$ とおき，連立方程式を解く。
・グラフと x 軸との共有点が $(\alpha,\ 0)$，$(\beta,\ 0)$ であるとき
　$y=a(x-\alpha)(x-\beta)$

7　2 次方程式の解

(1)　$(x-\alpha)(x-\beta)=0 \iff x=\alpha,\ \beta$
(2)　解の公式
・2 次方程式 $ax^2+bx+c=0$ の解は
　$b^2-4ac \geqq 0$ のとき

$$x=\frac{-b\pm\sqrt{b^2-4ac}}{2a}$$

・2 次方程式 $ax^2+2b'x+c=0$ の解は
　$b'^2-ac \geqq 0$ のとき

$$x=\frac{-b'\pm\sqrt{b'^2-ac}}{a}$$

8　2 次方程式の解の判別

2 次方程式 $ax^2+bx+c=0$ において，判別式を $D=b^2-4ac$ とすると
・$D>0 \iff$ 異なる 2 つの実数解をもつ
・$D=0 \iff$ 重解をもつ
・$D<0 \iff$ 実数解をもたない
（$D \geqq 0 \iff$ 実数解をもつ）

9　2 次関数のグラフと 2 次方程式・2 次不等式の解

2 次関数 $y=ax^2+bx+c$ のグラフと x 軸の位置関係は，$D=b^2-4ac$ の符号によって次のように定まる。

$a>0$ の場合	$D>0$	$D=0$	$D<0$
グラフと x 軸の位置関係	α　β　x 異なる 2 点で交わる	接点 α　x 1 点で接する	x 共有点なし
$ax^2+bx+c=0$	$x=\alpha,\ \beta$	$x=\alpha$ （重解）	実数解なし
$ax^2+bx+c>0$	$x<\alpha,\ \beta<x$	α 以外のすべての実数	すべての実数
$ax^2+bx+c \geqq 0$	$x \leqq \alpha,\ \beta \leqq x$	すべての実数	
$ax^2+bx+c<0$	$\alpha<x<\beta$	解なし	解なし
$ax^2+bx+c \leqq 0$	$\alpha \leqq x \leqq \beta$	$x=\alpha$ のみ	

図 形 と 計 量

1　鋭角の三角比（正弦・余弦・正接）

$\sin A=\dfrac{a}{c}$

$\cos A=\dfrac{b}{c}$

$\tan A=\dfrac{a}{b}$

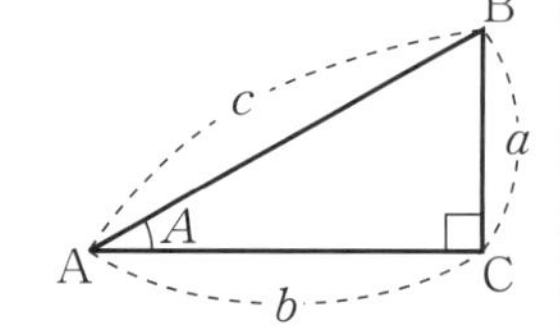

2　三角比の相互関係

$\tan A=\dfrac{\sin A}{\cos A}$

$\sin^2 A+\cos^2 A=1$

$1+\tan^2 A=\dfrac{1}{\cos^2 A}$

3　三角比の定義

半径 r の円周上に点 $\mathrm{P}(x,\ y)$ をとり，OP と x 軸の正の向きとのなす角を θ（$0^\circ\leqq\theta\leqq180^\circ$）とするとき

$\sin\theta=\dfrac{y}{r}$，$\cos\theta=\dfrac{x}{r}$，$\tan\theta=\dfrac{y}{x}$

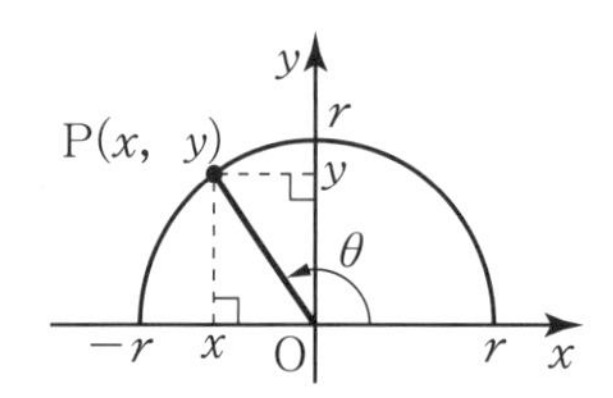

4　$90^\circ-A$，$180^\circ-A$ の三角比

・$\sin(90^\circ-A)=\cos A$

$\cos(90^\circ-A)=\sin A$

$\tan(90^\circ-A)=\dfrac{1}{\tan A}$

・$\sin(180^\circ-A)=\sin A$

$\cos(180^\circ-A)=-\cos A$

$\tan(180^\circ-A)=-\tan A$

5　特殊な角の三角比の値と符号

θ	0°	…	90°	…	180°
$\sin\theta$	0	+	1	+	0
$\cos\theta$	1	+	0	−	−1
$\tan\theta$	0	+	／	−	0

6　三角比の値の範囲

$0^\circ\leqq\theta\leqq180^\circ$ のとき，

$0\leqq\sin\theta\leqq1$，$-1\leqq\cos\theta\leqq1$

$\tan\theta$ はすべての実数（ただし，$\theta\neq90^\circ$）

7　直線の傾きと正接

直線 $y=mx$ と x 軸の正の向きとのなす角を θ とすると $m=\tan\theta$（$0^\circ\leqq\theta\leqq180^\circ$，ただし $\theta\neq90^\circ$）

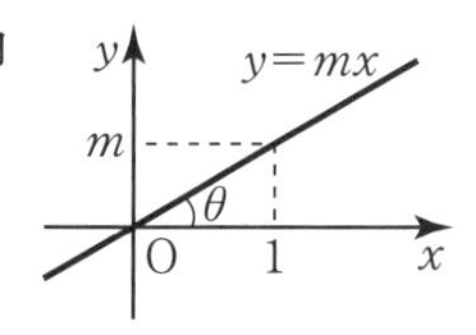

8　正弦定理

△ABC の外接円の半径を R とすると

$$\frac{a}{\sin A}=\frac{b}{\sin B}=\frac{c}{\sin C}=2R$$

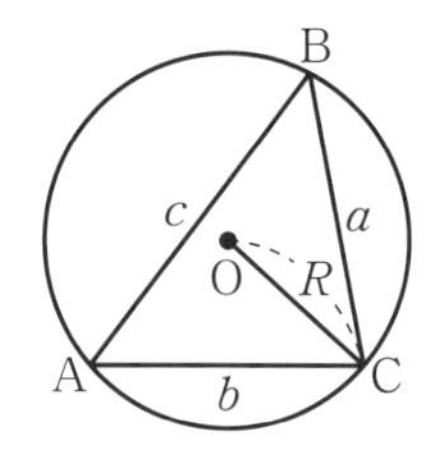

9　余弦定理

$a^2=b^2+c^2-2bc\cos A$

$b^2=c^2+a^2-2ca\cos B$

$c^2=a^2+b^2-2ab\cos C$

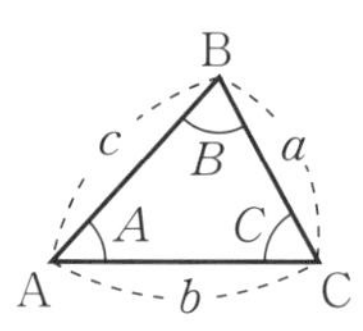

10　三角形の面積

△ABC の面積を S とすると

$$S=\frac{1}{2}bc\sin A=\frac{1}{2}ca\sin B=\frac{1}{2}ab\sin C$$

11　三角形の面積と内接円の半径

△ABC の面積を S，内接円の半径を r とすると

$$S=\frac{1}{2}r(a+b+c)$$

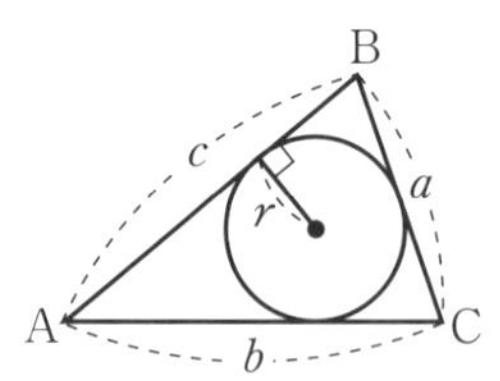

本書は，数学Ⅰ，数学Aの内容の理解と復習を目的に編修した問題集です。
各項目を見開き2ページで構成し，左側は**例題**と**類題**，右側はExerciseとJUMPとしました。

本書の使い方

例題
各項目で必ずマスターしておきたい代表的な問題を解答とともに掲載しました。右にある基本事項と合わせて，解法を確認できます。

Exercise
類題と同レベルの問題に加え，少しだけ応用力が必要な問題を扱っています。易しい問題から順に配列してありますので，あきらめずに取り組んでみましょう。

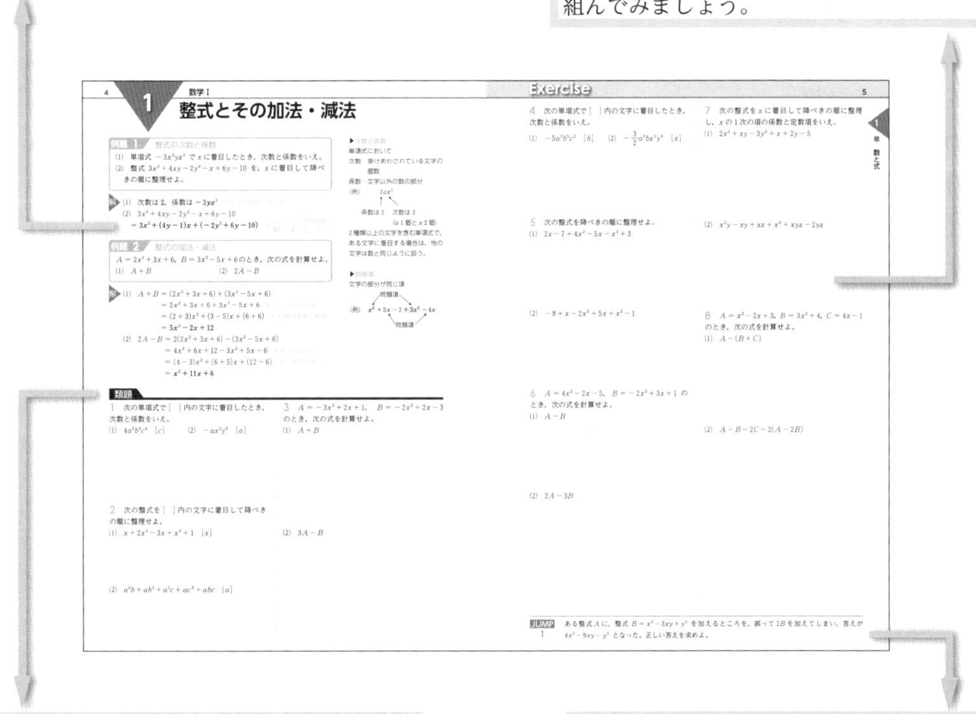

類題
例題と同レベルの問題です。解き方がわからないときは，例題を参考にしてみましょう。

JUMP
Exerciseより応用力が必要な問題を扱っています。選択的に取り組んでみましょう。

まとめの問題
いくつかの項目を復習するために設けてあります。内容が身に付いたか確認するために取り組んでみましょう。

数学 I

問題数	第１章	第２章	第３章	第４章	第５章	合計
例題	25	5	22	23	8	83
類題	24	6	26	19	5	80
Exercise	43	10	47	49	19	168
JUMP	15	3	15	12	5	50
まとめの問題	14	6	13	15	5	53

数学A

第１章　場合の数と確率

第２章　図形の性質

第３章　数学と人間の活動

問題数	第１章	第２章	第３章	合計
例題	31	23	14	68
類題	34	15	10	59
Exercise	81	41	29	151
JUMP	18	11	6	35
まとめの問題	26	9	11	46

1　整式とその加法・減法

例題 1　整式の次数と係数

(1)　単項式 $-3x^2yz^3$ で x に着目したとき，次数と係数をいえ。
(2)　整式 $3x^2+4xy-2y^2-x+6y-10$ を，x に着目して降べきの順に整理せよ。

解 (1)　次数は **2**，係数は $\boldsymbol{-3yz^3}$　←x 以外は数と考える

(2)　$3x^2+4xy-2y^2-x+6y-10$

$=\boldsymbol{3x^2+(4y-1)x+(-2y^2+6y-10)}$　←x について次数の高い項から順に並べる

▶次数と係数

単項式において
次数…掛けあわされている文字の個数
係数…文字以外の数の部分

(例)　$2ax^2$
係数は 2　次数は 3
(a 1 個と x 2 個)

2 種類以上の文字を含む単項式で，ある文字に着目する場合は，他の文字は数と同じように扱う。

例題 2　整式の加法・減法

$A=2x^2+3x+6$，$B=3x^2-5x+6$ のとき，次の式を計算せよ。
(1)　$A+B$　　(2)　$2A-B$

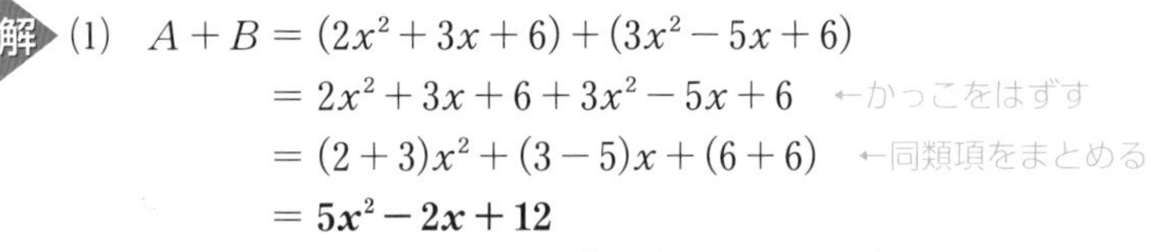

解 (1)　$A+B=(2x^2+3x+6)+(3x^2-5x+6)$

$=2x^2+3x+6+3x^2-5x+6$　←かっこをはずす

$=(2+3)x^2+(3-5)x+(6+6)$　←同類項をまとめる

$=\boldsymbol{5x^2-2x+12}$

(2)　$2A-B=2(2x^2+3x+6)-(3x^2-5x+6)$

$=4x^2+6x+12-3x^2+5x-6$　←符号を変える

$=(4-3)x^2+(6+5)x+(12-6)$　←同類項をまとめる

$=\boldsymbol{x^2+11x+6}$

▶同類項

文字の部分が同じ項

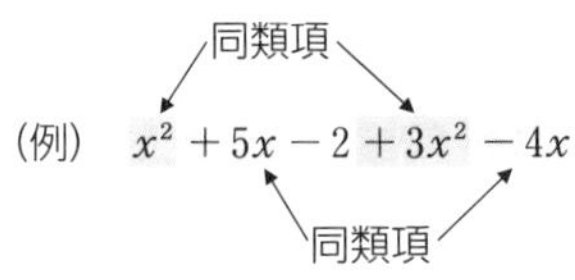

類題

1　次の単項式で［　］内の文字に着目したとき，次数と係数をいえ。

(1)　$4a^2b^3c^4$　$[c]$　　(2)　$-ax^2y^5$　$[a]$

2　次の整式を［　］内の文字に着目して降べきの順に整理せよ。

(1)　$x+2x^2-3x+x^2+1$　$[x]$

(2)　$a^2b+ab^2+a^2c+ac^2+abc$　$[a]$

3　$A=-3x^2+2x+1$，　$B=-2x^2+2x-3$ のとき，次の式を計算せよ。

(1)　$A+B$

(2)　$3A-B$

4 次の単項式で［ ］内の文字に着目したとき，次数と係数をいえ。

(1) $-5a^3b^5c^2$ ［b］　(2) $-\dfrac{3}{2}a^3bx^2y^4$ ［x］

5 次の整式を降べきの順に整理せよ。

(1) $2x-7+4x^2-5x-x^2+3$

(2) $-8+x-2x^2+5x+x^2-1$

6 $A=4x^2-2x-5$, $B=-2x^2+3x+1$ のとき，次の式を計算せよ。

(1) $A-B$

(2) $2A-3B$

7 次の整式を x に着目して降べきの順に整理し，x の 1 次の項の係数と定数項をいえ。

(1) $2x^2+xy-3y^2+x+2y-5$

(2) $x^2y-xy+xz+x^2+xyz-2yz$

8 $A=x^2-2x+3$, $B=3x^2+4$, $C=4x-1$ のとき，次の式を計算せよ。

(1) $A-(B+C)$

(2) $A-B-2C-2(A-2B)$

JUMP 1 ある整式 A に，整式 $B=x^2-3xy+y^2$ を加えるところを，誤って $2B$ を加えてしまい，答えが $4x^2-9xy-y^2$ となった。正しい答えを求めよ。

2 整式の乗法

例題 3 指数法則

次の式の計算をせよ。

(1) $x^2y\times x^3y^5$ (2) $(x^3)^2\times(y^2)^4$ (3) $(2xy^3)^2\times(-x^2y)^3$

解 (1) $x^2y\times x^3y^5=x^2\times x^3\times y\times y^5$
$=x^{2+3}\times y^{1+5}$ ←指数法則[1]
$=\boldsymbol{x^5y^6}$

(2) $(x^3)^2\times(y^2)^4=x^{3\times2}\times y^{2\times4}$ ←指数法則[2]
$=\boldsymbol{x^6y^8}$

(3) $(2xy^3)^2\times(-x^2y)^3=2^2\times x^2\times(y^3)^2\times(-1)^3\times(x^2)^3\times y^3$ ←指数法則[3]
$=2^2\times(-1)^3\times x^2\times x^{2\times3}\times y^{3\times2}\times y^3$
$=4\times(-1)\times x^{2+6}\times y^{6+3}$
$=\boldsymbol{-4x^8y^9}$

▶指数法則

m, n が正の整数のとき

[1] $\boldsymbol{a^m\times a^n=a^{m+n}}$

(例) $x^2\times x^3=x^{2+3}=x^5$

[2] $\boldsymbol{(a^m)^n=a^{mn}}$

(例) $(x^3)^2=x^{3\times2}=x^6$

[3] $\boldsymbol{(ab)^n=a^nb^n}$

(例) $(2x)^2=2^2x^2=4x^2$

例題 4 整式の乗法

次の式を展開せよ。

(1) $3x^2(x^2-2x+3)$ (2) $(x+2)(x^2-x+3)$

解 (1) $3x^2(x^2-2x+3)=3x^2\times x^2+3x^2\times(-2x)+3x^2\times3$
$=\boldsymbol{3x^4-6x^3+9x^2}$

(2) $(x+2)(x^2-x+3)=x(x^2-x+3)+2(x^2-x+3)$ ←$x^2-x+3=A$ とおくと $(x+2)A=xA+2A$
$=x^3-x^2+3x+2x^2-2x+6$
$=\boldsymbol{x^3+x^2+x+6}$

▶分配法則

$A(B+C)=AB+AC$

$(A+B)C=AC+BC$

類題

9 次の式の計算をせよ。

(1) $a^2b^3\times a^3b^4$

(2) $(-2x^2y^3)^3\times(-xy^2)^2$

10 次の式を展開せよ。

(1) $2xy(x^2+2xy+3y^2)$

(2) $(2x+3)(2x^2-3x+4)$

11 次の式の計算をせよ。

(1) $3a^3 \times 5a^8$

(2) $(a^2)^4 \times (a^3)^3$

(3) $(2x^2)^3 \times (-3x)^2$

(4) $xy^2 \times (-2xy)^2 \times (-x)^3$

12 次の式を展開せよ。

(1) $4x^2(3x^2+2x-1)$

(2) $(2x^2+3)(3x-5)$

(3) $(x-4)(4x^2-x+4)$

13 次の式の計算をせよ。

(1) $a^3b^4 \times ab^2$

(2) $(-a^2b)^3 \times (-2a^2b)^2$

(3) $(-3x^2y)^2 \times (2xy)^3 \times (-y)^3$

(4) $(-x^2y)^3 \times (2yz^2)^2 \times (-xy^2z)^3$

14 次の式を展開せよ。

(1) $(x^2+2xy-3y^2)(-xy)$

(2) $(x^2-2x+3)(3x+4)$

(3) $(2x-y)(4x^2+2xy+y^2)$

JUMP 2 次の式を展開せよ。

(1) $(x^2-2xy+3y^2)(2y^2+3xy+4x^2)$

(2) $(a+b+c)(a^2+b^2+c^2-ab-bc-ca)$

3 乗法公式

例題 5 乗法公式

次の式を展開せよ。

(1) $(x+3y)^2$　(2) $(x+4)(x-2)$　(3) $(3x+4y)(2x-7y)$

(1) $(x+3y)^2=x^2+2\times x\times 3y+(3y)^2$　←乗法公式[1]

$=\boldsymbol{x^2+6xy+9y^2}$

(2) $(x+4)(x-2)=x^2+\{4+(-2)\}x+4\times(-2)$　←乗法公式[3]

$=\boldsymbol{x^2+2x-8}$

(3) $(3x+4y)(2x-7y)$

$=(3\times 2)x^2+\{3\times(-7y)+4y\times 2\}x+4y\times(-7y)$　←乗法公式[4]

$=\boldsymbol{6x^2-13xy-28y^2}$

▶乗法公式

[1] $(a+b)^2=a^2+2ab+b^2$

$(a-b)^2=a^2-2ab+b^2$

[2] $(a+b)(a-b)=a^2-b^2$

[3] $(x+a)(x+b)$

$=x^2+(a+b)x+ab$

[4] $(ax+b)(cx+d)$

$=acx^2+(ad+bc)x+bd$

類題

15 次の式を展開せよ。

(1) $(2x+1)^2$

(2) $(2x+7y)^2$

(3) $(3x-2)^2$

(4) $(9x-4y)^2$

(5) $(x+5)(x-5)$

(6) $(3x+7y)(3x-7y)$

(7) $(x+6)(x-2)$

(8) $(x-6y)(x+3y)$

(9) $(2x+1)(3x+2)$

(10) $(4x-3y)(2x+3y)$

16 次の式を展開せよ。

(1) $(4x+1)^2$

(2) $(a-2b)^2$

(3) $(x+4)(x-4)$

(4) $(2a+b)(2a-b)$

(5) $(x+4)(x-7)$

(6) $(a-4b)(a+5b)$

(7) $(2x-1)(4x-5)$

17 次の式を展開せよ。

(1) $(xy+2)^2$

(2) $(3ab-7)^2$

(3) $(3xy-2)(3xy+2)$

(4) $(4a-bc)(4a+bc)$

(5) $(x-3y)(x-8y)$

(6) $(xy+5)(xy-8)$

(7) $(4a+5b)(3a-4b)$

JUMP 3 次の式を展開せよ。

(1) $(x+2y)(x-6y)-(3x-2y)(5x+6y)$　(2) $(x+2)(x-2)(x+3)(x-3)$

4 展開の工夫

例題 6 置きかえによる展開

次の式を展開せよ。

(1) $(a+2b-3c)^2$　　(2) $(x+y+1)(x+y-3)$

(1) $a+2b=A$ とおくと

$(a+2b-3c)^2=(A-3c)^2$

$=A^2-6Ac+9c^2$

$=(a+2b)^2-6(a+2b)c+9c^2$　←A を $a+2b$ にもどす

$=a^2+4ab+4b^2-6ac-12bc+9c^2$

$=\boldsymbol{a^2+4b^2+9c^2+4ab-12bc-6ca}$　←ab, bc, ca の順に項を整理

別解 (1) $(a+2b-3c)^2$

$=a^2+(2b)^2+(-3c)^2+2\times a\times 2b+2\times 2b\times(-3c)+2\times(-3c)\times a$

$=\boldsymbol{a^2+4b^2+9c^2+4ab-12bc-6ca}$

(2) $x+y=A$ とおくと

$(x+y+1)(x+y-3)=(A+1)(A-3)$

$=A^2-2A-3$

$=(x+y)^2-2(x+y)-3$　←A を $x+y$ にもどす

$=\boldsymbol{x^2+2xy+y^2-2x-2y-3}$

▶展開の工夫

式の一部をひとまとめにして，別の文字で置きかえる。

(●＋■＋△)(●＋■＋◇)

↓

●＋■ $=A$ とおく。

↓

$(A+△)(A+◇)$ として，乗法公式を利用する。

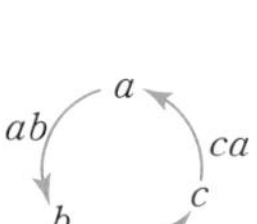
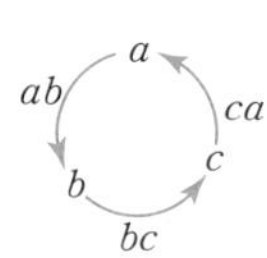

▶$(a+b+c)^2$ の展開

以下の展開も，公式として覚えておくとよい。

$\boldsymbol{(a+b+c)^2}$

$\boldsymbol{=a^2+b^2+c^2+2ab+2bc+2ca}$

例題 7 計算の順序の工夫

次の式を展開せよ。

$(x+1)^2(x-1)^2$

$(x+1)^2(x-1)^2=\{(x+1)(x-1)\}^2=(x^2-1)^2=\boldsymbol{x^4-2x^2+1}$　←$a^nb^n=(ab)^n$（指数法則[3]）

類題

18 次の式を展開せよ。

(1) $(a+b+2c)^2$

(2) $(a+b+1)(a+b-1)$

(3) $(x+2y-2)(x+2y+4)$

(4) $(x+3)^2(x-3)^2$

19 次の式を展開せよ。

(1) $(a-b-c)^2$

(2) $(a+b-2)^2$

(3) $(2x+3y+2)(2x+3y-2)$

(4) $(x^2+4y^2)(x+2y)(x-2y)$

(5) $(2x+1)^2(2x-1)^2$

20 次の式を展開せよ。

(1) $(2a-b+3c)^2$

(2) $(2a+b+3)(2a-b+3)$

(3) $(x+3y-z)(x-2y-z)$

(4) $(x-4)(x^2+16)(x+4)$

(5) $(3a-2b)^2(3a+2b)^2$

JUMP 4 次の式を展開せよ。

(1) $(x+y)(x^2+y^2)(x^4+y^4)(x-y)$

(2) $(x+1)(x+2)(x+3)(x+4)$

5 因数分解 (1)

例題 8 共通因数のくくり出し

次の式を因数分解せよ。

(1) $5x^2y+15xy^2$　(2) $(a+2b)x+2(a+2b)$

(3) $(a-b)x^2+b-a$

▶共通因数のくくり出し

$ma+mb=m(a+b)$

(1) $5x^2y+15xy^2=5xy\times x+5xy\times 3y$　←共通因数 $5xy$

$=\mathbf{5xy(x+3y)}$

(2) $(a+2b)x+2(a+2b)=\mathbf{(a+2b)(x+2)}$　←$a+2b=A$ とおくと $Ax+2A=A(x+2)$

(3) $(a-b)x^2+b-a=(a-b)x^2-(a-b)$　←$b-a=-a+b=-(a-b)$

$=(a-b)(x^2-1)$

$=\mathbf{(a-b)(x+1)(x-1)}$　←x^2-1 をさらに因数分解する

例題 9 2 次式の因数分解 (1)

次の式を因数分解せよ。

(1) $9x^2+30x+25$　(2) $9x^2-25y^2$

▶因数分解の公式

[1] $a^2+2ab+b^2=(a+b)^2$

$a^2-2ab+b^2=(a-b)^2$

[2] $a^2-b^2=(a+b)(a-b)$

(1) $9x^2+30x+25=(3x)^2+2\times 3x\times 5+5^2$　←因数分解の公式 [1]

$=\mathbf{(3x+5)^2}$

(2) $9x^2-25y^2=(3x)^2-(5y)^2$　←因数分解の公式 [2]

$=\mathbf{(3x+5y)(3x-5y)}$

[因数分解と展開]

因数分解をしたら，逆に展開してもとの式にもどるか確かめて（検算して）みよう。

類題

21 次の式を因数分解せよ。

(1) $3ab+12ac$

(2) $2a^2b^2+4ab^2+6ab$

(3) $(2a+b)x+(2a+b)y$

(4) $(a-2)b-(2-a)c$

(5) x^2+6x+9

(6) $x^2-8xy+16y^2$

(7) x^2-81

(8) $49x^2-9y^2$

22 次の式を因数分解せよ。

(1) $2a^3b^2c+6a^2bc^2$

(2) $(2a-3b)x-(2a-3b)y$

(3) $(a-3)x^2+9(3-a)$

(4) $49x^2-14x+1$

(5) $25x^2+20xy+4y^2$

(6) a^2-16b^2

23 次の式を因数分解せよ。

(1) $3x^2yz-6xy^2z-9xyz^2$

(2) $(a^2-b^2)x^2-a^2+b^2$

(3) $(2a-b-c)x^2-16(b+c-2a)y^2$

(4) $4x^2+4x+1$

(5) $9x^2-24xy+16y^2$

(6) $49x^2y^2-36z^2$

JUMP 5 次の式を因数分解せよ。

(1) $ab+a+b+1$

(2) $x^2+3x+\frac{9}{4}$

6 因数分解(2)

例題 10 2次式の因数分解(2)

次の式を因数分解せよ。

(1) x^2+x-72　　(2) $x^2+12xy+32y^2$

(3) $2x^2+11x+12$　　(4) $6x^2-xy-35y^2$

▶因数分解の公式

[3] $x^2+(a+b)x+ab$
$=(x+a)(x+b)$

[4] $acx^2+(ad+bc)x+bd$
$=(ax+b)(cx+d)$

解 (1) $x^2+x-72=x^2+\{9+(-8)\}x+9\times(-8)$
$=\boldsymbol{(x+9)(x-8)}$

←因数分解の公式[3]
積が -72，和が1となる2数は9と -8

(2) $x^2+12xy+32y^2=x^2+(4y+8y)x+4y\times8y$
$=\boldsymbol{(x+4y)(x+8y)}$

←因数分解の公式[3]
積が $32y^2$，和が $12y$ となる2式は $4y$ と $8y$

(3) $2x^2+11x+12$
$=\boldsymbol{(x+4)(2x+3)}$

1	4 ⟶	8
2	3 ⟶	3
2	12	11

(4) $6x^2-xy-35y^2$
$=\boldsymbol{(2x-5y)(3x+7y)}$

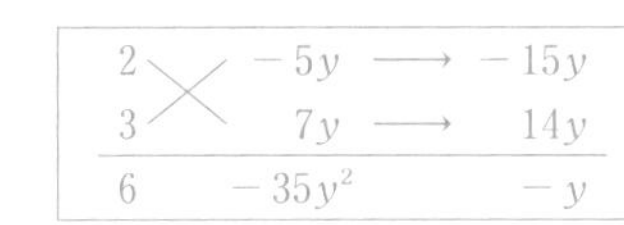

←x に着目すると，
x の係数は $-y$，定数項は $-35y^2$

類題

24 次の式を因数分解せよ。

(1) $x^2+9x+20$

(2) $x^2-12xy+27y^2$

(3) $2x^2+3x+1$

(4) $3x^2-13x+12$

(5) $5x^2+18xy+9y^2$

(6) $4x^2+4xy-15y^2$

25 次の式を因数分解せよ。

(1) $x^2-6x-16$

(2) $x^2-8xy-33y^2$

(3) $3x^2+7x+2$

(4) $2x^2+5x-7$

(5) $4x^2-9x+2$

(6) $6x^2+7xy-10y^2$

(7) $8x^2-14xy-9y^2$

26 次の式を因数分解せよ。

(1) $x^2-10x-24$

(2) $x^2+6xy-40y^2$

(3) $9x^2-18x+8$

(4) $6x^2-11x-7$

(5) $24x^2-2x-15$

(6) $12a^2+7ab-10b^2$

(7) $20a^2-47ab+24b^2$

JUMP 6 次の式を因数分解せよ。

(1) $6x^3y+14x^2y^2-12xy^3$

(2) $(b+c)a^2+(b^2+2bc+c^2)a+(b+c)bc$

7 因数分解(3)

例題 11 置きかえによる因数分解

次の式を因数分解せよ。

(1) $(x+y)^2+2(x+y)-15$　　(2) x^4-3x^2-4

(3) $(x^2+2x)^2-6(x^2+2x)-16$

解 (1) $x+y=A$ とおくと　←式の一部をひとまとめにする

$$\begin{aligned}(x+y)^2+2(x+y)-15 &= A^2+2A-15\\ &= (A+5)(A-3)\\ &= \boldsymbol{(x+y+5)(x+y-3)}\end{aligned}$$

←A を $x+y$ にもどす

(2) $x^2=A$ とおくと

$$\begin{aligned}x^4-3x^2-4 &= A^2-3A-4\\ &= (A-4)(A+1)\\ &= (x^2-4)(x^2+1)\\ &= \boldsymbol{(x+2)(x-2)(x^2+1)}\end{aligned}$$

←$x^4=(x^2)^2=A^2$

←x^2-4 をさらに因数分解する

(3) $x^2+2x=A$ とおくと

$$\begin{aligned}(x^2+2x)^2-6(x^2+2x)-16 &= A^2-6A-16\\ &= (A-8)(A+2)\\ &= (x^2+2x-8)(x^2+2x+2)\\ &= \boldsymbol{(x+4)(x-2)(x^2+2x+2)}\end{aligned}$$

←x^2+2x-8 をさらに因数分解する

類題

27 次の式を因数分解せよ。

(1) $(x-2y)^2-5(x-2y)+6$

(2) $(2x+3y)^2-3(2x+3y)$

(3) x^4-6x^2-27

(4) $(x^2+x)^2-4(x^2+x)-12$

28 次の式を因数分解せよ。

(1) $(x+1)^2+7(x+1)+10$

(2) $(x-y)^2+2(x-y)-48$

(3) x^4+6x^2+5

(4) x^4-81

(5) $(x^2+x)^2-9(x^2+x)+18$

29 次の式を因数分解せよ。

(1) $3(2a+b)^2-2(2a+b)-8$

(2) $6(x+3y)^2-11(x+3y)-10$

(3) x^4-13x^2+36

(4) $16x^4-1$

(5) $(x^2-2x)^2-11(x^2-2x)+24$

JUMP 7 次の式を因数分解せよ。

(1) $(x-4)(x-2)(x+1)(x+3)+24$

(2) x^4+x^2+1

8 因数分解(4)

例題 12 1つの文字に着目する因数分解

次の式を因数分解せよ。

(1) $x^2+z^2+xy+2xz+yz$

(2) $2x^2-7xy+3y^2-x+8y-3$

解 (1) 最も次数の低い文字 y について整理すると ←x…2次式，y…1次式，z…2次式

$$\begin{aligned} x^2+z^2+xy+2xz+yz &= (x+z)y+x^2+2xz+z^2 \\ &= (x+z)y+(x+z)^2 \\ &= (x+z)\{y+(x+z)\} \\ &= \boldsymbol{(x+z)(x+y+z)} \end{aligned}$$

←$x+z$ をくくり出す

(2) x に着目して整理すると ←x，y の次数が等しいので，どちらか1つの文字に着目して整理する

$$\begin{aligned} &2x^2-7xy+3y^2-x+8y-3 \\ &= 2x^2-(7y+1)x+(3y^2+8y-3) \\ &= 2x^2-(7y+1)x+(3y-1)(y+3) \\ &= \{x-(3y-1)\}\{2x-(y+3)\} \\ &= \boldsymbol{(x-3y+1)(2x-y-3)} \end{aligned}$$

1	$-(3y-1)$ ⟶	$-6y+2$
2	$-(y+3)$ ⟶	$-y-3$
2	$(3y-1)(y+3)$	$-(7y+1)$

類題

30 次の式を因数分解せよ。

(1) $a^2+ab+2bc-4c^2$

(2) $a^2+b^2+2ab+2bc+2ca$

(3) $x^2+(2y+3)x+(y+1)(y+2)$

(4) $x^2+4xy+3y^2-x-7y-6$

31 次の式を因数分解せよ。

(1) $4a^2-4ab+2ac-bc+b^2$

(2) $x^2+xy+2y-4$

(3) $x^2+2xy+7x+y^2+7y+10$

(4) $3x^2+4xy+y^2-7x-y-6$

32 次の式を因数分解せよ。

(1) $ab-4bc-ca+b^2+3c^2$

(2) x^2y-x^2-4y+4

(3) $2x^2+5xy+3y^2-4x-5y+2$

(4) $3x^2-3xy-6y^2+5x-y+2$

JUMP 8 次の式を因数分解せよ。

(1) $x^2y+y^2z-y^3-x^2z$

(2) $xy-yz^2+x^3-2x^2z^2+xz^4$

9 〈発展〉3 次式の展開と因数分解

例題 13 3 次式の展開

次の式を展開せよ。

(1) $(x+2)^3$　(2) $(3x-y)^3$

(3) $(x-2y)(x^2+2xy+4y^2)$

▶3 次式の乗法公式

[1] $(a+b)^3$
$=a^3+3a^2b+3ab^2+b^3$
$(a-b)^3$
$=a^3-3a^2b+3ab^2-b^3$

[2] $(a+b)(a^2-ab+b^2)$
$=a^3+b^3$
$(a-b)(a^2+ab+b^2)$
$=a^3-b^3$

(1) $(x+2)^3=x^3+3\times x^2\times 2+3\times x\times 2^2+2^3$ ←3 次式の乗法公式[1]

$=\boldsymbol{x^3+6x^2+12x+8}$

(2) $(3x-y)^3=(3x)^3-3\times(3x)^2\times y+3\times 3x\times y^2-y^3$ ←3 次式の乗法公式[1]

$=\boldsymbol{27x^3-27x^2y+9xy^2-y^3}$

(3) $(x-2y)(x^2+2xy+4y^2)=(x-2y)\{x^2+x\times 2y+(2y)^2\}$

$=x^3-(2y)^3$ ←3 次式の乗法公式[2]

$=\boldsymbol{x^3-8y^3}$

例題 14 3 次式の因数分解

次の式を因数分解せよ。

(1) x^3+8y^3　(2) $16x^3-54$

▶3 次式の因数分解の公式

$a^3+b^3=(a+b)(a^2-ab+b^2)$
$a^3-b^3=(a-b)(a^2+ab+b^2)$

(1) $x^3+8y^3=x^3+(2y)^3$

$=(x+2y)\{x^2-x\times 2y+(2y)^2\}$ ←3 次式の因数分解の公式

$=\boldsymbol{(x+2y)(x^2-2xy+4y^2)}$

(2) $16x^3-54=2(8x^3-27)$ ←共通因数の 2 でくくる

$=2\{(2x)^3-3^3\}$

$=2(2x-3)\{(2x)^2+2x\times 3+3^2\}$ ←3 次式の因数分解の公式

$=\boldsymbol{2(2x-3)(4x^2+6x+9)}$

類題

33 次の式を展開せよ。

(1) $(x+1)^3$

(2) $(x+1)(x^2-x+1)$

34 次の式を因数分解せよ。

(1) $27x^3+y^3$

(2) $8x^3-125$

35 次の式を展開せよ。

(1) $(x+3)^3$

(2) $(2x-1)^3$

(3) $(2x+1)(4x^2-2x+1)$

(4) $(x-4y)(x^2+4xy+16y^2)$

36 次の式を因数分解せよ。

(1) x^3+1

(2) $27x^3-64y^3$

37 次の式を展開せよ。

(1) $(2x-3y)^3$

(2) $(xy+4)^3$

(3) $(3x-5y)(9x^2+15xy+25y^2)$

(4) $(xy+z)(x^2y^2-xyz+z^2)$

38 次の式を因数分解せよ。

(1) x^4y+xy^4

(2) $24x^3-3y^3$

JUMP 9 次の式を展開せよ。

(1) $(x+1)^3(x-1)^3$

(2) $(x+2)(x-2)(x^2+2x+4)(x^2-2x+4)$

まとめの問題 数と式①

1 整式 $2x^3+5x^2y+4xy+y^2-6x-1$ について，次の問いに答えよ。

(1) x に着目して降べきの順に整理し，x の1次の項の係数と定数項をいえ。

(2) y に着目して降べきの順に整理し，y の1次の項の係数と定数項をいえ。

2 次の式の計算をせよ。

(1) $2a^4b\times(-3a^2b^3)^2$

(2) $x^2y\times(2xy^3)^2\times(-x^2y^4)^3$

3 次の式を展開せよ。

(1) $2xy(x^2+3xy+4y^2)$

(2) $(x-1)(x^3+x^2+x+1)$

(3) $(ax+by)^2$

(4) $(ab+1)(ab-1)$

(5) $(3a+7b)(4a-9b)$

(6) $(2a+b-c)^2$

(7) $(x+y+z)(x-y+z)$

(8) $(3a-bc)^2(3a+bc)^2$

4 次の式を因数分解せよ。

(1) x^2-4x

(2) $a^2(2x-3y)+b^2(3y-2x)$

(3) $x^2-12xy+36y^2$

(4) $4x^2+5x-6$

(5) $36x^2-5xy-24y^2$

(6) $(a-b)^2-7(b-a)+10$

(7) x^4-x^2-12

(8) $x^2z+x+y-y^2z$

(9) $2x^2+6xy+4y^2-x-4y-3$

5 **(発展)** 次の式を展開せよ。

$(4x-3y)^3$

6 **(発展)** 次の式を因数分解せよ。

$2x^3-54y^3$

10 実数，平方根

例題 15 有理数と循環小数

次の分数を循環小数の記号・を用いて表せ。

(1) $\dfrac{4}{9}$　　(2) $\dfrac{16}{11}$

解 (1) $\dfrac{4}{9}=4\div 9=0.444444\cdots\cdots=\mathbf{0.\dot{4}}$

(2) $\dfrac{16}{11}=16\div 11=1.454545\cdots\cdots=\mathbf{1.\dot{4}\dot{5}}$

▶循環小数
無限小数のうち，ある位以下では数字の同じ並びがくり返される小数。循環小数は，同じ並びの最初と最後の数字の上に記号・をつけて表す。
(例)　$0.111111\cdots\cdots=0.\dot{1}$
　　$0.231231\cdots\cdots=0.\dot{2}3\dot{1}$

例題 16 絶対値

次の値を，絶対値記号を用いないで表せ。

(1) $|\sqrt{2}-1|$　　(2) $|\pi-4|$

解 (1) $\sqrt{2}>1$ であるから $\sqrt{2}-1>0$　←$\sqrt{2}=1.414\cdots\cdots$

よって　$|\sqrt{2}-1|=\boldsymbol{\sqrt{2}-1}$

(2) $\pi<4$ であるから $\pi-4<0$　←$\pi=3.14\cdots\cdots$

よって　$|\pi-4|=-(\pi-4)=\boldsymbol{4-\pi}$

▶絶対値
$a\geqq 0$ のとき　$|a|=a$
$a<0$ のとき　$|a|=-a$

例題 17 平方根

次の値を求めよ。

(1) 25 の平方根　　(2) $\sqrt{25}$　　(3) $\sqrt{(-3)^2}$

解 (1) 2 乗すると 25 になる数だから，5 と -5，すなわち $\boldsymbol{\pm 5}$

(2) $\sqrt{25}=\mathbf{5}$

(3) $\sqrt{(-3)^2}=-(-3)=\mathbf{3}$　←-3 は負の数である

▶平方根の意味
a の平方根
…2 乗すると a になる数
$a>0$ のとき　$\sqrt{a}$ と $-\sqrt{a}$
$a=0$ のとき　0 だけ
$a<0$ のとき　実数の範囲にない

▶$\sqrt{a^2}$ の値
$a\geqq 0$ のとき　$\sqrt{a^2}=a$
$a<0$ のとき　$\sqrt{a^2}=-a$

類題

39 次の値を，絶対値記号を用いないで表せ。

(1) $|-3|$

(2) $|\sqrt{7}-\sqrt{6}|$

(3) $|2-\sqrt{6}|$

40 次の値を求めよ。

(1) 3 の平方根

(2) $\sqrt{64}$

(3) $\sqrt{(-2)^2}$

41 次の分数を循環小数の記号・を用いて表せ。

(1) $\frac{4}{15}$

(2) $\frac{7}{37}$

(3) $\frac{37}{7}$

42 下の(1)~(4)にあてはまる数を，次の中からすべて選び出せ。

0，$-\frac{1}{3}$，$\sqrt{5}$，3.14，$\sqrt{9}$，-2

$0.333\cdots\cdots$，$\frac{16}{4}$，π

(1) 自然数

(2) 整数

(3) 有理数

(4) 無理数

43 次の値を，絶対値記号を用いないで表せ。

(1) $\left|-\frac{20}{3}\right|$

(2) $|3-\sqrt{5}|$

(3) $|2\sqrt{2}-3|$

44 次の値を求めよ。

(1) 49 の平方根

(2) $\frac{1}{9}$ の平方根

(3) $-\sqrt{100}$

(4) $\sqrt{\left(-\frac{1}{8}\right)^2}$

JUMP 10 x が次の値のとき，$|x+1|+2|x-2|$ の値を求めよ。

(1) $x=5$　(2) $x=-2$　(3) $x=\sqrt{3}$

11 根号を含む式の計算

例題 18 根号を含む式の計算

次の式を簡単にせよ。

(1) $\sqrt{20}$　(2) $\sqrt{2}\times\sqrt{6}$　(3) $\dfrac{\sqrt{20}}{\sqrt{5}}$

(4) $2\sqrt{12}-\sqrt{27}+\sqrt{75}$　(5) $(2\sqrt{2}+\sqrt{7})(2\sqrt{2}-\sqrt{7})$

▶平方根の積と商

$a>0$, $b>0$ のとき

[1] $\sqrt{a}\sqrt{b}=\sqrt{ab}$

[2] $\dfrac{\sqrt{a}}{\sqrt{b}}=\sqrt{\dfrac{a}{b}}$

▶平方根の性質

$a>0$, $k>0$ のとき

$\sqrt{k^2a}=k\sqrt{a}$

解 (1) $\sqrt{20}=\sqrt{2^2\times5}=\mathbf{2\sqrt{5}}$

(2) $\sqrt{2}\times\sqrt{6}=\sqrt{2\times6}=\sqrt{2^2\times3}=\mathbf{2\sqrt{3}}$

(3) $\dfrac{\sqrt{20}}{\sqrt{5}}=\sqrt{\dfrac{20}{5}}=\sqrt{4}=\sqrt{2^2}=\mathbf{2}$

(4) $2\sqrt{12}-\sqrt{27}+\sqrt{75}=2\times2\sqrt{3}-3\sqrt{3}+5\sqrt{3}$
$=(4-3+5)\sqrt{3}$
$=\mathbf{6\sqrt{3}}$

(5) $(2\sqrt{2}+\sqrt{7})(2\sqrt{2}-\sqrt{7})=(2\sqrt{2})^2-(\sqrt{7})^2$　←乗法公式[2] $(a+b)(a-b)=a^2-b^2$
$=4\times2-7$
$=\mathbf{1}$

類題

45 次の式を簡単にせよ。

(1) $\sqrt{28}$

(2) $\sqrt{3}\times\sqrt{21}$

(3) $\dfrac{\sqrt{48}}{\sqrt{8}}$

(4) $2\sqrt{8}-\sqrt{18}+\sqrt{72}$

(5) $(2\sqrt{2}-\sqrt{5})-(5\sqrt{2}-4\sqrt{5})$

(6) $(\sqrt{6}+2\sqrt{2})(3\sqrt{6}-\sqrt{2})$

(7) $(\sqrt{2}+\sqrt{5})^2$

(8) $(\sqrt{6}+\sqrt{3})(\sqrt{6}-\sqrt{3})$

Exercise

46 次の式を簡単にせよ。

(1) $\sqrt{3}\times\sqrt{6}\times\sqrt{18}$

(2) $\sqrt{60}\div\sqrt{5}$

(3) $\sqrt{20}-\sqrt{45}+\sqrt{80}$

(4) $(\sqrt{10}+\sqrt{3})^2$

(5) $(\sqrt{7}+\sqrt{2})(\sqrt{7}-\sqrt{2})$

47 次の式を簡単にせよ。

(1) $4\sqrt{6}\times\sqrt{15}\div2\sqrt{2}$

(2) $\sqrt{12}+2\sqrt{54}-(4\sqrt{48}-3\sqrt{96})$

(3) $(3\sqrt{2}-2\sqrt{3})^2$

(4) $(4\sqrt{6}+3\sqrt{3})(4\sqrt{6}-3\sqrt{3})$

(5) $(\sqrt{10}-\sqrt{54})(\sqrt{20}+\sqrt{3})$

JUMP 11 次の式を簡単にせよ。

(1) $(\sqrt{2}+\sqrt{5}+\sqrt{7})(\sqrt{2}+\sqrt{5}-\sqrt{7})$

(2) $(1-\sqrt{2}+\sqrt{3})^2-(1+\sqrt{2}+\sqrt{3})^2$

12 分母の有理化

例題 19 分母の有理化

次の式の分母を有理化せよ。

(1) $\dfrac{\sqrt{3}}{\sqrt{6}}$　　(2) $\dfrac{5}{\sqrt{7}-\sqrt{2}}$

解 (1) $\dfrac{\sqrt{3}}{\sqrt{6}}=\dfrac{\sqrt{3}\times\sqrt{6}}{\sqrt{6}\times\sqrt{6}}=\dfrac{3\sqrt{2}}{6}=\boldsymbol{\dfrac{\sqrt{2}}{2}}$　←分母と分子に $\sqrt{6}$ を掛ける

別解 (1) $\dfrac{\sqrt{3}}{\sqrt{6}}=\sqrt{\dfrac{3}{6}}=\sqrt{\dfrac{1}{2}}=\dfrac{1}{\sqrt{2}}$　←$\dfrac{\sqrt{a}}{\sqrt{b}}=\sqrt{\dfrac{a}{b}}$

$=\dfrac{1\times\sqrt{2}}{\sqrt{2}\times\sqrt{2}}=\boldsymbol{\dfrac{\sqrt{2}}{2}}$　←分母と分子に $\sqrt{2}$ を掛ける

(2) $\dfrac{5}{\sqrt{7}-\sqrt{2}}=\dfrac{5(\sqrt{7}+\sqrt{2})}{(\sqrt{7}-\sqrt{2})(\sqrt{7}+\sqrt{2})}$　←分母と分子に $\sqrt{7}+\sqrt{2}$ を掛ける

$=\dfrac{5(\sqrt{7}+\sqrt{2})}{(\sqrt{7})^2-(\sqrt{2})^2}=\dfrac{5(\sqrt{7}+\sqrt{2})}{7-2}$

$=\dfrac{5(\sqrt{7}+\sqrt{2})}{5}=\boldsymbol{\sqrt{7}+\sqrt{2}}$　←5 で約分

▶分母の有理化

[1] $\dfrac{1}{\sqrt{a}}=\dfrac{1\times\sqrt{a}}{\sqrt{a}\times\sqrt{a}}=\dfrac{\sqrt{a}}{a}$

[2] $\dfrac{1}{\sqrt{a}+\sqrt{b}}$

$=\dfrac{1\times(\sqrt{a}-\sqrt{b})}{(\sqrt{a}+\sqrt{b})(\sqrt{a}-\sqrt{b})}$

$=\dfrac{\sqrt{a}-\sqrt{b}}{a-b}$

[3] $\dfrac{1}{\sqrt{a}-\sqrt{b}}$

$=\dfrac{1\times(\sqrt{a}+\sqrt{b})}{(\sqrt{a}-\sqrt{b})(\sqrt{a}+\sqrt{b})}$

$=\dfrac{\sqrt{a}+\sqrt{b}}{a-b}$

類題

48 次の式の分母を有理化せよ。

(1) $\dfrac{2}{\sqrt{2}}$

(2) $\dfrac{\sqrt{5}}{\sqrt{12}}$

(3) $\dfrac{\sqrt{5}+\sqrt{2}}{\sqrt{3}}$

49 次の式の分母を有理化せよ。

(1) $\dfrac{1}{\sqrt{5}+\sqrt{2}}$

(2) $\dfrac{4}{\sqrt{6}+\sqrt{2}}$

(3) $\dfrac{\sqrt{5}+\sqrt{3}}{\sqrt{5}-\sqrt{3}}$

50　次の式の分母を有理化せよ。

(1)　$\dfrac{8}{3\sqrt{6}}$

(2)　$\dfrac{2}{\sqrt{7}-\sqrt{3}}$

(3)　$\dfrac{2-\sqrt{6}}{2+\sqrt{6}}$

(4)　$\dfrac{1-\sqrt{3}}{2+\sqrt{3}}$

51　次の式を簡単にせよ。

(1)　$\dfrac{6\sqrt{3}}{\sqrt{2}}-\dfrac{6\sqrt{2}}{\sqrt{3}}+\dfrac{6}{\sqrt{6}}$

(2)　$\dfrac{1}{\sqrt{3}-\sqrt{2}}+\dfrac{1}{\sqrt{3}+\sqrt{2}}$

(3)　$\left(\dfrac{1}{\sqrt{7}+\sqrt{6}}\right)^2$

JUMP 12　$(\sqrt{2}+\sqrt{3}+\sqrt{5})(\sqrt{2}+\sqrt{3}-\sqrt{5})$ を計算し，$\dfrac{1}{\sqrt{2}+\sqrt{3}+\sqrt{5}}$ の分母を有理化せよ。

13 〈発展〉式の値，二重根号

例題 20 式の値

$x=3+\sqrt{5}$，$y=3-\sqrt{5}$ のとき，次の式の値を求めよ。

(1) $x+y$　　(2) xy

(3) x^2+y^2　　(4) x^3+y^3

▶式の値
x^2+y^2 や x^3+y^3 は，
$x+y$（和）と xy（積）
を用いて表される。
[1] x^2+y^2
$=(x+y)^2-2xy$
[2] x^3+y^3
$=(x+y)^3-3xy(x+y)$

解 (1) $x+y=(3+\sqrt{5})+(3-\sqrt{5})=\mathbf{6}$

(2) $xy=(3+\sqrt{5})(3-\sqrt{5})=3^2-(\sqrt{5})^2=9-5=\mathbf{4}$

(3) $x^2+y^2=(x+y)^2-2xy=6^2-2\times4=36-8=\mathbf{28}$

(4) $x^3+y^3=(x+y)^3-3xy(x+y)$
$=6^3-3\times4\times6=216-72=\mathbf{144}$

別解 (4) $x^3+y^3=(x+y)(x^2-xy+y^2)$
$=(x+y)\{(x^2+y^2)-xy\}=6\times(28-4)=\mathbf{144}$

例題 21 二重根号

次の式の二重根号をはずせ。

(1) $\sqrt{8+2\sqrt{12}}$　　(2) $\sqrt{7-\sqrt{24}}$　　(3) $\sqrt{2-\sqrt{3}}$

▶二重根号
$a>0$，$b>0$ のとき
$\sqrt{(a+b)+2\sqrt{ab}}=\sqrt{a}+\sqrt{b}$
$a>b>0$ のとき
$\sqrt{(a+b)-2\sqrt{ab}}=\sqrt{a}-\sqrt{b}$

解 (1) $\sqrt{8+2\sqrt{12}}=\sqrt{(6+2)+2\sqrt{6\times2}}=\sqrt{(\sqrt{6}+\sqrt{2})^2}=\mathbf{\sqrt{6}+\sqrt{2}}$

(2) $\sqrt{7-\sqrt{24}}=\sqrt{7-2\sqrt{6}}$　←中の $\sqrt{\ }$ の前を 2 にする
$=\sqrt{(6+1)-2\sqrt{6\times1}}=\sqrt{(\sqrt{6}-\sqrt{1})^2}=\mathbf{\sqrt{6}-1}$

(3) $\sqrt{2-\sqrt{3}}=\sqrt{\dfrac{4-2\sqrt{3}}{2}}$　←中の $\sqrt{\ }$ の前を 2 にするため，分母と分子に 2 を掛ける
$=\dfrac{\sqrt{(3+1)-2\sqrt{3\times1}}}{\sqrt{2}}=\dfrac{\sqrt{(\sqrt{3}-\sqrt{1})^2}}{\sqrt{2}}=\dfrac{\sqrt{3}-1}{\sqrt{2}}=\mathbf{\dfrac{\sqrt{6}-\sqrt{2}}{2}}$

類題

52 $x=2+\sqrt{3}$，$y=2-\sqrt{3}$ のとき，次の式の値を求めよ。

(1) $x+y$

(2) xy

(3) x^2+y^2

53 次の式の二重根号をはずせ。

(1) $\sqrt{9+2\sqrt{14}}$

(2) $\sqrt{8-\sqrt{28}}$

(3) $\sqrt{4+\sqrt{7}}$

54 $x=\dfrac{\sqrt{3}+\sqrt{2}}{\sqrt{3}-\sqrt{2}}$，$y=\dfrac{\sqrt{3}-\sqrt{2}}{\sqrt{3}+\sqrt{2}}$ のとき，次の式の値を求めよ。

(1) $x+y$

(2) xy

(3) x^2+y^2

(4) x^3+y^3

(5) x^3y+xy^3

55 次の式の二重根号をはずせ。

(1) $\sqrt{10+2\sqrt{21}}$

(2) $\sqrt{7+\sqrt{48}}$

(3) $\sqrt{15-6\sqrt{6}}$

(4) $\sqrt{11-\sqrt{96}}$

(5) $\sqrt{6-\sqrt{35}}$

JUMP 13 $x=\sqrt{5}+1$，$y=\sqrt{5}-1$ のとき，次の式の値を求めよ。

(1) x^2+y^2 (2) x^3+y^3 (3) x^4+y^4 (4) x^5+y^5

14 不等式の性質，1 次不等式

例題 22 不等式の性質

$a<b$ のとき，次の 2 つの数の大小関係を不等号を用いて表せ。

(1) $-2a$，$-2b$　　(2) $3a-2$，$3b-2$

解 (1) $a<b$ の両辺に -2 を掛けると　$\boldsymbol{-2a>-2b}$　←不等式の性質[3]

(2) $a<b$ の両辺に 3 を掛けると　$3a<3b$　←不等式の性質[2]

この両辺から 2 を引くと　$\boldsymbol{3a-2<3b-2}$　←不等式の性質[1]

例題 23 1 次不等式

次の 1 次不等式を解け。

$3x-2<6x-11$

解 $6x$ と -2 をそれぞれ移項して

$3x-6x<-11+2$　←不等式でも移項できる

$-3x<-9$

両辺を -3 で割って

$\boldsymbol{x>3}$　←不等式の性質[3]

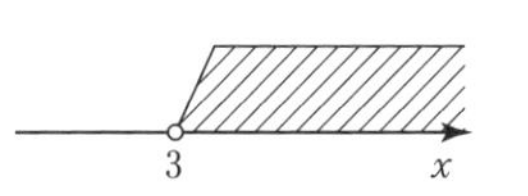

▶不等式の性質

$a<b$ のとき

[1] $\boldsymbol{a+c<b+c}$（加法）

$\boldsymbol{a-c<b-c}$（減法）

[2] $c>0$ ならば

$\boldsymbol{ac<bc}$（乗法）

$\boldsymbol{\dfrac{a}{c}<\dfrac{b}{c}}$（除法）

[3] $c<0$ ならば

$\boldsymbol{ac>bc}$（乗法）

$\boldsymbol{\dfrac{a}{c}>\dfrac{b}{c}}$（除法）

不等号の向きが逆になるのは，不等式の両辺に同じ負の数を掛けたり，両辺を同じ負の数で割ったりするとき。

類題

56 $a>b$ のとき，次の 2 つの数の大小関係を不等号を用いて表せ。

(1) $-\dfrac{a}{4}$，$-\dfrac{b}{4}$

(2) $2a+5$，$2b+5$

57 次の 1 次不等式を解け。

(1) $3x-2\geqq 7$

(2) $x+4\leqq 3x-4$

(3) $-2(2x-1)<9(-x+3)$

(4) $\dfrac{1}{3}x-1<\dfrac{5}{6}x+\dfrac{2}{3}$

58 次の数量の大小関係を不等式で表せ。

(1) ある数 x に 6 を加えた数は，x の 3 倍より小さい。

(2) 1 個 70 g の品物 x 個を 300 g の箱に入れたときの全体の重さは，1000 g 以上である。

59 $a \leqq b$ のとき，次の 2 つの数の大小関係を不等号を用いて表せ。

(1) $\frac{3}{2}a$，$\frac{3}{2}b$

(2) $-2a-7$，$-2b-7$

60 次の 1 次不等式を解け。

(1) $3x-1>2$

(2) $-2x-5 \leqq 3x$

(3) $3(x+2) \leqq x-2$

61 次の 1 次不等式を解け。

(1) $4x+1>2x+5$

(2) $-2x+1<-(x-1)$

(3) $\frac{3}{4}x-\frac{1}{2} \leqq 2x-3$

(4) $\frac{2}{3}x-\frac{1}{4}(6x+5)>\frac{5}{6}$

(5) $0.4x+1.5 \leqq 0.7x+0.5$

JUMP 14 不等式 $2x-3 \leqq \sqrt{3}x-1$ を満たす自然数 x の値をすべて求めよ。

15 連立不等式，不等式の応用

例題 24 連立不等式(1)

連立不等式 $\begin{cases} 3(x-4) < -(2x-13) \\ 5x+8 \geqq 3 \end{cases}$ を解け。

解 $3(x-4) < -(2x-13)$ を解くと，

$3x-12 < -2x+13$ より　$5x < 25$

よって　$x < 5$ ……①

$5x+8 \geqq 3$ を解くと，

$5x \geqq -5$ より　$x \geqq -1$ ……②

①，②より，連立不等式の解は

$-1 \leqq x < 5$

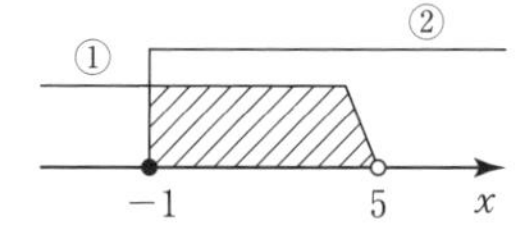

▶連立不等式

連立不等式において，それらの不等式を同時に満たす範囲を連立不等式の解という。

連立不等式の解を求めるには，各不等式の解を数直線上に表し，共通部分をとるとよい。

例題 25 連立不等式(2)

不等式 $-4 < 3x-5 < 7$ を解け。

解 与えられた不等式は $\begin{cases} -4 < 3x-5 \\ 3x-5 < 7 \end{cases}$ と表される。

$-4 < 3x-5$ を解くと，$-3x < -1$ より　$x > \dfrac{1}{3}$ ……①

$3x-5 < 7$ を解くと，$3x < 12$ より　$x < 4$ ……②

①，②より　**$\dfrac{1}{3} < x < 4$**

別解 $-4 < 3x-5 < 7$

各辺に 5 を加えて　$-4+5 < 3x-5+5 < 7+5$　←$A < B < C$ のとき $A+D < B+D < C+D$

すなわち　$1 < 3x < 12$

各辺を 3 で割って　**$\dfrac{1}{3} < x < 4$**

▶不等式 $A < B < C$

不等式 $A < B < C$ は，連立不等式

$\begin{cases} A < B \\ B < C \end{cases}$

の形に表される。

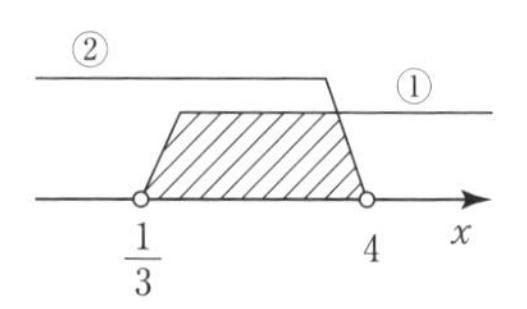

類題

62 連立不等式 $\begin{cases} 3x-7 < 8 \\ 2x-11 > 1-2x \end{cases}$ を解け。

63 不等式 $3 < 4x-5 < 15$ を解け。

64 次の連立不等式を解け。

(1) $\begin{cases} 3x+1>2x-4 \\ x-1 \leqq -x+3 \end{cases}$

(2) $\begin{cases} 2x+3 \leqq \dfrac{1}{2}x-2 \\ x-3 \geqq 6x+7 \end{cases}$

65 1個50円のお菓子と1個80円のお菓子をあわせて15個買い，合計金額が1000円以下になるようにしたい。80円のお菓子をなるべく多く買うには，それぞれ何個ずつ買えばよいか。

66 次の不等式を解け。

(1) $-4 \leqq -5x+8 \leqq 3$

(2) $-4(x-1) < 2x+1 \leqq 4x-5$

67 A，Bの2つの水槽に水がそれぞれ100L，15L入っている。AからBに水をxL移し，Aの水量がBの3倍以上4倍以下になるようにしたい。Aから移す水量xの値の範囲を求めよ。

JUMP 15 xについての1次方程式 $5x-4a=2x+1$ の解が -1 より大きく3より小さいとき，定数aの値の範囲を求めよ。

まとめの問題　数と式②

1 次の値を，絶対値記号を用いないで表せ。

(1) $|4-1.5|$

(2) $|1-\sqrt{3}|$

2 次の式を簡単にせよ。

(1) $\sqrt{28}\times\sqrt{63}$

(2) $\dfrac{\sqrt{54}}{\sqrt{3}}$

(3) $\sqrt{18}-3(2\sqrt{8}-\sqrt{98})$

(4) $(\sqrt{6}-\sqrt{3})^2$

(5) $(\sqrt{10}+2\sqrt{2})(\sqrt{10}-3\sqrt{2})$

3 次の式の分母を有理化せよ。

(1) $\dfrac{9\sqrt{2}}{2\sqrt{3}}$

(2) $\dfrac{\sqrt{2}}{2\sqrt{3}-\sqrt{6}}$

4 次の式を簡単にせよ。

(1) $\left(\dfrac{\sqrt{3}+1}{\sqrt{3}-1}\right)^2$

(2) $\dfrac{3+\sqrt{5}}{3-\sqrt{5}}+\dfrac{3-\sqrt{5}}{3+\sqrt{5}}$

5 次の1次不等式を解け。

(1) $x-1>-2(x+2)$

(2) $-\frac{3}{2}x+1<\frac{1}{3}x+\frac{5}{6}$

6 次の連立不等式を解け。

(1) $\begin{cases} -2x \geqq 3x-1 \\ 2x+1<5(x+2) \end{cases}$

(2) $\begin{cases} -x+2>x-4 \\ 0.2x \leqq -0.8x+0.5 \end{cases}$

7 不等式 $3x-8<2x-1<5x-7$ を解け。

8 **(発展)** $x=\frac{1}{2+\sqrt{2}}$，$y=\frac{1}{2-\sqrt{2}}$ のとき，次の式の値を求めよ。

(1) $x+y$，xy

(2) x^2+y^2

(3) x^3+y^3

16 集合

例題 26 集合，部分集合，共通部分と和集合，補集合

$U=\{x\mid x$ は 10 以下の自然数$\}$ を全体集合とするとき，その部分集合

$A=\{x\mid x$ は 2 の倍数$\}$，$B=\{x\mid x$ は 3 の倍数$\}$，
$C=\{5,\ 10\}$，　　$D=\{2,\ 4,\ 8\}$

について，次の問いに答えよ。

(1) 集合 A，B を，要素を書き並べる方法で表せ。
(2) A の部分集合となるのは，B，C，D のうちどれか。
(3) $B\cap D$ はどのような集合か。
(4) $A\cap B$，$A\cup B$ を求めよ。
(5) $\overline{A\cup B}$，$\overline{A}\cap\overline{B}$ を求めよ。

① 要素を書き並べる。
② 要素の満たす条件を書く。

A は B の部分集合 $A\subset B$

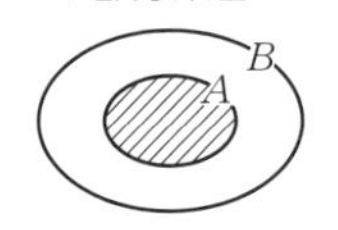

共通部分 $A\cap B$

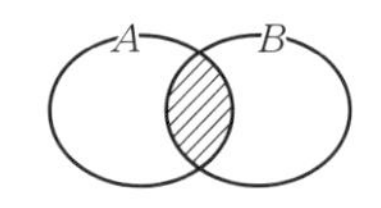

和集合 $A\cup B$

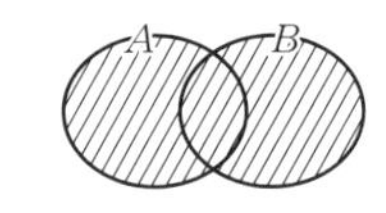

補集合 $\overline{A}$

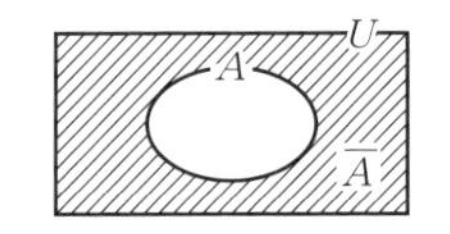

(1) $A=\{\mathbf{2,\ 4,\ 6,\ 8,\ 10}\}$
　 $B=\{\mathbf{3,\ 6,\ 9}\}$

(2) すべての要素が A の要素になっているのは D
　よって，A の部分集合となるのは $\boldsymbol{D}$　←$D\subset A$

(3) B と D に共通な要素はないので
　 $B\cap D=\boldsymbol{\varnothing}$　←空集合

(4) $A\cap B=\{\mathbf{6}\}$　←$A\cap B$ は A と B のどちらにも属する要素全体からなる集合
　 $A\cup B=\{\mathbf{2,\ 3,\ 4,\ 6,\ 8,\ 9,\ 10}\}$　←$A\cup B$ は A，B の少なくとも一方に属する要素全体からなる集合

(5) (4)より　$\overline{A\cup B}=\{\mathbf{1,\ 5,\ 7}\}$
　また，
　 $\overline{A}=\{1,\ 3,\ 5,\ 7,\ 9\}$
　 $\overline{B}=\{1,\ 2,\ 4,\ 5,\ 7,\ 8,\ 10\}$
　であるから
　 $\overline{A}\cap\overline{B}=\{\mathbf{1,\ 5,\ 7}\}$

注 $\overline{A}\cap\overline{B}$ と $\overline{A\cup B}$ は，つねに等しい（ド・モルガンの法則）。

▶ド・モルガンの法則
$\overline{A\cup B}=\overline{A}\cap\overline{B}$
$\overline{A\cap B}=\overline{A}\cup\overline{B}$

類題

68 $A=\{1,\ 5,\ 8,\ 10\}$，$B=\{2,\ 5,\ 7,\ 8\}$ のとき，次の集合を求めよ。

(1) $A\cup B$

(2) $A\cap B$

69 $U=\{x\mid x$ は 12 以下の自然数$\}$ を全体集合とするとき，その部分集合 $A=\{x\mid x$ は偶数$\}$，$B=\{x\mid x$ は 12 の約数$\}$ について，次の集合を求めよ。

(1) $A\cup B$　　(2) $A\cap B$

(3) $\overline{A\cup B}$　　(4) $\overline{A}\cap\overline{B}$

70 $U=\{x\mid x$ は18以下の自然数$\}$ を全体集合とするとき，その部分集合

$A=\{x\mid x$ は素数$\}$
$B=\{x\mid x$ は3で割って1余る数$\}$
$C=\{x\mid x$ は18の約数$\}$

について，次の問いに答えよ。

(1) 集合 A，B，C を，要素を書き並べる方法で表せ。

(2) 次の集合を求めよ。

① $A\cup B$

② $A\cap B$

③ $\overline{A}\cap\overline{C}$

④ $\overline{A}\cup\overline{B}$

71 $A=\{x\mid -1\leqq x\leqq 4,\ x$ は実数$\}$，$B=\{x\mid 2<x<7,\ x$ は実数$\}$ のとき，次の集合を求めよ。

(1) $A\cap B$

(2) $A\cup B$

72 $U=\{x\mid x$ は20以下の自然数$\}$ を全体集合とし，その部分集合を

$A=\{x\mid x$ は4の倍数$\}$
$B=\{x\mid x$ は6で割り切れる数$\}$

とするとき，次の集合を共通部分，和集合，補集合などの記号を用いて表せ。また，その集合を求めよ。

(1) 4でも6でも割り切れる数の集合

(2) 4または6で割り切れる数の集合

(3) 4で割り切れない数の集合

(4) 4で割り切れ，6で割り切れない数の集合

JUMP 16 $A=\{2,\ 4,\ 3a-1\}$，$B=\{-4,\ a+3,\ a^2-2a+2\}$，$A\cap B=\{2,\ 5\}$ のとき，定数 a の値を求めよ。また，$A\cup B$ を求めよ。

17 命題と条件

例題 27 必要条件と十分条件

次の□に，必要条件，十分条件，必要十分条件のうち最も適するものを入れよ。ただし，x，y は実数，n は整数とする。

(1) n が 4 の倍数であることは，n が偶数であるための□である。

(2) $xy=0$ は，$x=0$ であるための□である。

解 (1) 命題「n が 4 の倍数 $\Longrightarrow$ n が偶数」は真
命題「n が偶数 $\Longrightarrow$ n が 4 の倍数」は偽 ←反例 $n=2$
であるから，n が 4 の倍数であることは，
n が偶数であるための**十分条件**である。

(2) 命題「$xy=0 \Longrightarrow x=0$」は偽 ←反例 $x=1$，$y=0$
命題「$x=0 \Longrightarrow xy=0$」は真
であるから，$xy=0$ は，$x=0$ であるための**必要条件**である。

例題 28 条件の否定

次の条件の否定をいえ。ただし，x，y は実数とする。

(1) $x<1$　　(2) $x \neq 0$ かつ $y=2$

(3) x，y のうち少なくとも一方は 1

解 (1) 条件「$x<1$」の否定は，「$x<1$ でない」すなわち「$\boldsymbol{x \geqq 1}$」

(2) 条件「$x \neq 0$ かつ $y=2$」の否定は，「$\boldsymbol{x=0}$ **または** $\boldsymbol{y \neq 2}$」

(3) 条件「x，y のうち少なくとも一方は 1」の否定は，
「**x，y はともに 1 でない**」

▶命題
真（正しい）か偽（正しくない）が定まる文や式。

▶必要条件・十分条件と集合
命題「$p \Longrightarrow q$」が真
（p は q の十分条件，q は p の必要条件）
$\Updownarrow$
集合 $P \subset Q$

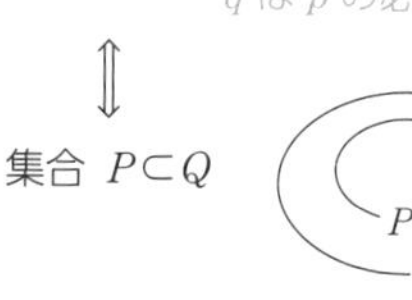

▶反例について
命題 $p \Longrightarrow q$ が偽であることを示すには，p を満たしているが q を満たしていない例を 1 つあげればよい。このような例を反例という。

▶条件の否定
条件 p に対し「p でない」を p の否定といい，$\overline{p}$ で表す。

▶ド・モルガンの法則
$\overline{p \text{ かつ } q} \Longleftrightarrow \overline{p}$ または $\overline{q}$
$\overline{p \text{ または } q} \Longleftrightarrow \overline{p}$ かつ $\overline{q}$

類題

73 次の□に，必要条件，十分条件，必要十分条件のうち最も適するものを入れよ。

(1) $x=2$ は，$x^2=4$ であるための□である。

(2) $-3<x<2$ は，$-1<x<1$ であるための□である。

74 次の条件の否定をいえ。ただし，x，y は実数，m は自然数とする。

(1) $x \geqq 2$ かつ $y<0$

(2) m は奇数または 3 の倍数

75 次の条件 p, q について，命題「$p \Longrightarrow q$」の真偽を調べよ。また，偽であるときは反例をあげよ。ただし，x は実数とする。

(1) p：n は 6 の正の約数
　 q：n は 18 の正の約数

(2) p：$x^2 - 4 = 0$
　 q：$2x - 4 = 0$

(3) p：$-1 < x < 1$
　 q：$-2 < x < 2$

76 次の条件の否定をいえ。ただし，x, y は実数とする。

(1) $x \geqq 1$ または $y < 3$

(2) $x > 0$ かつ $x + y > 0$

(3) x, y はともに正

77 次の□に，①必要条件，②十分条件，③必要十分条件，④必要条件でも十分条件でもない，のうち最も適するものの番号を入れよ。ただし，x, y は実数，m, n は整数とする。

(1) $x > 2$ は，$x > 3$ であるための□である。

(2) $x + y > 0$ は，$x > 0$ であるための□である。

(3) $x^2 = 0$ は，$x = 0$ であるための□である。

(4) m, n が 3 の倍数であることは，$m + n$ が 3 の倍数であるための□である。

(5) $\triangle$ABC において，$\angle A = 60^\circ$ であることは，$\triangle$ABC が正三角形であるための□である。

JUMP 17 次の□に，必要条件，十分条件，必要十分条件のうち最も適するものを入れよ。ただし，x は実数とする。

$|x| < 3$ は，$|x - 1| < 1$ であるための□である。

18 逆・裏・対偶

例題 29 逆・裏・対偶

命題「$x=1 \Longrightarrow x^2=1$」の真偽を調べよ。また，逆，裏，対偶を述べ，それらの真偽も調べよ。ただし，x は実数とする。

解 命題「$x=1 \Longrightarrow x^2=1$」は**真**である。 ←$x=1$ のとき $x^2=1^2=1$

この命題に対して，逆，裏，対偶とその真偽は，次のようになる。

逆：「$\boldsymbol{x^2=1 \Longrightarrow x=1}$」…**偽** ←反例：$x=-1$

裏：「$\boldsymbol{x \neq 1 \Longrightarrow x^2 \neq 1}$」…**偽** ←反例：$x=-1$

対偶：「$\boldsymbol{x^2 \neq 1 \Longrightarrow x \neq 1}$」…**真** ←もとの命題と対偶の真偽は一致する

例題 30 背理法

$\sqrt{2}$ が無理数であることを用いて，$3-2\sqrt{2}$ が無理数であることを背理法により証明せよ。

解 (証明)

$3-2\sqrt{2}$ が無理数でない，すなわち $3-2\sqrt{2}$ は有理数であると仮定する。 ←命題が成り立たないと仮定

そこで，r を有理数として，$3-2\sqrt{2}=r$ とおくと

$$\sqrt{2}=\frac{3-r}{2} \quad \cdots\cdots①$$

r は有理数であるから，$\frac{3-r}{2}$ は有理数であり，等式①は $\sqrt{2}$ が無理数であることに矛盾する。 ←矛盾を導く

よって，$3-2\sqrt{2}$ は無理数である。(終)

▶逆・裏・対偶

命題 $p \Longrightarrow q$ に対して

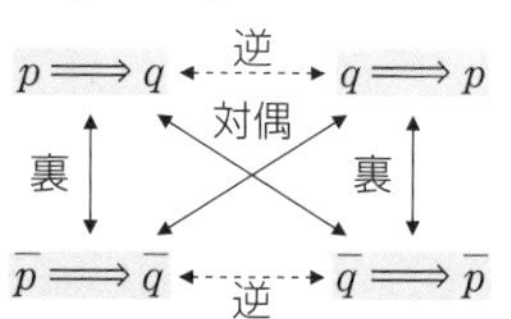

▶命題とその対偶の真偽

命題「$p \Longrightarrow q$」とその対偶「$\overline{q} \Longrightarrow \overline{p}$」の真偽は一致する。

(ある命題が真であることを証明することが難しいとき，その対偶が真であることを証明してもよい。)

▶背理法

与えられた命題が成り立たないと仮定して，その仮定のもとで矛盾を導くことで，もとの命題が成り立つことを示す証明方法

類題

78 命題「$x>1 \Longrightarrow x>0$」の真偽を調べよ。また，逆，裏，対偶を述べ，それらの真偽も調べよ。ただし，x は実数とする。

79 $\sqrt{3}$ が無理数であることを用いて，$\sqrt{12}$ が無理数であることを背理法により証明せよ。

80 命題「n は偶数 $\Longrightarrow$ n は4の倍数」の真偽を調べよ。また，逆，裏，対偶を述べ，それらの真偽も調べよ。ただし，n は自然数とする。

81 命題「$x=1$ かつ $y=1 \Longrightarrow x+y=2$」の真偽を調べよ。また，逆，裏，対偶を述べ，それらの真偽も調べよ。ただし，x，y は実数とする。

82 n を整数とするとき，命題「n^2 が3の倍数でないならば，n は3の倍数でない」を，対偶を利用して証明せよ。

83 $\sqrt{2}$ が無理数であることを用いて，$\dfrac{-1+3\sqrt{2}}{2}$ が無理数であることを背理法により証明せよ。

JUMP 18 「$x^2+y^2 \neq 5$ または $x-y \neq 1$」ならば「$x \neq 2$ または $y \neq 1$」であることを証明せよ。ただし，x，y は実数とする。

まとめの問題　集合と論証

1　$U=\{x \mid x$ は 30 以下の自然数$\}$ を全体集合とするとき，その部分集合

$A=\{x \mid 3$ の倍数$\}$，$B=\{x \mid x$ は奇数$\}$，

$C=\{x \mid x$ は 60 の約数$\}$，$D=\{x \mid x$ は素数$\}$

について，次の問いに答えよ。

(1)　C，D を，要素を書き並べる方法で表せ。

(2)　次の集合を共通部分，和集合，補集合などの記号を用いて表せ。また，その集合を求めよ。

①　3 の倍数で偶数

②　3 の倍数または偶数

③　3 の倍数でない奇数

④　素数でない 60 の約数

2　集合 $A=\{1,\ 3,\ 5,\ 9\}$ の部分集合をすべて書き表せ。

3　次の各問いにおいて，p は q であるための

①必要条件

②十分条件

③必要十分条件

④必要条件でも十分条件でもない

のいずれであるか答えよ。

(1)　$p：xy=0$

$q：x=0$ または $y=0$

(2)　$p：x+y>0$

$q：xy>0$

(3)　$p：x+y$ が整数かつ xy が整数

$q：x,\ y$ が整数

(4)　$p：\triangle\mathrm{ABC}$ は正三角形

$q：\triangle\mathrm{ABC}$ において $\angle\mathrm{A}=\angle\mathrm{B}$

4 次の条件の否定をいえ。ただし，x，y は実数，m，n は整数とする。

(1) $x+y \geqq 5$

(2) $x=0$ かつ $y \neq 1$

(3) $x \geqq 2$ または $y<-3$

(4) m，n の少なくとも一方は 5 の倍数である。

5 命題「n は 3 の倍数 $\Longrightarrow$ n は 6 の倍数」の真偽を調べよ。また，逆，裏，対偶を述べ，それらの真偽も調べよ。ただし，n は自然数とする。

6 $\sqrt{3}$ が無理数であることを用いて，$2+\sqrt{3}$ が無理数であることを背理法により証明せよ。

19 関数，関数のグラフと定義域・値域

例題 31 関数 $f(x)$ の値

関数 $f(x)=x^2-4x+3$ において，次の値を求めよ。

(1) $f(2)$　(2) $f(0)$　(3) $f(-1)$　(4) $f(a)$

▶関数の値 $f(a)$
関数の式の x に a を代入する。

解 (1) $f(2)=2^2-4\times2+3=\mathbf{-1}$　←$f(x)=x^2-4x+3$（x に 2 を代入）

(2) $f(0)=0^2-4\times0+3=\mathbf{3}$

(3) $f(-1)=(-1)^2-4\times(-1)+3=\mathbf{8}$

(4) $f(a)=\boldsymbol{a^2-4a+3}$

例題 32 関数のグラフと定義域・値域

関数 $y=-3x+5\ (-1\leqq x\leqq 2)$ について，次の問いに答えよ。

(1) 値域を求めよ。

(2) 最大値，最小値を求めよ。

▶定義域・値域
関数 $y=f(x)$ において，変数 x のとり得る値の範囲を定義域という。
また，それに対応する変数 y のとり得る値の範囲を値域という。

解 (1) この関数のグラフは，$y=-3x+5$ のグラフのうち，$-1\leqq x\leqq 2$ に対応する部分である。

$x=-1$ のとき　$y=-3\times(-1)+5=8$

$x=2$ のとき　$y=-3\times2+5=-1$

よって，この関数のグラフは，右の図の実線部分であり，その値域は

$\mathbf{-1\leqq y\leqq 8}$

(2) y は $x=-1$ のとき　**最大値 8**

$x=2$ のとき　**最小値 -1**

をとる。

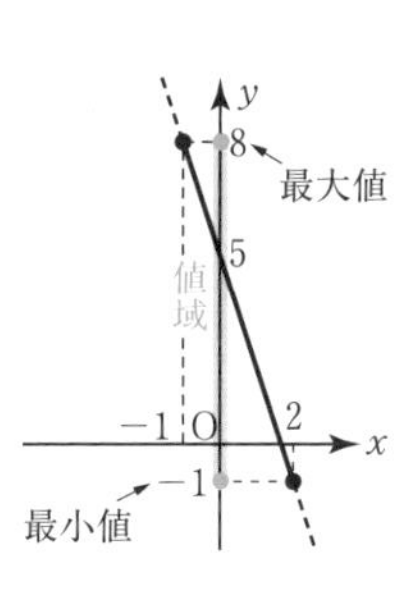

類題

84 関数 $f(x)=x^2-x+8$ において，次の値を求めよ。

(1) $f(1)$

(2) $f(-2)$

(3) $f(a)$

85 関数 $y=2x+5\ (-3\leqq x\leqq 3)$ の値域を求めよ。また，最大値，最小値を求めよ。

86 関数 $f(x)=x^2-8x+5$ において，次の値を求めよ。

(1) $f(2)$

(2) $f(-3)$

(3) $f(0)$

(4) $f(a)$

87 関数 $y=4x-7$ $(-3 \leqq x \leqq 5)$ の値域を求めよ。また，最大値，最小値を求めよ。

88 関数 $f(x)=-x^2+3x-1$ において，次の値を求めよ。

(1) $f(1)$

(2) $f(-4)$

(3) $f(-a)$

(4) $f(a+1)$

89 関数 $y=-2x-8$ $(-6 \leqq x \leqq 2)$ の値域を求めよ。また，最大値，最小値を求めよ。

JUMP 19 1次関数 $y=ax+b$ において，定義域を $-3 \leqq x \leqq 5$ とすると，値域が $-6 \leqq y \leqq 10$ となった。このとき，定数 a，b の値を求めよ。

20 $y=ax^2$, $y=ax^2+q$, $y=a(x-p)^2$ のグラフ

例題 33 $y=ax^2$, $y=ax^2+q$, $y=a(x-p)^2$ のグラフ

次の 2 次関数のグラフをかけ。また，その軸と頂点を求めよ。

① $y=2x^2$　　② $y=2x^2+1$　　③ $y=2(x-3)^2$

解 ① $y=2x^2$

軸は **y 軸**

頂点は **原点 $(0,\ 0)$**

② $y=2x^2+1$　←①のグラフを y 軸方向に 1 だけ平行移動

軸は **y 軸**

頂点は **点 $(0,\ 1)$**

③ $y=2(x-3)^2$　←①のグラフを x 軸方向に 3 だけ平行移動

軸は **直線 $x=3$**

頂点は **点 $(3,\ 0)$**

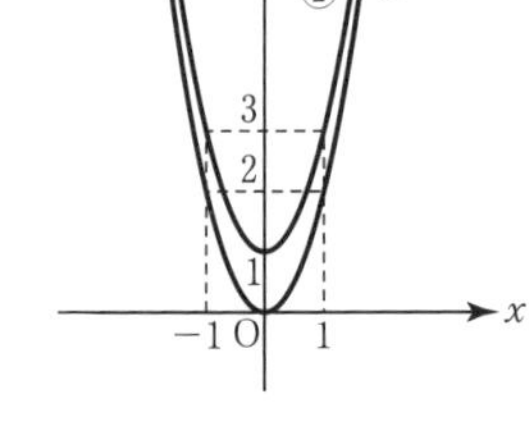

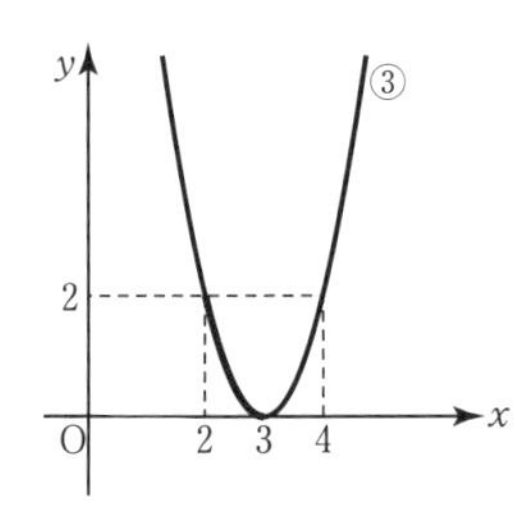

▶2 次関数 $y=ax^2$

$a>0$ のとき

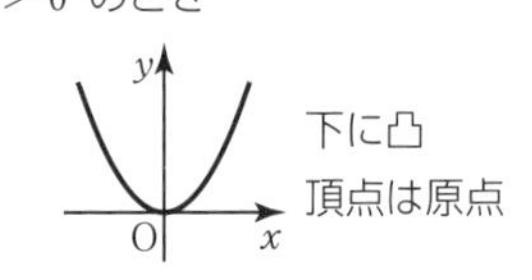

下に凸
頂点は原点

$a<0$ のとき

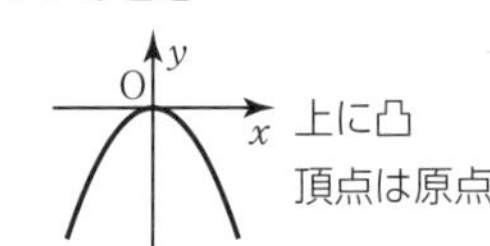

上に凸
頂点は原点

▶$y=ax^2+q$ のグラフ

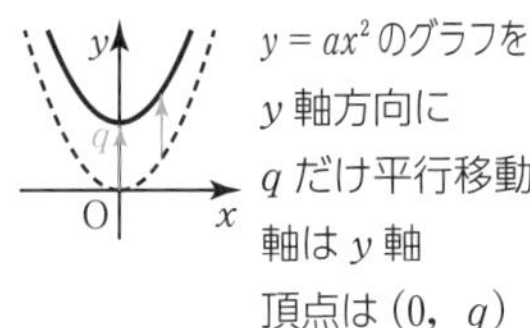

$y=ax^2$ のグラフを y 軸方向に q だけ平行移動
軸は y 軸
頂点は $(0,\ q)$

▶$y=a(x-p)^2$ のグラフ

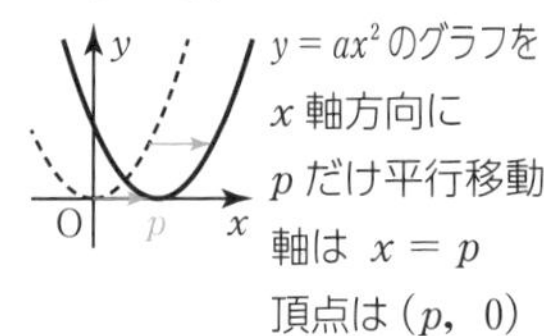

$y=ax^2$ のグラフを x 軸方向に p だけ平行移動
軸は $x=p$
頂点は $(p,\ 0)$

類題

90 次の 2 次関数のグラフをかけ。また，その軸と頂点を求めよ。

(1) $y=2x^2-1$

軸

頂点

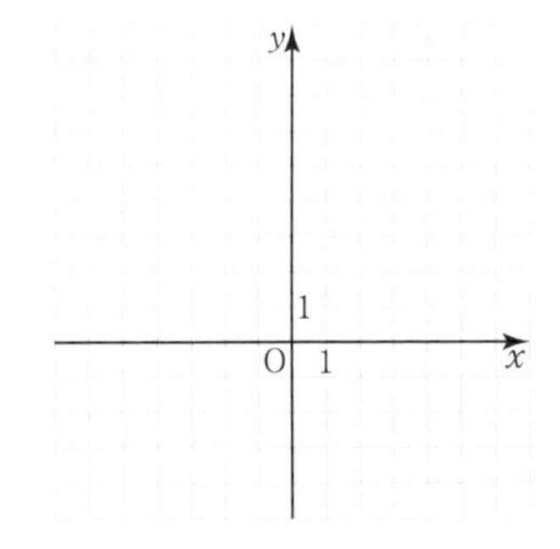

(2) $y=2(x-2)^2$

軸

頂点

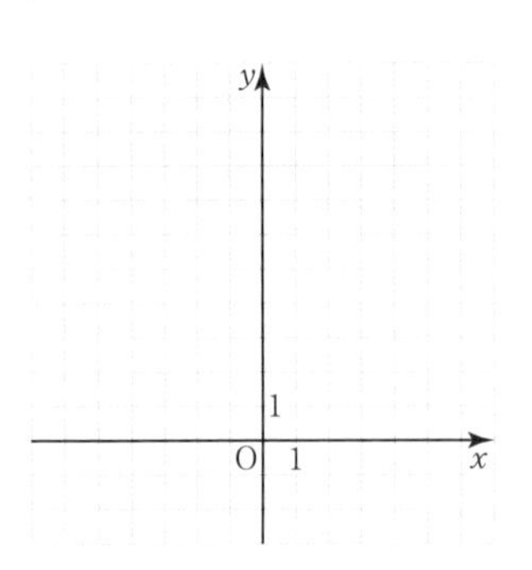

(3) $y=-2x^2+5$

軸

頂点

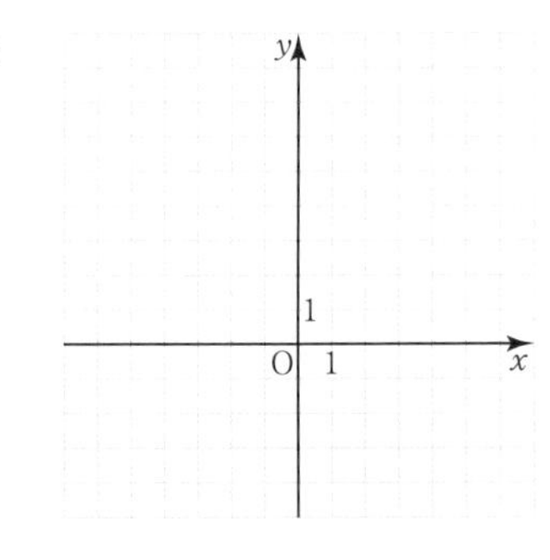

(4) $y=-2(x+3)^2$

軸

頂点

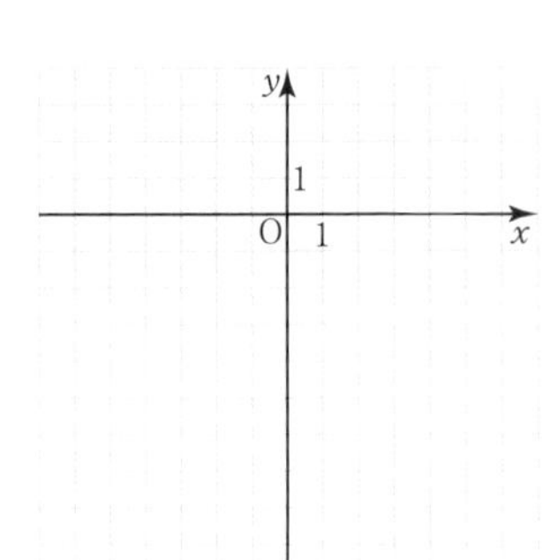

91 次の 2 次関数のグラフをかけ。また，その軸と頂点を求めよ。

(1) $y=x^2+2$

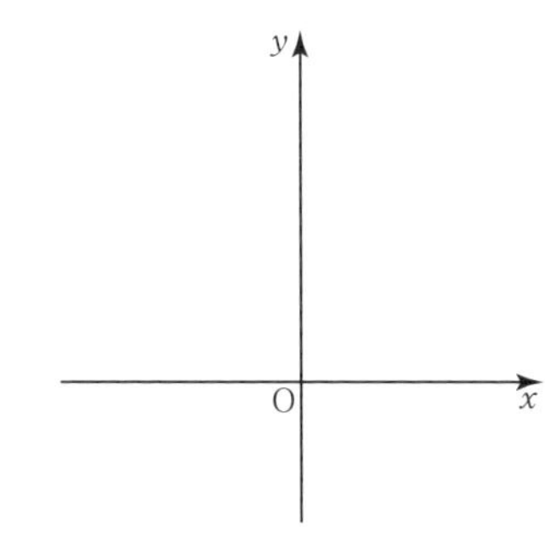

(2) $y=(x-4)^2$

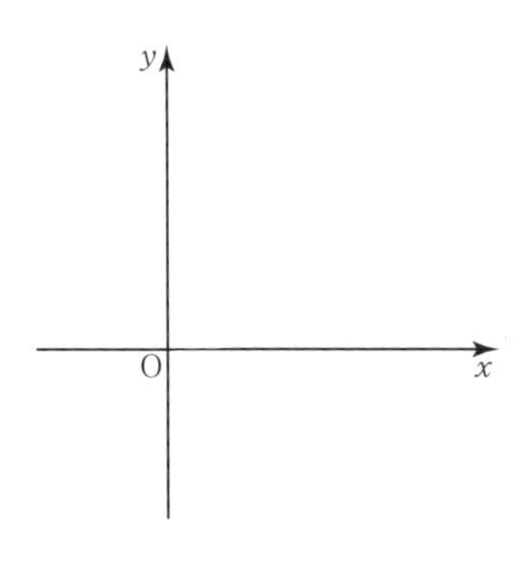

92 次の 2 次関数のグラフをかけ。また，その軸と頂点を求めよ。

(1) $y=x^2-2$

(2) $y=2(x-5)^2$

93 次の 2 次関数のグラフをかけ。また，その軸と頂点を求めよ。

(1) $y=-\frac{1}{2}x^2-2$

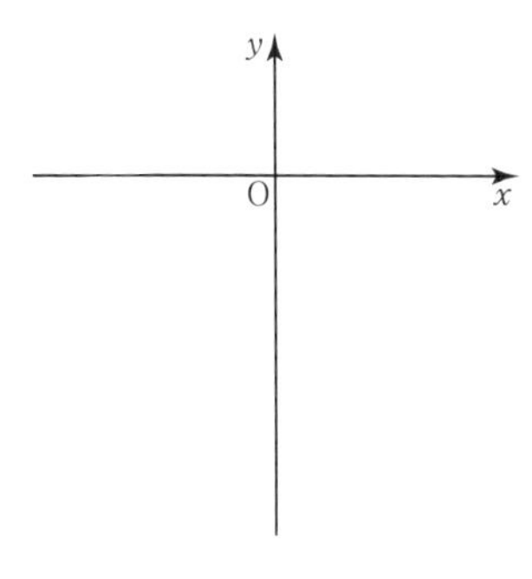

(2) $y=-\frac{1}{2}(x+2)^2$

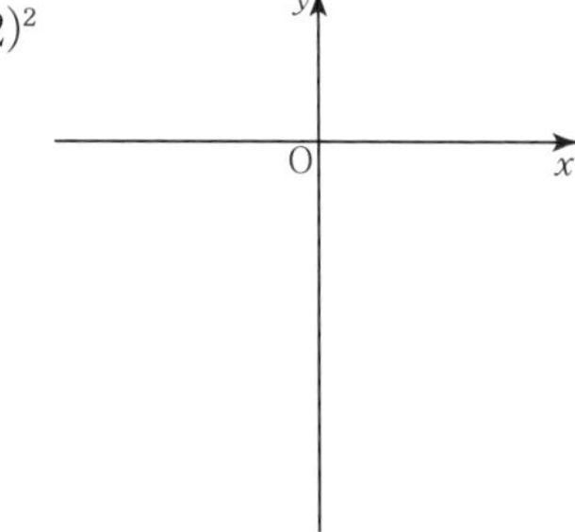

94 次の 2 次関数のグラフをかけ。また，その軸と頂点を求めよ。

(1) $y=-2x^2-4$

(2) $y=-2(x-4)^2$

JUMP 20 ある 2 次関数のグラフを，x 軸方向に -3 だけ平行移動し，x 軸に関して折り返したグラフを表す式が $y=2(x-7)^2$ であった。もとの 2 次関数を求めよ。

21 $y = a(x-p)^2 + q$ のグラフ

例題 34 $y = a(x-p)^2 + q$ のグラフ

2 次関数 $y = -2(x-3)^2 + 1$ のグラフをかけ。また，その軸と頂点を求めよ。

解 $y = -2(x-3)^2 + 1$ のグラフは，$y = -2x^2$ のグラフを

x 軸方向に 3，y 軸方向に 1

だけ平行移動した放物線で，

軸は **直線 $x = 3$**

頂点は **点 (3，1)**

である。

よって，この関数のグラフは右の図のようになる。

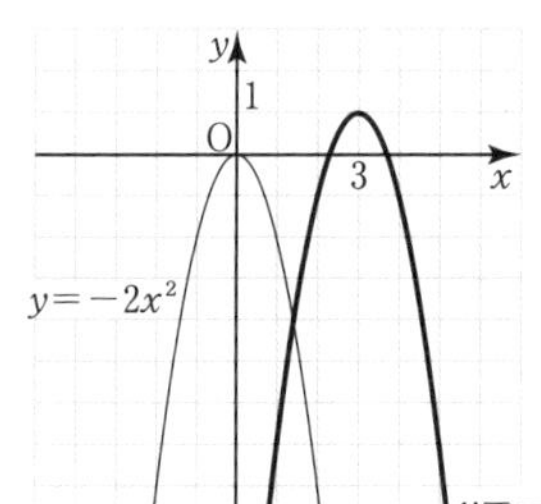

▶2 次関数 $y = a(x-p)^2 + q$ のグラフ

$y = ax^2$ のグラフを

x 軸方向に p

y 軸方向に q

だけ平行移動した放物線

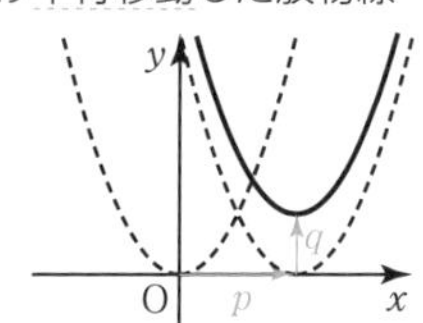

軸…直線 $x = p$

頂点…点 $(p,\ q)$

類題

95 次の 2 次関数のグラフをかけ。また，その軸と頂点を求めよ。

(1) $y = 2(x+1)^2 + 2$

軸

頂点

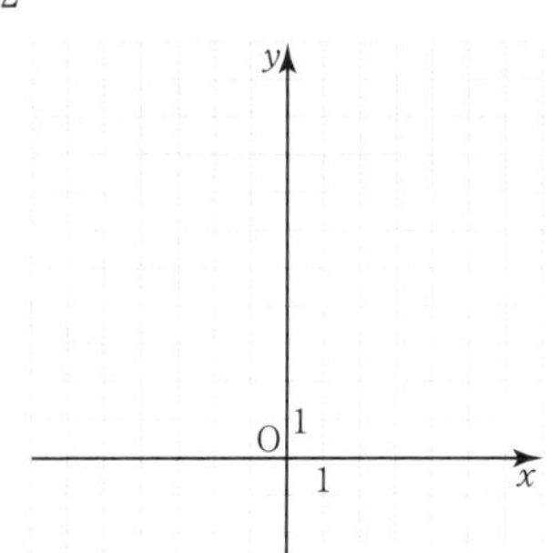

(2) $y = 2(x-2)^2 - 1$

軸

頂点

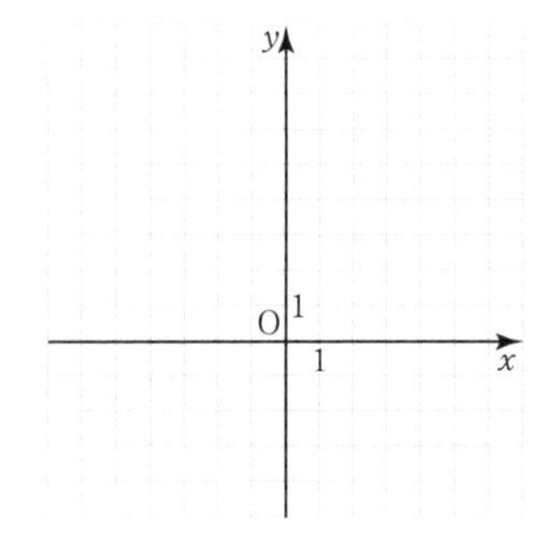

96 次の 2 次関数のグラフをかけ。また，その軸と頂点を求めよ。

(1) $y = -(x-2)^2 + 1$

軸

頂点

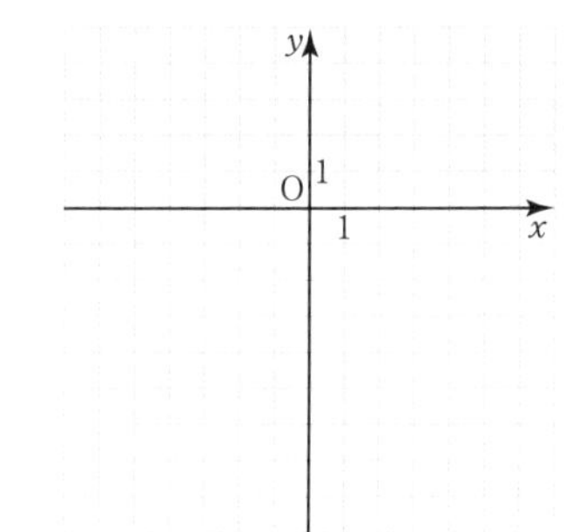

(2) $y = -(x+2)^2 - 4$

軸

頂点

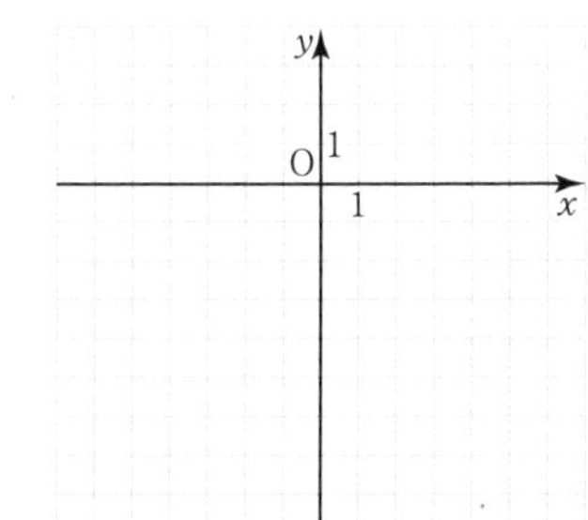

97 次の 2 次関数のグラフをかけ。また，その軸と頂点を求めよ。

(1) $y=(x-1)^2+4$

(2) $y=3(x+3)^2-2$

(3) $y=\frac{1}{3}(x-1)^2+2$

98 次の 2 次関数のグラフをかけ。また，その軸と頂点を求めよ。

(1) $y=-(x-1)^2+4$

(2) $y=-2(x-3)^2+8$

(3) $y=-\frac{1}{2}(x+1)^2+3$

JUMP 21 2 次関数 $y=-3x^2$ のグラフを x 軸方向に 3，y 軸方向に q だけ平行移動したら，原点を通る放物線となった。このとき，q を求めよ。

22 $y=ax^2+bx+c$ のグラフ

例題 35 $y=a(x-p)^2+q$ への変形

2 次関数 $y=x^2-4x+10$ を $y=(x-p)^2+q$ の形に変形せよ。

▶2 次式 x^2-2px の変形

$x^2-2px=(x-p)^2-p^2$ （$2p$ の半分 → p，p を 2 乗）

解 $y=x^2-4x+10$ （4 の半分）

$=(x-2)^2-2^2+10$ ←$x^2-4x=(x-2)^2-2^2$ （2 乗）

$=\boldsymbol{(x-2)^2+6}$

例題 36 $y=ax^2+bx+c$ のグラフ

2 次関数 $y=2x^2+4x-6$ のグラフの軸と頂点を求め，そのグラフをかけ。

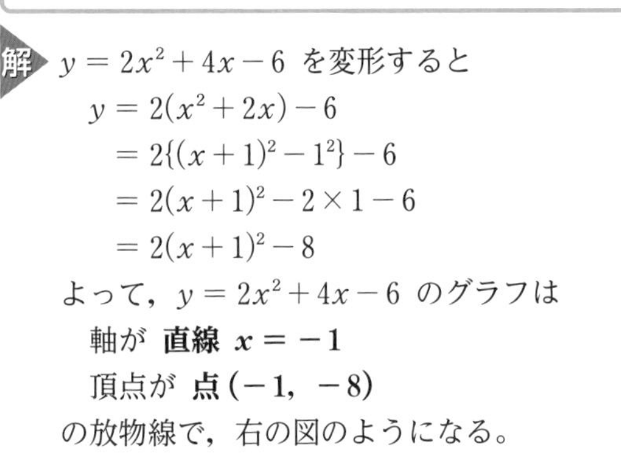

解 $y=2x^2+4x-6$ を変形すると

$y=2(x^2+2x)-6$

$=2\{(x+1)^2-1^2\}-6$

$=2(x+1)^2-2\times1-6$

$=2(x+1)^2-8$

よって，$y=2x^2+4x-6$ のグラフは

軸が **直線 $x=-1$**

頂点が **点 $(-1,\ -8)$**

の放物線で，右の図のようになる。

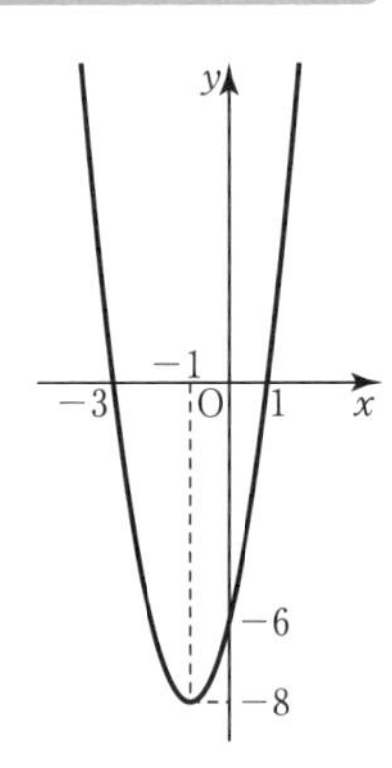

▶$y=ax^2+bx+c$ のグラフ

$y=a(x-p)^2+q$ の形へ変形する。

ax^2+bx+c

⇓

$a(x-p)^2+q$

$p=-\dfrac{b}{2a},\quad q=-\dfrac{b^2-4ac}{4a}$

すなわち，$y=ax^2+bx+c$ のグラフは

軸…直線 $x=-\dfrac{b}{2a}$

頂点…点 $\left(-\dfrac{b}{2a},\ -\dfrac{b^2-4ac}{4a}\right)$

類題

99 次の 2 次関数を $y=a(x-p)^2+q$ の形に変形せよ。

(1) $y=x^2+2x+4$

(2) $y=-3x^2+12x+1$

100 2 次関数 $y=3x^2-6x+6$ のグラフの軸と頂点を求め，そのグラフをかけ。

101 次の2次関数を $y=a(x-p)^2+q$ の形に変形せよ。

(1) $y=x^2-4x+5$

(2) $y=-2x^2+4x+1$

102 2次関数 $y=2x^2-4x$ のグラフの軸と頂点を求め，そのグラフをかけ。

103 次の2次関数を $y=a(x-p)^2+q$ の形に変形せよ。

(1) $y=x^2+3x+2$

(2) $y=-2x^2+6x-1$

104 2次関数 $y=-\frac{1}{2}x^2+2x+1$ のグラフの軸と頂点を求め，そのグラフをかけ。

JUMP 22 2次関数 $y=x^2-4x+5$ のグラフを，x軸方向に1，y軸方向に-3だけ平行移動すると，$y=x^2+ax+b$ のグラフと重なった。このとき，定数a，bの値を求めよ。

23 2次関数の最大・最小(1)

例題 37 2次関数の最大・最小

次の2次関数に最大値，最小値があれば，それを求めよ。

(1) $y=(x-1)^2+2$

(2) $y=-x^2+2x+5$

▶2次関数 $y=a(x-p)^2+q$ の最大・最小

$a>0$（下に凸）のとき

最大値はない。
$x=p$ で最小値 q をとる。

$a<0$（上に凸）のとき

$x=p$ で最大値 q をとる。
最小値はない。

解 (1) グラフは右の図のようになるから，y は

$x=1$ のとき **最小値 2** をとる。
最大値はない。

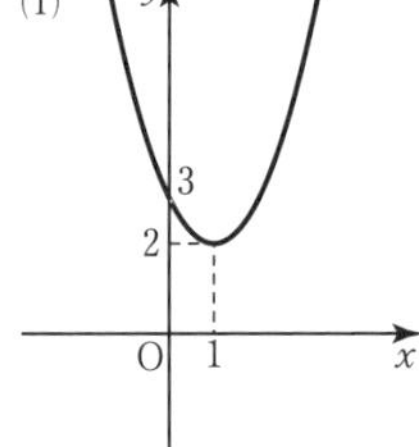

(2) $y=-x^2+2x+5$ を変形すると

$y=-(x-1)^2+6$

よって，この関数のグラフは右の図のようになるから，y は

$x=1$ のとき **最大値 6** をとる。
最小値はない。

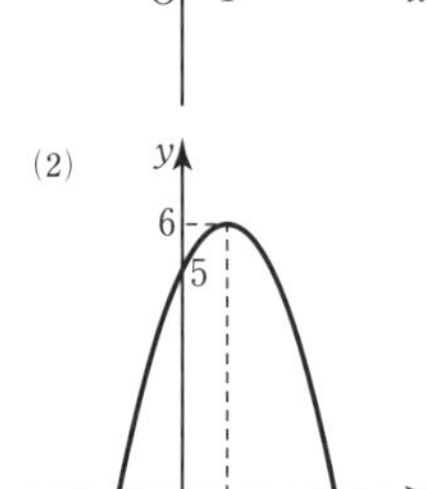

類題

105 2次関数 $y=-(x+1)^2+7$ に最大値，最小値があれば，それを求めよ。

106 2次関数 $y=3x^2-6x+2$ に最大値，最小値があれば，それを求めよ。

107 次の 2 次関数に最大値，最小値があれば，それを求めよ。

(1) $y=\frac{1}{2}(x-1)^2+4$

(2) $y=x^2-4x+5$

(3) $y=2x^2+20x+47$

108 次の 2 次関数に最大値，最小値があれば，それを求めよ。

(1) $y=-(x+3)^2+2$

(2) $y=-x^2-x-3$

(3) $y=-2x^2-12x-17$

JUMP 23 2 次関数 $y=-x^2+4x+c$ の最大値が 5 となるように，定数 c の値を求めよ。

24 2次関数の最大・最小(2)

例題 38 定義域に制限がある2次関数の最大・最小

次の2次関数の最大値，最小値を求めよ。

(1) $y=x^2$ $(-1 \leqq x \leqq 2)$

(2) $y=-x^2+4x+1$ $(-1 \leqq x \leqq 3)$

▶定義域に制限がある場合
グラフをかいて，定義域の両端の点における y の値と，頂点における y の値に注目する。

解 (1) $y=x^2$ $(-1 \leqq x \leqq 2)$ において，

$x=-1$ のとき $y=1$

$x=2$ のとき $y=4$

であるから，この関数のグラフは，右の図の実線部分である。

よって，y は

$x=2$ のとき **最大値 4** をとり，

$x=0$ のとき **最小値 0** をとる。

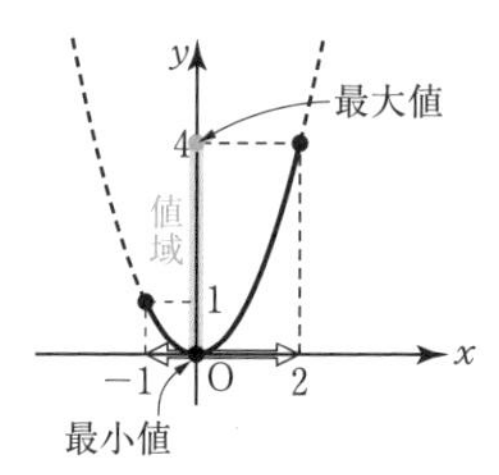

(2) $y=-x^2+4x+1$

を変形すると

$y=-(x-2)^2+5$

$-1 \leqq x \leqq 3$ におけるこの関数のグラフは，右の図の実線部分である。

よって，y は

$x=2$ のとき **最大値 5** をとり，

$x=-1$ のとき **最小値 -4** をとる。

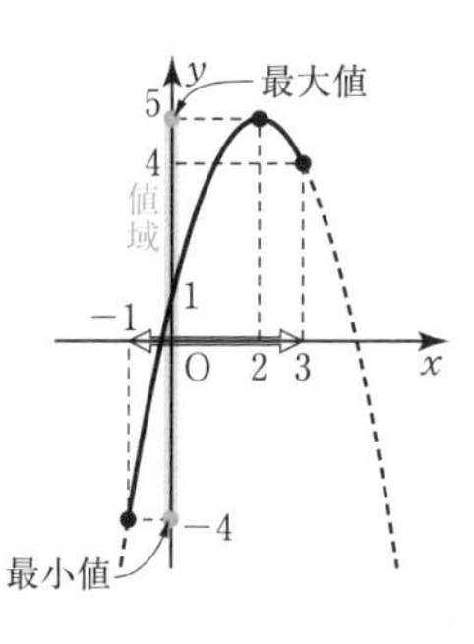

類題

109 2次関数 $y=2x^2$ $(-2 \leqq x \leqq 1)$ の最大値，最小値を求めよ。

110 2次関数 $y=3(x-1)^2-1$ $(0 \leqq x \leqq 2)$ の最大値，最小値を求めよ。

111 次の 2 次関数の最大値，最小値を求めよ。

(1) $y=(x-3)^2-2$ $(2 \leqq x \leqq 6)$

(2) $y=-2x^2+18$ $(-1 \leqq x \leqq 2)$

112 2 次関数 $y=(x-1)^2-1$ の最大値，最小値を次の場合について求めよ。

(1) $0 \leqq x \leqq 4$

(2) $-2 \leqq x \leqq 0$

113 次の 2 次関数の最大値，最小値を求めよ。

(1) $y=\dfrac{1}{3}x^2-2x$ $(2 \leqq x \leqq 6)$

(2) $y=-2x^2-4x+3$ $(-3 \leqq x \leqq 0)$

114 直角をはさむ 2 辺の長さの和が 6 である直角三角形において，斜辺の長さの最小値を求めよ。

JUMP 24 $a>0$ のとき，2 次関数 $y=x^2-4x$ $(0 \leqq x \leqq a)$ の最小値を求めよ。

25 2次関数の決定(1)

例題 39 頂点が与えられたとき

頂点が点 $(3,\ -1)$ で，点 $(4,\ 2)$ を通る放物線をグラフとする2次関数を求めよ。

頂点が点 $(3,\ -1)$ であるから，

求める2次関数は

$y=a(x-3)^2-1$ と表される。

グラフが点 $(4,\ 2)$ を通ることから

$2=a(4-3)^2-1$

よって　$2=a-1$ より $a=3$

したがって，求める2次関数は

$\boldsymbol{y=3(x-3)^2-1}$

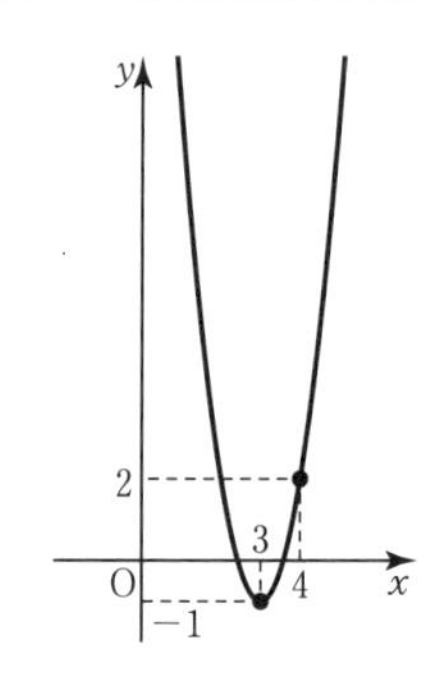

▶頂点 $(p,\ q)$ の2次関数

頂点が点 $(\boldsymbol{p},\ q)$ である2次関数は

$y=a(x-\boldsymbol{p})^2+q$

この式に，通る点の座標を代入して a を求める。

例題 40 軸が与えられたとき

軸が直線 $x=2$ で，2点 $(0,\ 11)$, $(3,\ 5)$ を通る放物線をグラフとする2次関数を求めよ。

軸が直線 $x=2$ であるから，求める2次関数は

$y=a(x-2)^2+q$ と表される。

グラフが点 $(0,\ 11)$ を通ることから

$11=a(0-2)^2+q$　……①

グラフが点 $(3,\ 5)$ を通ることから

$5=a(3-2)^2+q$　……②

①，②より $\begin{cases}4a+q=11\\a+q=5\end{cases}$

これを解いて　$a=2,\ q=3$

したがって，求める2次関数は

$\boldsymbol{y=2(x-2)^2+3}$

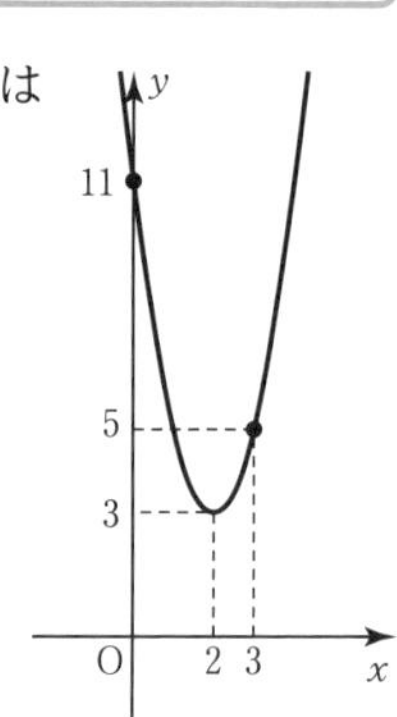

▶軸 $x=p$ の2次関数

軸が直線 $x=\boldsymbol{p}$ である2次関数は

$y=a(x-\boldsymbol{p})^2+q$

この式に，通る2点の座標を代入して a と q の値を求める。

類題

115 頂点が点 $(2,\ 1)$ で，点 $(1,\ 3)$ を通る放物線をグラフとする2次関数を求めよ。

116 軸が直線 $x=4$ で，2点 $(2,\ -2)$, $(5,\ 7)$ を通る放物線をグラフとする2次関数を求めよ。

117 頂点が点 $(1,\ 3)$ で，点 $(0,\ 6)$ を通る放物線をグラフとする2次関数を求めよ。

118 頂点が点 $(2,\ 8)$ で，原点を通る放物線をグラフとする2次関数を求めよ。

119 軸が直線 $x=2$ で，2点 $(1,\ 3)$，$(5,\ -5)$ を通る放物線をグラフとする2次関数を求めよ。

120 頂点が点 $(-2,\ -3)$ で，点 $(2,\ 5)$ を通る放物線をグラフとする2次関数を求めよ。

121 軸が直線 $x=-1$ で，2点 $(0,\ 7)$，$(3,\ 2)$ を通る放物線をグラフとする2次関数を求めよ。

JUMP 25 放物線 $y=x^2+ax+b$ のグラフは，頂点が直線 $y=2x-3$ 上にあり，点 $(2,\ 9)$ を通る。このとき，定数 a，b の値を求めよ。

26 2次関数の決定(2)

例題 41 3点が与えられたとき

3点 (0, 2), (1, 5), (2, 6) を通る放物線をグラフとする2次関数を求めよ。

▶3点が与えられた2次関数

3点が与えられたとき

$y=ax^2+bx+c$

とおき，通る点の座標を順に代入して，a, b, c を求める。

求める2次関数を

$y=ax^2+bx+c$ とおく。

グラフが3点 (0, 2), (1, 5), (2, 6) を通ることから

$$\begin{cases} 2=c & \cdots\cdots① \\ 5=a+b+c & \cdots\cdots② \\ 6=4a+2b+c & \cdots\cdots③ \end{cases}$$

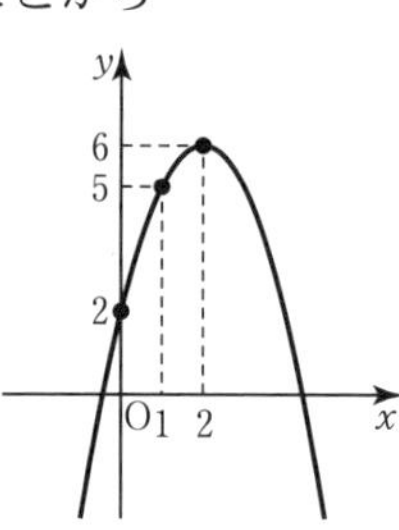

①より　$c=2$

これを②，③に代入して整理すると

$$\begin{cases} a+b=3 \\ 2a+b=2 \end{cases}$$

これを解いて　$a=-1$, $b=4$

よって，求める2次関数は

$\boldsymbol{y=-x^2+4x+2}$

類題

122 3点 (1, 0), (2, 0), (0, 2) を通る放物線をグラフとする2次関数を求めよ。

123 3点 (0, -1), (2, 13), (-1, -2) を通る放物線をグラフとする2次関数を求めよ。

124 3点 $(0,\ 3)$，$(1,\ 5)$，$(-2,\ -13)$ を通る放物線をグラフとする2次関数を求めよ。

125 次の連立方程式を解け。

$$\begin{cases} a-b+2c=5 \\ a+b+c=8 \\ a+2b+3c=17 \end{cases}$$

126 3点 $(-2,\ 7)$，$(-1,\ 2)$，$(2,\ -1)$ を通る放物線をグラフとする2次関数を求めよ。

127 3点 $(1,\ 6)$，$(2,\ 5)$，$(3,\ 2)$ を通る放物線をグラフとする2次関数を求めよ。

JUMP 26 2点 $(2,\ 1)$，$(5,\ 4)$ を通り，x 軸に接する放物線をグラフとする2次関数を求めよ。

まとめの問題　2 次関数①

1　次の 2 次関数のグラフの軸と頂点を求め，そのグラフをかけ。

(1)　$y=9-x^2$

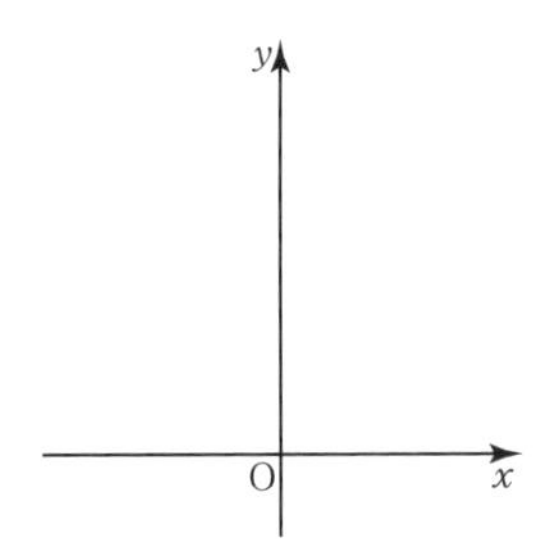

(2)　$y=-3(x+1)^2+2$

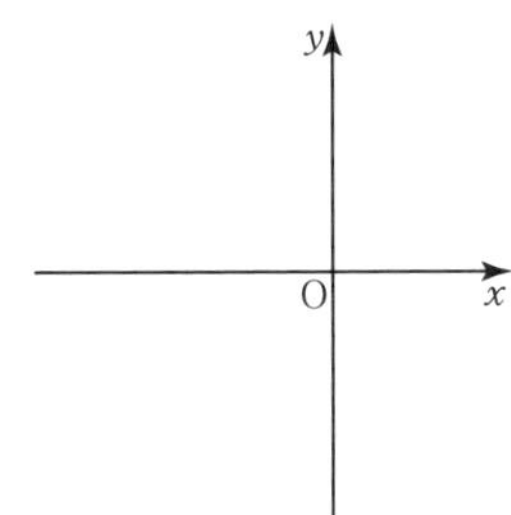

(3)　$y=x^2-6x+8$

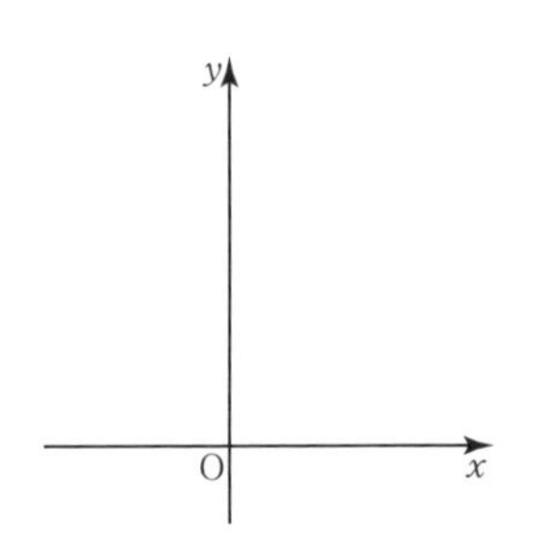

(4)　$y=\frac{1}{2}x^2-x+1$

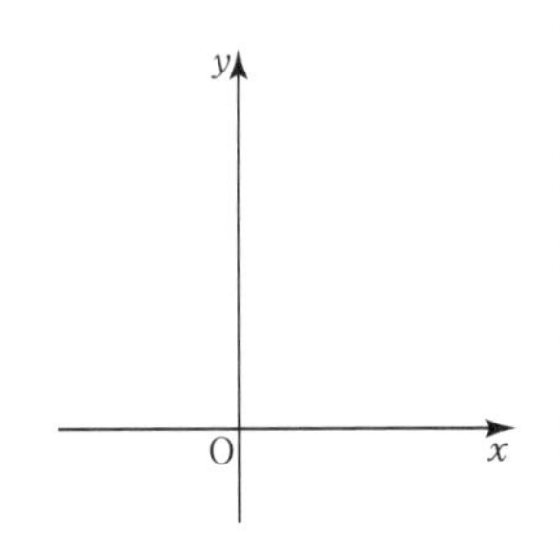

2　次の 2 次関数に最大値，最小値があれば，それを求めよ。

(1)　$y=x^2+6x+7$

(2)　$y=2x^2-3x+5$

3　次の 2 次関数の最大値，最小値を求めよ。

(1)　$y=x^2-2x-2$　$(-1 \leqq x \leqq 2)$

(2)　$y=-\frac{1}{2}(x-3)^2+2 \quad (-1 \leqq x \leqq 7)$

4　壁にそって，10 m のフェンスでコの字型の囲いを作りたい。囲む長方形の面積を最大にするには，長方形の縦の長さを何 m にすればよいか。

5　次の条件を満たす放物線をグラフとする2次関数を求めよ。

(1)　頂点が点 $(2,\ -3)$ で，点 $(-1,\ 6)$ を通る。

(2)　軸が直線 $x=2$ で，2点 $(0,\ -1)$，$(3,\ 2)$ を通る。

(3)　3点 $(0,\ 1)$，$(1,\ 7)$，$(-4,\ 17)$ を通る。

27 2次方程式

例題 42 2次方程式の解法(1)

2次方程式 $x^2-3x-4=0$ を解け。

解 左辺を因数分解すると

$(x+1)(x-4)=0$

よって　$x+1=0$　または　$x-4=0$

したがって　$x=\mathbf{-1,\ 4}$

例題 43 2次方程式の解法(2)

2次方程式 $2x^2-5x+1=0$ を解け。

解 $x=\dfrac{-(-5)\pm\sqrt{(-5)^2-4\times2\times1}}{2\times2}$

$=\dfrac{\mathbf{5\pm\sqrt{17}}}{\mathbf{4}}$　←$x=\dfrac{5+\sqrt{17}}{4},\ \dfrac{5-\sqrt{17}}{4}$

▶2次方程式の解法

[1]　因数分解

$AB=0$

⇕

$A=0$ または $B=0$

[2]　解の公式

2次方程式 $ax^2+bx+c=0$ の解は

$b^2-4ac\geqq0$ のとき

$\boldsymbol{x=\dfrac{-b\pm\sqrt{b^2-4ac}}{2a}}$

類題

128 次の2次方程式を解け。

(1)　$x^2+x-12=0$

(2)　$x^2-5x+6=0$

(3)　$x^2+3x=0$

129 次の2次方程式を解け。

(1)　$x^2+3x+1=0$

(2)　$3x^2-x-1=0$

(3)　$x^2+2x-1=0$

130 次の 2 次方程式を解け。

(1) $x^2-3x+2=0$

(2) $x^2-4=0$

(3) $x^2+6x+9=0$

(4) $2x^2+3x+1=0$

(5) $6x^2-5x-4=0$

131 次の 2 次方程式を解け。

(1) $x^2-5x+2=0$

(2) $2x^2+9x+5=0$

(3) $x^2-4x+1=0$

(4) $3x^2+6x-1=0$

(5) $2x^2-8x+3=0$

JUMP 27 次の x の 2 次方程式を解け。

(1) $x^2+3ax+2a^2=0$

(2) $x^2+(a-1)x-a=0$

28 2次方程式の実数解の個数

例題 44 2次方程式の実数解の個数

次の2次方程式の実数解の個数を求めよ。

(1) $2x^2-4x-3=0$　　(2) $2x^2-4x+2=0$

(3) $2x^2-4x+3=0$

▶2次方程式の実数解の個数
2次方程式 $ax^2+bx+c=0$ の実数解の個数
$D>0$…異なる2つの実数解
$D=0$…ただ1つの実数解（重解）
$D<0$…実数解をもたない
ただし，$D=b^2-4ac$

解 (1) $D=(-4)^2-4\times2\times(-3)=40>0$ より **2個**

(2) $D=(-4)^2-4\times2\times2=0$ より **1個**

(3) $D=(-4)^2-4\times2\times3=-8<0$ より **0個**

例題 45 2次方程式が重解をもつ条件

2次方程式 $3x^2+mx+m=0$ が重解をもつような定数 m の値を求めよ。また，そのときの重解を求めよ。

▶2次方程式が重解をもつ条件
2次方程式 $ax^2+bx+c=0$ が重解をもつ $\Longleftrightarrow D=0$
このとき，重解は
$x=-\dfrac{b}{2a}$

解 2次方程式 $3x^2+mx+m=0$ の判別式を D とすると

$D=m^2-4\times3\times m=m^2-12m$

この2次方程式が重解をもつためには，$D=0$ であればよい。

よって　$m^2-12m=0$

ゆえに，$m(m-12)=0$ より　$\boldsymbol{m=0,\ 12}$

$m=0$ のとき，2次方程式は $3x^2=0$ となり，

$x^2=0$ より，重解は $\boldsymbol{x=0}$

$m=12$ のとき，2次方程式は $3x^2+12x+12=0$ となり，

$(x+2)^2=0$ より，重解は $\boldsymbol{x=-2}$

←$3x^2+12x+12=0$ の両辺を3で割ると $x^2+4x+4=0$

類題

132 次の2次方程式の実数解の個数を求めよ。

(1) $x^2-2x-1=0$

(2) $9x^2-12x+4=0$

(3) $x^2-x+1=0$

133 2次方程式 $x^2+(m+2)x+m+5=0$ が重解をもつような定数 m の値を求めよ。また，そのときの重解を求めよ。

134 次の２次方程式の実数解の個数を求めよ。

(1)　$x^2-8x+5=0$

(2)　$4x^2+20x+25=0$

(3)　$x^2+2x+3=0$

135 ２次方程式 $2x^2-3x+m=0$ が異なる２つの実数解をもつような定数 m の値の範囲を求めよ。

136 次の２次方程式の実数解の個数を求めよ。

(1)　$6x^2+24x+18=0$

(2)　$2x^2-3x+4=0$

(3)　$x^2-2\sqrt{3}x+3=0$

137 ２次方程式 $3x^2-4x+m+1=0$ が実数解をもつような定数 m の値の範囲を求めよ。

JUMP 28 ２つの２次方程式 $2x^2+3x-m=0$, $x^2-4x+2m-1=0$ がともに実数解をもつような定数 m の値の範囲を求めよ。

29 2次関数のグラフと x 軸の位置関係(1)

例題 46 2次関数のグラフと x 軸の共有点

2次関数 $y=x^2-2x-3$ のグラフと x 軸の共有点の x 座標を求めよ。

▶2次関数のグラフと x 軸の共有点の x 座標

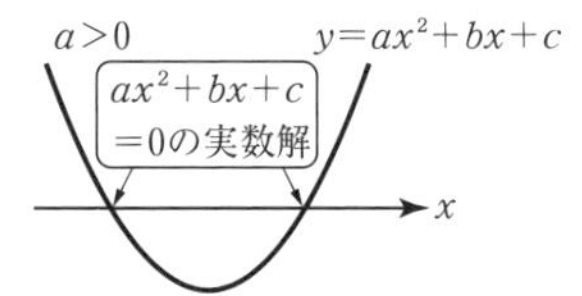

解 2次関数 $y=x^2-2x-3$ のグラフと x 軸の共有点の x 座標は，2次方程式 $x^2-2x-3=0$ の実数解である。

$(x+1)(x-3)=0$ より　$x=-1,\ 3$

よって，共有点の x 座標は **$-1,\ 3$**

例題 47 2次関数のグラフと x 軸の位置関係(1)

次の2次関数のグラフと x 軸の共有点の個数を求めよ。

(1) $y=x^2+x-3$　　(2) $y=-5x^2+2x-1$

▶2次関数のグラフと x 軸の共有点の個数

2次関数 $y=ax^2+bx+c$ と x 軸の共有点の個数は，2次方程式 $ax^2+bx+c=0$ の判別式を D とおくと

・$D=b^2-4ac>0 \iff$ 2個
・$D=b^2-4ac=0 \iff$ 1個
・$D=b^2-4ac<0 \iff$ 0個

解 (1) 2次方程式 $x^2+x-3=0$ の判別式を D とすると

$D=1^2-4\times1\times(-3)=13>0$

よって，グラフと x 軸の共有点の個数は **2個**

(2) 2次方程式 $-5x^2+2x-1=0$ の判別式を D とすると

$D=2^2-4\times(-5)\times(-1)=-16<0$

よって，グラフと x 軸の共有点の個数は **0個**

類題

138 次の2次関数のグラフと x 軸の共有点の x 座標を求めよ。

(1) $y=x^2+4x-12$

(2) $y=-x^2+6x-9$

139 次の2次関数のグラフと x 軸の共有点の個数を求めよ。

(1) $y=x^2-2x-1$

(2) $y=-2x^2+x-1$

140 次の2次関数のグラフとx軸の共有点のx座標を求めよ。

(1) $y=x^2-2x-15$

(2) $y=-x^2+16$

(3) $y=-9x^2+12x-4$

(4) $y=x^2+3x-2$

141 次の2次関数のグラフとx軸の共有点の個数を求めよ。

(1) $y=x^2+4x+2$

(2) $y=-4x^2+4x-1$

(3) $y=2x^2+3x$

(4) $y=-x^2+8x-17$

JUMP 29 2次関数 $y=x^2-2x-2$ のグラフとx軸の共有点について，次の問いに答えよ。

(1) 共有点のx座標を求めよ。

(2) グラフがx軸から切り取る線分の長さを求めよ。

30 2次関数のグラフとx軸の位置関係(2)，〈発展〉放物線と直線の共有点

例題 48 2次関数のグラフとx軸の位置関係(2)

2次関数 $y=x^2-8x+2m$ のグラフとx軸の共有点の個数が2個であるとき，定数mの値の範囲を求めよ。

解 2次方程式 $x^2-8x+2m=0$ の判別式をDとすると

$D=(-8)^2-4\times1\times2m=64-8m$

グラフとx軸の共有点の個数が2個であるためには，$D>0$ であればよい。

よって　$64-8m>0$

これを解いて　$m<8$

▶2次関数のグラフとx軸の共有点の個数

2次関数 $y=ax^2+bx+c$ とx軸の共有点の個数は，

2次方程式 $ax^2+bx+c=0$ の判別式をDとおくと

・$D=b^2-4ac>0 \iff$ 2個

・$D=b^2-4ac=0 \iff$ 1個

・$D=b^2-4ac<0 \iff$ 0個

例題 49 放物線と直線の共有点

放物線 $y=x^2-4x+5$ と直線 $y=x+1$ の共有点の座標を求めよ。

解 共有点のx座標は，$x^2-4x+5=x+1$ の実数解である。これを解くと

$x^2-5x+4=0$ より　$(x-1)(x-4)=0$

よって　$x=1,\ 4$

これらの値を $y=x+1$ に代入すると

$x=1$ のとき　$y=2$

$x=4$ のとき　$y=5$

よって，共有点の座標は **(1, 2), (4, 5)**

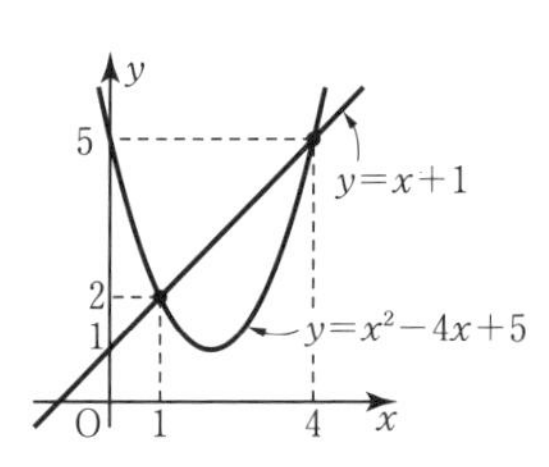

▶放物線と直線の共有点

放物線 $y=ax^2+bx+c$ と直線 $y=mx+n$ が共有点をもつとき，共有点のx座標は2次方程式 $ax^2+bx+c=mx+n$ の実数解である。

類題

142 2次関数 $y=x^2-4x+6m$ のグラフとx軸の共有点の個数が2個であるとき，定数mの値の範囲を求めよ。

143 放物線 $y=x^2-x-2$ と直線 $y=x-3$ の共有点の座標を求めよ。

144　2 次関数 $y=x^2+2x+m+4$ のグラフが x 軸に接するとき，定数 m の値を求めよ。

145　放物線 $y=-x^2+8x-10$ と次の直線の共有点の座標を求めよ。

(1)　$y=2x-5$

(2)　$y=2x-1$

146　2 次関数 $y=x^2-6x+3m$ のグラフと x 軸の共有点の個数が次のようになるとき，m の値または m の値の範囲を求めよ。

(1)　共有点の個数が 2 個

(2)　共有点の個数が 1 個

(3)　共有点の個数が 0 個

147　2 次関数 $y=x^2+mx+2m-3$ のグラフが x 軸に接するとき，定数 m の値を求めよ。

JUMP 30　放物線 $y=x^2+3x+m$ と直線 $y=x+1$ が接するとき，定数 m の値を求めよ。

31 2次関数のグラフと2次不等式(1)

例題 50 2次不等式

次の2次不等式を解け。

(1) $x^2+x-6<0$　　(2) $-2x^2+4x+3 \leqq 0$

解 (1) 2次方程式 $x^2+x-6=0$ を解くと

$(x+3)(x-2)=0$ より $x=-3,\ 2$

よって，$x^2+x-6<0$ の解は

$\boldsymbol{-3<x<2}$

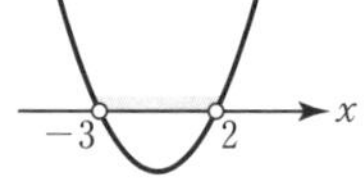
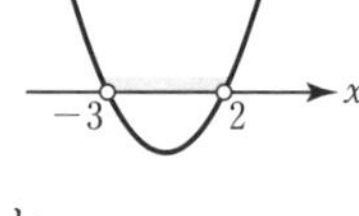

(2) $-2x^2+4x+3 \leqq 0$ の両辺に -1 を掛けると

$2x^2-4x-3 \geqq 0$

2次方程式 $2x^2-4x-3=0$ を解くと

$$x=\frac{-(-4)\pm\sqrt{(-4)^2-4\times2\times(-3)}}{2\times2}$$ ←解の公式

$$=\frac{2\pm\sqrt{10}}{2}$$

よって，$-2x^2+4x+3 \leqq 0$ の解は

$$\boldsymbol{x \leqq \frac{2-\sqrt{10}}{2},\ \frac{2+\sqrt{10}}{2} \leqq x}$$

▶2次不等式の解(ⅰ)

2次方程式 $ax^2+bx+c=0$ $(a>0)$ が異なる2つの実数解 $\alpha,\ \beta$ $(\alpha<\beta)$ をもつとき

・$ax^2+bx+c>0$ の解は

$\boldsymbol{x<\alpha,\ \beta<x}$

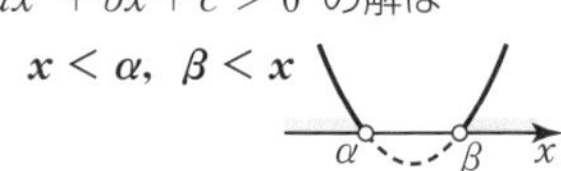

・$ax^2+bx+c<0$ の解は

$\boldsymbol{\alpha<x<\beta}$

類題

148 次の2次不等式を解け。

(1) $(x-1)(x+3)<0$

(2) $(x+1)(x+4)>0$

(3) $x^2-3x-10>0$

(4) $x^2-2x \leqq 0$

(5) $3x^2-5x+1<0$

(6) $-x^2+2x+3<0$

149 次の 2 次不等式を解け。

(1) $x^2 - x - 12 \leqq 0$

(2) $x^2 - x - 20 > 0$

(3) $x^2 > 4$

(4) $2x^2 - 5x + 2 < 0$

(5) $-2x^2 + 2x + 1 > 0$

150 次の 2 次不等式を解け。

(1) $x^2 < 2x + 15$

(2) $x^2 - x \geqq 0$

(3) $-x^2 + x + 6 > 0$

(4) $-3x^2 - 10x - 3 \geqq 0$

(5) $2x^2 + 3x - 1 \geqq 0$

JUMP 31 $x^2 + ax + b > 0$ の解が，$x < -1$，$2 < x$ であるとき，定数 a，b の値を求めよ。

32 2次関数のグラフと2次不等式(2)

例題 51 2次関数のグラフと2次不等式

次の2次不等式を解け。

(1) ① $x^2-2x+1>0$ ② $x^2-2x+1 \geqq 0$

③ $x^2-2x+1<0$ ④ $x^2-2x+1 \leqq 0$

(2) ① $x^2-2x+5>0$ ② $x^2-2x+5<0$

解 (1) 2次方程式 $x^2-2x+1=0$ は

$(x-1)^2=0$ より，重解 $x=1$ をもつ。

よって，①の解は $\boldsymbol{x=1}$ **以外のすべての実数**

②の解は **すべての実数**

③の解は **ない**

④の解は $\boldsymbol{x=1}$

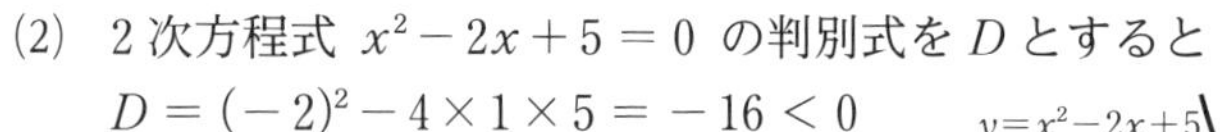

(2) 2次方程式 $x^2-2x+5=0$ の判別式を D とすると

$D=(-2)^2-4\times1\times5=-16<0$

より，この2次方程式は実数解をもたない。

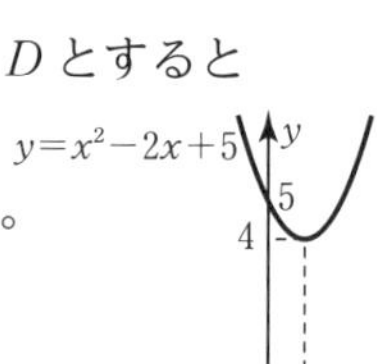

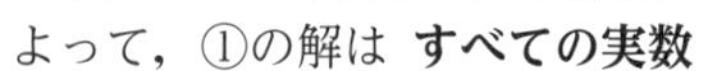

よって，①の解は **すべての実数**

②の解は **ない**

▶2次不等式の解(ii)

2次方程式 $ax^2+bx+c=0$ $(a>0)$ が

〔Ⅰ〕重解 α をもつとき，すなわち，判別式 $D=0$ のとき

$ax^2+bx+c>0$ の解

…$x=\alpha$ 以外のすべての実数

$ax^2+bx+c \geqq 0$ の解

…すべての実数

$ax^2+bx+c<0$ の解

…ない

$ax^2+bx+c \leqq 0$ の解

…$x=\alpha$

〔Ⅱ〕実数解をもたないとき，すなわち，$D<0$ のとき

$ax^2+bx+c>0$ の解

…すべての実数

$ax^2+bx+c<0$ の解

…ない

類題

151 次の2次不等式を解け。

(1) $x^2-4x+4>0$

(2) $x^2-4x+4<0$

(3) $x^2+4x+8>0$

(4) $x^2+4x+8<0$

(5) $4x^2-4x+1 \geqq 0$

(6) $4x^2-4x+1 \leqq 0$

152 次の 2 次不等式を解け。

(1) $x^2-10x+25>0$

(2) $-x^2+6x-9>0$

(3) $x^2-5x+8>0$

(4) $5x^2-4x+1<0$

153 次の 2 次不等式を解け。

(1) $x^2-2\sqrt{2}x+2>0$

(2) $9x^2\geqq 12x-4$

(3) $2x^2-8x+13\leqq 0$

(4) $-x^2+3x-3<0$

JUMP 32 2 次不等式 $x^2-kx+k+2\geqq 0$ の解がすべての実数となるように定数 k の値の範囲を定めよ。

33 連立不等式

例題 52 連立不等式

次の連立不等式を解け。

(1) $\begin{cases} 2x-6 \geqq 0 \\ x^2-6x+8<0 \end{cases}$　　(2) $\begin{cases} x^2+2x-3>0 \\ x^2+x-12<0 \end{cases}$

▶連立不等式の解
すべての不等式を同時に満たす x の値の範囲

(1) $2x-6 \geqq 0$ を解くと　$x \geqq 3$ ……①

$x^2-6x+8<0$ を解くと

$(x-2)(x-4)<0$ より　$2<x<4$ ……②　←$(x-\alpha)(x-\beta)<0$ $(\alpha<\beta)$ $\Longrightarrow \alpha<x<\beta$

①，②より，連立方程式の解は

$3 \leqq x < 4$

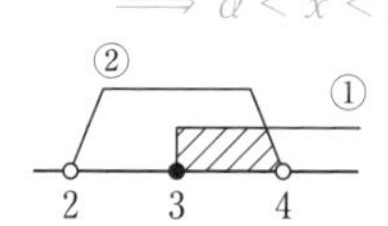

(2) $x^2+2x-3>0$ を解くと

$(x+3)(x-1)>0$ より　$x<-3,\ 1<x$ ……①　←$(x-\alpha)(x-\beta)>0$ $(\alpha<\beta)$ $\Longrightarrow x<\alpha,\ \beta<x$

$x^2+x-12<0$ を解くと

$(x-3)(x+4)<0$ より　$-4<x<3$ ……②

①，②より，連立方程式の解は

$-4<x<-3,\ 1<x<3$

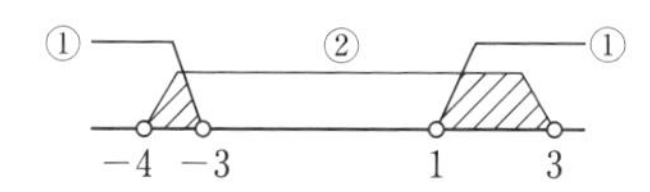

類題

154 次の連立不等式を解け。

(1) $\begin{cases} x-1<0 \\ x^2-4x \geqq 0 \end{cases}$

(2) $\begin{cases} x^2-9 \leqq 0 \\ x^2+x-2 \geqq 0 \end{cases}$

155 次の連立不等式を解け。

(1) $\begin{cases} 2x-4<x+1 \\ x^2-6x+8 \geqq 0 \end{cases}$

(2) $\begin{cases} x^2-6x+5<0 \\ x^2-5x+6 \geqq 0 \end{cases}$

(3) $\begin{cases} x^2-3x-4 \geqq 0 \\ x^2-5x \leqq 0 \end{cases}$

(4) $\begin{cases} x^2-3x+2<0 \\ x^2-2x-3<0 \end{cases}$

156 周囲の長さが 40 cm の長方形がある。その面積が 75 cm^2 以上で，横の長さが縦の長さより長いものとする。このとき，縦の長さのとり得る値の範囲を求めよ。

JUMP 33 2つの不等式 $x^2+2x-3>0$，$0<x+1<a$ を同時に満たす整数 x の値が2だけのとき，a の値の範囲を求めよ。

まとめの問題　2次関数②

1　次の2次方程式を解け。

(1)　$x^2+3x-18=0$

(2)　$x^2-5x+3=0$

2　次の2次方程式の実数解の個数を求めよ。

(1)　$x^2-2x-10=0$

(2)　$9x^2-6x+1=0$

3　次の2次関数のグラフと x 軸の共有点の x 座標を求めよ。

(1)　$y=x^2+2x-15$

(2)　$y=-x^2+6x$

4　2次関数 $y=x^2-(m+1)x-(2m+3)$ のグラフと x 軸の共有点の個数が次のようになるとき，定数 m の値，または範囲を求めよ。

(1)　共有点が2個

(2)　共有点が1個

(3)　共有点が0個

5 2次関数 $y = 2x^2 - 2(3m+1)x + (3m+5)$ のグラフが x 軸に接するとき，定数 m の値を求めよ。

6 次の2次不等式を解け。

(1) $x^2 - 6x \leqq 0$

(2) $x^2 - 8x + 17 < 0$

(3) $-x^2 + 8x - 8 < 0$

7 次の連立不等式を解け。

(1) $\begin{cases} 3x + 1 > 0 \\ 3x^2 + x - 10 \leqq 0 \end{cases}$

(2) $\begin{cases} x^2 - x - 2 \leqq 0 \\ 2x^2 - 7x + 5 > 0 \end{cases}$

8 長さ 20 m のロープで長方形の囲いを作る。この長方形の囲いの面積を 24 m^2 以上にするとき，縦の長さのとり得る値の範囲を求めよ。

34 三角比

例題 53 三角比

次の直角三角形 ABC において，$\sin A$，$\cos A$，$\tan A$ の値を求めよ。

(1)

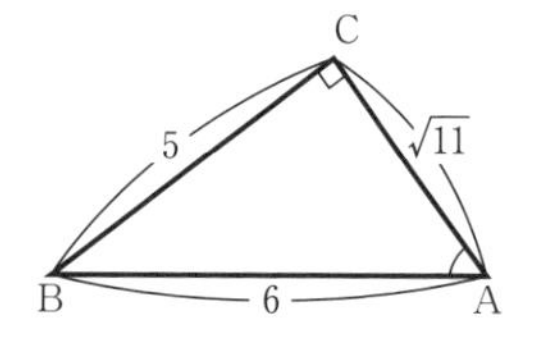

(2)

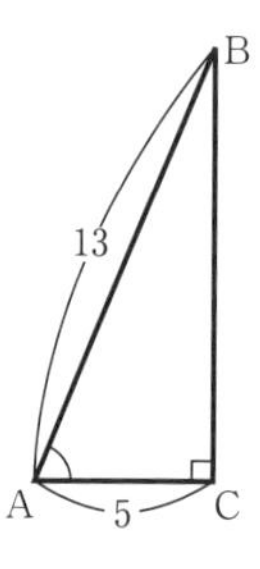

解 (1) 右の図の直角三角形 ABC において

$$\sin A = \frac{\mathbf{5}}{\mathbf{6}},\ \cos A = \frac{\sqrt{\mathbf{11}}}{\mathbf{6}},$$

$$\tan A = \frac{\mathbf{5}}{\sqrt{\mathbf{11}}}$$

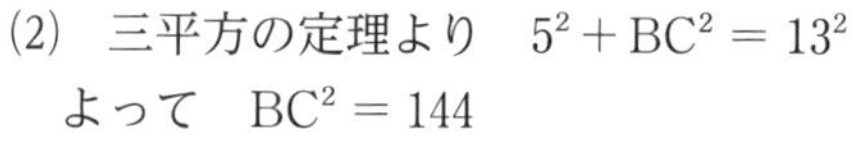

(2) 三平方の定理より　$5^2 + BC^2 = 13^2$

よって　$BC^2 = 144$

ここで，$BC > 0$ であるから　$BC = 12$

したがって　$\sin A = \frac{\mathbf{12}}{\mathbf{13}}$，$\cos A = \frac{\mathbf{5}}{\mathbf{13}}$，$\tan A = \frac{\mathbf{12}}{\mathbf{5}}$

▶辺・角の表し方

頂点 A，B，C に対する辺の長さをそれぞれ a，b，c と書き，∠A，∠B，∠C の大きさをそれぞれ A，B，C と書く。

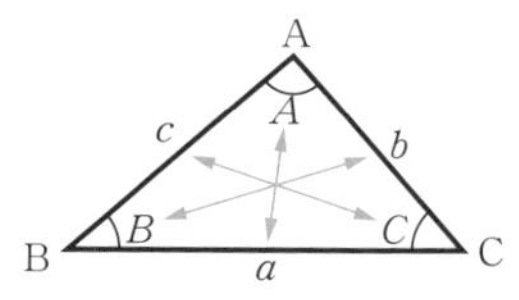

▶三角比の定義

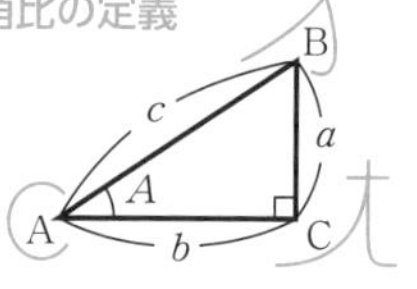

$\sin A = \frac{a}{c}$，$\cos A = \frac{b}{c}$，

$\tan A = \frac{a}{b}$

▶三平方の定理

∠C が直角の直角三角形 ABC において

$a^2 + b^2 = c^2$

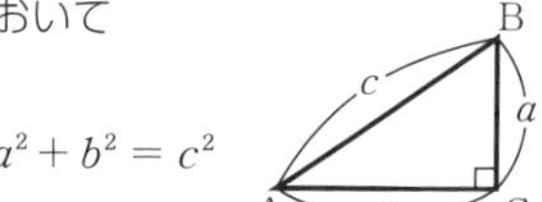

例題 54 特別な角の三角比

図のような正三角形 ABD の半分の直角三角形 ABC を用いて，$\sin 30°$，$\cos 30°$，$\tan 30°$ の値を求めよ。

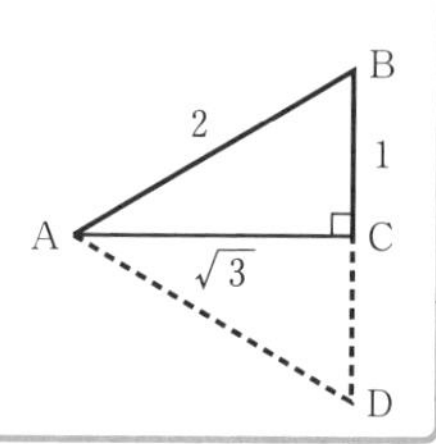

解 $\sin 30° = \frac{\mathbf{1}}{\mathbf{2}}$，$\cos 30° = \frac{\sqrt{\mathbf{3}}}{\mathbf{2}}$，$\tan 30° = \frac{\mathbf{1}}{\sqrt{\mathbf{3}}}$

▶特別な角の三角比

30°，60° は

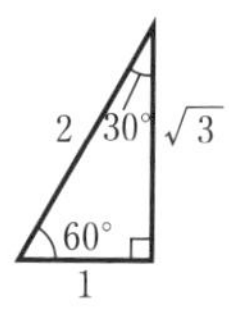

45° は

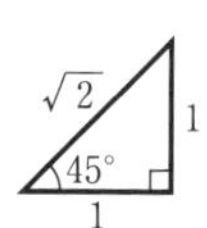

類題

157 図の直角三角形 ABC において，$\sin A$，$\cos A$，$\tan A$ の値を求めよ。

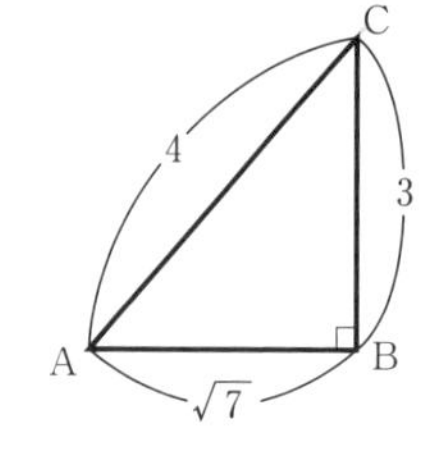

158 図のような正方形の半分の直角三角形 ABC を用いて $\sin 45°$，$\cos 45°$，$\tan 45°$ の値を求めよ。

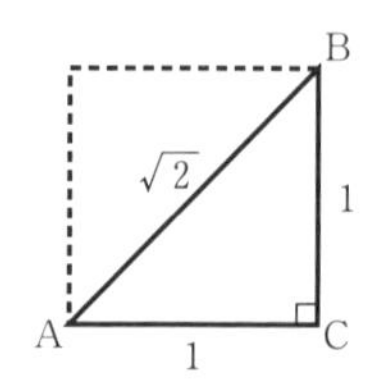

159 次の直角三角形 ABC において，
$\sin A$，$\cos A$，$\tan A$ の値を求めよ。

(1)

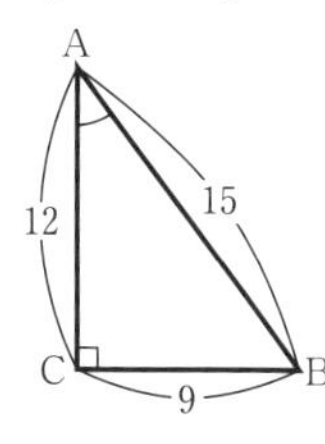

(2)

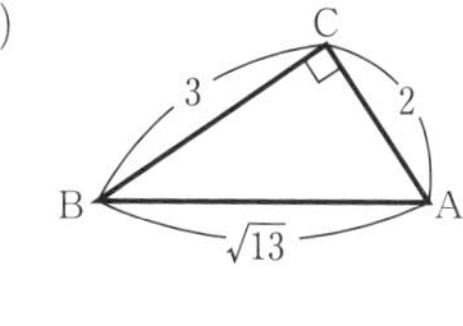

$\sin A =$　　　$\sin A =$

$\cos A =$　　　$\cos A =$

$\tan A =$　　　$\tan A =$

160 次の直角三角形 ABC において，
$\sin A$，$\cos A$，$\tan A$ の値を求めよ。

(1)

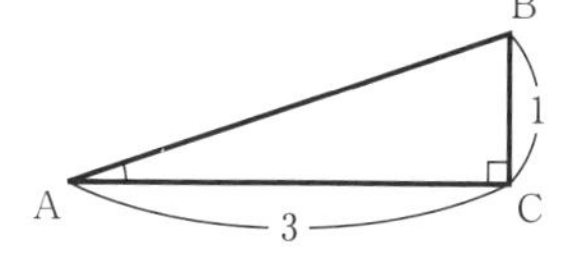

(2)

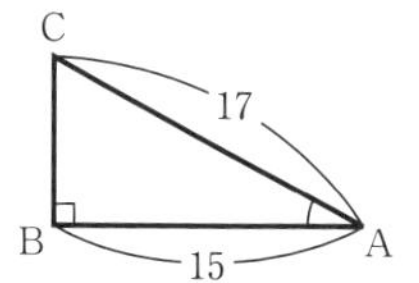

161 次の直角三角形 ABC において，
$\sin A$，$\cos A$，$\tan A$ の値を求めよ。

(1)

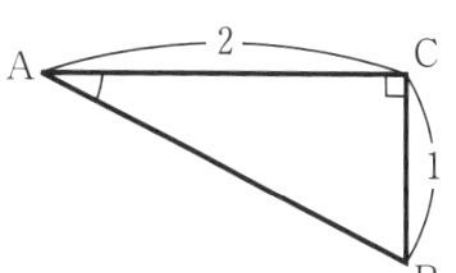

(2)

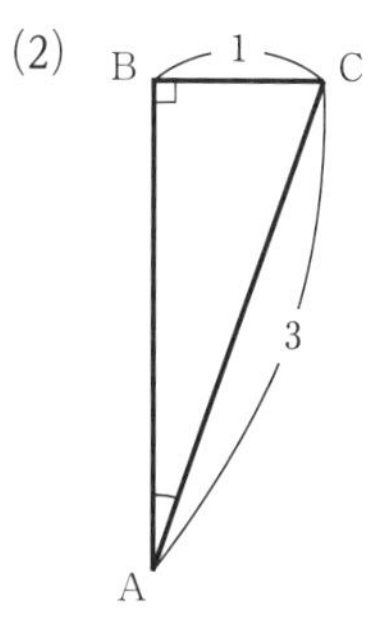

(3)

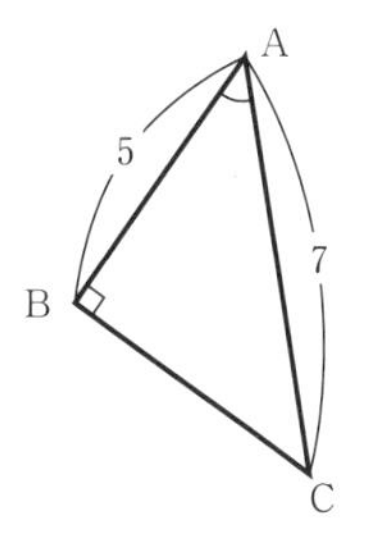

162 図の三角定規に辺の長さを書き込み，
$A = 30°$，$45°$，$60°$ の三角比の値を表にまとめよ。

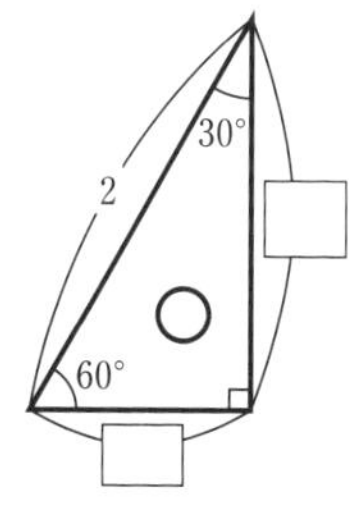

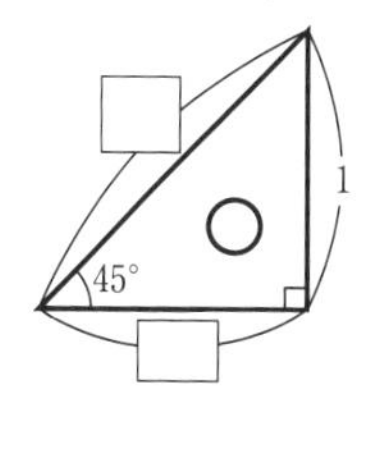

A	30°	45°	60°
$\sin A$			
$\cos A$			
$\tan A$			

JUMP 34　右の図で，x の長さを求め，$\sin 15°$ の値を求めよ。

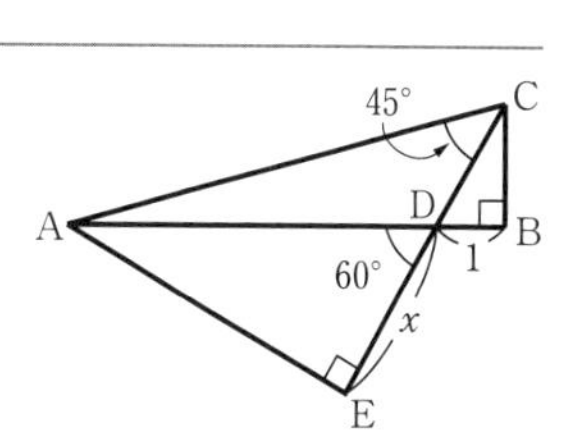

35 三角比の利用

例題 55 三角比の利用(1)

右の図で，x，y の値を小数第 2 位を四捨五入して求めよ。ただし，$\sin 25^\circ = 0.4226$，$\cos 25^\circ = 0.9063$ とする。

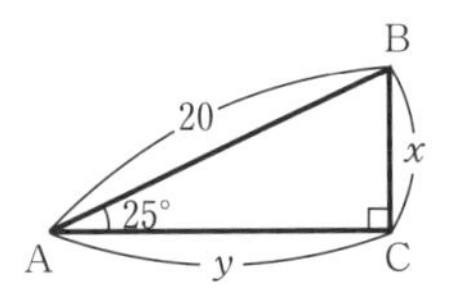

▶サイン・コサインの活用

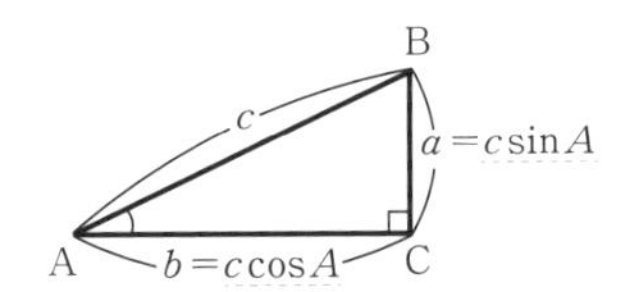

解 直角三角形 ABC において

$x = \mathrm{AB}\sin A = 20\sin 25^\circ = 20 \times 0.4226 = 8.452 \fallingdotseq 8.5$

$y = \mathrm{AB}\cos A = 20\cos 25^\circ = 20 \times 0.9063 = 18.126 \fallingdotseq 18.1$

よって　$x = \mathbf{8.5}$，$y = \mathbf{18.1}$

例題 56 三角比の利用(2)

ある木の根元から水平に 20 m 離れた地点でこの木の先端を見上げたら，見上げる角が 40° であった。目の高さを 1.5 m とすると，木の高さは何 m か。小数第 2 位を四捨五入して求めよ。ただし，$\tan 40^\circ = 0.8391$ とする。

▶タンジェントの活用

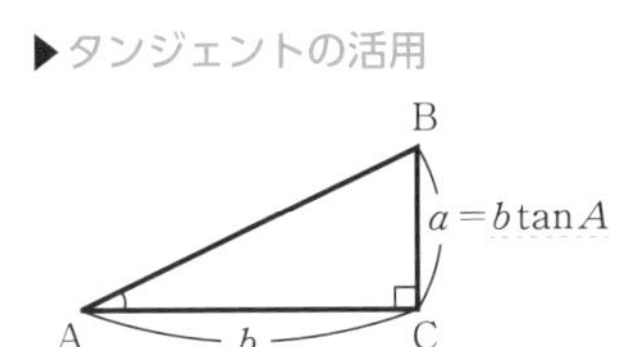

解 右の図において

$\mathrm{BD} = \mathrm{AD}\tan A = 20\tan 40^\circ$

$= 20 \times 0.8391 = 16.782 \fallingdotseq 16.8$

よって

$\mathrm{BC} = \mathrm{BD} + \mathrm{DC}$

$= 16.8 + 1.5$

$= 18.3$

したがって，木の高さは **18.3 m**

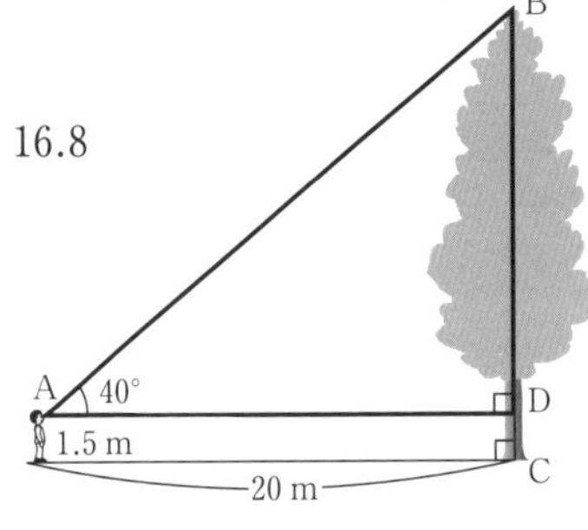

類題

163 8 m のはしご AB を下の図のように壁に立てかけるとき，AC および BC の長さを小数第 2 位を四捨五入して求めよ。ただし，$\sin 48^\circ = 0.7431$，$\cos 48^\circ = 0.6691$ とする。

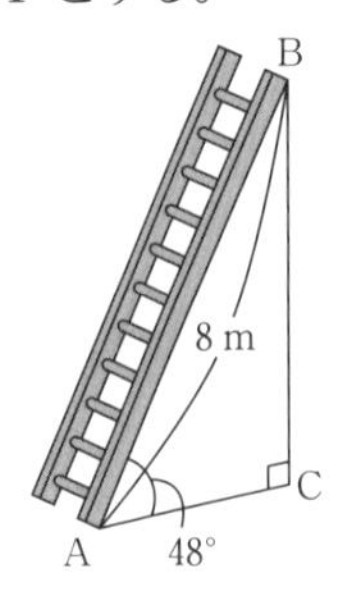

164 次の直角三角形において，BC の長さを小数第 2 位を四捨五入して求めよ。ただし，$\tan 55^\circ = 1.4281$ とする。

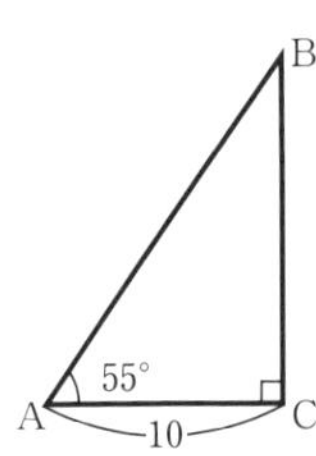

165 巻末の三角比の表を用いて，次の空欄に適する数を入れよ。

(1) $\sin 24^\circ =$ □

(2) $\cos 67^\circ =$ □

(3) $\tan 15^\circ =$ □

166 次の図で，海底トンネルの入り口から，海面に対し，10° の角度で 2000 m 進むと，海面からの深さが d m になった。d を小数第 1 位を四捨五入して求めよ。ただし，$\sin 10^\circ = 0.1736$ とする。

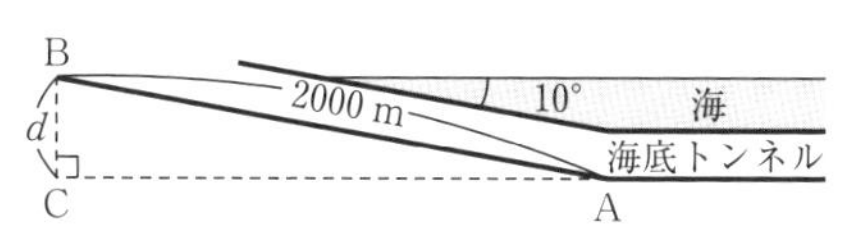

167 次の図のように，あるビルから 200 m 離れた地点からこのビルの先端を見上げる角を測ったら 50° であった。目の高さを 1.6 m として，ビルの高さを小数第 2 位を四捨五入して求めよ。ただし，$\tan 50^\circ = 1.1918$ とする。

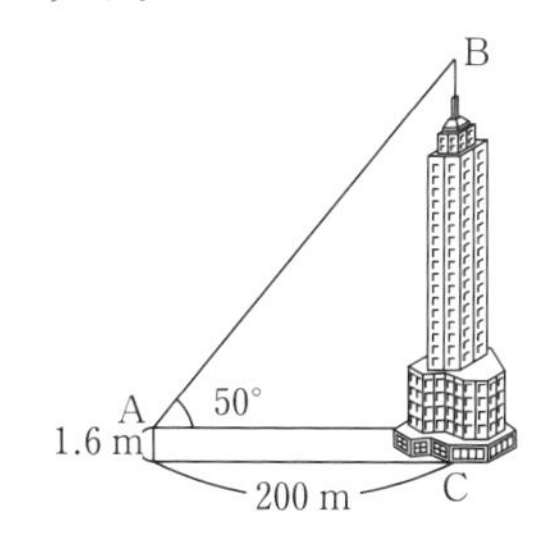

168 巻末の三角比の表を用いて，次の空欄に適する数を入れよ。

(1) $\sin$ □ $^\circ = 0.6947$

(2) $\cos$ □ $^\circ = 0.3090$

(3) $\tan$ □ $^\circ = 5.6713$

169 次の図において，下の各問いに答えよ。

(1) $\sin A$，$\cos A$ の値を求めよ。

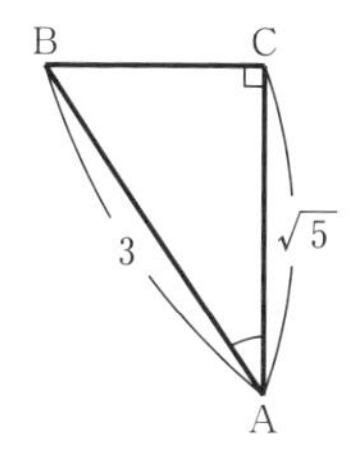

(2) (1)の $\sin A$ の値から，巻末の三角比の表を用いて，A の値を求めよ。

170 巻末の三角比の表を用いて，次の図の x の値および，$\angle$BDC の大きさを求めよ。

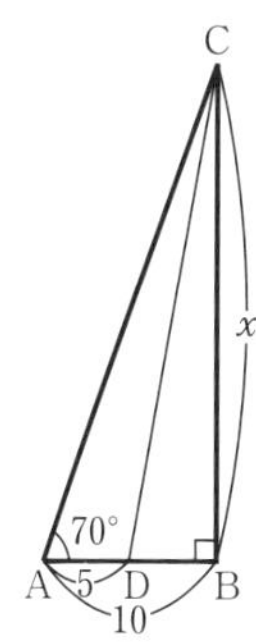

4 章 図形と計量

JUMP 35 水平面と 15° の角度をもつ斜面を A 地点から直進方向と 30° の角度で，B 地点まで 80 m 進んだ。B 地点の水平面からの高さを小数第 2 位を四捨五入して求めよ。ただし，$\sqrt{3} = 1.732$，$\sin 15^\circ = 0.2588$ とする。

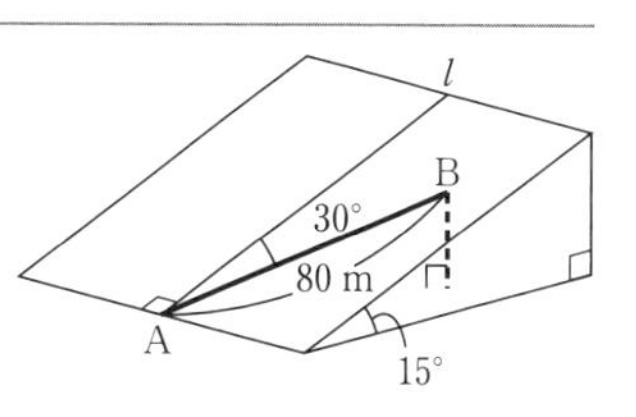

36 三角比の性質

例題 57 三角比の相互関係

$\cos A=\dfrac{2}{3}$ のとき，$\sin A$，$\tan A$ の値を求めよ。
ただし，$0^\circ<A<90^\circ$ とする。

解 $\cos A=\dfrac{2}{3}$ のとき，$\sin^2 A+\cos^2 A=1$ より

$$\sin^2 A=1-\cos^2 A=1-\left(\frac{2}{3}\right)^2=\frac{5}{9}$$

$0^\circ<A<90^\circ$ のとき，$\sin A>0$ であるから

$$\sin A=\sqrt{\frac{5}{9}}=\boldsymbol{\frac{\sqrt{5}}{3}}$$

また，$\tan A=\dfrac{\sin A}{\cos A}$ より

$$\tan A=\frac{\sqrt{5}}{3}\div\frac{2}{3}=\frac{\sqrt{5}}{3}\times\frac{3}{2}=\boldsymbol{\frac{\sqrt{5}}{2}}$$

← $\dfrac{\sin A}{\cos A}=\sin A\div\cos A$

別解 図より $\sin A=\dfrac{\sqrt{5}}{3}$

$\tan A=\dfrac{\sqrt{5}}{2}$

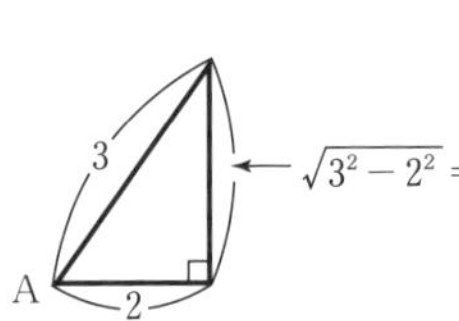

▶三角比の相互関係

① $\tan A=\dfrac{\sin A}{\cos A}$

② $\sin^2 A+\cos^2 A=1$

$(\sin A)^2$ のことを $\sin^2 A$ と書く。

③ $1+\tan^2 A=\dfrac{1}{\cos^2 A}$

（②の両辺を $\cos^2 A$ で割ると
$1+\dfrac{\sin^2 A}{\cos^2 A}=\dfrac{1}{\cos^2 A}$
となるから，①より③が成り立つ。）

例題 58 $90^\circ-A$ の三角比

$\sin 65^\circ$，$\cos 78^\circ$ を，45° 以下の角の三角比で表せ。

解 $\sin 65^\circ=\sin(90^\circ-25^\circ)=\boldsymbol{\cos 25^\circ}$
$\cos 78^\circ=\cos(90^\circ-12^\circ)=\boldsymbol{\sin 12^\circ}$

▶$90^\circ-A$ の三角比

$\sin(90^\circ-A)=\cos A$

種類が入れかわる

$\cos(90^\circ-A)=\sin A$

$\tan(90^\circ-A)=\dfrac{1}{\tan A}$

類題

171 $\sin A=\dfrac{4}{5}$ のとき，$\cos A$，$\tan A$ の値を求めよ。ただし，$0^\circ<A<90^\circ$ とする。

172 次の三角比を，45° 以下の角の三角比で表せ。

(1) $\sin 72^\circ$

(2) $\cos 59^\circ$

173 $\cos A = \dfrac{1}{2}$ のとき，$\sin A$，$\tan A$ の値を求めよ。ただし，$0^\circ < A < 90^\circ$ とする。

174 $\sin A = \dfrac{5}{13}$ のとき，$\cos A$，$\tan A$ の値を求めよ。ただし，$0^\circ < A < 90^\circ$ とする。

175 $\sin 35^\circ = 0.5736$，$\cos 35^\circ = 0.8192$ を用いて，次の三角比の値を求めよ。

(1) $\sin 55^\circ$

(2) $\cos 55^\circ$

176 $\tan A = \sqrt{2}$ のとき，$\sin A$，$\cos A$ の値を求めよ。ただし，$0^\circ < A < 90^\circ$ とする。

177 $\tan A = \dfrac{1}{3}$ のとき，$\sin A$，$\cos A$ の値を求めよ。ただし，$0^\circ < A < 90^\circ$ とする。

JUMP 36 次の式を簡単にせよ。

(1) $(\sin A + \cos A)^2 + (\sin A - \cos A)^2$

(2) $\sin(90^\circ - A)\cos A + \cos(90^\circ - A)\sin A$

37 三角比の拡張

例題 59 鈍角の三角比

半径 2 の半円を利用して，150° の三角比の値を求めよ。

右の図の半径 2 の半円において，$\angle AOP = 150°$ となる点Pの座標は，$P(-\sqrt{3},\ 1)$ であるから

$\sin 150° = \mathbf{\frac{1}{2}}$

$\cos 150° = \frac{-\sqrt{3}}{2} = \mathbf{-\frac{\sqrt{3}}{2}}$

$\tan 150° = \frac{1}{-\sqrt{3}} = \mathbf{-\frac{1}{\sqrt{3}}}$

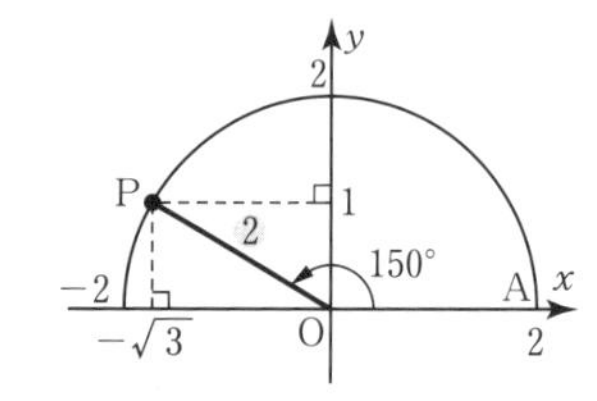

▶拡張した三角比の定義

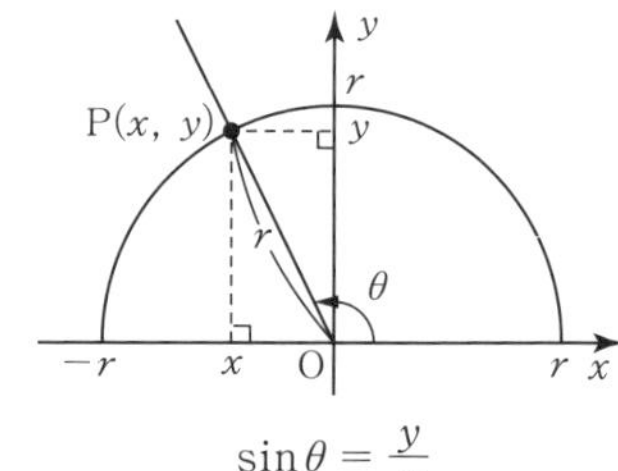

$\sin\theta = \frac{y}{r}$

$\cos\theta = \frac{x}{r}$

$\tan\theta = \frac{y}{x}$

$\theta = 90°$ のとき，$x = 0$ であるから，$\tan 90°$ の値は定義されない。

▶鋭角と鈍角

A が鋭角：$0° < A < 90°$

A が鈍角：$90° < A < 180°$

例題 60 90° の三角比の値

右の図を利用して，90° の三角比の値を求めよ。

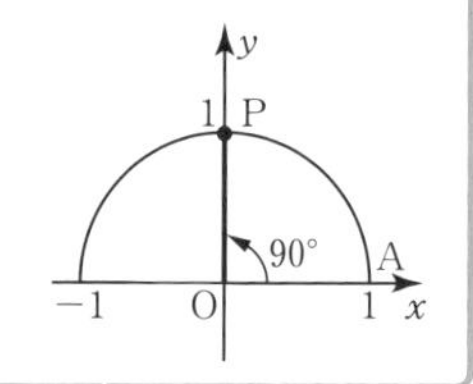

点Pの座標は $(0,\ 1)$ であるから

$\sin 90° = \frac{1}{1} = \mathbf{1}$　　$\cos 90° = \frac{0}{1} = \mathbf{0}$　←$\sin\theta = \frac{y}{r}$，$\cos\theta = \frac{x}{r}$ において $r = 1$ で考えている

$\tan 90°$ は，$x = 0$ であるから，定義されない。

類題

178 次の図の半径 $\sqrt{2}$ の半円において，□ に適する値を記入し，135° の三角比の値を求めよ。

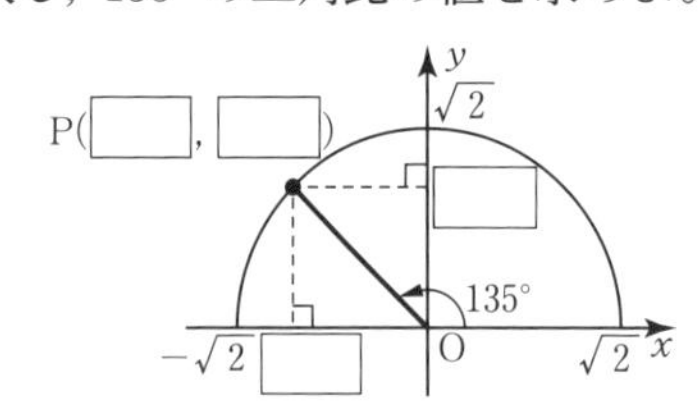

179 次の問いに答えよ。

(1) 右の図を利用して，0° の三角比の値を求めよ。

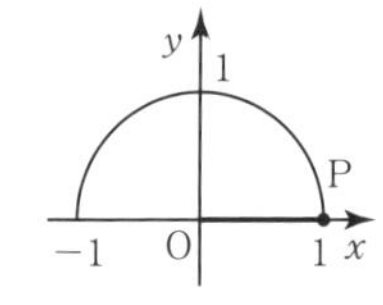

(2) 右の図を利用して，180° の三角比の値を求めよ。

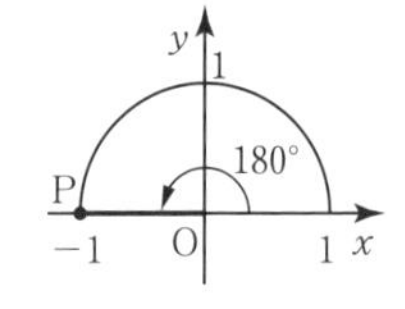

180 三角比の値について，次の表の空欄をうめよ。

θ	0°	90°	120°	135°	150°	180°
$\sin\theta$						
$\cos\theta$						
$\tan\theta$		／				

181 次の図で，$\angle AOP = \theta$ とする。
P$(-3,\ 4)$ のとき，角 θ の三角比の値を求めよ。

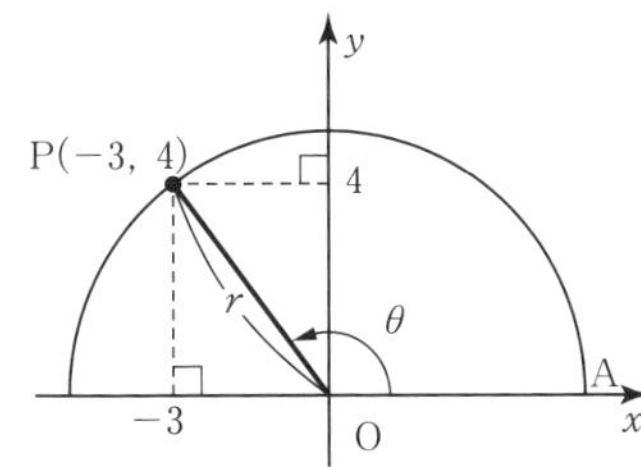

182 次の図で，点Pの座標が $\mathrm{P}\left(-\frac{\sqrt{3}}{2},\ \frac{1}{2}\right)$，OP と x 軸の正の部分のなす角を θ とするとき，角 θ の三角比の値を求めよ。

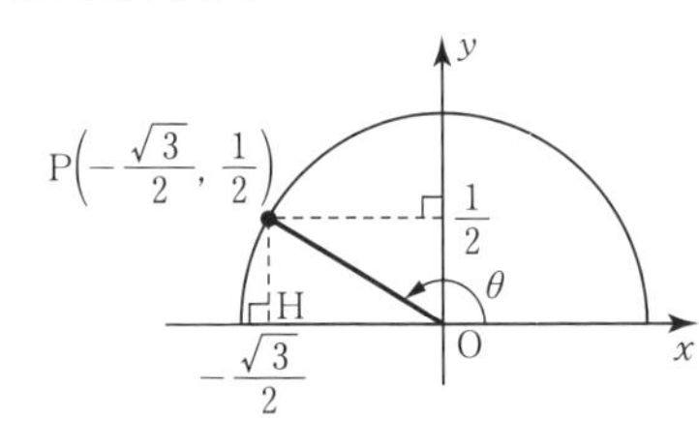

183 次の図で，半径4の半円上の点Pの y 座標を計算し，角 θ の三角比の値を求めよ。

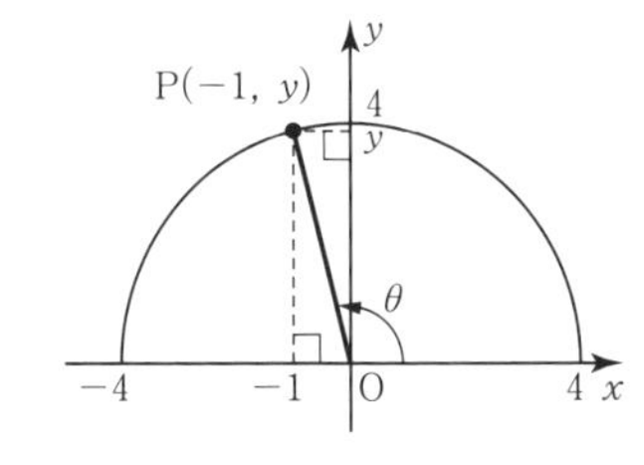

4章 図形と計量

JUMP 37 右の図は，半径1の半円である。$\cos\theta = -\frac{2}{3}$，$0° \leqq \theta \leqq 180°$ であるとき，図の点Pの座標を求めよ。

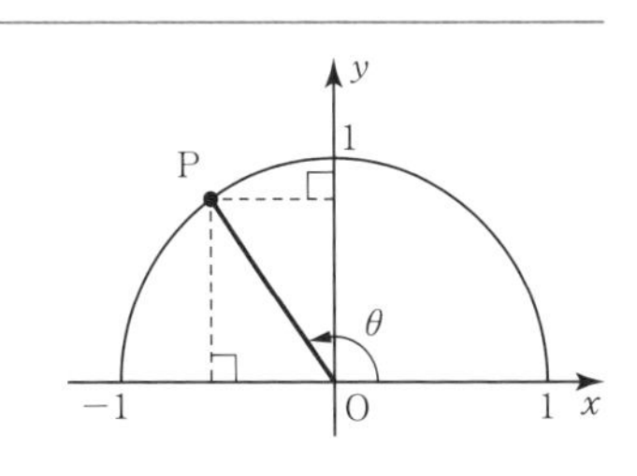

38 三角比の符号，180° − θ の三角比

例題 61 三角比の符号

次の値のうち負の数となるのはどれか。

$\sin 92^\circ$，$\cos 92^\circ$，$\tan 92^\circ$，$\sin 138^\circ$，$\cos 138^\circ$，$\tan 138^\circ$，$\sin 27^\circ$，$\cos 27^\circ$，$\tan 27^\circ$

92° と 138° が鈍角，27° が鋭角なので，負の数となるのは，
$\cos 92^\circ$，$\tan 92^\circ$，$\cos 138^\circ$，$\tan 138^\circ$

例題 62 180° − θ の三角比

次の三角比の値を求めよ。((1)は巻末の三角比の表を用いる。)

(1) $\sin 165^\circ$，$\cos 165^\circ$，$\tan 165^\circ$

(2) $\sin 135^\circ$，$\cos 135^\circ$，$\tan 135^\circ$

解 (1)

$$\sin 165^\circ = \sin(180^\circ - 15^\circ) = \sin 15^\circ = \mathbf{0.2588}$$
$$\cos 165^\circ = \cos(180^\circ - 15^\circ) = -\cos 15^\circ = \mathbf{-0.9659}$$
$$\tan 165^\circ = \tan(180^\circ - 15^\circ) = -\tan 15^\circ = \mathbf{-0.2679}$$

←三角比の表より

(2)

$$\sin 135^\circ = \sin(180^\circ - 45^\circ) = \sin 45^\circ = \mathbf{\frac{1}{\sqrt{2}}}$$
$$\cos 135^\circ = \cos(180^\circ - 45^\circ) = -\cos 45^\circ = \mathbf{-\frac{1}{\sqrt{2}}}$$
$$\tan 135^\circ = \tan(180^\circ - 45^\circ) = -\tan 45^\circ = \mathbf{-1}$$

←特別な角の三角比

▶単位円

原点Oを中心とする半径1の円を単位円という。

単位円では

$\sin\theta = y$，$\cos\theta = x$，

$\tan\theta = \dfrac{y}{x}$

また，このことから，$0^\circ \leqq \theta \leqq 180^\circ$ のとき

$0 \leqq \sin\theta \leqq 1$，$-1 \leqq \cos\theta \leqq 1$

▶三角比の値の符号

$0^\circ < A < 90^\circ$（鋭角）のとき

$\sin\theta > 0$，$\cos\theta > 0$，$\tan\theta > 0$

$90^\circ < A < 180^\circ$（鈍角）のとき

$\sin\theta > 0$，$\cos\theta < 0$，$\tan\theta < 0$

▶180° − θ の三角比

$\sin(180^\circ - \theta) = \sin\theta$

$\cos(180^\circ - \theta) = -\cos\theta$

$\tan(180^\circ - \theta) = -\tan\theta$

類題

184 巻末の三角比の表を用いて，$\sin 162^\circ$，$\cos 162^\circ$，$\tan 162^\circ$ の値を求めよ。

185 $\sin 150^\circ$，$\cos 150^\circ$，$\tan 150^\circ$ の値を求めよ。

186 次の表の空欄に＋，－，1，－1，0 のうち最も適するものを記入せよ。

θ	$0°$	鋭角	$90°$	鈍角	$180°$
$\sin\theta$					
$\cos\theta$					
$\tan\theta$			／		

187 次の三角比の値を求めよ。((1)～(3)は巻末の三角比の表を用いる。)

(1) $\sin 157°$

(2) $\cos 169°$

(3) $\tan 119°$

(4) $\sin 120°$

(5) $\cos 120°$

(6) $\tan 120°$

188 次の図は，半径 1 の半円の上に，点 P，Q を，$\angle AOQ = \angle BOP = 33°$ となるようにとったものである。次の問いに答えよ。

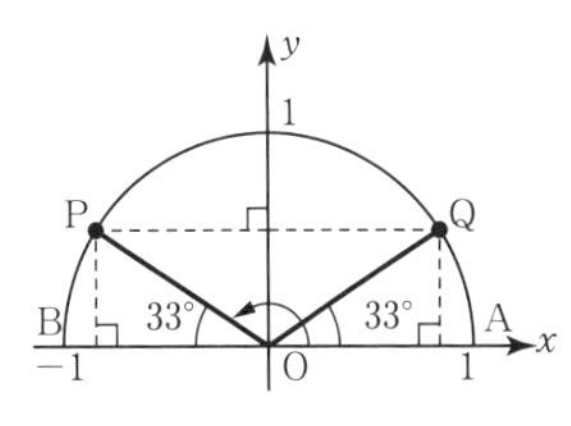

(1) 点 Q の座標を三角比の記号を使って表せ。

(2) 点 P の座標を $\sin 33°$，$\cos 33°$ を使って表せ。

(3) $\sin 147°$，$\cos 147°$ を $\sin 33°$，$\cos 33°$ を使って表せ。

189 巻末の三角比の表を用いて，次の図の点 P の座標を求めよ。

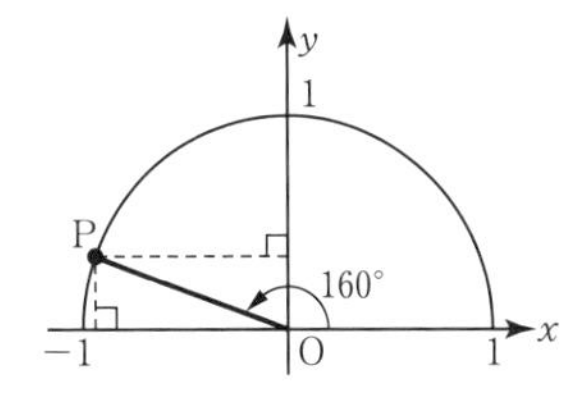

JUMP 38 次の式を簡単にせよ。

(1) $\cos(180° - \theta) + \sin(90° + \theta)$

(2) $\sin 150° \cos 45° - \sin 120° \cos 135°$

39 三角比と角の大きさ

例題 63 三角比と角の大きさ(1)

$0^\circ \leqq \theta \leqq 180^\circ$ のとき，等式 $\sin\theta = \dfrac{1}{\sqrt{2}}$ を満たす θ を求めよ。

▶三角比と角の大きさ(1)
sin のときは y 座標
cos のときは x 座標
に着目して点を求める。

解 単位円の x 軸より上側の周上の点で，　←単位円において $\sin\theta = y$

y 座標が $\dfrac{1}{\sqrt{2}}$ となるのは，

右の図の 2 点 P，P′ である。

ここで，

$\angle\text{AOP} = 45^\circ$

$\angle\text{AOP}' = 180^\circ - 45^\circ = 135^\circ$

であるから，求める θ は

$\theta = \mathbf{45^\circ,\ 135^\circ}$

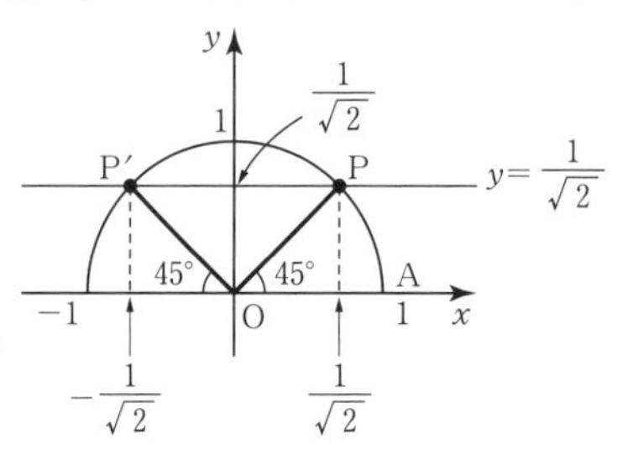

別解 半径 $\sqrt{2}$ の半円で考えると，

y 座標が 1 となるのは右の図の 2 点 Q，Q′ である。

ここで，

$\angle\text{AOQ} = 45^\circ$

$\angle\text{AOQ}' = 180^\circ - 45^\circ = 135^\circ$

であるから，求める θ は

$\theta = \mathbf{45^\circ,\ 135^\circ}$

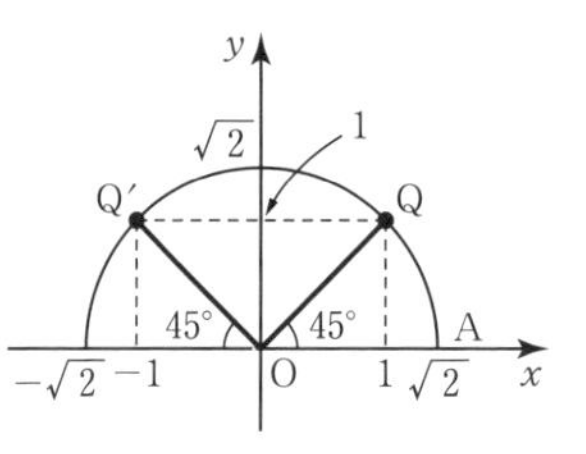

例題 64 三角比と角の大きさ(2)

$0^\circ \leqq \theta \leqq 180^\circ$ のとき，等式 $\tan\theta = 1$ を満たす θ を求めよ。

▶三角比と角の大きさ(2)
tan の場合
直線 $x=1$ 上に
その値を y 座標とする点
を求める。

解 右の図のように，直線 $x=1$ 上に点 Q(1, 1) をとる。

単位円の x 軸より上側の半円と，直線 OQ との交点を P とする。

このとき，$\angle$AOP の大きさが求める θ であるから $\theta = \mathbf{45^\circ}$

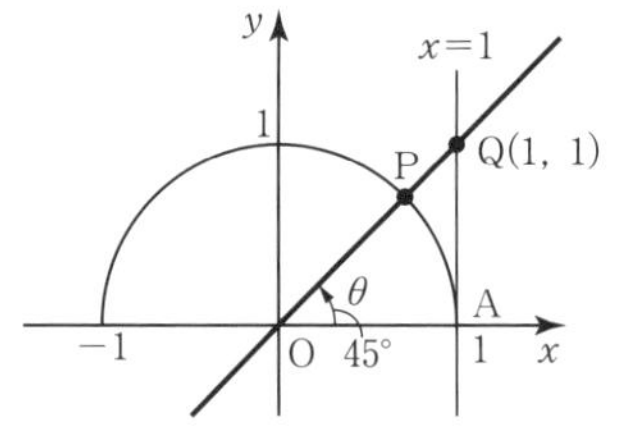

類題

190 $0^\circ \leqq \theta \leqq 180^\circ$ のとき，等式 $\cos\theta = \dfrac{1}{\sqrt{2}}$ を満たす θ を求めよ。

191 $0^\circ \leqq \theta \leqq 180^\circ$ のとき，次の等式を満たす θ を求めよ。

(1) $\cos\theta = \dfrac{\sqrt{3}}{2}$

(2) $\sin\theta = 0$

192 $0^\circ \leqq \theta \leqq 180^\circ$ のとき，
等式 $\tan\theta = \dfrac{1}{\sqrt{3}}$ を満たす θ を求めよ。

193 $0^\circ \leqq \theta \leqq 180^\circ$ のとき，次の等式を満たす θ を求めよ。

(1) $\sin\theta = 1$

(2) $\cos\theta = -\dfrac{1}{2}$

194 $0^\circ \leqq \theta \leqq 180^\circ$ のとき，
等式 $\tan\theta = 0$ を満たす θ を求めよ。

JUMP 39 等式 $4\cos^2\theta - 1 = 0$ を満たす θ を求めよ。ただし，$0^\circ \leqq \theta \leqq 180^\circ$ とする。

40 拡張した三角比の相互関係

例題 65 三角比の相互関係（鈍角の場合）

$\sin\theta=\dfrac{2}{3}$ のとき，$\cos\theta$，$\tan\theta$ の値を求めよ。ただし，$90°<\theta<180°$ とする。

解 $\sin\theta=\dfrac{2}{3}$ のとき，$\sin^2\theta+\cos^2\theta=1$ より

$$\cos^2\theta=1-\sin^2\theta$$

$$=1-\left(\frac{2}{3}\right)^2=\frac{5}{9}$$

ここで，$90°<\theta<180°$ のとき，$\cos\theta<0$ であるから

$$\cos\theta=-\sqrt{\frac{5}{9}}=-\frac{\sqrt{5}}{3}$$

また，$\tan\theta=\dfrac{\sin\theta}{\cos\theta}$ より

$$\tan\theta=\frac{2}{3}\div\left(-\frac{\sqrt{5}}{3}\right)$$ ←$\dfrac{\sin\theta}{\cos\theta}=\sin\theta\div\cos\theta$

$$=\frac{2}{3}\times\left(-\frac{3}{\sqrt{5}}\right)$$

$$=-\frac{2}{\sqrt{5}}$$

▶三角比の相互関係

① $\tan\theta=\dfrac{\sin\theta}{\cos\theta}$

② $\sin^2\theta+\cos^2\theta=1$

③ $1+\tan^2\theta=\dfrac{1}{\cos^2\theta}$

は θ が鈍角のときにも成り立つ。

類題

195 $\sin\theta=\dfrac{4}{5}$ のとき，$\cos\theta$，$\tan\theta$ の値を求めよ。ただし，$90°<\theta<180°$ とする。

196 $\cos\theta=-\dfrac{12}{13}$ のとき，$\sin\theta$，$\tan\theta$ の値を求めよ。ただし，$90°<\theta<180°$ とする。

197 次の各場合について，他の三角比の値を求めよ。ただし，$90^\circ < \theta < 180^\circ$ とする。

(1) $\sin\theta = \dfrac{3}{4}$

(2) $\cos\theta = -\dfrac{8}{17}$

198 $\tan\theta = -4$ のとき，$\cos\theta$ および $\sin\theta$ の値を求めよ。ただし，$90^\circ < \theta < 180^\circ$ とする。

199 $\sin\theta = \dfrac{2}{5}$ のとき，$\cos\theta$ および $\tan\theta$ の値を求めよ。ただし，$0^\circ \leqq \theta \leqq 180^\circ$ とする。

JUMP 40 $\sin\theta + \cos\theta = \sqrt{2}$ のとき，次の問いに答えよ。

(1) 両辺を 2 乗し，$\sin\theta\cos\theta$ の値を求めよ。

(2) $(\sin\theta - \cos\theta)^2$ の値を求めよ。

まとめの問題　図形と計量①

1　次の図の直角三角形ABCにおいて，$\sin A$，$\cos A$，$\tan A$，$\sin B$，$\cos B$，$\tan B$ の値を求めよ。

(1)
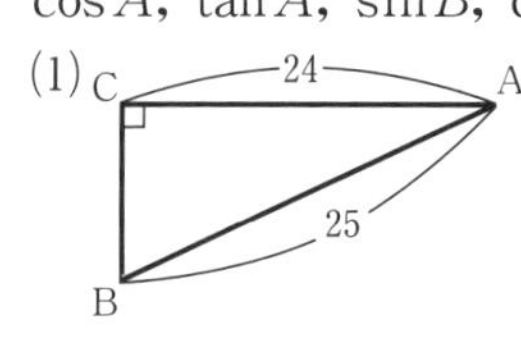

(2)
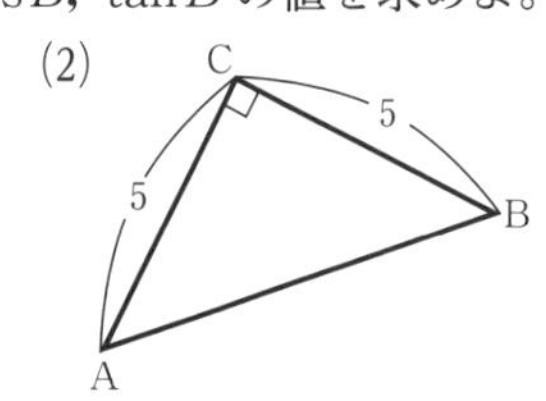

$\sin A =$　　　　$\sin A =$

$\cos A =$　　　　$\cos A =$

$\tan A =$　　　　$\tan A =$

$\sin B =$　　　　$\sin B =$

$\cos B =$　　　　$\cos B =$

$\tan B =$　　　　$\tan B =$

2　巻末の三角比の表を用いて，(1)，(2)は三角比の値を，(3)，(4)は角度 A を求めよ。ただし，$0° < A < 90°$ とする。

(1)　$\sin 6°$　　　　(2)　$\tan 67°$

(3)　$\cos A = 0.5592$　　　　(4)　$\tan A = 0.6745$

3　右の図において，次の長さを小数第2位を四捨五入して求めよ。ただし，$\sin 25° = 0.4226$，$\cos 25° = 0.9063$ とする。

(1)　BC

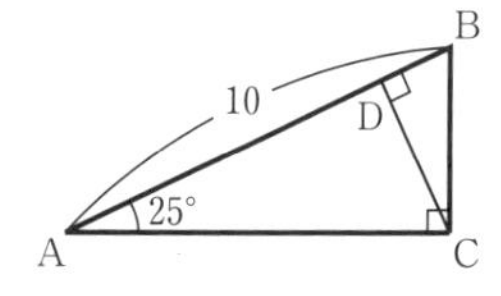

(2)　AC　　　　(3)　BD

4　次の問いに答えよ。ただし，$0° < A < 90°$ とする。

(1)　$\sin A = \dfrac{8}{17}$ のとき，$\cos A$，$\tan A$ の値を求めよ。

(2)　$\cos A = \dfrac{5}{6}$ のとき，$\sin A$，$\tan A$ の値を求めよ。

(3)　$\tan A = 4$ のとき，$\sin A$，$\cos A$ の値を求めよ。

5 次の等式が成り立つように空欄を埋めよ。

(1) $\sin 52^\circ = \cos$ □

(2) $\cos 79^\circ =$ □ 11°

(3) $\sin^2 A + \cos^2 A =$ □ （公式）

(4) $\tan A = \dfrac{\square}{\square}$ （公式）

6 三角比の値を求め，次の表の空欄を埋めよ。

θ	0°	30°	45°	60°	90°
$\sin\theta$					
$\cos\theta$					
$\tan\theta$					／

θ	120°	135°	150°	180°
$\sin\theta$				
$\cos\theta$				
$\tan\theta$				

7 巻末の三角比の表を用いて，次の値を求めよ。

(1) $\sin 145^\circ$

(2) $\cos 174^\circ$

8 $0^\circ \leqq \theta \leqq 180^\circ$ のとき，等式 $2\cos\theta + \sqrt{3} = 0$ を満たす θ の値を求めよ。

9 次の各場合について，他の三角比の値を求めよ。ただし，$90^\circ < \theta < 180^\circ$ とする。

(1) $\sin\theta = \dfrac{15}{17}$

(2) $\tan\theta = -\dfrac{\sqrt{7}}{2}$

41 正弦定理

例題 66 正弦定理(1)

$\triangle$ABC において，$A = 60^\circ$，$C = 45^\circ$，$c = 4\sqrt{2}$ のとき，a および $\triangle$ABC の外接円の半径 R を求めよ。

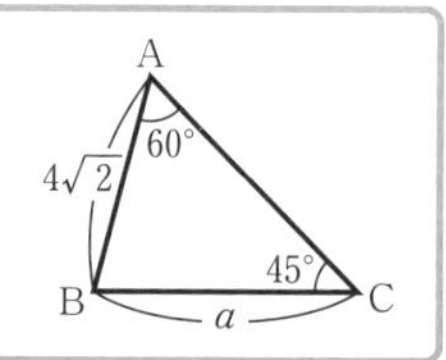

▶正弦定理

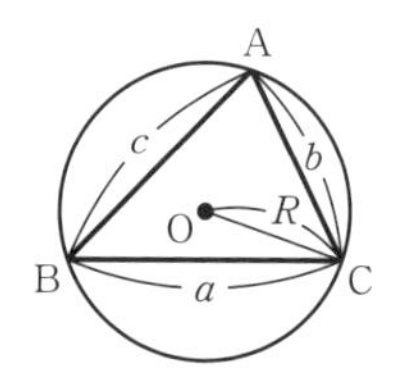

$$\frac{a}{\sin A} = \frac{b}{\sin B} = \frac{c}{\sin C} = 2R$$

(R は外接円の半径)

2 組の向かいあう辺と角については正弦定理の利用を考える。

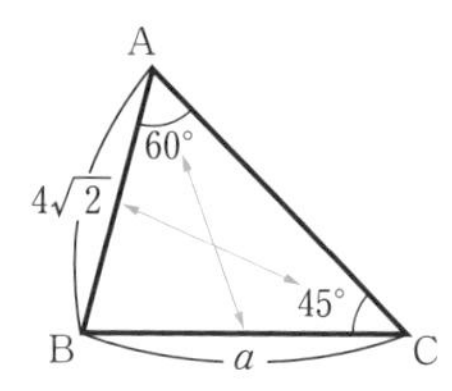

 正弦定理より $\dfrac{a}{\sin 60^\circ} = \dfrac{4\sqrt{2}}{\sin 45^\circ}$

両辺に $\sin 60^\circ$ を掛けて

$$a = \frac{4\sqrt{2}}{\sin 45^\circ} \times \sin 60^\circ = 4\sqrt{2} \div \sin 45^\circ \times \sin 60^\circ$$

$$= 4\sqrt{2} \div \frac{1}{\sqrt{2}} \times \frac{\sqrt{3}}{2} = 4\sqrt{2} \times \sqrt{2} \times \frac{\sqrt{3}}{2} = \mathbf{4\sqrt{3}}$$

正弦定理より $\dfrac{c}{\sin C} = 2R$　よって　$2R = \dfrac{4\sqrt{2}}{\sin 45^\circ}$ より

$$R = \frac{2\sqrt{2}}{\sin 45^\circ} = 2\sqrt{2} \div \sin 45^\circ = 2\sqrt{2} \div \frac{1}{\sqrt{2}}$$

$$= 2\sqrt{2} \times \sqrt{2} = \mathbf{4}$$

例題 67 正弦定理(2)

$\triangle$ABC において，$A = 30^\circ$，$a = 4$，$b = 4\sqrt{2}$ のとき，B を求めよ。

 正弦定理より $\dfrac{4}{\sin 30^\circ} = \dfrac{4\sqrt{2}}{\sin B}$

両辺に $\sin 30^\circ \sin B$ を掛けると　$4 \times \sin B = 4\sqrt{2} \times \sin 30^\circ$

よって

$$\sin B = 4\sqrt{2} \times \sin 30^\circ \div 4 = 4\sqrt{2} \times \frac{1}{2} \times \frac{1}{4} = \frac{\sqrt{2}}{2}$$

ゆえに　$B = 45^\circ$，135°

ここで，$A = 30^\circ$ であるから　$0^\circ < B < 150^\circ$

したがって　$B = \mathbf{45^\circ}$，$\mathbf{135^\circ}$

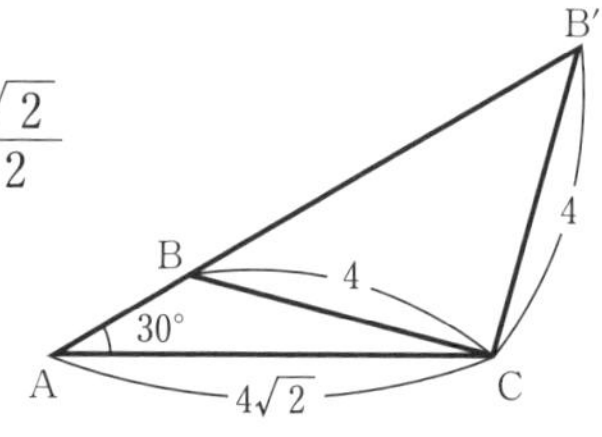

類題

200　$\triangle$ABC において，$b = 5$，$B = 45^\circ$，$C = 60^\circ$ のとき，c を求めよ。

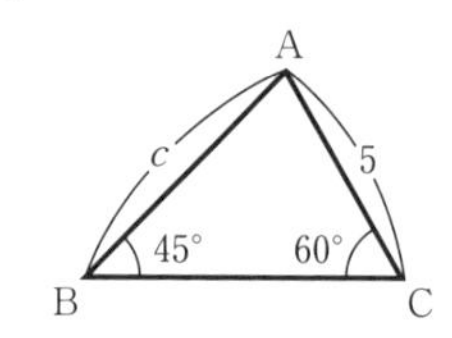

201　$\triangle$ABC において，$a = 6\sqrt{2}$，$A = 135^\circ$，$B = 30^\circ$ のとき，b および $\triangle$ABC の外接円の半径 R を求めよ。

202 △ABC において，$a=8$，$A=30°$，$C=45°$ のとき，c を求めよ。

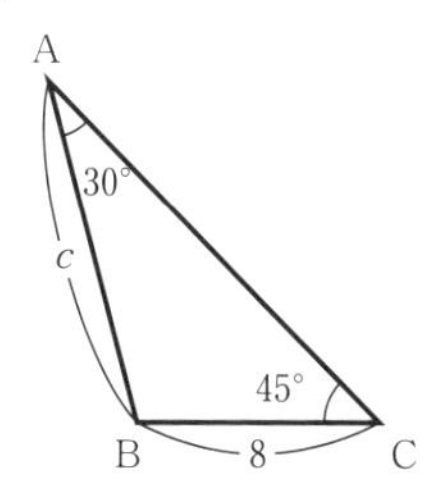

203 △ABC において，$a=\sqrt{2}$，$b=\sqrt{3}$，$B=120°$ のとき，A を求めよ。

204 △ABC において，$a=4$，$B=30°$，$C=105°$ のとき，b および外接円の半径 R を求めよ。

205 △ABC において，$a=8$，$c=8\sqrt{3}$，$A=30°$ のとき，C および外接円の半径 R を求めよ。

JUMP 41 △ABC において，外接円の半径を 3 とし，$b=3\sqrt{3}$，$C=45°$ のとき，A を求めよ。

42 余弦定理

例題 68 余弦定理(1)

$\triangle$ABC において，$A = 150°$，$b = \sqrt{3}$，$c = 2$ のとき，a を求めよ。

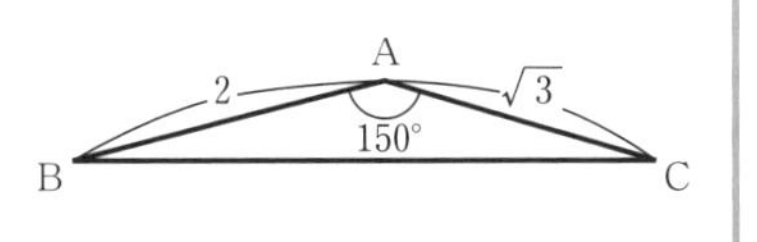

解 余弦定理より

$$a^2 = b^2 + c^2 - 2bc\cos A$$
$$= (\sqrt{3})^2 + 2^2 - 2 \times \sqrt{3} \times 2 \times \cos 150°$$
$$= 3 + 4 - 4\sqrt{3} \times \left(-\frac{\sqrt{3}}{2}\right) = 13$$

$a > 0$ より　$a = \sqrt{13}$

▶余弦定理

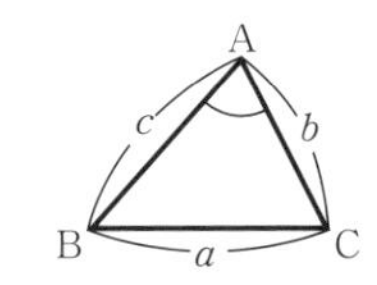

$a^2 = b^2 + c^2 - 2bc\cos A$
$b^2 = c^2 + a^2 - 2ca\cos B$
$c^2 = a^2 + b^2 - 2ab\cos C$

2 つの辺とはさむ角がわかっているときは余弦定理を考える。

例題 69 余弦定理(2)

$\triangle$ABC において，$a = 7$，$b = 3$，$c = 5$ のとき，A を求めよ。

解 余弦定理より

$$\cos A = \frac{b^2 + c^2 - a^2}{2bc}$$
$$= \frac{3^2 + 5^2 - 7^2}{2 \times 3 \times 5} = -\frac{1}{2}$$

よって，$0° < A < 180°$ より
$A = 120°$

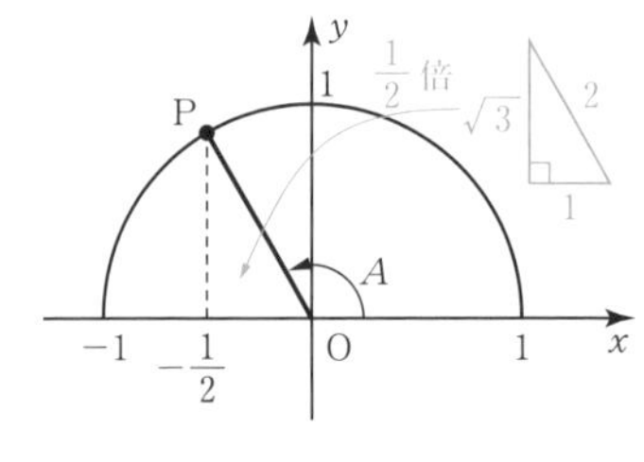

▶余弦定理の変形

$\cos A = \dfrac{b^2 + c^2 - a^2}{2bc}$

$\cos B = \dfrac{c^2 + a^2 - b^2}{2ca}$

$\cos C = \dfrac{a^2 + b^2 - c^2}{2ab}$

3 つの辺の長さがわかっているときは余弦定理を考える。

類題

206 $\triangle$ABC において，$A = 60°$，$b = 5$，$c = 4$ のとき，a を求めよ。

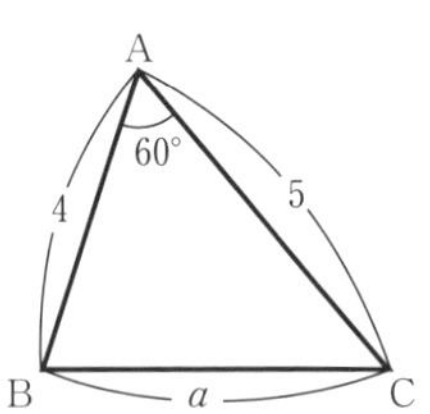

207 $\triangle$ABC において，$a = 7$，$b = 8$，$c = 3$ のとき，A を求めよ。

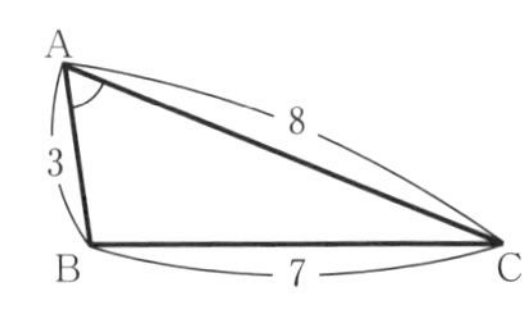

208 次の△ABCにおいて，各問いに答えよ。

(1) $a=5$，$c=3\sqrt{3}$，$B=30^\circ$ のとき，b を求めよ。

(2) $a=3$，$b=2\sqrt{2}$，$C=45^\circ$ のとき，c を求めよ。

209 次の△ABCにおいて，各問いに答えよ。

(1) $a=3$，$b=\sqrt{5}$，$c=\sqrt{2}$ のとき，B を求めよ。

(2) $a=5$，$b=12$，$c=13$ のとき，C を求めよ。

210 △ABCにおいて，$a=\sqrt{6}$，$b=2$，$c=1+\sqrt{3}$ のとき，A を求めよ。

211 △ABCにおいて，$b=2\sqrt{3}-2$，$c=4$，$A=120^\circ$ のとき，残りの辺の長さと角の大きさを求めよ。

JUMP 42 △ABCにおいて，$B=60^\circ$，$b=2\sqrt{7}$，$c=6$ のとき，a を求めよ。

43 三角形の面積

例題 70 三角形の面積

$A=60^\circ$，$b=8$，$c=6$ である △ABC の面積 S を求めよ。

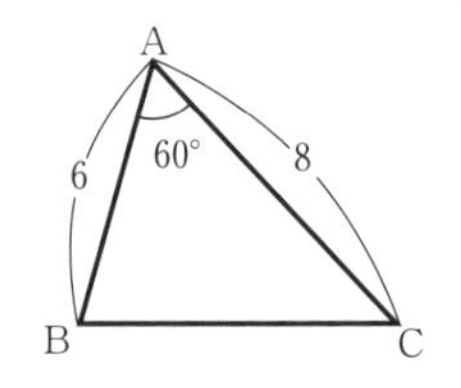

解 $S=\dfrac{1}{2}\times8\times6\times\sin60^\circ$

$=\dfrac{1}{2}\times8\times6\times\dfrac{\sqrt{3}}{2}=\mathbf{12\sqrt{3}}$

例題 71 3 辺の長さと面積

$a=8$，$b=5$，$c=7$ である △ABC の面積 S を求めよ。

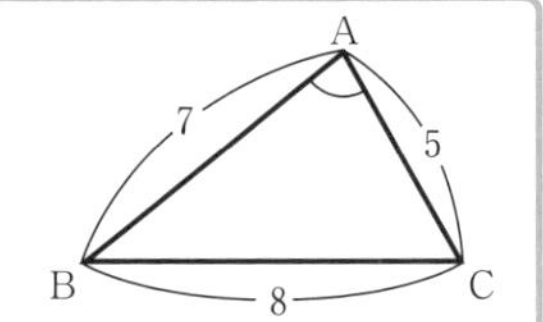

解 余弦定理より　$\cos A=\dfrac{5^2+7^2-8^2}{2\times5\times7}=\dfrac{1}{7}$

$\sin^2A+\cos^2A=1$ より

$\sin^2A=1-\cos^2A=1-\left(\dfrac{1}{7}\right)^2=\dfrac{48}{49}$

ここで，$\sin A>0$ であるから　$\sin A=\sqrt{\dfrac{48}{49}}=\dfrac{4\sqrt{3}}{7}$

ゆえに　$S=\dfrac{1}{2}\times5\times7\times\dfrac{4\sqrt{3}}{7}=\mathbf{10\sqrt{3}}$

別解〉 ヘロンの公式を用いると

$s=\dfrac{8+5+7}{2}=10$　より

$S=\sqrt{10(10-8)(10-5)(10-7)}=\mathbf{10\sqrt{3}}$

▶三角形の面積

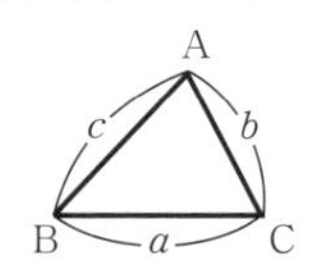

$$S=\frac{1}{2}bc\sin A$$

$$S=\frac{1}{2}ca\sin B$$

$$S=\frac{1}{2}ab\sin C$$

2 辺の長さとそのはさむ角の大きさがわかると面積 S が求められる。

▶3 辺の長さと三角形の面積

3 辺がわかっているとき

① 余弦定理で $\cos A$ を求める。

② $\cos A$ より $\sin A$ を求める。

③ $S=\dfrac{1}{2}bc\sin A$ を用いて面積を求める。

▶ヘロンの公式（発展）

△ABC の 3 辺の長さを a，b，c とするとき，

$$s=\frac{a+b+c}{2}$$

とおくと，△ABC の面積 S は

$$S=\sqrt{s(s-a)(s-b)(s-c)}$$

で求められる。これを「ヘロンの公式」という。

類題

212 $A=45^\circ$，$b=6$，$c=4$ である △ABC の面積 S を求めよ。

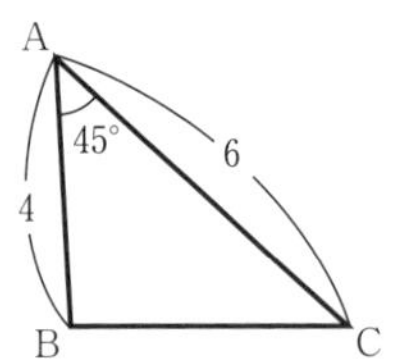

213 $a=13$，$b=8$，$c=7$ である △ABC の面積 S を求めよ。

214 次の三角形の面積 S を求めよ。

(1) $B=60^\circ$, $a=4$, $c=7$

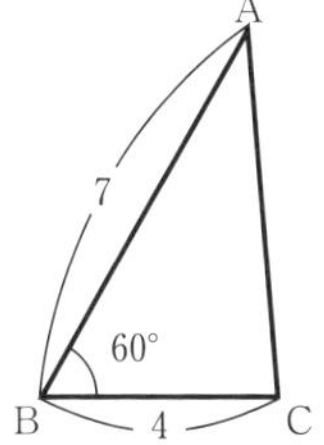

(2) $A=30^\circ$, $b=10$, $c=8$

B
8
30°
A
10
C

(3) $C=135^\circ$, $a=8$, $b=7$

215 $a=9$, $b=5$, $c=7$ である△ABC の面積 S を求めよ。

216 次の図形の面積 S を求めよ。

(1) 四角形 ABCD

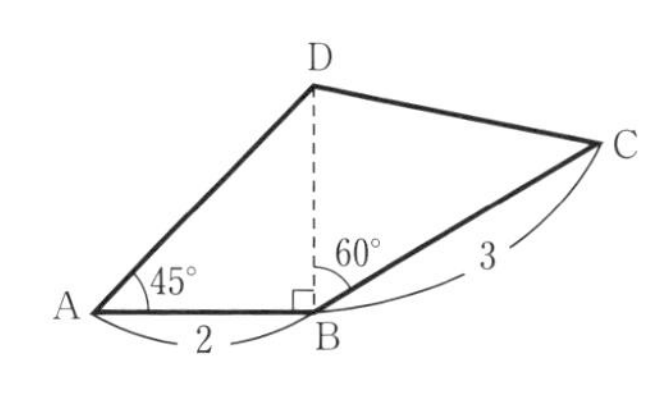

(2) △ABC

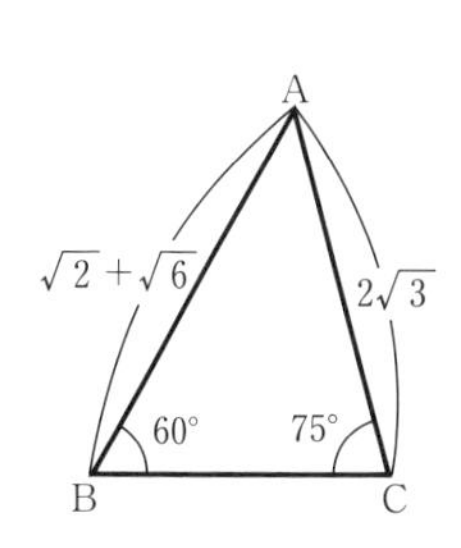

217 $a=1$, $b=\sqrt{5}$, $c=\sqrt{2}$ である△ABC の面積 S を求めよ。

JUMP 43 AB = 6, AC = 4, ∠BAC = 120° の△ABC において, ∠BAC の二等分線と辺 BC の交点を D とする。AD の長さを求めよ。

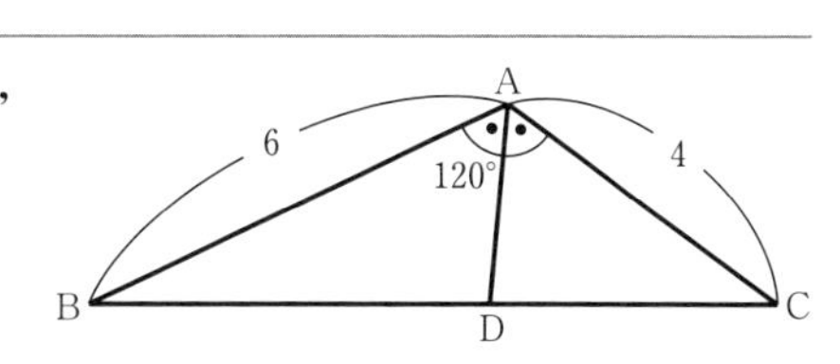

44 三角形の内接円と面積，内接四角形

例題 72 三角形の内接円と面積

$A=120°$，$b=3$，$c=5$ である $\triangle$ABC の面積を S，内接円の半径を r として，次の問いに答えよ。

(1) a を求めよ。　(2) S および r を求めよ。

▶内接円の半径と面積

$\triangle$ABC の面積を S，内接円の半径を r とすると

$$S=\frac{1}{2}r(a+b+c)$$

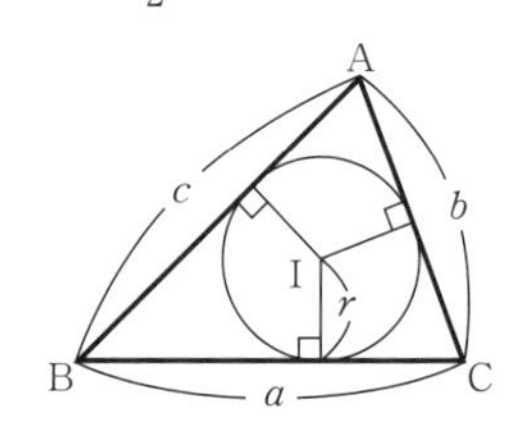

(1) 余弦定理より

$$a^2=3^2+5^2-2\times3\times5\times\cos120° \quad \leftarrow a^2=b^2+c^2-2bc\cos A$$

$$=9+25-30\times\left(-\frac{1}{2}\right)=49$$

よって　$a>0$ より　$a=\mathbf{7}$

(2) $\triangle$ABC において，$A=120°$，$b=3$，$c=5$ だから，面積 S は

$$S=\frac{1}{2}\times3\times5\times\sin120° \quad \leftarrow S=\frac{1}{2}bc\sin A$$

$$=\frac{15}{2}\times\frac{\sqrt{3}}{2}=\frac{\mathbf{15\sqrt{3}}}{\mathbf{4}}$$

ここで，$S=\frac{1}{2}r(a+b+c)$ より

$$\frac{15\sqrt{3}}{4}=\frac{1}{2}r(7+3+5)$$

よって　$r=\frac{15\sqrt{3}}{4}\div\frac{15}{2}=\frac{15\sqrt{3}}{4}\times\frac{2}{15}=\frac{\mathbf{\sqrt{3}}}{\mathbf{2}}$

例題 73 内接四角形

円に内接する四角形 ABCD において，

AB $=8$，CD $=5$，DA $=5$，

$\angle$BAD $=60°$ のとき，次の問いに答えよ。

(1) 対角線 BD の長さを求めよ。

(2) 辺 BC の長さを求めよ。

(3) 四角形 ABCD の面積 S を求めよ。

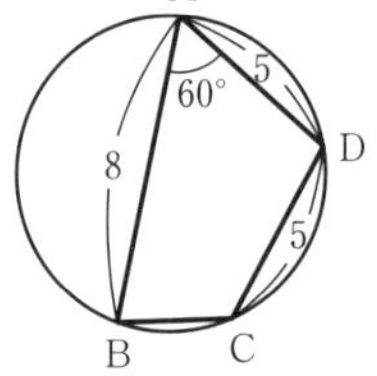

(1) $\triangle$ABD において，余弦定理より

$$\mathrm{BD}^2=5^2+8^2-2\times5\times8\times\cos60°=49$$

BD >0 より　BD $=\mathbf{7}$

(2) 四角形 ABCD は円に内接するから

$$\angle\mathrm{BCD}=180°-60°=120°$$

BC $=x$ とすると，$\triangle$BCD において，余弦定理より

$$7^2=5^2+x^2-2\times5\times x\times\cos120°$$

$$x^2+5x-24=0$$

$$(x+8)(x-3)=0$$

$x>0$ より　$x=3$ すなわち BC $=\mathbf{3}$

(3) $S=\triangle\mathrm{ABD}+\triangle\mathrm{BCD}$

$$=\frac{1}{2}\times5\times8\times\sin60°+\frac{1}{2}\times5\times3\times\sin120°=\frac{\mathbf{55\sqrt{3}}}{\mathbf{4}}$$

▶円に内接する四角形

向かい合う内角の和は 180°

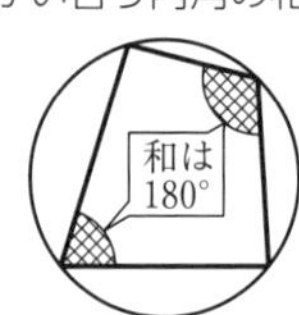

218 $A=120^\circ$，$b=8$，$c=7$ である△ABCの面積を S，内接円の半径を r として，次の問いに答えよ。

(1) a を求めよ。

(2) S および r を求めよ。

219 円に内接する四角形ABCDにおいて，$AB=CD=\sqrt{2}$，$DA=2$，$\angle BAD=135^\circ$ のとき，次の問いに答えよ。

(1) 対角線BDの長さを求めよ。

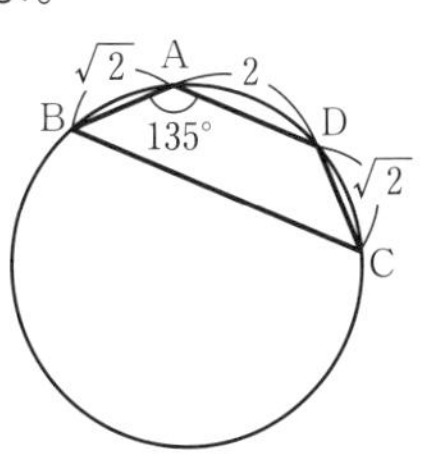

(2) 辺BCの長さを求めよ。

(3) 四角形ABCDの面積 S を求めよ。

220 $a=6$，$b=5$，$c=4$ である△ABCについて，次のものを求めよ。

(1) △ABCの面積 S

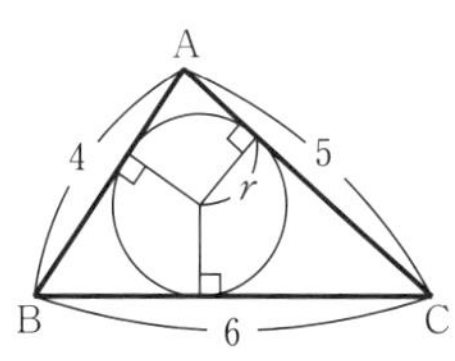

(2) 内接円の半径 r

JUMP 44 円に内接する四角形ABCDにおいて，$AB=BC=1$，$CD=2\sqrt{2}$，$DA=\sqrt{2}$ のとき，$\cos\angle BAD$ の値と四角形ABCDの面積を求めよ。

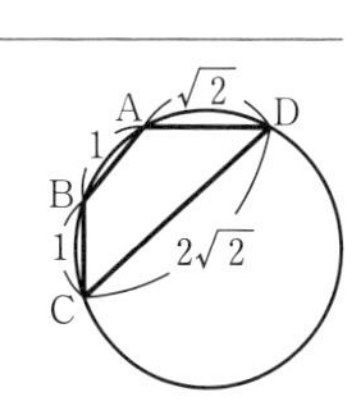

45 空間図形への応用

例題 74 空間図形への応用

右の図の四面体 ABCD において，
$\angle ADB = \angle ADC = 90^\circ$，$\angle ABC = 45^\circ$，
$\angle ACB = 105^\circ$，$\angle ACD = 60^\circ$，$BC = 10$
であるとき，AD の長さを求めよ。

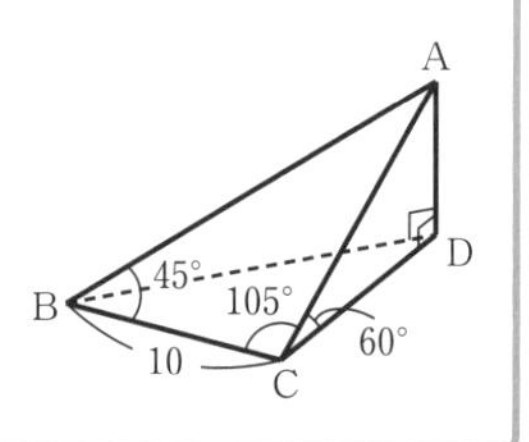

△ABC において，$\angle BAC = 180^\circ - (45^\circ + 105^\circ) = 30^\circ$
であるから，正弦定理より

$$\frac{AC}{\sin 45^\circ} = \frac{10}{\sin 30^\circ}$$

A
105°
45°
B 10 C

よって

$$AC = \frac{10}{\sin 30^\circ} \times \sin 45^\circ = 10 \div \frac{1}{2} \times \frac{1}{\sqrt{2}} = 10\sqrt{2}$$

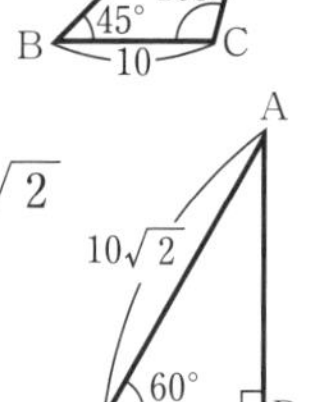

したがって，△ADC において

$$AD = AC\sin 60^\circ = 10\sqrt{2} \times \frac{\sqrt{3}}{2} = \mathbf{5\sqrt{6}}$$

例題 75 図形の計量

右の図の四面体 ABCD は，底面が 1 辺の長さが 4 の正三角形で，$AB = AC = AD = 6$ である。
辺 BC の中点を M，$\angle AMD = \theta$ として，次の問いに答えよ。

(1) $\cos\theta$ の値を求めよ。

(2) 頂点 A から底面におろした垂線 AH の長さを求めよ。

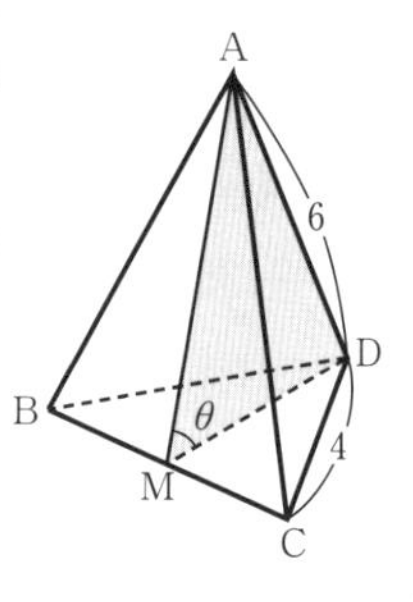

(1) M は辺 BC の中点より

$$MB = MC = \frac{1}{2}BC = 2$$

△ABM，△DCM は直角三角形だから，三平方の定理より  (別解)

$$AM = \sqrt{6^2 - 2^2} = 4\sqrt{2},\ DM = \sqrt{4^2 - 2^2} = 2\sqrt{3}$$

(1)で DM は次のように求めてもよい。
△DBC は正三角形であるから

$$DM = DC\sin 60^\circ = 4 \times \frac{\sqrt{3}}{2} = 2\sqrt{3}$$

△AMD において，余弦定理より

$$\cos\theta = \frac{(4\sqrt{2})^2 + (2\sqrt{3})^2 - 6^2}{2 \times 4\sqrt{2} \times 2\sqrt{3}} = \mathbf{\frac{\sqrt{6}}{12}}$$

(2) $\sin^2\theta + \cos^2\theta = 1$ より

$$\sin^2\theta = 1 - \cos^2\theta = 1 - \left(\frac{\sqrt{6}}{12}\right)^2 = \frac{138}{144}$$

ここで，$\sin\theta > 0$ であるから　$\sin\theta = \frac{\sqrt{138}}{12}$

$$AH = AM\sin\theta = 4\sqrt{2} \times \frac{\sqrt{138}}{12} = \mathbf{\frac{2\sqrt{69}}{3}}$$

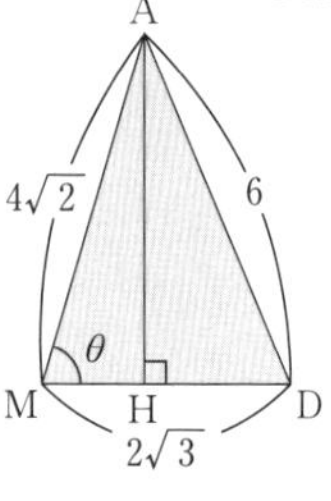

(断面図)

221 次の図の四面体 ABCD において，
$\angle ADB = \angle ADC = 90°$，
$\angle ABC = 105°$，$\angle ACB = 30°$，
$\angle ABD = 30°$，$BC = 5$
であるとき，次の問いに答えよ。

(1) $\angle BAC$ の大きさを求めよ。

(2) 辺 AB の長さを求めよ。

(3) 辺 AD の長さを求めよ。

222 次の図の四面体 ABCD において，
$AB = AC = AD = 8$，
$BC = CD = DB = 12$
とする。辺 CD の中点を M，頂点 A から線分 BM におろした垂線を AH とする。$\angle ABM$ を θ として，次の問いに答えよ。

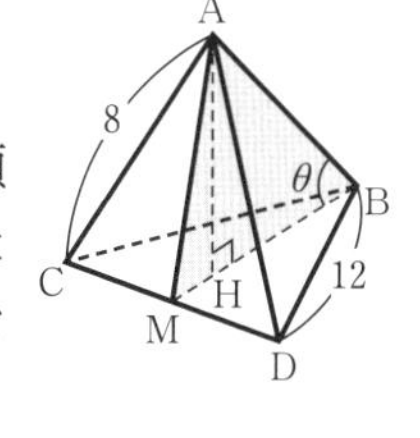

(1) $\cos\theta$ を求めよ。

(2) 線分 BH と垂線 AH の長さを求めよ。

223 次の図の四面体 ABCD において，
$\angle ABC = \angle ABD = 90°$，$AB = BC = 3$，
$BD = 4$，$CD = \sqrt{13}$ であるとき，$\angle CAD$ の大きさを求めよ。

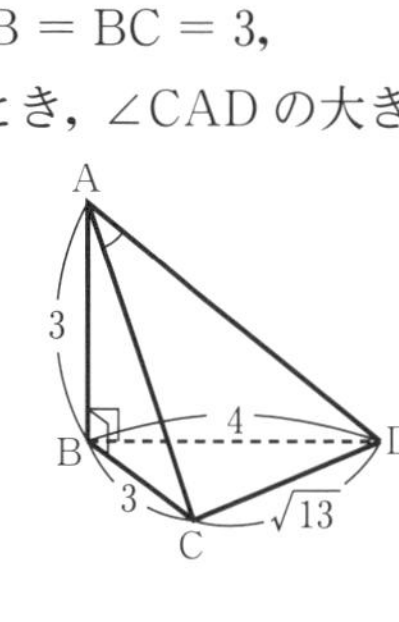

224 次の図のような，$AE = 3$，$AD = 4$，
$EF = 3\sqrt{3}$ である直方体を 3 点 A，C，F を通る平面で切るとき，次のものを求めよ。

(1) $\cos\angle AFC$ の値

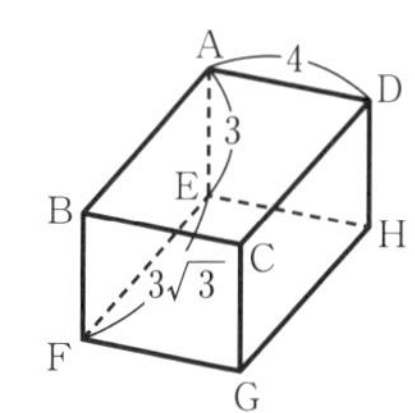

(2) $\triangle ACF$ の面積 S

JUMP 45 1 辺の長さが 3 である右の図のような立方体において，対角線 AC 上に $AP : PC = 1 : 2$ となるように点 P をとるとき，FP の長さを求めよ。

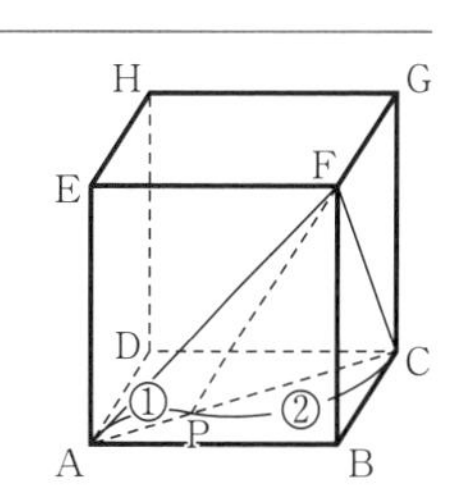

まとめの問題　図形と計量②

1　△ABC において，次の問いに答えよ。

(1)　$B = C = 15°$，$a = 6$ のとき，△ABC の外接円の半径 R を求めよ。

(2)　$A = 75°$，$B = 45°$，$b = 8$ のとき，c を求めよ。

(3)　$C = 60°$，$a = 6$，$b = 5$ のとき，c を求めよ。

(4)　$a = 4$，$b = \sqrt{13}$，$c = 3$ のとき，B を求めよ。

2　校舎をはさんで 2 地点 A，B がある。地点 P から A と B を見て ∠APB を測ると 120° で，また，P から A までの距離は 700 m，P から B までの距離は 800 m であった。A と B の間の距離 AB を求めよ。

3　△ABC において，$a = 3 + \sqrt{3}$，$c = 2\sqrt{3}$，$B = 60°$ のとき，残りの辺の長さと角の大きさを求めよ。

4 △ABC において，$a = 4$，$b = 5$，$c = 7$ のとき，次の問いに答えよ。

(1) $\cos C$ の値を求めよ。

(2) $\sin C$ の値を求め，△ABC の面積 S を求めよ。

(3) △ABC の内接円の半径 r を求めよ。

5 次の四角形 ABCD の面積 S を求めよ。

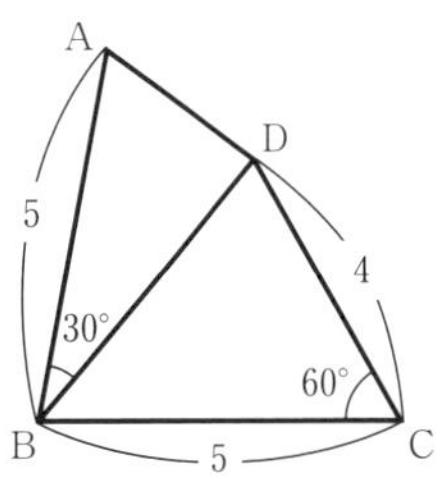

6 下の図のように，飛行機の位置を P とするとき，高度 PH を求めよ。

ただし，

$\angle \mathrm{PAB} = 75°$,
$\angle \mathrm{PAH} = 60°$,
$\angle \mathrm{PBA} = 45°$,
$\mathrm{AB} = 1000$ m とする。

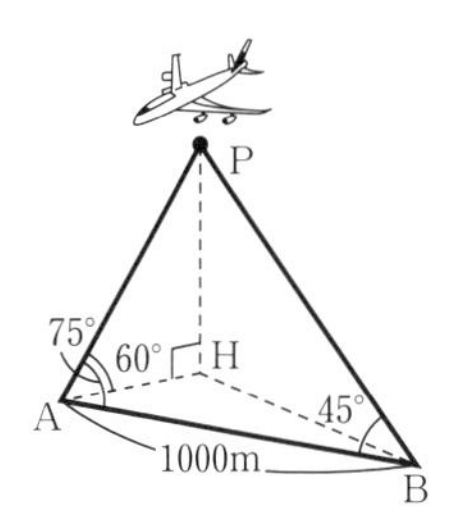

46 データの整理，代表値

例題 76 度数分布表とヒストグラム

右の度数分布表は，ある地域の 30 地点で騒音（dB）を測定した結果である。[dB（デシベル）：音の大きさを表す単位]

(1) この度数分布表からヒストグラムをつくれ。

(2) 69 dB 以上 73 dB 未満の階級の相対度数を求めよ。

(3) 最頻値を求めよ。

階級(dB) 以上～未満	度数 (地点)
65～69	6
69～73	6
73～77	5
77～81	2
81～85	11
合計	30

解 (1)

(2) 69 dB 以上 73 dB 未満の階級の相対度数は $\dfrac{6}{30}=\mathbf{0.2}$

(3) 最頻値は，81 dB 以上 85 dB 未満の階級値だから

$$\frac{81+85}{2}=\mathbf{83}\ \textbf{(dB)}$$

▶度数分布表

階級…範囲をいくつかに分けた区間

階級値…各階級の中央の値

度数…各階級に含まれる値の個数

▶ヒストグラム

度数分布表の階級の幅を底辺，度数を高さとする長方形で表したもの。

▶相対度数

$\dfrac{\text{度数}}{\text{度数の合計}}$

▶平均値

$$\bar{x}=\frac{1}{n}(x_1+x_2+\cdots+x_n)$$

▶最頻値（モード）

最も個数の多い値。

データを度数分布表にまとめたときは，度数が最も大きい階級の階級値

▶中央値（メジアン）

データを値の小さい順に並べたとき，その中央の値

類題

225 次のデータは，ある高校の男子 20 人の通学時間（分）の記録である。

30	42	40	12	50	21	32	45	45	27
44	25	37	55	35	40	18	52	32	48

このデータを下の度数分布表に整理し，ヒストグラムをつくれ。また，最頻値を求めよ。

階級(分) 以上～未満	階級値 (分)	度数 (人)	相対度数
10～20			
20～30			
30～40			
40～50			
50～60			

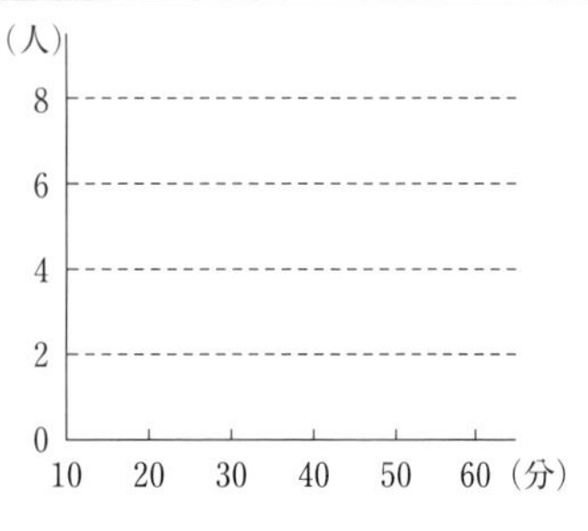

226 大きさが 7 のデータ 14，20，20，31，36，40，49 の平均値を求めよ。また，中央値を求めよ。

227 大きさが9のデータ 4，5，5，6，7，8，9，9，10 の平均値を求めよ。

228 次のデータについて，中央値を求めよ。

(1) 34，46，17，58，52，26，51

(2) 21，15，27，20，25，31

229 次の表は，ある靴店で1か月に販売された靴のサイズ (cm) を100人分調査した結果である。中央値および最頻値を求めよ。

サイズ	24.5	25.0	25.5	26.0	26.5	27.0	27.5	28.0	28.5	合計
人数	2	9	15	24	23	12	9	2	4	100

230 右の度数分布表は，サイコロを1人につき30回，50人に振ってもらい1の目が出た回数を数えた結果である。1人あたりの1の目が出た回数の平均値を求めよ。

回数	人数
2	2
3	3
4	9
5	21
6	7
7	4
8	1
9	2
10	1
合計	50

JUMP 46 下の度数分布表は，ある高校の生徒15人について，小テストの得点と人数をまとめたものである。次の問いに答えよ。

得点	3	4	5	6	7	8	9	計
人数	1	1	3	x	y	2	1	15

(1) 得点の平均値が6点のとき，x，y の値を求めよ。

(2) 得点の中央値が6点のとき，x のとり得る値を求めよ。

47 四分位数と四分位範囲

例題 77 四分位範囲

次の小さい順に並べられたデータの平均値は 60，中央値は 62，四分位範囲は 22 であるとき，a，b，c の値を求め，このデータの範囲を求めよ。

a　45　49　57　b　65　c　70　80

データの大きさが 9 であるから，中央値は左から 5 番目のデータである。よって　$b=\mathbf{62}$

第 1 四分位数を Q_1，第 3 四分位数を Q_3 とすると

$$Q_1=\frac{45+49}{2}=47,\quad Q_3=\frac{c+70}{2}$$

四分位範囲は　$Q_3-Q_1=\dfrac{c+70}{2}-47=22$　　よって　$c=\mathbf{68}$

平均値が 60 であるから

$$\frac{a+45+49+57+62+65+68+70+80}{9}=60$$

よって　$a=\mathbf{44}$

したがって，求める範囲は　$80-44=\mathbf{36}$

▶範囲
(最大値)－(最小値)

▶四分位数
小さい順に並べたデータにおいて，
・第 2 四分位数 Q_2 は，中央値
・第 1 四分位数 Q_1 は，中央値で分けられたデータのうち前半のデータの中央値，第 3 四分位数 Q_3 は，後半のデータの中央値

▶四分位範囲
第 3 四分位数 Q_3 と第 1 四分位数 Q_1 との差　Q_3-Q_1

例題 78 箱ひげ図

次の小さい順に並べられたデータを箱ひげ図で表せ。

10　13　15　17　18　20　23　25　27　30

最大値は 30，最小値は 10

また，データの大きさが 10 であるから，中央値は　$\dfrac{18+20}{2}=19$

第 1 四分位数は中央値 19 より小さい部分の中央値であるから 15　←10，13，15，17，18 の中央値

第 3 四分位数は中央値 19 より大きい部分の中央値であるから 25　←20，23，25，27，30 の中央値

よって，箱ひげ図は次のようになる。

〈箱ひげ図〉

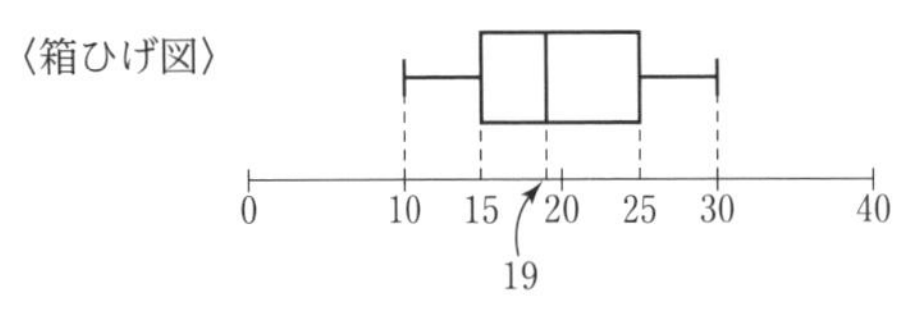

▶箱ひげ図
最大値，最小値，第 1 四分位数，第 2 四分位数（中央値），第 3 四分位数を用いて，次のような図で表し，データの散らばりのようすを表す。

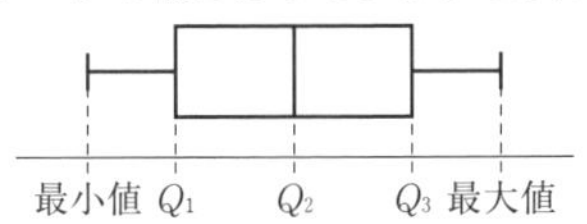

類題

231　次の小さい順に並べられた 9 個のデータについて，範囲，平均値，中央値，第 1 四分位数，第 3 四分位数および四分位範囲を求めよ。

35　39　45　55　60　65　75　85　90

232 次の小さい順に並べられたデータの第1四分位数は48，平均値は59，中央値は60であるとき，a，b，c の値を求めよ。また，このデータの範囲を求めよ。

25　31　a　52　b　63　c　69　88　92

233 次の小さい順に並べられたデータについて，最大値，最小値および四分位数を求め，箱ひげ図で表せ。

6　8　10　12　15　17　18　20　25　30

234 次の図は，中学生，高校生各々50人ずつの睡眠時間のデータを箱ひげ図に表したものである。2つの箱ひげ図から正しいと判断できるものを，次の①～⑤からすべて選べ。

① 四分位範囲は高校生の方が大きい。
② 中学生は全員，睡眠時間が5時間以上である。
③ 高校生の25人以上が，睡眠時間6時間以下である。
④ 中学生の中央値の方が高校生の第3四分位数より小さい。
⑤ 高校生では睡眠時間が7時間以上である人数は13人である。

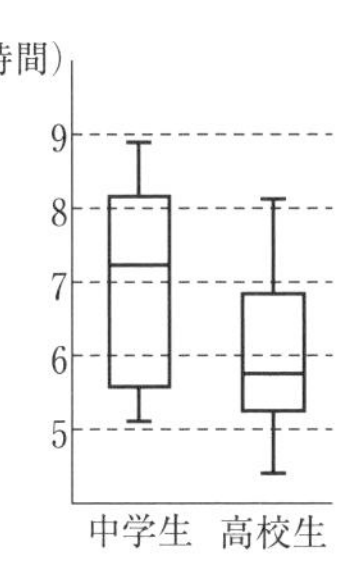

235 次の図は，ある高校の生徒35人の100 m走の結果をヒストグラムにまとめたものである。このデータの箱ひげ図としてヒストグラムと矛盾しないものを，次の㋐～㋒から選べ。

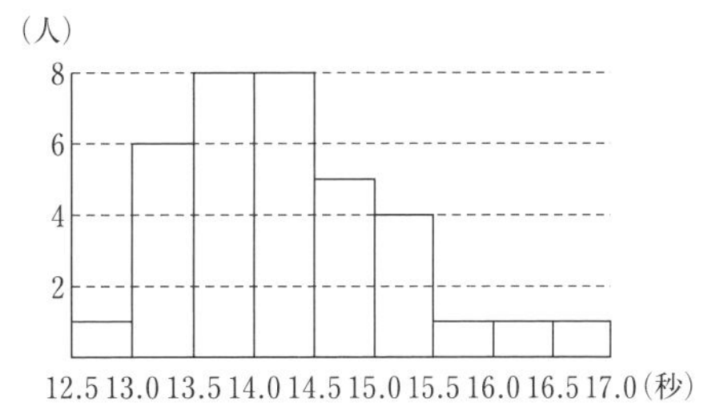

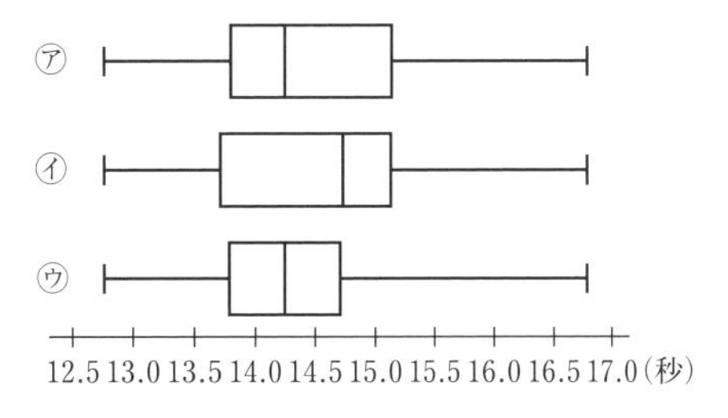

JUMP 47 a_1 から a_9 まで小さい順に並べられたデータを箱ひげ図で表すと右のようになった。ただし，a_1，a_2，…，a_9 はすべて異なる整数とする。

(1) a_1，a_5，a_9 の値を求めよ。

(2) a_4 のとりうる値を求めよ。

(3) 平均値と中央値の大小について正しいものを，次の①～③から選べ。
①平均値は中央値より小さい　②平均値は中央値より大きい
③このデータからは決定できない

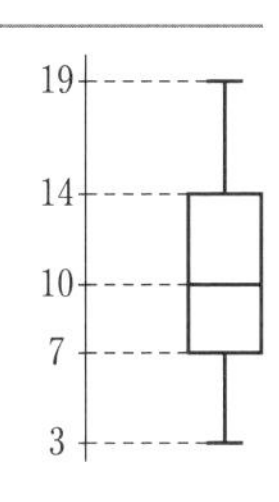

48 分散と標準偏差

例題 79 分散と標準偏差

大きさが5のデータ

4，6，7，8，10

の分散 s^2 と標準偏差 s を求めよ。

解 5個のデータの平均値は

$$\frac{4+6+7+8+10}{5}=7$$

←$\overline{x}=\frac{1}{n}(x_1+x_2+\cdots+x_n)=\frac{x_1+x_2+\cdots+x_n}{n}$

であるから，分散は

$$s^2=\frac{(4-7)^2+(6-7)^2+(7-7)^2+(8-7)^2+(10-7)^2}{5}$$

$$=\frac{20}{5}=\mathbf{4}$$

↑分散(1)の公式

また，標準偏差は　$s=\sqrt{4}=\mathbf{2}$

別解 $$s^2=\frac{4^2+6^2+7^2+8^2+10^2}{5}-\left(\frac{4+6+7+8+10}{5}\right)^2$$

←分散(2)の公式

$$=\frac{265}{5}-7^2=53-49=\mathbf{4}$$

▶分散と標準偏差

[分散(1)]

$$s^2=\frac{1}{n}\{(x_1-\overline{x})^2+(x_2-\overline{x})^2+\cdots+(x_n-\overline{x})^2\}$$

$x_1-\overline{x}$，$x_2-\overline{x}$，…，$x_n-\overline{x}$ を平均値からの偏差または単に偏差という。

[分散(2)]

$$s^2=\frac{1}{n}(x_1{}^2+x_2{}^2+\cdots+x_n{}^2)-\left\{\frac{1}{n}(x_1+x_2+\cdots+x_n)\right\}^2$$

$$=\overline{x^2}-(\overline{x})^2$$

[標準偏差] …分散の正の平方根

$$s=\sqrt{\frac{1}{n}\{(x_1-\overline{x})^2+(x_2-\overline{x})^2+\cdots+(x_n-\overline{x})^2\}}$$

$$=\sqrt{\overline{x^2}-(\overline{x})^2}$$

類題

236 大きさが5のデータ 20，21，17，19，23 について，次のものを求めよ。

(1) 平均値 $\overline{x}$

(2) 分散 s^2（分散(1)の公式を用いる）

(3) 標準偏差 s

237 大きさが5のデータ 20，21，17，19，23 について，分散(2)の公式により，分散 s^2 と標準偏差 s を求めよ。

238 2つのデータ x，y について，それぞれの標準偏差を求めて散らばりの度合いを比較せよ。
x：1，4，7，10，13　　y：3，5，7，9，11

239 データが下の度数分布表で与えられているとき，次のものを求めよ。

階級値	1	2	3	4	計
度数	2	4	3	1	10

(1) 分散 s^2

(2) 標準偏差 s

JUMP 48 度数分布表が下のように与えられている。このとき，平均値が2となるように a，b の値を定めて，分散 s^2 と標準偏差 s を求めよ。

階級値	1	2	3	4	計
度数	a	a	b	b	8

49 データの相関

例題 80 相関係数

下の表はある町のハンバーガーショップ５店のハンバーガーの価格設定と１日の販売個数の関係を示したものである。価格（円）を x，販売個数（千個）を y として，x と y の相関係数 r を求めよ。ただし，小数第３位を四捨五入せよ。

	A 店	B 店	C 店	D 店	E 店
価格(円)	80	160	320	200	140
個数(千個)	36	20	18	12	24

▶相関係数

相関係数 $r=\dfrac{s_{xy}}{s_xs_y}$

s_{xy} は共分散，s_x，s_y は標準偏差。

$$s_{xy}=\frac{1}{n}\{(x_1-\overline{x})(y_1-\overline{y})+(x_2-\overline{x})(y_2-\overline{y})+\cdots+(x_n-\overline{x})(y_n-\overline{y})\}$$

$$s_x=\sqrt{\frac{1}{n}\{(x_1-\overline{x})^2+(x_2-\overline{x})^2+\cdots+(x_n-\overline{x})^2\}}$$

$$s_y=\sqrt{\frac{1}{n}\{(y_1-\overline{y})^2+(y_2-\overline{y})^2+\cdots+(y_n-\overline{y})^2\}}$$

解 x，y の平均値 $\overline{x}$，$\overline{y}$ は

$$\overline{x}=\frac{1}{5}(80+160+320+200+140)$$
$$=180$$
$$\overline{y}=\frac{1}{5}(36+20+18+12+24)$$
$$=22$$

より次の表ができる。

店名	x_k	y_k	$x_k-\overline{x}$	$y_k-\overline{y}$	$(x_k-\overline{x})^2$	$(y_k-\overline{y})^2$	$(x_k-\overline{x})(y_k-\overline{y})$
A 店	80	36	−100	14	10000	196	−1400
B 店	160	20	−20	−2	400	4	40
C 店	320	18	140	−4	19600	16	−560
D 店	200	12	20	−10	400	100	−200
E 店	140	24	−40	2	1600	4	−80
合計	900	110	0	0	32000	320	−2200

▶相関と散布図

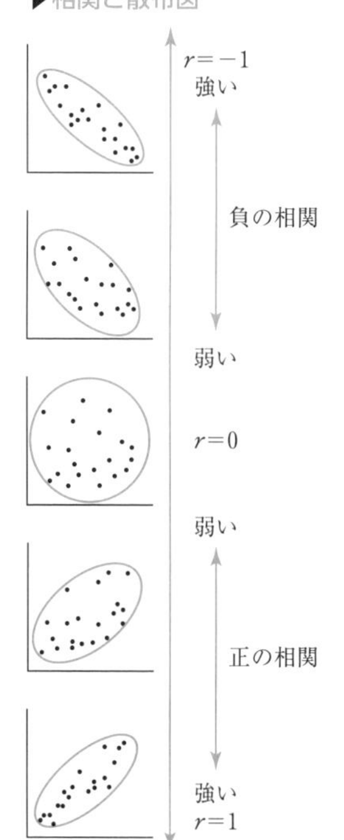

x，y の標準偏差 s_x，s_y は

$$s_x=\sqrt{\frac{1}{5}\times 32000}=\sqrt{6400}=80$$
$$s_y=\sqrt{\frac{1}{5}\times 320}=\sqrt{64}=8$$

共分散 s_{xy} は　$s_{xy}=\dfrac{1}{5}\times(-2200)=-440$

したがって，x と y の相関係数 r は

$$r=\frac{-440}{80\times 8}=-0.6875\fallingdotseq \mathbf{-0.69}$$

240 次の(1)~(5)の散布図において，X と Y の値の相関として最も適切なものを，下の①~⑤から1つずつ選べ。
ただし，横軸を X，縦軸を Y とする。

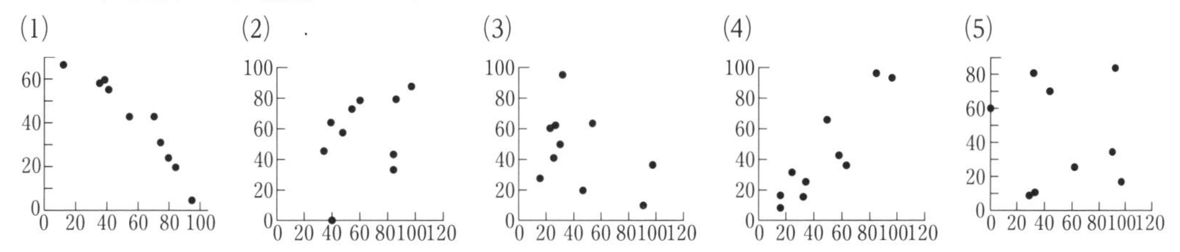

① 強い正の相関　② 弱い正の相関　③ 相関はない
④ 弱い負の相関　⑤ 強い負の相関

241 右の表は，ある高校の生徒4人に行った2回のテストの得点である。1回目のテストの得点を x，2回目のテストの得点を y として，次の問いに答えよ。

生徒	①	②	③	④
x	4	7	3	6
y	4	8	6	10

(1) x，y の平均値 $\overline{x}$，$\overline{y}$ をそれぞれ計算せよ。

(2) 共分散 s_{xy} を計算せよ。

生徒	x	y	$x-\overline{x}$	$y-\overline{y}$	$(x-\overline{x})(y-\overline{y})$
①	4	4			
②	7	8			
③	3	6			
④	6	10			
計					

242 次の表は，A~F の6つの地域のある小売業の店舗数と人口の関係を示したものである。店舗数（百店）を x，人口（十万人）を y として，x と y の相関係数 r を求めよ。ただし，小数第3位を四捨五入せよ。

地域	A	B	C	D	E	F
店舗数(百店)	25	33	13	7	15	27
人口(十万人)	46	50	22	34	26	38

地域	x_k	y_k	$x_k-\overline{x}$	$y_k-\overline{y}$	$(x_k-\overline{x})^2$	$(y_k-\overline{y})^2$	$(x_k-\overline{x})(y_k-\overline{y})$
A	25	46					
B	33	50					
C	13	22					
D	7	34					
E	15	26					
F	27	38					
合計							

50 データの外れ値，仮説検定の考え方

例題 81 データの外れ値

第1四分位数が12，第3四分位数が18のデータについて，次の①～④のうち，外れ値である値をすべて選べ。

① 2　　② 3　　③ 25　　④ 30

解 $Q_1=12$，$Q_3=18$ より

$Q_3+1.5(Q_3-Q_1)=18+1.5(18-12)=27$

$Q_1-1.5(Q_3-Q_1)=12-1.5(18-12)=3$

よって，外れ値は，3以下または27以上の値である。

したがって，外れ値である値は①，②，④である。

▶外れ値

データの第1四分位数を Q_1，第3四分位数を Q_3 とするとき，

$Q_1-1.5(Q_3-Q_1)$ 以下

または

$Q_3+1.5(Q_3-Q_1)$ 以上

の値を外れ値とする。

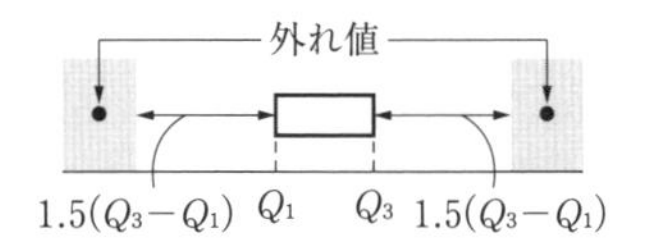

例題 82 仮説検定

実力が同じという評判の将棋棋士A，Bが5番勝負をしたところ，Aが5勝した。右の度数分布表は，表裏の出方が同様に確からしいコイン1枚を5回投げる操作を1000セット行った結果である。

これを用いて，「A，Bの実力が同じ」という仮説が誤りかどうか，基準となる確率を5％として仮説検定を行え。

表の枚数	セット数
5	27
4	157
3	313
2	328
1	138
0	37
合計	1000

解 度数分布表より，コインを5回投げたとき，表が5回出る相対度数は $\dfrac{27}{1000}=0.027$ である。

よって，Aが5勝する確率は2.7％と考えられ，基準となる確率の5％より小さい。

したがって，**「A，Bの実力が同じ」という仮説が誤り**と判断する。

すなわち，Aが5勝したときは，Aの方が強いといえる。

▶仮説検定

実際に起こったことがらについて，ある仮説のもとで起こる確率が，

(i) 5％以下であれば，仮説が誤りと判断する。

(ii) 5％より大きければ，仮説が誤りとはいえないと判断する。

類題

243 第1四分位数が22，第3四分位数が30のデータについて，次の①～④のうち，外れ値である値をすべて選べ。

① 8　　② 11　　③ 40　　④ 42

244 第1四分位数が32，第3四分位数が44のデータについて，次の①～④のうち，外れ値である値をすべて選べ。

① 10　　② 13
③ 59　　④ 66

245 次の表は，10人の高校生が行った懸垂の回数である。

生徒	①	②	③	④	⑤	⑥	⑦	⑧	⑨	⑩
回数	3	8	12	6	0	6	7	6	8	9

(1) 第1四分位数 Q_1，第3四分位数 Q_3 の値を求めよ。

(2) 外れ値である生徒の番号をすべて選べ。

246 実力が同じという評判の囲碁棋士A，Bが6番勝負をしたところ，Aが6勝した。
右の度数分布表は，表裏の出方が同様に確からしいコイン1枚を6回投げる操作を1000セット行った結果である。これを用いて，「A，Bの実力は同じ」という仮説が誤りかどうか，基準となる確率を5％として仮説検定を行え。

表の枚数	セット数
6	13
5	91
4	238
3	314
2	231
1	96
0	17
合計	1000

JUMP 50　Exercise 246において，結果がAの5勝1敗であったとき，「A，Bの実力が同じ」という仮説が誤りかどうか，基準となる確率を5％として仮説検定を行え。

51 変量の変換

例題 83 変量の変換

下の表は，生徒 5 人が受けたテストの数学の得点 x（点）と英語の得点 y（点）をまとめたものである。ここで，数学の得点 x を 5 倍して 10 点を加えた点数を u とする。すなわち，

$$u = 5x + 10$$

とする。

生徒	①	②	③	④	⑤	平均値	分散
x	6	8	7	10	9	8	2
y	3	9	5	7	6	6	4
$u = 5x + 10$	40	50	45	60	55		

(1) 変量 u の平均値 $\overline{u}$ と分散 $s_u{}^2$ を求めよ。

(2) 変量 x と変量 y の共分散 s_{xy} と相関係数 r_{xy}，変量 u と変量 y の共分散 s_{uy} と相関係数 r_{uy} の値を求めて比較せよ。

▶変量の変換
a，b を定数として変量 x を
$u = ax + b$
で変換した変量 u について，x，u の平均値，分散をそれぞれ $\overline{x}$，$\overline{u}$，$s_x{}^2$，$s_u{}^2$ とすると，
$\boldsymbol{\overline{u} = a\overline{x} + b}$
$\boldsymbol{s_u{}^2 = a^2 s_x{}^2}$

解 (1) $\overline{u} = 5\overline{x} + 10 = 5 \times 8 + 10 = \mathbf{50}$

$s_u{}^2 = 5^2 s_x{}^2 = 25 \times 2 = \mathbf{50}$

(2) $$s_{xy} = \frac{1}{5}\{(6-8)(3-6) + (8-8)(9-6) + (7-8)(5-6) + (10-8)(7-6) + (9-8)(6-6)\}$$
$$= 1.8$$

←$s_{xy} = \dfrac{1}{n}\{(x_1 - \overline{x})(y_1 - \overline{y}) + (x_2 - \overline{x})(y_2 - \overline{y}) + \cdots\cdots + (x_n - \overline{x})(y_n - \overline{y})\}$

$$s_{uy} = \frac{1}{5}\{(40-50)(3-6) + (50-50)(9-6) + (45-50)(5-6) + (60-50)(7-6) + (55-50)(6-6)\}$$
$$= \frac{45}{5} = 9$$

次に，相関係数 r_{xy} は

$$r_{xy} = \frac{s_{xy}}{s_x s_y} = \frac{1.8}{\sqrt{2} \times 2} = \frac{9\sqrt{2}}{20}$$

相関係数 r_{uy} は

$$r_{uy} = \frac{s_{uy}}{s_u s_y} = \frac{9}{\sqrt{50} \times 2} = \frac{9\sqrt{2}}{20}$$

であるから，**共分散 s_{uy} は s_{xy} の 5 倍になるが，相関係数 r_{uy} は r_{xy} と変わらない。**

別解 $u - \overline{u} = 5x + 10 - (5\overline{x} + 10) = 5(x - \overline{x})$ であるから

$$s_{uy} = \frac{1}{5}\{5(6-8)(3-6) + 5(8-8)(9-6) + 5(7-8)(5-6) + 5(10-8)(7-6) + 5(9-8)(6-6)\}$$
$$= 5s_{xy} = 5 \times 1.8 = 9$$

次に，相関係数 r_{uy} は

$$r_{uy} = \frac{s_{uy}}{s_u s_y} = \frac{5s_{xy}}{5s_x s_y} = \frac{s_{xy}}{s_x s_y} = r_{xy} = \frac{9\sqrt{2}}{20}$$

であるから，**共分散 s_{uy} は s_{xy} の 5 倍になるが，相関係数 r_{uy} は r_{xy} と変わらない。**

247　下の表は，生徒 4 人が受けたテストの物理の得点 x（点）と化学の得点 y（点）をまとめたものである。ここで，物理の得点 x を 10 倍して 20 点を加えた点数を u とする。すなわち，

$$u = 10x + 20$$

とする。

生徒	①	②	③	④	平均値	分散
x	6	6	10	6	7	3
y	7	5	5	7	6	1
$u = 10x + 20$	80	80	120	80		

(1)　変量 u の平均値 $\overline{u}$ と分散 $s_u{}^2$ を求めよ。

(2)　変量 x と変量 y の共分散 s_{xy} と相関係数 r_{xy}，変量 u と変量 y の共分散 s_{uy} と相関係数 r_{uy} の値を求めて比較せよ。

248　変量 x と変量 y の平均値，標準偏差，共分散，相関係数が下の表のようである。このとき，変量 $3x + 2$ を u とする。x，y，u の平均値をそれぞれ $\overline{x}$，$\overline{y}$，$\overline{u}$，標準偏差をそれぞれ s_x，s_y，s_u とし，x と y の共分散を s_{xy}，相関係数を r_{xy}，u と y の共分散を s_{uy}，相関係数を r_{uy} とするとき，次の問いに答えよ。

変量	x	y
平均値	5	4
標準偏差	2	3
共分散	1.8	
相関係数	0.3	

(1)　$\overline{u}$，s_u を求めよ。

(2)　s_{uy}，r_{uy} を求めよ。

5 章　データの分析

JUMP 51　右の 2 つの変量 x，y について，

$$u = 3x + 1,\quad v = 5y + 2$$

で定まる変量 u，v を考える。u，v の共分散 s_{uv} を x，y の共分散 s_{xy} で表せ。

x	y	$u = 3x + 1$	$v = 5y + 2$
x_1	y_1	u_1	v_1
x_2	y_2	u_2	v_2
x_3	y_3	u_3	v_3

まとめの問題　データの分析

1　次のデータは，20 個の充電電池の一定の基準を満たす使用可能回数をテストしたものである。次の問いに答えよ。

（回）

504	492	483	514	516
510	497	503	516	498
510	508	506	505	501
503	497	498	517	495

(1)　データの値を小さい順に並べ，中央値を求めよ。

(2)　使用回数の度数分布表，相対度数分布表を作成せよ。

階級(回) 以上～未満	階級値 (回)	度数 (個)	相対度数
483～490			
490～497			
497～504			
504～511			
511～518			
合計			

(3)　(2)の度数分布表より，最頻値を求めよ。

(4)　最大値，最小値および四分位数を求めよ。

(5)　範囲と四分位範囲を求めよ。

(6)　使用回数のデータについて，箱ひげ図を作成せよ。

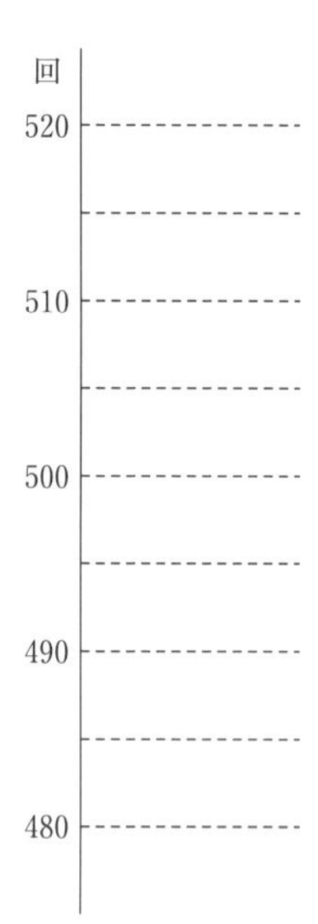

2 次のデータは，ある工場で作られた電球の耐用時間をテストしたものである。分散 s^2 と標準偏差 s を求めよ。

76，68，80，72，74（単位：百時間）

3 大きさが 8 の次のデータの分散 s^2 を公式

$$s^2=\frac{1}{n}({x_1}^2+{x_2}^2+\cdots+{x_n}^2)-(\overline{x})^2$$

を用いて求めよ。

3，6，2，7，3，8，6，5

4 大きさが 11 の小さい順に並んだ次のデータにおいて，外れ値を求めよ。

14，21，23，23，24，26，27，27，29，40，51

5 次の資料は，ある自動販売機で売れる清涼飲料水の本数と気温の関係を調査したものである。気温（℃）を x，本数を y として，x と y の相関係数 r を求めよ。ただし，小数第 3 位を四捨五入せよ。

気温(℃)	10	15	20	25	30
本数	34	36	30	52	48

	x_k	y_k	$x_k-\overline{x}$	$y_k-\overline{y}$	$(x_k-\overline{x})^2$	$(y_k-\overline{y})^2$	$(x_k-\overline{x})(y_k-\overline{y})$
1							
2							
3							
4							
5							
合計							

1 集合（この項目は，数学Ⅰ 16 集合 と同じ内容です。）

例題 1　集合，部分集合，共通部分と和集合，補集合

$U=\{x\mid x$ は 10 以下の自然数$\}$ を全体集合とするとき，その部分集合

$A=\{x\mid x$ は 2 の倍数$\}$，$B=\{x\mid x$ は 3 の倍数$\}$，
$C=\{5,\ 10\}$，　$D=\{2,\ 4,\ 8\}$

について，次の問いに答えよ。

(1) 集合 A，B を，要素を書き並べる方法で表せ。
(2) A の部分集合となるのは，B，C，D のうちどれか。
(3) $B\cap D$ はどのような集合か。
(4) $A\cap B$，$A\cup B$ を求めよ。
(5) $\overline{A\cup B}$，$\overline{A}\cap\overline{B}$ を求めよ。

▶集合の表し方
① 要素を書き並べる。
② 要素の満たす条件を書く。

A は B の部分集合 $A\subset B$

共通部分 $A\cap B$

和集合 $A\cup B$

補集合 $\overline{A}$

解 (1) $A=\{2,\ 4,\ 6,\ 8,\ 10\}$
$B=\{3,\ 6,\ 9\}$

(2) すべての要素が A の要素になっているのは D
よって，A の部分集合となるのは D　←$D\subset A$

(3) B と D に共通な要素はないので
$B\cap D=\varnothing$　←空集合

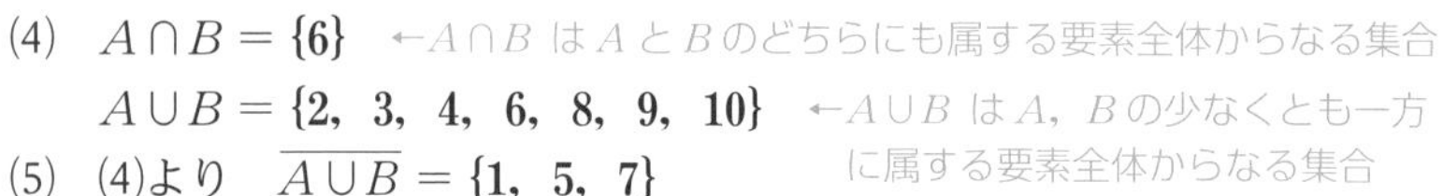

(4) $A\cap B=\{6\}$　←$A\cap B$ は A と B のどちらにも属する要素全体からなる集合
$A\cup B=\{2,\ 3,\ 4,\ 6,\ 8,\ 9,\ 10\}$　←$A\cup B$ は A，B の少なくとも一方に属する要素全体からなる集合

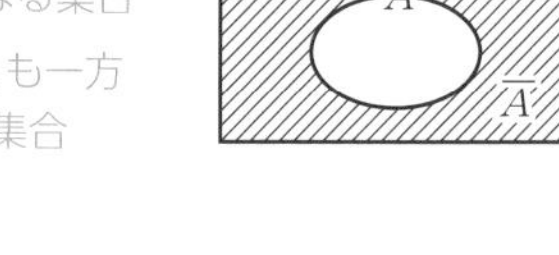

(5) (4)より $\overline{A\cup B}=\{1,\ 5,\ 7\}$
また，
$\overline{A}=\{1,\ 3,\ 5,\ 7,\ 9\}$
$\overline{B}=\{1,\ 2,\ 4,\ 5,\ 7,\ 8,\ 10\}$
であるから
$\overline{A}\cap\overline{B}=\{1,\ 5,\ 7\}$

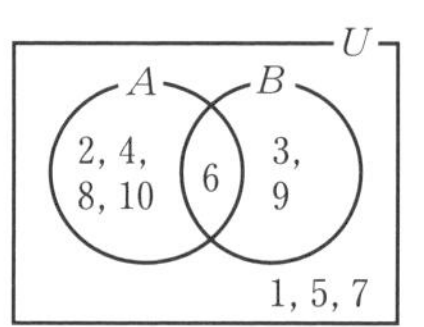

注 $\overline{A}\cap\overline{B}$ と $\overline{A\cup B}$ は，つねに等しい（ド・モルガンの法則）。

▶ド・モルガンの法則
$\overline{A\cup B}=\overline{A}\cap\overline{B}$
$\overline{A\cap B}=\overline{A}\cup\overline{B}$

類題

1 $A=\{1,\ 5,\ 8,\ 10\}$，$B=\{2,\ 5,\ 7,\ 8\}$ のとき，次の集合を求めよ。

(1) $A\cup B$

(2) $A\cap B$

2 $U=\{x\mid x$ は 12 以下の自然数$\}$ を全体集合とするとき，その部分集合 $A=\{x\mid x$ は偶数$\}$，$B=\{x\mid x$ は 12 の約数$\}$ について，次の集合を求めよ。

(1) $A\cup B$　　(2) $A\cap B$

(3) $\overline{A\cup B}$　　(4) $\overline{A}\cap\overline{B}$

3 $U=\{x\mid x$ は 18 以下の自然数$\}$ を全体集合とするとき，その部分集合

$A=\{x\mid x$ は素数$\}$

$B=\{x\mid x$ は 3 で割って 1 余る数$\}$

$C=\{x\mid x$ は 18 の約数$\}$

について，次の問いに答えよ。

(1) 集合 A，B，C を，要素を書き並べる方法で表せ。

(2) 次の集合を求めよ。

① $A\cup B$

② $A\cap B$

③ $\overline{A}\cap\overline{C}$

④ $\overline{A}\cup\overline{B}$

4 $A=\{x\mid -1\leqq x\leqq 4,\ x$ は実数$\}$，$B=\{x\mid 2<x<7,\ x$ は実数$\}$ のとき，次の集合を求めよ。

(1) $A\cap B$

(2) $A\cup B$

5 $U=\{x\mid x$ は 20 以下の自然数$\}$ を全体集合とし，その部分集合を

$A=\{x\mid x$ は 4 の倍数$\}$

$B=\{x\mid x$ は 6 で割り切れる数$\}$

とするとき，次の集合を共通部分，和集合，補集合などの記号を用いて表せ。また，その集合を求めよ。

(1) 4 でも 6 でも割り切れる数の集合

(2) 4 または 6 で割り切れる数の集合

(3) 4 で割り切れない数の集合

(4) 4 で割り切れ，6 で割り切れない数の集合

JUMP 1 $A=\{2,\ 4,\ 3a-1\}$，$B=\{-4,\ a+3,\ a^2-2a+2\}$，$A\cap B=\{2,\ 5\}$ のとき，定数 a の値を求めよ。また，$A\cup B$ を求めよ。

2 集合の要素の個数

例題 2 集合の要素の個数

50 以下の自然数のうち，次のような数の個数を求めよ。

(1) 2 の倍数

(2) 3 の倍数でない数

(3) 2 の倍数または 3 の倍数

▶集合の要素の個数
集合 A の要素の個数が有限個のとき，その個数を $n(A)$ で表す。

▶補集合の要素の個数
$n(\overline{A})=n(U)-n(A)$

▶和集合の要素の個数
$n(A\cup B)$
$=n(A)+n(B)-n(A\cap B)$

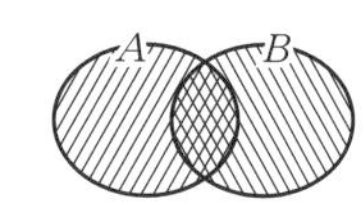

解

(1) 50 以下の自然数を全体集合 U とし，U の部分集合で，2 の倍数の集合を A とすると

$A=\{2\times1,\ 2\times2,\ \cdots\cdots,\ 2\times25\}$

より　$n(A)=$ **25（個）**

(2) U の部分集合で，3 の倍数の集合を B とすると

$B=\{3\times1,\ 3\times2,\ \cdots\cdots,\ 3\times16\}$

より　$n(B)=16$

「3 の倍数でない数」の集合は $\overline{B}$ であるから　←$\overline{B}$ は B の補集合

$n(\overline{B})=n(U)-n(B)$

$=50-16=$ **34（個）**

(3) 「2 の倍数または 3 の倍数」の集合は $A\cup B$ で表される。　←$A\cup B$ は A，B の和集合

また，$A\cap B$ は「2 の倍数かつ 3 の倍数」の集合，すなわち，2 と 3 の最小公倍数 6 の倍数の集合であるから

$A\cap B=\{6\times1,\ 6\times2,\ \cdots\cdots,\ 6\times8\}$

より　$n(A\cap B)=8$

よって「2 の倍数または 3 の倍数」の個数 $n(A\cup B)$ は

$n(A\cup B)=n(A)+n(B)-n(A\cap B)$

$=25+16-8=$ **33（個）**

類題

6　30 以下の自然数のうち，偶数の集合を A，3 の倍数の集合を B とするとき，次の個数を求めよ。

(1) $n(A)$

(2) $n(\overline{B})$

(3) $n(A\cup B)$

7 100 以下の自然数のうち，3 で割って 2 余る数の集合を A，奇数の集合を B とするとき，次の個数を求めよ。

(1) $n(A)$

(2) $n(B)$

(3) $n(A\cap B)$

(4) $n(A\cup B)$

(5) $n(\overline{A\cap B})$

(6) $n(\overline{A}\cap\overline{B})$

8 あるクラスの生徒 40 人について，英語と数学のテストを行った結果は，次のようになった。

英語が 80 点以上	12 人
数学が 80 点以上	20 人
英語または数学が 80 点以上	25 人

(1) 英語，数学ともに 80 点未満の生徒は何人か。

(2) 英語，数学ともに 80 点以上の生徒は何人か。

9 あるケーキ店に来た客 100 人のうち，チーズケーキを買った人は 62 人，モンブランを買った人は 55 人，どちらも買った人は 35 人であった。このとき，どちらも買わなかった人は何人か。

JUMP 2 50 以下の自然数のうち，2 または 3 または 5 で割り切れる数の個数を求めよ。

まとめの問題　場合の数と確率①

1　$U=\{x \mid x$ は 30 以下の自然数$\}$ を全体集合とするとき，その部分集合

$A=\{x \mid 3$ の倍数$\}$，$B=\{x \mid x$ は奇数$\}$，

$C=\{x \mid x$ は 60 の約数$\}$，$D=\{x \mid x$ は素数$\}$

について，次の問いに答えよ。

(1)　C，D を，要素を書き並べる方法で表せ。

(2)　次の集合を共通部分，和集合，補集合などの記号を用いて表せ。また，その集合を求めよ。

①　3 の倍数で偶数

②　3 の倍数または偶数

③　3 の倍数でない奇数

④　素数でない 60 の約数

2　12 以下の自然数を全体集合 U とする。その部分集合 A，B について，

$\overline{A}\cap B=\{2,\ 6,\ 8,\ 12\}$

$A\cap\overline{B}=\{5,\ 7,\ 11\}$

$\overline{A\cup B}=\{1,\ 4,\ 9\}$

であるとする。このとき，次の各集合を要素を書き並べる方法で表せ。

(1)　$A\cup B$

(2)　$A\cap B$

(3)　A

(4)　B

3 300 以下の自然数のうち，次のような数の個数を求めよ。

(1) 4 の倍数かつ 5 の倍数

(2) 4 の倍数または 5 の倍数

(3) 4 で割り切れるが，5 で割り切れない数

(4) 4 でも 5 でも割り切れない数

4 700 以下の 3 桁の自然数のうち，15 の倍数でも 20 の倍数でもない数はいくつあるか。

5 ある商店に来た客について買物調査をした。商品 A と商品 B について

商品 A を買った人	35 人
商品 B を買った人	28 人
商品 A または B を買った人	47 人

であった。商品 A と商品 B のうち，商品 A のみを買った人は何人か。

3 場合の数(1) 樹形図，和の法則

例題 3 樹形図

1，2，2，3，3 の 5 個の数字から 3 個を使ってできる 3 桁の整数は全部で何通りあるか。ただし，使わない数字があってもよいものとする。

樹形図をかくと，次のようになる。

百の位　十の位　一の位　　百の位　十の位　一の位　　百の位　十の位　一の位

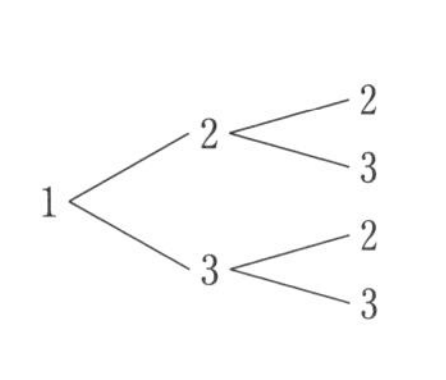

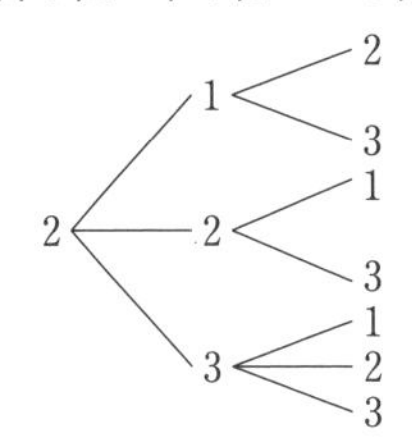

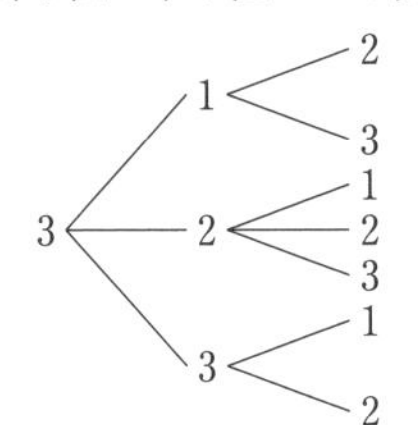

よって，求める場合の数は **18 通り**

例題 4 和の法則

大小 2 個のさいころを同時に投げるとき，目の和が 4 以下になる場合は何通りあるか。

大小のさいころの目を $(x,\ y)$ で表すと

(i) 目の和が 2 になる場合は，(1，1) の 1 通り

(ii) 目の和が 3 になる場合は，(1，2)，(2，1) の 2 通り

(iii) 目の和が 4 になる場合は，(1，3)，(2，2)，(3，1) の 3 通り

(i)，(ii)，(iii)はどれも同時には起こらないから，求める場合の数は，和の法則より

$1+2+3=6$ **(通り)**

▶和の法則

A の起こる場合が m 通り

B の起こる場合が n 通り

これらが同時には起こらないとき，

A または B の起こる場合の数は

$m+n$ (通り)

類題

10 5，6，7，7，7 の 5 個の数字から 3 個を使ってできる 3 桁の整数は全部で何通りあるか。ただし，使わない数字があってもよいものとする。

11 赤白 2 個のさいころを同時に投げるとき，目の和が 9 以上になる場合は何通りあるか。

12 a, a, b, b, c の5文字から3文字選んで並べる並べ方は何通りあるか。ただし，選ばない文字があってもよいものとする。

13 100円，50円，10円の硬貨がそれぞれ2枚，5枚，10枚ある。これらの硬貨を使って250円を支払うには，何通りの方法があるか。ただし，使わない硬貨があってもよいものとする。

14 A，Bの2チームが試合を行い，先に3勝した方を優勝とする。最初の2試合について，1試合目はAが勝ち，2試合目はBが勝った場合，優勝の決まり方は何通りあるか。ただし，引き分けはないものとする。

15 0，1，1，2，3の5個の数字から3個を使ってできる3桁の整数は全部で何通りあるか。ただし，使わない数字があってもよいものとする。

16 大小2個のさいころを同時に投げるとき，次の場合の数を求めよ。

(1) 目の和が3の倍数になる

(2) 目の和が10以上になる

JUMP 3 1，1，2，2，3の5個の数字を使ってできる5桁の整数のうち，小さい方から10番目の整数を求めよ。

4 場合の数(2)　積の法則

例題 5 積の法則

コーヒー，紅茶の自動販売機があり，それぞれにミルク，砂糖を入れるか入れないかを選択できるようになっている。全部で何通りの選択ができるか。

コーヒー，紅茶の選び方は2通りあり，このそれぞれの場合についてミルクを入れる入れないで2通りずつ，砂糖を入れる入れないで2通りずつある。
よって，求める場合の数は，積の法則より
$2\times2\times2=8$ **(通り)**

▶積の法則
A の起こる場合が m 通り
そのそれぞれについて
B の起こる場合が n 通り
このとき，A，B がともに起こる場合の数は
$m\times n$ 通り

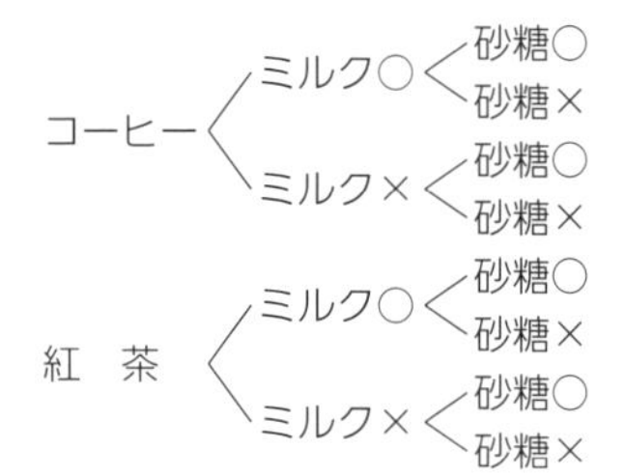

例題 6 約数の個数

200の正の約数の個数を求めよ。

200を素因数分解すると　$200=2^3\times5^2$
ゆえに，200の正の約数は，2^3 の正の約数の1つと 5^2 の正の約数の1つの積で表される。
2^3 の正の約数は1，2，2^2，2^3 の4個あり，5^2 の正の約数は1，5，5^2 の3個ある。
よって，200の正の約数の個数は，積の法則より
$4\times3=12$ **(個)**

〈200の正の約数〉

	1	5	5^2
1	1	5	25
2	2	10	50
2^2	4	20	100
2^3	8	40	200

類題

17 あるケーキ屋さんでは，ケーキが5種類，飲み物が3種類のメニューがある。この中からそれぞれ1種類ずつ選ぶとき，セットのつくり方は何通りあるか。

18 112の正の約数の個数を求めよ。

19 花屋さんで鉢植えの花を買うのに，3 種類の植木鉢と 4 種類の花が選べる。鉢植えの花を 1 つ買うとき，買い方は何通りあるか。

20 下図のように，A 市と B 市は 4 本の道でつながっており，B 市と C 市は 3 本の道でつながっている。A 市から B 市を通って C 市に行く行き方は何通りあるか。

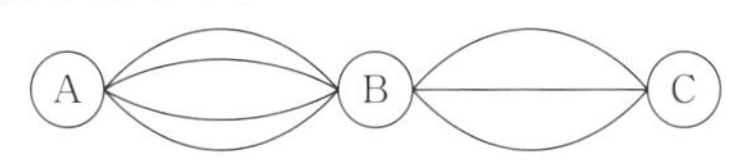

21 216 の正の約数の個数を求めよ。

22 大中小 3 個のさいころを同時に投げるとき，どのさいころの目も奇数となる目の出方は何通りあるか。

23 A 市，B 市，C 市が下図のような道路でつながっている。A 市から C 市へ行き，また，A 市にもどってくる行き方は何通りあるか。ただし，同じ道は通らないものとする。

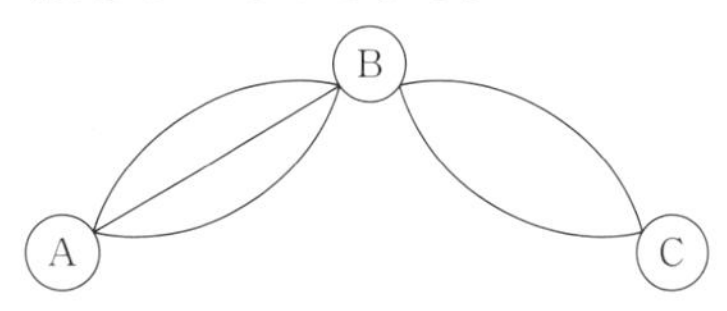

24 540 の正の約数の個数を求めよ。

JUMP 4 792 の正の約数のうち，偶数の個数を求めよ。

5 順列(1)

例題 7 ${}_n\mathrm{P}_r$ の計算・n の階乗

次の値を求めよ。

(1) ${}_6\mathrm{P}_3$　(2) ${}_{20}\mathrm{P}_2$　(3) ${}_4\mathrm{P}_4$　(4) $5!$

解 (1) ${}_6\mathrm{P}_3 = 6\cdot5\cdot4 = \mathbf{120}$　(2) ${}_{20}\mathrm{P}_2 = 20\cdot19 = \mathbf{380}$

(3) ${}_4\mathrm{P}_4 = 4\cdot3\cdot2\cdot1 = \mathbf{24}$　(4) $5! = 5\cdot4\cdot3\cdot2\cdot1 = \mathbf{120}$

例題 8 順列

(1) 1, 2, 3, 4, 5 の 5 個の数字の中から，異なる 3 個の数字を使って 3 桁の整数をつくるとき，整数は何通りできるか。

(2) 10 人の生徒の中から第 1～4 走者のリレー走者を 4 人選ぶとき，その選び方は何通りあるか。

解 (1) 求める整数の総数は，5 個から 3 個を選んで 1 列に並べる順列の総数に等しい。よって，求める整数の総数は

${}_5\mathrm{P}_3 = 5\cdot4\cdot3 = \mathbf{60}$ **(通り)**

(2) 10 人の中から 4 人を選んで 1 列に並べ，
1 番目の生徒を第 1 走者，2 番目の生徒を第 2 走者，
3 番目の生徒を第 3 走者，4 番目の生徒を第 4 走者
とすればよい。よって，選び方の総数は

${}_{10}\mathrm{P}_4 = 10\cdot9\cdot8\cdot7 = \mathbf{5040}$ **(通り)**

▶順列

異なる n 個のものから異なる r 個を取り出して一列に並べる順列を，n 個のものから r 個取る順列といい，その総数を ${}_n\mathrm{P}_r$ で表す。

▶順列の総数

$${}_n\mathrm{P}_r = \underbrace{n(n-1)(n-2)\cdots\cdots(n-r+1)}_{r\text{個}}$$

$$= \frac{n!}{(n-r)!}$$

▶n の階乗

${}_n\mathrm{P}_r$ の式で，とくに $r = n$ のときは，1 から n までの自然数の積となる。これを n の階乗といい，$n!$ で表す。ただし，$0! = 1$ とする。

${}_n\mathrm{P}_n = n! = n(n-1)(n-2)\cdots\cdots3\cdot2\cdot1$

類題

25 次の値を求めよ。

(1) ${}_7\mathrm{P}_3$

(2) ${}_{10}\mathrm{P}_2$

(3) ${}_5\mathrm{P}_5$

(4) $6!$

26 1, 2, 3, 4, 5, 6 の 6 個の数字の中から，異なる 4 個の数字を使って 4 桁の整数をつくるとき，整数は何通りできるか。

27 次の値を求めよ。

(1) ${}_5P_2$

(2) ${}_{10}P_3$

(3) ${}_7P_7$

(4) $8!$

28 a, b, c, d, e の 5 文字から異なる 3 文字を選んで 1 列に並べるとき，その並べ方は何通りあるか。

29 1, 2, 3, 4, 5, 6, 7, 8 の 8 個の数字の中から，異なる 4 個の数字を使って 4 桁の整数をつくるとき，偶数は何通りできるか。

30 A, B, C, D, E の 5 人が，前 3 人，後ろ 2 人の 2 列に並んで写真を撮るとき，その並び方は何通りあるか。

31 18 色のクレヨンを使って下の図の A, B, C の部分を塗り分けたい。すべて違う色で塗り分ける方法は何通りあるか。

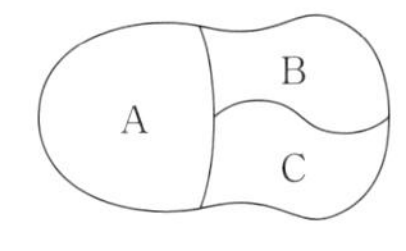

JUMP 5 1, 2, 3, 4, 5 の 5 個の数字の中から，異なる 3 個の数字を使って 3 桁の整数をつくるとき，3 の倍数は何通りできるか。（ヒント：各位の数の和が 3 の倍数であればよい。）

6 順列(2)　順列の利用

例題 9　整数の個数

0，1，2，3，4，5 の 6 個の数字の中から，異なる 3 個の数字を使って 3 桁の整数をつくるとき，5 の倍数は何通りできるか。

5 の倍数となるのは，一の位が 0 か 5 の場合である。
一の位が 0 の場合，百の位，十の位は残り 5 個の数字から 2 個を選んで並べればよいから，その並べ方は

$_5P_2 = 5 \times 4 = 20$（通り）

一の位が 5 の場合，百の位は 1，2，3，4 の 4 通り，十の位は残り 4 個の数字から 1 つを選んで並べればよいから，その並べ方は

$4 \times 4 = 16$（通り）

よって，求める 3 桁の整数の総数は，和の法則より

$20 + 16 =$ **36（通り）**

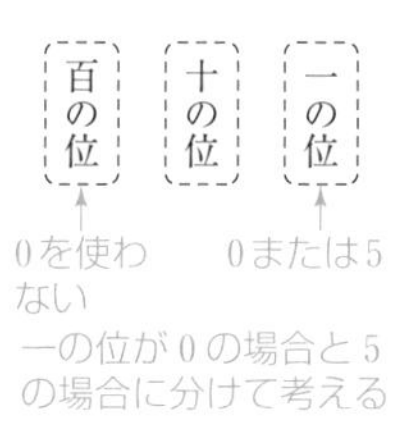

例題 10　制限のある並べ方

男子 3 人と女子 4 人が 1 列に並ぶとき，次のような並び方は何通りあるか。

(1)　男子が両端にくる並び方　　(2)　男女が交互に並ぶ並び方

(1)　男子 3 人のうち両端にくる 2 人の並び方は　$_3P_2 = 6$（通り）
このそれぞれの場合について，残りの 5 人が 1 列に並ぶ並び方は $_5P_5 = 5! = 120$（通り）
よって，並び方の総数は，積の法則より

$6 \times 120 =$ **720（通り）**

(2)　女子 4 人が先に並び，その間に男子 3 人が並べばよい。
女子 4 人の並び方は $_4P_4 = 4! = 24$（通り）
このそれぞれの場合について，男子 3 人の並び方は

$_3P_3 = 3! = 6$（通り）

よって，並び方の総数は，積の法則より

$24 \times 6 =$ **144（通り）**

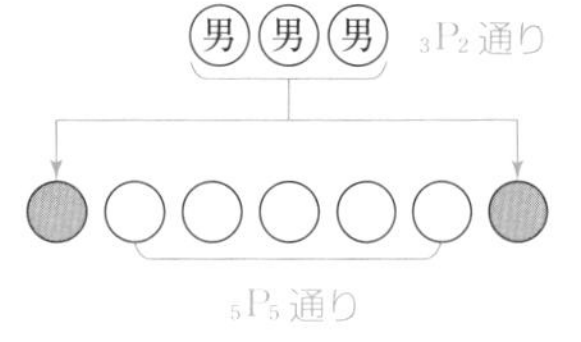

類題

32　0，1，2，3，4，5 の 6 個の数字の中から，異なる 4 個の数字を使って 4 桁の整数をつくるとき，整数は何通りできるか。

33　男女 3 人ずつが交互に 1 列に並ぶ並び方は何通りあるか。

34　0，1，2，3，4，5 の 6 個の数字の中から，異なる 3 個の数字を使って 3 桁の整数をつくるとき，偶数は何通りできるか。

35　A，B，C，D，E，F の 6 文字を 1 列に並べるとき，A と B が隣り合う並べ方は何通りあるか。

36　0 から 6 までの数字が 1 つずつ書かれた 7 枚のカードがある。このカードのうち 3 枚のカードを 1 列に並べて 3 桁の整数をつくるとき，奇数は何通りできるか。

37　男子 5 人と女子 3 人が横 1 列に並ぶとき，次のような並び方は何通りあるか。

(1)　女子 3 人が隣り合う並び方

(2)　女子が両端にくる並び方

JUMP 6　A，B，C，D，E の 5 文字を 1 列に並べるとき，A と B が隣り合わない並べ方は何通りあるか。

7 順列(3) 円順列・重複順列

例題 11 円順列

大人 2 人と子供 4 人が円形のテーブルのまわりに座るとき，次のような座り方は何通りあるか。
(1) すべての座り方
(2) 大人 2 人が隣り合う座り方
(3) 大人 2 人が向かい合う座り方

▶円順列
異なる n 個のものの円順列の総数は
$(n-1)!$ 通り

解 (1) 6 人の円順列であるから
$(6-1)!=5!=$ **120（通り）**

(2) 大人 2 人をひとまとめにして，5 人の円順列と考えると
$(5-1)!=4!=24$（通り）
このそれぞれの場合について，大人 2 人の座り方が 2 通りずつある。
よって，大人 2 人が隣り合う座り方の総数は
$24\times 2=$ **48（通り）**

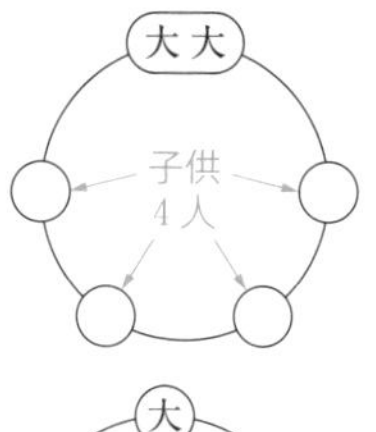

(3) 大人 2 人のうち一方の席が決まれば，もう一方の席もただ 1 通りに決まる。ゆえに，残り 4 つの席に子供 4 人が座る順列を考えればよい。
よって，大人 2 人が向かい合う座り方の総数は
${}_4P_4=4!=$ **24（通り）**

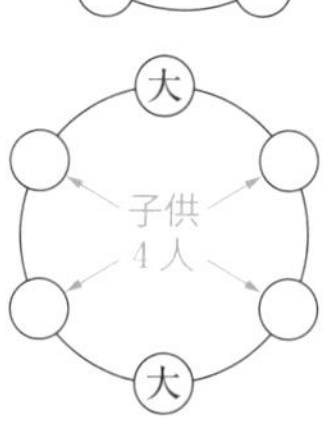

例題 12 重複順列

A，B，C，D の 4 人が，コーヒー，紅茶，ジュースのいずれか 1 つを買うとき，買い方は何通りあるか。ただし，同じ飲み物を何人が買ってもよい。

▶重複順列
異なる n 個のものから r 個を取り出して並べる重複順列の総数は
n^r 通り

解 A，B，C，D の 4 人それぞれにつき，コーヒー，紅茶，ジュースの 3 通りの買い方がある。
よって，買い方の総数は
$3^4=$ **81（通り）**

←A B C D
$3\times 3\times 3\times 3=3^4$ 通り
通り 通り 通り 通り

類題

38 8 人が円形のテーブルのまわりに座るとき，座り方は何通りあるか。

39 A，B，C，D の 4 文字を使って 3 文字の文字列をつくるとき，文字列は何通りできるか。ただし，同じ文字を何回用いてもよい。

40　6個の異なる色の玉を円形に並べるとき，その並べ方は何通りあるか。

41　5人の生徒が，音楽，美術，書道のいずれか1つの科目を選択するとき，選択の方法は何通りあるか。ただし，だれも選択しない科目があってもよい。

42　1，2，3，4，5の5個の数字を使って3桁の整数をつくるとき，整数は何通りできるか。ただし，同じ数字を何回用いてもよい。

43　男子2人と女子6人が円形のテーブルのまわりに座るとき，次のような座り方は何通りあるか。

(1)　男子2人が隣り合う座り方

(2)　男子2人が向かい合う座り方

44　5人でじゃんけんをするとき，5人のグー，チョキ，パーの出し方は何通りあるか。

JUMP 7　大人3人と子ども6人が円形のテーブルのまわりに座るとき，どの大人も隣り合わない座り方は何通りあるか。

8 組合せ(1)

例題 13 $_{n}C_{r}$ の計算

次の値を求めよ。

(1) $_{7}C_{2}$　(2) $_{8}C_{5}$　(3) $_{5}C_{5}$　(4) $_{5}C_{1}$

(1) $_{7}C_{2}=\dfrac{7\cdot6}{2\cdot1}=\mathbf{21}$　(2) $_{8}C_{5}={}_{8}C_{3}=\dfrac{8\cdot7\cdot6}{3\cdot2\cdot1}=\mathbf{56}$

(3) $_{5}C_{5}=\dfrac{5\cdot4\cdot3\cdot2\cdot1}{5\cdot4\cdot3\cdot2\cdot1}=\mathbf{1}$　(4) $_{5}C_{1}=\mathbf{5}$

例題 14 組合せ

男子 5 人，女子 6 人から 4 人の代表を選ぶとき，次のような選び方は何通りあるか。

(1) 男女 2 人ずつ　(2) 少なくとも 1 人は男子を含む

(1) 男子 5 人から 2 人を選ぶ選び方は $_{5}C_{2}=10$（通り）あり，このそれぞれの場合について，女子 6 人から 2 人を選ぶ選び方は $_{6}C_{2}=15$（通り）ずつある。
よって，選び方の総数は，積の法則より
$_{5}C_{2}\times{}_{6}C_{2}=10\times15=\mathbf{150}$ **（通り）**

(2) 男女あわせて 11 人の中から 4 人を選ぶ選び方は
$_{11}C_{4}=330$（通り）
4 人とも女子を選ぶ選び方は　$_{6}C_{4}=15$（通り）
よって，少なくとも 1 人は男子を含む選び方の総数は
$_{11}C_{4}-{}_{6}C_{4}=330-15=\mathbf{315}$ **（通り）**

▶組合せ
異なる n 個のものから異なる r 個を取り出してできる組合せを，n 個のものから r 個取る組合せといい，その総数を $_{n}C_{r}$ で表す。

▶組合せの総数

$$_{n}C_{r}=\frac{_{n}P_{r}}{r!}=\frac{\overbrace{n(n-1)(n-2)\cdots\cdots(n-r+1)}^{r\text{個}}}{r(r-1)(r-2)\cdots\cdots3\cdot2\cdot1}=\frac{n!}{r!(n-r)!}$$

また，
$_{n}C_{r}={}_{n}C_{n-r}$
である。

男	女	
4 人	0 人	少なくとも 1 人は男子
3 人	1 人	
2 人	2 人	
1 人	3 人	
0 人	4 人	…4 人とも女子

類題

45 次の値を求めよ。

(1) $_{7}C_{3}$

(2) $_{8}C_{6}$

(3) $_{4}C_{4}$

(4) $_{5}C_{0}$

46 9 人から次のように選ぶ選び方は何通りあるか。

(1) 3 人を選ぶ

(2) 7 人を選ぶ

47　30人のクラスから2人の代表を選ぶ選び方は何通りあるか。

48　図書館に15冊の数学の専門書がある。3冊借りるとしたら，借り方は何通りあるか。

49　A組10人，B組8人から4人の委員を選ぶとき，次のような選び方は何通りあるか。

(1)　各組から2人ずつ

(2)　少なくとも1人はA組の委員を含む

50　トランプのハート（♥）のカード13枚から5枚のカードを取り出すとき，次のような取り出し方は何通りあるか。

(1)　絵札（番号が11，12，13（J，Q，K）のもの）を2枚だけ取り出す

(2)　少なくとも1枚は絵札を取り出す

51　太郎さんを含む男子5人，花子さんを含む女子4人から男子3人，女子2人を選ぶとき，次のような選び方は何通りあるか。

(1)　太郎さんと花子さんが2人とも選ばれる

(2)　太郎さんは選ばれるが，花子さんは選ばれない

JUMP 8　1から11までの自然数の中から3個の数字を選ぶとき，選んだ3個の数字の和が奇数になるような選び方は何通りあるか。

9 組合せ(2)　組合せの利用・組分け

例題 15 組合せの利用

正七角形において，次のものを求めよ。
(1) 3 個の頂点を結んでできる三角形の個数
(2) 対角線の本数

(1) 7 個の頂点から 3 個の頂点を選ぶと，三角形が 1 個できるから

←どの 3 個を選んでも，一直線上には乗らない

$${}_7C_3 = \frac{7\cdot6\cdot5}{3\cdot2\cdot1} = \mathbf{35}\ (\textbf{個})$$

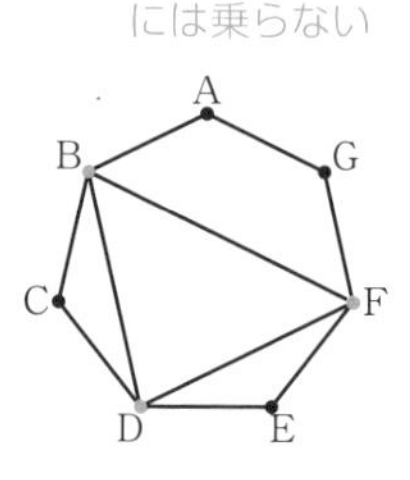

(2) 7 個の頂点から 2 個の頂点を選ぶと，対角線または辺ができるから

$${}_7C_2 = \frac{7\cdot6}{2\cdot1} = 21\ (本)$$

このうち，辺は 7 本あるから，対角線の本数は

$21 - 7 = \mathbf{14}$ **(本)**

例題 16 組分け

12 人を次のように分けるとき，分け方は何通りあるか。
(1) 4 人ずつ A，B，C の 3 つの部屋に分ける。
(2) 4 人ずつ 3 組に分ける。

(1) 12 人から A に入る 4 人を選ぶ選び方は

$${}_{12}C_4 = \frac{12\cdot11\cdot10\cdot9}{4\cdot3\cdot2\cdot1} = 495\ (通り)$$

このそれぞれの場合について，残りの 8 人から B に入る 4 人を選ぶ選び方は

$${}_8C_4 = \frac{8\cdot7\cdot6\cdot5}{4\cdot3\cdot2\cdot1} = 70\ (通り)$$

最後に残った 4 人は，C に入る。

←4 人から C に入る 4 人を選ぶ選び方は ${}_4C_4$ 通り

よって，求める分け方の総数は，積の法則より

$${}_{12}C_4 \times {}_8C_4 \times {}_4C_4 = 495 \times 70 \times 1 = \mathbf{34650}\ (\textbf{通り})$$

(2) $\dfrac{34650}{3!} = \mathbf{5775}$ **(通り)**

←(1)で A，B，C の部屋の区別をなくすと，同じ組分けになるものは，それぞれ 3! 通りずつある

類題

52 正五角形において，次のものを求めよ。
(1) 3 個の頂点を結んでできる三角形の個数
(2) 対角線の本数

53　右の図のように，3本の平行な直線がほかの4本の平行な直線と交わっている。このとき，次のものを求めよ。

(1)　横線から2本選ぶ方法は何通りあるか。

(2)　これらの平行な直線で囲まれる平行四辺形は，全部で何個あるか。

54　6人を次のように分けるとき，分け方は何通りあるか。

(1)　2人，4人に分ける。

(2)　3人ずつA組，B組の2つの組に分ける。

(3)　3人ずつ2組に分ける。

55　異なる8個の球を次のように分けるとき，分け方は何通りあるか。

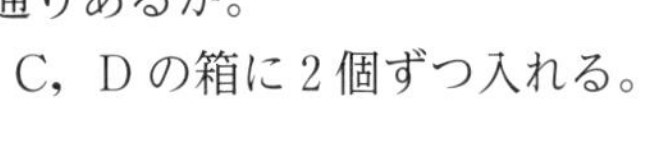

(1)　A，B，C，Dの箱に2個ずつ入れる。

(2)　2個ずつの4組に分ける。

56　異なる10個の缶詰を次のように3つのセットに分けるとき，分け方は何通りあるか。

(1)　2個，3個，5個のセットに分ける。

(2)　3個，3個，4個のセットに分ける。

JUMP 9　右の図のようなマス目の方眼紙がある。このとき，次のものを求めよ。

(1)　正方形の個数

(2)　正方形でない長方形の個数

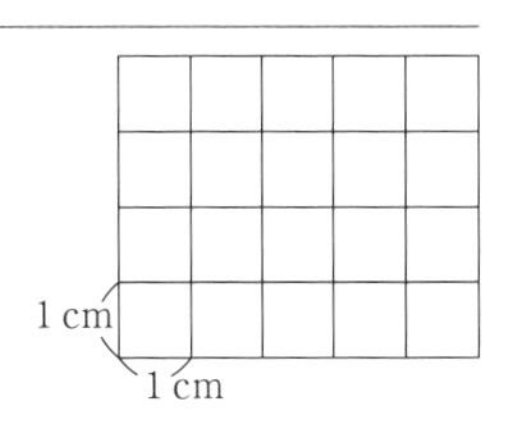

10 組合せ(3)　同じものを含む順列

例題 17　同じものを含む順列

A，B，B，C，C の 5 文字を 1 列に並べる並べ方は何通りあるか。

5 個の中に A が 1 個，B が 2 個，C が 2 個あるから

$$\frac{5!}{1!2!2!}=\frac{5\cdot4\cdot3\cdot2\cdot1}{1\times2\cdot1\times2\cdot1}=\mathbf{30}\ \textbf{(通り)}$$

▶同じものを含む順列

n 個のものの中に，同じものがそれぞれ p 個，q 個，r 個あるとき，これら n 個のものすべてを 1 列に並べる順列の総数は

$$\frac{n!}{p!q!r!}$$

ただし，$p+q+r=n$

例題 18　最短経路

右の図のように区画された道路がある。A から B まで最短経路で行く道順は全部で何通りあるか。

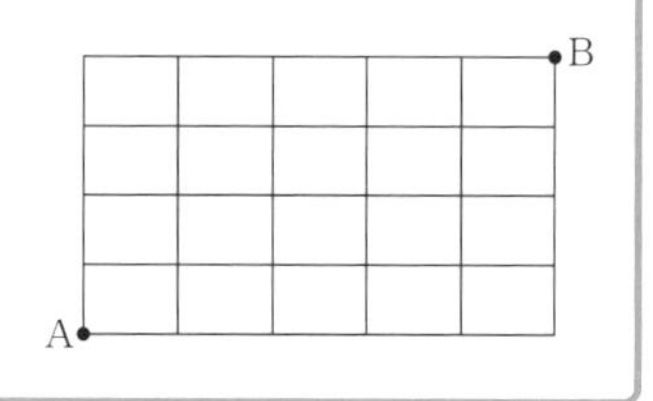

解　右へ 1 区画進むことを a
上へ 1 区画進むことを b
と表すと，右の図の道順は
$abaababba$ の順列で表される。
同様に，他の道順も，5 個の a と 4 個の b を 1 列に並べる順列で表される。

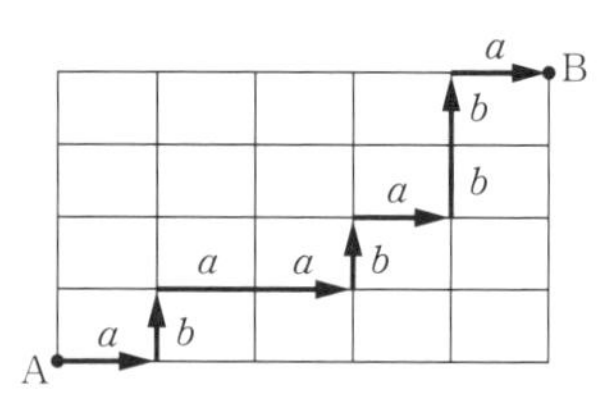

よって，最短経路で行く道順の総数は，5 個の a と 4 個の b を横 1 列に並べる順列の総数に等しい。

したがって　$\frac{9!}{5!4!}=\mathbf{126}$ **(通り)**

別解　右へ 5 区画，上へ 4 区画進めばよい。よって，9 区画のうち上へ進む 4 区画をどこにするか選べば，A から B まで行く最短経路が 1 つ決まる。
したがって
$_9C_4=\mathbf{126}$ **(通り)**

類題

57　A，A，A，A，B，B，B，C の 8 文字を 1 列に並べる並べ方は何通りあるか。

58　右の図のように区画された道路がある。A から B まで最短経路で行く道順は全部で何通りあるか。

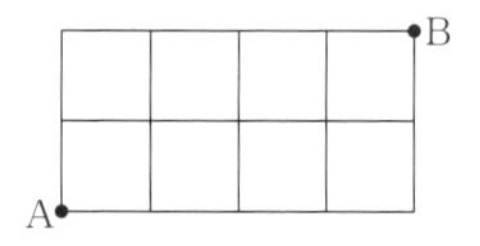

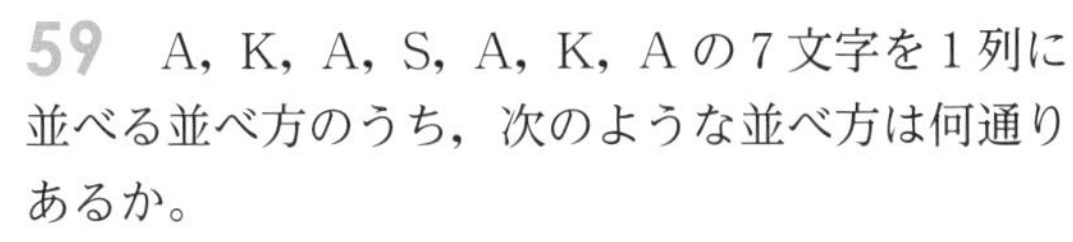

59 A, K, A, S, A, K, A の 7 文字を 1 列に並べる並べ方のうち，次のような並べ方は何通りあるか。

(1) すべての並べ方

(2) 左端が S である並べ方

(3) 両端が A である並べ方

60 1, 1, 1, 2, 3, 3 の 6 個の数字すべてを 1 列に並べて 6 桁の整数をつくるとき，次の問いに答えよ。

(1) 整数は全部で何通りできるか。

(2) 偶数は何通りできるか。

61 右の図のように区画された道路がある。このとき，次の各場合に最短経路で行く道順は，それぞれ何通りあるか。

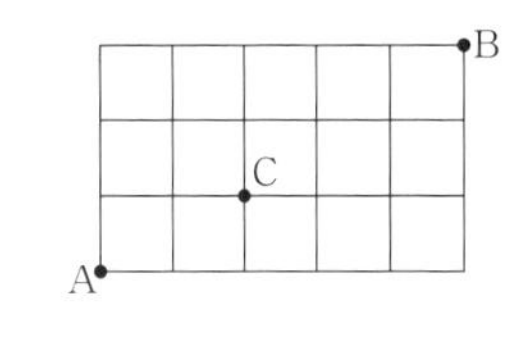

(1) A から B まで行く道順

(2) A から C を通らないで B まで行く道順

62 右の図のように区画された道路がある。このとき，次の各場合に最短経路で行く道順は，それぞれ何通りあるか。

(1) A から C を通って B まで行く道順

(2) A から D を通って B まで行く道順

(3) A から B まで行く道順

JUMP 10 A, A, A, B, B, C, D の 7 文字を 1 列に並べる並べ方のうち，B が隣り合わない並べ方は何通りあるか。

まとめの問題 場合の数と確率②

1 A，A，A，B，C の 5 文字から 3 文字選んで並べる並べ方は何通りあるか。ただし，選ばない文字があってもよい。

2 0，1，2，3，4，5，6 の 7 個の数字の中から，異なる 3 個の数字を使って 3 桁の整数をつくるとき，次のものは何通りできるか。

(1) 奇数

(2) 5 の倍数

3 1000 の正の約数の個数を求めよ。

4 K，O，B，E，S，H，I の 7 文字を 1 列に並べるとき，次の並べ方は何通りできるか。

(1) 両端が母音（O，E，I）となる並べ方

(2) 母音が 3 つ隣り合う並べ方

5 男子 3 人と女子 3 人が円形のテーブルのまわりに座るとき，女子 3 人が続いて並ぶ座り方は何通りあるか。

6 男子 10 人，女子 5 人の部活のメンバーから次のメンバーを選ぶとき，選び方は何通りあるか。

(1) キャプテン，副キャプテンの 2 人

(2) 代表者 2 人

(3) 少なくとも 1 人は女子を含む代表者 3 人

7 8 人を 2 人ずつ 4 組に分けるとき，分け方は何通りあるか。

8 1，1，2，2，3，3 の 6 個の数字すべてを 1 列に並べて 6 桁の整数をつくるとき，次の問いに答えよ。

(1) 整数は全部で何通りできるか。

(2) 偶数は何通りできるか。

11 事象と確率(1)

例題 19 事象の確率・いろいろな事象の確率(1)

次の確率を求めよ。

(1) 1個のさいころを投げるとき，3の倍数の目が出る確率

(2) 大小2個のさいころを同時に投げるとき，目の和が5になる確率

▶確率

すべての根元事象が同様に確からしい試行において，

$n(U)$：起こり得るすべての場合の数

$n(A)$：事象 A の起こる場合の数

とするとき，事象 A の確率は

$$P(A)=\frac{n(A)}{n(U)}$$

解 (1) 全事象 U は $U=\{1,\ 2,\ 3,\ 4,\ 5,\ 6\}$ ←$n(U)=6$

と表される。U の6つの根元事象は，同様に確からしい。

このうち，「3の倍数の目が出る」事象 A は

$A=\{3,\ 6\}$ である。 ←$n(A)=2$

よって，求める確率は $P(A)=\dfrac{n(A)}{n(U)}=\dfrac{2}{6}=\mathbf{\dfrac{1}{3}}$

注 以下，本書では，全事象 U におけるすべての根元事象が同様に確からしいもののみを扱うものとする。

(2) 大小2個のさいころの目の出方は全部で $6\times6=36$（通り） ←2個のさいころには各々6通りの出方がある

大のさいころの目が x，小のさいころの目が y であることを $(x,\ y)$ と表すことにする。

目の和が5になるのは

$(1,\ 4)$, $(2,\ 3)$, $(3,\ 2)$, $(4,\ 1)$ の4通りである。

よって，求める確率は $\dfrac{4}{36}=\mathbf{\dfrac{1}{9}}$

x \ y	1	2	3	4	5	6
1	2	3	4	5	6	7
2	3	4	5	6	7	8
3	4	5	6	7	8	9
4	5	6	7	8	9	10
5	6	7	8	9	10	11
6	7	8	9	10	11	12

類題

63 1個のさいころを投げるとき，3以上の目が出る確率を求めよ。

64 1から9までの番号が書かれた9枚のカードから1枚のカードを引くとき，番号が偶数である確率を求めよ。

65 1組52枚のトランプから1枚のカードを引くとき，キング（K）のカードである確率を求めよ。

66 大小2個のさいころを同時に投げるとき，目の和が10になる確率を求めよ。

67　100 円硬貨，50 円硬貨，10 円硬貨の 3 枚を同時に投げるとき，次の確率を求めよ。

(1)　3 枚とも表が出る確率

(2)　2 枚だけ表が出る確率

68　大小 2 個のさいころを同時に投げるとき，次の確率を求めよ。

(1)　目の和が 7 になる確率

(2)　目の和が 6 以下になる確率

69　大小 2 個のさいころを同時に投げるとき，次の確率を求めよ。

(1)　目の差が 3 になる確率

(2)　目の和が偶数になる確率

(3)　目の積が 3 の倍数になる確率

70　大中小 3 個のさいころを同時に投げるとき，目の和が 5 になる確率を求めよ。

JUMP 11　大中小 3 個のさいころを同時に投げるとき，3 個とも異なる目が出る確率を求めよ。

12 事象と確率(2)

例題 20 いろいろな事象の確率(2)

a, b, c, d, e の5人が横1列に並ぶ順番をくじで決めるとき, a が1番目, b が3番目になる確率を求めよ。

5人が横1列に並ぶ順番の総数は　${}_5P_5 = 5!$（通り）
「a が1番目, b が3番目になる」場合は, a, b 以外の3人の並び方の総数だけあるから　${}_3P_3 = 3!$（通り）

よって, 求める確率は　$\dfrac{3!}{5!} = \dfrac{3\cdot2\cdot1}{5\cdot4\cdot3\cdot2\cdot1} = \mathbf{\dfrac{1}{20}}$

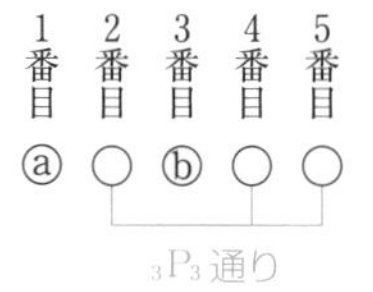

例題 21 いろいろな事象の確率(3)

1から9までの番号が書かれた9枚のカードから2枚のカードを同時に引くとき, 次の確率を求めよ。
(1) 番号が2枚とも偶数である確率
(2) 番号が1枚は偶数, 1枚は奇数である確率

(1) 9枚のカードの中から2枚を同時に引く引き方は　${}_9C_2$ 通り
引いたカードの番号が「2枚とも偶数である」引き方は ${}_4C_2$ 通り

←2 4 6 8 この4枚から2枚引く引き方は ${}_4C_2 = 6$（通り）

よって, 求める確率は　$\dfrac{{}_4C_2}{{}_9C_2} = \dfrac{6}{36} = \mathbf{\dfrac{1}{6}}$

(2) 引いたカードの番号が「1枚は偶数, 1枚は奇数である」引き方は　${}_4C_1 \times {}_5C_1$ 通り

←2 4 6 8 この4枚から1枚引く引き方は ${}_4C_1 = 4$（通り）
1 3 5 7 9 この5枚から1枚引く引き方は ${}_5C_1 = 5$（通り）

よって, 求める確率は　$\dfrac{{}_4C_1 \times {}_5C_1}{{}_9C_2} = \dfrac{20}{36} = \mathbf{\dfrac{5}{9}}$

類題

71 1, 2, 3, 4, 5 の5個の数字をすべて使って5桁の整数をつくるとき, 次の確率を求めよ。
(1) 5桁の整数が5の倍数となる確率

(2) 1と2が一万の位と一の位にある整数となる確率

72 赤球4個, 白球5個が入っている袋から, 2個の球を同時に取り出すとき, 次の確率を求めよ。
(1) 白球2個を取り出す確率

(2) 赤球1個, 白球1個を取り出す確率

73 男子4人，女子2人が横1列に並ぶ順番をくじで決めるとき，次の確率を求めよ。

(1) 女子が両端に並ぶ確率

(2) 男子4人が隣り合う確率

74 1から11までの番号が書かれた11枚のカードから3枚のカードを同時に引くとき，次の確率を求めよ。

(1) 番号が3枚とも奇数である確率

(2) 番号が2枚は偶数，1枚は奇数である確率

75 a，b，c，d，e，f，gの7人が横1列に並ぶ順番をくじで決めるとき，次の確率を求めよ。

(1) a，b，cすべてが隣り合う確率

(2) dの両隣にe，fが並ぶ確率

76 赤球3個，白球4個，青球5個が入っている袋から，3個の球を同時に取り出すとき，次の確率を求めよ。

(1) 3個とも異なる色の球を取り出す確率

(2) 赤球をちょうど2個取り出す確率

JUMP 12 1組のトランプの絵札（番号が11，12，13（J，Q，K）のもの）12枚から2枚のカードを同時に引くとき，2枚のカードが番号もスート（マーク（♣♦♥♠）のこと）も異なる確率を求めよ。

13 確率の基本性質(1)

例題 22 確率の加法定理

男子4人，女子3人の中から2人の委員を選ぶとき，2人とも男子または2人とも女子が選ばれる確率を求めよ。

解 「2人とも男子が選ばれる」事象をA，「2人とも女子が選ばれる」事象をBとすると

$$P(A)=\frac{{}_4\mathrm{C}_2}{{}_7\mathrm{C}_2}=\frac{6}{21},\quad P(B)=\frac{{}_3\mathrm{C}_2}{{}_7\mathrm{C}_2}=\frac{3}{21}$$

「2人とも男子または2人とも女子が選ばれる」事象は，AとBの和事象 $A\cup B$ であり，AとBは互いに排反である。

よって，求める確率は

$$P(A\cup B)=P(A)+P(B)=\frac{6}{21}+\frac{3}{21}=\frac{9}{21}=\boldsymbol{\frac{3}{7}}$$

例題 23 一般の和事象の確率

1から50までの番号が1つずつ書かれた50枚のカードがある。この中から1枚のカードを引くとき，「番号が3の倍数である」事象をA，「番号が5の倍数である」事象をBとする。このとき，次の確率を求めよ。

(1) $P(A\cap B)$　　(2) $P(A\cup B)$

解 (1) 積事象 $A\cap B$ は，3と5の最小公倍数15の倍数である事象であるから　$A\cap B=\{15\times1,\ 15\times2,\ 15\times3\}$

よって，$n(A\cap B)=3$ より，求める確率は　$P(A\cap B)=\boldsymbol{\frac{3}{50}}$

(2) 事象A，Bは次のように表される。

$A=\{3\times1,\ 3\times2,\ \cdots\cdots,\ 3\times16\}$，$B=\{5\times1,\ 5\times2,\ \cdots\cdots,\ 5\times10\}$

よって，$n(A)=16$，$n(B)=10$ より $P(A)=\frac{16}{50}$，$P(B)=\frac{10}{50}$

したがって，求める確率は

$$P(A\cup B)=P(A)+P(B)-P(A\cap B)=\frac{16}{50}+\frac{10}{50}-\frac{3}{50}=\boldsymbol{\frac{23}{50}}$$

▶積事象・和事象

2つの事象A，Bに対し，

積事象 $A\cap B$

…AとBがともに起こる事象

和事象 $A\cup B$

…AまたはBが起こる事象

▶排反事象

事象A，Bが同時には起こらないとき（$A\cap B=\varnothing$ のとき），

AとBは互いに排反であるという。

▶確率の加法定理

AとBが互いに排反のとき

$\boldsymbol{P(A\cup B)=P(A)+P(B)}$

▶一般の和事象の確率

$\boldsymbol{P(A\cup B)}$

$\boldsymbol{=P(A)+P(B)-P(A\cap B)}$

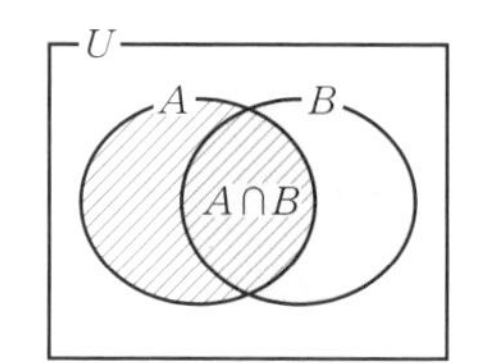

類題

77 赤球3個，白球6個が入っている袋から，2個の球を同時に取り出すとき，2個とも同じ色の球を取り出す確率を求めよ。

78 A 組 5 人，B 組 4 人の生徒から 3 人の代表を選ぶとき，3 人とも同じ組の生徒が選ばれる確率を求めよ。

79 1 から 11 までの番号が 1 つずつ書かれた 11 枚のカードがある。この中から 2 枚のカードを同時に引くとき，引いたカードの番号の和が偶数になる確率を求めよ。

80 1 組 52 枚のトランプから 1 枚のカードを引くとき，「ハートのカードである」事象を A，「絵札である」事象を B とする。このとき，次の確率を求めよ。

(1) $P(A \cap B)$

(2) $P(A \cup B)$

81 赤球 2 個，白球 3 個，青球 4 個が入っている袋から，2 個の球を同時に取り出すとき，異なる色の球を取り出す確率を求めよ。

82 1 から 150 までの番号が 1 つずつ書かれた 150 枚のカードがある。この中から 1 枚のカードを引くとき，引いたカードの番号が 4 の倍数または 10 の倍数である確率を求めよ。

JUMP 13 1 から 5 までの番号が 1 つずつ書かれたカードが，各番号 3 枚ずつ合計 15 枚ある。この中から 2 枚のカードを同時に引くとき，「2 枚が同じ番号である」事象を A，「2 枚の番号の和が 4 以下である」事象を B とする。このとき，次の確率を求めよ。 (1) $P(A \cap B)$ (2) $P(A \cup B)$

14 確率の基本性質(2)

例題 24 余事象の確率

男子4人，女子3人の中から3人の委員を選ぶとき，少なくとも1人は女子が選ばれる確率を求めよ。

▶余事象
「A が起こらない」という事象を事象 A の余事象といい，$\overline{A}$ で表す。
$P(\overline{A}) = 1 - P(A)$
$P(A) = 1 - P(\overline{A})$

「少なくとも1人は女子が選ばれる」事象を A とすると，「3人とも男子が選ばれる」事象は，事象 A の余事象 $\overline{A}$ である。
7人の中から3人の委員を選ぶ選び方は ${}_7C_3 = 35$（通り），
3人とも男子が選ばれる選び方は ${}_4C_3 = 4$（通り）
よって，事象 $\overline{A}$ が起こる確率 $P(\overline{A})$ は $P(\overline{A}) = \dfrac{{}_4C_3}{{}_7C_3} = \dfrac{4}{35}$
したがって，求める確率は $P(A) = 1 - P(\overline{A}) = 1 - \dfrac{4}{35} = \mathbf{\dfrac{31}{35}}$

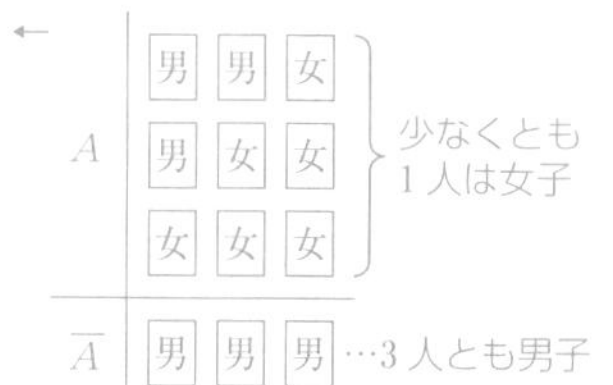

「少なくとも○○」の場合の確率を求めるとき，余事象を考えると便利なことがある。

例題 25 身近な確率

a，b，c の3人がじゃんけんを1回するとき，次の確率を求めよ。
(1) a だけが負ける確率
(2) 2人が勝つ確率

(1) 3人の手の出し方の総数は　$3^3 = 27$（通り）
「a だけが負ける」事象を A とする。事象 A が起こる場合は，a がグー，チョキ，パーのそれぞれで負ける3通りがある。
よって，求める確率は　$P(A) = \dfrac{3}{3^3} = \dfrac{3}{27} = \mathbf{\dfrac{1}{9}}$

←a，b，c の3人はそれぞれグー，チョキ，パーの3通りの出し方がある

(2) 「2人が勝つ」事象を B とする。3人のうち勝つ2人の選び方が ${}_3C_2$ 通りで，このそれぞれの場合について，勝ち方はグー，チョキ，パーの3通りずつある。
よって，求める確率は　$P(B) = \dfrac{{}_3C_2 \times 3}{3^3} = \dfrac{3 \times 3}{27} = \mathbf{\dfrac{1}{3}}$

類題

83　1から40までの番号が1つずつ書かれた40枚のカードがある。この中から1枚のカードを引くとき，引いたカードの番号が7の倍数でない確率を求めよ。

84　4本の当たりくじを含む9本のくじがある。このくじから3本のくじを同時に引くとき，次の確率を求めよ。
(1) 3本ともはずれる確率

(2) 少なくとも1本は当たる確率

85 1から50までの番号が1つずつ書かれた50枚のカードがある。この中から1枚のカードを引くとき，引いたカードの番号が45の約数でない確率を求めよ。

86 赤球5個，白球6個が入っている袋から，4個の球を同時に取り出すとき，少なくとも1個は赤球である確率を求めよ。

87 大中小3個のさいころを同時に投げるとき，目の積が偶数になる確率を求めよ。

88 男子4人，女子6人の中から4人の代表を選ぶとき，女子が2人以上選ばれる確率を求めよ。

89 a，b，c，dの4人がじゃんけんを1回するとき，次の確率を求めよ。

(1) aとbの2人だけが勝つ確率

(2) 2人が勝つ確率

JUMP 14 a，b，c，dの4人がじゃんけんを1回するとき，あいこになる確率を求めよ。

1 大小 2 個のさいころを同時に投げるとき，次の確率を求めよ。

(1) 目の和が 5 の倍数になる確率

(2) 目の積が奇数になる確率

2 赤球 5 個，白球 6 個，青球 3 個が入っている袋から，4 個の球を同時に取り出すとき，次の確率を求めよ。

(1) 赤球 2 個，白球 2 個を取り出す確率

(2) 青球がちょうど 1 個含まれるように取り出す確率

3 大中小 3 個のさいころを同時に投げるとき，目の積が 6 になる確率を求めよ。

4 1 から 7 までの 7 個の数字をすべて使って 7 桁の整数をつくるとき，次の確率を求めよ。

(1) 各位の数に奇数と偶数が交互に並ぶ確率

(2) 百万の位と一の位の数が偶数となる確率

(3) 7300000 より大きい数となる確率

5 赤球 3 個，白球 5 個，青球 4 個が入っている袋から，3 個の球を同時に取り出すとき，次の確率を求めよ。

(1) 白球 3 個または青球 3 個を取り出す確率

(2) 赤球を 2 個以上取り出す確率

(3) 少なくとも 1 個は青球を取り出す確率

6 1 から 200 までの番号が 1 つずつ書かれた 200 枚のカードがある。この中から 1 枚のカードを引くとき，引いたカードの番号が 6 の倍数または 9 の倍数である確率を求めよ。

7 a，b，c，d，e の 5 人がじゃんけんを 1 回するとき，次の確率を求めよ。

(1) a，b，c の 3 人だけが勝つ確率

(2) 3 人が勝つ確率

15 独立な試行の確率

例題 26 独立な試行の確率

赤球 4 個，白球 2 個が入っている袋 A と，赤球 5 個，白球 3 個が入っている袋 B がある。A，B の袋から球を 1 個ずつ取り出すとき，次の確率を求めよ。

(1) A から赤球，B から白球を取り出す確率

(2) 異なる色の球を取り出す確率

▶試行の独立
いくつかの試行において，どの試行も他の試行の結果に影響を及ぼさないとき，これらの試行は互いに独立であるという。

▶独立な試行の確率
互いに独立な試行 S と T において，S で事象 A が起こり，T で事象 B が起こる確率は
$$P(A)\times P(B)$$

袋 A から赤球を取り出す確率は $\frac{4}{6}=\frac{2}{3}$

白球を取り出す確率は $\frac{2}{6}=\frac{1}{3}$

袋 B から赤球を取り出す確率は $\frac{5}{8}$

白球を取り出す確率は $\frac{3}{8}$

(1) 袋 A から球を取り出す試行と袋 B から球を取り出す試行は，互いに独立である。

よって，求める確率は $\frac{2}{3}\times\frac{3}{8}=\mathbf{\frac{1}{4}}$

(2) 袋 A から白球，袋 B から赤球を取り出す確率は

$$\frac{1}{3}\times\frac{5}{8}=\frac{5}{24}$$

この事象と(1)の事象は互いに排反であるから，求める確率は

$$\frac{1}{4}+\frac{5}{24}=\mathbf{\frac{11}{24}}$$

類題

90 大小 2 個のさいころを同時に投げるとき，大きいさいころは偶数の目が出て，小さいさいころは 4 以下の目が出る確率を求めよ。

91 赤球 4 個，白球 5 個が入っている袋 A と，赤球 7 個，白球 3 個が入っている袋 B がある。A，B の袋から球を 1 個ずつ取り出すとき，次の確率を求めよ。

(1) A から赤球，B から白球を取り出す確率

(2) 同じ色の球を取り出す確率

92 1個のさいころを続けて3回投げるとき，1回目，2回目は1以外の目が出て，3回目は素数の目が出る確率を求めよ。

93 3本の当たりくじを含む10本のくじが入った箱Aと，4本の当たりくじを含む12本のくじが入った箱Bがある。A，Bからくじを1本ずつ引くとき，1本だけ当たる確率を求めよ。

94 1から9までの番号が1つずつ書かれた9枚のカードが入っている箱Aと，1から7までの番号が1つずつ書かれた7枚のカードが入っている箱Bがある。A，Bの箱からカードを1枚ずつ取り出すとき，番号の和が奇数となる確率を求めよ。

95 赤球1個，白球4個が入っている袋Aと，赤球5個，白球2個が入っている袋Bがある。Aの袋から球を1個，Bの袋から球を2個取り出すとき，すべて同じ色の球を取り出す確率を求めよ。

96 サッカーのPK戦でa，b，cの3選手がキックするとき，成功する確率がそれぞれ$\frac{3}{4}$，$\frac{3}{5}$，$\frac{5}{6}$であるという。この3人が1回ずつキックするとき，次の確率を求めよ。

(1) 3人ともキックを成功させる確率

(2) 2人だけがキックを成功させる確率

JUMP 15 1から5までの数字が1つずつ書かれた5枚のカードが入っている箱から，1枚のカードを取り出して数字を確認した後，もとにもどす。次に箱から2枚のカードを取り出して数字を確認する。このとき，取り出した3つの数字の積が偶数となる確率を求めよ。

16 反復試行の確率

例題 27 反復試行の確率

1から5までの番号が1つずつ書かれた5枚のカードから1枚のカードを引いて番号を確認した後，もとにもどす。これを4回くり返すとき，次の確率を求めよ。

(1) 偶数のカードがちょうど3回出る確率

(2) 偶数のカードが3回以上出る確率

(3) 4回目に2度目の偶数のカードが出る確率

▶反復試行の確率

1回の試行において事象 A の起こる確率を p とするとき，この試行を n 回くり返す反復試行で，事象 A がちょうど r 回起こる確率は

$${}_n\mathrm{C}_r p^r(1-p)^{n-r}$$

(1) カードを1回引くとき，偶数のカードが出る確率は $\dfrac{2}{5}$

また，「4回のうち偶数のカードが3回出る」事象を A とすると，残りの1回は奇数のカードが出るから，求める確率は

$$P(A)={}_4\mathrm{C}_3\left(\frac{2}{5}\right)^3\left(1-\frac{2}{5}\right)^{4-3}=4\times\frac{8}{125}\times\frac{3}{5}=\mathbf{\frac{96}{625}}$$

4回中3回　奇数が残りの1回

$${}_4\mathrm{C}_3\left(\frac{2}{5}\right)^3\left(1-\frac{2}{5}\right)^{4-3}$$

偶数が3回

(2) 「4回とも偶数が出る」事象を B とすると，「偶数が3回以上出る」事象は，和事象 $A\cup B$ である。ここで，

$$P(B)={}_4\mathrm{C}_4\left(\frac{2}{5}\right)^4=\frac{16}{625}$$

であり，A と B は互いに排反であるから，求める確率は

$$P(A\cup B)=P(A)+P(B)=\frac{96}{625}+\frac{16}{625}=\mathbf{\frac{112}{625}}$$

(3) 3回目までに偶数のカードが1回，奇数のカードが2回出て，4回目に偶数のカードが出る事象であるから，求める確率は

$${}_3\mathrm{C}_1\left(\frac{2}{5}\right)^1\left(\frac{3}{5}\right)^{3-1}\times\frac{2}{5}=\mathbf{\frac{108}{625}}$$

類題

97 1から3までの番号が1つずつ書かれた3枚のカードから1枚のカードを引いて番号を確認した後，もとにもどす。これを5回くり返すとき，1のカードがちょうど2回出る確率を求めよ。

98 1個のさいころを続けて6回投げるとき，偶数の目が5回以上出る確率を求めよ。

99 赤球3個，白球6個が入っている袋から，1個の球を取り出して色を確認した後，もとにもどす。これを4回くり返すとき，赤球がちょうど2回出る確率を求めよ。

100 1枚の硬貨を続けて6回投げるとき，次の確率を求めよ。

(1) 表がちょうど4回出る確率

(2) 表の出る回数が1回以下である確率

101 1個のさいころを続けて5回投げるとき，次の確率を求めよ。

(1) 5以上の目がちょうど3回出る確率

(2) 4以下の目が3回以上出る確率

102 1枚の硬貨を投げて，表か裏かによって数直線上を動く点Pがある。点Pは原点から出発し，出た硬貨の面が表なら $+5$，裏なら -3 だけ動く。硬貨を7回投げるとき，点Pの座標が3になる確率を求めよ。

JUMP 16 a，bの2人が試合を行うとき，各試合でaが勝つ確率は $\frac{3}{4}$ であるという。先に3勝した方を優勝とするとき，bが優勝する確率を求めよ。ただし，引き分けはないものとする。

17 条件つき確率と乗法定理

例題 28 条件つき確率

ある高校の男子，女子の生徒数は右の表の通りである。この 265 人の中から 1 人の生徒を選ぶとき，「男子である」事象を A，「1 年生である」事象を B とする。このとき，次の確率を求めよ。

	男子	女子
1 年生	60	70
2 年生	72	63

(1) $P(A\cap B)$　　(2) $P_A(B)$

▶条件つき確率
事象 A が起こったときの事象 B の起こる条件つき確率
$$P_A(B)=\frac{n(A\cap B)}{n(A)}$$

解 (1) $A\cap B$ は，「男子で 1 年生である」事象であるから

$$P(A\cap B)=\frac{60}{265}=\frac{12}{53}$$

(2) $n(A)=60+72=132$，$n(A\cap B)=60$ であるから

$$P_A(B)=\frac{n(A\cap B)}{n(A)}=\frac{60}{132}=\frac{5}{11}$$

←選んだ生徒が男子であったとき，その生徒が 1 年生である確率

例題 29 乗法定理

3 本の当たりくじを含む 12 本のくじがある。a，b の 2 人がこの順にくじを 1 本ずつ引くとき，a，b が当たる確率をそれぞれ求めよ。ただし，引いたくじはもとにもどさないものとする。

▶確率の乗法定理
$$P(A\cap B)=P(A)P_A(B)$$

「a が当たる」事象を A とすると　$P(A)=\frac{3}{12}=\frac{1}{4}$

「b が当たる」事象を B とすると，事象 B は次の 2 つの事象

「a が当たり，b も当たる」事象 $A\cap B$

「a がはずれ，b が当たる」事象 $\overline{A}\cap B$

の和事象であり，これらの事象は互いに排反である。

ここで，$P(A\cap B)=P(A)P_A(B)=\frac{3}{12}\times\frac{2}{11}=\frac{1}{22}$

$P(\overline{A}\cap B)=P(\overline{A})P_{\overline{A}}(B)=\frac{9}{12}\times\frac{3}{11}=\frac{9}{44}$

よって　$P(B)=P(A\cap B)+P(\overline{A}\cap B)=\frac{1}{22}+\frac{9}{44}=\frac{1}{4}$

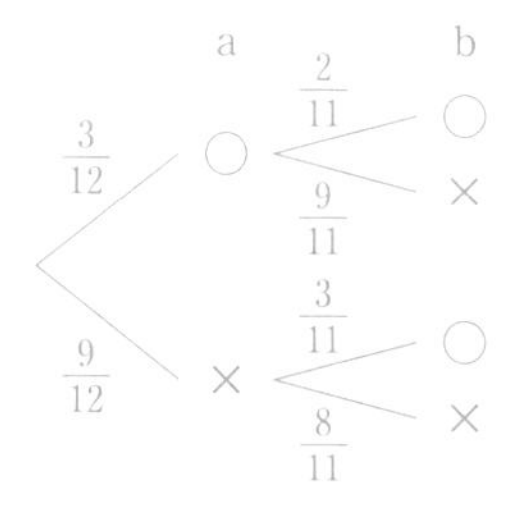

類題

103 数学，英語の試験で，合否の人数は下の表の通りであった。この中から 1 人を選ぶとき，「数学の合格者である」事象を A，「英語の合格者である」事象を B とする。このとき，次の確率を求めよ。

数学＼英語	合	否
合	24	18
否	41	17

(1) $P(A\cap B)$

(2) $P_B(A)$

104 箱の中に1から5の番号のついた5個の赤球と，6から11の番号のついた6個の白球が入っている。この箱から球を1個取り出すとき，「白球である」事象をA，「偶数が書いてある」事象をBとする。このとき，次の確率を求めよ。

(1) $P(A\cap B)$

(2) $P_A(B)$

(3) $P_{\overline{A}}(B)$

105 4本の当たりくじを含む10本のくじがある。a，bの2人がこの順にくじを1本ずつ引くとき，次の確率を求めよ。ただし，引いたくじはもとにもどさないものとする。

(1) 2人とも当たる確率

(2) bが当たる確率

106 赤球5個，白球7個が入っている箱から，a，bの2人がこの順に球を1個ずつ取り出すとき，次の確率を求めよ。ただし，取り出した球はもとにもどさないものとする。

(1) bが赤球を取り出す確率

(2) a，bの一方だけが赤球を取り出す確率

107 赤球2個，白球3個が入っている箱Aと，赤球1個，白球5個が入っている箱Bがある。Aから球を1個取り出してBに入れ，よく混ぜてBから球を1個取り出してAに入れる。このとき，Aの中の赤球と白球の個数が最初と変わらない確率を求めよ。

JUMP 17 箱の中に赤球6個，白球4個が入っている。この箱から球を1個取り出し，もとにもどさずに球をもう1個取り出す。2回目に取り出した球が白球であるとき，1回目に取り出した球が赤球であった条件つき確率を求めよ。

18 期待値

例題 30 期待値(1)

あるくじの総本数は 100 本であり，右の表のような賞金がついている。このくじを 1 本引くときの賞金の期待値を求めよ。

	賞金	本数
1 等	1000 円	5 本
2 等	500 円	10 本
3 等	200 円	20 本
4 等	0 円	65 本

▶期待値

X の値	x_1	x_2	……	x_n	計
確率	p_1	p_2	……	p_n	1

$x_1p_1+x_2p_2+\cdots\cdots+x_np_n$
の値を X の期待値という。

解 1 等，2 等，3 等，4 等である確率は，それぞれ $\frac{5}{100}$, $\frac{10}{100}$, $\frac{20}{100}$, $\frac{65}{100}$

よって，求める期待値は

$$1000\times\frac{5}{100}+500\times\frac{10}{100}+200\times\frac{20}{100}+0\times\frac{65}{100}=\mathbf{140}\ \textbf{(円)}$$

例題 31 期待値(2)

100 円硬貨 3 枚を同時に投げて，表の出た硬貨がもらえるとき，もらえる金額の期待値を求めよ。

表が出る枚数とその確率は

3 枚 $\frac{{}_3C_3}{2^3}=\frac{1}{8}$,　2 枚 $\frac{{}_3C_2}{2^3}=\frac{3}{8}$

1 枚 $\frac{{}_3C_1}{2^3}=\frac{3}{8}$,　0 枚 $\frac{{}_3C_0}{2^3}=\frac{1}{8}$

したがって，もらえる金額とその確率は，右の表のようになる。

よって，求める期待値は

$$300\times\frac{1}{8}+200\times\frac{3}{8}+100\times\frac{3}{8}+0\times\frac{1}{8}=\mathbf{150}\ \textbf{(円)}$$

金額	300 円	200 円	100 円	0 円	計
確率	$\frac{1}{8}$	$\frac{3}{8}$	$\frac{3}{8}$	$\frac{1}{8}$	1

類題

108 あるくじの総本数は 100 本であり，右の表のような賞金がついている。このくじを 1 本引くときの賞金の期待値を求めよ。

	賞金	本数
1 等	10000 円	2 本
2 等	5000 円	3 本
3 等	1000 円	15 本
4 等	0 円	80 本

109 さいころを 1 回投げて，1 の目が出たら 150 点，偶数の目が出たら 50 点もらえるとする。このとき，得点の期待値を求めよ。

110 赤球 4 個，白球 3 個，青球 3 個が入った袋から，1 個の球を取り出し，赤球ならば 100 点，白球ならば 50 点，青球ならば 10 点もらえるとする。このとき，得点の期待値を求めよ。

111 赤球 3 個，白球 2 個が入った箱から，2 個の球を同時に取り出す。このとき，取り出した赤球の個数の期待値を求めよ。

112 50 円硬貨 3 枚を同時に投げて，表の出た硬貨がもらえるとき，もらえる金額の期待値を求めよ。

113 1，2 の数字が 1 つずつ書かれた 2 枚のカードから，1 枚のカードを引き，書かれた数字を確認して，もとにもどす。これを 2 回くり返すとき，引いたカードに書かれた数字の和の期待値を求めよ。

114 大小 2 個のさいころを同時に投げて，同じ目が出れば 300 点，2 つの目の差が 1 のときは 90 点もらえるとする。このとき，得点の期待値を求めよ。

115 大小 2 個のさいころを同時に投げて，目の和が 10 以上であれば 500 円もらえるゲームがある。このゲームの参加料が 100 円であるとき，このゲームに参加することは有利といえるか。

JUMP 18 1 から 5 の番号が 1 つずつ書かれた 5 枚のカードから，2 枚のカードを同時に引くとき，小さい方の番号の期待値を求めよ。

まとめの問題　場合の数と確率④

1　3本の当たりくじを含む9本のくじが入った箱Aと，2本の当たりくじを含む14本のくじが入った箱Bがある。A，Bからくじを1本ずつ引くとき，次の確率を求めよ。

(1)　A，Bのくじのどちらか一方だけが当たる確率

(2)　A，Bのくじが両方とも当たるか，または両方ともはずれる確率

2　ボウリングでストライクを出すのが，aさんは平均して6回中1回，bさんは平均して5回中2回，cさんは平均して8回中3回である。この3人が1回ずつ投げるとき，次の確率を求めよ。

(1)　aさんだけがストライクを出す確率

(2)　2人以上がストライクを出す確率

3　1個のさいころを続けて5回投げるとき，次の確率を求めよ。

(1)　5以上の目が3回以上出る確率

(2)　5回目に3度目の5以上の目が出る確率

4 あるクラスの生徒の通学方法は，下の表の通りであった。この中から1人の生徒を選ぶとき，「自転車通学者である」事象をA，「男子である」事象をBとする。このとき，次の確率を求めよ。

	男子	女子
自転車	16	11
自転車以外	6	7

(1)　$P(A\cap B)$

(2)　$P_B(A)$

(3)　$P_A(\overline{B})$

5 2本の当たりくじを含む12本のくじがある。a，bの2人がこの順にくじを1本ずつ引く。次の条件のときのa，bが当たる確率をそれぞれ求めよ。

(1)　引いたくじをもとにもどすとき

(2)　引いたくじをもとにもどさないとき

6 赤球3個，白球7個が入った箱から，1個の球を取り出して色を確認した後，もとにもどす。これを2回くり返すとき，2回赤球を取り出せば100点，1回赤球を取り出せば50点もらえる。このとき，得点の期待値を求めよ。

19 平行線と線分の比・線分の内分と外分

例題 32 平行線と線分の比

次の図において，DE // BC のとき，x，y を求めよ。

(1)

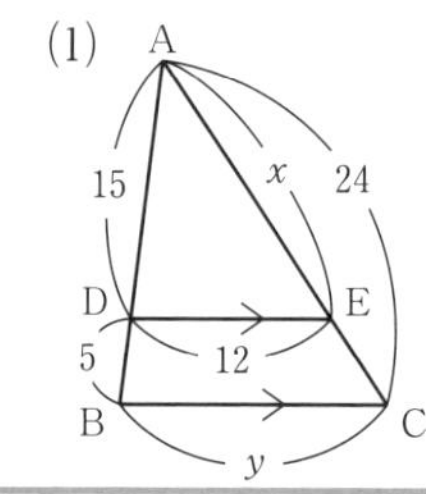

(2)

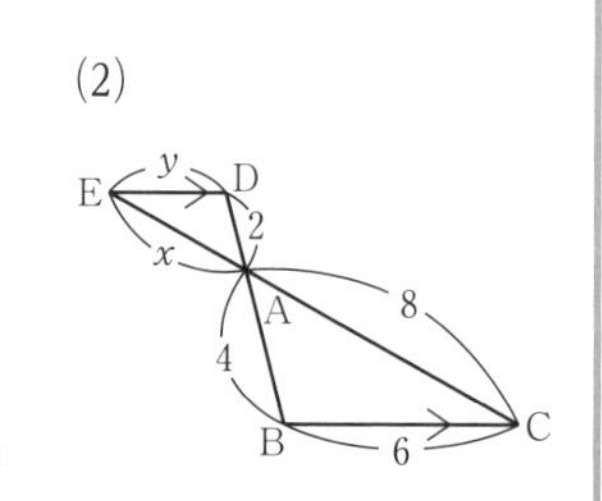

(1) AD : AB = AE : AC より　15 : 20 = x : 24

よって　$20x = 15 \times 24$　　したがって　$x =$ **18**

AD : AB = DE : BC より　15 : 20 = 12 : y

よって　$15y = 20 \times 12$　　したがって　$y =$ **16**

別解 (1) AD : DB = AE : EC より　15 : 5 = x : $(24 - x)$

よって　$5x = 15(24 - x)$　　したがって　$x =$ **18**

(2) AD : AB = AE : AC より　2 : 4 = x : 8

よって　$4x = 2 \times 8$　　したがって　$x =$ **4**

AD : AB = DE : BC より　2 : 4 = y : 6

よって　$4y = 2 \times 6$　　したがって　$y =$ **3**

▶平行線と線分の比

△ABC の辺 AB，AC，またはそれらの延長上に，それぞれ点 D，E があるとき，

DE // BC ならば

AD : AB = AE : AC

AD : AB = DE : BC

AD : DB = AE : EC

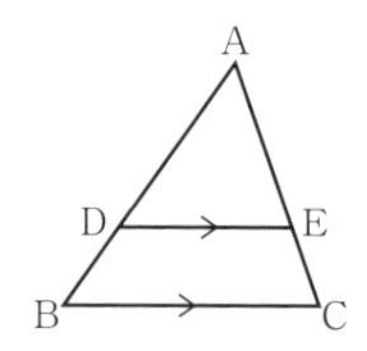

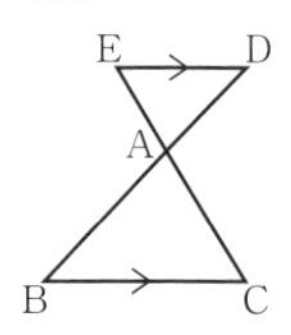

例題 33 線分の内分と外分

右の図の線分 AB において，次の点を図示せよ。

(1) 2 : 1 に内分する点 P

(2) 2 : 1 に外分する点 Q　　(3) 1 : 2 に外分する点 R

解 (1)

(2)

(3)

▶線分の内分

点 P は線分 AB を $m : n$ に内分

⟺ 線分 AB 上の点 P が

AP : PB = $m : n$

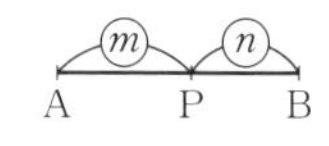

▶線分の外分

点 Q は線分 AB を $m : n$ に外分

⟺ 線分 AB の延長上の点 Q が AQ : QB = $m : n$

$m > n$　　$m < n$

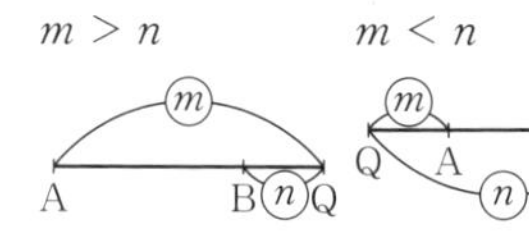

類題

116 次の図において，DE // BC のとき，x，y を求めよ。

(1)

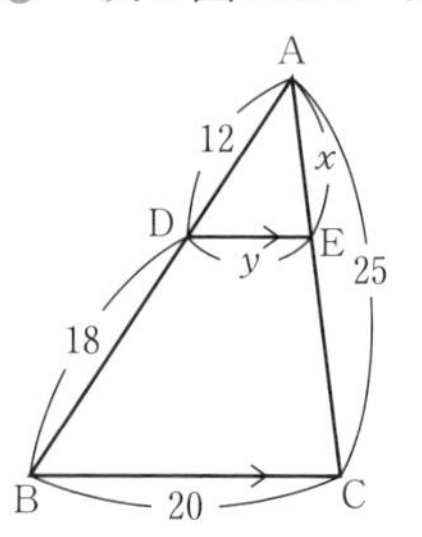

(2)

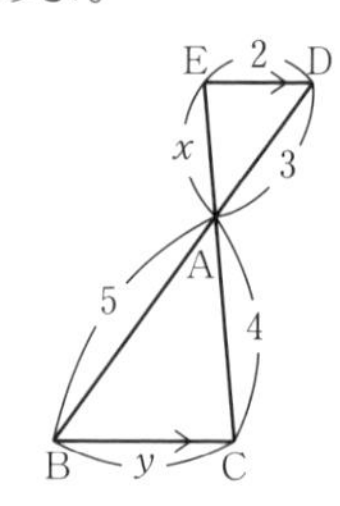

117 次の図において，DE // BC のとき，x，y を求めよ。

(1)

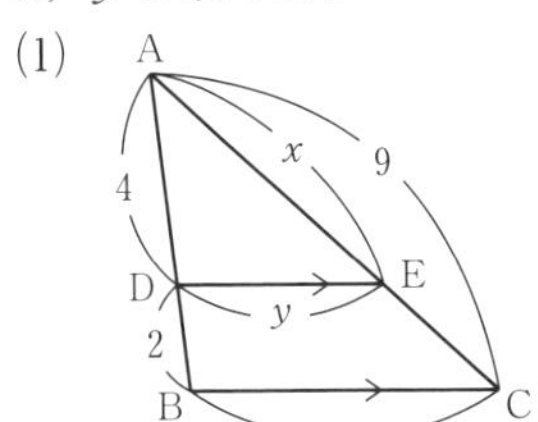

(2)

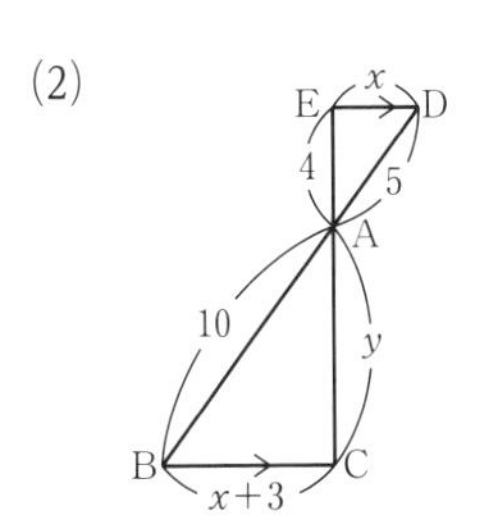

118 下の図の線分 AB において，次の点を図示せよ。

(1) 3：1 に内分する点 P
(2) 3：1 に外分する点 Q
(3) 1：3 に外分する点 R

119 下の図の線分 AB において，次の点を図示せよ。

(1) 1：3 に内分する点 C
(2) 1：1 に内分する点 D
(3) 7：3 に外分する点 E
(4) 1：5 に外分する点 F

120 下の図において，BC // DE // FG のとき，x，y，z を求めよ。

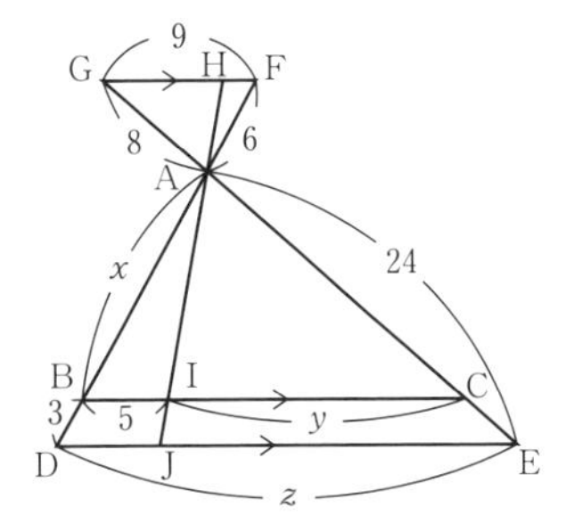

JUMP 19 右の図において，AD // EF // BC のとき，x，y を求めよ。

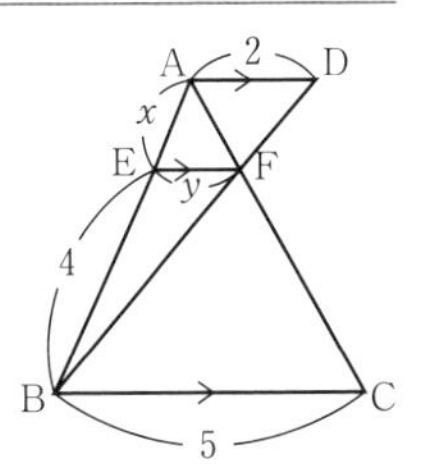

20 角の二等分線と線分の比

例題 34 内角の二等分線と線分の比

右の図の△ABC において，AD が∠A の二等分線であるとき，線分 BD の長さ x を求めよ。

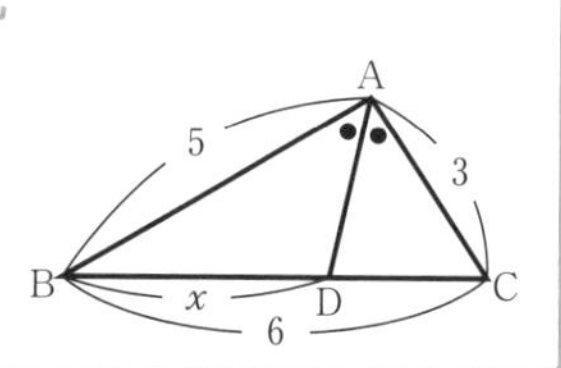

解 BD：DC = AB：AC より

$x : (6-x) = 5 : 3$

よって　$3x = 5(6-x)$

したがって　$x = \dfrac{15}{4}$

▶内角の二等分線と線分の比

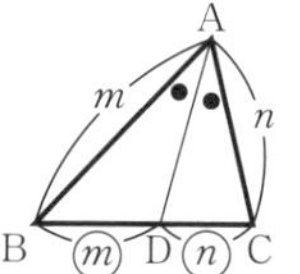

△ABC において，∠A の二等分線と辺 BC の交点を D とする。このとき

BD：DC = AB：AC

例題 35 外角の二等分線と線分の比

右の図の△ABC において，AE が∠A の外角の二等分線であるとき，線分 CE の長さ x を求めよ。

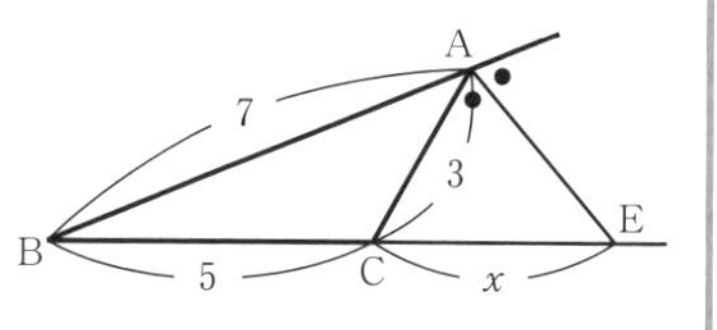

解 BE：EC = AB：AC より

$(5+x) : x = 7 : 3$

よって　$7x = 3(5+x)$

したがって　$x = \dfrac{15}{4}$

▶外角の二等分線と線分の比

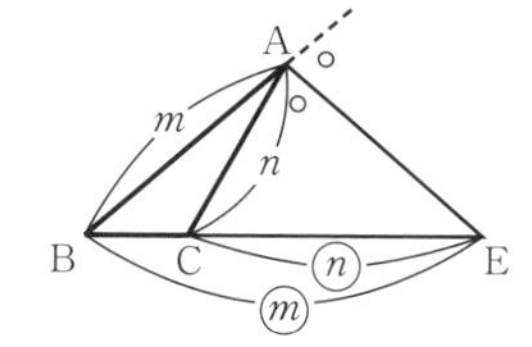

△ABCにおいて，∠A の外角の二等分線と辺 BC の延長との交点を E とする。このとき

BE：EC = AB：AC

類題

121　下の図の△ABC において，AD が∠A の二等分線であるとき，線分 BD の長さ x を求めよ。

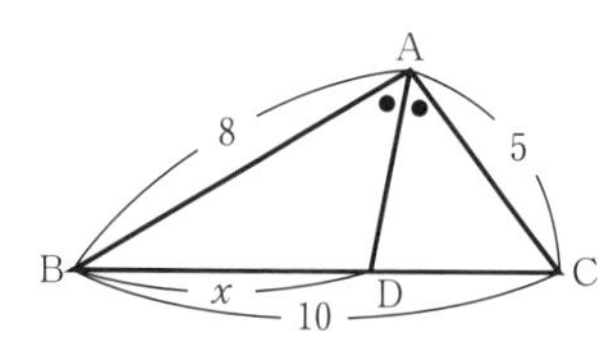

122　下の図の△ABC において，AE が∠A の外角の二等分線であるとき，線分 CE の長さ x を求めよ。

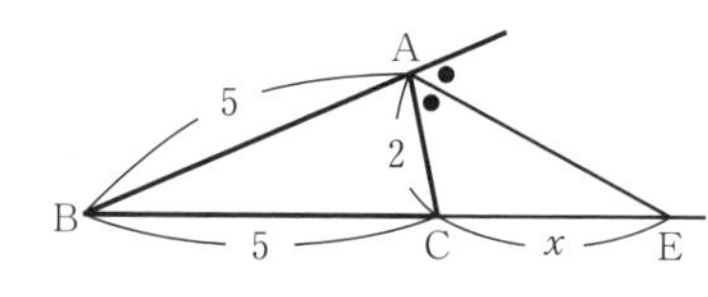

123 下の図の △ABC において，AD が ∠A の二等分線，AE が ∠A の外角の二等分線であるとき，次の線分の長さを求めよ。

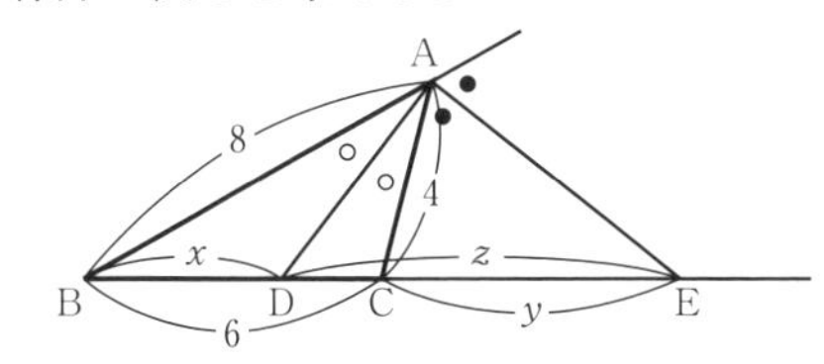

(1) BD の長さ x

(2) CE の長さ y

(3) DE の長さ z

124 下の図の △ABC において，AD が ∠A の二等分線，AE が ∠A の外角の二等分線であるとき，線分 DE の長さを求めよ。

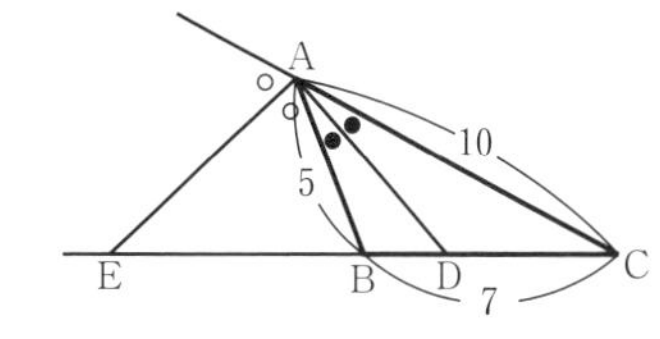

125 下の図の △ABC において，BD，CE がそれぞれ ∠B，∠C の二等分線であるとき，次の線分の長さを求めよ。

(1) AD

(2) BE

JUMP 20 右の図において，M は BC の中点，MD は ∠AMB の二等分線である。
AM = AC = 5，BC = 6 のとき，CE の長さを求めよ。

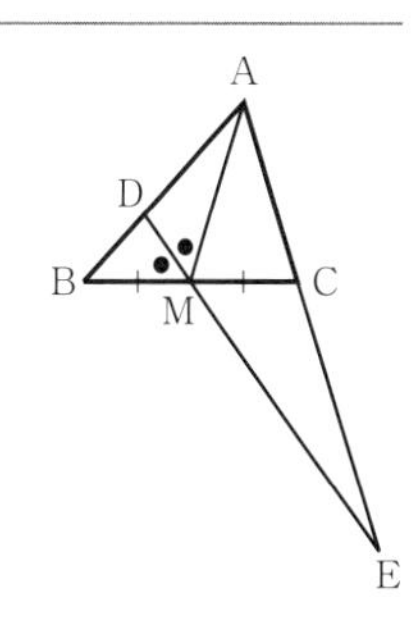

21 三角形の重心・内心・外心

例題 36 三角形の重心

右の図の △ABC において，中線 AL，CM の交点を G とする。
AG = 6 のとき，AL の長さを求めよ。

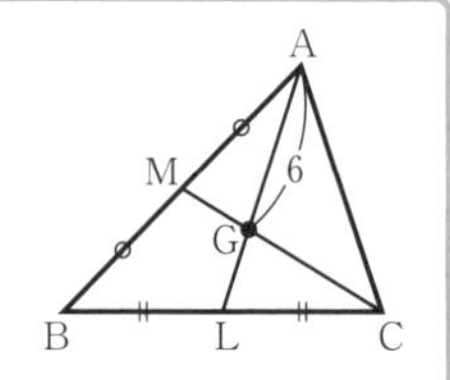

解 点 G は △ABC の重心であるから，

$AG : GL = 2 : 1$ より $6 : GL = 2 : 1$

よって $GL = 3$ であるから $AL = AG + GL = 6 + 3 = \mathbf{9}$

▶**三角形の重心**
三角形の 3 本の中線は 1 点で交わり，これを重心という。重心はそれぞれの中線を 2：1 に内分する。

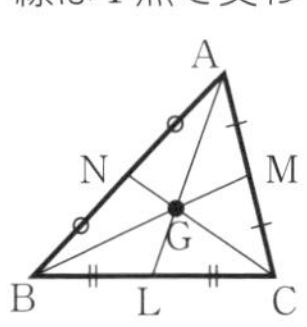

例題 37 三角形の内心・外心

次の図において，点 I は △ABC の内心，点 O は △ABC の外心である。このとき，α，β を求めよ。

(1)

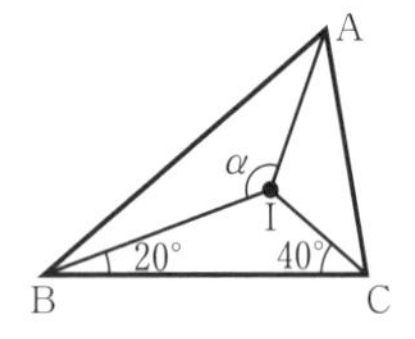

(2)

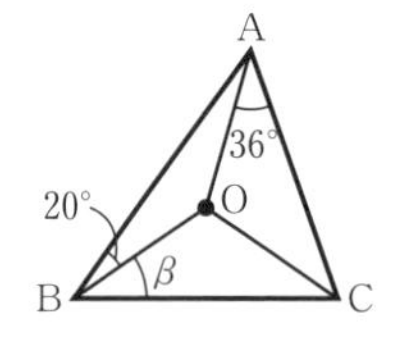

解 (1) 点 I は △ABC の内心だから $\angle IBA = \angle IBC = 20^\circ$
$\angle ICA = \angle ICB = 40^\circ$

$\angle BAC = 180^\circ - (\angle ABC + \angle ACB)$
$= 180^\circ - (20^\circ \times 2 + 40^\circ \times 2) = 60^\circ$

よって $\angle IAB = \angle BAC \div 2 = 30^\circ$

したがって $\alpha = 180^\circ - (\angle IBA + \angle IAB)$
$= 180^\circ - (20^\circ + 30^\circ) = \mathbf{130^\circ}$

(2) 点 O は △ABC の外心だから $\angle OAB = \angle OBA = 20^\circ$
$\angle OCA = \angle OAC = 36^\circ$
$\angle OBC = \angle OCB = \beta$

よって $\beta = \angle OBC = \frac{1}{2}\{180^\circ - (20^\circ \times 2 + 36^\circ \times 2)\} = \mathbf{34^\circ}$

←△ABC の内角の和は
$20^\circ \times 2 + 36^\circ \times 2 + \beta \times 2 = 180^\circ$

▶**三角形の内心**
三角形の 3 つの内角の二等分線は 1 点で交わり，これを内心という。内心から各辺までの距離は等しい。

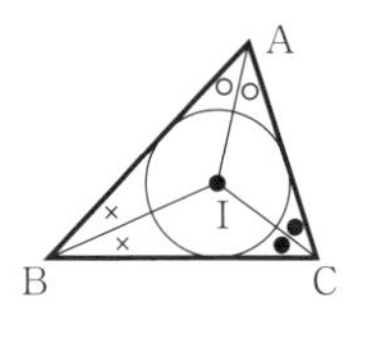

▶**三角形の外心**
三角形の 3 つの辺の垂直二等分線は 1 点で交わり，これを外心という。外心から各頂点までの距離は等しい。

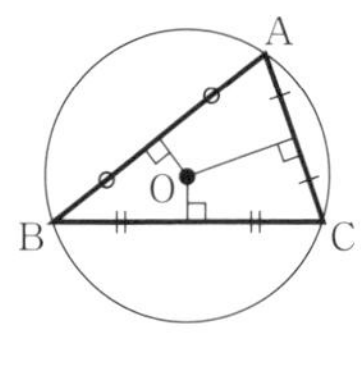

類題

126 下の図の △ABC において，中線 AL，CM の交点を G とする。AG = 8 のとき，AL の長さを求めよ。

127 下の図において，点 I は △ABC の内心である。このとき，θ を求めよ。

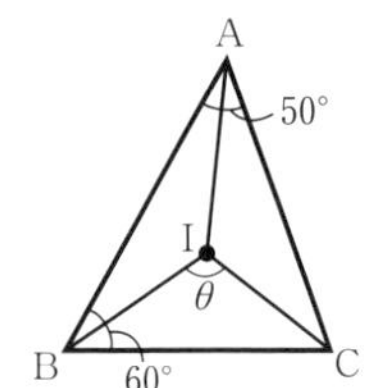

128 右の図において，点 G は △ABC の重心である。BC = 8，AG = BM のとき，AM の長さを求めよ。

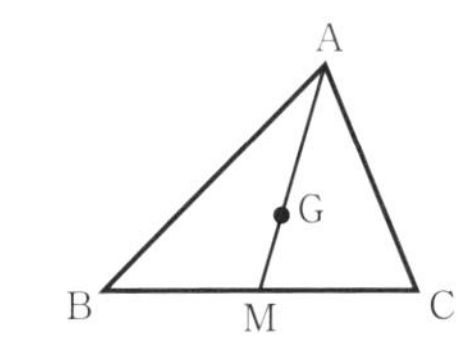

129 次の図において，点 I は △ABC の内心，点 O は △ABC の外心である。このとき，θ を求めよ。

(1)

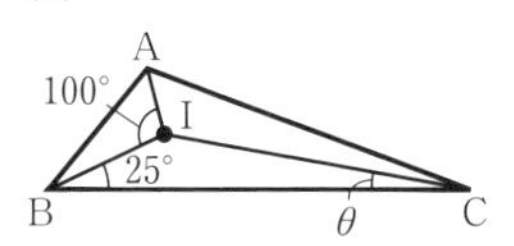

(2)

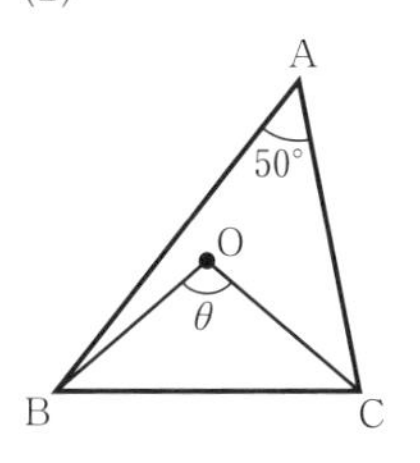

(3)

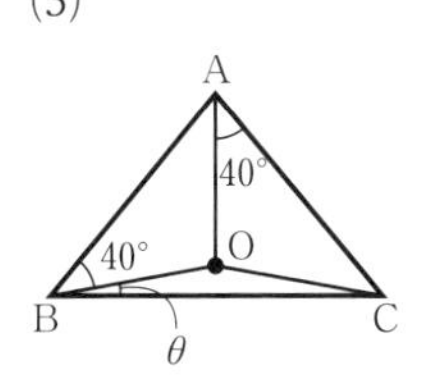

130 下の図において，点 I は △ABC の内心である。このとき，次のものを求めよ。

(1) BD の長さ

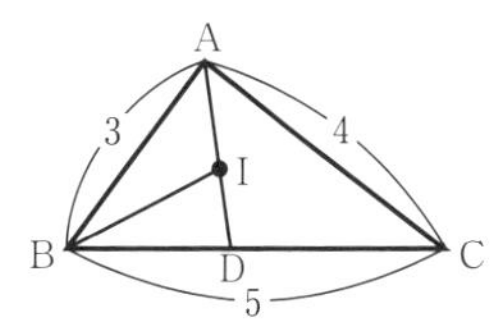

(2) AI：ID

131 右の図の平行四辺形 ABCD において，BC，CD の中点をそれぞれ E，F とする。BD = 9 のとき，PQ の長さを求めよ。

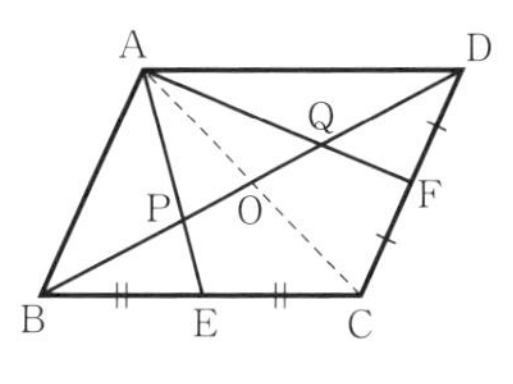

JUMP 21 右の図において，点 G は ∠A = 90° の直角三角形 ABC の重心である。BC = 9 のとき，AG の長さを求めよ。

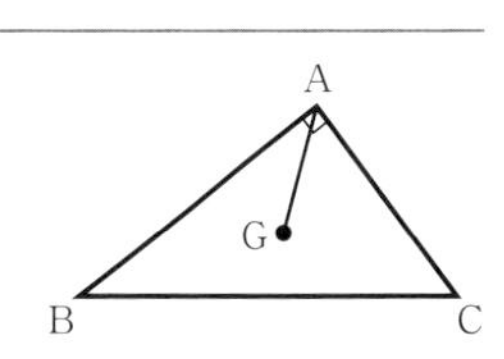

22 メネラウスの定理，チェバの定理

例題 38 メネラウスの定理

右の図の △ABC において，
AQ：QC を求めよ。

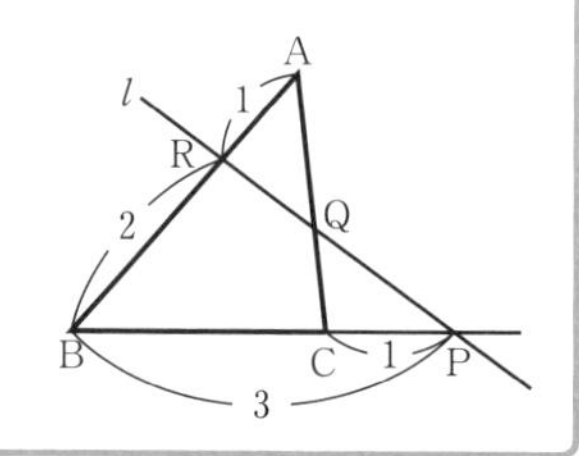

▶メネラウスの定理

△ABC の頂点を通らない直線 l が，辺 BC，CA，AB またはその延長と交わる点をそれぞれ P，Q，R とするとき，次の式が成り立つ。

$$\frac{\mathbf{BP}}{\mathbf{PC}}\cdot\frac{\mathbf{CQ}}{\mathbf{QA}}\cdot\frac{\mathbf{AR}}{\mathbf{RB}}=1$$

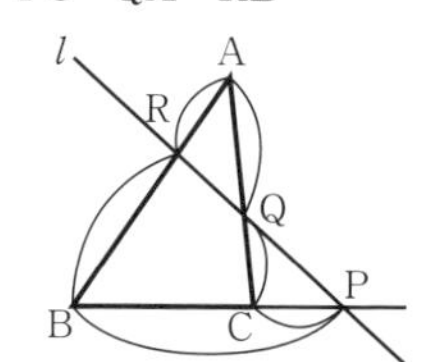

解 メネラウスの定理より

$$\frac{3}{1}\cdot\frac{CQ}{QA}\cdot\frac{1}{2}=1$$

ゆえに $\frac{CQ}{QA}=\frac{2}{3}$

よって　AQ：QC＝**3：2**　←$\frac{a}{b}=\frac{c}{d}$ のとき $a:b=c:d$

例題 39 チェバの定理

右の図の △ABC において，
AR：RB を求めよ。

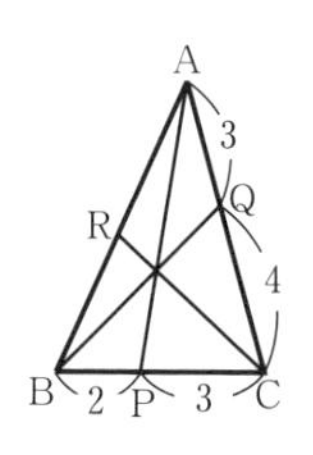

▶チェバの定理

△ABC の 3 辺 BC，CA，AB 上にそれぞれ点 P，Q，R があり，3 直線 AP，BQ，CR が 1 点 S で交わるとき，次の式が成り立つ。

$$\frac{\mathbf{BP}}{\mathbf{PC}}\cdot\frac{\mathbf{CQ}}{\mathbf{QA}}\cdot\frac{\mathbf{AR}}{\mathbf{RB}}=1$$

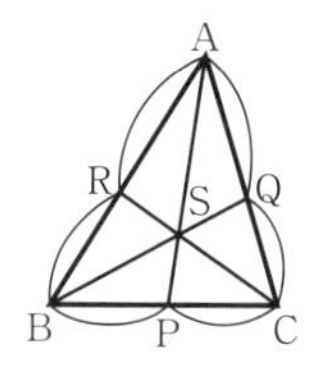

解 チェバの定理より

$$\frac{2}{3}\cdot\frac{4}{3}\cdot\frac{AR}{RB}=1$$

ゆえに $\frac{AR}{RB}=\frac{9}{8}$

よって　AR：RB＝**9：8**

類題

132 右の図の △ABC において，AQ：QC を求めよ。

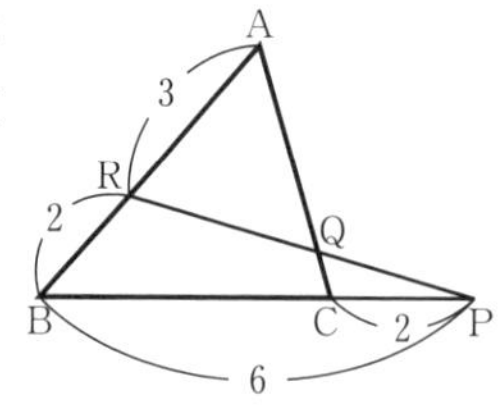

133 右の図の △ABC において，AQ：QC を求めよ。

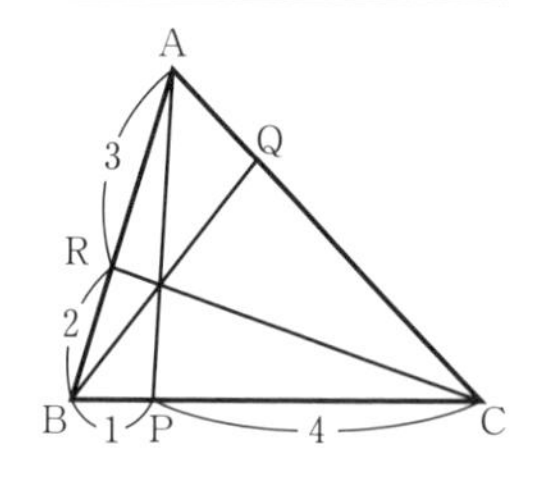

134 次の問いに答えよ。

(1) 右の図の △ABC において，

AR：RB＝3：1

BP：BC＝1：2

である。このとき，AQ：QC を求めよ。

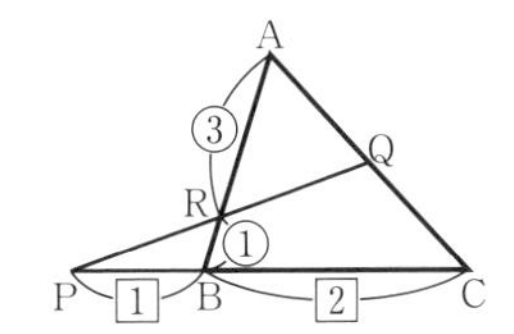

(2) 右の図の △ABC において，

BP：PC＝1：1

CQ：QA＝3：4

である。このとき，AR：RB を求めよ。

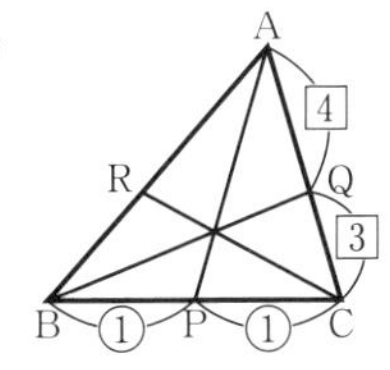

135 右の図の △ABC において，AB を 3：2 に内分する点を D，AC を 5：4 に内分する点を E とする。このとき，BO：OE を求めよ。

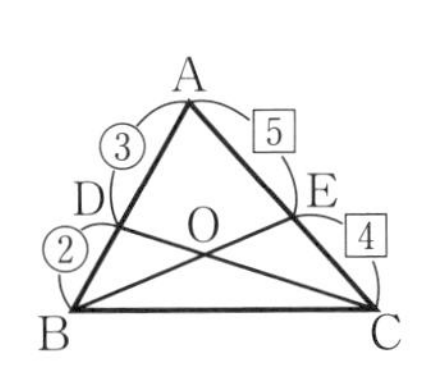

136 右の図の △ABC において，点 P，Q は辺 BC，CA をそれぞれ 1：2 に内分する点である。AP と BQ の交点を O とし，CO と AB の交点を R とする。このとき，次の比を求めよ。

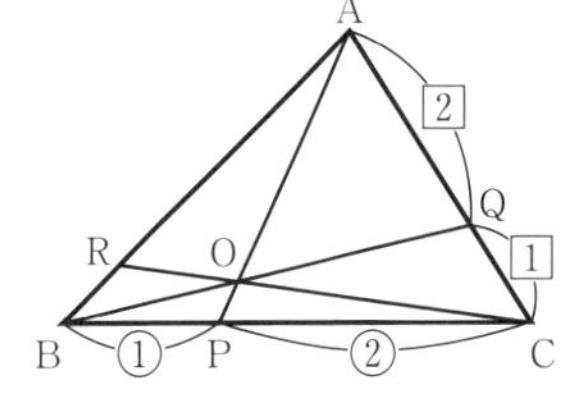

(1) AR：RB

(2) AO：OP

(3) △OBC：△ABC

JUMP 22 右の図の △ABC において，AD：DB＝3：2，BE：EC＝3：1 である。直線 DE と AC の延長との交点を F とするとき，△BEF：△ABC を求めよ。

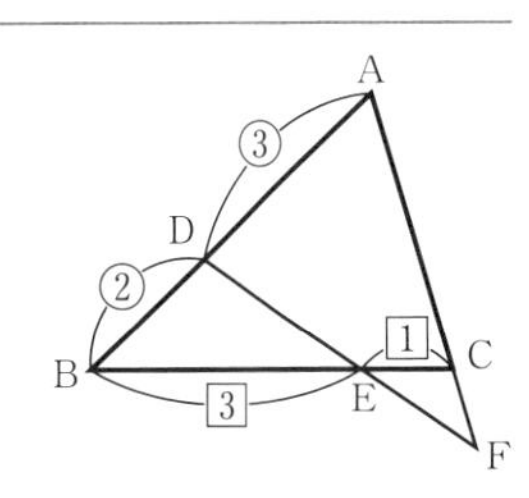

23 円周角の定理とその逆

例題 40 円周角の定理

次の図において，θ を求めよ。ただし，O は円の中心とする。

(1)

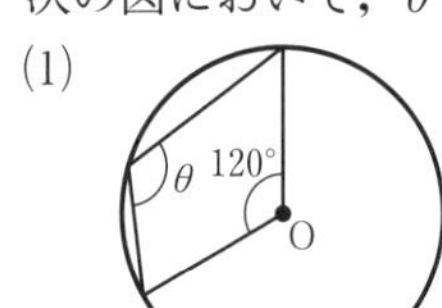

(2)

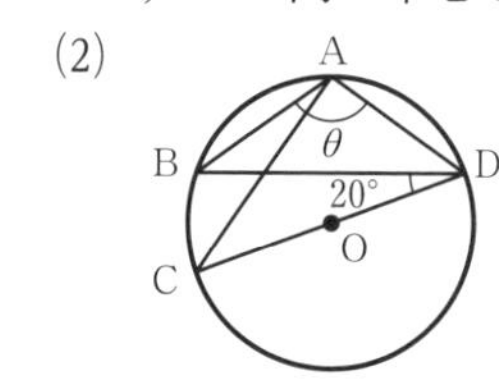

▶円周角の定理

1 つの弧に対する円周角の大きさは一定であり，その弧に対する中心角の大きさの半分である。

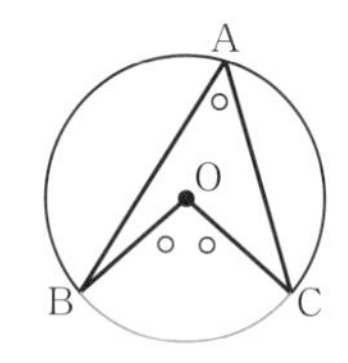

解 (1) $360° - 120° = 240°$

よって，円周角の定理より

$\theta = 240° \div 2 = \mathbf{120°}$

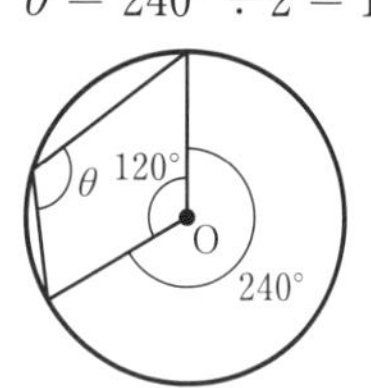

(2) 線分 CD は円 O の直径であるから $\angle CAD = 90°$

円周角の定理より

$\angle BAC = \angle BDC = 20°$

よって $\theta = 90° + 20° = \mathbf{110°}$

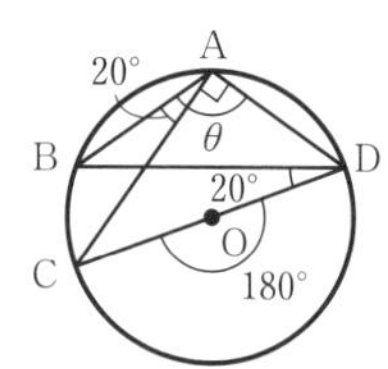

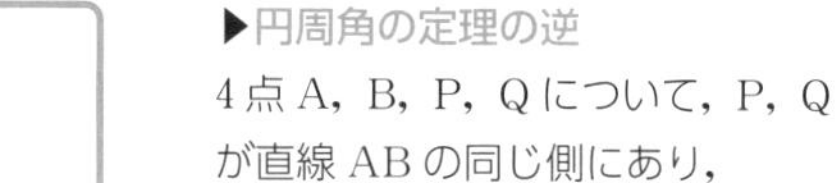

例題 41 円周角の定理の逆

右の図において，4 点 A，B，C，D は同一円周上にあるかどうか調べよ。

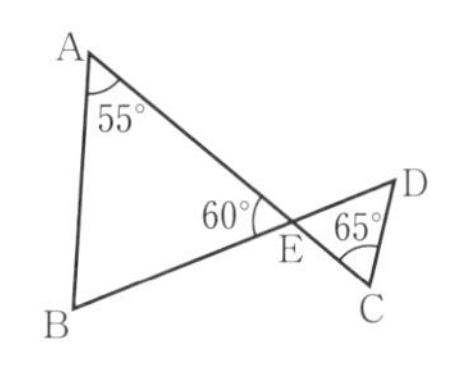

▶円周角の定理の逆

4 点 A，B，P，Q について，P，Q が直線 AB の同じ側にあり，

$\angle APB = \angle AQB$

が成り立つならば，この 4 点は同一円周上にある。

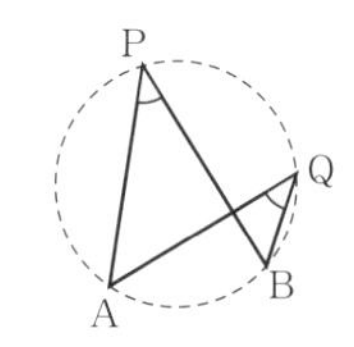

解 $\angle BDC = \theta$ とする。$\angle DEC = 60°$ であるから，

$\theta + 60° + 65° = 180°$ ゆえに $\theta = 55°$

2 点 A，D が直線 BC に関して同じ側にあり，$\angle BAC = \angle BDC$ であるから，4 点 A，B，C，D は**同一円周上にある。**

類題

137 次の図において，θ を求めよ。ただし，O は円の中心である。

(1)

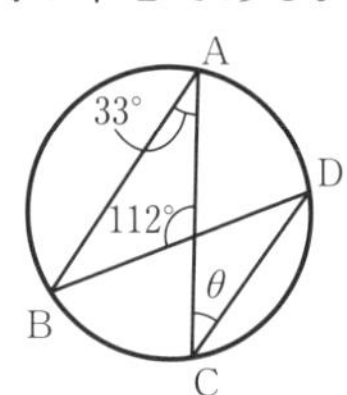

(2)

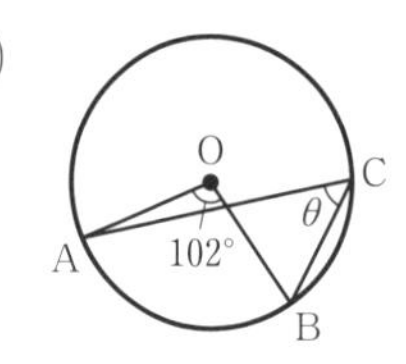

138 下の図において，4 点 A，B，C，D は同一円周上にあるかどうか調べよ。

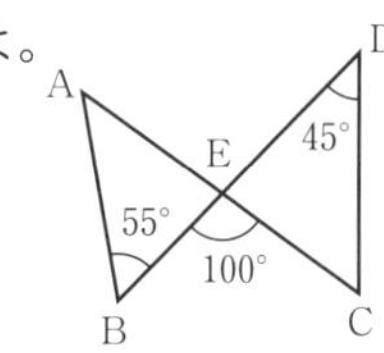

139 次の図において，θ を求めよ。ただし，O は円の中心である。

(1)

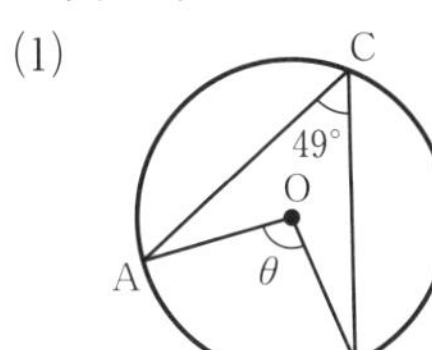

(2)

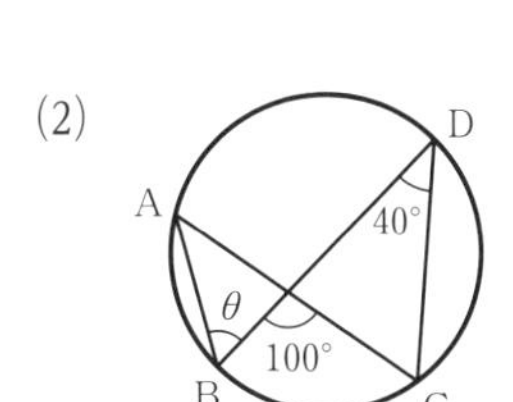

140 次の図において，4 点 A，B，C，D は同一円周上にあるかどうか調べよ。

(1)

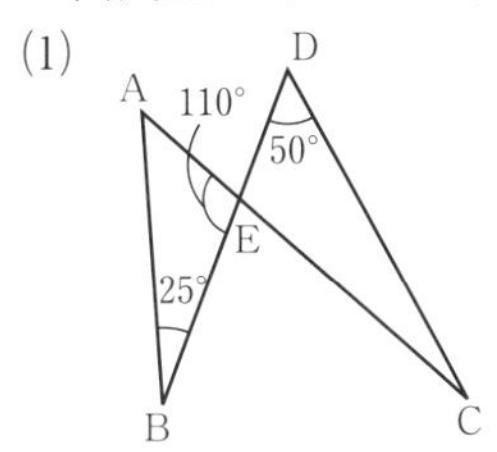

(2)

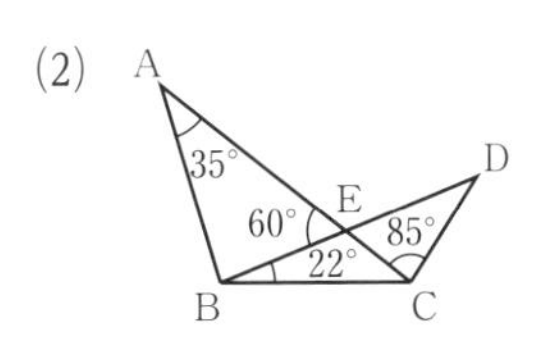

(3) $\angle BCD = 90°$

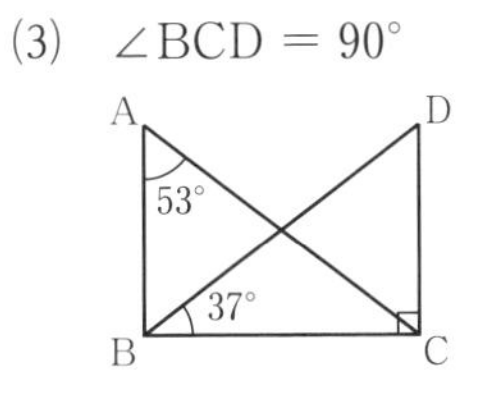

141 次の図において，α，β，γ を求めよ。ただし，O は円の中心である。

(1)

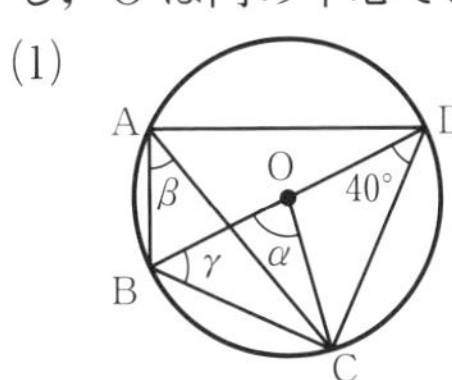

(2)

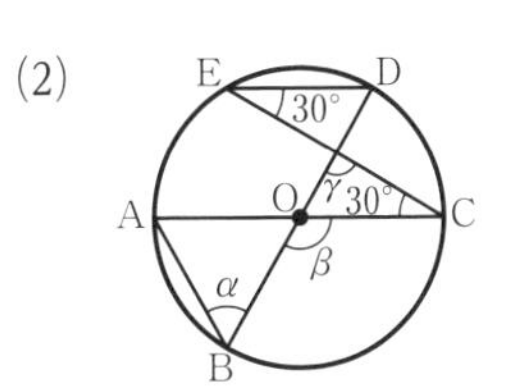

(3) $\angle BAC = \angle CAD$

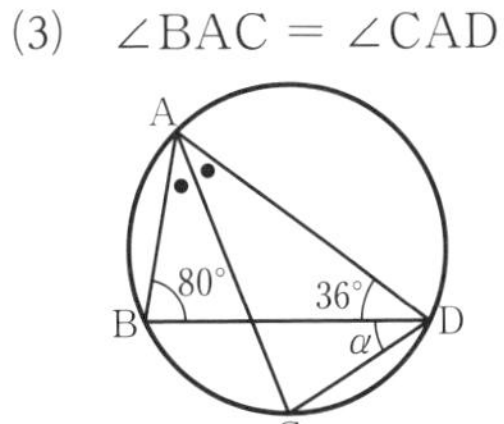
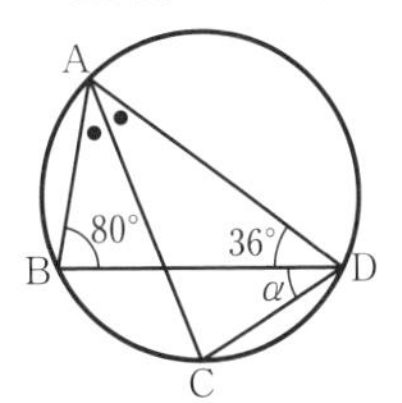

JUMP 23 右の図において，弧 AB：弧 BC：弧 CD：弧 DA ＝ 3：4：5：6 である。このとき，θ を求めよ。

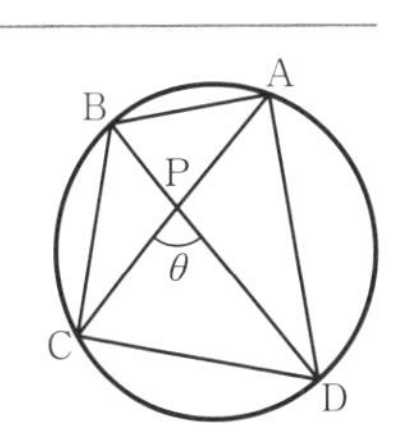

24 円に内接する四角形と四角形が円に内接する条件

例題 42 円に内接する四角形

次の図において，四角形 ABCD は円に内接している。このとき，α, β を求めよ。

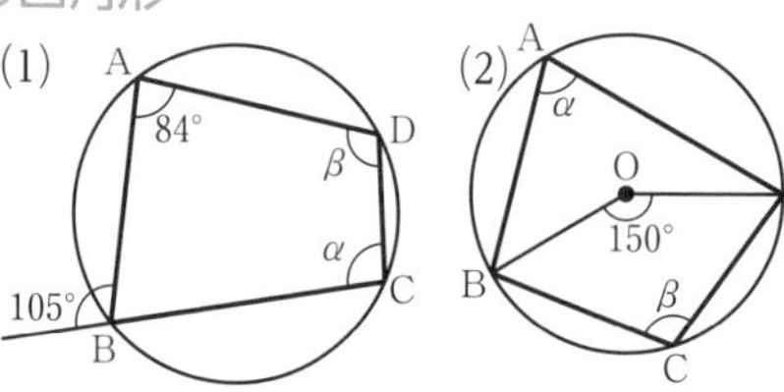

▶円に内接する四角形

[1]　向かい合う内角の和は 180° である。

[2]　1 つの内角は，それに向かい合う内角の外角に等しい。

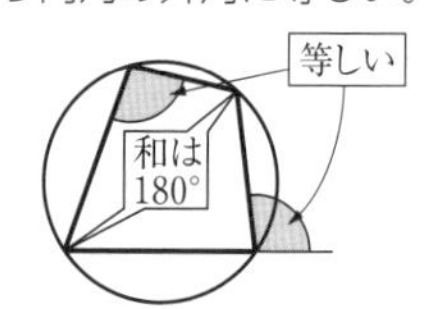

解 (1)　円に内接する四角形の性質から，向かい合う内角の和は 180° である。よって　$\alpha = 180° - 84° = \mathbf{96°}$

また，∠ADC は ∠ABC の外角に等しいから　$\beta = \mathbf{105°}$

(2)　円周角の定理より　$\alpha = 150° \div 2 = \mathbf{75°}$

円に内接する四角形の性質から，向かい合う内角の和は 180° である。よって　$\beta = 180° - 75° = \mathbf{105°}$

例題 43 四角形が円に内接する条件

次の四角形 ABCD について，円に内接するか調べよ。

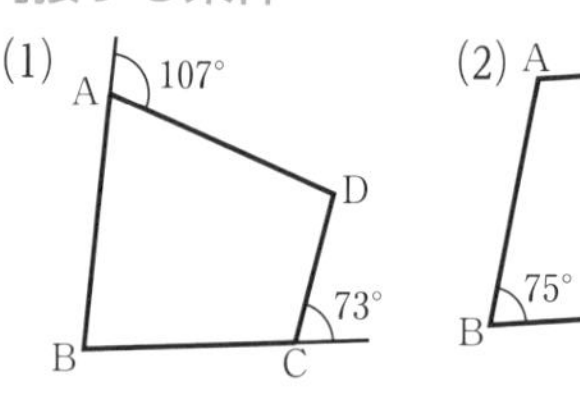

(2) A, D, 90°, 75°, 90°, B, C

▶四角形が円に内接する条件

[1]　向かい合う内角の和が 180° である。

[2]　1 つの内角が，それに向かい合う内角の外角に等しい。

解 (1)　∠BCD = 180° − 73° = 107° より，∠BCD は ∠BAD の外角に等しいから，四角形 ABCD は円に**内接する**。

(2)　向かい合う内角 ∠B と ∠D の和が 90° + 75° = 165° であり，180° でない。ゆえに，四角形 ABCD は円に**内接しない**。

類題

142　次の図において，四角形 ABCD は円に内接している。このとき，α, β を求めよ。

(1)

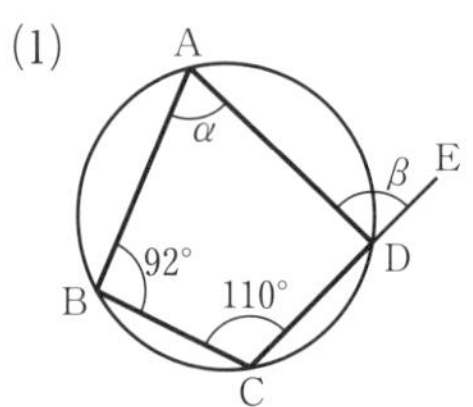

(2)

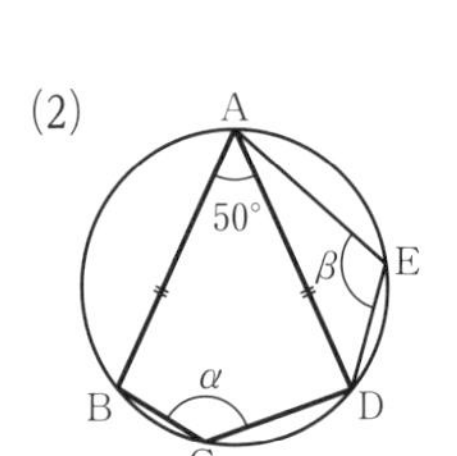

143　次の四角形 ABCD について，円に内接するか調べよ。

A, D, 85°, 85°, B, C

144 次の図において，四角形 ABCD，CDEF は円に内接している。このとき，α，β を求めよ。

(1)

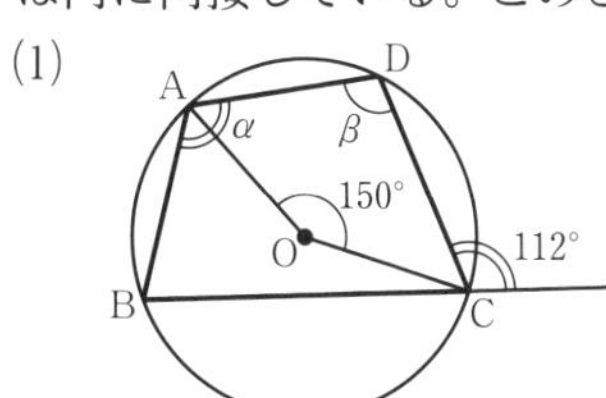

(2)

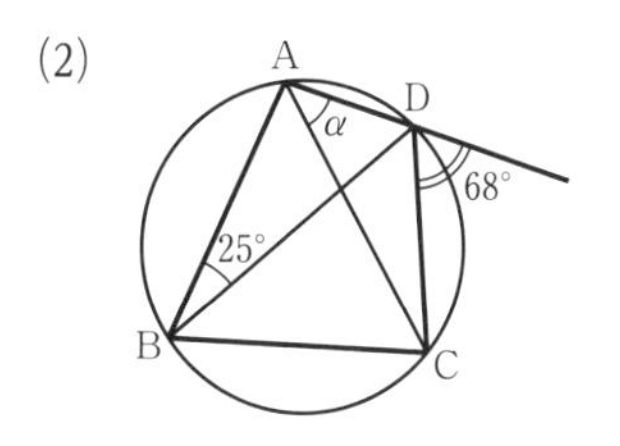

(3)

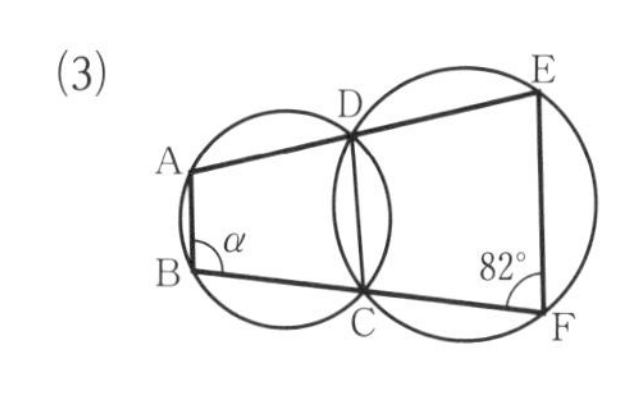

145 次の四角形 ABCD について，円に内接するか調べよ。ただし，AB = CB とする。

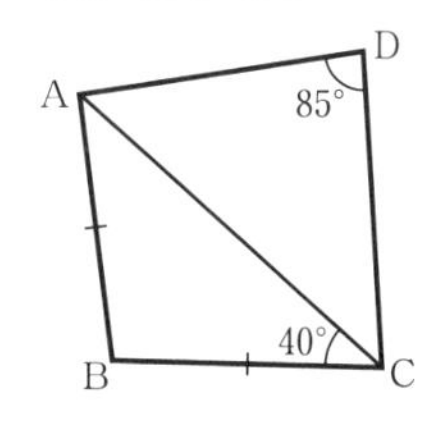

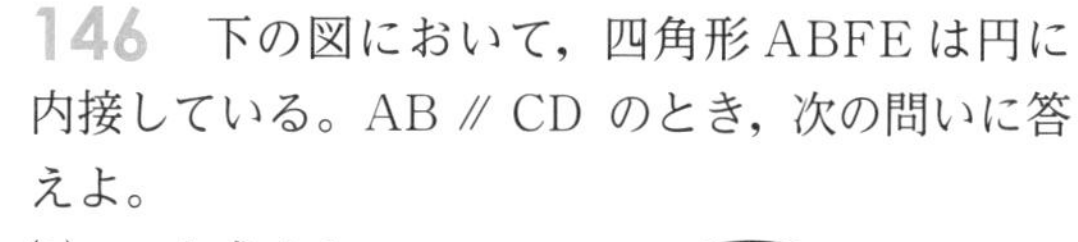

146 下の図において，四角形 ABFE は円に内接している。AB ∥ CD のとき，次の問いに答えよ。

(1) α を求めよ。

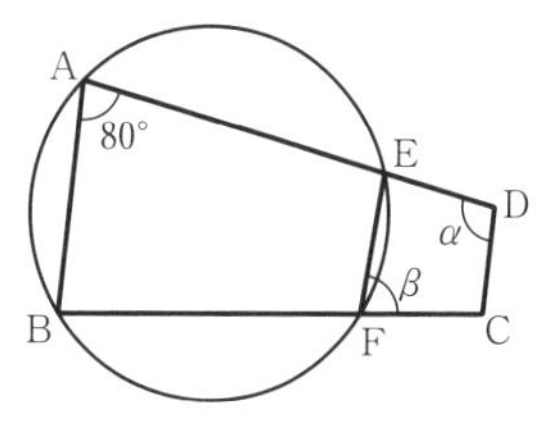

(2) β を求めよ。

(3) 四角形 EFCD は円に内接するか調べよ。

147 ①～③の四角形 ABCD のうち，円に内接するものはどれか答えよ。

①

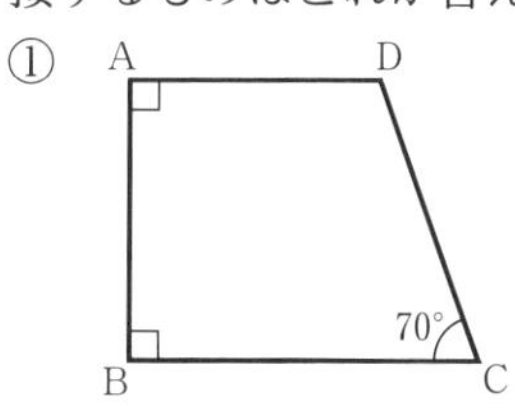

②

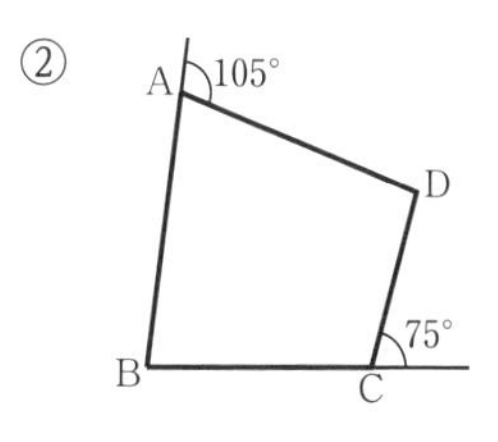

③

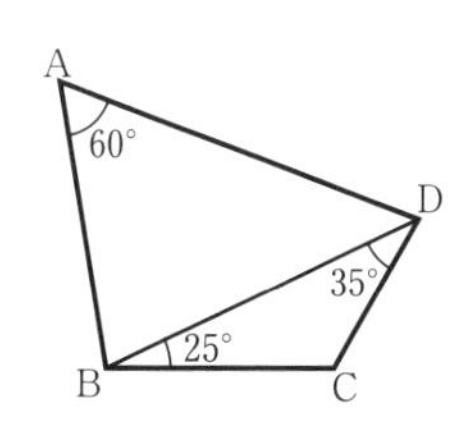

JUMP 24 右の図の △ABC において，A から BC に垂線 AD，D から AB に垂線 DE，D から AC に垂線 DF をおろす。∠BAD = 40° のとき，∠AFE の大きさを求めよ。

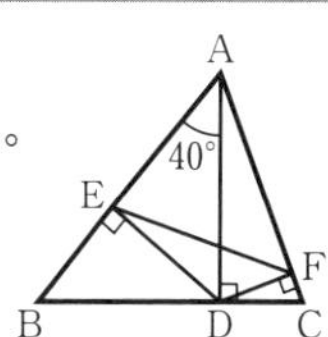

25 円の接線と弦のつくる角

例題 44 接線の長さ

右の図において，△ABC の内接円 O と辺 BC，CA，AB との接点を，それぞれ P，Q，R とする。このとき，x を求めよ。

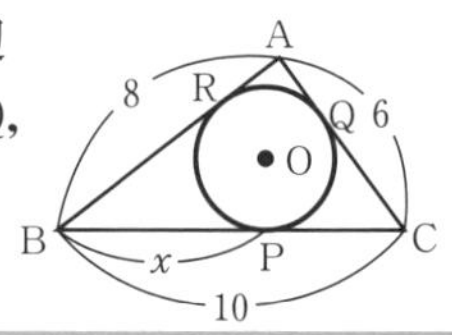

解 BR ＝ BP ＝ x，AB ＝ 8 より

AR ＝ 8 − x

ゆえに AQ ＝ AR ＝ 8 − x

また CQ ＝ CP ＝ 10 − x

ここで，AC ＝ AQ＋CQ より

6 ＝ (8 − x)＋(10 − x)

これを解いて x ＝ **6**

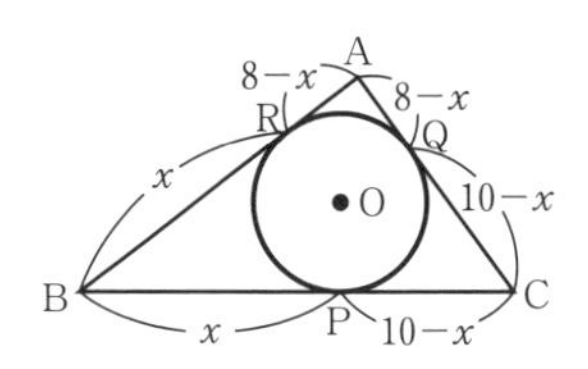

▶接線の長さ

円の外部の点 A から引いた 2 本の接線の接点を P，P′ とするとき，AP，AP′ の長さを接線の長さといい，これらは等しい。

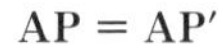
AP ＝ AP′

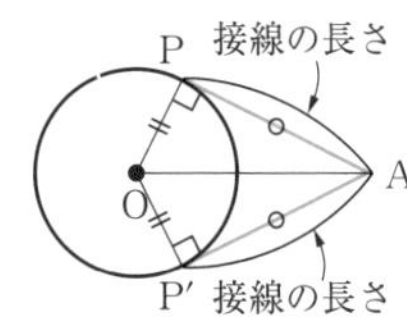

例題 45 接線と弦のつくる角

右の図において，AD，BD は円 O の接線，A，B は接点である。このとき，θ を求めよ。

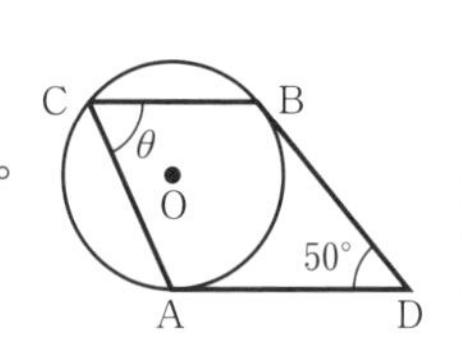

解 A と B を結ぶ。接線の長さは等しいから

DA ＝ DB

ゆえに，△DAB は二等辺三角形である。

よって ∠DAB ＝ (180° − 50°) ÷ 2 ＝ 65°

AD は円の接線であるから，接線と弦のつくる角の性質より

θ ＝ ∠DAB ＝ **65°**

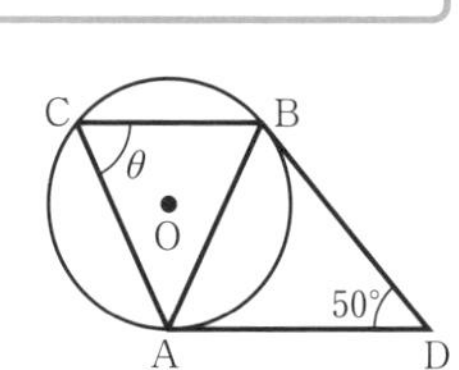

▶接線と弦のつくる角

円の接線 AT と接点 A を通る弦 AB のつくる角は，その角の内部にある弧 AB に対する円周角に等しい。

∠TAB ＝ ∠ACB

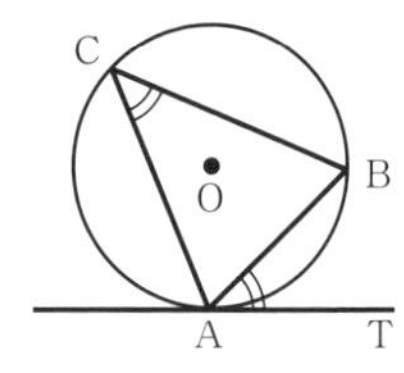

類題

148 下の図において，△ABC の内接円 O と辺 BC，CA，AB との接点を，それぞれ P，Q，R とする。このとき，x を求めよ。

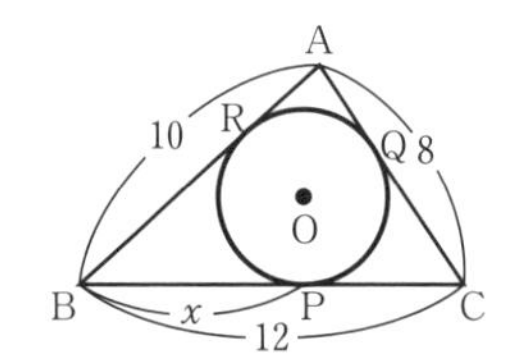

149 下の図において，AT は円 O の接線，A は接点である。このとき，θ を求めよ。

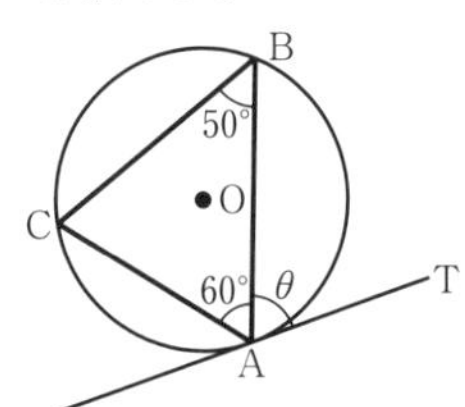

150　次の図において，△ABC の内接円 O と辺 BC，CA，AB との接点を，それぞれ P，Q，R とする。このとき，x を求めよ。

(1)

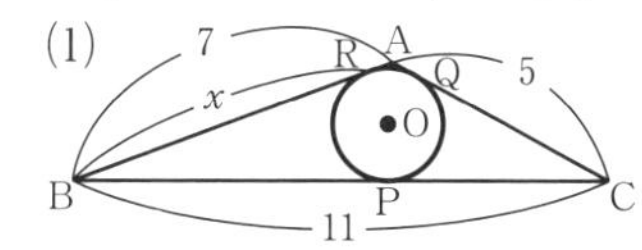

(2)

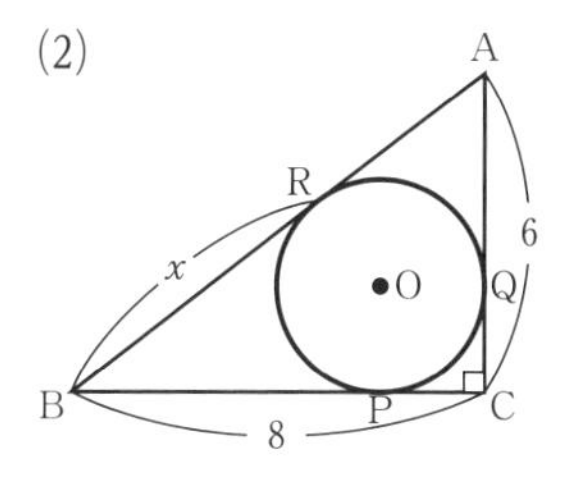

151　次の図において，直線 l，m は円 O の接線である。このとき，α，β を求めよ。

(1)　A は接点

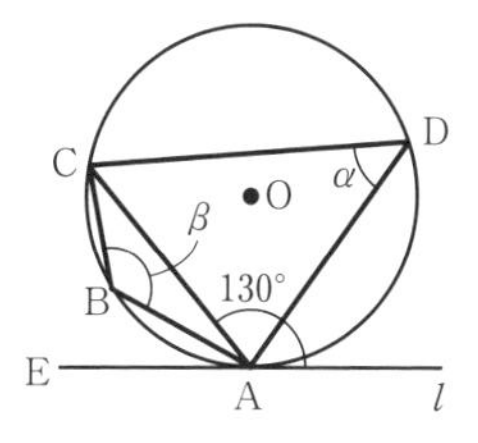

(2)　A，B は接点

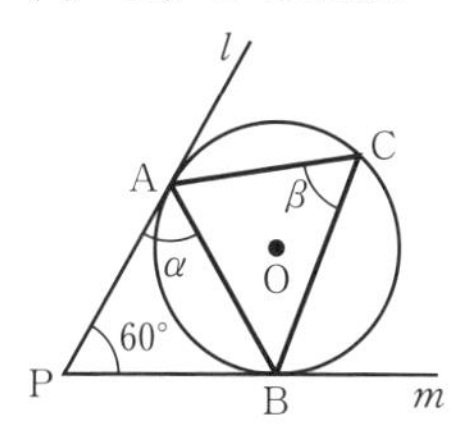

152　下の図において，四角形 ABCD の内接円 O と辺 AB，BC，CD，DA との接点を，それぞれ P，Q，R，S とする。このとき，$a+b$ を求めよ。

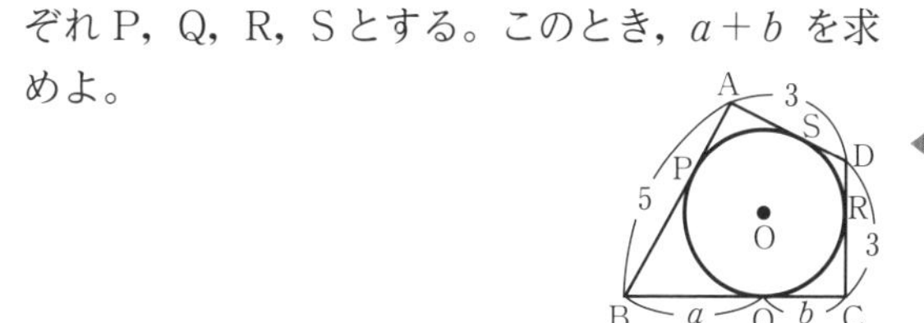

153　下の図において，AD，BD は円 O の接線，A，B は接点である。このとき，θ を求めよ。

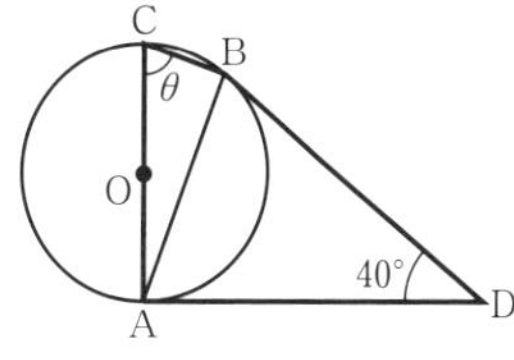

JUMP 25　右の図において，AP，AQ，BC は円 O の接線，P，Q，D は接点である。
AP $=10$ であるとき，AB＋BC＋CA を求めよ。

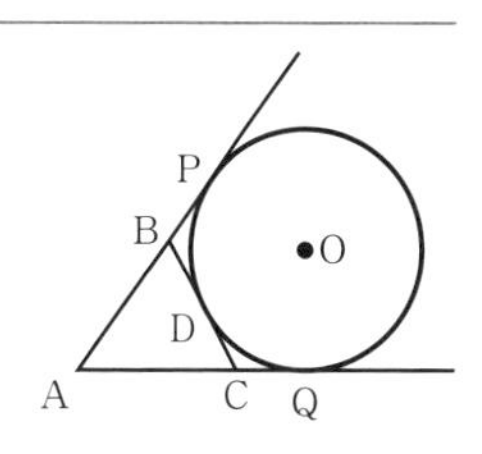

26 方べきの定理，2つの円

例題 46　方べきの定理

次の図において，x を求めよ。ただし，PT は円 O の接線，T は接点である。

(1)

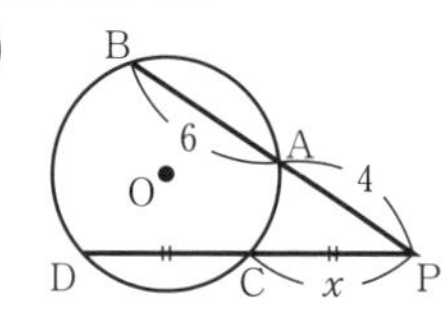

(2)

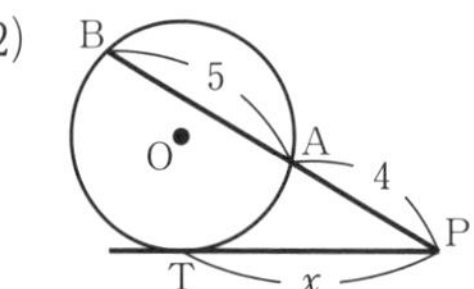

解 (1)　PC $=$ CD より　PD $= 2x$

PC・PD $=$ PA・PB　←方べきの定理(1)

より　$x \cdot 2x = 4 \cdot (4+6)$

$2x^2 = 40$

$x > 0$ より　$x = \mathbf{2\sqrt{5}}$

(2)　$\mathrm{PT}^2 = $ PA・PB　←方べきの定理(2)

より　$x^2 = 4 \cdot (4+5) = 36$

$x > 0$ より　$x = \mathbf{6}$

▶方べきの定理(1)

円の 2 つの弦 AB，CD の交点，または，それらの延長の交点を P とするとき

PA・PB = PC・PD

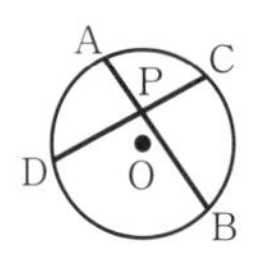

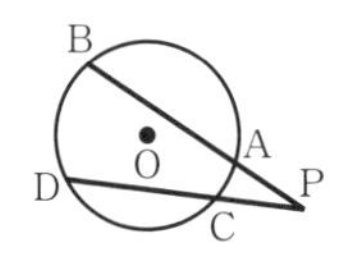

▶方べきの定理(2)

円の弦 AB の延長と円周上の点 T における接線が点 P で交わるとき

PA・PB = PT²

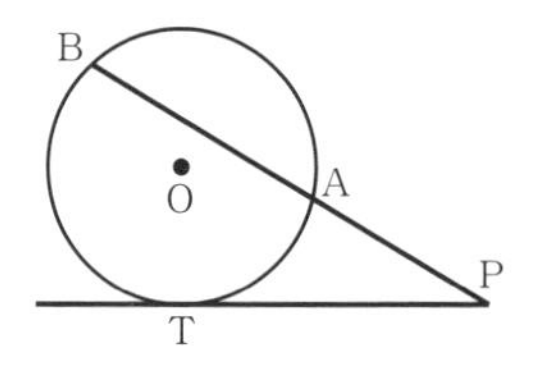

例題 47　2つの円の共通接線

右の図において，AB は円 O，O′ の共通接線で A，B は接点である。このとき，線分 AB の長さを求めよ。

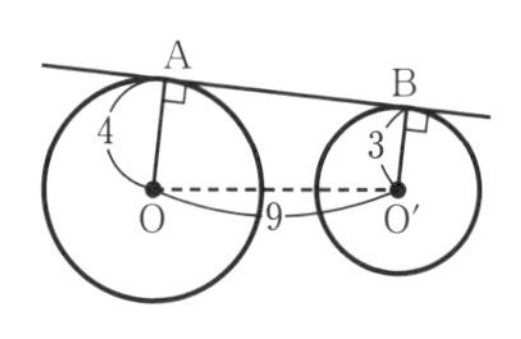

点 O′ から線分 OA に垂線 O′H をおろすと

OH $=$ OA $-$ O′B $= 4 - 3 = 1$

△OO′H は，直角三角形であるから

AB $=$ O′H $= \sqrt{9^2 - 1^2} = \sqrt{80}$

$= \mathbf{4\sqrt{5}}$

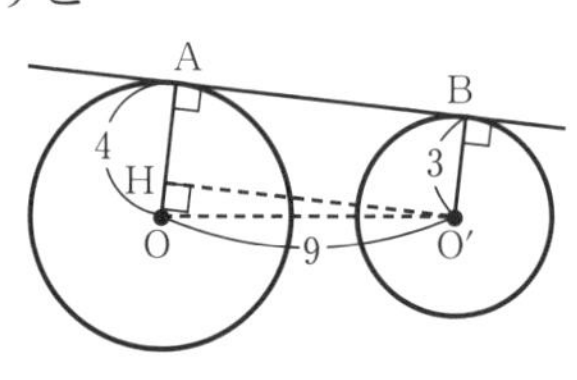

▶共通接線

2 つの円の両方に接している直線を，その 2 つの円の共通接線という。

下の図のように，2 つの円が離れているとき，4 本の共通接線を引くことができる。

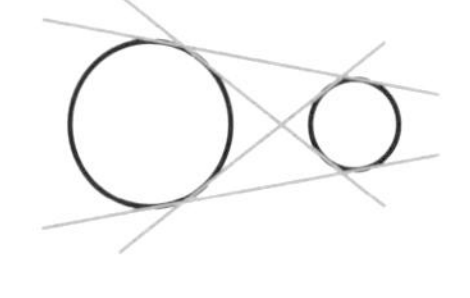

類題

154　下の図において，x を求めよ。

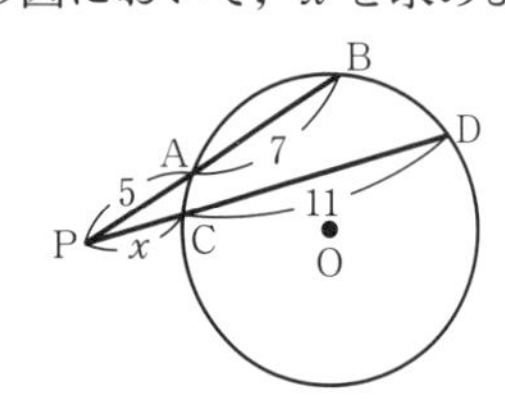

155　下の図において，AB は円 O，O′ の共通接線で，A，B は接点である。このとき，線分 AB の長さを求めよ。

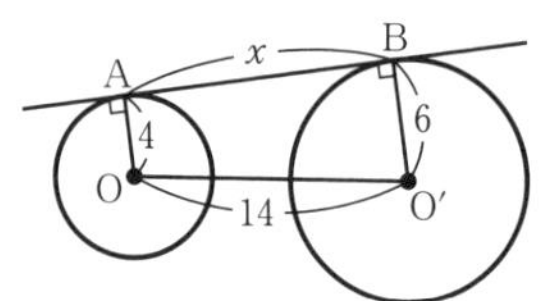

156 次の図において，x を求めよ。

(1)

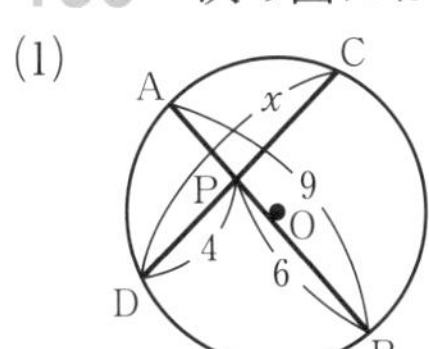

(2)

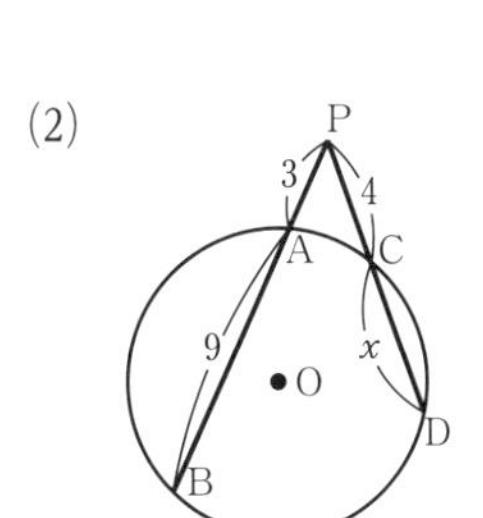

(3) 直線 PT は円の接線，T は接点

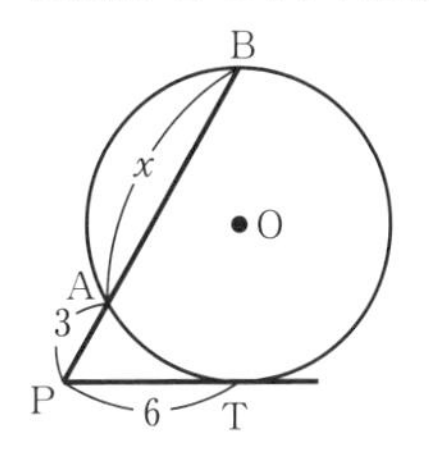

157 下の図において，AB は円 O，O′（半径はそれぞれ 10，1）の共通接線で，A，B はその接点である。このとき，線分 AB の長さを求めよ。

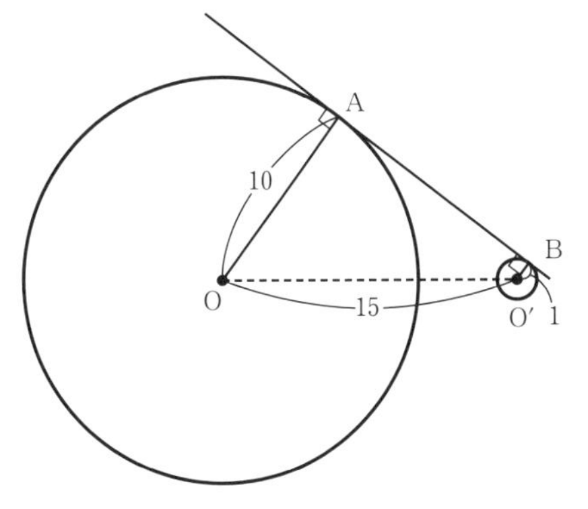

158 下の図において，AB は円 O の直径で，AP = 1，PB = 3 であるとする。このとき線分 PC の長さを求めよ。

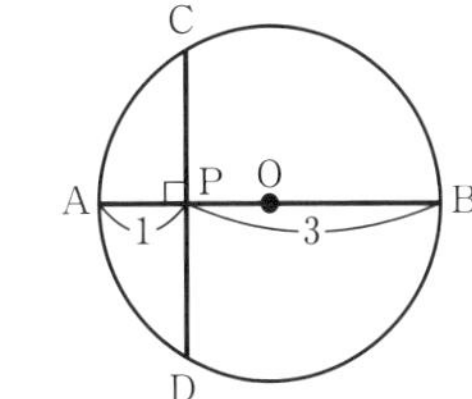

159 下の図において，直線 l は 2 つの円 O，O′ に点 A，B で接している。半径はそれぞれ 5，2，中心間の距離 OO′ = 14 である。このとき，次の線分の長さを求めよ。

(1) OC

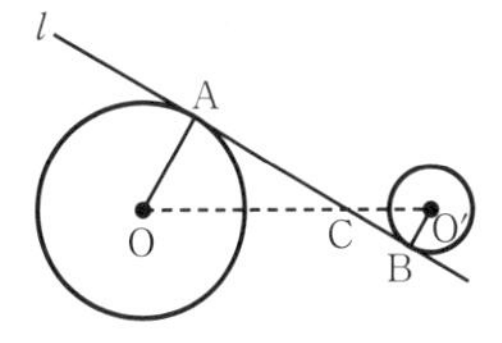

(2) AC

(3) AB

JUMP 26 右の図において，2 点 A，B で交わる 2 つの円の中心を O，O′ とする。2 円の共通接線の接点を C，D とし，PA = AB = $\sqrt{2}$ とするとき，PC と OO′ の長さを求めよ。ただし，CO = 1，DO′ = 5 とする。

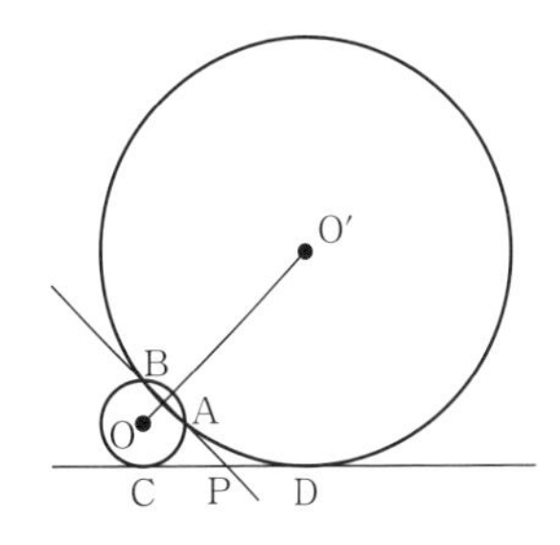

2章 図形の性質

1 下の図の線分 AB において，次の点を図示せよ。

(1) 1：3 に内分する点 P

(2) 5：1 に外分する点 Q

(3) 1：5 に外分する点 R

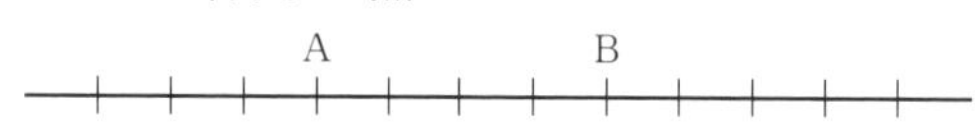

2 下の図の △ABC において，AD が ∠A の外角の二等分線であるとき，線分 CD の長さ x を求めよ。

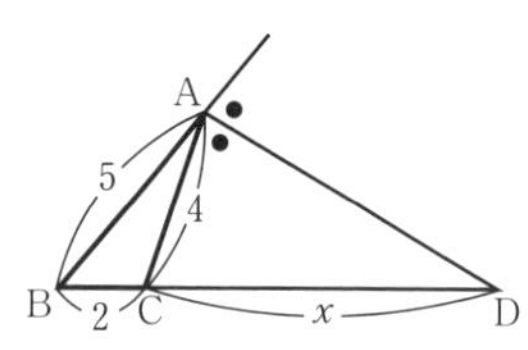

3 1 辺の長さが a である正三角形 ABC において，重心を G，辺 BC，CA の中点をそれぞれ M，N とする。このとき，△GBM の周囲の長さを a で表せ。

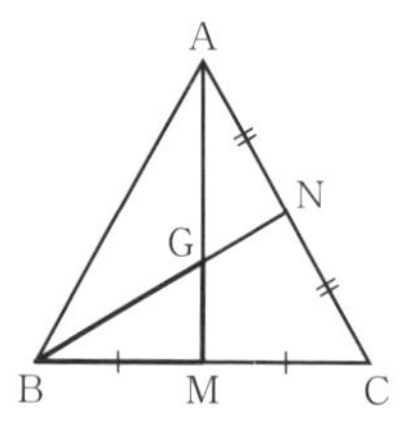

4 下の図において，点 O は △ABC の外心である。∠A = 50°，∠B = 60°，∠C = 70° のとき，α，β，γ を求めよ。

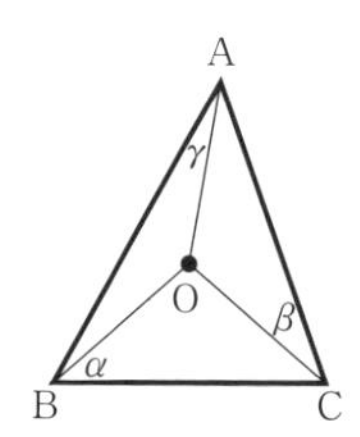

5 次の問いに答えよ。

(1) 下の図の △ABC において，
AR：RB = 4：1，AQ：QC = 2：3 であるとき，PB：BC を求めよ。

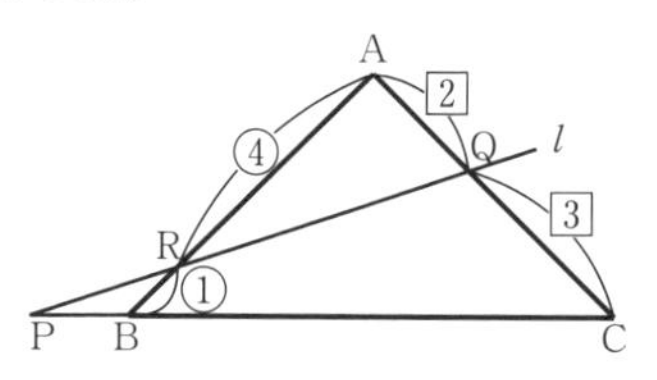

(2) 下の図の △ABC において，
AR：RB = 4：5，CQ：QA = 2：3 であるとき，BP：PC を求めよ。

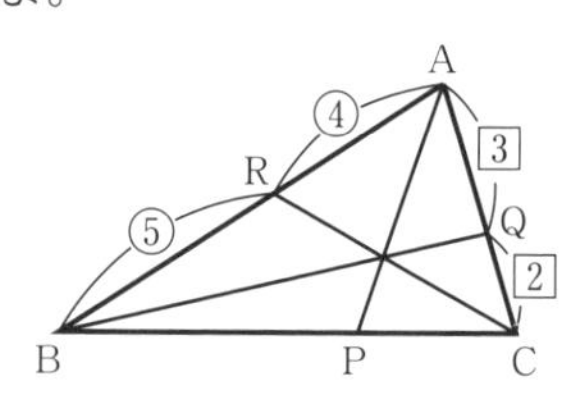

6 次の図において，θ を求めよ。ただし，直線 l，m は円の接線である。

(1) A，B は接点

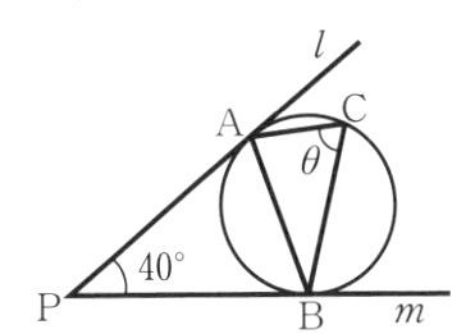

(2) A は接点

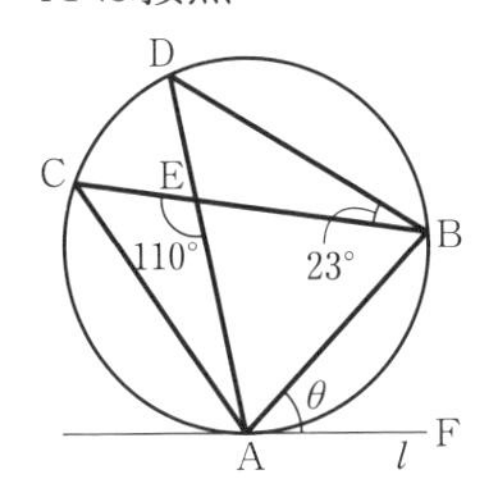

(3) A は接点

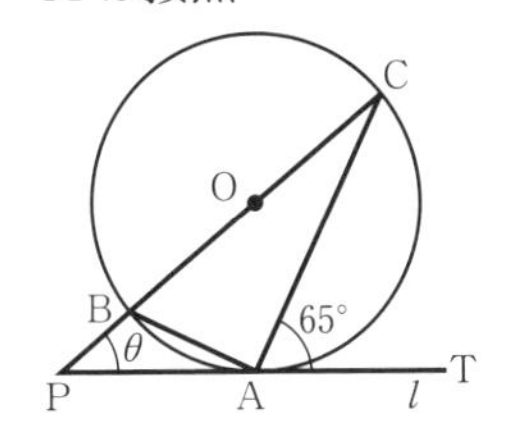

7 下の図において，△ABC は円に内接している。また，点 A を接点とする接線と線分 BC の延長との交点を P，∠APB の二等分線と AB，AC との交点を D，E とする。$\angle CAP = 50^\circ$，$\angle APE = \angle CPE = 15^\circ$ とするとき，∠AED，∠ADE の大きさを求めよ。

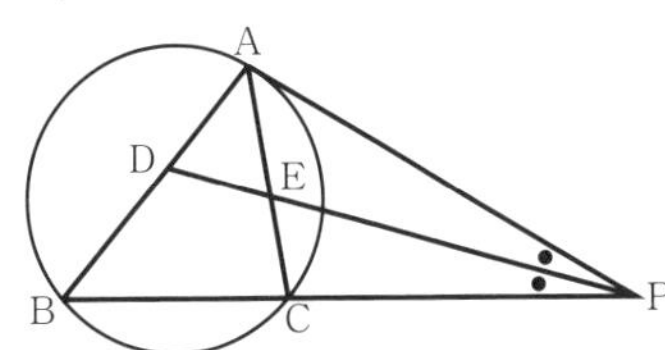

8 下の図において，PT は円の接線，T は接点である。$PA = x$，$AB = y$ とするとき，PT の長さを x，y で表せ。

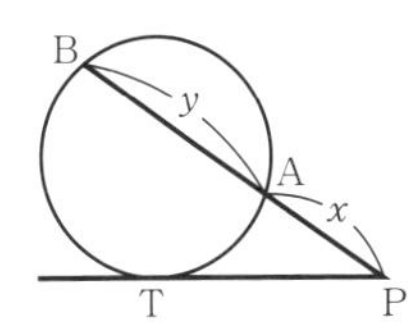

9 下の図において，四角形 BDEC が円に内接するとき，x を求めよ。

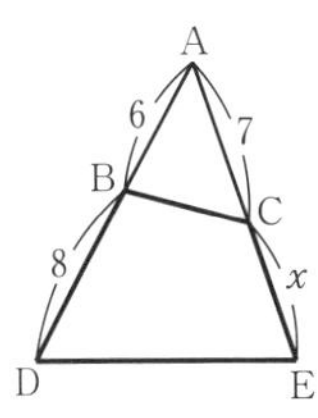

27 作図

例題 48 内分する点，外分する点

線分 AB を次のように分ける点を作図せよ。

(1) 3：1 に内分する点 P　　(2) 3：2 に外分する点 Q

A ———— B　　A ——— B

解

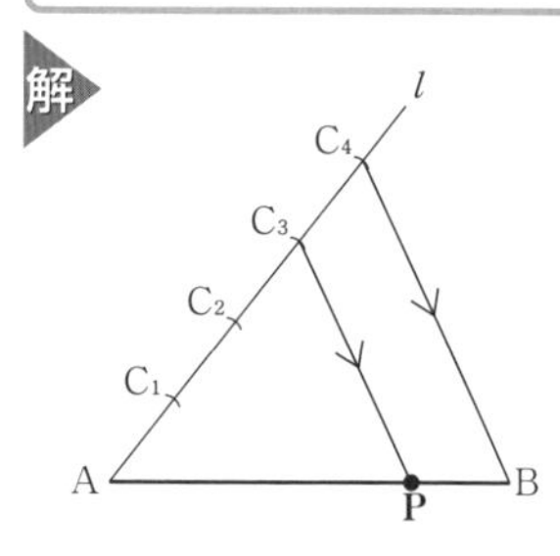

(1) ① 点 A を通る直線 l を引き，コンパスで等間隔に 4 個の点 C_1，C_2，C_3，C_4 をとる。

② 点 C_4 と点 B を結ぶ。この線分と平行に点 C_3 を通る直線を引き，線分 AB との交点を P とすれば，**点 P** は線分 AB を 3：1 に内分する。

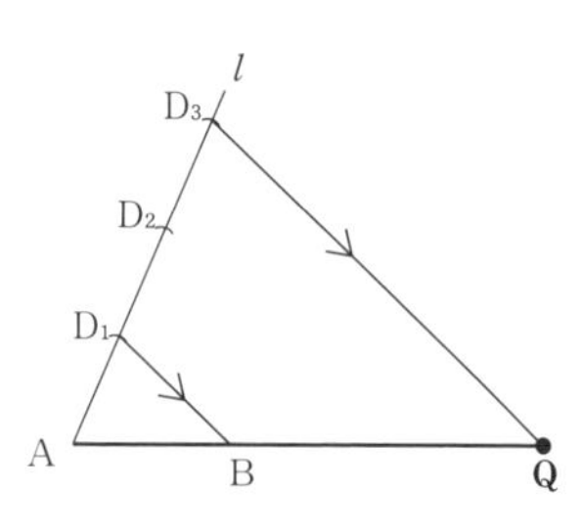

(2) ① 点 A を通る直線 l を引き，コンパスで等間隔に 3 個の点 D_1，D_2，D_3 をとる。

② 点 D_1 と点 B を結ぶ。この線分と平行に点 D_3 を通る直線を引き，線分 AB の延長との交点を Q とすれば，**点 Q** は線分 AB を 3：2 に外分する。

例題 49 平方根で表される線分の作図

下の図の長さ 1 の線分が与えられたとき，長さ $\sqrt{3}$ の線分を作図せよ。

1

解

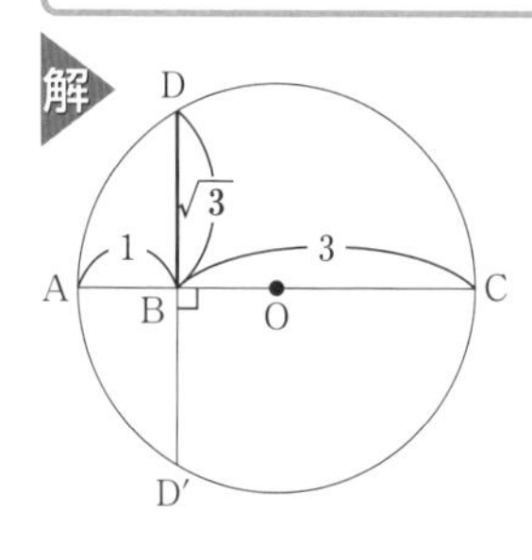

① 3 点 A，B，C を AB = 1，BC = 3 となるように同一直線上にとる。

② 垂直二等分線の作図を利用して，線分 AC の中点 O を求め，OA を半径とする円 O をかく。

③ 点 B を通り AC に垂直な直線を引き，円 O との交点を D，D′ とする。このとき，**線分 BD** が求める長さ $\sqrt{3}$ の線分である。

▶基本的な作図

[線分の垂直二等分線]

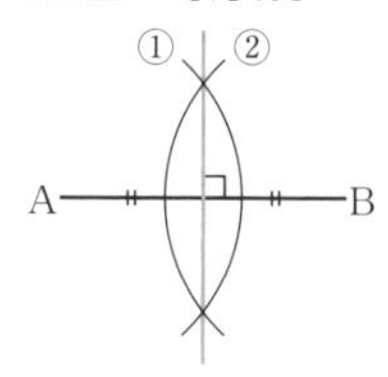

[垂線]

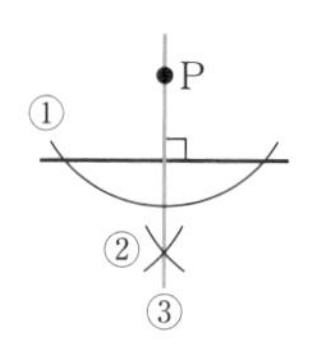

[角の二等分線]

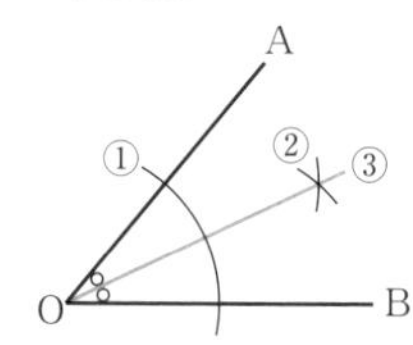

▶平行線の作図

l 上に点 O をとる。
点 O を中心とする半径 OP の円と l との交点を Q とする。
P と Q からの距離が OP と等しい点 R をとり，P と R を結ぶ。

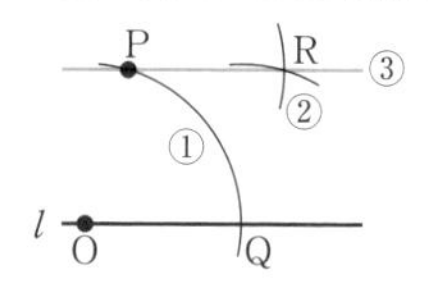

▶$\sqrt{a}$ の長さの作図

AB = 1，BC = a となる点 A，B，C を同一直線上にとる。
AC の中点 O を求める。
直径 AC の円を描く。
B を通る垂線と円との交点を D とすると，BD = $\sqrt{a}$ となる。

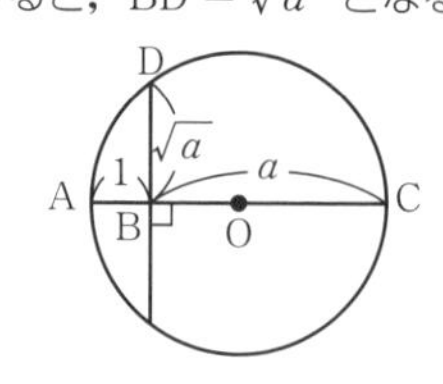

160　下の図の線分 AB を $3:2$ に内分する点 P と，$3:1$ に外分する点 Q をそれぞれ作図せよ。

A ―――――――― B

161　下の図の線分 AB を，次のように分ける点を作図せよ。

(1)　$2:5$ に内分する点 P

A ―――――――― B

(2)　$7:4$ に外分する点 Q

A ―――――――― B

162　下の図の長さ 1，$\sqrt{2}$，$\sqrt{5}$ の線分を用いて，長さ $\sqrt{10}$，$\dfrac{\sqrt{2}}{\sqrt{5}}$ の線分を作図せよ。

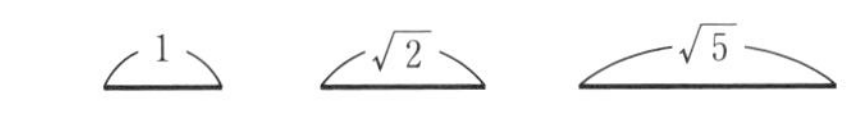

163　下の図の長さ 1 の線分を用いて，長さ $\sqrt{7}$ の線分を作図せよ。

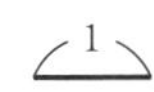

JUMP 27　長さ 1 の線分が与えられたとき，2 次方程式 $x^2-4x-9=0$ の正の解の長さを持つ線分を作図せよ。

28 空間における直線と平面

例題 50 2 直線の位置関係・2 平面の位置関係

右の図の立方体 ABCD-EFGH において，次の 2 直線のなす角を求めよ。

(1)　AD，BF　　(2)　BD，EF

(3)　AC，HF　　(4)　DE，EG

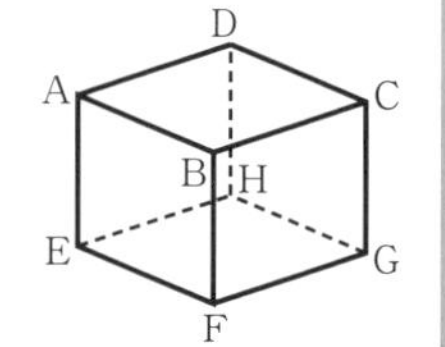

(1)　AD と BF のなす角は AD と AE のなす角に等しいから，AD と BF のなす角は **90°**

(2)　BD と EF のなす角は BD と AB のなす角に等しいから，BD と EF のなす角は **45°**

(3)　AC と HF のなす角は AC と DB のなす角に等しいから，AC と HF のなす角は **90°**

(4)　△DEG は正三角形なので，DE と EG のなす角は **60°**

▶2 直線のなす角

2 直線 l，m に対し，1 点 O を通って l，m に平行な直線 l'，m' を引くとき，l'，m' のなす角を 2 直線 l，m のなす角という。

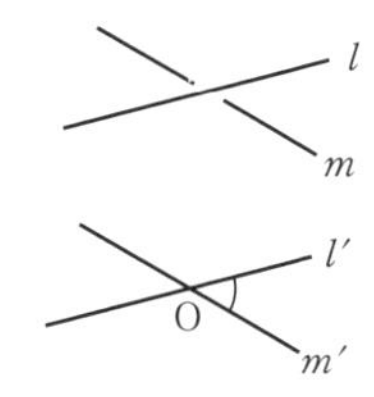

▶2 平面のなす角

交わる 2 平面 α，β の交線に垂直な直線 OA，OB をそれぞれ平面 α，β 上に引くとき，OA，OB のなす角を 2 平面 α，β のなす角という。

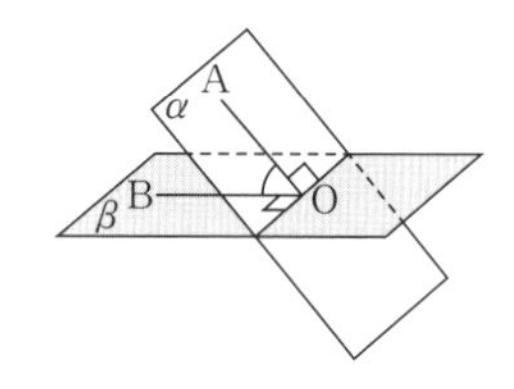

例題 51 平面と直線の垂直

右の図の正四面体 ABCD において，CD の中点を M とするとき，次のことを証明せよ。

(1)　平面 ABM ⊥ CD

(2)　AB ⊥ CD

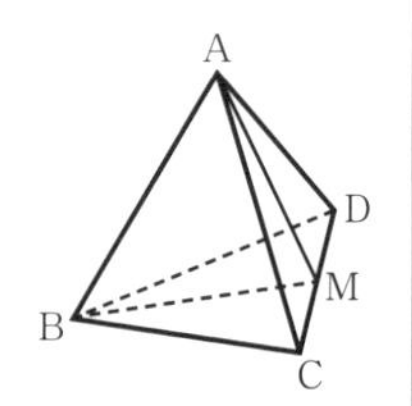

(1)　正四面体の各面は正三角形であり，M は CD の中点であるから　AM ⊥ CD，BM ⊥ CD

よって　平面 ABM ⊥ CD

(2)　(1)より CD は平面 ABM 上のすべての直線と垂直であるから　AB ⊥ CD

▶平面と直線の垂直

直線 l が平面 α 上のすべての直線と垂直であるとき，l と α は垂直であるという。

一般に，直線 l が平面 α 上の交わる 2 直線と垂直であるとき，$l \perp \alpha$ である。

例題 52 最短距離

右の図のような 1 辺の長さが a である立方体 ABCD-EFGH において，頂点 A から頂点 H まで BF 上の点 P，CG 上の点 R を通って糸をはわせる。このとき，糸の長さの最小値を求めよ。

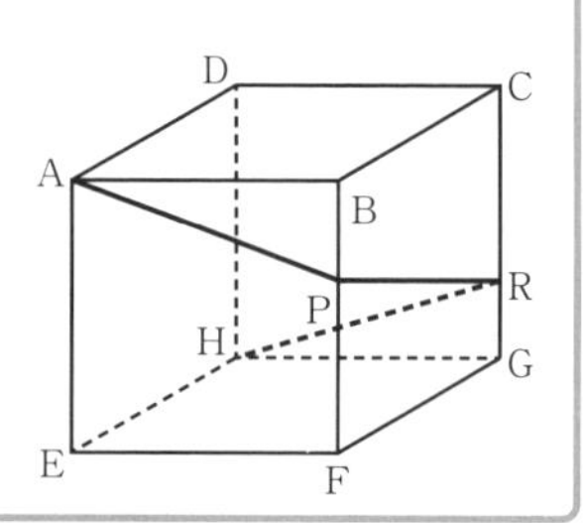

右の図のような展開図を考えると，糸の長さが最小になるのは A，H を直線で結んだときである。

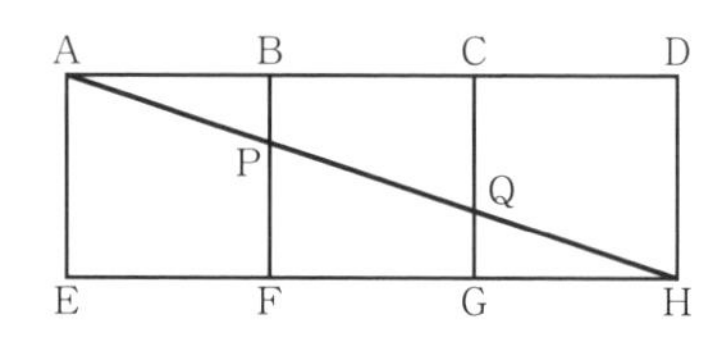

よって

$\sqrt{a^2+(3a)^2} = \sqrt{10}\,a$

▶三垂線の定理

[1]　PO ⊥ α，OA ⊥ l ならば　PA ⊥ l

[2]　PO ⊥ α，PA ⊥ l ならば　OA ⊥ l

[3]　PA ⊥ l，OA ⊥ l，PO ⊥ OA ならば PO ⊥ α

(点 P は平面 α 上にない点。直線 l は α 上にあり，点 O は α 上で l 上にはない点。)

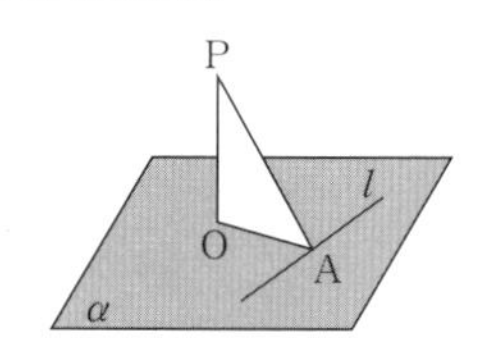

164 下の図の直方体 ABCD-EFGH において，$AD=AE=1$，$AB=\sqrt{3}$ であるとき，次の 2 直線のなす角を求めよ。

(1) AC，EH

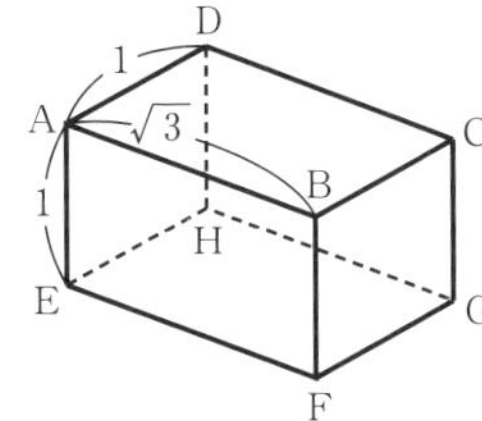

(2) AC，HF

(3) AH，AB

165 下の図のような $AC=AD$，$BC=BD$ である四面体 ABCD において，辺 CD の中点を M とするとき，次のことを証明せよ。

(1) 平面 $ABM \perp CD$

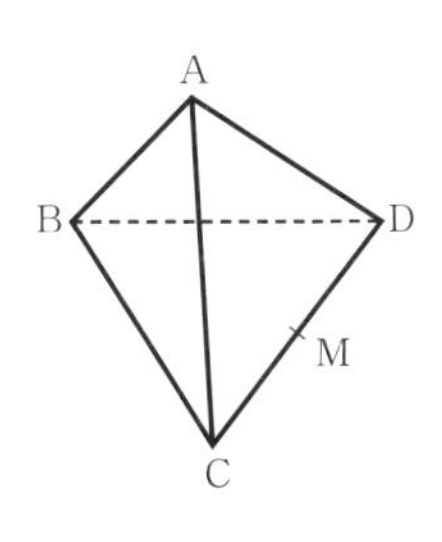

(2) $AB \perp CD$

166 下の図の立方体 ABCD-EFGH において，次のことを証明せよ。

(1) $BE \perp$ 平面 AFG

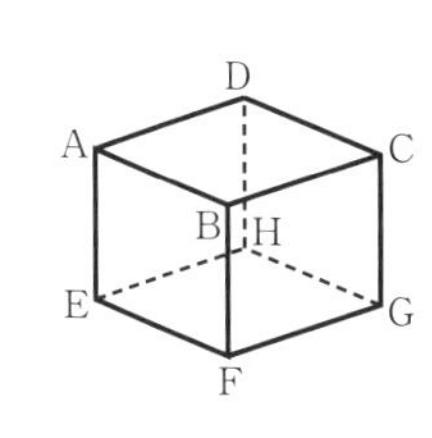

(2) $BE \perp AG$

167 下の図の直方体 ABCD-EFGH において，$AE=1$，$AD=2$，$AB=\frac{5}{2}$ であるとき，頂点 A から頂点 H まで BC 上の点 P，FG 上の点 Q を通って糸をはわせる。このとき，糸の長さの最小値を求めよ。

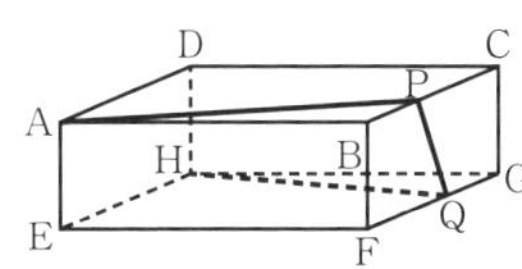

JUMP 28 交わる 2 平面 α，β の交線を l とする。それぞれの平面上の 2 点 A，B に対し，l 上に点 P をとり，$AP+PB$ を最小にしたい。このとき，点 P の位置を求めよ。

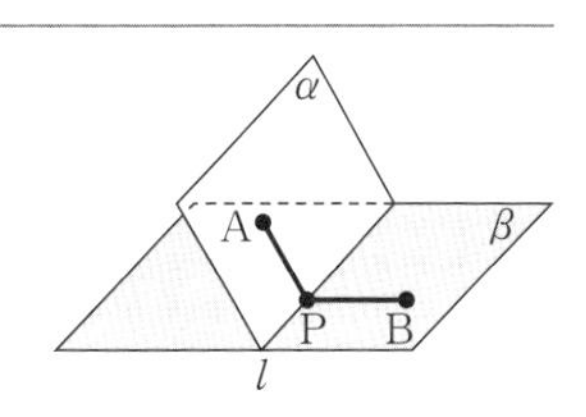

29 多面体

例題 53 オイラーの多面体定理

右の図の多面体について，$v-e+f$ の値を計算せよ。ただし，v は頂点の数，e は辺の数，f は面の数とする。

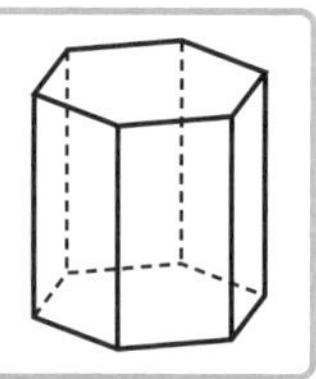

解 頂点の数 v は 12，辺の数 e は 18，面の数 f は 8 である。
したがって　$v-e+f=12-18+8=\mathbf{2}$

▶オイラーの多面体定理
凸多面体の
頂点の数を v，辺の数を e，
面の数を f とすると
　$v-e+f=2$

例題 54 多面体の体積

立方体 ABCD-EFGH において，各面の対角線の交点を I，J，K，L，M，N とするとき，これらの頂点を結ぶと右の図のような多面体 IJKLMN ができる。

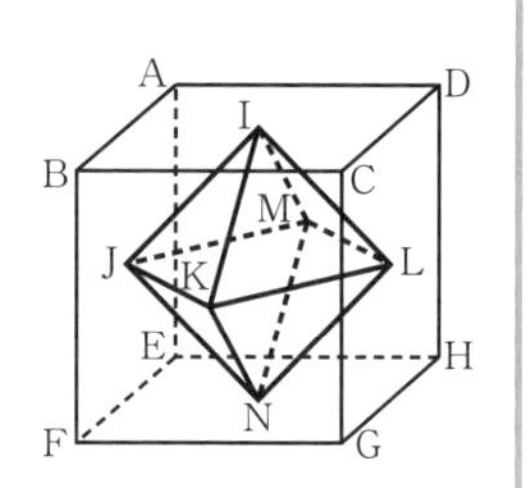

(1)　多面体 IJKLMN の名称を答えよ。
(2)　この立方体の一辺の長さが a であるとき，多面体 IJKLMN の体積を求めよ。

解 (1)　多面体 IJKLMN の 8 つの面は，すべて合同な正三角形である。また，6 つの頂点のいずれにも 4 つの面が集まる。したがって，多面体 IJKLMN は**正八面体**である。

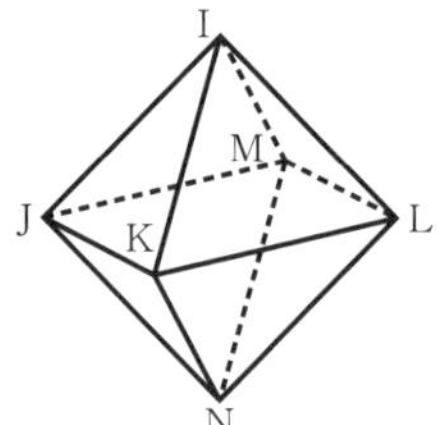

(2)　この立方体を正方形 JKLM を含む平面で切断すると，右の図のようになる。

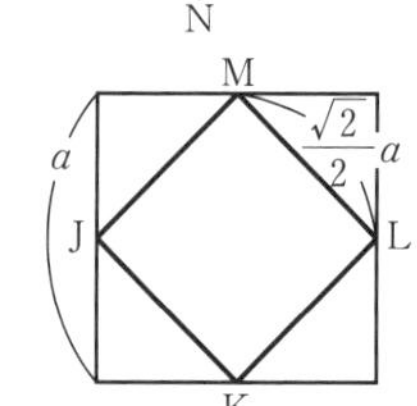

正方形 JKLM の一辺の長さは $\dfrac{\sqrt{2}}{2}a$ であるから，その面積は

$$\frac{\sqrt{2}}{2}a\times\frac{\sqrt{2}}{2}a=\frac{a^2}{2}$$

ここで，正四角錐 I-JKLM の高さは $\dfrac{a}{2}$ であるから，正四角錐 I-JKLM の体積は

$$\frac{1}{3}\times\frac{a^2}{2}\times\frac{a}{2}=\frac{a^3}{12}$$

よって，求める正八面体の体積は

$$\frac{a^3}{12}\times 2=\boldsymbol{\frac{a^3}{6}}$$

▶多面体
いくつかの平面だけで囲まれた立体を多面体という。

▶凸多面体
多面体のどの面を延長しても，その平面に関して一方の側だけに多面体があるような，へこみのない多面体を凸多面体という。

▶正多面体
次の条件を満たす凸多面体を正多面体という。
[1] 各面はすべて合同な正多角形
[2] 各頂点に集まる面の数は等しい
正多面体は次の 5 種類しかない。

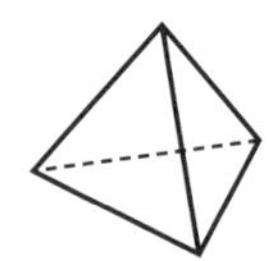
正四面体

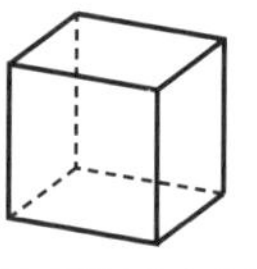
正六面体(立方体)

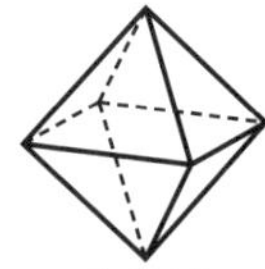
正八面体

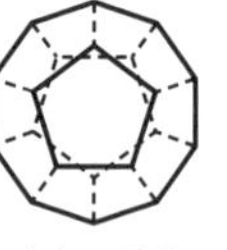
正十二面体

正二十面体

168 右の図の多面体について，頂点の数 v，辺の数 e，面の数 f を求め，$v-e+f$ の値を計算せよ。

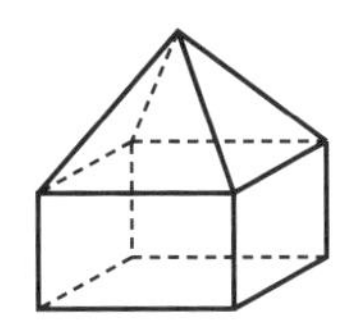

169 下の図のように，直方体の頂点を各辺の中点を結ぶ線分で切り取った多面体を考える。

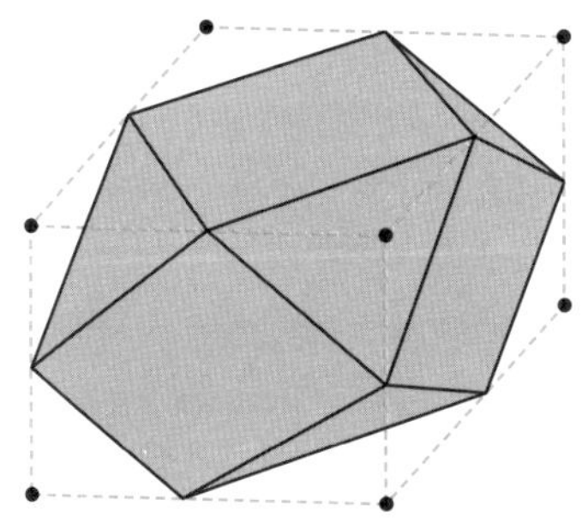

(1) 頂点の数を，もとの直方体の辺の数との関係を考えて求めよ。

(2) 辺の数を，もとの直方体の頂点の数との関係を考えて求めよ。

(3) 面の数を求めよ。

170 正四面体の6本の辺の中点を結んだ立体は正八面体であることを次のように考えた。空欄に適する数や言葉を入れよ。

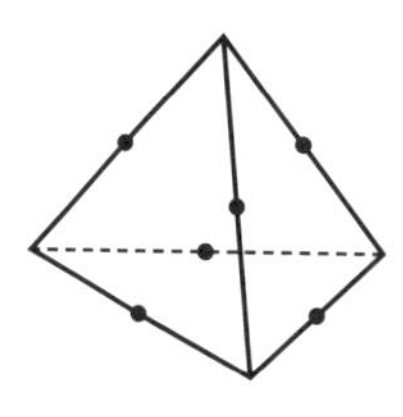

この多面体の各辺は正四面体の辺の中点を結んだ線分であるから，中点連結定理より，正四面体の辺の長さの［　　］である。

よって，この多面体の各辺の長さはすべて等しく，各面の形はすべて［　　　　］で，その数は［　］つである。

また，この多面体のどの頂点にも［　］つの面が集まっている。

ゆえに，この多面体の名称は［　　　　］である。

171 問題 **170** の正四面体の1辺の長さを a とするとき，6本の辺の中点を結んでできる正八面体の体積を a で表せ。

JUMP 29 1辺の長さが a である正四面体に内接する球の半径と体積を求めよ。

30 n 進法

例題 55 n 進法

(1) 2 進法で表された $1011_{(2)}$ を 10 進法で表せ。
(2) 3 進法で表された $120_{(3)}$ を 10 進法で表せ。
(3) 10 進法で表された 22 を 2 進法で表せ。
(4) 10 進法で表された 202 を 5 進法で表せ。

解 (1) $1011_{(2)} = 1\times2^3+0\times2^2+1\times2+1 = 8+0+2+1 = \mathbf{11}$

(2) $120_{(3)} = 1\times3^2+2\times3+0 = 9+6+0 = \mathbf{15}$

(3)
```
2 ) 22
2 ) 11 …0 ↑
2 )  5 …1
2 )  2 …1
2 )  1 …0
     0 …1
```
←商が 0 になるまで 2 で割る割り算を繰り返し，出てきた余りを下から順に並べればよい。

よって **$10110_{(2)}$**

(4)
```
5 ) 202
5 )  40 …2 ↑
5 )   8 …0
5 )   1 …3
      0 …1
```
よって **$1302_{(5)}$**

▶記数法
数を書き表す方法を記数法という。

▶n 進法
1，2，2^2，2^3，……を位取りの単位として，各位に 0 と 1 だけの数字を用いる記数法を 2 進法といい，数の右下に $_{(2)}$ をつけて表す。
同様にして，2 以上の自然数 n の累乗を位取りの単位とする数の表し方を n 進法といい，数の右下に $_{(n)}$ をつけて表す。

例題 56 2 進法の四則演算

次の計算の結果を，2 進法で表せ。
(1) $1111_{(2)}+1011_{(2)}$　　(2) $111011_{(2)}\times1001_{(2)}$

(1)
```
   1111
 + 1011
 ------
  11010
```
←足すとき，$1+1=2=10_{(2)}$ に注意し，上の位に 1 を繰り上げる。

よって $1111_{(2)}+1011_{(2)} = \mathbf{11010_{(2)}}$

(2)
```
     111011
 ×     1001
 ----------
     111011
  111011
 ----------
 1000010011
```
←掛けるとき，$1\times1=1$ であるから，上の位に 1 を繰り上げる必要はない。
←足すとき，$1+1=2=10_{(2)}$ に注意し，上の位に 1 を繰り上げる。

よって $111011_{(2)}\times1001_{(2)} = \mathbf{1000010011_{(2)}}$

▶2 進法の四則演算
[和] $0_{(2)}+0_{(2)}=0_{(2)}$
$0_{(2)}+1_{(2)}=1_{(2)}$
$1_{(2)}+1_{(2)}=10_{(2)}$（繰り上げ）
[差] $0_{(2)}-0_{(2)}=0_{(2)}$
$1_{(2)}-0_{(2)}=1_{(2)}$
$1_{(2)}-1_{(2)}=0_{(2)}$
$10_{(2)}-1_{(2)}=1_{(2)}$（繰り下げ）
[積] $0_{(2)}\times0_{(2)}=0_{(2)}$
$0_{(2)}\times1_{(2)}=0_{(2)}$
$1_{(2)}\times1_{(2)}=1_{(2)}$

（注意） 10 進法に直して計算し，最後に 2 進法に直してもよい。

類題

172 次の数を 10 進法で表せ。

(1) $1111_{(2)}$

(2) $2212_{(3)}$

173 10 進法で表された次の数を [ ] 内の表し方で表せ。

(1) 14 [2 進法]

(2) 98 [5 進法]

174 次の数を10進法で表せ。

(1) $10101_{(2)}$

(2) $1223_{(5)}$

175 10進法で表された次の数を［　］内の表し方で表せ。

(1) 31　[2進法]

(2) 100　[3進法]

176 次の計算の結果を，2進法で表せ。

(1) $10110_{(2)}+1101_{(2)}$

(2) $10101_{(2)}\times 101_{(2)}$

177 次の数を10進法で表せ。

(1) $111111_{(2)}$

(2) $2154_{(6)}$

178 10進法で表された次の数を［　］内の表し方で表せ。

(1) 55　[2進法]

(2) 442　[6進法]

179 次の計算の結果を，2進法で表せ。

(1) $100110_{(2)}-11001_{(2)}$

(2) $11101_{(2)}\times 111_{(2)}$

JUMP 30 自然数Nを5進法と7進法で表すと，ともに2桁の数であり，各位の数の並びが逆になる。このような自然数Nを10進法で表せ。

31 約数と倍数

例題 57 約数と倍数

次の問いに答えよ。

(1) 24 の約数をすべて求めよ。

(2) 30 以下の自然数の範囲で 6 の倍数をすべて求めよ。

解 (1) **±1, ±2, ±3, ±4, ±6, ±8, ±12, ±24** ←掛けると 24 になる組を見つけていくとよい

(2) **6, 12, 18, 24, 30** ←30 以下は 30 も含む

▶約数と倍数

a, b, c を整数とし,

$a = bc$

と表されるとき,

b は a の約数, a は b の倍数という。

例題 58 倍数の表し方

整数 a, b が 6 の倍数ならば, $a+2b$ は 6 の倍数であることを証明せよ。

解 (証明) 整数 a, b は 6 の倍数であるから, 整数 k, l を用いて

$a = 6k$, $b = 6l$

と表される。ゆえに $a+2b = 6k+12l = 6(k+2l)$

ここで, k, l は整数であるから, $k+2l$ は整数である。

よって, $6(k+2l)$ は 6 の倍数である。

したがって, $a+2b$ は 6 の倍数である。(終)

例題 59 倍数の判定法

次の数のうち, 3 の倍数はどれか。

351, 205, 1234, 5286

解 各位の数の和はそれぞれ $3+5+1=9$

$2+0+5=7$

$1+2+3+4=10$

$5+2+8+6=21$

このうち, 3 の倍数であるものは 9, 21

よって, 3 の倍数は **351, 5286**

▶倍数の判定法

2 の倍数：一の位の数が 0, 2, 4, 6, 8 のいずれかである。

3 の倍数：各位の数の和が 3 の倍数である。

4 の倍数：下 2 桁が 4 の倍数である。

5 の倍数：一の位の数が 0 または 5 である。

6 の倍数：2 の倍数であり, 3 の倍数でもある。

8 の倍数：下 3 桁が 8 の倍数である。

9 の倍数：各位の数の和が 9 の倍数である。

類題

180 次の問いに答えよ。

(1) 60 の約数をすべて求めよ。

(2) 50 以下の自然数の範囲で 8 の倍数をすべて求めよ。

181 次の数のうち, 3 の倍数はどれか。

153, 201, 265, 516, 2914

182 次の問いに答えよ。

(1) 64の約数をすべて求めよ。

(2) 100以下の自然数の範囲で12の倍数をすべて求めよ。

183 整数 a，b が5の倍数ならば，$2a+3b$ は5の倍数であることを証明せよ。

184 次の数のうち，9の倍数はどれか。
213，343，531，3456

185 整数 a，b が3の倍数ならば，a^2+4ab は9の倍数であることを証明せよ。

186 次の数のうち，6の倍数はどれか。
103，138，282，346

187 3桁の自然数64□が3の倍数であり，4の倍数でもあるとき，□に入る数を求めよ。

JUMP 31 千，百，十，一の位の数がそれぞれ a，b，c，d である4桁の自然数 N について，$a-b+c-d$ が11の倍数のとき，自然数 N は11の倍数であることを証明せよ。

32 素因数分解と最大公約数・最小公倍数

例題 60 素因数分解の利用

$\sqrt{132n}$ が自然数になるような最小の自然数 n を求めよ。

$\sqrt{132n}$ が自然数になるのは，$132n$ がある自然数の 2 乗になるときである。このとき，$132n$ を素因数分解すると，各素因数の指数がすべて偶数になる。

132 を素因数分解すると　$132 = 2^2 \times 3 \times 11$

よって，求める最小の自然数 n は　$n = 3 \times 11 =$ **33**

例題 61 最大公約数・最小公倍数

(1) 144 と 216 の最大公約数を求めよ。

(2) 60 と 84 の最小公倍数を求めよ。

解 (1) 144 と 216 を素因数分解すると

$144 = 2^4 \times 3^2 = 2 \times 2 \times 2 \times 2 \times 3 \times 3$

$216 = 2^3 \times 3^3 = 2 \times 2 \times 2 \quad\quad \times 3 \times 3 \times 3$

よって，最大公約数は

$2 \times 2 \times 2 \times 3 \times 3 = 2^3 \times 3^2 =$ **72**

$$\begin{array}{r|rr} 2 & 144 & 216 \\ 2 & 72 & 108 \\ 2 & 36 & 54 \\ 3 & 18 & 27 \\ 3 & 6 & 9 \\ & 2 & 3 \end{array}$$

(2) 60 と 84 を素因数分解すると

$60 = 2^2 \times 3 \times 5 = 2 \times 2 \times 3 \times 5$

$84 = 2^2 \times 3 \times 7 = 2 \times 2 \times 3 \quad\quad \times 7$

よって，最小公倍数は

$2 \times 2 \times 3 \times 5 \times 7 =$ **420**

$$\begin{array}{r|rr} 2 & 60 & 84 \\ 2 & 30 & 42 \\ 3 & 15 & 21 \\ & 5 & 7 \end{array}$$

例題 62 最大公約数・最小公倍数の応用

縦 20 cm，横 28 cm の長方形の紙に，1 辺の長さが x cm の正方形の色紙をすきまなく敷き詰めたい。x の最大値を求めよ。

正方形の色紙を縦に a 枚，横に b 枚敷き詰めるとすると

$ax = 20,\ bx = 28$

よって，x の最大値は 20 と 28 の最大公約数である。

$20 = 2^2 \times 5,\ 28 = 2^2 \times 7$ より，最大公約数は　$2^2 = 4$

したがって，x の最大値は　**4**

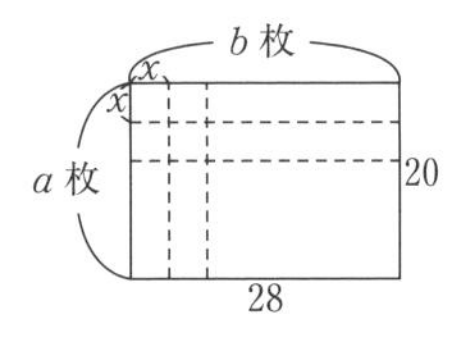

▶素数

1 とその数自身以外に正の約数がない 2 以上の自然数を素数という。

▶素因数分解

自然数がいくつかの自然数の積で表されるとき，積をつくっている 1 つ 1 つの自然数を元の自然数の因数といい，素数である因数を素因数という。

自然数を素数の積で表すことを素因数分解という。

▶最大公約数

2 つの整数 a，b に共通の約数を a と b の公約数といい，公約数の中で最大のものを最大公約数という。

3 つ以上の場合も同様である。

▶最小公倍数

2 つの整数 a，b に共通の倍数を a と b の公倍数といい，公倍数の中で最小のものを最小公倍数という。

3 つ以上の場合も同様である。

類題

188 $\sqrt{120n}$ が自然数になるような最小の自然数 n を求めよ。

189 315 と 675 の最大公約数と最小公倍数を求めよ。

190　次の 2 数の最大公約数を求めよ。
(1)　1755，2025

(2)　117，1404

191　次の 2 数の最小公倍数を求めよ。
(1)　126，189

(2)　1425，2750

192　$\sqrt{\dfrac{252}{n}}$ が自然数になるような自然数 n をすべて求めよ。

193　42，77，105 の最大公約数を求めよ。

194　10，12，15 の最小公倍数を求めよ。

195　縦 360 cm，横 528 cm の長方形の床に，1 辺の長さ x cm の正方形のタイルをすきまなく敷き詰めたい。x の最大値を求めよ。また，そのときタイルは何枚必要か。

JUMP 32　なしが 350 個，みかんが 290 個ある。何人かの子どもに，なしもみかんもそれぞれ均等に，できるだけ多く配り分けたところ，なしが 20 個，みかんが 15 個余った。このとき，子どもの人数を求めよ。

33 互いに素，整数の割り算と商および余り

例題 63 互いに素

105 と 176 は互いに素といえるか。

105 と 176 を素因数分解すると

$105 = 3 \times 5 \times 7$，$176 = 2^4 \times 11$

より，105 と 176 は 1 以外の正の公約数をもたない。

よって，105 と 176 は**互いに素である**。

▶互いに素

2 つの整数 a，b が 1 以外の正の公約数をもたないとき，すなわち，a，b の最大公約数が 1 であるとき，a と b は互いに素であるという。

例題 64 整数の割り算と商および余り

$a = 55$，$b = 8$ のとき，a を b で割ったときの商 q と余り r を用いて $a = bq + r$ の形で表せ。ただし，$0 \leqq r < b$ とする。

$\mathbf{55 = 8 \times 6 + 7}$

$$\begin{array}{r} 6 \\ 8\,\overline{)\,55} \\ \underline{48} \\ 7 \end{array}$$

←商　←余り

▶除法の性質

整数 a と正の整数 b について

$\boldsymbol{a = bq + r}$

（ただし，$0 \leqq r < b$）

となる整数 q，r が 1 通りに定まる。

例題 65 余りによる整数の分類

整数 n が 3 で割り切れないとき，n^2 を 3 で割ったときの余りは，1 であることを証明せよ。

（証明）　整数 n は，整数 k を用いて，

$n = 3k + 1$，$n = 3k + 2$　←3 で割ったときの余りは 0 でない

と表される。

(i)　$n = 3k + 1$ のとき

$n^2 = (3k + 1)^2 = 9k^2 + 6k + 1 = 3(3k^2 + 2k) + 1$

(ii)　$n = 3k + 2$ のとき

$n^2 = (3k + 2)^2 = 9k^2 + 12k + 4 = 3(3k^2 + 4k + 1) + 1$

$3k^2 + 2k$，$3k^2 + 4k + 1$ は整数だから，いずれの場合も n^2 を 3 で割ったときの余りは，1 である。（終）

▶余りによる整数の分類

すべての整数は，正の整数 m で割ったときの余りによって

mk，$mk + 1$，$mk + 2$，…

…，$mk + (m - 1)$

（ただし，k は整数）

のいずれかの形に表される。

類題

196　次の 2 つの整数の組のうち，互いに素であるものはどれか。

①　9 と 17　　②　45 と 56　　③　520 と 819

197　次の整数 a，b について，a を b で割ったときの商 q と余り r を用いて $a = bq + r$ の形で表せ。ただし，$0 \leqq r < b$ とする。

(1)　$a = 63$，$b = 6$

(2)　$a = 80$，$b = 13$

198 次の2つの整数の組のうち，互いに素であるものはどれか。
① 24と57　② 42と85　③ 220と273

199 次の整数a，bについて，aをbで割ったときの商qと余りrを用いて $a=bq+r$ の形で表せ。ただし，$0 \leqq r < b$ とする。
(1) $a=97$，$b=7$

(2) $a=125$，$b=16$

(3) $a=230$，$b=11$

200 奇数の2乗は奇数であることを証明せよ。

201 整数aを5で割ると2余り，整数bを5で割ると1余る。このとき，次の数を5で割ったときの余りを求めよ。
(1) $a+b$

(2) ab

202 nは整数とする。nを4で割ったときの余りが1または3であるとき，n^2を4で割ったときの余りは1であることを証明せよ。

JUMP 33 nは整数とする。n^2+3n-1 は5の倍数でないことを証明せよ。

34 ユークリッドの互除法

例題 66 ユークリッドの互除法

互除法を利用して，次の 2 数の最大公約数を求めよ。

(1) 144，36　　(2) 1547，1105

解 (1) 144 を 36 で割ると割り切れて，商は 4 である。

すなわち $144 = 36 \times 4$

よって，144 と 36 の最大公約数は **36**

(2) $1547 = 1105 \times 1 + 442$ ……①

$1105 = 442 \times 2 + 221$ ……②

$442 = 221 \times 2$ ……………③

$$\begin{array}{r|r|r|r} & 2 & 2 & 1 \\ 221 & 442 & 1105 & 1547 \\ & 442 & 884 & 1105 \\ \hline & 0 & 221 & 442 \end{array}$$

よって，求める最大公約数は **221**

(解説)

a と b の最大公約数を $(a,\ b)$ で表すと

①より $(1547,\ 1105) = (1105,\ 442)$

②より $(1105,\ 442) = (442,\ 221)$

③より $(442,\ 221) = 221$

よって，1547 と 1105 の最大公約数は 221

▶**除法と最大公約数の性質**

2 つの正の整数 a，b について，a を b で割ったときの余りを r とすると

a と b の最大公約数は
b と r の最大公約数に等しい。

$a = bq + r$

▶**ユークリッドの互除法による最大公約数の求め方**

$a > b$ である 2 つの正の整数 a，b において

①a を b で割ったときの余り r を求める。

②$r \neq 0$ ならば，b，r の値をそれぞれあらたな a，b として①にもどる。

③$r = 0$ ならば，b は a と b の最大公約数である。

類題

203 互除法を利用して，次の 2 数の最大公約数を求めよ。

(1) 195，78

(2) 370，222

204 次の 2 数の最大公約数を求めよ。

(1) 114, 78

(2) 826, 649

(3) 1207, 994

(4) 2233, 1729

205 3007 と 1843 の最大公約数を求めよ。

206 1003, 1258, 1292 について，次の問いに答えよ。

(1) 1003 と 1258 の最大公約数を求めよ。

(2) 1258 と 1292 の最大公約数を求めよ。

(3) 3 数の最大公約数を求めよ。

JUMP 34 縦 448 cm，横 1204 cm の長方形を，できるだけ大きい正方形で切り取れるだけ切り取り，長方形を残す。残った長方形も同様にできるだけ大きい正方形で切り取れるだけ切り取る。この作業を，残った部分がすべて正方形で切り取られるまで繰り返すとき，最も小さい正方形の 1 辺の長さを求めよ。

35 不定方程式の整数解

例題 67 不定方程式(1)

不定方程式 $2x-5y=0$ の整数解をすべて求めよ。

解 $2x-5y=0$ より $2x=5y$ ……①

$5y$ は5の倍数であるから，①より $2x$ も5の倍数である。2と5は互いに素であるから，x は5の倍数であり，整数 k を用いて $x=5k$ と表される。

ここで，$x=5k$ を①に代入すると

$2\times 5k=5y$ より　$y=2k$

よって，$2x-5y=0$ のすべての整数解は

$x=5k$，$y=2k$　(ただし，k は整数)

▶不定方程式

a，b を0でない実数として，方程式 $ax+by=c$ を満たす実数 x，y の組 (x, y) をこの方程式の解という。この方程式の解は無数に存在することから，この方程式を2元1次不定方程式という。

とくに，a，b を0でない整数として，方程式 $ax+by=c$ の解のうち，x，y がともに整数であるものを整数解という。

例題 68 不定方程式(2)

不定方程式 $3x+5y=1$ ……① の整数解をすべて求めよ。

解 方程式①の整数解を1つ求めると

$x=-3$，$y=2$　←$\begin{cases} y=1 \text{ を代入すると } 3x=-4 \text{ より } \times \\ y=2 \text{ を代入すると } 3x=-9 \text{ より } x=-3 \end{cases}$

これを①に代入すると　$3\times(-3)+5\times 2=1$ ……②

①－②より　$3\{x-(-3)\}+5(y-2)=0$

すなわち　$3(x+3)=5(-y+2)$　……③

3と5は互いに素であるから，$x+3$ は5の倍数であり，整数 k を用いて $x+3=5k$ と表される。

ここで，$x+3=5k$ を③に代入すると

$3\times 5k=5(-y+2)$ より　$-y+2=3k$

よって，方程式①のすべての整数解は

$x=5k-3$，$y=-3k+2$　(ただし，k は整数)

(注意) 正の整数について最大公約数や互いに素であることを考えてきたが，負の整数も含めて整数全体でも同じように考えることができる。

(参考)　初めに1つの整数解を見つけるとき，係数の絶対値が大きい文字から代入すると見つかる場合がある。

(注)　③において，

$3(x+3)=-5(y-2)$

とすることも考えられる。

このときは

> 3と -5 が互いに素であるから，整数 k を用いて
>
> $x+3=-5k$，$y-2=3k$
>
> より
>
> $x=-5k-3$，$y=3k+2$
>
> (ただし，k は整数)

となり，解答の k に $(-k)$ を代入した形になっている。

類題

207 次の不定方程式の整数解をすべて求めよ。

(1) $2x-3y=0$

(2) $3x-2y=1$

208 次の不定方程式の整数解をすべて求めよ。

(1) $x-4y=0$

(2) $3x+7y=0$

(3) $-3x+2y=1$

(4) $5x+7y=1$

209 不定方程式 $2x-3y=4$ の整数解をすべて求めよ。

210 不定方程式 $19x+27y=1$ ……① について，次の問いに答えよ。

(1) $x=10$，$y=-7$ は方程式①の解であることを示せ。

(2) 方程式①の整数解をすべて求めよ。

JUMP 35 不定方程式 $37x+26y=1$ ……① の整数解を1つ求めよ。また，方程式①の整数解をすべて求めよ。

まとめの問題　数学と人間の活動

1　次の問いに答えよ。

(1)　10 進法で表された 50 を 2 進法で表せ。

(2)　10 進法で表された 163 を 4 進法で表せ。

(3)　$1000010_{(2)}$ を 10 進法で表せ。

(4)　$2053_{(6)}$ を 10 進法で表せ。

2　次の計算の結果を，2 進法で表せ。

(1)　$1010_{(2)}+11001_{(2)}$

(2)　$1101_{(2)}\times 1001_{(2)}$

3　次の問いに答えよ。

(1)　36 の正の約数をすべて求めよ。

(2)　次の数のうち，8 の倍数はどれか。

4120，2916，5216，7648

4　次の 2 数の最大公約数を求めよ。

(1)　114，190

(2)　115，184

5　次の 2 数の最小公倍数を求めよ。

(1)　66，165

(2)　180，600

6　$\sqrt{360n}$ が自然数になるような最小の自然数 n を求めよ。

7 ノートが96冊，鉛筆が132本ある。x人の子どもに，ノートも鉛筆もそれぞれ均等に，余りなく分けたい。xの最大値を求めよ。

8 次の整数a，bについて，aをbで割ったときの商qと余りrを用いて，$a = bq + r$ の形で表せ。ただし，$0 \leqq r < b$ とする。

(1) $a = 101$，$b = 8$

(2) $a = 321$，$b = 15$

9 nは整数とする。$n^2 + 1$ は3の倍数でないことを証明せよ。

10 互除法を利用して，次の2数の最大公約数を求めよ。

(1) 1989，884

(2) 4331，1037

11 次の不定方程式の整数解をすべて求めよ。

(1) $-5x + 7y = 0$

(2) $-2x + 7y = 1$

こたえ（数学Ⅰ）

▶第1章◀ 数と式

1 (1) 次数は 4，係数は $4a^2b^3$
(2) 次数は 1，係数は $-x^2y^5$

2 (1) $3x^2-2x+1$
(2) $(b+c)a^2+(b^2+bc+c^2)a$

3 (1) $-5x^2+4x-2$ (2) $-7x^2+4x+6$

4 (1) 次数は 5，係数は $-5a^3c^2$
(2) 次数は 2，係数は $-\frac{3}{2}a^3by^4$

5 (1) $3x^2-3x-4$ (2) $-x^2+6x-9$

6 (1) $6x^2-5x-6$ (2) $14x^2-13x-13$

7 (1) $2x^2+(y+1)x+(-3y^2+2y-5)$
x の 1 次の項の係数は $y+1$，
定数項は $-3y^2+2y-5$
(2) $(y+1)x^2+(yz-y+z)x-2yz$
x の 1 次の項の係数は $yz-y+z$，定数項は $-2yz$

8 (1) $-2x^2-6x$ (2) $8x^2-6x+11$

JUMP 1 $3x^2-6xy-2y^2$

9 (1) a^5b^7 (2) $-8x^8y^{13}$

10 (1) $2x^3y+4x^2y^2+6xy^3$ (2) $4x^3-x+12$

11 (1) $15a^{11}$ (2) a^{17} (3) $72x^8$
(4) $-4x^6y^4$

12 (1) $12x^4+8x^3-4x^2$
(2) $6x^3-10x^2+9x-15$
(3) $4x^3-17x^2+8x-16$

13 (1) a^4b^6 (2) $-4a^{10}b^5$
(3) $-72x^7y^8$ (4) $4x^9y^{11}z^7$

14 (1) $-x^3y-2x^2y^2+3xy^3$
(2) $3x^3-2x^2+x+12$ (3) $8x^3-y^3$

JUMP 2 (1) $4x^4-5x^3y+8x^2y^2+5xy^3+6y^4$
(2) $a^3+b^3+c^3-3abc$

15 (1) $4x^2+4x+1$ (2) $4x^2+28xy+49y^2$
(3) $9x^2-12x+4$ (4) $81x^2-72xy+16y^2$
(5) x^2-25 (6) $9x^2-49y^2$
(7) $x^2+4x-12$ (8) $x^2-3xy-18y^2$
(9) $6x^2+7x+2$ (10) $8x^2+6xy-9y^2$

16 (1) $16x^2+8x+1$ (2) $a^2-4ab+4b^2$
(3) x^2-16 (4) $4a^2-b^2$ (5) $x^2-3x-28$
(6) $a^2+ab-20b^2$ (7) $8x^2-14x+5$

17 (1) $x^2y^2+4xy+4$ (2) $9a^2b^2-42ab+49$
(3) $9x^2y^2-4$ (4) $16a^2-b^2c^2$
(5) $x^2-11xy+24y^2$ (6) $x^2y^2-3xy-40$
(7) $12a^2-ab-20b^2$

JUMP 3 (1) $-14x^2-12xy$ (2) x^4-13x^2+36

18 (1) $a^2+b^2+4c^2+2ab+4bc+4ca$
(2) $a^2+2ab+b^2-1$
(3) $x^2+4xy+4y^2+2x+4y-8$
(4) x^4-18x^2+81

19 (1) $a^2+b^2+c^2-2ab+2bc-2ca$
(2) $a^2+2ab+b^2-4a-4b+4$
(3) $4x^2+12xy+9y^2-4$
(4) x^4-16y^4
(5) $16x^4-8x^2+1$

20 (1) $4a^2+b^2+9c^2-4ab-6bc+12ca$
(2) $4a^2-b^2+12a+9$
(3) $x^2-6y^2+z^2+xy-yz-2zx$
(4) x^4-256
(5) $81a^4-72a^2b^2+16b^4$

JUMP 4 (1) x^8-y^8
(2) $x^4+10x^3+35x^2+50x+24$

21 (1) $3a(b+4c)$ (2) $2ab(ab+2b+3)$
(3) $(2a+b)(x+y)$ (4) $(a-2)(b+c)$
(5) $(x+3)^2$ (6) $(x-4y)^2$ (7) $(x+9)(x-9)$
(8) $(7x+3y)(7x-3y)$

22 (1) $2a^2bc(ab+3c)$ (2) $(2a-3b)(x-y)$
(3) $(a-3)(x+3)(x-3)$ (4) $(7x-1)^2$
(5) $(5x+2y)^2$ (6) $(a+4b)(a-4b)$

23 (1) $3xyz(x-2y-3z)$
(2) $(a+b)(a-b)(x+1)(x-1)$
(3) $(2a-b-c)(x^2+16y^2)$ (4) $(2x+1)^2$
(5) $(3x-4y)^2$ (6) $(7xy+6z)(7xy-6z)$

JUMP 5 (1) $(a+1)(b+1)$ (2) $\left(x+\frac{3}{2}\right)^2$

24 (1) $(x+4)(x+5)$ (2) $(x-3y)(x-9y)$
(3) $(x+1)(2x+1)$ (4) $(x-3)(3x-4)$
(5) $(x+3y)(5x+3y)$ (6) $(2x-3y)(2x+5y)$

25 (1) $(x+2)(x-8)$ (2) $(x+3y)(x-11y)$
(3) $(x+2)(3x+1)$ (4) $(x-1)(2x+7)$
(5) $(x-2)(4x-1)$ (6) $(x+2y)(6x-5y)$
(7) $(2x+y)(4x-9y)$

26 (1) $(x+2)(x-12)$ (2) $(x+10y)(x-4y)$
(3) $(3x-2)(3x-4)$ (4) $(2x+1)(3x-7)$
(5) $(4x+3)(6x-5)$ (6) $(3a-2b)(4a+5b)$
(7) $(4a-3b)(5a-8b)$

JUMP 6 (1) $2xy(x+3y)(3x-2y)$
(2) $(a+b)(b+c)(c+a)$

27 (1) $(x-2y-2)(x-2y-3)$
(2) $(2x+3y)(2x+3y-3)$
(3) $(x+3)(x-3)(x^2+3)$
(4) $(x+3)(x-2)(x^2+x+2)$

28 (1) $(x+3)(x+6)$
(2) $(x-y+8)(x-y-6)$
(3) $(x^2+1)(x^2+5)$
(4) $(x+3)(x-3)(x^2+9)$
(5) $(x+3)(x-2)(x^2+x-3)$

29 (1) $(2a+b-2)(6a+3b+4)$
(2) $(2x+6y-5)(3x+9y+2)$
(3) $(x+2)(x-2)(x+3)(x-3)$
(4) $(2x+1)(2x-1)(4x^2+1)$
(5) $(x+1)(x-3)(x+2)(x-4)$

JUMP 7 (1) $(x+2)(x-3)(x^2-x-8)$
(2) $(x^2+x+1)(x^2-x+1)$

30 (1) $(a+2c)(a+b-2c)$　(2) $(a+b)(a+b+2c)$
(3) $(x+y+1)(x+y+2)$
(4) $(x+y-3)(x+3y+2)$

31 (1) $(2a-b)(2a-b+c)$　(2) $(x+2)(x+y-2)$
(3) $(x+y+2)(x+y+5)$
(4) $(x+y-3)(3x+y+2)$

32 (1) $(b-c)(a+b-3c)$　(2) $(x+2)(x-2)(y-1)$
(3) $(x+y-1)(2x+3y-2)$
(4) $(x-2y+1)(3x+3y+2)$

JUMP 8 (1) $(x+y)(x-y)(y-z)$
(2) $(x-z^2)(x^2-xz^2+y)$

33 (1) x^3+3x^2+3x+1　(2) x^3+1

34 (1) $(3x+y)(9x^2-3xy+y^2)$
(2) $(2x-5)(4x^2+10x+25)$

35 (1) $x^3+9x^2+27x+27$　(2) $8x^3-12x^2+6x-1$
(3) $8x^3+1$　(4) x^3-64y^3

36 (1) $(x+1)(x^2-x+1)$
(2) $(3x-4y)(9x^2+12xy+16y^2)$

37 (1) $8x^3-36x^2y+54xy^2-27y^3$
(2) $x^3y^3+12x^2y^2+48xy+64$　(3) $27x^3-125y^3$
(4) $x^3y^3+z^3$

38 (1) $xy(x+y)(x^2-xy+y^2)$
(2) $3(2x-y)(4x^2+2xy+y^2)$

JUMP 9 (1) $x^6-3x^4+3x^2-1$　(2) x^6-64

まとめの問題　数と式①

1 (1) $2x^3+5yx^2+(4y-6)x+(y^2-1)$,
x の 1 次の項の係数は $4y-6$，定数項は y^2-1
(2) $y^2+(5x^2+4x)y+(2x^3-6x-1)$,
y の 1 次の項の係数は $5x^2+4x$,
定数項は $2x^3-6x-1$

2 (1) $18a^8b^7$　(2) $-4x^{10}y^{19}$

3 (1) $2x^3y+6x^2y^2+8xy^3$　(2) x^4-1
(3) $a^2x^2+2abxy+b^2y^2$　(4) a^2b^2-1
(5) $12a^2+ab-63b^2$
(6) $4a^2+b^2+c^2+4ab-2bc-4ca$
(7) $x^2-y^2+z^2+2xz$
(8) $81a^4-18a^2b^2c^2+b^4c^4$

4 (1) $x(x-4)$　(2) $(a+b)(a-b)(2x-3y)$
(3) $(x-6y)^2$　(4) $(x+2)(4x-3)$
(5) $(4x+3y)(9x-8y)$
(6) $(a-b+2)(a-b+5)$
(7) $(x+2)(x-2)(x^2+3)$
(8) $(x+y)(xz-yz+1)$
(9) $(x+2y+1)(2x+2y-3)$

5 $64x^3-144x^2y+108xy^2-27y^3$

6 $2(x-3y)(x^2+3xy+9y^2)$

39 (1) 3　(2) $\sqrt{7}-\sqrt{6}$　(3) $\sqrt{6}-2$

40 (1) $\pm\sqrt{3}$　(2) 8　(3) 2

41 (1) $0.2\dot{6}$　(2) $0.\dot{1}8\dot{9}$　(3) $5.\dot{2}8571\dot{4}$

42 (1) $\sqrt{9}$, $\dfrac{16}{4}$
(2) 0, $\sqrt{9}$, -2, $\dfrac{16}{4}$
(3) 0, $-\dfrac{1}{3}$, 3.14, $\sqrt{9}$, -2, 0.333…, $\dfrac{16}{4}$
(4) $\sqrt{5}$, π

43 (1) $\dfrac{20}{3}$　(2) $3-\sqrt{5}$　(3) $3-2\sqrt{2}$

44 (1) ± 7　(2) $\pm\dfrac{1}{3}$　(3) -10　(4) $\dfrac{1}{8}$

JUMP 10 (1) 12　(2) 9　(3) $5-\sqrt{3}$

45 (1) $2\sqrt{7}$　(2) $3\sqrt{7}$　(3) $\sqrt{6}$
(4) $7\sqrt{2}$　(5) $-3\sqrt{2}+3\sqrt{5}$　(6) $14+10\sqrt{3}$
(7) $7+2\sqrt{10}$　(8) 3

46 (1) 18　(2) $2\sqrt{3}$　(3) $3\sqrt{5}$
(4) $13+2\sqrt{30}$　(5) 5

47 (1) $6\sqrt{5}$　(2) $-14\sqrt{3}+18\sqrt{6}$
(3) $30-12\sqrt{6}$　(4) 69　(5) $\sqrt{2}-5\sqrt{30}$

JUMP 11 (1) $2\sqrt{10}$　(2) $-4\sqrt{2}-4\sqrt{6}$

48 (1) $\sqrt{2}$　(2) $\dfrac{\sqrt{15}}{6}$　(3) $\dfrac{\sqrt{15}+\sqrt{6}}{3}$

49 (1) $\dfrac{\sqrt{5}-\sqrt{2}}{3}$　(2) $\sqrt{6}-\sqrt{2}$　(3) $4+\sqrt{15}$

50 (1) $\dfrac{4\sqrt{6}}{9}$　(2) $\dfrac{\sqrt{7}+\sqrt{3}}{2}$　(3) $-5+2\sqrt{6}$
(4) $5-3\sqrt{3}$

51 (1) $2\sqrt{6}$　(2) $2\sqrt{3}$　(3) $13-2\sqrt{42}$

JUMP 12 $\dfrac{2\sqrt{3}+3\sqrt{2}-\sqrt{30}}{12}$

52 (1) 4　(2) 1　(3) 14

53 (1) $\sqrt{7}+\sqrt{2}$　(2) $\sqrt{7}-1$　(3) $\dfrac{\sqrt{14}+\sqrt{2}}{2}$

54 (1) 10　(2) 1　(3) 98　(4) 970　(5) 98

55 (1) $\sqrt{7}+\sqrt{3}$　(2) $2+\sqrt{3}$　(3) $3-\sqrt{6}$
(4) $2\sqrt{2}-\sqrt{3}$　(5) $\dfrac{\sqrt{14}-\sqrt{10}}{2}$

JUMP 13 (1) 12　(2) $16\sqrt{5}$　(3) 112
(4) $160\sqrt{5}$

56 (1) $-\dfrac{a}{4}<-\dfrac{b}{4}$　(2) $2a+5>2b+5$

57 (1) $x\geqq 3$　(2) $x\geqq 4$　(3) $x<5$
(4) $x>-\dfrac{10}{3}$

58 (1) $x+6<3x$　(2) $70x+300\geqq 1000$

59 (1) $\dfrac{3}{2}a\leqq\dfrac{3}{2}b$　(2) $-2a-7\geqq -2b-7$

60 (1) $x>1$　(2) $x\geqq -1$　(3) $x\leqq -4$

61 (1) $x>2$　(2) $x>0$　(3) $x\geqq 2$
(4) $x<-\dfrac{5}{2}$　(5) $x\geqq\dfrac{10}{3}$

JUMP 14 1, 2, 3, 4, 5, 6, 7

62 $3<x<5$

63 $2<x<5$

64 (1) $-5<x\leqq 2$　(2) $x\leqq -\dfrac{10}{3}$

65 50 円のお菓子を 7 個，80 円のお菓子を 8 個

66 (1) $1\leqq x\leqq\dfrac{12}{5}$　(2) $x\geqq 3$

67　$8 \leqq x \leqq \frac{55}{4}$

JUMP 15　$-1 < a < 2$

まとめの問題　数と式②

1　(1)　2.5　(2)　$\sqrt{3}-1$

2　(1)　42　(2)　$3\sqrt{2}$　(3)　$12\sqrt{2}$
(4)　$9-6\sqrt{2}$　(5)　$-2-2\sqrt{5}$

3　(1)　$\frac{3\sqrt{6}}{2}$　(2)　$\frac{\sqrt{6}+\sqrt{3}}{3}$

4　(1)　$7+4\sqrt{3}$　(2)　7

5　(1)　$x > -1$　(2)　$x > \frac{1}{11}$

6　(1)　$-3 < x \leqq \frac{1}{5}$　(2)　$x \leqq \frac{1}{2}$

7　$2 < x < 7$

8　(1)　$x+y=2$,　$xy=\frac{1}{2}$　(2)　3　(3)　5

▶第2章◀　集合と論証

68　(1)　$A \cup B = \{1, 2, 5, 7, 8, 10\}$
(2)　$A \cap B = \{5, 8\}$

69　(1)　$A \cup B = \{1, 2, 3, 4, 6, 8, 10, 12\}$
(2)　$A \cap B = \{2, 4, 6, 12\}$
(3)　$\overline{A \cup B} = \{5, 7, 9, 11\}$
(4)　$\overline{A} \cap \overline{B} = \{5, 7, 9, 11\}$

70　(1)　$A = \{2, 3, 5, 7, 11, 13, 17\}$
$B = \{1, 4, 7, 10, 13, 16\}$
$C = \{1, 2, 3, 6, 9, 18\}$
(2)　①　$A \cup B = \{1, 2, 3, 4, 5, 7, 10, 11, 13, 16, 17\}$
②　$A \cap B = \{7, 13\}$
③　$\overline{A} \cap \overline{C} = \{4, 8, 10, 12, 14, 15, 16\}$
④　$\overline{A} \cup \overline{B} = \{1, 2, 3, 4, 5, 6, 8, 9, 10, 11, 12, 14, 15, 16, 17, 18\}$

71　(1)　$A \cap B = \{x \mid 2 < x \leqq 4,\ x$ は実数$\}$
(2)　$A \cup B = \{x \mid -1 \leqq x < 7,\ x$ は実数$\}$

72　(1)　$A \cap B = \{12\}$
(2)　$A \cup B = \{4, 6, 8, 12, 16, 18, 20\}$
(3)　$\overline{A} = \{1, 2, 3, 5, 6, 7, 9, 10, 11, 13, 14, 15, 17, 18, 19\}$
(4)　$A \cap \overline{B} = \{4, 8, 16, 20\}$

JUMP 16　$a=2$,　$A \cup B = \{-4, 2, 4, 5\}$

73　(1)　十分条件　(2)　必要条件

74　(1)　$x < 2$ または $y \geqq 0$
(2)　m は偶数 かつ 3の倍数でない

75　(1)　真　(2)　偽，反例は $x=-2$
(3)　真

76　(1)　$x < 1$ かつ $y \geqq 3$
(2)　$x \leqq 0$ または $x+y \leqq 0$
(3)　x，y のうち少なくとも一方は 0 以下

77　(1)　①　(2)　④　(3)　③　(4)　②　(5)　①

JUMP 17　必要条件

78　命題「$x > 1 \Longrightarrow x > 0$」は真
逆「$x > 0 \Longrightarrow x > 1$」…偽
裏「$x \leqq 1 \Longrightarrow x \leqq 0$」…偽
対偶「$x \leqq 0 \Longrightarrow x \leqq 1$」…真

79　略

80　命題「n は偶数 $\Longrightarrow$ n は 4 の倍数」は偽
逆「n は 4 の倍数 $\Longrightarrow$ n は偶数」…真
裏「n は奇数 $\Longrightarrow$ n は 4 の倍数でない」…真
対偶「n は 4 の倍数でない $\Longrightarrow$ n は奇数」…偽

81　命題「$x=1$ かつ $y=1 \Longrightarrow x+y=2$」は真
逆「$x+y=2 \Longrightarrow x=1$ かつ $y=1$」…偽
裏「$x \neq 1$ または $y \neq 1 \Longrightarrow x+y \neq 2$」…偽
対偶「$x+y \neq 2 \Longrightarrow x \neq 1$ または $y \neq 1$」…真

82，83　略

JUMP 18　略

まとめの問題　集合と論証

1　(1)　$C = \{1, 2, 3, 4, 5, 6, 10, 12, 15, 20, 30\}$
$D = \{2, 3, 5, 7, 11, 13, 17, 19, 23, 29\}$
(2)　①　$A \cap \overline{B} = \{6, 12, 18, 24, 30\}$
②　$A \cup \overline{B} = \{2, 3, 4, 6, 8, 9, 10, 12, 14, 15, 16, 18, 20, 21, 22, 24, 26, 27, 28, 30\}$
③　$\overline{A} \cap B = \{1, 5, 7, 11, 13, 17, 19, 23, 25, 29\}$
④　$C \cap \overline{D} (= \overline{D} \cap C) = \{1, 4, 6, 10, 12, 15, 20, 30\}$

2　$\varnothing$，$\{1\}$，$\{3\}$，$\{5\}$，$\{9\}$，$\{1, 3\}$，$\{1, 5\}$，$\{1, 9\}$，$\{3, 5\}$，$\{3, 9\}$，$\{5, 9\}$，$\{1, 3, 5\}$，$\{1, 3, 9\}$，$\{1, 5, 9\}$，$\{3, 5, 9\}$，$\{1, 3, 5, 9\}$

3　(1)　③　(2)　④　(3)　①　(4)　②

4　(1)　$x+y < 5$　(2)　$x \neq 0$ または $y=1$
(3)　$x < 2$ かつ $y \geqq -3$
(4)　m，n はともに 5 の倍数でない

5　命題「n は 3 の倍数 $\Longrightarrow$ n は 6 の倍数」は偽
逆「n は 6 の倍数 $\Longrightarrow$ n は 3 の倍数」…真
裏「n は 3 の倍数でない $\Longrightarrow$ n は 6 の倍数でない」…真
対偶「n は 6 の倍数でない $\Longrightarrow$ n は 3 の倍数でない」…偽

6　略

▶第3章◀　2 次関数

84　(1)　8　(2)　14　(3)　a^2-a+8

85　値域は $-1 \leqq y \leqq 11$，$x=3$ のとき最大値 11，
$x=-3$ のとき最小値 -1

86　(1)　-7　(2)　38　(3)　5　(4)　a^2-8a+5

87　値域は $-19 \leqq y \leqq 13$，$x=5$ のとき最大値 13，
$x=-3$ のとき最小値 -19

88　(1)　1　(2)　-29　(3)　$-a^2-3a-1$
(4)　$-a^2+a+1$

89　値域は $-12 \leqq y \leqq 4$，$x=-6$ のとき最大値 4，
$x=2$ のとき最小値 -12

JUMP 19　$a=2$，$b=0$ または $a=-2$，$b=4$

90　(1)　軸…y 軸，頂点 $(0, -1)$，グラフ略
(2)　軸…直線 $x=2$，頂点 $(2, 0)$，グラフ略
(3)　軸…y 軸，頂点 $(0, 5)$，グラフ略
(4)　軸…直線 $x=-3$，頂点 $(-3, 0)$，グラフ略

91　(1)　軸…y 軸，頂点 $(0, 2)$，グラフ略
(2)　軸…直線 $x=4$，頂点 $(4, 0)$，グラフ略

92　(1)　軸…y 軸，頂点 $(0, -2)$，グラフ略
(2)　軸…直線 $x=5$，頂点 $(5, 0)$，グラフ略

93 (1)　軸…y 軸，頂点 $(0,\ -2)$，グラフ略
(2)　軸…直線 $x=-2$，頂点 $(-2,\ 0)$，グラフ略
94 (1)　軸…y 軸，頂点 $(0,\ -4)$，グラフ略
(2)　軸…直線 $x=4$，頂点 $(4,\ 0)$，グラフ略
JUMP 20　$y=-2(x-10)^2$
95 (1)　軸…直線 $x=-1$，頂点 $(-1,\ 2)$，グラフ略
(2)　軸…直線 $x=2$，頂点 $(2,\ -1)$，グラフ略
96 (1)　軸…直線 $x=2$，頂点 $(2,\ 1)$，グラフ略
(2)　軸…直線 $x=-2$，頂点 $(-2,\ -4)$，グラフ略
97 (1)　軸…直線 $x=1$，頂点 $(1,\ 4)$，グラフ略
(2)　軸…直線 $x=-3$，頂点 $(-3,\ -2)$，グラフ略
(3)　軸…直線 $x=1$，頂点 $(1,\ 2)$，グラフ略
98 (1)　軸…直線 $x=1$，頂点 $(1,\ 4)$，グラフ略
(2)　軸…直線 $x=3$，頂点 $(3,\ 8)$，グラフ略
(3)　軸…直線 $x=-1$，頂点 $(-1,\ 3)$，グラフ略
JUMP 21　$q=27$
99 (1)　$y=(x+1)^2+3$
(2)　$y=-3(x-2)^2+13$
100 軸…直線 $x=1$，頂点 $(1,\ 3)$，グラフ略
101 (1)　$y=(x-2)^2+1$
(2)　$y=-2(x-1)^2+3$
102 軸…直線 $x=1$，頂点 $(1,\ -2)$，グラフ略
103 (1)　$y=\left(x+\dfrac{3}{2}\right)^2-\dfrac{1}{4}$
(2)　$y=-2\left(x-\dfrac{3}{2}\right)^2+\dfrac{7}{2}$
104 軸… $x=2$，頂点 $(2,\ 3)$，グラフ略
JUMP 22　$a=-6,\ b=7$
105 最大値 7，最小値はない
106 最小値 -1，最大値はない
107 (1)　最小値 4，　最大値はない
(2)　最小値 1，最大値はない
(3)　最小値 -3，最大値はない
108 (1)　最大値 2，最小値はない
(2)　最大値 $-\dfrac{11}{4}$，最小値はない
(3)　最大値 1，最小値はない
JUMP 23　$c=1$
109 最大値 8，最小値 0
110 最大値 2，最小値 -1
111 (1)　最大値 7，最小値 -2
(2)　最大値 18，最小値 10
112 (1)　最大値 8，最小値 -1
(2)　最大値 8，最小値 0
113 (1)　最大値 0，最小値 -3
(2)　最大値 5，最小値 -3
114 $3\sqrt{2}$
JUMP 24　$0<a<2$ のとき a^2-4a，$2\leqq a$ のとき -4
115 $y=2(x-2)^2+1$
116 $y=-3(x-4)^2+10$
117 $y=3(x-1)^2+3$
118 $y=-2(x-2)^2+8$
119 $y=-(x-2)^2+4$
120 $y=\dfrac{1}{2}(x+2)^2-3$
121 $y=-\dfrac{1}{3}(x+1)^2+\dfrac{22}{3}$
JUMP 25　$a=4,\ b=-3$ または $a=-8,\ b=21$
122 $y=x^2-3x+2$
123 $y=2x^2+3x-1$
124 $y=-2x^2+4x+3$
125 $a=2,\ b=3,\ c=3$
126 $y=x^2-2x-1$
127 $y=-x^2+2x+5$
JUMP 26　$y=(x-3)^2,\ y=\dfrac{1}{9}(x+1)^2$

まとめの問題　2 次関数①

1 (1)　軸…y 軸，頂点 $(0,\ 9)$，グラフ略
(2)　軸…直線 $x=-1$，頂点 $(-1,\ 2)$，グラフ略
(3)　軸…直線 $x=3$，頂点 $(3,\ -1)$，グラフ略
(4)　軸…直線 $x=1$，頂点 $\left(1,\ \dfrac{1}{2}\right)$，グラフ略
2 (1)　最小値 -2，最大値はない
(2)　最小値 $\dfrac{31}{8}$，最大値はない
3 (1)　最大値 1，最小値 -3
(2)　最大値 2，最小値 -6
4 $\dfrac{5}{2}(=2.5)$ m
5 (1)　$y=(x-2)^2-3$　(2)　$y=-(x-2)^2+3$
(3)　$y=2x^2+4x+1$
128 (1)　$x=-4,\ 3$　(2)　$x=2,\ 3$　(3)　$x=0,\ -3$
129 (1)　$x=\dfrac{-3\pm\sqrt{5}}{2}$　(2)　$x=\dfrac{1\pm\sqrt{13}}{6}$
(3)　$x=-1\pm\sqrt{2}$
130 (1)　$x=2,\ 1$　(2)　$x=-2,\ 2$　(3)　$x=-3$
(4)　$x=-1,\ -\dfrac{1}{2}$　(5)　$x=-\dfrac{1}{2},\ \dfrac{4}{3}$
131 (1)　$x=\dfrac{5\pm\sqrt{17}}{2}$　(2)　$x=\dfrac{-9\pm\sqrt{41}}{4}$
(3)　$x=2\pm\sqrt{3}$　(4)　$x=\dfrac{-3\pm2\sqrt{3}}{3}$
(5)　$x=\dfrac{4\pm\sqrt{10}}{2}$
JUMP 27　(1)　$x=-a,\ -2a$　(2)　$x=-a,\ 1$
132 (1)　2 個　(2)　1 個　(3)　0 個
133 $m=-4,\ 4$
$m=-4$ のとき $x=1$
$m=4$ のとき $x=-3$
134 (1)　2 個　(2)　1 個　(3)　0 個
135 $m<\dfrac{9}{8}$
136 (1)　2 個　(2)　0 個　(3)　1 個
137 $m\leqq\dfrac{1}{3}$
JUMP 28　$-\dfrac{9}{8}\leqq m\leqq\dfrac{5}{2}$
138 (1)　$-6,\ 2$　(2)　3
139 (1)　2 個　(2)　0 個
140 (1)　$-3,\ 5$　(2)　$-4,\ 4$　(3)　$\dfrac{2}{3}$

(4) $\frac{-3+\sqrt{17}}{2}$，$\frac{-3-\sqrt{17}}{2}$

141 (1) 2個　(2) 1個　(3) 2個　(4) 0個

JUMP 29　(1) $1+\sqrt{3}$，$1-\sqrt{3}$　(2) $2\sqrt{3}$

142 $m<\frac{2}{3}$

143 $(1,\ -2)$

144 $m=-3$

145 (1) $(1,\ -3)$，$(5,\ 5)$　(2) $(3,\ 5)$

146 (1) $m<3$　(2) $m=3$　(3) $m>3$

147 $m=2,\ 6$

JUMP 30　$m=2$

148 (1) $-3<x<1$　(2) $x<-4,\ -1<x$

(3) $x<-2,\ 5<x$　(4) $0\leqq x\leqq 2$

(5) $\frac{5-\sqrt{13}}{6}<x<\frac{5+\sqrt{13}}{6}$　(6) $x<-1,\ 3<x$

149 (1) $-3\leqq x\leqq 4$　(2) $x<-4,\ 5<x$

(3) $x<-2,\ 2<x$　(4) $\frac{1}{2}<x<2$

(5) $\frac{1-\sqrt{3}}{2}<x<\frac{1+\sqrt{3}}{2}$

150 (1) $-3<x<5$　(2) $x\leqq 0,\ 1\leqq x$

(3) $-2<x<3$　(4) $-3\leqq x\leqq -\frac{1}{3}$

(5) $x\leqq\frac{-3-\sqrt{17}}{4}$，$\frac{-3+\sqrt{17}}{4}\leqq x$

JUMP 31　$a=-1,\ b=-2$

151 (1) $x=2$ 以外のすべての実数　(2) 解はない

(3) すべての実数　(4) 解はない

(5) すべての実数　(6) $x=\frac{1}{2}$

152 (1) $x=5$ 以外のすべての実数　(2) 解はない

(3) すべての実数　(4) 解はない

153 (1) $x=\sqrt{2}$ 以外のすべての実数

(2) すべての実数　(3) 解はない

(4) すべての実数

JUMP 32　$2-2\sqrt{3}\leqq k\leqq 2+2\sqrt{3}$

154 (1) $x\leqq 0$

(2) $-3\leqq x\leqq -2,\ 1\leqq x\leqq 3$

155 (1) $x\leqq 2,\ 4\leqq x<5$　(2) $1<x\leqq 2,\ 3\leqq x<5$

(3) $4\leqq x\leqq 5$　(4) $1<x<2$

156 5 cm 以上 10 cm 未満

JUMP 33　$3<a\leqq 4$

まとめの問題　2次関数②

1 (1) $x=-6,\ 3$　(2) $x=\frac{5\pm\sqrt{13}}{2}$

2 (1) 2個　(2) 1個

3 (1) $-5,\ 3$　(2) $0,\ 6$

4 (1) $m<-5-2\sqrt{3}$，$-5+2\sqrt{3}<m$

(2) $m=-5\pm 2\sqrt{3}$

(3) $-5-2\sqrt{3}<m<-5+2\sqrt{3}$

5 $m=\pm 1$

6 (1) $0\leqq x\leqq 6$　(2) 解はない

(3) $x<4-2\sqrt{2}$，$4+2\sqrt{2}<x$

7 (1) $-\frac{1}{3}<x\leqq\frac{5}{3}$　(2) $-1\leqq x<1$

8 4 m 以上 6 m 以下

▶第4章◀　図形と計量

157 $\sin A=\frac{3}{4}$，$\cos A=\frac{\sqrt{7}}{4}$，$\tan A=\frac{3}{\sqrt{7}}$

158 $\sin 45°=\frac{1}{\sqrt{2}}$，$\cos 45°=\frac{1}{\sqrt{2}}$，$\tan 45°=1$

159 (1) $\sin A=\frac{3}{5}$，$\cos A=\frac{4}{5}$，$\tan A=\frac{3}{4}$

(2) $\sin A=\frac{3}{\sqrt{13}}$，$\cos A=\frac{2}{\sqrt{13}}$，$\tan A=\frac{3}{2}$

160 (1) $\sin A=\frac{1}{\sqrt{10}}$，$\cos A=\frac{3}{\sqrt{10}}$，$\tan A=\frac{1}{3}$

(2) $\sin A=\frac{8}{17}$，$\cos A=\frac{15}{17}$，$\tan A=\frac{8}{15}$

161 (1) $\sin A=\frac{1}{\sqrt{5}}$，$\cos A=\frac{2}{\sqrt{5}}$，$\tan A=\frac{1}{2}$

(2) $\sin A=\frac{1}{3}$，$\cos A=\frac{2\sqrt{2}}{3}$，$\tan A=\frac{1}{2\sqrt{2}}$

(3) $\sin A=\frac{2\sqrt{6}}{7}$，$\cos A=\frac{5}{7}$，$\tan A=\frac{2\sqrt{6}}{5}$

162

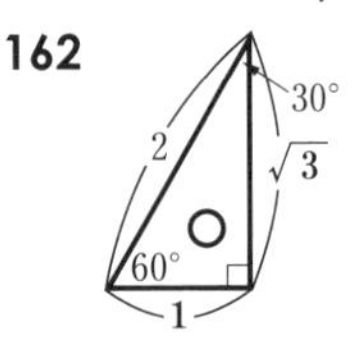

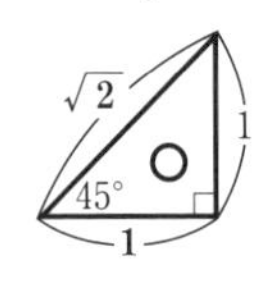

A	30°	45°	60°
$\sin A$	$\frac{1}{2}$	$\frac{1}{\sqrt{2}}$	$\frac{\sqrt{3}}{2}$
$\cos A$	$\frac{\sqrt{3}}{2}$	$\frac{1}{\sqrt{2}}$	$\frac{1}{2}$
$\tan A$	$\frac{1}{\sqrt{3}}$	1	$\sqrt{3}$

JUMP 34　$x=\sqrt{3}+1$，$\sin 15°=\frac{\sqrt{6}-\sqrt{2}}{4}$

163 AC=5.4 m，BC=5.9 m

164 BC=14.3

165 (1) 0.4067　(2) 0.3907　(3) 0.2679

166 347 m

167 240.0 m

168 (1) 44　(2) 72　(3) 80

169 (1) $\sin A=\frac{2}{3}$，$\cos A=\frac{\sqrt{5}}{3}$　(2) 42°

170 $x=27.475$，$\angle\mathrm{BDC}\fallingdotseq 80°$

JUMP 35　17.9 m

171 $\cos A=\frac{3}{5}$，$\tan A=\frac{4}{3}$

172 (1) $\cos 18°$　(2) $\sin 31°$

173 $\sin A=\frac{\sqrt{3}}{2}$，$\tan A=\sqrt{3}$

174 $\cos A=\frac{12}{13}$，$\tan A=\frac{5}{12}$

175 (1) 0.8192　(2) 0.5736

176 $\sin A=\dfrac{\sqrt{2}}{\sqrt{3}}$，$\cos A=\dfrac{1}{\sqrt{3}}$

177 $\sin A=\dfrac{1}{\sqrt{10}}$，$\cos A=\dfrac{3}{\sqrt{10}}$

JUMP 36　(1)　2　　(2)　1

178

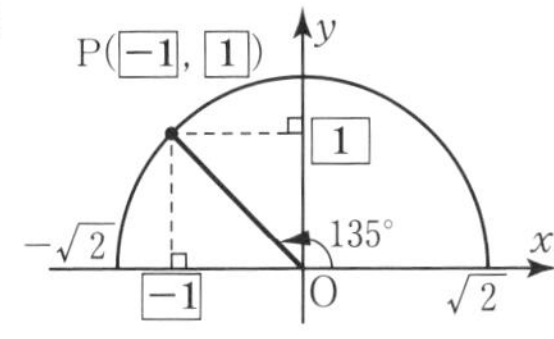

$\sin 135°=\dfrac{1}{\sqrt{2}}$，$\cos 135°=-\dfrac{1}{\sqrt{2}}$，$\tan 135°=-1$

179 (1)　$\sin 0°=0$，$\cos 0°=1$，$\tan 0°=0$

(2)　$\sin 180°=0$，$\cos 180°=-1$，$\tan 180°=0$

180

θ	0°	90°	120°	135°	150°	180°
$\sin\theta$	0	1	$\dfrac{\sqrt{3}}{2}$	$\dfrac{1}{\sqrt{2}}$	$\dfrac{1}{2}$	0
$\cos\theta$	1	0	$-\dfrac{1}{2}$	$-\dfrac{1}{\sqrt{2}}$	$-\dfrac{\sqrt{3}}{2}$	-1
$\tan\theta$	0	／	$-\sqrt{3}$	-1	$-\dfrac{1}{\sqrt{3}}$	0

181 $\sin\theta=\dfrac{4}{5}$，$\cos\theta=-\dfrac{3}{5}$，$\tan\theta=-\dfrac{4}{3}$

182 $\sin\theta=\dfrac{1}{2}$，$\cos\theta=-\dfrac{\sqrt{3}}{2}$，$\tan\theta=-\dfrac{1}{\sqrt{3}}$

183 $\sin\theta=\dfrac{\sqrt{15}}{4}$，$\cos\theta=-\dfrac{1}{4}$，$\tan\theta=-\sqrt{15}$

JUMP 37　$\mathrm{P}\left(-\dfrac{2}{3},\ \dfrac{\sqrt{5}}{3}\right)$

184 $\sin 162°=0.3090$，$\cos 162°=-0.9511$，
$\tan 162°=-0.3249$

185 $\sin 150°=\dfrac{1}{2}$，$\cos 150°=-\dfrac{\sqrt{3}}{2}$，$\tan 150°=-\dfrac{1}{\sqrt{3}}$

186

θ	0°	鋭角	90°	鈍角	180°
$\sin\theta$	0	+	1	+	0
$\cos\theta$	1	+	0	−	−1
$\tan\theta$	0	+	／	−	0

187 (1)　$\sin 157°=0.3907$　　(2)　$\cos 169°=-0.9816$

(3)　$\tan 119°=-1.8040$　　(4)　$\sin 120°=\dfrac{\sqrt{3}}{2}$

(5)　$\cos 120°=-\dfrac{1}{2}$　　(6)　$\tan 120°=-\sqrt{3}$

188 (1)　Q($\cos 33°$，$\sin 33°$)

(2)　P($-\cos 33°$，$\sin 33°$)

(3)　$\cos 147°=-\cos 33°$，$\sin 147°=\sin 33°$

189 P(−0.9397，0.3420)

JUMP 38　(1)　0　　(2)　$\dfrac{\sqrt{2}+\sqrt{6}}{4}$

190 $\theta=45°$

191 (1)　$\theta=30°$　　(2)　$\theta=0°$，180°

192 $\theta=30°$

193 (1)　$\theta=90°$　　(2)　$\theta=120°$

194 $\theta=0°$，180°

JUMP 39　$\theta=60°$，120°

195 $\cos\theta=-\dfrac{3}{5}$，$\tan\theta=-\dfrac{4}{3}$

196 $\sin\theta=\dfrac{5}{13}$，$\tan\theta=-\dfrac{5}{12}$

197 (1)　$\cos\theta=-\dfrac{\sqrt{7}}{4}$，$\tan\theta=-\dfrac{3}{\sqrt{7}}$

(2)　$\sin\theta=\dfrac{15}{17}$，$\tan\theta=-\dfrac{15}{8}$

198 $\cos\theta=-\dfrac{1}{\sqrt{17}}$，$\sin\theta=\dfrac{4}{\sqrt{17}}$

199 $0°\leqq\theta<90°$ のとき $\cos\theta=\dfrac{\sqrt{21}}{5}$，$\tan\theta=\dfrac{2}{\sqrt{21}}$

$90°\leqq\theta\leqq180°$ のとき $\cos\theta=-\dfrac{\sqrt{21}}{5}$，

$\tan\theta=-\dfrac{2}{\sqrt{21}}$

JUMP 40　(1)　$\dfrac{1}{2}$　　(2)　0

まとめの問題　図形と計量①

1 (1)　$\sin A=\dfrac{7}{25}$，$\cos A=\dfrac{24}{25}$，$\tan A=\dfrac{7}{24}$

$\sin B=\dfrac{24}{25}$，$\cos B=\dfrac{7}{25}$，$\tan B=\dfrac{24}{7}$

(2)　$\sin A=\dfrac{1}{\sqrt{2}}$，$\cos A=\dfrac{1}{\sqrt{2}}$，$\tan A=1$

$\sin B=\dfrac{1}{\sqrt{2}}$，$\cos B=\dfrac{1}{\sqrt{2}}$，$\tan B=1$

2 (1)　0.1045　　(2)　2.3559　　(3)　56°

(4)　34°

3 (1)　4.2　　(2)　9.1　　(3)　1.8

4 (1)　$\cos A=\dfrac{15}{17}$，$\tan A=\dfrac{8}{15}$

(2)　$\sin A=\dfrac{\sqrt{11}}{6}$，$\tan A=\dfrac{\sqrt{11}}{5}$

(3)　$\sin A=\dfrac{4}{\sqrt{17}}$，$\cos A=\dfrac{1}{\sqrt{17}}$

5 (1)　$\cos 38°$　　(2)　$\sin 11°$　　(3)　1　　(4)　$\dfrac{\sin A}{\cos A}$

6

θ	0°	30°	45°	60°	90°
$\sin\theta$	0	$\dfrac{1}{2}$	$\dfrac{1}{\sqrt{2}}$	$\dfrac{\sqrt{3}}{2}$	1
$\cos\theta$	1	$\dfrac{\sqrt{3}}{2}$	$\dfrac{1}{\sqrt{2}}$	$\dfrac{1}{2}$	0
$\tan\theta$	0	$\dfrac{1}{\sqrt{3}}$	1	$\sqrt{3}$	／

θ	120°	135°	150°	180°
$\sin\theta$	$\dfrac{\sqrt{3}}{2}$	$\dfrac{1}{\sqrt{2}}$	$\dfrac{1}{2}$	0
$\cos\theta$	$-\dfrac{1}{2}$	$-\dfrac{1}{\sqrt{2}}$	$-\dfrac{\sqrt{3}}{2}$	-1
$\tan\theta$	$-\sqrt{3}$	-1	$-\dfrac{1}{\sqrt{3}}$	0

7 (1)　0.5736　　(2)　−0.9945

8 $\theta=150°$

9 (1) $\cos\theta=-\frac{8}{17}$, $\tan\theta=-\frac{15}{8}$

(2) $\cos\theta=-\frac{2}{\sqrt{11}}$, $\sin\theta=\frac{\sqrt{7}}{\sqrt{11}}$

200 $c=\frac{5\sqrt{6}}{2}$

201 $b=6$, $R=6$

202 $c=8\sqrt{2}$

203 $A=45°$

204 $b=2\sqrt{2}$, $R=2\sqrt{2}$

205 $C=60°, 120°$, $R=8$

JUMP 41 $A=75°, 15°$

206 $a=\sqrt{21}$

207 $A=60°$

208 (1) $b=\sqrt{7}$ (2) $c=\sqrt{5}$

209 (1) $B=45°$ (2) $C=90°$

210 $A=60°$

211 $a=2\sqrt{6}$, $C=45°$, $B=15°$

JUMP 42 $a=2$, 4

212 $6\sqrt{2}$

213 $14\sqrt{3}$

214 (1) $7\sqrt{3}$ (2) 20 (3) $14\sqrt{2}$

215 $\frac{21\sqrt{11}}{4}$

216 (1) $2+\frac{3\sqrt{3}}{2}$ (2) $\sqrt{3}+3$

217 $\frac{1}{2}$

JUMP 43 $\frac{12}{5}$

218 (1) $a=13$ (2) $S=14\sqrt{3}$, $r=\sqrt{3}$

219 (1) $\mathrm{BD}=\sqrt{10}$ (2) $\mathrm{BC}=4$ (3) 3

220 (1) $\frac{15\sqrt{7}}{4}$ (2) $r=\frac{\sqrt{7}}{2}$

JUMP 44 $\cos\angle\mathrm{BAD}=-\frac{1}{\sqrt{2}}$

四角形 ABCD の面積 $\frac{3}{2}$

221 (1) $45°$ (2) $\mathrm{AB}=\frac{5\sqrt{2}}{2}$ (3) $\mathrm{AD}=\frac{5\sqrt{2}}{4}$

222 (1) $\frac{\sqrt{3}}{2}$ (2) $\mathrm{BH}=4\sqrt{3}$, $\mathrm{AH}=4$

223 $45°$

224 (1) $\frac{3}{10}$ (2) $\frac{3\sqrt{91}}{2}$

JUMP 45 $\sqrt{14}$

まとめの問題　図形と計量②

1 (1) $R=6$ (2) $c=4\sqrt{6}$ (3) $c=\sqrt{31}$

(4) $B=60°$

2 1300 m

3 $b=3\sqrt{2}$, $C=45°$, $A=75°$

4 (1) $-\frac{1}{5}$ (2) $\sin C=\frac{2\sqrt{6}}{5}$, $S=4\sqrt{6}$

(3) $r=\frac{\sqrt{6}}{2}$

5 $5\sqrt{3}+\frac{5\sqrt{21}}{4}$

6 $500\sqrt{2}$ m

▶第5章◀　データの分析

225

階級(分) 以上～未満	階級値	度数	相対度数
10～20	15	2	0.1
20～30	25	3	0.15
30～40	35	5	0.25
40～50	45	7	0.35
50～60	55	3	0.15

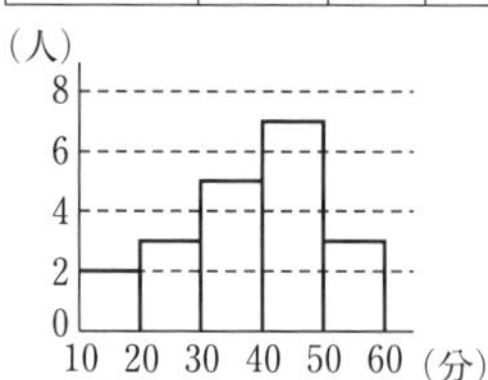

最頻値 45 分

226 平均値 30，中央値 31

227 7

228 (1) 46 (2) 23

229 中央値 26.25 cm，最頻値 26.0 cm

230 5.2 回

JUMP 46 (1) $x=6$, $y=1$ (2) 3，4，5，6，7

231 範囲 55，平均値 61，中央値 60，第 1 四分位数 42，第 3 四分位数 80，四分位範囲は 38

232 $a=48$, $b=57$, $c=65$, 範囲 67

233 最大値 30，最小値 6，第 1 四分位数 10，第 2 四分位数 16，第 3 四分位数 20

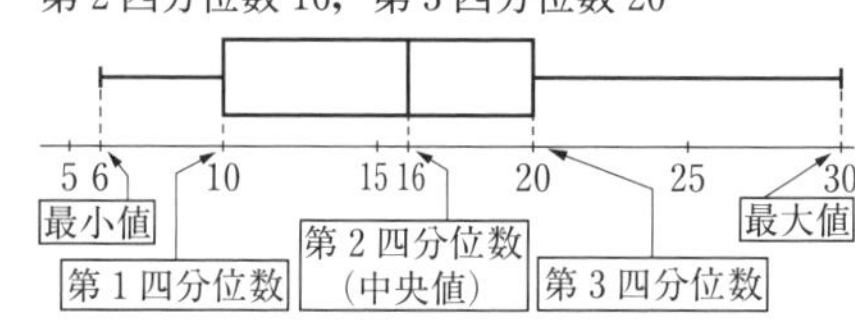

234 ②，③

235 ㋒

JUMP 47 (1) $a_1=3$, $a_5=10$, $a_9=19$

(2) $a_4=9$

(3) ②

236 (1) 20 (2) 4 (3) 2

237 $s^2=4$, $s=2$

238 x の方が散らばりの度合いが大きい

239 (1) 0.81 (2) 0.9

JUMP 48 $a=3$, $b=1$, 分散 $s^2=1$, 標準偏差 $s=1$

240 (1) ⑤ (2) ② (3) ④ (4) ① (5) ③

241 (1) $\overline{x}=5$ $\overline{y}=7$

(2) $s_{xy}=2.5$

242 $r≒0.78$

243 ①，④

244 ①，②，④

245 (1) $Q_1=6$, $Q_3=8$ (2) ①，③，⑤

246「A，B の実力が同じ」という仮説が誤り

JUMP 50「A，B の実力が同じ」という仮説は誤りとはいえない

247 (1) $\overline{u}=90$, ${s_u}^2=300$

(2) $s_{xy}=-1$, $s_{uy}=-10$

$r_{xy}=-\frac{1}{\sqrt{3}}$, $r_{uy}=-\frac{1}{\sqrt{3}}$

共分散 s_{uy} は s_{xy} の 10 倍になるが，相関係数 r_{uy} は r_{xy} と変わらない

248 (1) $\overline{u}=17$, $s_u=6$

(2) $s_{uy}=5.4$, $r_{uy}=0.3$

JUMP 51 $s_{uv}=15s_{xy}$

まとめの問題　データの分析

1 (1) 503.5 回

(2)

階級(回) 以上～未満	階級値 (回)	度数 (個)	相対 度数
483～490	486.5	1	0.05
490～497	493.5	2	0.10
497～504	500.5	7	0.35
504～511	507.5	6	0.30
511～518	514.5	4	0.20
合　計		20	1.00

(3) 500.5 回

(4) 最大値 517，最小値 483，第 1 四分位数 497.5，第 2 四分位数 503.5，第 3 四分位数 510

(5) 範囲 34，四分位範囲 12.5

(6)

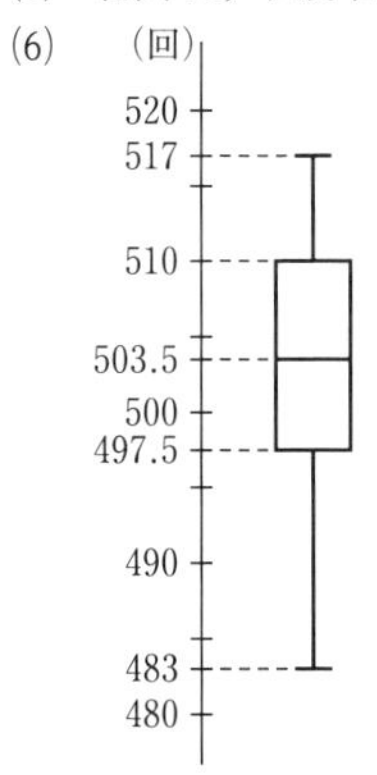

2 $s^2=16$, $s=4$ (百時間)

3 $s^2=4$

4 14，40，51

5 $r \fallingdotseq 0.73$

こたえ（数学A）

▶第1章◀ 場合の数と確率

1 (1) $A\cup B=\{1, 2, 5, 7, 8, 10\}$
(2) $A\cap B=\{5, 8\}$

2 (1) $A\cup B=\{1, 2, 3, 4, 6, 8, 10, 12\}$
(2) $A\cap B=\{2, 4, 6, 12\}$
(3) $\overline{A\cup B}=\{5, 7, 9, 11\}$
(4) $\overline{A}\cap\overline{B}=\{5, 7, 9, 11\}$

3 (1) $A=\{2, 3, 5, 7, 11, 13, 17\}$
$B=\{1, 4, 7, 10, 13, 16\}$
$C=\{1, 2, 3, 6, 9, 18\}$
(2) ① $A\cup B=\{1, 2, 3, 4, 5, 7, 10, 11, 13, 16, 17\}$
② $A\cap B=\{7, 13\}$
③ $\overline{A}\cap\overline{C}=\{4, 8, 10, 12, 14, 15, 16\}$
④ $\overline{A}\cup\overline{B}=\{1, 2, 3, 4, 5, 6, 8, 9, 10, 11, 12, 14, 15, 16, 17, 18\}$

4 (1) $A\cap B=\{x\mid 2<x\leqq 4,\ x$ は実数$\}$
(2) $A\cup B=\{x\mid -1\leqq x<7,\ x$ は実数$\}$

5 (1) $A\cap B=\{12\}$
(2) $A\cup B=\{4, 6, 8, 12, 16, 18, 20\}$
(3) $\overline{A}=\{1, 2, 3, 5, 6, 7, 9, 10, 11, 13, 14, 15, 17, 18, 19\}$
(4) $A\cap\overline{B}=\{4, 8, 16, 20\}$

JUMP 1 $a=2$, $A\cup B=\{-4, 2, 4, 5\}$

6 (1) $n(A)=15$（個） (2) $n(\overline{B})=20$（個）
(3) $n(A\cup B)=20$（個）

7 (1) $n(A)=33$（個） (2) $n(B)=50$（個）
(3) $n(A\cap B)=16$（個） (4) $n(A\cup B)=67$（個）
(5) $n(\overline{A\cap B})=84$（個） (6) $n(\overline{A}\cap\overline{B})=33$（個）

8 (1) 15人 (2) 7人

9 18人

JUMP 2 36個

まとめの問題 場合の数と確率①

1 (1) $C=\{1, 2, 3, 4, 5, 6, 10, 12, 15, 20, 30\}$
$D=\{2, 3, 5, 7, 11, 13, 17, 19, 23, 29\}$
(2) ① $A\cap\overline{B}=\{6, 12, 18, 24, 30\}$
② $A\cup\overline{B}=\{2, 3, 4, 6, 8, 9, 10, 12, 14, 15, 16, 18, 20, 21, 22, 24, 26, 27, 28, 30\}$
③ $\overline{A}\cap B=\{1, 5, 7, 11, 13, 17, 19, 23, 25, 29\}$
④ $C\cap\overline{D}=\{1, 4, 6, 10, 12, 15, 20, 30\}$

2 (1) $A\cup B=\{2, 3, 5, 6, 7, 8, 10, 11, 12\}$
(2) $A\cap B=\{3, 10\}$
(3) $A=\{3, 5, 7, 10, 11\}$
(4) $B=\{2, 3, 6, 8, 10, 12\}$

3 (1) 15個 (2) 120個 (3) 60個 (4) 180個

4 540個

5 19人

10 13通り
11 10通り
12 18通り
13 8通り
14 6通り
15 26通り
16 (1) 12通り (2) 6通り

JUMP 3 13122

17 15通り
18 10個
19 12通り
20 12通り
21 16個
22 27通り
23 12通り
24 24個

JUMP 4 18個

25 (1) 210 (2) 90 (3) 120 (4) 720
26 360通り
27 (1) 20 (2) 720 (3) 5040 (4) 40320
28 60通り
29 840通り
30 120通り
31 4896通り

JUMP 5 24通り

32 300通り
33 72通り
34 52通り
35 240通り
36 75通り
37 (1) 4320通り (2) 4320通り

JUMP 6 72通り

38 5040通り
39 64通り
40 120通り
41 243通り
42 125通り
43 (1) 1440通り (2) 720通り
44 243通り

JUMP 7 14400通り

45 (1) 35 (2) 28 (3) 1 (4) 1
46 (1) 84通り (2) 36通り
47 435通り
48 455通り
49 (1) 1260通り (2) 2990通り
50 (1) 360通り (2) 1035通り
51 (1) 18通り (2) 18通り

JUMP 8 80通り

52 (1) 10個 (2) 5本
53 (1) 3通り (2) 18個
54 (1) 15通り (2) 20通り (3) 10通り
55 (1) 2520通り (2) 105通り
56 (1) 2520通り (2) 2100通り

JUMP 9 (1) 40個 (2) 110個

57 280通り
58 15通り
59 (1) 105通り (2) 15通り (3) 30通り
60 (1) 60通り (2) 10通り
61 (1) 56通り (2) 26通り
62 (1) 200通り (2) 150通り (3) 350通り

JUMP 10 300通り

まとめの問題　場合の数と確率②

1 13通り
2 (1) 75通り　(2) 55通り
3 16個
4 (1) 720通り　(2) 720通り
5 36通り
6 (1) 210通り　(2) 105通り　(3) 335通り
7 105通り
8 (1) 90通り　(2) 30通り

63 $\frac{2}{3}$
64 $\frac{4}{9}$
65 $\frac{1}{13}$
66 $\frac{1}{12}$
67 (1) $\frac{1}{8}$　(2) $\frac{3}{8}$
68 (1) $\frac{1}{6}$　(2) $\frac{5}{12}$
69 (1) $\frac{1}{6}$　(2) $\frac{1}{2}$　(3) $\frac{5}{9}$
70 $\frac{1}{36}$
JUMP 11 $\frac{5}{9}$
71 (1) $\frac{1}{5}$　(2) $\frac{1}{10}$
72 (1) $\frac{5}{18}$　(2) $\frac{5}{9}$
73 (1) $\frac{1}{15}$　(2) $\frac{1}{5}$
74 (1) $\frac{4}{33}$　(2) $\frac{4}{11}$
75 (1) $\frac{1}{7}$　(2) $\frac{1}{21}$
76 (1) $\frac{3}{11}$　(2) $\frac{27}{220}$
JUMP 12 $\frac{6}{11}$
77 $\frac{1}{2}$
78 $\frac{1}{6}$
79 $\frac{5}{11}$
80 (1) $\frac{3}{52}$　(2) $\frac{11}{26}$
81 $\frac{13}{18}$
82 $\frac{3}{10}$
JUMP 13 (1) $\frac{2}{35}$　(2) $\frac{11}{35}$
83 $\frac{7}{8}$
84 (1) $\frac{5}{42}$　(2) $\frac{37}{42}$
85 $\frac{22}{25}$
86 $\frac{21}{22}$
87 $\frac{7}{8}$
88 $\frac{37}{42}$
89 (1) $\frac{1}{27}$　(2) $\frac{2}{9}$
JUMP 14 $\frac{13}{27}$

まとめの問題　場合の数と確率③

1 (1) $\frac{7}{36}$　(2) $\frac{1}{4}$
2 (1) $\frac{150}{1001}$　(2) $\frac{45}{91}$
3 $\frac{1}{24}$
4 (1) $\frac{1}{35}$　(2) $\frac{1}{7}$　(3) $\frac{2}{21}$
5 (1) $\frac{7}{110}$　(2) $\frac{7}{55}$　(3) $\frac{41}{55}$
6 $\frac{11}{50}$
7 (1) $\frac{1}{81}$　(2) $\frac{10}{81}$

90 $\frac{1}{3}$
91 (1) $\frac{2}{15}$　(2) $\frac{43}{90}$
92 $\frac{25}{72}$
93 $\frac{13}{30}$
94 $\frac{31}{63}$
95 $\frac{2}{15}$
96 (1) $\frac{3}{8}$　(2) $\frac{9}{20}$
JUMP 15 $\frac{41}{50}$
97 $\frac{80}{243}$
98 $\frac{7}{64}$
99 $\frac{8}{27}$
100 (1) $\frac{15}{64}$　(2) $\frac{7}{64}$
101 (1) $\frac{40}{243}$　(2) $\frac{64}{81}$
102 $\frac{35}{128}$
JUMP 16 $\frac{53}{512}$
103 (1) $\frac{6}{25}$　(2) $\frac{24}{65}$
104 (1) $\frac{3}{11}$　(2) $\frac{1}{2}$　(3) $\frac{2}{5}$
105 (1) $\frac{2}{15}$　(2) $\frac{2}{5}$
106 (1) $\frac{5}{12}$　(2) $\frac{35}{66}$
107 $\frac{22}{35}$
JUMP 17 $\frac{2}{3}$
108 500円
109 50点
110 58点
111 $\frac{6}{5}$個
112 75円
113 3
114 75点
115 有利といえない
JUMP 18 2

まとめの問題　場合の数と確率④

1 (1) $\frac{8}{21}$ (2) $\frac{13}{21}$

2 (1) $\frac{1}{16}$ (2) $\frac{11}{48}$

3 (1) $\frac{17}{81}$ (2) $\frac{8}{81}$

4 (1) $P(A\cap B)=\frac{2}{5}$ (2) $P_B(A)=\frac{8}{11}$

(3) $P_A(\overline{B})=\frac{11}{27}$

5 (1) aが当たる確率 $\frac{1}{6}$，bが当たる確率 $\frac{1}{6}$

(2) aが当たる確率 $\frac{1}{6}$，bが当たる確率 $\frac{1}{6}$

6 30点

▶第2章◀　図形の性質

116 (1) $x=10$，$y=8$ (2) $x=\frac{12}{5}$，$y=\frac{10}{3}$

117 (1) $x=6$，$y=4$ (2) $x=3$，$y=8$

118 R A P B Q

119 F A C D B E

120 $x=15$，$y=\frac{35}{2}$，$z=27$

JUMP 19 $x=\frac{8}{5}$，$y=\frac{10}{7}$

121 $x=\frac{80}{13}$

122 $x=\frac{10}{3}$

123 (1) $x=4$ (2) $y=6$ (3) $z=8$

124 $\frac{28}{3}$

125 (1) 4 (2) $\frac{16}{5}$

JUMP 20 $\frac{15}{2}$

126 12

127 $\theta=115^\circ$

128 6

129 (1) $\theta=10^\circ$ (2) $\theta=100^\circ$ (3) $\theta=10^\circ$

130 (1) $\frac{15}{7}$ (2) 7：5

131 3

JUMP 21 3

132 9：2

133 3：8

134 (1) 1：1 (2) 4：3

135 3：2

136 (1) 4：1 (2) 6：1 (3) 1：7

JUMP 22 3：14

137 (1) $\theta=35^\circ$ (2) $\theta=51^\circ$

138 同一円周上にある

139 (1) $\theta=98^\circ$ (2) $\theta=60^\circ$

140 (1) 同一円周上にない (2) 同一円周上にある

(3) 同一円周上にある

141 (1) $\alpha=80^\circ$，$\beta=40^\circ$，$\gamma=50^\circ$

(2) $\alpha=60^\circ$，$\beta=120^\circ$，$\gamma=90^\circ$ (3) $\alpha=32^\circ$

JUMP 23 $\theta=80^\circ$

142 (1) $\alpha=70^\circ$，$\beta=92^\circ$ (2) $\alpha=130^\circ$，$\beta=115^\circ$

143 内接しない

144 (1) $\alpha=112^\circ$，$\beta=105^\circ$ (2) $\alpha=43^\circ$

(3) $\alpha=98^\circ$

145 内接しない

146 (1) $\alpha=100^\circ$ (2) $\beta=80^\circ$ (3) 内接する

147 ②と③

JUMP 24 50°

148 $x=7$

149 $\theta=70^\circ$

150 (1) $x=\frac{13}{2}$ (2) $x=6$

151 (1) $\alpha=50^\circ$，$\beta=130^\circ$ (2) $\alpha=60^\circ$，$\beta=60^\circ$

152 5

153 $\theta=70^\circ$

JUMP 25 20

154 $x=4$

155 $8\sqrt{3}$

156 (1) $x=\frac{17}{2}$ (2) $x=5$ (3) $x=9$

157 12

158 $\sqrt{3}$

159 (1) 10 (2) $5\sqrt{3}$ (3) $7\sqrt{3}$

JUMP 26 PC＝2，$OO'=4\sqrt{2}$

まとめの問題　図形の性質

1

2 $x=8$

3 $\frac{1}{2}a+\frac{\sqrt{3}}{2}a$

4 $\alpha=40^\circ$，$\beta=30^\circ$，$\gamma=20^\circ$

5 (1) 1：5 (2) 15：8

6 (1) $\theta=70^\circ$ (2) $\theta=47^\circ$ (3) $\theta=40^\circ$

7 ∠AED＝65°，∠ADE＝65°

8 $PT=\sqrt{x(x+y)}$

9 $x=5$

160～163 略

JUMP 27 略

164 (1) 60° (2) 60° (3) 90°

165～166 略

167 $2\sqrt{10}$

JUMP 28 略

168 2

169 (1) 12 (2) 24 (3) 14

170 (上から順に)

半分，正三角形，8，4，正八面体

171 $\frac{\sqrt{2}}{24}a^3$

JUMP 29 半径 $\frac{\sqrt{6}}{12}a$，体積 $\frac{\sqrt{6}}{216}\pi a^3$

▶第3章◀　数学と人間の活動

172 (1)　15　(2)　77
173 (1)　$1110_{(2)}$　(2)　$343_{(5)}$
174 (1)　21　(2)　188
175 (1)　$11111_{(2)}$　(2)　$10201_{(3)}$
176 (1)　$100011_{(2)}$　(2)　$1101001_{(2)}$
177 (1)　63　(2)　502
178 (1)　$110111_{(2)}$　(2)　$2014_{(6)}$
179 (1)　$1101_{(2)}$　(2)　$11001011_{(2)}$
JUMP 30　17
180 (1)　±1，±2，±3，±4，±5，±6，±10，±12，±15，±20，±30，±60
(2)　8，16，24，32，40，48
181 153，201，516
182 (1)　±1，±2，±4，±8，±16，±32，±64
(2)　12，24，36，48，60，72，84，96
183 略
184 531，3456
185 略
186 138，282
187 8
JUMP 31　略
188 30
189 最大公約数 45，最小公倍数 4725
190 (1)　135　(2)　117
191 (1)　378　(2)　156750
192 $n=7$，28，63，252
193 7
194 60
195 x の最大値 24，タイルの必要数 330 枚
JUMP 32　55 人
196 ①と②
197 (1)　$63=6\times10+3$　(2)　$80=13\times6+2$
198 ②と③
199 (1)　$97=7\times13+6$　(2)　$125=16\times7+13$
(3)　$230=11\times20+10$
200 略
201 (1)　3　(2)　2
202 略
JUMP 33　略
203 (1)　39　(2)　74
204 (1)　6　(2)　59　(3)　71　(4)　7
205 97
206 (1)　17　(2)　34　(3)　17
JUMP 34　28 cm
207 (1)　$x=3k$，$y=2k$（ただし，k は整数）
(2)　$x=2k+1$，$y=3k+1$（ただし，k は整数）
208 (1)　$x=4k$，$y=k$（ただし，k は整数）
(2)　$x=7k$，$y=-3k$（ただし，k は整数）
(3)　$x=2k-1$，$y=3k-1$（ただし，k は整数）
(4)　$x=7k+3$，$y=-5k-2$（ただし，k は整数）
209 $x=3k+2$，$y=2k$（ただし，k は整数）
210 (1)　略
(2)　$x=27k+10$，$y=-19k-7$（ただし，k は整数）
JUMP 35　$x=-7$，$y=10$
$x=26k-7$，$y=-37k+10$（ただし，k は整数）

まとめの問題　数学と人間の活動

1 (1)　$110010_{(2)}$　(2)　$2203_{(4)}$　(3)　66　(4)　465
2 (1)　$100011_{(2)}$　(2)　$1110101_{(2)}$
3 (1)　1，2，3，4，6，9，12，18，36
(2)　4120，5216，7648
4 (1)　38　(2)　23
5 (1)　330　(2)　1800
6 10
7 12
8 (1)　$101=8\times12+5$　(2)　$321=15\times21+6$
9 略
10 (1)　221　(2)　61
11 (1)　$x=7k$，$y=5k$（ただし，k は整数）
(2)　$x=7k+3$，$y=2k+1$（ただし，k は整数）

アクセスノート　数学Ⅰ＋A

●編　者――実教出版編修部
●発行者――小田良次
●印刷所――大日本印刷株式会社

●発行所――実教出版株式会社
〒102-8377
東京都千代田区五番町5
電 話〈営業〉(03) 3238-7777
〈編修〉(03) 3238-7785
〈総務〉(03) 3238-7700
https://www.jikkyo.co.jp/

002402022　ISBN 978-4-407-36036-3

三角比の表

A	$\sin A$	$\cos A$	$\tan A$	A	$\sin A$	$\cos A$	$\tan A$
0°	0.0000	1.0000	0.0000	45°	0.7071	0.7071	1.0000
1°	0.0175	0.9998	0.0175	46°	0.7193	0.6947	1.0355
2°	0.0349	0.9994	0.0349	47°	0.7314	0.6820	1.0724
3°	0.0523	0.9986	0.0524	48°	0.7431	0.6691	1.1106
4°	0.0698	0.9976	0.0699	49°	0.7547	0.6561	1.1504
5°	0.0872	0.9962	0.0875	50°	0.7660	0.6428	1.1918
6°	0.1045	0.9945	0.1051	51°	0.7771	0.6293	1.2349
7°	0.1219	0.9925	0.1228	52°	0.7880	0.6157	1.2799
8°	0.1392	0.9903	0.1405	53°	0.7986	0.6018	1.3270
9°	0.1564	0.9877	0.1584	54°	0.8090	0.5878	1.3764
10°	0.1736	0.9848	0.1763	55°	0.8192	0.5736	1.4281
11°	0.1908	0.9816	0.1944	56°	0.8290	0.5592	1.4826
12°	0.2079	0.9781	0.2126	57°	0.8387	0.5446	1.5399
13°	0.2250	0.9744	0.2309	58°	0.8480	0.5299	1.6003
14°	0.2419	0.9703	0.2493	59°	0.8572	0.5150	1.6643
15°	0.2588	0.9659	0.2679	60°	0.8660	0.5000	1.7321
16°	0.2756	0.9613	0.2867	61°	0.8746	0.4848	1.8040
17°	0.2924	0.9563	0.3057	62°	0.8829	0.4695	1.8807
18°	0.3090	0.9511	0.3249	63°	0.8910	0.4540	1.9626
19°	0.3256	0.9455	0.3443	64°	0.8988	0.4384	2.0503
20°	0.3420	0.9397	0.3640	65°	0.9063	0.4226	2.1445
21°	0.3584	0.9336	0.3839	66°	0.9135	0.4067	2.2460
22°	0.3746	0.9272	0.4040	67°	0.9205	0.3907	2.3559
23°	0.3907	0.9205	0.4245	68°	0.9272	0.3746	2.4751
24°	0.4067	0.9135	0.4452	69°	0.9336	0.3584	2.6051
25°	0.4226	0.9063	0.4663	70°	0.9397	0.3420	2.7475
26°	0.4384	0.8988	0.4877	71°	0.9455	0.3256	2.9042
27°	0.4540	0.8910	0.5095	72°	0.9511	0.3090	3.0777
28°	0.4695	0.8829	0.5317	73°	0.9563	0.2924	3.2709
29°	0.4848	0.8746	0.5543	74°	0.9613	0.2756	3.4874
30°	0.5000	0.8660	0.5774	75°	0.9659	0.2588	3.7321
31°	0.5150	0.8572	0.6009	76°	0.9703	0.2419	4.0108
32°	0.5299	0.8480	0.6249	77°	0.9744	0.2250	4.3315
33°	0.5446	0.8387	0.6494	78°	0.9781	0.2079	4.7046
34°	0.5592	0.8290	0.6745	79°	0.9816	0.1908	5.1446
35°	0.5736	0.8192	0.7002	80°	0.9848	0.1736	5.6713
36°	0.5878	0.8090	0.7265	81°	0.9877	0.1564	6.3138
37°	0.6018	0.7986	0.7536	82°	0.9903	0.1392	7.1154
38°	0.6157	0.7880	0.7813	83°	0.9925	0.1219	8.1443
39°	0.6293	0.7771	0.8098	84°	0.9945	0.1045	9.5144
40°	0.6428	0.7660	0.8391	85°	0.9962	0.0872	11.4301
41°	0.6561	0.7547	0.8693	86°	0.9976	0.0698	14.3007
42°	0.6691	0.7431	0.9004	87°	0.9986	0.0523	19.0811
43°	0.6820	0.7314	0.9325	88°	0.9994	0.0349	28.6363
44°	0.6947	0.7193	0.9657	89°	0.9998	0.0175	57.2900
45°	0.7071	0.7071	1.0000	90°	1.0000	0.0000	——

データの分析

1 代表値

変量 x が x_1, x_2, x_3, …, x_n の n 個の値をとるとき

(1) 平均値：$\overline{x}=\frac{1}{n}(x_1+x_2+x_3+\cdots+x_n)$

(2) 中央値（メジアン）：データを小さい順に並べたとき，中央にくる値

(3) 最頻値（モード）：度数が最大であるデータの値

(4) 範囲（レンジ）：最大値と最小値の差

2 四分位数

(1) 四分位数：データ全体を小さい順に並べたときに，4 等分する位置にあるデータを小さい方から第 1 四分位数（Q_1），第 2 四分位数（中央値 Q_2），第 3 四分位数（Q_3）という。

・四分位範囲：$R=Q_3-Q_1$

(2) 箱ひげ図

最小値，第 1 四分位数，中央値，第 3 四分位数，最大値を図示したもの。

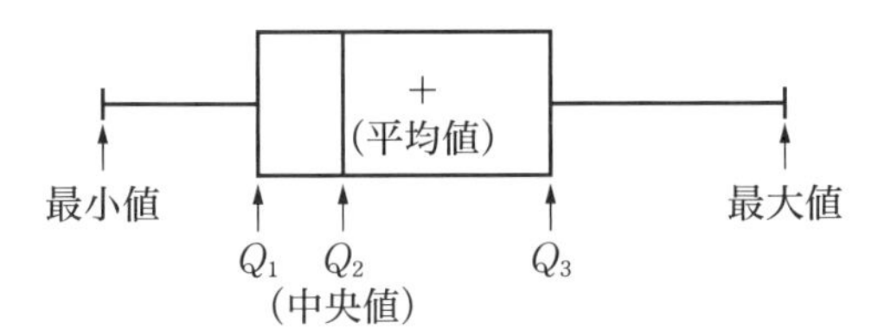

(3) 外れ値

多くの値から極端にかけ離れた値。

外れ値を見つける目安として，

$Q_1-1.5R$ よりも小さい値　または，

$Q_3+1.5R$ よりも大きい値

を用いることが多い。

3 分散と標準偏差

(1) 分散（偏差の 2 乗の平均）

$$s^2=\frac{1}{n}\{(x_1-\overline{x})^2+(x_2-\overline{x})^2+\cdots+(x_n-\overline{x})^2\}$$

$$=\frac{1}{n}(x_1{}^2+x_2{}^2+\cdots+x_n{}^2)-(\overline{x})^2$$

$$=\overline{x^2}-(\overline{x})^2$$ ←(2 乗の平均)−(平均の 2 乗)

(2) 標準偏差

$$s=\sqrt{\frac{1}{n}\{(x_1-\overline{x})^2+(x_2-\overline{x})^2+\cdots+(x_n-\overline{x})^2\}}$$

$$=\sqrt{\frac{1}{n}(x_1{}^2+x_2{}^2+\cdots+x_n{}^2)-(\overline{x})^2}$$

$$=\sqrt{\overline{x^2}-(\overline{x})^2}$$ ←$\sqrt{(分散)}$

4 相関（相関関係）

(1) 散布図（相関図）

2 種のデータの関係を座標平面上の点で表したもの。

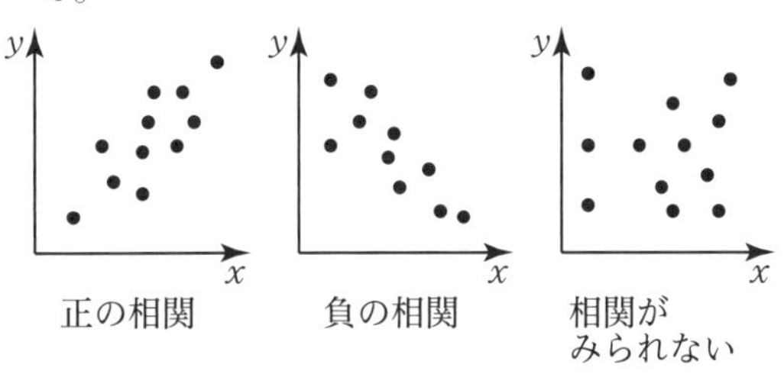

(2) 共分散

$$s_{xy}=\frac{1}{n}\{(x_1-\overline{x})(y_1-\overline{y})+(x_2-\overline{x})(y_2-\overline{y})+\cdots\cdots+(x_n-\overline{x})(y_n-\overline{y})\}$$

(3) 相関係数

$$r=\frac{s_{xy}}{s_x s_y}$$

・$|r|$ が 1 に近い値であるほど，強い相関がみられる。

・$-1\leqq r\leqq 1$

5 仮説検定

ある仮説のもとで，実際に起こった事柄が起こり得るかを考えることで，仮説が誤りであるかどうかを検証する手法。

事前に起こり得るかどうかを判断する基準を定め，

・基準よりも起こりにくいことが起きた場合，
　仮説は誤りと判断する。

・基準よりも起こりやすいことが起きた場合，
　仮説が誤りであるとはいえない。

起こりにくいと判断する値の範囲として，次のようなものがよく用いられる。

・起こる確率が 5 %（1 %）以下である。

・得られた値が平均値から標準偏差の 2 倍以上離れた値である。

場合の数と確率

1 集合の要素の個数

・$n(A\cup B)=n(A)+n(B)-n(A\cap B)$
とくに，$A\cap B=\varnothing$ のとき
$n(A\cup B)=n(A)+n(B)$
・$n(\overline{A})=n(U)-n(A)$

2 場合の数

(1) 和の法則
事象 A，B の起こる場合の数がそれぞれ m，n 通りあり，それらが同時には起こらないとき，A または B の起こる場合の数は $m+n$ 通り
(2) 積の法則
事象 A の起こる場合が m 通りあり，そのそれぞれに対して B の起こる場合が n 通りずつあるとき，A，B がともに起こる場合の数は $m\times n$ 通り

3 順列

異なる n 個のものから r 個取り出して1列に並べる順列の総数は
$${}_n\mathrm{P}_r=n(n-1)(n-2)\cdots\cdots(n-r+1)=\frac{n!}{(n-r)!}$$
・$0!=1$，${}_n\mathrm{P}_0=1$，${}_n\mathrm{P}_n=n!$

4 いろいろな順列

(1) 異なる n 個の円順列：$(n-1)!$ 通り
(2) 異なる n 個から r 個とる重複順列：n^r 通り
(3) 異なる n 個のじゅず順列：$\dfrac{(n-1)!}{2}$ 通り
(4) 同じものを含む順列：$\dfrac{n!}{p!q!r!\cdots}$ 通り
ただし，$p+q+r+\cdots=n$

5 組合せ

異なる n 個から r 個取り出す組合せの総数は
$${}_n\mathrm{C}_r=\frac{{}_n\mathrm{P}_r}{r!}=\frac{n(n-1)(n-2)\cdots\cdots(n-r+1)}{r(r-1)(r-2)\cdots\cdots3\cdot2\cdot1}$$
$$=\frac{n!}{r!(n-r)!}$$
・${}_n\mathrm{C}_0={}_n\mathrm{C}_n=1$，${}_n\mathrm{C}_r={}_n\mathrm{C}_{n-r}$
・${}_n\mathrm{C}_r={}_{n-1}\mathrm{C}_r+{}_{n-1}\mathrm{C}_{r-1}$

6 重複組合せ

異なる n 個のものから重複を許して r 個取り出す組合せの総数は　${}_{n+r-1}\mathrm{C}_r$ 通り

---

1 確率の基本法則

(1) 任意の事象 A に関して　$0\leqq P(A)\leqq 1$
(2) 全事象 U，空事象 $\varnothing$ に関して
$P(U)=1$，$P(\varnothing)=0$
(3) 2つの事象 A，B に関して
$P(A\cup B)=P(A)+P(B)-P(A\cap B)$
とくに，$A\cap B=\varnothing$ のとき
$P(A\cup B)=P(A)+P(B)$

2 余事象の確率

$P(\overline{A})=1-P(A)$

3 独立な試行の確率

互いに独立な試行S，Tにおいて，Sで事象 A が起こり，続けてTで事象 B が起こる確率 p は
$p=P(A)\times P(B)$

4 反復試行の確率

1つの試行において，事象 A が起こる確率が p であるとする。この試行を n 回繰り返すとき，事象 A がちょうど r 回起こる確率は
${}_n\mathrm{C}_r p^r(1-p)^{n-r}$

5 条件つき確率

事象 A が起こったとき，事象 B が起こる確率は
$$P_A(B)=\frac{n(A\cap B)}{n(A)}=\frac{P(A\cap B)}{P(A)}$$

6 期待値

変量 X が値 x_1，x_2，x_3，……，x_n をとる確率がそれぞれ p_1，p_2，p_3，……，p_n であるとき，X の期待値は
$E=x_1p_1+x_2p_2+x_3p_3+\cdots\cdots+x_np_n$

数学と人間の活動（整数）

1 約数と倍数

(1) 2つの整数 a，b について，$a=bc$ を満たす整数 c が存在するとき，b を a の約数，a を b の倍数という。
(2) 2つ以上の整数に対して，共通な約数・倍数をそれぞれ公約数・公倍数といい，
最大の公約数を最大公約数
正の最小の公倍数を最小公倍数　という。
・互いに素…2つの整数の最大公約数が1
(3) 2つの正の整数 a，b の最大公約数を G，最小公倍数を L とすると，
・$a=Ga'$，$b=Gb'$　（a' と b' は互いに素）
・$L=Ga'b'=a'b=ab'$，$ab=GL$
(4) a，b が互いに素であるならば，$a+b$ と ab は互いに素
(5) 連続する n 個の整数の積は $n!$ の倍数

図形の性質

1　三角形の内角と外角の二等分線

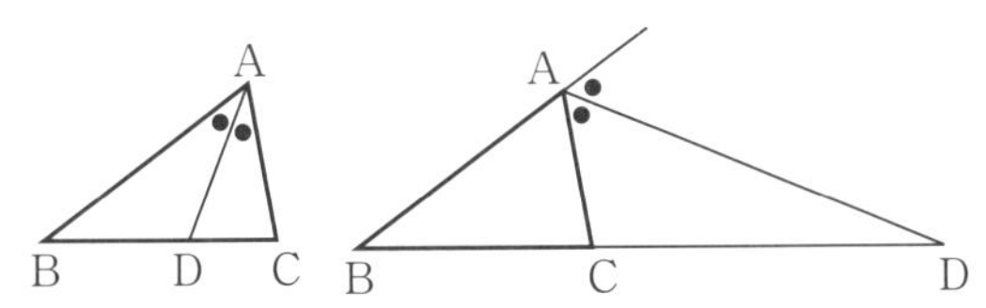

∠A の内角または外角の二等分線と直線 BC との交点を D とすると

AB：AC＝BD：DC

2　三角形の辺と角の大小

(1)　$|b-c| < a < b+c$

(2)　$\angle A > \angle B \iff a > b$

3　三角形の5心

(1)　重心…3つの中線の交点

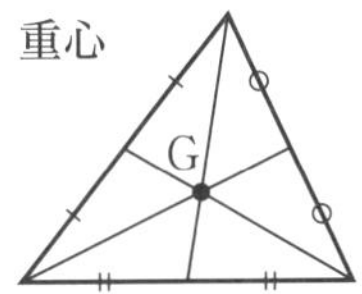

(2)　内心…3つの内角の二等分線の交点

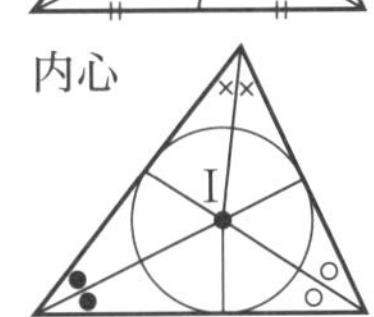

(3)　外心…3つの辺の垂直二等分線の交点

(4)　垂心…3つの頂点から対辺におろした垂線の交点

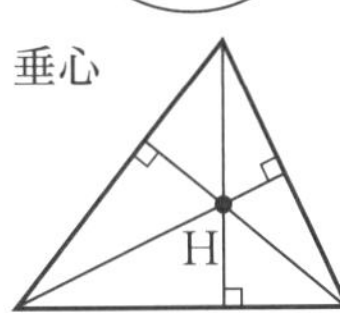

(5)　傍心…1つの内角と他の2つの外角の二等分線の交点

4　メネラウスの定理とチェバの定理

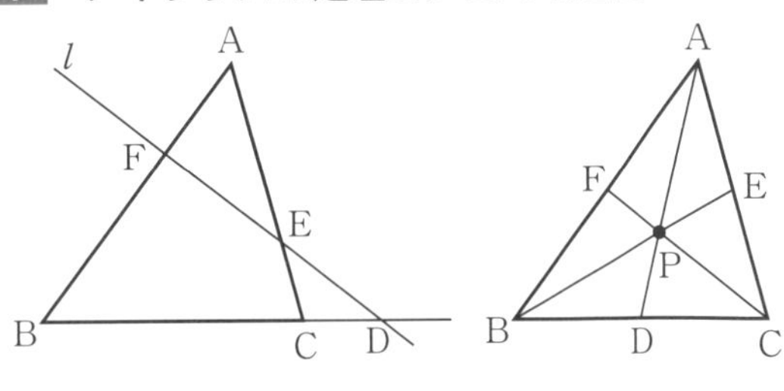

$$\frac{BD}{DC}\cdot\frac{CE}{EA}\cdot\frac{AF}{FB}=1$$

5　円に内接する四角形

(1)　対角の和は 180°

(2)　外角はそれと隣り合う内角の対角と等しい。

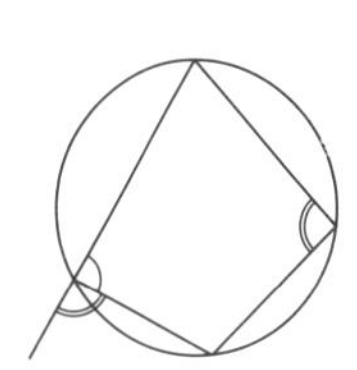

6　接線と弦の作る角

円の接線とその接点を通る弦の作る角は，その角内にある弧に対する円周角に等しい。

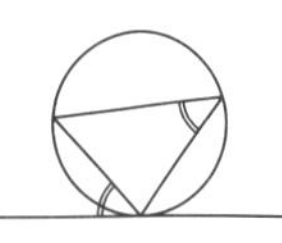

7　方べきの定理

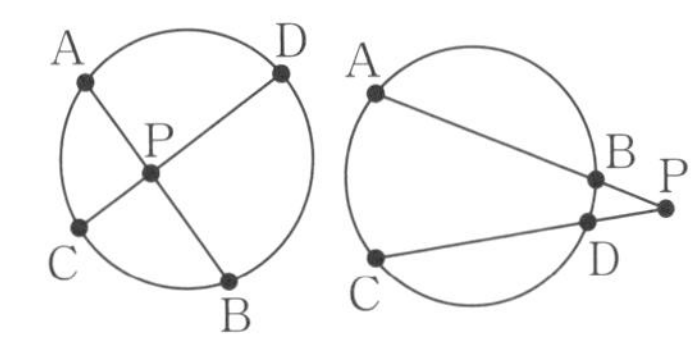

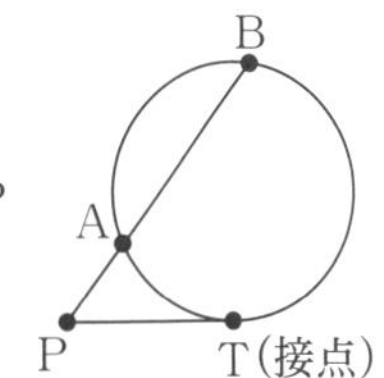

$PA\cdot PB=PC\cdot PD$　　　$PT^2=PA\cdot PB$

2　素数

(1)　素数…自然数 n で，正の約数が1と n の2個だけである数（ただし，1を除く）。

(2)　素因数分解…任意の自然数を素数の積の形で表すこと。その表し方はただ1通りに定まる。

3　ユークリッドの互除法

正の整数 a を正の整数 b で割ったときの商を q，余りを r $(0 \leqq r < b)$ とすると，$a=bq+r$ が成り立つ。$r \neq 0$ のとき，「a と b の最大公約数」と「b と r の最大公約数」が等しいことを利用して，最大公約数を求める方法。

4　n 進法

0，1，2，……，$n-1$ の n 個の数字のみを用いて数を表す方法。

(例)　$101_{(2)}=1\cdot 2^2+0\cdot 2^1+1\cdot 2^0=5$

より，2進法の $101_{(2)}$ は，10進法の5を表す。